파이썬으로 배우는

과학계산

파이썬으로 배우는 과학계산

초판 1쇄 발행 2021년 12월 31일
초판 3쇄 발행 2023년 5월 30일

지은이 김웅태

펴낸곳 서울대학교출판문화원
주소 08826 서울 관악구 관악로 1
도서주문 02-889-4424, 02-880-7995
홈페이지 www.snupress.com
페이스북 @snupress1947
인스타그램 @snupress
이메일 snubook@snu.ac.kr
출판등록 제15-3호

ISBN 978-89-521-3041-9 93560

파이썬으로 배우는
과학계산

김웅태 지음

서울대학교출판문화원

| 머리말 |

컴퓨터를 이용한 계산은 현대 과학에서 필수적이며 최첨단 문제를 해결하는 새로운 방법을 제시해 준다. 복잡한 과학 현상을 설명하는 데 있어서 펜과 종이를 이용하는 해석적인 방법은 한계에 부딪혔고, 이에 대한 대안으로 수치모형 계산이 대두된 지 오래다. 수치계산은 이론과 실험의 부족한 점을 보충해 줄 수 있는 제3의 분야로 간주되고 있다. 요즈음 출판되는 과학 논문 중 열쇳말에 '수치실험'이나 '수치계산'이 포함된 논문이 전체의 약 1/3에 이르며, 이 비율이 점점 증가하는 추세다. 오늘날 4차 산업을 선도하는 인공지능도 컴퓨터를 이용한 수치계산에 바탕을 두고 있다.

그러나 컴퓨터 계산은 만능이 아니다. 컴퓨터는 제한된 기억장치를 갖고 있으므로 컴퓨터가 계산한 숫자는 항상 오차를 가진다. 더욱 엄밀한 과학계산을 위해서는 컴퓨터가 계산한 값을 맹신하지 말아야 한다. 계산값의 정확도를 아는 것은 과학자가 갖추어야 할 기본 소양이다.

주어진 과학 문제를 컴퓨터로 풀기 위해서는 문제 해결에 필요한 알고리즘을 작성하고 작성한 알고리즘을 프로그래밍 언어로 구현할 수 있어야 한다. 알고리즘을 작성하기 위해서는 문제를 명확하게 정의하고 관련된 수학을 이용하여 계산 과정을 논리적으로 전개할 수 있어야 한다. 작성한 알고리즘을 컴퓨터가 이해할 수 있도록 구현하기 위해서는 선택한 프로그래밍 언어에 숙달하여야 한다. 알고리즘을 효율적으로 작성하고 이를 코드로 구현하는 일에 능숙해지려면 다양한 문제에 대한 반복 학습이 필요하다.

수치 알고리즘의 '바이블'이라고 할 수 있는 *Numerical Recipes: The Art of Scientific Computing*(Press et al., 3rd Ed., 2007)이 널리 알려져 있으나, 이 책은 이미 상당한 수준의 프로그래밍 기술을 갖춘 전문가를 위한 책으로 초급자가 쉽게 접근하기 어렵다. 또한, 이 책에 포함된 프로그램은 포트란, C, C++ 등과 같은 컴파일러형 언어로 쓰여 있어 수치해석에 처음 입문하는 사람이 이해하기 어렵고, 계산 결과를 그래프로 가시화하기 위해서는 별도의 소프트웨어가 필요하다. 반면, 1990

년대 개발된 파이썬 언어는 해석형 언어로 초보자도 쉽게 익힐 수 있으며, 사용하기 편리한 그래픽 도구를 지원하므로 자체적인 가시화가 가능하다. 또한, 방대한 라이브러리를 갖추고 있어서 과학 분야의 계산뿐만 아니라 기업 실무나 빅데이터 분석과 응용 소프트웨어 개발에도 널리 사용되고 있다. 오늘날 출판되는 자연과학 분야 논문 대부분은 파이썬을 사용하여 자료를 분석하고 결과를 가시화한다. 파이썬의 가장 큰 장점은 쉽고, 소스가 공개되어 있어서 무료로 사용할 수 있으며, 수많은 개발자와 사용자가 인터넷을 통해 정보를 공유하는 미래 지향적인 언어라는 점이다.

이 책은 저자가 강의한 내용을 정리한 것으로, 대학교 저학년 학생을 대상으로 과학 문제를 푸는 데 보편적으로 필요한 다양한 알고리즘을 소개하고 작성된 알고리즘을 파이썬으로 구현하는 방법을 제시한다. 이 책을 학습하는 데 있어 대학교 1, 2학년 수준의 수학 지식이 필요하다. 이 책은 대학교에서 교재로 이용할 경우 한 학기에 마칠 수 있는 분량을 담고 있다. 제목에 ★표시가 붙은 단원은 보다 심화된 내용이거나 필수적이지 않은 내용을 포함하므로 건너뛸 수 있다. 이 책에 사용된 수학용어는 대한수학회 용어집을 따랐다.

수치해석이나 파이썬 언어에 관한 수많은 책이 유통되고 있지만 파이썬과 수치해석을 접목한 책은 아직 많지 않다. 비교적 역사가 짧은 파이썬 언어가 과학계 저변에 스며들어 이에 대한 교육이 이루어지는 데 시간이 걸리기 때문일 것이다. 이 책은 파이썬의 기초 문법을 다루고 있으므로, 파이썬에 대한 아무런 배경지식이 없는 학생도 이 책만으로 파이썬과 수치해석을 동시에 학습할 수 있다. 이 책은 약 100개의 구체적인 예제를 제시하고 각 예제를 해결하는 파이썬 코드와 실행 결과를 제공한다. 또한, 알고리즘을 직접 짜서 실행하는 방법과 동일한 기능을 수행하는 파이썬의 내장함수를 비교하여 블랙박스와 같은 파이썬 내장함수의 작동 방식을 설명한다. 나아가, 각 코드에 대한 상세한 설명을 덧붙임으로써 수치해석을 처음 배우는 학생들이 코드를 쉽게 이해하고 과학계산을 위한 프로그래밍 실력을 기를 수 있게 하였다. 역으로, 수치해석을 통한 실습은 학생들이 선형대수학이나 푸리에 변환과 같은 다소 복잡한 수학의 기본 개념을 학습하는 데 도움을 줄 것으로 기대한다. 끝으로 원고 작성에 도움을 준 염동녁, 문상혁과 표지 그림을 제공해 준 김창구 박사, 그리고 이 책의 출간을 맡아 준 서울대학교출판문화원에 감사드린다.

2021년 12월

김웅태

| 차례 |

| 코드 차례 |

제1장

파이썬

파이썬은 1990년대 초반 네덜란드의 판 로섬(Guido van Rossum; 1956-)에 의해 개발된 고급 프로그래밍 언어다. 파이썬은 소스가 공개되어 있으므로 누구나 무료로 사용할 수 있으며 문법이 쉽고 간결하여 초보자도 쉽게 익힐 수 있다. 매우 다양한 라이브러리를 갖고 있으며 편리한 그래픽 도구를 지원하므로 과학계산뿐만 아니라 기업 실무나 빅데이터 분석, 다양한 응용 소프트웨어 개발에도 널리 사용되고 있다. 파이썬의 수많은 개발자와 사용자가 인터넷을 통해 정보를 공유하므로 각자가 마주친 문제를 비교적 쉽게 해결할 수 있다.

파이썬은 명령문을 컴파일 과정 없이 실행할 수 있는 **해석형 언어**(interpreted language)다. 포트란이나 C언어 같은 **컴파일러형 언어**(compiled language)는 계산 성능은 우수하나 비교적 긴 편집, 컴파일, 연결, 실행 과정을 거쳐야 하고 변수의 유형이 컴파일 단계에서 정의되어야 한다. MATLAB이나 파이썬과 같은 해석형 언어는 컴파일러형 언어보다 계산 성능은 다소 떨어지지만, 명령어를 실행한 결과를 **대화식**(interactive)으로 즉각 받아 볼 수 있으며 변수형이 동적으로 정의되므로 사용이 편리하다.

1.1 주피터 노트북

1.1.1 파이썬 설치

과학계산에 필요한 다양한 패키지를 묶어 놓은 파이썬 배포판을 **아나콘다**(Anaconda)라고 한다. 아나콘다를 설치하기 위해서는 아나콘다 웹주소(`https://www.anaconda.com/`)를 방문하여 자신이 사용하는 컴퓨터의 운영체제(operating system)에 어울리

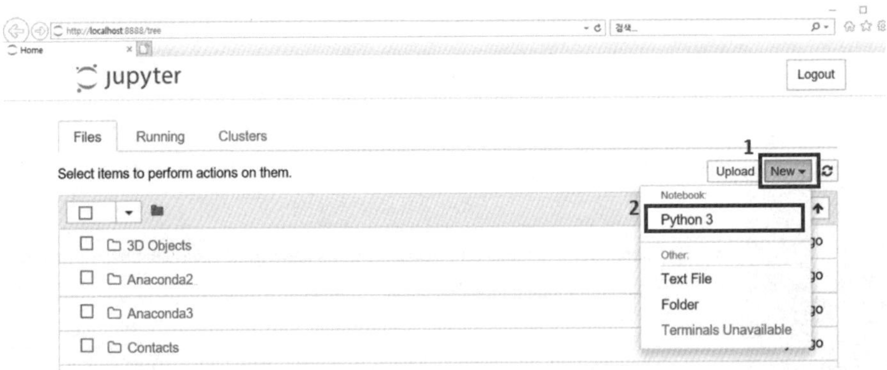

그림 1.1: 주피터 노트북의 실행 화면

는 버전을 내려받아 실행한다.[1] 이때 파이썬 외에도 `NumPy`, `SciPy` 등과 같은 과학 분석용 라이브러리와 자료 가시화 라이브러리인 `Matplotlib`, 파이썬 실행 인터페이스(interface)인 **주피터 노트북**(Jupyter notebook) 등이 같이 설치된다.

주피터 노트북은 사용자가 파이썬 코드를 작성하고 실행할 수 있는 매우 편리한 도구다. 주피터 노트북은 웹 브라우저를 통해 내화식으로 실행되므로 코드를 실행한 결과를 화면에서 실시간으로 확인할 수 있다. 코드에 대한 설명과 주석을 작성할 수 있으며 자료를 쉽게 가시화할 수 있고 외부에서 원격으로 실행할 수도 있다. 주피터 노트북 문서는 '`ipynb`'라는 확장자를 가진다.

1.1.2 주피터 노트북 실행

윈도 운영체제에서 검색창에 '`Jupyter Notebook`'을 입력한 후, 앱을 클릭하면 주피터 노트북이 실행된다. 맥OS나 리눅스 시스템에서는 터미널의 명령어 프롬프트에서

```
$ jupyter notebook
```

을 입력한다.

주피터 노트북을 실행하면 그림 1.1과 같은 웹 브라우저 창이 나타난다. 화면의 오른쪽에 있는 `New` 버튼을 클릭한 후 '`Python 3`'를 선택하면 그림 1.2와 같은 노트북 문서가 생성된다. 노트북 문서의 상단에 있는 `Untitled`는 현재 문서의 이름이다. 이곳을 클릭하여 문서 이름을 `myfile`로 바꾸어 보자. 브라우저의 가장 상단의 왼쪽에 있는 `Home` 탭을 클릭하면 `myfile.ipynb`라는 파일이 생성되어 있음을 확인할 수 있다.

문서 이름 아래 `File`, `Edit`, `View` 등 탭이 있는 기다란 막대를 **메뉴막대**(menu bar)라 하고, 그 아래 다양한 아이콘이 모여 있는 막대를 **도구막대**(tool bar)라 한다. 메뉴

1) 아나콘다 홈페이지 상단에서 Products → Individual Edition → Download를 차례대로 클릭하면 아나콘다 설치화면이 나온다. 이 책에서는 윈도, Python 3.8 버전을 활용한다.

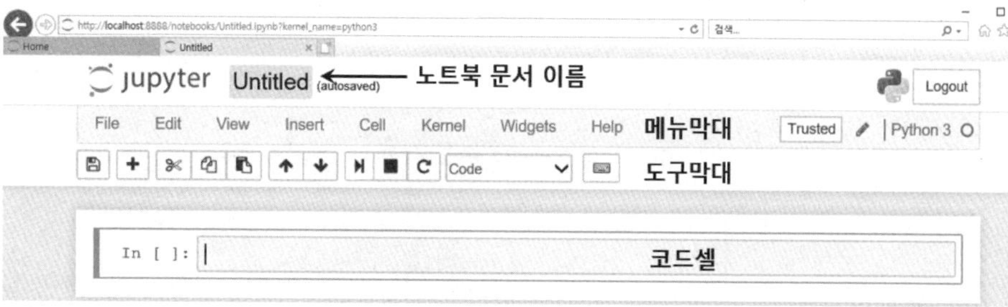

그림 1.2: 노트북 문서 생성 화면

막대를 이용하면 파일의 저장, 불러오기, 셀의 생성 등과 같은 노트북 문서를 다루거나 **커널**(kernel)과 관련된 다양한 기능을 수행할 수 있다.[2] 도구막대는 파이썬에서 자주 사용하는 기능을 모아 놓은 것이다.

도구막대 아래 프롬프트 '`In [ ]:`' 뒤의 네모로 표시된 영역을 **코드셀**(code cell)이라고 한다. 코드셀은 파이썬 코드를 입력하고 작업을 수행하는 공간이다. 코드셀에

```
print("Hello, Jupyter!")
```

를 입력한 후 Shift + Enter 키를 동시에 눌러 보자. 코드셀의 번호가 '`In [1]:`'로 바뀜과 동시에 아래에 '`Hello, Jupyter!`'가 출력되고, 그 밑에 새로운 코드셀이 만들어진다(그림 1.3). 여기서, 숫자 1은 첫 번째 실행된 코드를 뜻하며, 입력 셀이 추가될수록 번호가 연속적으로 증가한다.

1.1.3 셀의 종류

노트북에서 셀은 네 종류로 나뉜다. 그림 1.3은 도구막대에서 셀 콤보상자를 클릭했을 때의 모습이다. 코드셀은 파이썬 코드를 작성하는 셀이며, 그 외의 셀은 모두 설명이나 주석을 적는 데 사용되는 셀이다. **로셀**(Raw cell)에 있는 텍스트는 노트북 커널에 의해 계산되지 않으며, `NBConvert`를 이용하여 노트북 문서를 HTML, LaTeX, PDF 등의 형식으로 변환할 경우 유용하게 사용된다. 예를 들어, 메뉴막대에서 `File` → `Downloads as` → `HTML`을 연속적으로 선택하면 HTML 형식의 문서로 바뀐다.

마크다운셀(Markdown cell)은 제목, 설명, 수식, 하이퍼링크(hyperlink), 표 등을 화면에 표시하는 데 유용하며 셀 앞의 '`In [ ]:`'과 같은 프롬프트가 사라진다. 표시하고자 하는 텍스트 앞에 샵(`#`) 기호를 붙인 후 콤보상자에서 `Markdown` 메뉴를 클릭한다. 이때, 샵 기호와 텍스트는 반드시 공백으로 분리되어야 한다. 샵 기호의 개수가 늘어날수록 텍스트의 크기가 작아지는데, 샵 기호를 6개까지 쓸 수 있다. 수식 작성은 LaTeX 문법을 따른다.

2) 파이썬에서 커널은 '계산 엔진'을 뜻하며 사용자의 코드를 해석하고 실행한다. 그림 1.2의 메뉴막대 오른쪽 끝에 있는 '`Python 3`'는 현재 사용하는 커널의 버전을 나타낸다.

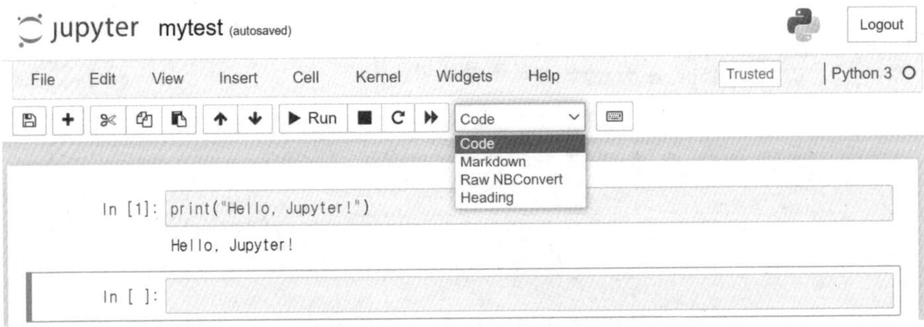

그림 1.3: 셀 콤보상자를 클릭했을 때의 모습

예를 들어 한 셀에

```
1  # This is an example for Markdown cells
2  ### Latex example
3  
4  $$\int_0^x x^2 dx = \frac{x^3}{3}$$
5  
6  Anaconda web page (https://www.anaconda.com/)
7  
8  |Name | Year |
9  |:---:| :--- |
10 |Python|1991|
11 |C|1972|
12 |Fortran|1954|
```

를 입력한 후 마크다운셀로 변환한 다음, Shift + Enter 키를 동시에 누르면 그림 1.4와 같은 결과를 얻는다. 9행에서 콜론(:)은 열의 정렬을 지시한다. **제목셀**(Heading cell)은 마크다운셀의 일종이다.

1.1.4 편집/명령모드

노트북의 키보드 입력에는 **편집모드**(edit mode)와 **명령모드**(command mode)가 있다. 편집모드에서는 셀 안에 있는 텍스트나 코드를 편집할 수 있으며, 셀의 테두리가 녹색이다. 반면, 명령모드에서는 셀 전체를 편집할 수 있는데, 셀의 왼쪽 테두리는 파란색이며 나머지는 회색이다. 편집모드에서 셀 밖을 마우스로 클릭하거나 Esc 키를 누르면 명령모드로 전환되고, 명령모드에서 셀 안쪽을 클릭하거나 Enter 키를 누르면 편집모드로 전환된다. 명령모드에서 J 키나 K 키를 이용하여 셀의 아래와 위로 이동할 수 있다.

때로는 메뉴막대와 도구막대를 마우스로 클릭하는 것보다 **단축키**를 이용하는 것이 편리하다. 명령모드에서 a 키를 누르면 현재 셀 바로 위에 새로운 셀을 삽입할 수 있고, b 키를 누르면 현재 셀 바로 아래에 새로운 셀을 삽입할 수 있다. L 키를 한

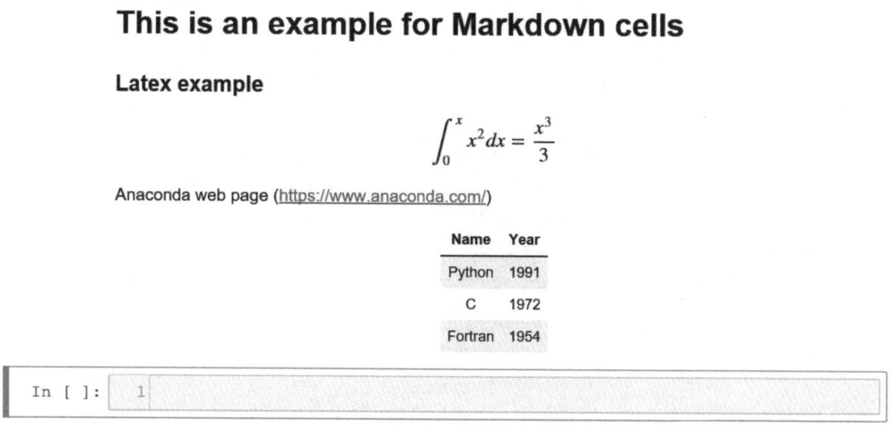

그림 1.4: 마크다운셀의 활용 예

번 누르면 셀의 행 번호가 표시되고 L 키를 다시 누르면 행 번호가 사라진다. 표 1.1에 자주 사용하는 명령모드 단축키를 정리하였다.

1.1.5 매직명령어

파이썬에서 시스템의 동작을 쉽게 제어할 수 있는 특수 명령어를 **매직명령어**(magic command)라고 한다. 매직명령어는 선두에 퍼센트(%) 기호를 붙여 사용한다. 퍼센트 기호가 1개일 때는 매직명령어가 그 행에만 적용되고, 2개일 때는 셀 전체에 적용된다. 몇 개의 유용한 매직명령어를 아래에 정리하였다. 각 코드셀에서 하나의 매직명령어를 실행해 보자.

```
1  %lsmagic                     # 매직명령어의 전체 목록 출력
2  %pwd                         # 작업 폴더를 출력
3  %reset                       # 사용자가 정의한 모든 변수를 제거
4  %reset -f                    # (-f는 배열 제거를 강제하는 옵션)
5  %time sum(range(100000))     # 프로그램의 실행 시간을 측정하여 출력
6  %%time                       # 셀 전체의 실행 시간을 측정하여 출력
7  %timeit sum(range(100000))   # 프로그램을 반복 실행한 후 평균 시간 측정
8  %whos                        # 현재 커널 메모리에 할당된 변수 정보를 반환
9  %env                         # 모든 환경 변수를 출력
10 %matplotlib inline           # plt.show() 명령 없이도 고정형 그래프 출력
11 %matplotlib notebook         # plt.show() 명령 없이도 대화형 그래프 출력
12 %%writefile filename         # 셀 내용을 filename이라는 파일로 저장
```

파이썬에서 샵 기호 뒤에 있는 문장은 설명문으로 간주하여 실행되지 않는다. 10-11행은 1.5절에서 설명할 PyPlot 모듈을 불러오기 전에 실행해야 한다. 대화형(interactive) 그래프는 마우스를 이용하여 그림의 크기나 배율을 조절할 수 있다. 12행을 실행하면

단축키	기능	단축키	기능
Enter	편집모드로 전환	a	위로 새로운 셀 삽입
Ctrl + Enter	현재 셀 실행	b	아래로 새로운 셀 삽입
Shift + Enter	현재 셀 실행 후 아래 셀 선택	c	셀 복사
d + d	셀 삭제	z	삭제된 셀 복구
Shift + v	위로 셀 붙여넣기	v	아래로 셀 붙여넣기
i + i	커널 중지	L	셀의 행 번호 표시

표 1.1: 명령모드에서 사용할 수 있는 유용한 단축키

노트북 홈 폴더에 'filename'이라는 이름의 파일이 생성된다.

1.2 자료형

자료형(data type)은 프로그래밍에서 사용되는 숫자, 문자열 등 모든 형태의 자료를 뜻하며 변수로 저장할 수 있다.[3] 파이썬의 다양한 자료형 중, 숫자형, 문자열, 리스트, 튜플, 사전, 불 등에 대해 알아보자.

1.2.1 숫자형

숫자형(number)은 숫자로 이루어진 자료형인데, 정수형, 실수형, 복소수형 등 세 종류가 있다. 숫자형 변수의 덧셈, 뺄셈, 곱셈, 나눗셈 등의 사칙연산은 각각 '+', '-', '*', '/' 기호를 이용한다. 파이썬에서 p^q과 같은 두 수의 거듭제곱은 p**q 또는 pow(p,q)로 구한다. 다만, 전자가 후자보다 계산 속도가 빠르다.

1.2.1.1 정수형

정수형(integer number)은 말 그대로 정수를 의미하며 int로 나타낸다. 파이썬의 초기 버전에서는 컴퓨터로 표현할 수 있는 정수의 범위가 $(-2^{31},\ 2^{31}-1)$로 국한되었지만, 최근 버전에서는 (컴퓨터 메모리가 허용하는 한) 무한히 큰 정수를 표현할 수 있다.

정수 p를 정수 q로 나눈 값인 p/q는 일반적으로 정수가 아니다. p를 q로 나눈 몫과 나머지는 각각 p//q와 p%q로 얻을 수 있다. 예를 들어,

```
25/6, 25//6, 25%6
```

을 코드셀에서 실행하면 (4.166666666666667, 4, 1)을 얻는다.[4]

3) 변수는 해당 자료가 저장된 메모리를 가리키며 그 이름을 **식별자**(identifier)라고 한다.

4) C언어에서는 25/6=4로 정수형 결과를 얻는다. 제수(divisor)와 피제수(dividend)가 모두 정수형이기 때문이다. 실수형 결과를 얻기 위해서는 제수와 피제수 중 최소한 하나가 실수형이어야 한다.

1.2.1.2 실수형

실수형(real number)은 소수점이 포함된 숫자를 말하며 `float`로 나타낸다(2.1.3절 참고). 파이썬에서는 절댓값이 $(10^{-308}, 10^{308})$ 범위에 있는 실수를 표현할 수 있다. 아래에 표시된 4개의 수

```
3.14,     31.4e-1,     314.E-2,     0.0314e2
```

는 모두 같은 실수를 나타낸다. 뒤 3개의 수는 지수형 표현으로, 알파벳 `e`와 `E`는 **밑수**(base number) 10을 뜻하며 그 뒤에 나오는 수는 **지수**(exponent)를 의미한다.

다음과 같은 코드를 코드셀에서 실행해 보자.

```
1 a=3.14
2 a=a+2
3 print(a)
```

1행은 `3.14`라는 실수를 `a`라는 변수에 저장한다는 의미다. 2행은 변수 `a`에 저장된 값에 정수 2를 더한 결과를 다시 `a`에 저장한다는 뜻이다. 2행을 간편하게 '`a+=2`'로 표현하기도 한다. 3행을 실행하면 화면에 `5.14`라는 값이 출력된다.

`int()`라는 함수를 사용하면 실수형을 정수형으로 변환할 수 있는데, 소수점 아래의 수가 떨어져 나간다. 즉 `int(390.8)=390`이다. 반면, `float(57)=57.0`과 같이 정수형을 실수형으로 바꿀 수 있다.

1.2.1.3 복소수형

파이썬은 전기공학의 관례에 따라 허수 단위($\sqrt{-1}$)를 알파벳 `j`로 표기한다. **복소수형**(complex number)은

```
1 c=3-2j
2 c=complex(3,-2)
```

의 1행과 같이 직접 정의하거나 2행처럼 `complex()` 함수를 써서 정의할 수 있다. 1행에서 숫자와 `j` 사이에 곱셈 기호 '`*`'가 삽입되지 않아야 한다. 복소수 `c`에 대해 `c.real`과 `c.imag`는 각각 실수부와 허수부에 해당하며, `abs(c)`는 복소수의 크기를 나타내고 `c.conjugate()`는 켤레복소수(complex conjugate)를 나타낸다.

1.2.2 문자열

문자열(string)은 문자, 숫자, 기호들의 모임을 뜻하며 파이썬에서는 양 끝을 작은따옴표(`'`)나 큰따옴표(`"`)로 둘러싸 표현한다.[5] 예를 들어

5) 문자열 표현에 작은따옴표와 큰따옴표를 허용하는 이유는 문자열이 작은/큰따옴표를 포함할 수 있게 하기 위함이다. 즉 문자열이 큰(작은)따옴표를 가진 경우, 문자열 전체를 작은(큰)따옴표로 둘러싼다.

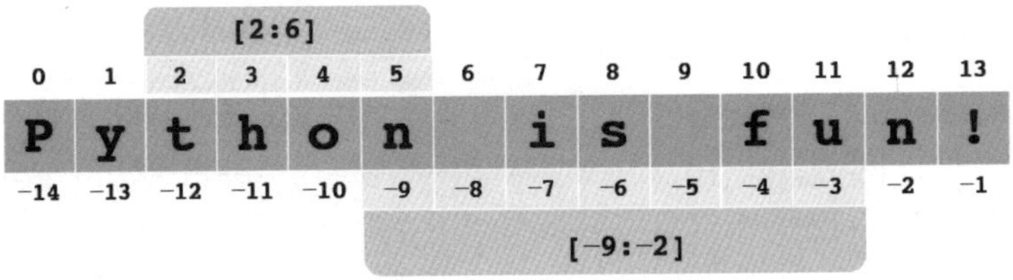

그림 1.5: 파이썬 문자열의 인덱스

```
1 s="Python is fun!"
2 n="12"
3 pi='3.14159265'
```

는 모두 문자열이다. 2-3행처럼 숫자만으로 이루어진 문자열은 int(n) 또는 float(pi)를 이용하여 정수 또는 실수로 바꿀 수 있다.[6] 반대로 str(13.6)과 같이 str() 함수를 이용하면 숫자를 문자열로 바꿀 수 있다.

파이썬에서는 문자열을 곱하거나 더해서 연장할 수 있다. 다음 문장을

```
s*2, n+pi
```

코드셀에서 실행하면, 화면에 출력되는 결과는

```
('Python is fun!Python is fun!', '123.14159265')
```

이다. 문자열의 길이는 len()이라는 함수를 이용하여 구할 수 있다. 위에서 len(s)=14이고 len(n+pi)=12이다.

문자열에 속한 모든 문자는 위치에 해당하는 고유번호를 갖고 있는데, 이를 **인덱스**(index)라고 한다. 파이썬에서는 가장 앞의 문자를 인덱스 0으로 가리키며 오른쪽으로 갈수록 인덱스가 1씩 증가한다(그림 1.5). 인덱스는 음의 정수로도 지정할 수 있다. 이 경우 가장 끝의 문자를 인덱스 -1로 가리키며 왼쪽으로 갈수록 인덱스가 1씩 감소한다. 위의 예에서, s[0]=s[-14]='P', s[1]='y', s[6]=s[-8]=' ', s[13]=s[-1]='!'다. 여기서, ' '은 공백(blank space)을 의미한다.

인덱스의 시작 번호와 끝 번호를 콜론(:)으로 구별하면 문자열 일부를 추출할 수 있는데 이를 **썰기**(slicing)라고 한다. 예를 들어, s[2:6]='thon'이고 s[-9:-2]='n is fu'다. 끝 번호보다 하나 작은 인덱스까지 추출됨에 주의하자. 시작 번호나 끝 번호를 생략하면, 문자열의 처음부터 끝까지 추출할 수 있다. 예를 들어, s[:3]='Pyt'이고 s[8:]='s fun!'이다. 시작 번호와 끝 번호를 동시에 생략하면 s[:]='Python is fun!'과 같이 문자열 전체를 추출한다.

6) pi가 실수로 이루어진 문자열이므로 int(pi)를 실행하면 오류가 생긴다.

1.2.3 리스트

여러 개의 숫자형 또는 문자열을 원소로 가진 자료형을 **리스트**(list)라고 하며, 꺾인 괄호 '[ ]'를 사용하여 작성한다. 각 원소는 쉼표로 구분한다. 예를 들어,

```
1 a=[1,2,3,4,5]
2 b=[3.14, 'Python', 2.78, [3,'b',5]]
3 c=[]
4 a[2]=0
5 type(a),type(b),type(c)
```

를 수행했을 때, 1-3행에서 정수만으로 이루어진 리스트 a와 실수, 문자, 리스트로 구성된 리스트 b, 텅 빈(empty) 리스트 c가 생성된다. 문자열과 마찬가지로 리스트의 각 원소를 인덱스로 가리키거나 추출할 수 있다. 이때, a[0]=1, a[:2]=[1,2], b[1]='Python', b[3]=[3,'b',5]이며, b[3][1]='b'다. 4행은 a의 셋째 원소를 0으로 바꾼다. 리스트와 같이 값을 변경할 수 있는 객체를 **가변객체**(mutable object)라고 한다.[7] 리스트의 크기는 len(a)=5, len(b)=4, len(c)=0과 같이 구할 수 있다. 5행의 type(a)는 a의 자료형을 출력한다.

리스트는 아래와 같은 다양한 연산이 가능하다. 다음 각 행을 실행해 보자.

```
a+b                      # 두 리스트를 하나로 연결
a*5                      # 리스트를 반복 연결
a.append(99)             # 리스트 끝에 한 원소 추가
a.extend([10,11,12])     # 리스트 끝에 여러 원소 추가
a.insert(3,100)          # 특정한 위치에 한 원소 삽입
a.index(4)               # 특정 원소의 인덱스 출력
```

a.append()는 for 구문을 이용한 반복 계산을 수행할 때 자주 사용되는 용법이다. a.append(b)는 a+b와 같다.

파이썬에서 널리 쓰이는 range 함수는 정수형 리스트를 생성한다.

```
a=range(10)              #  0부터 9까지 1씩 증가하는 정수 생성
b=range(-6,3)            # -6부터 2까지 1씩 증가하는 정수 생성
c=range(-6,3,2)          # -6부터 2까지 2씩 증가하는 정수 생성
d=range(20,0,-2)         # 20부터 2까지 2씩 감소하는 정수 생성
```

리스트 변수 a를 화면에 출력하려면 list(a)를 실행한다. range() 함수는 아래에서 설명할 for 구문에 유용하게 사용된다.

모든 원소가 숫자인 리스트를 구성할 수 있지만, 원소 간의 사칙연산이 허용되지 않는다. 또한, 리스트가 컴퓨터 메모리에 저장될 때 그 주소가 무작위로 선정되므로 읽

7) **객체**(object)는 프로그램상의 '독립된 단위'로, 자료를 담고 있는 컴퓨터 메모리의 영역이라고 생각할 수 있다. 파이썬을 구성하는 모든 것이 객체라고 해도 과언이 아니다.

고 쓰는 데 오랜 시간이 걸린다. 이러한 이유로 수학계산에서는 리스트 대신 아래에서 설명할 배열을 사용한다.

1.2.4 튜플

튜플(tuple)은 리스트와 마찬가지로 여러 원소의 집합이지만, 둥근 괄호 '( )'를 사용하여 만든다. 튜플은 원소를 변경하거나 삭제할 수 없는 **불변객체**(immutable object)라는 점에서 리스트와 다르다. 다음을 실행해 보자.

```
t1=()                          # 빈 튜플
t2=(4,2,[6, 5])
t3=('P','y','t','h','o','n')
t2*3                           # 튜플의 반복
t2+t3                          # 두 튜플을 하나로 연결
print('P' in t3)               # 구성 원소 확인
```

문자열과 마찬가지로 튜플의 각 원소를 인덱스로 가리키거나 추출할 수 있다. 예를 들어, `t2[0]=4`, `t2[2]=[6,5]`, `t2[2][0]=6`이다. 일반적으로 자료의 형태가 균일한 경우 리스트를 사용하며, 문자와 숫자처럼 성질이 다른 원소가 섞여 있는 집합은 튜플을 사용한다. 튜플은 변경, 삭제를 허용하지 않으므로 처리 속도가 리스트보다 빠르다. `l2=list(t2)`는 튜플 `t2`를 리스트 `l2`로 변환하며, `tuple(l2)`는 리스트 `l2`를 튜플로 변환한다. 튜플은 **인자**(argument)의 개수가 변하는 함수를 호출할 때(1.4.4절)와 다차원 배열(array)의 크기를 결정할 때 유용하게 사용된다.

튜플은 모호하지 않으면 괄호를 생략할 수 있다. 예를 들어,

```
1 t4=4,2,[6, 5]
2 (a,b,c)=(19,'Python',316)
3 a,b,c=19,'Python',316
```

에서 1행의 `t4`는 위에서 정의한 `t2`와 같고, 2행과 3행은 서로 동등하다. 3행은 등호 1개만으로 세 변수의 값을 지정할 수 있음을 의미한다. 파이썬의 이러한 기능 때문에 두 변수의 교환이 매우 간편해진다. C언어에서는 변수 `a`와 `b`가 가진 값을 교환하려면

```
tmp=a;
a=b;
b=tmp;
```

를 수행해야 한다. 하지만 파이썬에서는

```
a,b=b,a
```

와 같이 한 줄로 두 변수에 저장된 값을 교환할 수 있다.

1.2.5 사전

사전(dictionary)은 중괄호 '{ }'를 사용하여 만들며, 인덱스로 접근하지 않고 주로 문자열로 이루어진 **열쇳말**(keyword)로 접근한다. 다음을 실행해 보자.

```
1 yob={'Newton': 1642, 'Einstein': 1879, 'Neumann': 1903}
2 yob=dict(Netwon=1682, Einstein=1879, Neumann=1903)
3 yob.items()
4 yob.keys()
5 yob.values()
6 yob['Einstein']
7 yob['Hubble']=1889
8 yob.clear()
```

1행과 2행은 동등하다. 3-5행의 `items()`, `keys()`, `values()` 등은 사전 자료형의 **메소드**(method)인데, 각각 열쇳말과 저장된 값을 튜플 자료형으로, 열쇳말을 리스트로, 저장된 값을 리스트로 보여 준다. 6행과 같이 열쇳말 `Einstein`을 이용하여 `yob`의 원소에 접근할 수 있으며, 7행과 같이 새로운 열쇳말과 값을 추가할 수 있다. 8행은 변수 `yob`에 있는 모든 원소를 제거한다. 튜플과는 달리 사전은 원소를 변경할 수 있다. 사전 자료형은 열쇳말을 이용하여 함수의 인자를 넘겨줄 때 유용하게 사용된다(1.4.4절 참고).

1.2.6 불

불(Boole) 또는 **불리언**(Boolean) 자료형은 **논리 자료형**이라고도 하며 참(`True`)과 거짓(`False`)을 나타낸다.[8] 참과 거짓은 각각 정수 `1`과 `0`에 대응한다. 다음 각 행을 코드셀에서 실행해 보자.

```
1 type(True)
2 bool(0), bool(2)
3 bool([]), bool([1,2])
4 3>2
5 a=3
6 b=(a==3)
7 print(b)
8 True*5
```

2-3행에서 숫자 `0`이나 빈 리스트는 거짓이지만, `0`이 아닌 수나 유한한 크기를 갖는 리스트는 참임을 알 수 있다. 4행은 참이다. 6행에서 `a==3`은 변수 `a`에 `3`이라는 값이 저장되어 있는지를 묻는다. 7행을 실행하면 논리값 `True`가 출력된다. `True`는 정수 `1`에 해당하므로 8행을 실행하면 정수 `5`가 출력된다.

8) 영국의 수학자 조지 불(George Boole; 1815-1864)의 이름에서 따왔다.

1.3 NumPy 라이브러리와 배열

앞에서 설명했듯이 리스트의 덧셈과 곱셈 연산은 원소의 합과 곱이 아니라 리스트의 연결과 반복이라는 결과를 가져온다. 리스트는 각 원소의 수학 연산을 허용하지 않으므로 수치계산에서 편리한 자료형이 아니다. 수학 연산이 가능한 숫자들의 집합을 **배열**이라고 부르는데, 각 원소의 자료형이 모두 같아야 한다. 리스트와는 달리 배열은 메모리의 일정한 장소에 저장된다.

1.3.1 배열의 생성

파이썬의 NumPy 라이브러리는 배열과 다양한 수학 함수를 제공하는 표준 라이브러리다. NumPy 라이브러리를 사용하기 위해서는

```
import numpy as np
```

라는 문장을 맨 처음에 수행한다. 이 문장은 `numpy` 라이브러리를 `np`라는 이름으로 불러옴(import)을 뜻한다. 이후,

```
1  np.sqrt(2)              # 제곱근
2  np.log(3)               # 자연로그
3  np.log10(2)             # 상용로그
4  np.sin(np.pi*45/180)    # 사인함수, np.pi는 원주율(=3.14...)
```

을 실행해 보자. 4행은 `np.sin(np.deg2rad(45))`로 바꿀 수 있다. `dir(np)`를 실행하면 NumPy 라이브러리에 있는 함수 목록을 볼 수 있다.

다음은 NumPy 라이브러리를 이용하여 1차원 배열을 만든다.

```
1  np.zeros(4)              # 모든 원소가 0이며 크기가 4인 1차원 배열
2  a=np.ones(3)             # 모든 원소가 1이며 크기가 3인 1차원 배열
3  b=np.full(3,5)           # 모든 원소가 5이며 크기가 3인 1차원 배열
4  np.arange(5)             # 0부터 5 미만까지의 정수 배열
5  np.arange(5,10)          # 5부터 10 미만까지의 정수 배열
6  np.arange(10,0,-1)       # 10부터 1 초과까지 1씩 감소하는 정수 배열
7  np.arange(2.1,3,0.2)     # 2.1부터 3 미만까지 0.2씩 증가하는 실수 배열
8  np.linspace(5,10,9)      # 5부터 10까지 같은 간격으로 8등분하는 실수 배열
9  np.logspace(0.1,1,20)    # 로그 척도의 linspace 함수
```

1-3행은 배열의 모든 값을 특정값으로 초기화할 때 사용한다. 2행과 3행은 각각 생성한 1차원 배열을 변수 `a`와 `b`에 저장한다. 4-7행의 `np.arange()` 함수는 리스트를 만드는 `range()` 함수와 비슷하지만, 전자는 실수를 허용하는 반면 후자는 정수에 국한된다. 8-9행의 `np.linspace(start,end,size)`와 `np.logspace(start,end,size)` 함수는

시작점 start와 끝점 end를 포함하며 그림에서 가로축과 세로축의 좌표를 설정하는 데 자주 사용된다.

다차원 배열은 **튜플**을 사용하여

```
1 np.zeros((3,4))        # 모든 원소가 0인 크기가 3x4인 행렬(2차원 배열)
2 np.ones((2,5))         # 모든 원소가 1인 크기가 2x5인 행렬
3 np.eye(3)              # 크기가 3x3인 단위행렬
4 A=np.ones((2,3,4))     # 모든 원소가 1이며 크기가 2x3x4인 3차원 배열
5 B=np.full((2,3),5)     # 모든 원소가 5이며 크기가 2x3인 2차원 배열
6 B.reshape((3,2))       # B를 3x2인 2차원 배열로 변경
```

와 같은 방법으로 생성할 수 있다. np.shape(A) 또는 A.shape은 배열 A의 형태(크기)를 출력한다.

배열의 각 원소를 직접 입력하기 위해서는 리스트를 배열로 변환한다. 다음을 코드 셀에서 실행해 보자.

```
1 a=[2.71, 3.14, 50]
2 2*a                                # 리스트의 곱
3 b=np.array(a,dtype=float)          # 리스트를 배열로 변환
4 c=b.tolist()                       # 배열을 리스트로 변환
5 2*b                                # 배열의 곱
6 d=np.array([[2,3,5],[7,11,13]])    # 크기가 2x3인 2차원 배열(행렬)
```

3행은 리스트를 배열로 변환한다. 열쇳말 dtype은 숫자형을 지정하는데, 기본값은 float다. 4행은 배열 b를 리스트 c로 변환한다. 2행과 5행의 결과로부터 리스트와 배열의 차이를 알 수 있다. 6행은 2차원 배열 d를 생성한다. 배열 d의 각 원소에 접근하기 위해서는 d[1,2] 또는 d[1][2]와 같이 인덱스를 사용한다. d[0,:]은 첫째 행을, d[:,1]은 둘째 열을 나타낸다.

리스트와 마찬가지로 배열도 np.append() 함수를 이용하여 다음과 같이 덧붙일 수 있다.[9]

```
1 a=np.array([1,2,3])
2 a=np.append(a,4)                   # a 끝에 4를 추가하여 a로 저장
3 a=np.append(a,[5,6])               # a 끝에 5와 6을 추가하여 a로 저장
4 b=np.array([[1, 2, 3], [4, 5, 6]])
5 np.append(b,[[7, 8, 9]], axis=0)   # 새로운 행 추가
6 np.append(b,[[4],[7]], axis=1)     # 새로운 열 추가
```

2행과 3행은 각각 리스트의 a.append 및 a.extend와 같은 기능을 수행한다.

9) np.append() 함수는 이미 존재하는 배열의 끝에만 자료를 추가한다. 배열의 앞과 뒤에 동시에 새로운 배열을 추가하거나 다차원 배열을 추가할 때는 보다 일반적인 np.concatenate() 함수를 사용한다. 자료를 열(수직) 방향과 행(수평) 방향으로만 추가할 때는 각각 np.vstack() 함수와 np.hstack() 함수를 사용하면 편리하다.

속성/메소드	기능	메소드	기능
a.ndim	배열의 차원	a.prod()	모든 원소의 곱
a.shape	배열의 형태	a.min()	원소의 최솟값
a.size	배열의 총원소 수	a.max()	원소의 최댓값
a.dtype	배열의 숫자형	a.std()	원소의 표준편차
a.sum()	원소의 총합	a.var()	원소의 분산
a.mean()	원소의 평균값	a.astype()	배열의 숫자형 변경

표 1.2: 배열 a의 속성과 메소드

1.3.2 배열의 속성과 메소드

파이썬에서 사용하는 모든 숫자, 문자, 함수 등은 여러 **속성**(attribute)과 **메소드**를 가지고 있는 **객체**다.[10] 객체를 구별 또는 식별할 수 있는 이름을 **식별자**(identifier)라고 한다. 식별자는 프로그램에서 사용되는 변수, 자료형, 서브루틴 등을 가리키는 표시다. 예를 들어, a=np.array([1,2,3])이라는 문장은 np.array([1,2,3])이라는 객체를 변수 a로 식별한다.

배열도 객체이므로 속성과 메소드를 갖고 있다. 배열의 속성과 메소드를 표 1.2에 정리하였다. 식별자 뒤에 마침표를 찍고 속성과 메소드를 적는다. 메소드는 맨 뒤에 괄호 '()'를 붙여야 함에 주의하자. 배열 a가 다차원 배열일 경우 원소를 각 축 방향으로 더한 결과(배열)를 얻기 위해서는 a.sum(axis=0), a.sum(axis=1) 등을 실행한다.

메소드 astype()은 자료형을 변환한다.[11] 이 메소드를 이용하면 배열의 숫자형을 변경할 수 있다. 다음을 코드셀에서 실행해 보자.

```
1 arr=np.array([1,2,3.3,5.5])
2 x=arr.astype(int)
3 y=arr.astype(float)
4 z=arr.astype(complex)
5 print(x,y,z)
```

2, 3, 4행은 배열 arr의 모든 원소를 각각 정수형, 실수형, 복소수형으로 바꾼다.

1.3.3 복사

다음 문장을 실행해 보자.

```
a=np.array([0,1,2,3])
b=a
```

10) 속성은 객체에 속한 변수(variable)고 메소드는 객체에 속한 함수(function)다.

11) astype은 '자료형 변환'(cast type)의 약어다.

```
3 a[1]=100
4 print(b)
5 print(id(a),id(b))
```

4행을 실행하면 [0 100 2 3]이 출력되는데, 이 값은 a의 값과 같다. 즉, 변수 a와 b는 같은 객체(컴퓨터의 메모리)를 참조하는 식별자이므로 a의 원소가 바뀌면 b의 원소도 바뀐다. 이것은 2행의 b=a라는 문장이 단순 객체 복사를 의미하기 때문이다. 단순 객체 복사는 **가변객체**에만 적용되며, c=3으로 생성된 **불변객체** c에는 적용되지 않는다. 5행을 실행하면 변수 a와 b의 메모리 주소가 같음을 확인할 수 있다.

변수 a를 다른 객체 b로 복사하기 위해서는 메소드 copy()를 사용한다. 다음을 실행해 보자.

```
1 import numpy as np
2 a=np.array([0,1,2,3])
3 b=a.copy()
4 print(a==b)
5 print(a is b)
6 a[1]=100
7 print(a)
8 print(b)
```

4행과 5행에서 화면에 출력되는 값은 각각 [True True True True]와 False다. 즉, 3행에서 생성된 b는 a와 같은 값을 가지지만, a와 b는 컴퓨터 메모리의 다른 주소에 저장되는 완전히 다른 객체다. 따라서 6행에서 a의 원소를 변경해도 8행에서 출력되는 b에는 반영되지 않는다. 이와 같이 같은 값을 가지는 다른 객체를 만드는 복사를 **얕은 복사**(shallow copy)라고 한다.[12]

1.4 제어문과 함수

특정한 동작을 위한 여러 명령문을 모아 놓은 코드를 **코드블록**(code block)이라고 한다. **제어문**(control flow statement)은 프로그램의 흐름을 통제하는 명령어로, 주어진 조건에 따라 코드블록을 (반복적으로) 실행하거나 건너뛰게 만들 수 있다. 코드블록을 함수로 묶으면 코드가 간편해진다.

1.4.1 반복문

과학계산에서는 많은 반복 계산이 필요하다. 파이썬은 for 문과 while 문을 이용하여 반복 계산을 처리한다.

12) 리스트처럼 객체 안에 하위 객체를 가진 변수를 완전히 다른 객체로 복사하기 위해서는 'import copy'로 copy 모듈을 불러온 후 copy.deepcopy() 함수를 사용하여 **깊은 복사**(deep copy)를 수행한다.

1.4.1.1 for 반복문

for 문의 구조는 다음과 같다.

```
1 for 변수 in 리스트(또는 배열, 문자열, 등):
2     <실행문1>
3     <실행문2>
4     <실행문3>
```

1행에서 변수가 리스트의 첫 값부터 끝 값까지 차례대로 변하며 그 아래에 있는 실행문을 수행한다. for 문 끝에는 반드시 콜론(:)을 붙여야 하며, 이에 종속된 실행문은 Tab 키를 이용하여 한 단계 들여 써야 한다. 코드블록은 콜론에서 시작하여 들여쓰기가 종료될 때 끝난다.

다음과 같은 문장을 코드셀에서 실행해 보자.

```
1 for i in range(10):
2     x=2*i
3     print(i,x)
4 
5 for i in range(10): print(i)
```

for 문 아래의 실행문이 간단할 때는, 5행처럼 한 줄로 적을 수 있다.

코드블록 들여쓰기의 중요성은 다음 두 예에서 확인할 수 있다.

```
1 b,c=5,-1
2 for a in np.arange(1,11):
3     x=(-b + np.sqrt(b**2-4*a*c))/(2*a)
4     print(f'a={a:2d}  sol={x:.3f}')
```

에서는 3-4행이 10회 실행된다. 하지만

```
1 b,c=5,-1
2 for a in np.arange(1,11):
3     x=(-b + np.sqrt(b**2-4*a*c))/(2*a)
4 print(f'a={a:2d}  sol={x:.3f}')
```

에서는 3행이 10번 실행된 다음, 4행이 단 한 번만 실행된다.

위에서 사용한 print(f'a={a:2d} sol={x:.3f}') 문에서 따옴표 앞에 있는 f는 **형식화된 출력**(formatted output)을 뜻한다.[13] f가 없으면 따옴표로 둘러싸인 부분 전체가 문자열로 간주됨에 유의하자. 중괄호 밖에 있는 'a='와 'sol='는 문자열이고 중괄호 안에 있는 a와 x는 숫자형 변수다. 콜론 뒤에 있는 '2d'와 '.3f'는 출력 형식을

13) 소문자 대신 대문자 F를 사용할 수 있다. f나 F를 이용하는 방식은 Python 3.6 이후에 도입되었다. 이전 버전에서는 print('a={:2d} sol={:.3f}'.format(a,x))와 같은 형식을 이용한다.

지정하는데, d와 f는 각각 정수형과 실수형을 지시한다. 즉, 이 문장은 a값은 2자리 정수로 출력하고 x값은 실수형으로 소수점 이하 3자리까지 출력하라는 뜻이다. 실수 대신 지수 표기를 원할 때는 e나 E를, 실수 표기와 지수 표기를 구별할 필요가 없을 때는 g나 G를 사용한다.

1.4.1.2 while 반복문

일정 조건을 만족시키는 경우에만 반복 계산을 수행할 때 while 문을 사용한다. while 문의 구조는 다음과 같다.

```
while <조건문>:
    <실행문1>
    <실행문2>
    <실행문3>
```

<조건문> 다음에 콜론이 붙어 있어야 하며, <조건문>이 참이면 아래에 있는 실행문이 수행된다. for 문과 마찬가지로 실행될 문장을 Tab 키로 한 단계 들여 써야 한다.

다음 코드를 실행해 보자.

```
1 n=0
2 while n<10:
3     print(n)
4     n=n+3
```

화면에 줄이 바뀌며 0, 3, 6, 9가 출력된다. 1행에서 n이 미리 선언(정의)되지 않으면 2행에서 조건문을 판단할 때 오류가 생긴다. 4행의 n=n+3을 n+=3으로 간단히 적을 수 있다.

또 다른 예로 2차방정식 $ax^2 + bx + c = 0$의 근을 구하는 문제를 살펴보자.

```
a,b,c=1,1,-1
while b**2-4*a*c>0:
    xp=(-b+np.sqrt(b**2-4*a*c))/(2*a)
    xm=(-b-np.sqrt(b**2-4*a*c))/(2*a)
    print(f'c={c:.3f}, x={xp:.3f},  {xm:.3f}')
    c+=0.1
```

판별식($b^2 - 4ac$)이 양수일 때만, 계수 c가 -1부터 0.2까지 0.1씩 증가하면서 c값과 두 근을 출력한다.

1.4.2 if 조건문

조건에 따라 다른 계산을 수행할 때, if 문을 이용한다. if 문의 구조는 다음과 같다.

연산자	기능
==	좌변과 우변이 같으면 참, 그렇지 않으면 거짓
!=	좌변과 우변이 다르면 참, 그렇지 않으면 거짓
>	좌변이 우변보다 크면 참, 그렇지 않으면 거짓
<	좌변이 우변보다 작으면 참, 그렇지 않으면 거짓
>=	좌변이 우변보다 크거나 같으면 참, 그렇지 않으면 거짓
<=	좌변이 우변보다 작거나 같으면 참, 그렇지 않으면 거짓

표 1.3: 비교연산자의 종류와 기능

```
if <조건문1>:
    <실행문1>
elif <조건문2>:
    <실행문2>
else:
    <실행문3>
```

<조건문1>이 참이면 <실행문1>이 실행되고, <조건문1>이 거짓이지만 <조건문2>가 참이면 <실행문2>가 실행된다. <조건문1>과 <조건문2>가 동시에 거짓이면 <실행문3>이 실행된다. if, elif, else가 있는 문장은 반드시 콜론으로 끝나야 하며, 모든 실행문을 Tab 키로 한 단계 들여 써야 한다. 조건문이 하나밖에 없는 경우에는 elif 절과 해당 실행문을 삭제하고, 조건문이 여러 개 있을 때는 elif 절을 필요한 만큼 추가할 수 있다. 마지막 else 절의 실행문이 없으면 else 절도 삭제한다.

if 문은 보통 for 또는 while 문과 더불어 사용한다. 다음 예를 살펴보자.

```
1 a=0
2 for i in range(20):
3     if i>=5:
4         a+=i
5 print(a)
```

1행은 변수 a를 0으로 초기화한다. 2-4행은 i가 0부터 19까지 변할 때, 5 이상인 수를 더한 결과를 a에 저장한다. 3행에서 '>=' 기호는 **비교연산자**(comparison operator)로, i가 5 이상이면 참이다. 파이썬에서 사용하는 비교연산자를 표 1.3에 정리하였다.

2개의 조건을 동시에 만족시켜야 하는 경우, 또는 2개의 조건 중 하나라도 만족시키면 충분한 경우에는

```
if x >5 and x <=10:
```

또는

```
if x >5 or y <=10:
```

과 같이 **논리연산자**인 and나 or를 사용하여 조건을 연결한다.

또 다른 예로 다음 코드를 실행해 보자.

```
1  sum0,sum1,sum2=0,0,0
2  for i in range(10):
3      if (i%2==0) and (i%3 ==0):
4          sum0 += i
5      elif (i%2==1) or (i%3 ==0):
6          sum1 += i
7      else:
8          sum2 += i
9
10 print(sum0,sum1,sum2)
```

1행은 합을 저장하는 변수 sum0, sum1, sum2를 모두 0으로 초기화한다. 2-8행은 i가 0부터 9까지 1씩 증가하는 동안 2와 3의 공배수의 합을 sum0에, 홀수거나 3의 배수인 수의 합을 sum1에, 나머지 수의 합을 sum2에 저장한다.

1.4.3 break 문

for 문 또는 while 문을 실행하다가 특정 조건을 만나면 계산을 중지해야 할 경우가 있다. 이때, if 문과 함께 break 문을 사용한다. 다음 예를 실행해 보자.

```
1  n=0
2  while True:            # 무한 루프
3      n+=1
4      if n==20:
5          break          # 반복문을 끝내고 while의 제어를 벗어남
6      print(n)
```

이 코드는 n을 0부터 1씩 증가시키며 n=20이 될 때까지 n의 값을 출력한다. 2행에서 while 문 다음에 True가 있으므로 3-6행에 있는 코드블록은 항상 실행된다. n=20일 때, 5행에서 break 문을 만나 while 문을 빠져나가므로 화면에 19까지만 출력된다.

1.4.4 함수

프로그래밍에서 하나의 특별한 기능을 수행하기 위해 독립적으로 설계된 코드블록을 **함수**(function)라고 한다. 모든 함수는 고유 이름을 가지고 있다. 함수가 정의되면 그 기능을 수행할 때마다 코드블록을 작성할 필요 없이, 함수 이름을 명령어처럼 호출한다. 프로그램을 함수로 나누어 작성하면 코드의 가독성을 높일 수 있고 유지보수가 쉬워진다.

함수의 종류에는 파이썬 내부에 이미 만들어 놓은 **내장함수**(built-in function)와 사용자가 새로 정의하는 **사용자정의함수**(user-defined function)가 있다.

1.4.4.1 내장함수

파이썬은 앞에서 소개한 `print()`, `complex()`, `type()` 등의 기본적인 내장함수부터 NumPy, SciPy 등의 라이브러리에 포함된 수많은 내장함수를 갖고 있다.[14] 배열의 **메소드**도 내장함수의 일종이다. 이 내장함수를 적절히 사용하면 원하는 계산을 매우 효율적으로 수행할 수 있다.

1.4.4.2 사용자정의함수

내장함수에는 없는 특별한 계산을 자주 수행한다면, 사용자정의함수로 정의하여 사용한다. 파이썬에서는 열쇳말 `def`를 이용하여 사용자정의함수를 선언한다.

```
def 함수이름(인자):
    본문
    return 반환 값
```

'함수이름' 뒤에 괄호와 콜론을 반드시 붙여야 한다. 또한, 계산을 수행하는 본문과 반환 값을 되돌려 주는 `return` 문은 반드시 Tab 키로 한 단계 들여 써야 한다. '함수이름'은 그 기능을 알 수 있도록 짓되, 파이썬에서 사용하는 고유 열쇳말과 내장함수 이름은 사용할 수 없다. 프로그램에서 함수를 호출하면 함수 밖에 있는 값이 괄호 안에 있는 **인자**(argument)를 통해 함수로 전달되고, `return` 문 뒤의 반환 값이 '함수이름'을 통해 프로그램으로 전달된다.

다음 코드를 실행해 보자.

```
def test1(a,b):
    s=2*a+b
    return s

res1=test1(1,2)          # 위치인자로 함수 호출
print(res1)
res2=test1(2,1)          # 위치인자로 함수 호출
print(res2)
res3=test1(a=1,b=2)      # 열쇳말인자로 함수 호출
print(res3)
res4=test1(b=2,a=1)      # 열쇳말인자로 함수 호출
print(res4)
```

14) `import scipy as sp`를 실행한 후, `dir(sp)`를 실행하면 SciPy 라이브러리의 내장함수 목록을 확인할 수 있다.

1-3행에서 정의한 함수 `test1`은 2개의 **위치인자**(positional argument) `a`와 `b`를 갖고 있다. 이 함수는 첫째 인자 `a`에 2를 곱한 수와 둘째 인자 `b`의 합을 변수 `s`에 저장한 다음 `s`값을 반환한다. 5행에서 `test1` 함수를 호출하면 괄호 안에 있는 두 인자는 위치(순서)에 따라 `a=1`, `b=2`인 값으로 함수에 전달된다. 함수 내부에서 계산된 `s=4`가 3행의 `return` 문에 의해 5행에서 변수 `res1`에 저장된다. 7행에서도 인자는 위치에 따라 `a=2`, `b=1`인 값이 함수에 전달된 후, 계산된 `s=5`가 `res2`로 반환된다. 9행과 11행에서 `test` 함수를 호출하면 두 인자는 위치가 아니라 **열쇳말인자**(keyword argument) `a`와 `b`를 통해 함수에 전달된다. 10행과 12행에서 화면에 출력되는 값은 모두 4이다. 이처럼 열쇳말인자로 함수를 호출할 수 있다는 것은 파이썬이 가진 장점 중 하나다.

파이썬은 함수를 정의할 때부터 열쇳말인자를 사용할 수도 있다. 다음 코드를 실행해 보자.

```
1  def test2(a=1,b=2):
2      s=2*a+b
3      return s
4
5  res1=test2()            # 인자 없이 함수 호출
6  print(res1)
7  res2=test2(a=3)         # 열쇳말인자로 함수 호출
8  print(res2)
9  res3=test2(3,5)         # 위치인자로 함수 호출
10 print(res3)
```

1-3행에서 정의한 `test2` 함수는 **기본값**(default value)이 `a=1`과 `b=2`로 지정된 열쇳말인자를 사용하여, 앞에서 정의한 `test1` 함수와 같은 계산을 수행한다. 이 경우 5행과 7행처럼 아무런 인자를 사용하지 않거나 한 인자만 지정하여 `test2` 함수를 호출하면, 지정되지 않은 인자는 1행에서 지정한 기본값이 자동으로 전달된다. 9행처럼 위치인자를 사용하면 앞과 뒤에 있는 인자는 각각 `a`와 `b`로 지정되어 함수에 전달된다.

다음 코드를 실행해 보자.

```
1  def test3(x,mylist):
2      x=x+2
3      mylist.append(x)
4
5  a=3
6  b=[0,1,2]
7  test3(a,b)              # 함수 호출
8  print(a,b)
```

1-3행에서 정의한 `test3` 함수는 앞의 인자에 2를 더한 값을 뒤의 인자 `mylist`에 덧붙인 후, 명시적으로 아무 값도 반환하지 않는다. 숫자형 변수는 **불변객체**이므로 함수 안에서

x에 2를 더한 결과가 함수 밖으로 반영되지 않는다. 그러나 리스트는 **가변객체**이므로 함수 안의 결과가 인자를 통해 함수 밖으로 전달된다. 따라서 8행에서 출력된 b의 값은 6행에서 지정된 값과 다르다.

함수를 호출하여 돌려받는 값이 2개 이상이면, 쉼표로 구분하여 적는다. 다음 예를 살펴보자.

```
1  def divide(a,b):
2      q=a//b
3      r=a%b
4      return q,r
5
6  quo,rem=divide(23,3)
7  print(quo,rem)
8  res=divide(23,3)
9  print(res)
```

1-4행에서 정의한 함수 divide는 앞 인자 a를 뒤 인자 b로 나눈 몫 q와 나머지 r을 반환한다. '//'와 '%'는 각각 몫과 나머지를 구하는 연산자다. 6행에서는 반환되는 값 중 앞의 값을 quo라는 변수에, 뒤의 값을 rem이라는 변수에 저장한다. 8행처럼 두 값을 res라는 튜플로 돌려받을 수 있으며 res[0]=7, res[1]=2이다.

입력 인자의 개수를 미리 알 수 없거나, 함수를 호출할 때마다 인자의 수가 변하는 경우에는 인자 앞에 별표(*)를 1개 붙인 **가변길이 인자**(variable length argument)를 사용한다.

```
1  def multiply(*args):
2      print(args)
3      y=1
4      for num in args:
5          y*=num
6      return y
7
8  m=multiply(3,4)
9  print(m)
10 m=multiply(3,4,5)
11 print(m)
```

2행에서 변수 args를 출력하면, 이 변수가 튜플 자료형임을 알 수 있다. 8행과 10행에서 multiply 함수를 호출할 때 입력 인자의 개수에 제한이 없다.

함수의 인자에 개수가 일정하지 않은 열쇳말이 포함되어 있다면 별표 2개(**)를 붙인 **가변길이 열쇳말인자**(variable length keyword argument)를 사용한다.

```
1  def test4(a, *args, **kwargs):
2      print(a)
3      print(args)
4      print(kwargs)
5      for arg in args:
6          print('an element in args=',arg)
7      for key,value in kwargs.items():
8          print(f'key={key}, value={value}')
9
10 test4(2,5,7,'a',alpha=3,gamma=5)
```

1-8행에서 정의한 함수 `test4`는 위치인자 `a`, 가변길이 인자 `args`, 가변길이 열쇠말인자 `kwargs`를 갖고 있다. 10행에서 `test4` 함수를 호출하면 첫 번째 인자(2)는 `a`에, 그 뒤에 있는 위치인자(`5, 7, 'a'`)는 `args`에, 그 뒤에 있는 열쇠말인자(`alpha=3,gamma=5`)는 `kwargs`를 통해 함수에 전달된다. 3행에서 변수 `args`가 튜플 자료형이고 4행에서 변수 `kwargs`가 사전 자료형임을 알 수 있다.

1.4.4.3 람다 함수

람다 함수(lambda function)는 한 줄로 사용하는 매우 간단한 함수로, 이름이 없어서 **익명 함수**(anonymous function)라고도 불린다. 람다 함수의 구조는 다음과 같다.

```
lambda 인자1, 인자2, 인자3, ... : 계산식
```

`lambda`와 콜론 사이에 있는 쉼표로 구별된 변수를 모두 인자로 간주한다. 인자를 이용한 계산식은 콜론 뒤에 배치한다.

람다 함수를 이용하면 코드를 간결하게 짤 수 있다. 다음 예를 살펴보자 .

```
1  f=lambda x: x**2
2  print(f(5))
3
4  minimum=lambda x, y: x if x<y else y
5  print(minimum(13,15))
6
7  Celsius=[0,10,20,30]
8  Fahrenheit=map(lambda x: (9/5.)*x+32, Celsius)
9  list(Fahrenheit)
```

1행에서 정의한 함수 `f(x)`는 `x`의 제곱을 반환한다. 4행에서 정의한 함수 `minimum(x,y)`는 `x`와 `y` 중 작은 수를 반환한다. 8행의 람다 함수는 섭씨온도(`Celsius`)를 화씨온도(`Fahrenheit`)로 바꾼다. 함수 `map(fun,iter)`은 입력자료 `iter`에 대해 함수 `fun`을 수행하는 파이썬의 내장함수다.

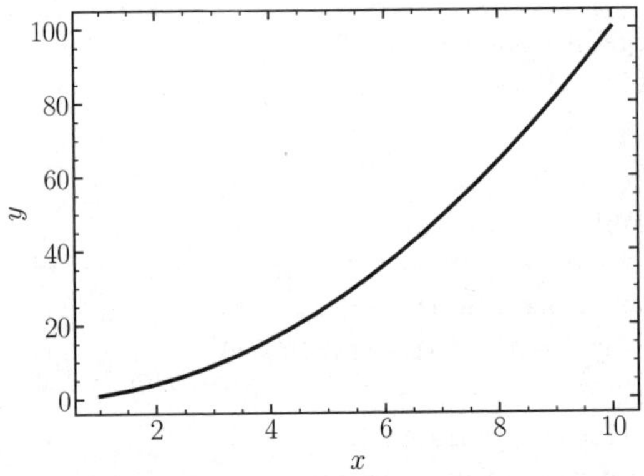

그림 1.6: $y = x^2$의 그래프

1.5 그래프 그리기

파이썬은 다양한 자료를 시각화할 수 있는 Matplotlib 라이브러리를 갖고 있는데 그 중 PyPlot 모듈은 과학과 공학 분야에서 유용하게 사용된다. PyPlot 모듈을 사용하기 위해서는 우선

```
import matplotlib.pyplot as plt
```

를 실행해야 한다. 이것은 PyPlot 모듈을 `plt`라는 이름으로 불러온다는 뜻이다.

1.5.1 선 그래프

단순한 2차원 그래프는 다음과 같이 `plt.plot()` 함수를 이용하여 그린다.

```
1 import numpy as np
2 import matplotlib.pyplot as plt
3
4 x=np.linspace(1,10,20)
5 y=x*x
6 plt.plot(x,y)
7 plt.xlabel('x')
8 plt.ylabel('y')
9 plt.show()
```

4-5행은 $(x, y = x^2)$인 20개의 순서쌍을 임의로 만든다. 6행은 순서쌍을 실선으로 연결한다. 7-8행은 x축과 y축에 이름(label)을 붙인다. 9행은 만든 그림을 화면에 출력한다. 파이썬 버전에 따라 마지막 행은 필요하지 않을 수도 있다.

위 코드를 실행하면, 그림 1.6과 같이 순서쌍 (x, y)를 연결하는 실선이 그려진다. 선의 종류와 색을 바꾸기 위해서는 아래와 같이 `plt.plot(x,y)`에 옵션을 추가한다.

기호	표식자	기호	표식자
^	삼각형	v	역삼각형
>	오른쪽 삼각형	<	왼쪽 삼각형
o	원	s	사각형
p	오각형	h	육각형
D	마름모	8	팔각형
+	더하기 기호	x	곱하기 기호
.	작은 점	*	별표

표 1.4: 그림에 사용되는 표식자의 종류

```
1  plt.plot(x,y,'k-')          # 검은색 실선(solid line)
2  plt.plot(x,y,'r:',lw=3)     # 빨간색 점선(dotted line)
3  plt.plot(x,y,'b--')         # 파란색 파선(dashed line)
4  plt.plot(x,y,'y-.')         # 노란색 일점쇄선(dash-dotted line)
5  plt.plot(x,y,color='blue',linestyle='--')
```

따옴표 안의 첫 알파벳 문자는 선의 색깔을 지정하며, 뒤의 기호는 선의 종류를 지정한다. 열쇳말 `lw`는 선의 굵기를 지정한다. 5행은 3행과 같은 결과를 가져온다.

선 대신 자료의 위치에 원, 사각형 등의 **표식자**(marker)를 그리기 원하면

```
1  plt.plot(x,y,'ro')          # 빨간색 원
2  plt.plot(x,y,'bs')          # 파란색 사각형
3  plt.plot(x,y,'y.')          # 노란색 점
4  plt.plot(x,y,'ro-')         # 빨간색 원과 실선
5  plt.plot(x,y,'bo-',mec='k',mfc='r',ms=8)     # 파란색 선과 빨간색 원
```

과 같이 표식자의 기호를 적는다. 자주 사용하는 표식자의 기호를 표 1.4에 정리하였다. 선과 표식자를 동시에 그리기 원하면 4행처럼 해당 기호를 동시에 표시한다. 5행은 선과 표식자의 색을 다르게 그린다. 열쇳말 `mec`, `mfc`, `ms`는 각각 **표식자 테두리색**(marker edge color), **표식자 얼굴색**(marker face color), **표식자 크기**(marker size)를 나타낸다.

좌표축을 로그 척도(logarithmic scale)로 한 그림을 그리려면

```
plt.semilogx(x,y)           # x축만 로그 척도
plt.semilogy(x,y)           # y축만 로그 척도
plt.loglog(x,y)             # x축과 y축을 동시에 로그 척도
```

중 하나를 사용한다. 또는,

```
plt.plot(x,y)
plt.xscale('log')
plt.yscale('log')
```

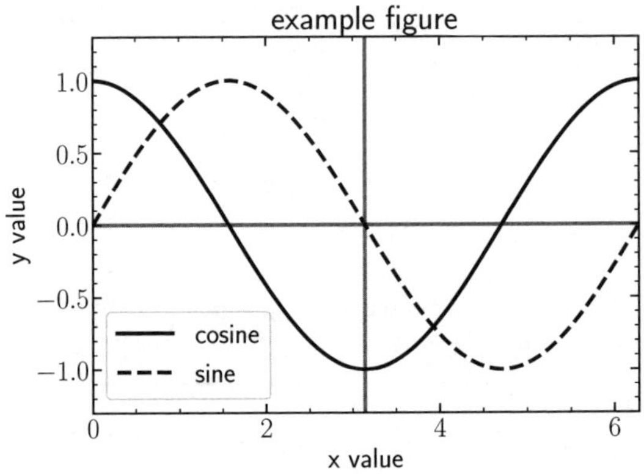

그림 1.7: $y = \cos x, \sin x$의 그래프

와 같이 해도 두 축을 동시에 로그 척도로 그릴 수 있다.

하나의 상자에 2개 이상의 자료를 그릴 때는 아래와 같이 `plt.plot()` 함수를 이용하여 자료를 추가한다.

```
1  x=np.linspace(0,2*np.pi,100)
2  y1=np.cos(x)
3  y2=np.sin(x)
4  plt.plot(x,y1,'r-',label='cosine')
5  plt.plot(x,y2,'b--',label='sine')
6  plt.xlim(0,2*np.pi)
7  plt.ylim(-1.3,1.3)
8  plt.xlabel('x value')
9  plt.ylabel('y value')
10 plt.title('example figure')
11 plt.axhline(y=0)
12 plt.axvline(x=np.pi)
13 plt.minorticks_on()
14 plt.legend()
15 plt.show()
```

이 코드를 실행한 결과는 그림 1.7과 같다. 6-7행은 각 축의 범위를 설정하고, 8-10행은 각 축과 그림의 이름을 붙인다. 11행의 `plt.axhline(y=0)` 함수는 `y=0`인 수평선을 그린다. 12행의 `plt.axvline(x=np.pi)` 함수는 `x=`π인 수직선을 그린다. 13행은 두 축에 '작은 눈금'(minor tick)을 추가한다. 14행의 `plt.legend()` 함수는 4-5행의 열쇳말 `label`에 입력된 값을 이용하여 선의 **범례**(legend)를 추가한다.

그림이 출력되는 직사각형 영역을 **캔버스**(canvas)라고 한다. 1개의 캔버스에 2개 이상의 그래프를 그릴 때는 `plt.subplot()` 함수를 이용한다.

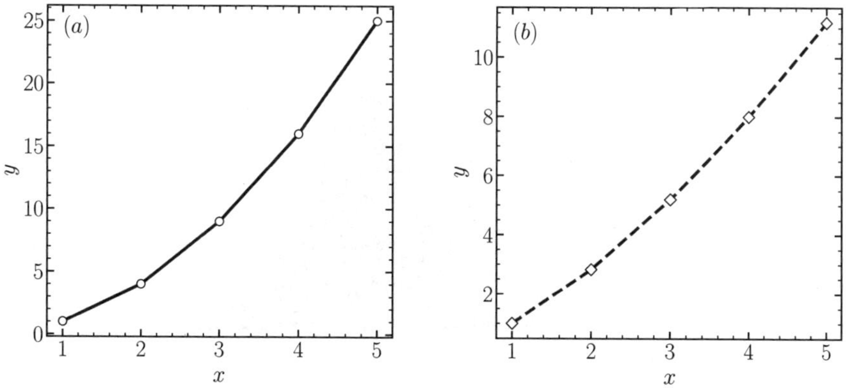

그림 1.8: 한 캔버스에 그린 2개의 그래프

```
1  fig=plt.figure(1,figsize=(10,5))
2  
3  x=np.arange(1,6)
4  y1=x*x
5  y2=x**1.5
6  
7  plt.subplot(121)
8  plt.plot(x,y1,'ro-')
9  plt.xlabel('x')
10 plt.ylabel('y')
11 plt.text(1,24,'(a)')
12 
13 plt.subplot(122)
14 plt.plot(x,y2,'bD--')
15 plt.xlabel('x')
16 plt.ylabel('y')
17 plt.text(1,10.6,'(b)')
18 plt.tight_layout()
19 plt.savefig('figure.pdf')
20 plt.show()
```

이 코드를 실행한 결과는 그림 1.8과 같다. 1행에서 숫자 1은 현재 캔버스의 일련번호며, `(10,5)`는 캔버스의 크기를 나타내는 튜플인데 가로로 10인치, 세로로 5인치임을 뜻한다. 7행과 13행의 `plt.subplot()`에 있는 처음 2개의 숫자는 캔버스를 2개의 창(세로로 1등분, 가로로 2등분)으로 나눈다는 뜻이며, 마지막 숫자는 그래프가 그려지는 창의 번호를 나타낸다.[15] 11행과 17행은 그림 상자에 문자열을 추가하는데, 2개의 숫자는 문자열

15) 창의 개수가 10 이상이면, 3개의 숫자를 콤마로 분리한다.

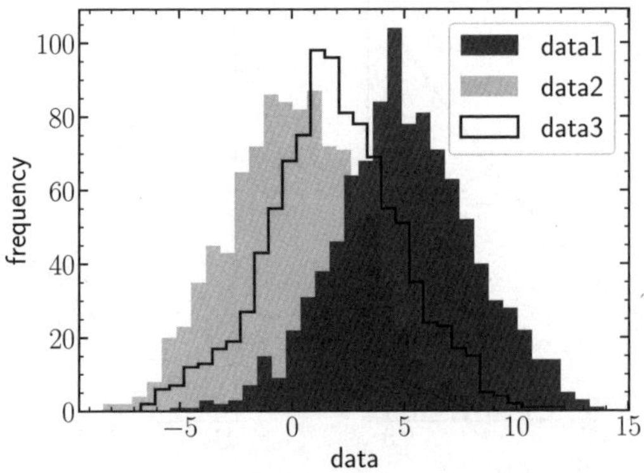

그림 1.9: 히스토그램

이 적힐 좌표를 지정한다. 18행은 창과 창 사이의 불필요한 공간을 조절한다.[16] 19행은 그려진 그림을 `figure.pdf`라는 이름의 파일로 홈 폴더에 저장한다. 확장자 `pdf`를 `jpg`, `png` 등으로 바꾸면 해당 형식의 파일로 저장된다.

1.5.2 히스토그램

파이썬의 `plt.hist()` 함수를 이용하면 자료의 히스토그램을 매우 간편하게 그릴 수 있다. 다음 예를 살펴보자.

```
1  data1=np.random.normal(5.0, 3.0, 1000)
2  data2=np.random.normal(0.0, 3.0, 1000)
3  data3=np.random.normal(2.0, 3.0, 1000)
4
5  plt.hist(data1,bins=30,color='b',alpha=0.5,label='data1')
6  plt.hist(data2,bins=30,color='r',alpha=0.5,label='data2')
7  plt.hist(data3,bins=30,color='k',histtype='step',label='data3')
8
9  plt.ylabel('frequency')
10 plt.xlabel('data')
11 plt.legend()
12 plt.show()
```

이 코드를 실행한 결과는 그림 1.9와 같다. 1-3행의 `np.random.normal(m,`σ`,n)` 함수는 평균이 `m`이고 표준편차가 σ인 정규분포를 따르는 `n`개의 **난수**(random number)를 생성한다(10.3절 참고). 5-7행에서 열쇳말 `bins`는 계급 수(bin number)를, `color`는 색깔을, `alpha`는 색의 불투명도를 나타낸다. `alpha`는 0(완전 투명)과 1(완전 불투명) 사이의 값을 가진다.

16) `plt.subplots_adjust()` 함수를 이용하면 창의 간격을 미세하게 조절할 수 있다.

7행의 histtype은 히스토그램을 그리는 형식을 나타내는 열쇳말이다. 이 열쇳말의 기본값은 'bar'인데 색을 칠한 막대그래프를 그린다. histtype='step'으로 놓으면 막대의 윤곽선만 그린다. 막대 사이의 간격은 열쇳말 rwidth로 조절한다. 막대 안을 빗금이나 기호로 채우려면 열쇳말 hatch를 이용한다(그림 10.7 참고). 예를 들어, hatch='/', hatch='*', hatch='|', hatch='+', hatch='x'는 막대 안에 각각 빗금, 별표, 수직선, 십자선, x자 사선을 추가한다. 따옴표 안에 들어가는 '/', '*' 등의 기호는 중복하여 사용할 수 있으며, 기호의 개수가 증가할수록 선과 별표가 점점 촘촘해진다.

plt.hist() 함수에 열쇳말 density=True를 추가하면 도수(frequency) 분포가 아니라 전체 도수로 규격화한 **확률밀도함수**(probability density function)를 그린다.[17]

1.5.3 영상 시각화

2차원 영상(image)을 시각화할 때 plt.pcolormesh() 함수나 plt.imshow() 함수를 사용한다. 다음 예를 살펴보자.

```
import numpy as np
import matplotlib.pyplot as plt
from mpl_toolkits.axes_grid1 import make_axes_locatable

fig=plt.figure(1,figsize=(10,5))

x=y=np.arange(-3,3.1,0.1)
X,Y=np.meshgrid(x, y)
Z1=np.exp(-X**2-Y**2)
Z2=np.exp(-(X-1)**2-(Y-1)**2)
Z=Z1-Z2

ax=plt.subplot(121)
im=ax.pcolormesh(x,y,Z,cmap='bwr')
plt.xlabel('x')
plt.ylabel('y')
ax.set_aspect(aspect=1)
divider=make_axes_locatable(ax)
cax=divider.append_axes("right",size=0.2,pad=0.1)
cbar=plt.colorbar(im, cax=cax)
cbar.set_label(r'$\delta\rho$')

ax=plt.subplot(122)
im=plt.imshow(Z, cmap='RdBu',origin='lower',extent=[-3,3,-3,3])
plt.xlabel('x')
```

17) 파이썬 3.1 이전 버전에서는 density=True 대신 normed=True를 사용한다.

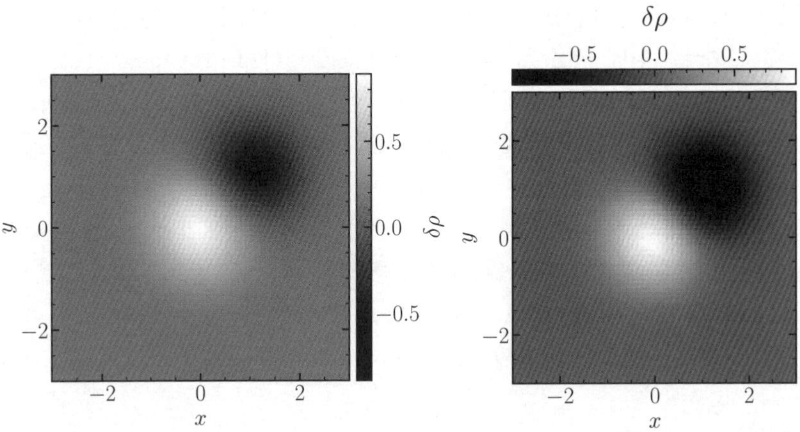

그림 1.10: 직각좌표계에서 영상의 시각화

```
26  plt.ylabel('y')
27  divider=make_axes_locatable(ax)
28  cax=divider.append_axes("top",size=0.2,pad=0.1)
29  cbar=plt.colorbar(im, cax=cax,orientation="horizontal")
30  cbar.ax.xaxis.set_ticks_position("top")
31  cbar.ax.set_title(r'$\delta\rho$',y=3.5)
32  plt.tight_layout()
33  plt.show()
```

이 코드를 실행한 결과는 그림 1.10과 같다. 8행의 `np.meshgrid`는 `x`값과 `y`값에 해당하는 직사각형 격자 (x_i, y_j)를 만드는 함수인데(단, `0` ≤ `i` ≤ `len(x)-1`이고 `0` ≤ `j` ≤ `len(y)-1`), 그 결과로 생성되는 `X`와 `Y`는 각각 모든 격자점의 x 좌표와 y 좌표를 저장하는 2차원 배열이다. 9-11행에서 예시를 위한 2차원 배열 `Z`를 만든다. 13행과 23행은 `plt.subplot`이라는 객체를 `ax`라는 이름으로 생성한다.[18] 14행과 24행은 배열 `Z`를 영상으로 만들어 `im`이라는 이름으로 저장한다. 여기서, `cmap`은 **색상표**(color map)를 의미하는 열쇳말이며, 현재 `'bwr'`과 `'RdBu'`로 설정되어 있다. 파이썬은 다양한 색상표를 제공한다.[19] 18행은 13행에서 정의한 객체 `ax`의 축 경계를 `divider`라는 이름으로 설정한다. 이를 위해 3행에서 `make_axes_locatable` 함수를 불러왔다. 19행은 `divider`의 오른쪽에 새로운 축 `cax`를 붙이는데, 열쇳말 `size`와 `pad`는 각각 축의 폭과 간격을 인치 단위로 설정한다. 20행은 `cax`라는 축에 14행에서 만든 영상 `im`의 **색막대**(colorbar)를 그린 후 `cbar`라는 이름으로 저장한다. 21행은 색막대가 나타내는 물리량을 적는다. 27-31행은 18-21행과 같은 기능을 수행하지만 색막대를 영상의 위쪽에 그린다. 30행은

---

18) 이것을 `Axes` 객체라고 하는데 하나의 그래프를 뜻한다. `Axes` 객체는 각 좌표축을 뜻하는 `Axis` 객체의 집합이며, 캔버스 또는 종이를 뜻하는 `Figure` 객체에 종속된다.

19) `https://matplotlib.org/stable/gallery/color/colormap_reference.html` 참고

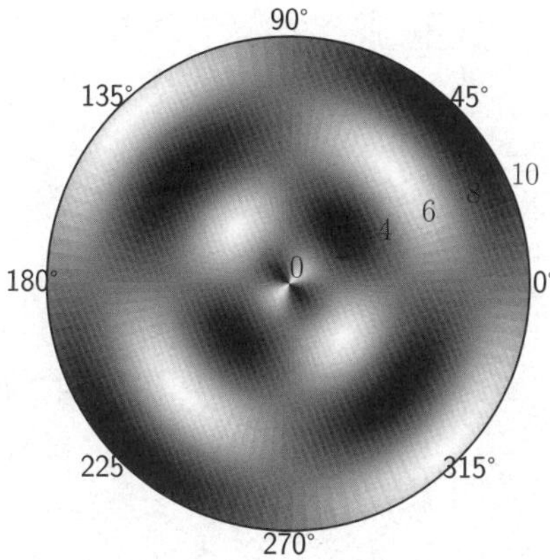

그림 1.11: 원통형좌표계에서 영상의 시각화

색막대의 눈금을 위쪽에 그린다.

위의 예에서 알 수 있듯이 `plt.pcolormesh()` 함수는 자료의 좌표 `x`와 `y`를 직접 입력하므로 비균등 격자점에 대해서도 사용할 수 있으며, 직각좌표계뿐만 아니라 원통형좌표계에서 유용하다. 반면, `plt.imshow()` 함수는 좌표를 따로 입력하지 않고 열쇳말 `extent`로 영역을 설정하므로 균등 직각좌표계에서만 사용할 수 있다. 그러나 영상을 그리는 속도는 `plt.pcolormesh()` 함수보다 빠르다.

다음 예는 원통형좌표계 (r, θ)에서 `data`$=\sin(2\theta)\cos(r)$을 그린다.

```
1 theta=np.linspace(0.0,2*np.pi,100)
2 r=np.linspace(0,10,200)
3 R,Theta=np.meshgrid(r, theta)
4 data=np.sin(2*Theta)*np.cos(R)
5 plt.subplot(projection="polar")
6 plt.pcolormesh(theta,r,data.T,shading='nearest')
7 plt.show()
```

이 코드를 실행한 결과는 그림 1.11과 같다. 6행의 `data.T`는 2차원 배열(행렬) `data`의 행과 열을 서로 맞바꾼 **전치행렬**(transposed matrix)을 나타낸다. 열쇳말 `shading`은 격자점의 색을 채우는 방식을 지정한다.

1.5.4 등고선 그림

배열의 **등고선**(contour)은 `plt.contourf()` 함수 또는 `plt.contour()` 함수를 이용하여 그린다. 다음 예를 살펴보자.

```
x=y=np.arange(-3,3.1,0.1)
X,Y=np.meshgrid(x, y)
```

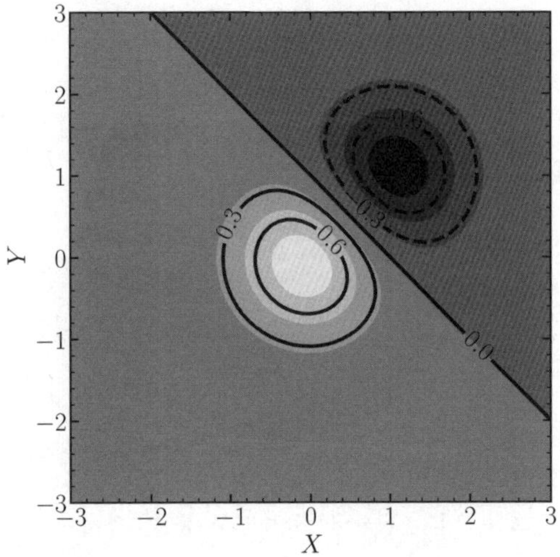

그림 1.12: 등고선 그림

```
3  Z1=np.exp(-X**2-Y**2)
4  Z2=np.exp(-(X-1)**2-(Y-1)**2)
5  Z=Z1-Z2
6
7  fig=plt.figure(1,figsize=(5,5))
8  plt.contourf(X,Y,Z,cmap='jet_r')
9  lev=[-0.6,-0.3,0,0.3,0.6]
10 cs=plt.contour(X,Y,Z,levels=lev,colors='k')
11 plt.clabel(cs)
12 plt.xlabel('X')
13 plt.ylabel('Y')
14 plt.show()
```

이 코드를 실행한 결과는 그림 1.12와 같다. 8행의 `plt.contourf()` 함수는 색을 채운(filled) 등고선을 그린다. 열쇳말 `cmap`의 인자 '`jet`' 끝에 붙은 '`_r`'은 역순(reverse order) 또는 반전을 의미한다. 10행의 `plt.contour()` 함수는 열쇳말 `levels`에 해당하는 등고선을 그린 후 그래프를 `cs`라는 이름으로 저장한다. 각 등고선의 색을 다르게 할 때는 `colors=['r','g','b','k','c']`와 같이 각 `levels`의 색을 리스트로 설정한다. 11행은 `cs`에 등고선의 값을 표시한다.

1.6 파일 입출력

지금까지 사용자가 직접 입력한 자료를 가시화하는 방법에 대해 살펴보았다. 때로는 자료를 파일에 저장하거나 파일에 저장된 자료를 읽어 들일 필요가 있다. 파이썬에는 파일을 읽는 다양한 방법이 있는데, 그중 `np.loadtxt()` 함수는 **아스키 파일**(ascii file)의 각 열을 각각 다른 변수로 읽을 수 있다.[20] 다음 예를 살펴보자.

```
1  import urllib.request
2  target='http://astro.snu.ac.kr/~wkim/PyData/bonnor.txt'
3  urllib.request.urlretrieve(target,'bonnor.txt')
4
5  fname='./bonnor.txt'
6  x,den,rds,pre=np.loadtxt(fname,unpack=True,usecols=[0,1,2,3])
7
8  fig=plt.figure(1,figsize=(10,5))
9  plt.subplot(121)
10 plt.xlim(0.1,100)
11 plt.ylim(1.e-3,2)
12 plt.loglog(x,den)
13 plt.text(40,1,r'$(a)$')
14 plt.xlabel(r'$\xi$')
15 plt.ylabel(r'$\rho/\rho_0$')
16 plt.subplot(122)
17 plt.xlim(0.2,1)
18 plt.ylim(0.,2)
19 plt.xticks(np.linspace(0.2,1.,5))
20 plt.yticks(np.linspace(0.,2.0,5))
21 plt.plot(rds,pre)
22 plt.grid(True)
23 plt.text(0.9,1.8,r'$(b)$')
24 plt.xlabel(r'$R$')
25 plt.ylabel(r'$P_{\rm ext}$')
26 plt.tight_layout()
27 plt.show()
28
29 y=den*pre
30 f=open('output.txt','w')
31 for i in range(len(x)):
32     txt=str(x[i])+'\t'+str(y[i])+'\n'
33     f.write(txt)
34 f.close()
```

1행은 웹주소(url)를 처리할 수 있는 `urllib` 모듈을 불러온다. 2-3행은 변수 `target`으로 지정된 파일을 자신의 노트북 홈 폴더에 `bonnor.txt`라는 이름으로 저장한다.

20) 아스키(ascii)는 'American Standard Code for Information Interchange'의 약어로, 전자통신 표준으로 사용되는 문자의 부호화(encoding) 방법이다. 우리가 눈으로 직접 읽을 수 있는 평범한 텍스트 파일을 아스키 파일이라고 한다.

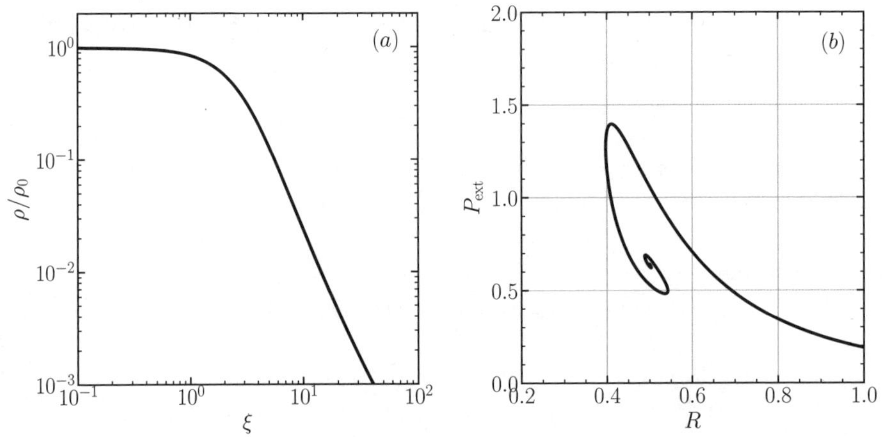

그림 1.13: bonnor.tex 파일을 읽어, (*a*) den을 x의 함수로 (*b*) pre를 rds의 함수로 그린 예

bonnor.txt 파일은 4개의 열, 20,000개의 행으로 구성된 자료를 갖고 있으며 각 열은 공백(blank)으로 분리되어 있다. 5-6행은 '`./bonnor.txt`' 파일을 읽어서 1열, 2열, 3열, 4열의 사료를 각각 배열 x, den, rds, pre에 저장한다. 9-15행은 den을 x의 함수로, 16-25행은 pre를 rds의 함수로 그린다(그림 1.13).

29행은 den과 pre를 곱해 새로운 배열 y를 만든다. 30행은 파이썬의 open() 함수를 이용하여 'output.txt'라는 이름의 파일을 쓰기 상태('w')로 열어 파일 객체(file object) f에 저장한다. 31-33행은 배열 x와 y의 각 원소를 문자열로 변환한 후, 서로 연결하여 문자열 변수 txt에 저장한 다음 객체 f에 적는다. 32행에서 '\t'는 x와 y 사이에 Tab 키를 이용한 공백을 넣는다는 뜻이고, '\n'은 줄을 바꾼다는 뜻이다. 34행은 열려 있는 파일 객체 f를 닫는다. 이 코드를 실행하면 노트북 홈 폴더에 '`./output.txt`'라는 크기가 597KB인 아스키 파일이 생성된다.

아스키 파일은 비교적 큰 용량을 차지하므로 자료를 **이진 파일**(binary file)로 저장할 수도 있다. 이진 파일의 입출력은 다음과 같다.

```
1  tmp= np.concatenate(([x],[y]),axis=0)
2  np.save('output',tmp)
3
4  z=np.load('output.npy')
5  x1=z[0,:]
6  y1=z[1,:]
7  print(x1==x)
8  print(y1==y)
```

1행은 2개의 1차원 배열 x와 y를 묶어 2차원 배열 tmp로 저장한다. 2행을 실행하면 배열 tmp가 '`output.npy`'라는 이름의 이진 파일로 노트북 홈 폴더에 저장된다. 확장자 'npy'

가 자동으로 생성됨에 주의하자. 위의 예에서 output.npy의 크기는 313KB로 아스키 형식의 파일보다 작다. 4행은 이진 파일 output.npy를 읽어 2차원 변수 z에 저장한다. 5-6행은 z의 1행과 2행을 각각 1차원 배열 x1과 y1으로 분리한다. 7-8행을 실행하면 x1, y1은 각각 1행의 x, y와 같음을 확인할 수 있다.

1.7 유용한 기능

파이썬 사용에 유용한 몇 가지 함수와 정보를 소개한다.

1.7.1 NumPy 모듈

1.7.1.1 np.where() 함수

np.where() 함수는 배열 또는 리스트의 모든 원소를 매우 빠르게 검색하여 특정 조건을 만족시키는 자료의 인덱스를 반환하는 함수로, 대형 자료 분석에 유용하다.

```
1 a=np.arange(20)
2 idx=np.where(a>5)
3 print(a[idx])
4 idx1=np.where((a>3)&(a<10))      # and
5 print(a[idx1])
6 idx2=np.where((a>8)|(a<3))       # or
7 print(a[idx2])
8
9 print(a[(a>8)|(a<3)])
```

2행은 배열 a의 모든 원소 중 5보다 큰 원소의 인덱스를 idx에 저장하며, 3행은 그 값을 출력한다. 4행과 6행처럼 **논리연산자**인 &(그리고)와 |(또는)를 이용하면, 여러 개의 검색 조건을 조합할 수 있다. 단, 각 조건은 괄호로 묶여야 한다. 인덱스 정보가 필요하지 않을 때는 6-7행을 9행으로 대체하는 것이 더 효율적이다.

1.7.1.2 배열의 차원 바꾸기

np.reshape() 함수는 배열의 원소는 바꾸지 않고 차원을 바꾸며, np.ravel() 함수는 다차원 배열을 1차원 배열로 만든다.

```
1 a=np.arange(12)
2 x=np.reshape(a,(3,4))
3 y=np.ravel(x)
```

1행은 1차원 배열 a를 생성한다. 2행은 1차원 배열 a를 크기가 3×4인 2차원 배열 x로 저장한다. 3행은 2차원 배열 x를 1차원 배열 y로 저장한다. y는 1행의 a와 같다. 2행

대신 x=a.reshape(3,4), 3행 대신 y=x.flat을 실행해도 같은 결과를 얻는다. 다차원 배열 x, y에 대해 x와 y의 관계를 그래프로 보고 싶을 때는 np.plot(x.flat,y.flat)을 이용하면 편리하다.

1.7.1.3 배열의 차원 확장

np.newaixs 객체를 이용하면 배열의 차원을 확장할 수 있다.

```
1 arr=np.arange(12)
2 row_arr=arr[np.newaxis,:]          # 1 x len(arr)인 2차원 배열로 확장
3 col_arr=arr[:,np.newaxis]          # len(arr) x 1인 2차원 배열로 확장
4 print(arr.shape,row_arr.shape,col_arr.shape)
```

1행의 arr은 크기가 12인 1차원 열벡터고, arr.T는 크기가 12인 1차원 행벡터다. 2행에서 만들어진 row_arr은 크기가 1×12인 2차원 배열(행렬)이며, 3행에서 만들어진 col_arr은 크기가 12×1인 2차원 배열이다. 4행을 실행하면 배열의 크기를 확인할 수 있다. np.newaxis=None이므로 np.newaxis 대신 None을 사용해도 같은 효과를 얻는다.

1.7.1.4 벡터의 크기 계산

벡터 $\boldsymbol{v} = (x, y)$의 크기를 계산할 때는 np.linalg.norm() 함수나 np.hypot() 함수를 이용하면 편리하다.

```
1 x,y=3,4
2 v=np.array([x,y])
3 amp1=np.hypot(x,y)
4 amp2=np.linalg.norm(v)
5 print(amp1,amp2)
```

2행은 x와 y를 결합하여 벡터 v를 생성한다. 3행의 np.hypot(x,y) 함수는 밑변의 길이가 x고 높이가 y인 직각삼각형의 빗변의 길이($= \sqrt{x^2 + y^2}$)를 반환한다. x와 y가 배열일 경우에도 사용할 수 있다. 4행의 np.linalg.norm() 함수는 벡터와 행렬의 노름을 구하는 함수다(5.2절 참고).

1.7.2 주피터

1.7.2.1 print 문 없는 변수 출력

주피터에서 한 코드셀의 마지막 줄에 있는 변수는 print라는 명령어가 없어도 변수에 저장된 값이 화면에 출력된다. 같은 기능이 모든 줄에 적용되게 하려면 코드셀에서

```
from IPython.core.interactiveshell import InteractiveShell
InteractiveShell.ast_node_interactivity = "all"
```

을 실행한다.

나아가, 같은 기능이 모든 주피터 문서에 자동으로 적용되기를 원하면 주피터 노트북 홈 폴더 아래에 `~/.ipython/profile_default/ipython_config.py`라는 파일을 생성하고 그 안에

```
c = get_config()
c.InteractiveShell.ast_node_interactivity = "all"
```

이라는 내용을 적는다.

1.7.2.2 출력 억제

예를 들어, `plt.hist()` 함수를 이용하여 그림을 그리면 구간의 도수와 그래프가 동시에 화면에 출력된다. 그래프만 출력하고 도수를 나타내지 않기 위해서는 '`plt.hist(x);`'과 같이 맨 끝에 세미콜론(;)을 붙인다.

1.7.2.3 다중 커서

[Ctrl] 키를 누르고 행을 바꾸면서 마우스를 클릭하면 다중 커서(multiple cursor)가 활성화된다. 주피터 문서의 여러 행을 동시에 수정할 때 매우 유용하다.

1.7.2.4 노트북 문서 공유

자신의 노트북 문서를 타인과 공유하기 위해서는 nbviewer 웹주소(`https://nbviewer.jupyter.org/`)에 탑재한 후 html 형식으로 바꾼다. 또는 분산형 버전 관리에 기반한 호스팅 서비스를 제공하는 깃허브(GitHub; `https://github.com/`)에 올려 문서를 공유할 수 있다.

1.7.3 rcParam 설정

그림을 그릴 때, 그래프의 크기, 글자의 폰트, 색상 등, 선호하는 옵션을 기본 설정으로 지정하면 편리하다. 이를 위해 `matplotlib.pyplot` 모듈에 있는 `rcParams`의 설정을 변경한다.[21] 자주 사용하는 예는 다음과 같다.

```
import matplotlib.pyplot as plt
plt.rcParams['figure.figsize']=[7,5]
```

21) `rc`는 실행(run)과 설정(configure)의 약어다.

```
3 plt.rcParams['font.size']=20
4 plt.rcParams['font.family']='Times New Roman'
5 plt.rcParams['text.usetex']=True
6 plt.rcParams['axes.linewidth']=2
7 plt.rcParams['lines.linewidth']=2
8 plt.rcParams['xtick.direction']='in'
9 plt.rcParams['ytick.direction']='in'
10 plt.rcParams['xtick.minor.visible']=True
11 plt.rcParams['ytick.minor.visible']=True
12 plt.rcParams['xtick.major.size']=7
13 plt.rcParams['ytick.major.size']=7
14 plt.rcParams['xtick.minor.size']=3.5
15 plt.rcParams['ytick.minor.size']=3.5
16 plt.rcParams['xtick.major.width']=1.5
17 plt.rcParams['ytick.major.width']=1.5
18 plt.rcParams['xtick.minor.width']=1
19 plt.rcParams['ytick.minor.width']=1
20 plt.rcParams['ytick.right']=True
21 plt.rcParams['xtick.top']=True
```

2행은 캔버스의 크기를, 3행은 폰트의 크기를, 4행은 폰트의 종류를 조절한다. 5행은 글씨를 적을 때 LaTeX의 사용 여부를 결정한다. 6행은 그래프 상자 선(축)의 두께를, 7행은 그려지는 선의 두께를 조절한다. 8-9행은 눈금이 상자의 내부를 향하도록 하고, 10-11행은 작은 눈금을 그리도록 만든다. 12-19행은 큰(major) 눈금과 작은(minor) 눈금의 길이(size)와 두께(width)를 조절하며, 20행과 21행은 각각 상자의 오른쪽과 위쪽에도 눈금을 그리도록 만든다.

이와 같은 설정이 모든 주피터 문서에 자동으로 적용되게 하려면 `matplotlibrc` 파일을 직접 수정한다. 코드셀에서

```
import matplotlib
matplotlib.matplotlib_fname()
```

을 실행하면 `matplotlibrc` 파일의 위치가 출력된다.[22] `matplotlibrc` 파일에 있는 각 행의 콜론 뒤 설정값을 원하는 값으로 바꾼다.

22) 리눅스 시스템에서는 명령어 프롬프트에서 다음 명령어를 실행한다:

```
$ python -c "import matplotlib; print(matplotlib.matplotlib_fname())"
```

문제

1.1 문자열 a에 대해 a.isupper()와 a.islower()는 각각 a가 대문자인지 또는 소문자인지 묻는 메소드고, a.upper()와 a.lower()는 각각 a를 대문자와 소문자로 변환하는 메소드다. 이를 이용하여 문자열 a='Python'의 대소문자를 바꾸는 프로그램을 작성하시오.

1.2 키보드로 정수를 2개 입력받아 다음과 같이 큰 수를 작은 수로 나눈 몫과 나머지를 출력하는 프로그램을 작성하시오. (귀띔: 파이썬에서 x=input('Input first integer')를 실행하면 키보드 입력을 읽어 변수 x에 저장한다.)

```
two integers: 78 and 1023
quotient : 13
remainder : 9
```

1.3 정수 n을 2진수와 10진수로 표기했을 때, 각각 몇 자릿수인지 계산하는 프로그램을 작성하시오. 또한, n=1234567일 때 결과를 출력하시오.

1.4 3개의 실수 a, b, c를 계수로 갖는 방정식 $ax^2+bx+c=0$의 모든 근을 구하는 파이썬 프로그램을 작성하시오. 또한, 작성한 프로그램을 이용하여 $(a,b,c)=(1,1,-1)$, (1, 2, 1), (0, 1, 2), (1, 1, 2)일 때, 모든 근을 출력하시오.

1.5 **소수**(prime number)는 1보다 큰 정수로, 1과 자기 자신만으로 나누어지는 수를 말한다. 열쇳말 def를 이용하여 정수 n이 소수인지 아닌지 판별하는 함수를 작성하시오.

(1) 이 함수를 이용하여 1과 nmax $= 10^2$, 10^3, 10^4, 10^5 사이에 있는 소수의 개수를 계산하시오.

(2) nmax $= 10^6$일 때, 구간 $[10^k+1, 10^{k+1}]$에 있는 소수의 개수를 구하고 히스토그램을 그리시오(단, $k=0,\cdots,5$).

1.6 **피보나치 수**(Fibonacci number)는 $F_0=0$, $F_1=1$이고, 점화식

$$F_{n+2} = F_{n+1} + F_n \tag{P1.1}$$

을 만족시키는 수열의 항을 말한다.

(1) 구간 $[10^k, 10^{k+1})$에 있는 피보나치 수의 개수를 구하시오(단, $k=0,\cdots,5$).

(2) 인접한 두 피보나치 수의 비 $r_n \equiv F_{n+1}/F_n$을 $n \in [1,100]$의 함수로 그리고, $\lim_{n\to\infty} r_n$의 수렴값을 구하시오.

1.7 **완전수**(perfect number)란 자기 자신을 제외한 모든 약수를 더한 합이 자기 자신과 같은 양의 정수, 또는 모든 약수를 더한 합이 자기 자신의 2배가 되는 양의 정수를 말한다. 예를 들면, $1+2+3=6$이므로 6은 완전수다.

(1) 양의 정수 n의 약수를 계산하는 함수를 작성하시오.

(2) (1)에서 작성한 함수를 이용하여 10^5 이하의 모든 완전수를 출력하시오.

1.8 파이썬의 `datetime` 모듈은 현재 날짜와 시각을 다룬다. 이 모듈을 이용하여 현재 날짜와 시각을 화면에

```
Today is March 12, 2021
Current time is 10:45:23
```

과 같은 형식으로 출력하시오.

1.9 키보드에서 양의 정수 n을 입력받아 두께가 n인 알파벳 `H`를 화면에 출력하는 프로그램을 작성하시오. $n=1,2,3$일 때의 결과는 다음과 같다.

```
*  *
***
*  *
```

$n=1$

```
**  **
**  **
******
******
**  **
**  **
```

$n=2$

```
***   ***
***   ***
***   ***
*********
*********
*********
***   ***
***   ***
***   ***
```

$n=3$

1.10 `http://astro.snu.ac.kr/~wkim/PyData/test1.dat` 파일은 3개의 열, 10,000개의 행으로 구성된 자료를 갖고 있다.

(1) 이 파일을 본인의 주피터 홈 폴더에 저장하시오.

(2) 이 파일의 모든 자료를 읽은 후, 행 번호가 10의 배수인 자료를 `output.dat`라는 이름의 파일로 저장하시오(단, 행 번호는 1부터 시작).

(3) 제1, 2, 3열의 자료를 각각 `x`, `a`, `b`라고 할 때, `a*x`, `b*x`, `a*b*x`를 각각, 실선, 점선, 파선을 이용하여 `x`의 함수로 그리시오. 가로축과 세로축의 이름을 각각 `time`과 `value`로 적고, 적절한 범례를 추가하시오.

1.11 질서(order)에서 혼돈(chaos)으로의 추이를 보여 주는 **로지스틱 사상**(logistic map)은 점화식

$$x_{n+1} = rx_n(1-x_n) \qquad (n=0,1,2,\cdots) \tag{P1.2}$$

으로 주어진다. 여기서, r은 $0 < r \leq 4$인 실수며 $0 \leq x_n \leq 1$이다. 주어진 r과 x_0에 대해 n이 충분히 크면, x_n은 한 값으로 수렴하거나 몇 개의 값을 주기적으로 반복할 수 있으며 또는 매우 무작위한 값을 가질 수 있다. 초깃값으로 $x_0 = 0.1$을 선택하고 아래 문제에 답하시오.

(1) $r = 2.5$일 때, $n \in [0, 1000]$인 구간에서 x_n을 n의 함수로 그리시오. x_{1000}값을 출력하시오.

(2) $r = 3.25$일 때, $n \in [0, 1000]$인 구간에서 x_n을 n의 함수로 그리시오. 주기적으로 반복하는 x_n값을 출력하시오.

(3) $r = 3.5$일 때, $n \in [0, 1000]$인 구간에서 x_n을 n의 함수로 그리시오. 주기적으로 반복하는 x_n값을 출력하시오.

(4) $r \in [2, 4]$인 구간에서 r을 10^{-4}씩 변화시키며 출력되는 x_n(단, $1000 \leq n \leq 1100$)의 값을 r의 함수로 그리시오. 이 그림을 **파이겐바움 도표**(Feigenbaum diagram)라고 한다.

제2장

컴퓨터 연산

컴퓨터는 숫자를 이용하여 정해진 목적의 계산을 수행하는데, 이를 위해 숫자를 저장하는 기억장치와 연산을 수행하는 알고리즘이 필요하다. 유한한 크기의 기억장치는 컴퓨터가 표현할 수 있는 숫자의 크기를 제한한다. 또한, 수학 연산을 무한한 정확도로 수행할 수 없으므로 컴퓨터가 계산하여 출력하는 결과에는 항상 오차가 존재한다. 이 단원에서는 컴퓨터가 숫자를 저장하는 방식과 이와 연관된 오차에 대해 알아본다.

2.1 수의 표현

2.1.1 비트와 바이트

컴퓨터는 전자 스위치를 이용하여 수를 저장하고 전달한다. 기억 장치의 최소 단위를 **셀**(cell)이라고 부르고, 셀의 개수를 세는 단위를 **비트**(bit)라고 한다. 전기가 흐르지 않는 상태를 숫자 0, 흐르는 상태를 숫자 1로 대응하면, 하나의 비트는 0 또는 1의 값을 갖는다. 비트는 매우 작은 단위이므로, 컴퓨터는 8bit를 한 단위로 묶은 **바이트**(byte) 단위로 자료를 처리한다. 즉, 8bit는 1byte와 같다(그림 2.1).

IEEE-754 표준 규약은 컴퓨터에서 수를 메모리에 저장하는 방식을 지정하는데, **단정도**(single precision) **방식**과 **배정도**(double precision) **방식**으로 나뉜다.[1] 단정도 방식에서는 숫자 하나를 4byte(즉, 32bit)로 저장한다. 반면, 배정도 방식에서는 숫자 하나를 8byte(즉, 64bit)로 저장한다.

1) IEEE-754 규약은 미국 전기전자기술자협회(Institute of Electrical and Electronics Engineers)에서 1985년에 정한 숫자의 표현 방식을 말한다.

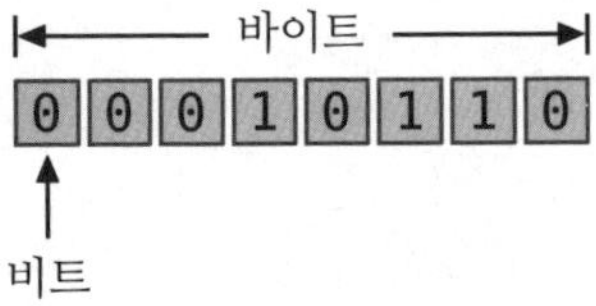

그림 2.1: 비트와 바이트

2.1.2 정수

컴퓨터는 정수를 정해진 자릿수의 이진수로 나타낸다. n비트 컴퓨터의 경우, 첫 비트는 부호를 배정하는데, 이를 **부호 비트**(sign bit)라고 한다. 나머지 $(n-1)$개의 비트를 0 또는 1을 이용하여 이진수

$$I = \sum_{i=1}^{n-1} 2^{i-1} a_i \tag{2.1}$$

로 표현한다(단, $a_i = 1$ 또는 0). 예를 들어, $n = 8$의 경우 이진수 $00010110_{(2)}$은

$$00010110_{(2)} = 2^4 \times 1 + 2^3 \times 0 + 2^2 \times 1 + 2^1 \times 1 + 2^0 \times 0 = 22 \tag{2.2}$$

즉, 십진수 22에 해당한다. 따라서 $n = 32$인 단정도 방식에서 표현할 수 있는 가장 큰 정수는 부호 비트를 제외한 모든 비트가 1로 채워진 $2^{31} - 1 = 2,147,483,647$이며, 배정도 방식에서는 $2^{63} - 1 = 9,223,372,036,854,775,807$이다. 주피터 코드셀에서

```
import sys
print(sys.maxsize)
```

를 실행하면 이 값을 얻는다.[2] 그러나 파이썬에서는 정수가 임의의 정밀도를 갖도록 설계되어 있어서 `sys.maxsize`를 넘는 정수도 허용된다. 파이썬의 정수는 컴퓨터의 메모리가 허용하는 한 무한히 큰 값을 가질 수 있다.

컴퓨터에서 음의 정수는 **2의 보수**(two's complement)를 이용하여 만든다. 이진수에서 모든 비트의 0과 1을 바꾸어 얻는 수가 **1의 보수**(one's complement)고, 1의 보수에 1을 더한 값이 2의 보수다. 십진수 22에 대한 2의 보수를 구하면

$$\begin{array}{rrl} 22 = & 00010110_{(2)} & \\ & 11101001_{(2)} & \quad (1\text{의 보수}) \\ + & 1 & \\ \hline & 11101010_{(2)} & = -22 \end{array} \tag{2.3}$$

이다. 즉 8bit 컴퓨터의 경우 십진수 -22는 이진수 $11101010_{(2)}$으로 표현된다. 맨 앞의

2) 파이썬 2.7버전에서는 `sys.maxint`이다.

비트가 0이면 양수, 1이면 음수다.

컴퓨터가 음수를 나타낼 때, 1의 보수를 사용하지 않는 이유는 0의 비트 표현이 2개가 존재하여 연산 결과가 0인지 아닌지 판단하는 데 불편하기 때문이다. 만일 1의 보수를 사용한다면, 숫자 0에 대한 1의 보수인 $\texttt{11111111}_{(2)}$도 0이므로 $0 + 1 = \texttt{11111111}_{(2)} + \texttt{00000001}_{(2)} = \texttt{00000000}_{(2)} = 0$이라는 엉뚱한 결과가 생긴다. 하지만 2의 보수를 이용하면,

$$\begin{array}{rr} -3 = 11111101_{(2)} & \\ + \quad 5 = 00000101_{(2)} & \\ \hline 00000010_{(2)} & = 2 \end{array} \tag{2.4}$$

가 되어 올바른 결과를 얻는다.

2.1.3 실수

컴퓨터가 실수를 비트로 표현하는 방식에는 **고정소수점**(fixed point) **방식**과 **부동소수점**(floating point) **방식**이 있다. 고정소수점 방식에서는 정수부(integer part)를 나타내는 비트 수와 소수부(fractional part)를 나타내는 비트 수를 미리 정해 놓고, 해당 비트만큼만 사용해서 숫자를 표현한다. 이 방식에서는 정수부의 비트 수를 늘리면 숫자를 정확하게 표현하기 어렵고, 소수부의 비트 수를 늘리면 큰 숫자를 표현하지 못한다. 이러한 이유로 컴퓨터는 소수점의 위치가 고정되지 않고 떠다니는 부동소수점 방식을 따른다.

실수 표현의 부동소수점 방식은 우리에게 익숙한 숫자의 과학적 표기와 비슷하다. 다만, **밑수**(base number)가 10이 아니라 2라는 점이 다르다. 실수 x를 부동소수점으로 표현하면

$$x = s \cdot \xi \cdot 2^e \tag{2.5}$$

과 같은데, $s = \pm 1$은 x의 **부호**(sign)고 $1 \leq \xi < 2$는 **가수**(假數; significand 또는 mantissa)며, e는 **지수**(exponent)다. 예를 들어, 십진수 $x = 0.1$의 경우 $s = +1$, $\xi = 1.10011001100\cdots$, $e = -4$이다.[3] 컴퓨터 또는 사용하는 코드에 따라 저장할 수 있는 ξ와 e의 크기에 제한이 있다.

2.1.3.1 단정도 방식

단정도 방식에서는 실수 x를 저장할 때 총 32bit를 사용하는데, 그림 2.2와 같이 부호 s에 1bit, 지수 e에 8bit, 가수 ξ에 23bit를 할당한다. 컴퓨터가 저장 또는 표현하는 실수

3) 소수부를 이진수로 만들기 위해서는 소수부에 2를 연속적으로 곱해 나가며 얻은 값의 정수부를 차례대로 나열한다.

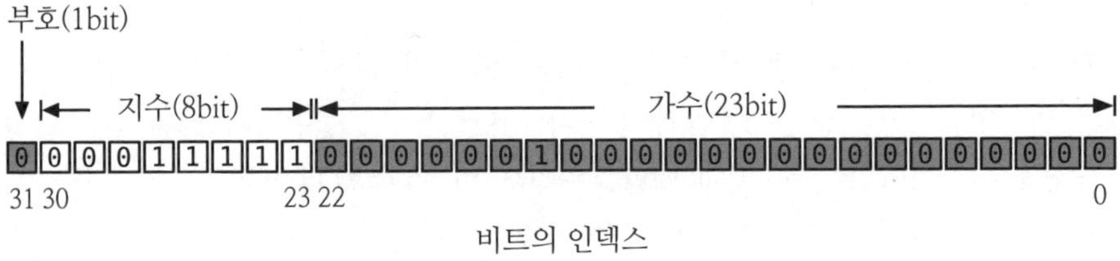

그림 2.2: 단정도 방식의 비트 구성

x의 값을 $\texttt{fl}(x)$로 표기하면, 단정도 방식에서는

$$\texttt{fl}(x) = s \cdot (1.b_1 b_2 \cdots b_{23})_{(2)} \cdot 2^e \tag{2.6}$$

이다. 여기서, $b_i = 0$ 또는 1이다(단, $i = 1, \cdots, 23$). 가수 ξ의 맨 앞자리 수는 항상 1로 정규화되어 있으며 23개의 b_i를 저장한다.

지수 e는 정수인데 양의 값과 음의 값을 구별할 수 있어야 한다. 부호 비트를 사용하면 $e = 0$에 대한 표현이 중복되므로, 부호 비트 대신 **바이어스**(bias) 127을 더한 값 $E = e + 127$을 8bit로 표현한다. 즉, $0 \le E\,(= e + 127) \le 11111111_{(2)} = 255$이다. $E = 0$ 또는 255일 때는 다음 규약을 따른다.

1. $E = 0\ (e = -127)$이면 $\texttt{fl}(x) = 0$이다.

2. $E = 255\ (e = 128)$일 때, $b_1 = \cdots = b_{23} = 0$이면 s의 부호에 따라 $\texttt{fl}(x) = +\infty$ 또는 $-\infty$이다.

3. $E = 255\ (e = 128)$일 때, b_i 중 어느 하나라도 0이 아니면 $\texttt{fl}(x) =$ NaN이다. NaN은 '숫자가 아니다(Not a Number)'라는 뜻이며 0을 0으로 나눌 때와 같이 계산 결과를 얻지 못할 때 발생한다. 컴퓨터는 NaN을 숫자로 인식하므로 계산과정에서 이 값을 만나도 계산을 지속한다. 코드셀에서 다음을 실행해 보자.

```
1 x=float('NaN')
2 np.isnan(x)
3 y=float('NaN')
4 x==y
```

2행의 np.isnan(x)는 변수 x가 NaN인지 아닌지 묻는다. 4행을 실행하면 NaN과 NaN은 서로 같지 않음을 알 수 있다.

$E = 0$ 또는 $E = 255$인 경우를 제외하면 단정도 방식에서 지수 e가 실제로 가질 수 있는 값의 범위는 $-126 \le e \le 127$이다. 따라서, 32bit 컴퓨터가 표현할 수 있는 가장 큰 실수는 $1.1111 \cdots 1_{(2)} \times 2^{127} = (1 - 2^{-24}) \times 2^{128} \simeq 3.4028 \times 10^{+38}$이고, (절댓값이) 가장 작은 실수는 $1.0 \times 2^{-126} = 1.1755 \times 10^{-38}$이다.

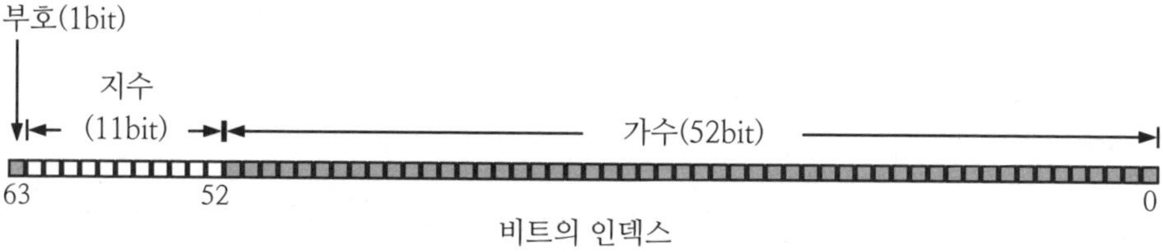

그림 2.3: 배정도 방식의 비트 구성

2.1.3.2 배정도 방식

총 64bit 단위를 사용하는 배정도 방식에서는 그림 2.3과 같이 부호에 1bit, 지수에 11bit, 가수에 52bit를 배정한다. 컴퓨터가 표현하는 실수 x의 값은

$$\texttt{fl}(x) = s \cdot (1.b_1 b_2 \cdots b_{52})_{(2)} \cdot 2^e \tag{2.7}$$

이다. 여기서, $b_i = 0$ 또는 1이다(단, $i = 1, \cdots, 52$). 가수의 맨 앞자리 수는 항상 1로 정규화되어 있으며 52개의 b_i를 저장한다. 단정도 방식보다 **정밀도**(precision)가 거의 두 배며 숫자의 표현 범위도 넓다.

배정도 방식에서는 지수 e를 표현할 때, **바이어스**로 1023을 사용하여 $E = e + 1023$의 값을 11bit로 저장한다. 즉, E는 $0 \le E\,(= e + 1023) \le (11111111111)_{(2)} = 2047$을 만족시킨다. $E = 0$ 또는 2047일 때는 다음 규약을 따른다.

1. $E = 0$ $(e = -1023)$이면 `fl`(x)=0이다.
2. $E = 2047$ $(e = 1024)$일 때, $b_1 = \cdots = b_{52} = 0$이면 s의 부호에 따라 $\texttt{fl}(x) = +\infty$ 또는 $-\infty$이다.
3. $E = 2047$ $(e = 1024)$일 때, b_i 중 하나라도 0이 아니면 $\texttt{fl}(x) = \texttt{NaN}$이다.

$E = 0$ 또는 $E = 2047$인 경우를 제외하면 배정도 방식에서 지수 e가 실제로 가질 수 있는 값의 범위는 $-1022 \le e \le 1023$이다. 따라서, 64bit 컴퓨터가 표현할 수 있는 가장 큰 실수는 $\texttt{flmax} = 1.1111\cdots1_{(2)} \times 2^{1023} = (1 - 2^{-53}) \times 2^{1024} \simeq 1.7977 \times 10^{+308}$이고, (절댓값이) 가장 작은 실수는 $\texttt{flmin} = 1.0 \times 2^{-1022} = 2.2251 \times 10^{-308}$이다.

파이썬은 배정도 방식으로 실수를 표현한다. 파이썬은 계산 도중 `flmax`보다 더 큰 수가 생기면 **오버플로 오류**(overflow error)를 출력하면서 계산을 멈춘다. 반면, `flmin`보다 더 작은 수가 생기면 **언더플로 경고**(underflow warning)를 보여 주면서 그 수를 0으로 대치하고, 계산을 계속한다. 코드셀에서

```
import sys
sys.float_info
```

를 실행하면 본인이 사용하는 컴퓨터의 실수 표현에 대한 정보를 확인할 수 있다.

2.1.4 기계 엡실론

컴퓨터는 수를 유한한 비트 수로 표현하기 때문에 차이가 충분히 작은 두 실수를 구별하지 못한다. 컴퓨터가 구분할 수 있는 두 수의 최소 차이를 정량화하기 위해 **기계 엡실론**(machine epsilon)을 도입한다. 기계 엡실론은 ϵ으로 표기하며 '부동소수점 방식으로 표현할 수 있는 1보다 큰 수 중, 1에 가장 가까운 수와 1과의 차이'로 정의한다. 이를 식으로 나타내면

$$\texttt{fl}(1+\epsilon) > 1 \tag{2.8}$$

을 만족시키는 ϵ의 최솟값이 기계 엡실론이다. 배정도 방식에서는 $s = 1$, $e = 0$, $b_1 = b_2 = \cdots = b_{51} = 0$이고 $b_{52} = 1$인 수가, 단정도 방식에서는 $s = 1$, $e = 0$, $b_1 = b_2 = \cdots = b_{22} = 0$이고 $b_{23} = 1$인 수가 위 조건을 만족시키는 최솟값이다. 따라서 기계 엡실론은

$$\epsilon = \begin{cases} 2^{-52} \simeq 2.22 \times 10^{-16} & (\text{배정도}) \\ 2^{-23} \simeq 1.19 \times 10^{-7} & (\text{단정도}) \end{cases} \tag{2.9}$$

이다. 컴퓨터는 차이가 ϵ보다 작은 두 수를 구별하지 못한다.

예제 2.1

자신이 사용하는 컴퓨터의 기계 엡실론을 구하시오.

코드 2.1: 기계 엡실론

```
1 eps=1.0
2 while (1+eps) != 1:
3     eps0=eps
4     eps/=2
5 print('my epsilon is=',eps0)
```

1행에서 `eps=1.0`으로 둔다. 2-4행은 `1+eps`가 1과 같아질 때까지 `eps`를 계속 반으로 나눈다. `(1+eps)==1`이 성립할 때, 바로 전 단계의 값(`eps0`)이 기계 엡실론에 해당한다.

2.1.5 반올림 오차

일반적으로 실수가 가진 모든 비트를 컴퓨터에 저장할 수는 없다. 연산 결과로 얻은 가수의 비트 수가 컴퓨터의 저장용량보다 크다면 적절한 **반올림**(rounding)을 통해 저장할 수 없는 비트를 잘라 낸다. 예를 들어, 배정도 방식에서 실수

$$x = s \cdot (1.b_1 \cdots b_{52} \cdots) \times 2^e \tag{2.10}$$

에 대해, 컴퓨터가 저장하는 값은

$$\texttt{fl}(x) = \begin{cases} s \cdot (1.b_1 \cdots b_{52}) \times 2^e & (b_{53} = 0\text{일 때}) \\ s \cdot [(1.b_1 \cdots b_{52}) + 2^{-52}] \times 2^e & (b_{53} = 1\text{일 때}) \end{cases} \tag{2.11}$$

과 같다. 따라서 참값 x에 대한 $\texttt{fl}(x)$의 상대 오차는

$$\left| \frac{x - \texttt{fl}(x)}{x} \right| \le \frac{2^{-52} \times 2^e}{(1.b_1 \cdots b_{52} \cdots) \times 2^e} \le 2^{-52} = \epsilon \tag{2.12}$$

을 만족시킨다. 즉, 부동소수점 연산에서 반올림 때문에 발생하는 오차의 상한치는 기계 엡실론과 같다.

다음 코드를 실행해 보자.

```
1 a=0.
2 n=1000
3 for i in range(n):
4     a+=0.1
5 print(f'a={a:.14f}, err={a-n*0.1:.4e}')
```

1-4행을 실행했을 때, 변수 a는 0.1을 1000번 더한 결과인 100.0을 갖고 있어야 한다. 그러나 5행에서 출력한 a의 값은 a=99.9999999999859이며 오차는 err=-1.4069e-12 이다. 이렇게 실수를 유한한 자릿수의 이진수로 저장함으로써 생기는 오차를 **반올림 오차**(round-off error)라고 한다. 반올림 오차는 컴퓨터의 숫자 인식 한계 때문에 발생하는 근본적인 오차로, 아무리 작더라도 절대로 피할 수 없다.

반올림 오차는 매우 중요하지만, 전문 프로그래머조차 간과하여 큰 인명과 재산의 손실을 초래하기도 한다. 1991년 걸프전 당시 사우디아라비아에 주둔하던 미군기지를 이라크의 스커드 미사일이 폭격하였다.[4] 스커드 미사일을 요격하기 위해 미군기지에서 발사된 패트리엇 미사일의 내부 시계는 0.1초마다 측정한 시각을 24bit로 저장하는데, 이에 해당하는 반올림 오차가 9.5E-8초였다. 누적된 반올림 오차는 스커드 미사일의 위치 계산에 687m의 오류를 초래하여 스커드 미사일의 요격에 실패하였고, 그 결과 미군 28명이 사망하였다. 1996년 유럽우주국(European Space Agency)이 발사한 아리안(Ariane) 5호 로켓이 발사 후 40초 만에 폭발한 사건도 비트 수의 제한을 간과했기 때문에 발생하였다.[5] 아리안 5호를 제어하는 소프트웨어는 수평 방향의 속도를 64bit 실수에서 16bit 정수로 변환하는데, 로켓의 속도가 16bit 정수가 허용할 수 있는 최대치인 32,767을 초과하여 기계의 오작동을 일으켰다. 이 폭발로 유럽우주국은 약 5억 불의 재산 손실을 입었다.

4) https://autarkaw.wordpress.com/2008/06/02/round-off-errors-and-the-patriot-missile/ 참고

5) http://www.di.unito.it/~damiani/ariane5rep.html 참고

2.2 오차의 전파

2.2.1 조건수

숫자 x의 상대 반올림 오차의 최댓값이 기계 엡실론일 때(식 2.12), 함수 $f(x)$의 반올림 오차는 어느 정도일까? 간단한 표기를 위해

$$\widetilde{x} \equiv \mathtt{fl}(x) = x(1+\epsilon) \tag{2.13}$$

이라고 놓자. 컴퓨터가 저장하는 함수 $f(x)$의 값을 $\widetilde{f}(x)$라고 하면, $\widetilde{f}(x) = f(\widetilde{x}) = f(x+\epsilon x)$이다. 이를 테일러 급수로 전개하여 ϵ에 대해 1차항까지 택하면,

$$\widetilde{f}(x) - f(x) = \epsilon x f'(x) + \mathcal{O}(\epsilon^2) \tag{2.14}$$

이다. 따라서 함숫값의 상대 반올림 오차는

$$\frac{|\widetilde{f}(x) - f(x)|}{|f(x)|} \approx \kappa\epsilon \tag{2.15}$$

으로 주어진다. 여기서, κ는

$$\kappa \equiv \left|\frac{xf'(x)}{f(x)}\right| \tag{2.16}$$

로 정의되는 양으로 **팽창인수**(inflation factor) 또는 **조건수**(condition number)라고 한다. 함수 $f(x)$의 반올림 오차가 x의 반올림 오차보다 κ배 크다는 뜻이다.

일반적으로 $f(x) \approx 0$인 점에서 조건수가 커진다. $\kappa \gg 1$인 함수는 반올림 오차가 증폭하는데, 이러한 함수를 **나쁜 조건의 함수**(ill-conditioned function)라고 부른다. 반대로 $\kappa \le 1$인 함수는 반올림 오차가 감소하므로 **좋은 조건의 함수**(well-conditioned function)라고 한다.

예를 들어, 함수 $f(x) = 1/x$의 조건수는 $\kappa = 1$이므로 모든 영역에서 좋은 조건의 함수다. 반면, $g(x) = 1/(x-1)$의 조건수는 $\kappa(x) = |x/(x-1)|$이므로 $x \sim 1$에서 나쁜 조건의 함수다. $x_0 = 1 + 10^{-10}$일 때, $g(x_0) = 10^{10}$이지만 파이썬으로 계산한 값은 $\widetilde{g}(x_0) = (1 - 8.27 \times 10^{-8})g(x_0)$이다. $\widetilde{g}(x_0)$의 상대 오차는 약 10^{-7}에 이르며 $\epsilon\kappa(x_0)$보다 약 10배 작다. $h(x) = \ln x$의 조건수는 $\kappa = 1/\ln x$이므로 $x = 1$ 근처에서 반올림 오차가 쉽게 증폭할 수 있다.

2.2.2 뺄셈의 무효화

컴퓨터로 사칙연산을 수행할 때 반올림 오차가 어떻게 변하는지 알아보자.

1. 곱셈: $z = xy$인 연산은

$$\begin{aligned}\widetilde{z} &= \widetilde{x}\widetilde{y} = x(1+\epsilon_x)y(1+\epsilon_y) \\ &= z(1+\epsilon_x+\epsilon_y+\epsilon_x\epsilon_y) = z(1+\epsilon_z)\end{aligned} \tag{2.17}$$

   이므로

$$\epsilon_z = \epsilon_x + \epsilon_y + \epsilon_x\epsilon_y \approx \epsilon_x + \epsilon_y \tag{2.18}$$

   이다. 여기서, ϵ_x, ϵ_y, ϵ_z는 각각 실수 x, y, z에 연관된 기계 엡실론이다. 따라서, 곱셈은 반올림 오차가 증폭하지 않는 좋은 조건의 연산임을 알 수 있다.

2. 나눗셈: $z = x/y$인 연산은

$$\begin{aligned}\widetilde{z} &= \frac{\widetilde{x}}{\widetilde{y}} = \frac{x(1+\epsilon_x)}{y(1+\epsilon_y)} \\ &\approx z(1+\epsilon_x-\epsilon_y) = z(1+\epsilon_z)\end{aligned} \tag{2.19}$$

   이므로 $\epsilon_z = \epsilon_x - \epsilon_y$이다. 따라서 나눗셈도 반올림 오차가 증폭하지 않는 좋은 조건의 연산이다.

3. 덧셈/뺄셈: $z = x + y$인 연산을 생각해 보자. 이 연산의 오차는

$$\widetilde{z} = x(1+\epsilon_x) + y(1+\epsilon_y) = z + x\epsilon_x + y\epsilon_y = z(1+\epsilon_z) \tag{2.20}$$

   이므로

$$\epsilon_z = \frac{x}{x+y}\epsilon_x + \frac{y}{x+y}\epsilon_y \tag{2.21}$$

   이다. 대부분의 경우 $\epsilon_z \sim \epsilon_x \sim \epsilon_y$이지만, $x \approx -y$면 $|x/(x+y)|$, $|y/(x+y)|$이 커져 $|\epsilon_z| \gg |\epsilon_x|, |\epsilon_y|$인 상황이 발생할 수 있다. 즉, 비슷한 값을 가진 두 수의 차이를 구할 때는 반올림 오차가 크게 증폭할 수 있다. 이것을 **뺄셈의 무효화**(subtractive cancellation)라고 한다. **정밀도 손실 정리**(loss of precision theorem)에 의하면 $x > y > 0$인 두 수 x와 y에 대하여 $2^{-p} \le 1-(y/x) \le 2^{-q}$이면, $x-y$ 계산에서 손실되는 비트 수는 최대 p bit, 최소 q bit다(Cheney & Kincaid 2012).

기계 엡실론이 매우 작으므로 컴퓨터 연산 결과는 대부분 참값에 가깝다. 하지만 비슷한 두 수의 뺄셈을 포함한 연산에서는 컴퓨터 계산값과 참값이 아주 다를 수 있다. 예를 들어,

$$f(x) = x(\sqrt{x^2+1} - x) \tag{2.22}$$

인 함수를 생각해 보자. 표 2.1은 $f(x)$의 컴퓨터 계산값과 참값을 비교한다. $x \le 10^4$일

x	계산값	참값
1	0.41421356	0.41421356
10^2	0.49998750	0.49998750
10^4	0.50000001	0.50000000
10^6	0.50000381	0.50000000
10^8	0.00000000	0.50000000
10^{10}	0.00000000	0.50000000

표 2.1: $f(x)$의 계산값과 참값

때는 계산값과 참값이 거의 비슷하지만, $x \geq 10^8$에서는 완전히 달라진다. $\sqrt{x^2+1} \sim x$일 때, $\sqrt{x^2+1} - x$ 연산에서 발생한 반올림 오차가 x가 곱해지면서 증폭하였기 때문이다. 더욱 정확한 계산값을 얻기 위해서는 비슷한 크기의 두 수를 빼는 상황을 피해야 한다. 식 (2.22)의 경우

$$f(x) = x(\sqrt{x^2+1} - x)\left(\frac{\sqrt{x^2+1}+x}{\sqrt{x^2+1}+x}\right) = \frac{x}{\sqrt{x^2+1}+x} \tag{2.23}$$

와 같이 분자를 유리화하면 반올림 오차를 줄일 수 있다.

또 다른 예로,

$$g(x) = \frac{1-\cos x}{x^2} \tag{2.24}$$

인 함수를 생각해 보자. 표 2.2는 $x \leq 1$에 대해 계산값과 참값을 비교한다. $x \leq 10^{-8}$에서는 계산값과 참값이 완전히 다르다. $x \to 0$일 때, $\cos(x) \to 1$이므로 분자의 뺄셈에서 발생한 반올림 오차가 x^2으로 나눌 때 증폭하기 때문이다. 이 함수를 더욱 정확하게 계산하려면

$$g(x) \approx \frac{1}{2} - \frac{x^2}{24} + \frac{x^4}{720} \qquad (|x| \ll 1\text{일 때}) \tag{2.25}$$

x	계산값	참값
1	0.4596976941	0.4596976941
10^{-2}	0.4999958333	0.4999958333
10^{-4}	0.4999999970	0.4999999996
10^{-6}	0.5000444503	0.5000000000
10^{-8}	0.0000000000	0.5000000000
10^{-10}	0.0000000000	0.5000000000

표 2.2: $g(x)$의 계산값과 참값

과 같이 테일러 전개를 이용하거나, 삼각함수의 반각 공식을 이용하여

$$g(x) = \frac{1}{2}\left[\frac{\sin(x/2)}{x/2}\right]^2 \tag{2.26}$$

으로 바꾸어 비슷한 값의 뺄셈을 피한다.

2.2.3 덧셈

같은 부호의 숫자를 더할 때도 반올림 오차가 개입하는데, 더하는 순서를 조절하면 반올림 오차를 줄일 수 있다. 크기가 n인 수열 $x_1, x_2, \cdots, x_n$의 합

$$S_n = \sum_{i=1}^{n} x_i \tag{2.27}$$

를 계산해 보자. 큰 숫자부터 작아지는 순서로 더하는 것과 작은 숫자부터 커지는 순서로 더하는 것 중, 어떤 방법의 반올림 오차가 작을까?

수열의 합을 구하는 가장 직접적인 방식은 $S_1 = x_1$이라고 놓고 점화식

$$S_{i+1} = S_i + x_{i+1} \tag{2.28}$$

을 이용하는 것이다.

컴퓨터가 저장하는 i번째까지의 부분합을 $\widetilde{S}_i$라고 하면

$$\widetilde{S}_2 = \mathtt{fl}(x_1 + x_2) = (1 + \epsilon_2)(x_1 + x_2) \tag{2.29a}$$

$$\widetilde{S}_3 = \mathtt{fl}(\widetilde{S}_2 + x_3) = (1 + \epsilon_3)(\widetilde{S}_2 + x_3) \tag{2.29b}$$

$$\vdots$$

$$\widetilde{S}_n = \mathtt{fl}(\widetilde{S}_{n-1} + x_n) = (1 + \epsilon_n)(\widetilde{S}_{n-1} + x_n) \tag{2.29c}$$

이다. 여기서, ϵ_i는 식 (2.28)의 덧셈에서 발생하는 반올림 오차를 나타내며 기계 엡실론과 비슷한 값을 가진다.

$|\epsilon_i| \ll 1$이므로 S_n의 반올림 오차는

$$\widetilde{S}_n - S_n \approx (x_1 + x_2)\sum_{i=2}^{n}\epsilon_i + x_3\sum_{i=3}^{n}\epsilon_i + \cdots + x_{n-1}\sum_{i=n-1}^{n}\epsilon_i + x_n\epsilon_n \tag{2.30}$$

임을 알 수 있다. 즉, 처음에 더해진 x_1과 x_2에는 $(n-1)$개의 ϵ_i가 곱해지고 가장 나중에 더해진 x_n에는 1개의 ϵ_n이 곱해진 값이 반올림 오차를 구성한다. 따라서 절댓값이 작은 수부터 커지는 순서로 더할 때 반올림 오차가 가장 작다.

예제 2.2

다음 합

$$S_n = \sum_{j=1}^{n} \frac{1}{j(j+1)} = \frac{n}{n+1} \tag{2.31}$$

을 $n = 10^7$항까지 (1) 작은 항부터 커지는 순서로, (2) 큰 항부터 작아지는 순서로 계산하고 오차를 구하시오.

코드 2.2: 덧셈의 반올림 오차

```
1  n=10**7
2  
3  sum1=0
4  for j in range(1,n+1):          # 큰 항부터 작아지는 순서로
5      sum1 += 1/(j*(j+1))
6  
7  sum2=0
8  for j in range(n,0,-1):         # 작은 항부터 커지는 순서로
9      sum2 += 1/(j*(j+1))
10 
11 trueval=n/(1+n)
12 err1=abs(sum1-trueval)
13 err2=abs(sum2-trueval)
14 print(f'err1={err1:.3E}  err2={err2:.3E}')
```

1행은 항의 개수 n을 지정한다. 3-5행은 수열을 큰 항부터 작아지는 순서로 더한 결과를 변수 sum1에 저장한다. 7-9행은 수열을 작은 항부터 커지는 순서로 더한 결과를 변수 sum2에 저장한다. 12-13행은 참값 trueval에 대한 sum1과 sum2의 오차를 계산한다. 14행은 화면에

```
err1=1.947E-13    err2=1.110E-16
```

이라는 결과를 출력한다. 예측한 대로 작은 수부터 커지는 순서로 더한 결과가 작은 오차를 가진다.

2.2.4 커핸 알고리즘

캐나다의 수학자 커핸(William Kahan; 1933-)은 식 (2.28)을 계산할 때 반올림 오차를 획기적으로 없앨 수 있는 알고리즘을 개발하였다. 그가 제시한 방법은 식 (2.28)을

$$x'_{i+1} = x_{i+1} - c_i \tag{2.32a}$$

$$S_{i+1} = S_i + x'_{i+1} \tag{2.32b}$$

으로 대치하는 것이다. 여기서, $c_1 = 0$이고

$$c_i = [(S_{i-1} + x'_i) - S_{i-1}] - x'_i \quad (i \geq 2) \tag{2.33}$$

이다. 이것을 **커핸 알고리즘**(Kahan algorithm)이라고 한다.

식 (2.28)과 비교하면 식 (2.32)는 매 단계에서 x_{i+1}보다 c_i만큼 작은 값을 S_i에 더한다. 식 (2.33)은 수학적으로 $c_i = 0$을 의미하지만, 컴퓨터 연산에서는 c_i에 S_{i-1}의 반올림 오차가 저장된다. 이 반올림 오차를 단계마다 바로잡아 주므로 최종 계산되는 S_n은 반올림 오차를 가지지 않는다.

예제 2.3

커핸 알고리즘을 따라 수열 $\{x_j\}$의 합

$$S_n = \sum_{j=1}^{n} x_j \tag{2.34}$$

를 구하는 함수를 작성하시오. 작성한 함수를 이용하여 $x_j = 0.1$일 때, S_n의 오차를 $n \in [10, 10^5]$의 함수로 구하고, 이 결과를 식 (2.28)을 사용한 결과 및 파이썬의 np.sum() 함수를 사용한 결과와 비교하시오.

코드 2.3: 커핸 알고리즘

```
def KahanSum(x):
    c,summ=0,0
    for i in range(len(x)):
        xp=x[i]-c
        c=((summ+xp)-summ)-xp
        summ+=xp
    return summ

def DirectSum(x):
    summ=0
    for i in range(len(x)):
        summ+=x[i]
    return summ

num=100
n=np.logspace(1,5,num).astype(int)
Kerr=np.zeros(num)
Derr=np.zeros(num)
Perr=np.zeros(num)

```

```python
for i in range(num):
    x=np.ones(n[i])*0.1
    trueval=n[i]*0.1
    Kerr[i]=np.abs(KahanSum(x)-trueval)
    Derr[i]=np.abs(DirectSum(x)-trueval)
    Perr[i]=np.abs(np.sum(x)-trueval)

fig=plt.figure(1,figsize=(10,5))
plt.subplot(121)
plt.plot(n,Derr,'--',label='Direct Sum')
plt.plot(n,Perr,':',label='np.sum()')
plt.plot(n,Kerr,'-',label='Kahan Sum')
plt.xscale('log')
plt.xlabel('n')
plt.ylabel('error')
plt.legend()
plt.subplot(122)
plt.plot(n,Derr,'s',label='Direct Sum')
plt.plot(n,Perr,'o',mfc='w',mec='k',label='np.sum()')
plt.xscale('log')
plt.yscale('log')
plt.xlabel('n')
plt.ylabel('error')
plt.legend(numpoints=3)
plt.tight_layout()
plt.show()
```

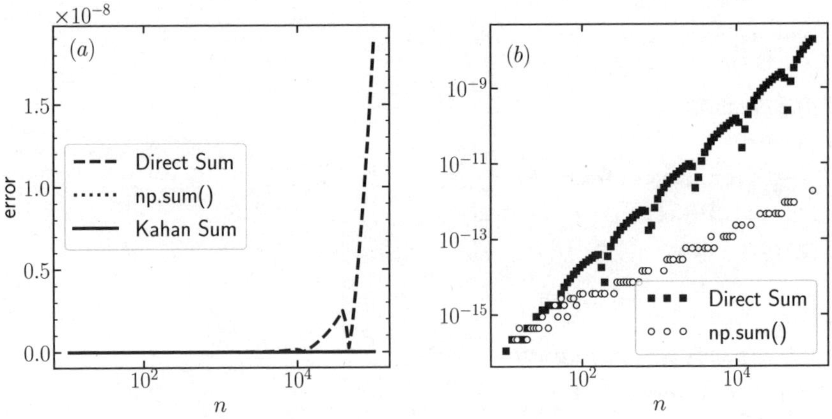

그림 2.4: 식 (2.28), np.sum()함수, 커핸 알고리즘을 이용한 결과의 비교. (a)와 (b)는 각각 오차를 선형 척도와 로그 척도로 보여 준다.

<table>
<tr><th>a</th><th>b</th><th>a&b</th><th>a|b</th><th>a∧b</th><th>~a</th></tr>
<tr><td>0</td><td>0</td><td>0</td><td>0</td><td>0</td><td>1</td></tr>
<tr><td>0</td><td>1</td><td>0</td><td>1</td><td>1</td><td>1</td></tr>
<tr><td>1</td><td>0</td><td>0</td><td>1</td><td>1</td><td>0</td></tr>
<tr><td>1</td><td>1</td><td>1</td><td>1</td><td>0</td><td>0</td></tr>
</table>

표 2.3: 논리연산자의 진리표

1-7행은 커핸 알고리즘을 이용하여 배열 `x`의 합 `summ`을 구하는 함수 `KahanSum`을 정의한다. 9-13행은 식 (2.28)을 따라 배열 `x`의 합 `summ`을 구하는 함수 `DirectSum`을 정의한다. 16행은 구간 $[10, 10^5]$에서 로그 척도로 등간격인 100개의 정수 `n`을 만든다. 17-19행은 각각 `KahanSum`, `DirectSum`, `np.sum()` 함수를 이용하여 계산한 합의 오차를 저장할 배열 `Kerr`, `Derr`, `Perr`을 0인 배열로 초기화한다. 22행은 모든 원소가 `0.1`인 크기가 `n`인 배열 `x`를 만든다. 23행은 합의 참값을 `trueval`에 저장한다. 24-26행은 각각 `KahanSum`, `DirectSum`, `np.sum()` 함수를 호출한 결과의 오차를 구한다. 28행 이하는 각 오차를 `n`의 함수로 그린다(그림 2.4). 커핸 알고리즘을 이용한 결과는 오차가 정확히 0이다. 식 (2.28)을 따라 직접 더한 결과나 `np.sum()` 함수를 이용한 결과는 n이 증가하면서 오차가 증가하는데, 전자가 후자보다 큰 오차를 가진다.

2.3 기본 연산

2.3.1 사칙연산

컴퓨터는 비트 연산을 통해 계산을 수행한다. **비트 연산자**에는 AND (`&`), OR (`|`), XOR (∧), NOT (`~`) 등의 **논리연산자**(logical operator)와 **이동연산자**(shift operator) 등이 있다.[6] 표 2.3은 논리연산자의 진리표를 보여 준다. 0은 거짓(또는 전기가 흐르지 않음), 1은 참(또는 전기가 흐름)을 뜻한다. AND 연산자는 두 비트가 모두 참일 때 참이고, 하나라도 거짓이면 거짓인 결과를 반환한다. OR 연산자는 두 비트가 모두 거짓일 때만 거짓이고, 하나라도 참이면 참인 결과를 반환한다. XOR 연산자는 두 비트가 다르면 참이고, 같으면 거짓인 결과를 반환한다. NOT 연산자는 참과 거짓을 바꾼 결과를 반환한다. 다음을 코드셀에서 실행해 보자.

```
x,y=7,2
x&y, x|y, ~x, x^y
```

`x`와 `y`를 이진수로 바꾼 후 비트 연산을 수행한 결과를 십진수로 변환하여 출력한다.

6) XOR은 배타적(eXclusive) OR의 약자다.

이동연산자는 비트를 이동시키는 방향에 따라 두 가지가 있다. ‘a ≪ n’은 정수 a의 비트를 왼쪽으로 n칸 이동시킨 후, 오른쪽 빈 자리에 0을 채운다. 반면, ‘a ≫ n’ 은 정수 a의 비트를 오른쪽으로 n칸 이동시킨 후, 왼쪽 빈 자리에 0을 채운다. 다음 코드를 실행해 보자.

```
1 bin(17)
2 0b10001 << 2
3 bin(68)
```

1행의 bin() 함수는 십진수를 이진수로 바꾸는 함수며, 그 결과가 0b10001로 출력된다. 숫자 앞에 붙은 접두어 ‘0b’는 이 숫자가 이진수임을 뜻한다.[7] 2행을 실행하면 비트가 왼쪽으로 2칸 이동하여 68이 출력되는데, 이진수로 0b1000100이다.

앞의 예에서 알 수 있듯이 a ≪ n은 a에 2^n을 곱한 효과를 준다. 반대로 a ≫ n은 a를 2^n으로 나눈 결과와 같다. 예를 들어,

```
1 7 << 5
2 7*2**5
3 27>>3
4 int(27*2**(-3))
```

을 실행했을 때, 1행과 2행의 결과가 서로 같고 3행과 4행의 결과도 서로 같다.

컴퓨터는 사칙연산을 논리연산자와 이동연산자를 결합하여 수행한다. 예를 들어, 두 수의 합 a+b는 XOR(a∧b) 연산 결과에 AND(a&b) 연산 결과를 왼쪽으로 한 비트 이동시켜 더하는 방식으로 계산한다. 뺄셈은 a-b = a+(-b)와 같이 뒤 수의 부호를 반전시킨 후 덧셈으로 계산한다. 곱셈과 나눗셈은 덧셈과 이동연산자를 조합하여 수행한다. 일반적으로 곱셈이 나눗셈보다 연산 속도가 빠르므로, y=x/2와 같은 나눗셈식을 y=0.5*x인 곱셈식으로 바꾸어 계산하는 습관을 갖는 것이 좋다.

2.3.2 기본 함수⋆

파이썬은 np.sqrt(), np.exp(), np.sin() 등과 같은 기본 함수를 계산할 때 표준 C 언어 라이브러리에 있는 내장함수를 차용한다. C언어 라이브러리는 (1) 참조 표(lookup table)로 저장해 놓은 값 사용, (2) 테일러 급수 전개, (3) 반복 계산, (4) 유리 함수(rational function)로 근사 등의 방법을 혼용하여 함숫값을 계산한다.

예를 들어, 실수(또는 복소수) w의 제곱근 $x = \sqrt{w}$는

$$x_{i+1} = \frac{1}{2}\left(x_i + \frac{w}{x_i}\right) \quad (i = 0, 1, \cdots) \tag{2.35}$$

7) 파이썬에서 8진수, 16진수로 바꾸는 함수는 각각 oct(), hex()며, 해당 접두어는 ‘0o’, ‘0x’다.

라는 점화식을 $x_0 = w$로 놓고 반복적으로 계산하여 구할 수 있다.[8] 이를 파이썬으로 다음과 같이 구현할 수 있다.

```
1  def Newton_sqrt(w):
2      x=w
3      while True:
4          last=x
5          x=0.5*(x+w/x)
6          if np.abs(x-last) < 1e-15:
7              break
8      return x
9
10 print(Newton_sqrt(10)/np.sqrt(10)-1)
```

1-8행은 식 (2.35)를 계산하는 함수 `Newton_sqrt`를 정의한다. 10행은 $\sqrt{10}$을 파이썬의 내장함수인 `np.sqrt()`로 계산한 값과 `Newton_sqrt`를 이용한 값을 비교한다. 두 값의 차이는 기계 엡실론 정도에 불과하다.

파이썬에서 삼각함수는 **CORDIC 알고리즘**(COordinate Rotation DIgital Computer algorithm)을 이용하여 계산한다. 이 알고리즘에서는 2차원 평면상의 점 (x_i, y_i)와 이 점을 각도 γ_i만큼 회전하여 도달한 점 (x_{i+1}, y_{i+1}) 사이에 만족하는 행렬방정식

$$\begin{bmatrix} x_{i+1} \\ y_{i+1} \end{bmatrix} = \begin{bmatrix} \cos\gamma_i & -\sin\gamma_i \\ \sin\gamma_i & \cos\gamma_i \end{bmatrix} \begin{bmatrix} x_i \\ y_i \end{bmatrix} \tag{2.36}$$

를 반복적으로 이용하여 $\cos\beta$와 $\sin\beta$를 계산한다. 시작점으로 $(x_0, y_0) = (1, 0)$을 잡고 원하는 각도 $\beta = \sum_{i=0}^{n-1} \sigma_i\gamma_i$에 도달할 때까지 양자화된 각도 $\gamma_i = \tan^{-1}(2^{-i})$으로 회전시킨다. 여기서, $\sigma_i = \pm 1$인데, 회전이 반시계 방향이면 $\sigma_i = +1$, 시계 방향이면 $\sigma_i = -1$이다. 예를 들어, $\beta = 65°$인 경우, $\beta = 45° + 26.57° - 14.04° + \cdots$와 같이 γ_i가 점점 작아지는 회전을 반복한다. 보통 $n = 50$까지면 충분히 정확한 삼각함수 값을 얻을 수 있다.

$\cos\gamma_i = 1/\sqrt{1+\tan^2\gamma_i}$이고 $\sin\gamma_i = \tan\gamma_i/\sqrt{1+\tan^2\gamma_i}$임을 이용하고 회전 방향을 고려하여 식 (2.36)을 다시 적으면

$$\begin{bmatrix} x_{i+1} \\ y_{i+1} \end{bmatrix} = \frac{1}{\sqrt{1+2^{-2i}}} \begin{bmatrix} 1 & -\sigma_i 2^{-i} \\ \sigma_i 2^{-i} & 1 \end{bmatrix} \begin{bmatrix} x_i \\ y_i \end{bmatrix} \quad (i \geq 0) \tag{2.37}$$

이므로 좌표의 회전에 삼각함수가 명시적으로 개입하지 않는다. n번 회전 후 최종 도달

8) 이 방법은 고대 바빌론 시대부터 알려졌으며 고대 그리스 수학자 이름을 따 **헤론 방법**(Heron method)이라고 부른다. 또한 $f(x) = x^2 - w$를 식 (3.12)에 적용하면 식 (2.35)를 얻을 수 있기 때문에 **뉴턴 방법**이라고도 한다.

한 점을 (x_n, y_n)이라고 하면 $\cos\beta = x_n$, $\sin\beta = y_n$이다.

예제 2.4

CORDIC 알고리즘을 이용하여 cos(65°)와 sin(65°)의 값을 구하고 `np.cos()` 함수와 `np.sin()` 함수를 이용한 결과와 비교하시오.

코드 2.4: CORDIC 알고리즘

```
1  def CORDIC(beta):
2      n=52
3      gamma=np.arctan(2.**(-np.arange(n)))
4      x=np.array([1.,0.])
5      for i in range(n):
6          if beta <0:
7              sigma=-1
8          else:
9              sigma=1
10         beta-=sigma*gamma[i]
11         factor=sigma*2.**(-i)
12         R=np.array([[1,-factor],[factor,1]])
13         R=R/np.sqrt(1+factor**2)
14         x=R@x
15     return x
16
17 beta_deg=65.
18 beta_rad=np.deg2rad(beta_deg)
19 x=CORDIC(beta_rad)
20
21 print('difference in cosine=',x[0]-np.cos(beta_rad))
22 print('difference in   sine=',x[1]-np.sin(beta_rad))
```

1-15행은 CORDIC 알고리즘을 이용하여 $\cos\beta$와 $\sin\beta$를 계산하는 함수 `CORDIC`을 정의한다. 2행은 회전의 총횟수 `n`을 지정한다. 3행은 γ_i의 값을 배열 `gamma`에 저장한다. 10행은 β에서 $\sigma\gamma_i$를 뺀 값을 새로운 β로 저장한다. 12-13행의 `R`은 식 (2.37)에서 사용된 회전행렬이다. 14행의 `@`기호는 행렬의 곱셈 연산자다. 18행의 `np.deg2rad()` 함수는 각도를 호도(radian)로 변환하는 함수다. 19행에서 `CORDIC` 함수를 호출하여 회전의 최종 좌표 `x`를 반환받는다. 21-22행은 `CORDIC` 함수를 이용한 결과와 `np.cos()`, `np.sin()` 함수를 이용한 결과의 차이를 출력한다. 두 결과는 기계 엡실론 이내에서 서로 일치한다.

지수함수 $\exp(x)$를 계산할 때는 변수 x를

$$x = n\log 2 + r \tag{2.38}$$

이라는 식을 이용하여 정수 n과 실수 r로 변환한 후(단, $|r| \le \log(2)/2 \sim 0.34658$),

$\exp(x) = 2^n \exp(r)$을 이용한다. $\exp(r)$의 값은 $r \in [0, 0.34658]$인 구간에서 미리 계산해 놓은 정확도가 매우 높은 유리함수로 근사하고(문제 2.7 참고), $r \in [-0.34658, 0]$인 구간에서는 근사식의 역수를 사용한다. 로그함수 $\log(x)$도 이와 비슷하게

$$x = 2^n(1+f) \tag{2.39}$$

로 놓고 $\sqrt{2}/2 < 1+f < \sqrt{2}$를 만족시키는 실수 f와 정수 n을 찾는다. 나아가 구간 $1+f \in [\sqrt{2}/2, \sqrt{2}]$에서 $\log(1+f)$를 다항식으로 근사한 후, $\log x = n\log 2 + \log(1+f)$로 함숫값을 계산한다.

거듭제곱은 `x**y`로 계산하는데, 파이썬은 이를 $\exp[y\log(x)]$로 바꾸어 계산한다. 파이썬의 내장함수인 `pow(x,y)` 또는 `np.power(x,y)`도 같은 기능을 수행하지만, 이러한 함수는 나머지를 구하거나 배열 처리와 같은 다른 기능을 포함하고 있어서 `x**y`보다 속도가 느리다. 로그함수와 지수함수 계산은 사칙연산보다 더 긴 시간을 소요하므로 제곱 계산에서는 `x**2`보다 `x*x`를, 제곱근 계산에서는 `x**0.5`보다 `np.sqrt(x)`를 사용하는 것이 효율적이다.

2.4 절단 오차

컴퓨터를 이용한 함수 계산은 유한한 횟수의 산술 연산을 통하여 주어진 문제에 대한 근사해를 찾는다. 근사해는 참해(true solution)에 매우 가까울 수 있지만, 완전히 같을 수 없다. 근사해와 참해의 차이를 **절단 오차**(truncation error)라고 한다.

절단 오차는 무한개의 항으로 구성된 함수를 유한개의 항으로 근사시킬 때 나타난다. 예를 들어, 함수 $f(x+h)$를 점 x에서 테일러 급수로 전개하면

$$f(x+h) = f(x) + f'(x)h + \frac{h^2}{2!}f''(x) + \frac{h^3}{3!}f^{(3)}(x) + \cdots \tag{2.40}$$

이다. $f(x+h)$를 h에 대한 2차항까지 택하면, 버려진 3차항 이상의 항이 절단 오차다.

절단 오차는 컴퓨터가 표현하는 숫자의 유한한 정밀도 때문에 발생하는 반올림 오차와 무관하다. 반올림 오차와는 달리 절단 오차는 프로그래머가 조절할 수 있으며, 절단 오차를 가능한 한 작게 하여 더욱 정확한 근사해를 구하는 것이 수치해석의 목표 중 하나다.

2.4.1 수치 미분

수치 미분은 절단 오차를 가장 잘 드러낸다. 도함수의 정의

$$f'(x) \equiv \lim_{h\to 0} \frac{f(x+h) - f(x)}{h} \tag{2.41}$$

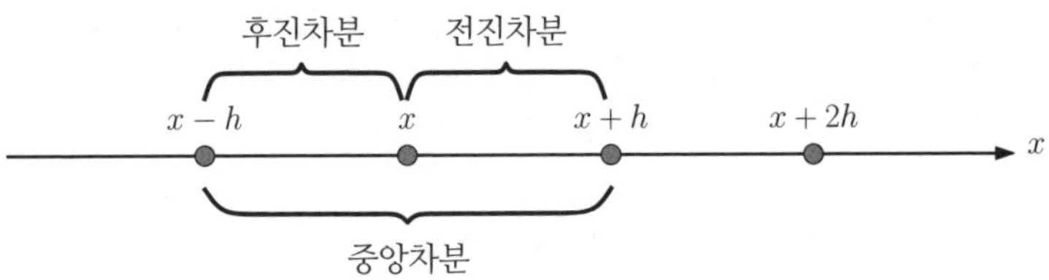

그림 2.5: 전진차분, 후진차분, 중앙차분

로부터 함수 $f(x)$의 수치 미분을

$$f'(x) = \frac{f(x+h) - f(x)}{h} + \mathcal{O}(h) \tag{2.42}$$

로 놓을 수 있다. 여기서, h를 **보폭**(step size)이라고 한다. 주어진 점 x와 한 보폭만큼 전진한 점 $x+h$에서의 함숫값 차이를 이용하기 때문에 식 (2.42)를 **전진차분**(forward difference)이라고 한다(그림 2.5). 식 (2.40)을 식 (2.42)에 대입하면 전진차분의 절단 오차가 h에 비례함을 알 수 있다. 즉, 함수의 전진차분은 1차 **정확도**(accuracy)를 가진다. 보폭이 작을수록 절단 오차가 선형적으로 비례하여 작아진다.

수치 미분에는 절단 오차뿐만 아니라 반올림 오차도 관여한다. 함숫값 $f(x)$의 컴퓨터에 저장된 값을 $\widetilde{f}(x)$라고 하면

$$\widetilde{f}(x) = f(x)(1 + \kappa\epsilon) \tag{2.43}$$

이다(식 2.15). 따라서, 수치 미분의 총오차는

$$E_h \equiv \frac{\widetilde{f}(x+h) - \widetilde{f}(x)}{h} - f'(x) \tag{2.44a}$$

$$= \frac{f(x+h) - f(x)}{h} - f'(x) + \frac{\kappa_1\epsilon_1 f(x+h) - \kappa_2\epsilon_2 f(x)}{h} \tag{2.44b}$$

$$= Ah + \kappa\epsilon\frac{f(x)}{h} \tag{2.44c}$$

로 주어진다. 여기서, A는 절단 오차의 비례상수며 $\kappa\epsilon \equiv \kappa_1\epsilon_1 f(x+h)/f(x) - \kappa_2\epsilon_2$는 조건수와 기계 엡실론의 곱에 해당한다. 식 (2.44c)는

$$h = \sqrt{\frac{\kappa\epsilon f(x)}{A}} \tag{2.45}$$

에서 최솟값 $\mathtt{min}(E_h) = 2\sqrt{A\kappa\epsilon f(x)}$를 가진다. 보폭이 식 (2.45)에서 주어지는 값보다 작아지면 반올림 오차가 오히려 증가한다.

수치 미분은 전진차분 외에도, 현 위치 x와 한 보폭 뒤의 점 $x-h$를 이용하는 **후진**

차분(backward difference)

$$f'(x) = \frac{f(x) - f(x-h)}{h} + \mathcal{O}(h^1) \tag{2.46}$$

과, 한 보폭 앞과 뒤의 점을 동시에 이용하는 **중앙차분**(central difference)

$$f'(x) = \frac{f(x+h) - f(x-h)}{2h} + \mathcal{O}(h^2) \tag{2.47}$$

이 있다(그림 2.5). 식 (2.47)은 식 (2.42)와 식 (2.46)의 평균값과 같다. 이러한 차분을 통칭하여 **유한차분**(finite difference)이라고 한다. 후진차분은 전진차분과 마찬가지로 1차적으로 정확하지만, 중앙차분은 2차적으로 정확하다. 별도의 노력없이 더 정확한 도함수를 계산하므로 가능하다면 전진/후진 차분보다 중앙차분을 이용하는 것이 좋다.

예제 2.5

전진차분, 후진차분, 중앙차분을 이용하여 점 $x = 1$에서 함수 $f(x) = e^x$의 미분값을 보폭 h를 1에서 10^{-15}까지 변화시키면서 구하시오.

코드 2.5: 수치 미분

```
def FiniteDiff(F,x,h):
    fdf=(F(x+h)-F(x))/h
    bdf=(F(x)-F(x-h))/h
    cdf=(F(x+h)-F(x-h))/(2*h)
    return fdf,bdf,cdf

def func(x):
    return np.exp(x)

h=np.logspace(-15,0,200)
fdf,bdf,cdf=FiniteDiff(func,1,h)
ferr=np.abs(fdf-np.exp(1))
berr=np.abs(bdf-np.exp(1))
cerr=np.abs(cdf-np.exp(1))

fig=plt.figure(1,figsize=(7,5))
plt.plot(h,ferr,label='forward')
plt.plot(h,berr,label='backward')
plt.plot(h,cerr,label='centered')
plt.xlim(1,1.e-15)
plt.xscale('log')
plt.yscale('log')
plt.xlabel('h')
```

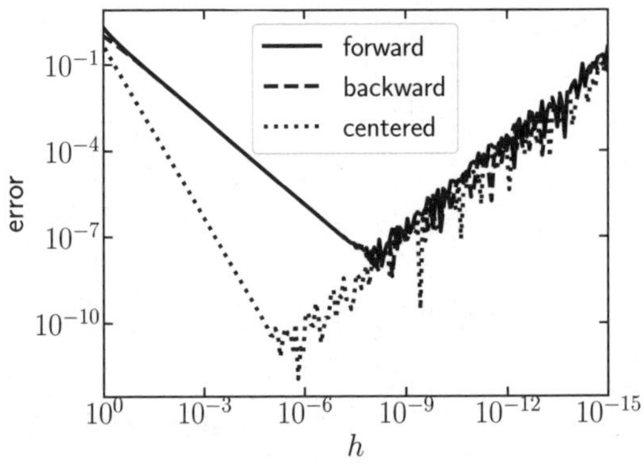

그림 2.6: 유한차분으로 계산한 미분값의 오차와 보폭의 관계

```
24 plt.ylabel('error')
25 plt.legend()
26 plt.show()
```

1-5행은 함수 `F`를 각각 전진차분, 후진차분, 중앙차분하여 미분값 `fdf`, `bdf`, `cdf`를 구하는 함수 `FiniteDiff`를 정의한다. 7-8행은 지수함수의 함숫값을 반환하는 함수 `func`를 정의한다. 10행은 $[10^{-15}, 10^{0}]$인 구간에서 로그 척도로 균등하게 나눈 200개의 보폭 `h`를 지정한다. 11행은 `FiniteDiff` 함수를 호출하여 미분값 `fdf`, `bdf`, `cdf`를 계산한다. 12-14행은 각 미분값의 오차를 계산한다. 16행 이하는 전진차분, 후진차분, 중앙차분의 오차를 `h`에 대한 함수로 그린다(그림 2.6).

보폭이 감소하면서 유한차분으로 구한 도함수의 오차도 감소하는데, 중앙차분의 오차가 전진차분과 후진차분보다 더 빠르게 감소한다. 전진차분과 후진차분의 오차는 거의 비슷하다. 중앙차분의 오차는 $h = 10^{-5}$에서, 전진차분과 후진차분의 오차는 $h = 10^{-8}$에서 최솟값을 가진 후, 반올림 오차 때문에 h가 감소하면서 다시 증가한다.

고계도함수의 수치 미분은 (1계)도함수를 다시 차분하여 구한다. 예를 들어, 2계도함수는

$$f''(x) \approx \left(\frac{f(x+h) - f(x)}{h} - \frac{f(x) - f(x-h)}{h} \right) \Big/ h \tag{2.48a}$$

$$= \frac{f(x+h) - 2f(x) + f(x-h)}{h^2} + \mathcal{O}(h^2) \tag{2.48b}$$

으로 구할 수 있고, 3계도함수는

$$f^{(3)} \approx \frac{f''(x+h) - f''(x-h)}{2h} \tag{2.49a}$$

$$= \frac{f(x+2h) - 2f(x+h) + 2f(x-h) - f(x-2h)}{2h^3} + \mathcal{O}(h^2) \tag{2.49b}$$

과 같이 구할 수 있다.

2.4.2 벡터 노름⋆

n차원 공간에서 정의된 벡터 $\boldsymbol{x} = (x_1, x_2, \cdots, x_n)$을 생각해 보자. 유클리드 공간에서는 이 벡터의 길이를

$$\|\boldsymbol{x}\|_2 = (x_1^2 + x_2^2 + \cdots + x_n^2)^{1/2} \tag{2.50}$$

으로 정의하는 것이 통상적이다. 두 점 $\boldsymbol{x}$와 $\boldsymbol{y}$를 직선으로 연결하는 최단 거리는 $\|\boldsymbol{x}-\boldsymbol{y}\|_2$로 주어진다. 하지만, 이 거리는 두 점 사이에 아무런 장애물이 없을 때 유효하다. 만일 두 점을 가로막는 건물이 있어서 가로축과 세로축에 평행한 길을 따라서만 움직일 수 있다면 식 (2.50)은 거리에 대한 정의로 적절하지 않다.

이러한 이유로 벡터의 일반화된 길이를 $p \geq 1$인 실수에 대하여

$$\|\boldsymbol{x}\|_p = \left(\sum_{i=1}^{n} |x_i|^p \right)^{1/p} \tag{2.51}$$

으로 정의하며, 이를 **p노름**(p-norm) 또는 **L^p노름**이라고 부른다. 식 (2.50)은 $p = 2$에 해당한다. 도로가 좌표축에 평행한 경우에는 $p = 1$ 노름인

$$\|\boldsymbol{x}\|_1 = \sum_{i=1}^{n} |x_i| \tag{2.52}$$

가 벡터의 길이로 적절하다. $p = \infty$인 경우

$$\|\boldsymbol{x}\|_\infty = \max(|x_1|, |x_2|, \cdots, |x_n|) \tag{2.53}$$

이다. 파이썬에서 `np.linalg.norm(x,ord=np.inf)`는 $\|\boldsymbol{x}\|_\infty$를 계산하고, 열쇳말을 `ord=1`과 2로 바꾸면 각각 $\|\boldsymbol{x}\|_1$과 $\|\boldsymbol{x}\|_2$를 계산한다.

두 벡터 $\boldsymbol{x} = \{x_i\}$와 $\boldsymbol{y} = \{y_i\}$의 **내적**(inner product)을

$$\langle \boldsymbol{x}, \boldsymbol{y} \rangle = \sum_{i} x_i y_i \tag{2.54}$$

로 정의하면, $\|\boldsymbol{x}\|_2^2 = \langle \boldsymbol{x}, \boldsymbol{x} \rangle = \boldsymbol{x}\boldsymbol{x}^\intercal$이고,

$$|\langle \boldsymbol{x}, \boldsymbol{y} \rangle| \leq \|\boldsymbol{x}\|_2 \, \|\boldsymbol{y}\|_2 \tag{2.55}$$

가 성립한다. 식 (2.55)를 **코시-슈바르츠 부등식**(Cauchy-Schwarz inequality)이라고 한다.

2.4.3 정확도 점검⋆

컴퓨터 계산의 가장 중요한 두 가지 요소는 정확도와 계산 속도다. 따라서 프로그래머는 자신이 작성한 코드의 정확도를 점검하는 습관을 지녀야 한다. 정확한 해석해 $U_{\rm sol}$이 알려진 문제에서 보폭 h를 사용한 수치해가 U_h라면

$$\frac{\|U_h - U_{\rm sol}\|}{h^\alpha} \approx \text{일정} \tag{2.56}$$

이 성립하는 α값이 정확도의 차수를 나타낸다.

해석해가 알려지지 않았다면, h를 매우 작게 잡아 계산한 수치해를 U_∞라고 놓고

$$\frac{\|U_h - U_\infty\|}{h^\alpha} \approx \text{일정} \tag{2.57}$$

인 α를 찾는다. 또는, h를 달리한 계산을 수행하여

$$\frac{\|U_{4h} - U_{2h}\|}{\|U_{2h} - U_h\|} = 2^\alpha \tag{2.58}$$

을 만족시키는 정확도의 차수 α를 구한다. $U_h = U_{\rm sol} + Ah^\alpha$으로 놓으면 식 (2.58)이 성립함을 확인할 수 있다(단, A는 상수).

문제

2.1 프로그램을 작성할 때는 반올림 오차가 지수적으로 증가하지 않도록 주의해야 한다. 다음 문제를 통해 **황금비**(golden ratio) $\phi = (\sqrt{5}-1)/2 \simeq 0.61803398875\cdots$의 거듭제곱을 계산할 때 유의할 점을 알아보자.

(1) 점화식

$$\phi^0 = 1, \quad \phi^n = \phi \cdot \phi^{n-1} \quad (\text{단, } n = 1, 2, 3, \cdots) \tag{P2.1}$$

을 이용하여 $0 \le n \le 50$일 때 ϕ^n의 값을 구하고 ϕ^n을 n의 함수로 그리시오(단, 세로축을 로그 척도로 한다).

(2) ϕ^n을 구하는 다른 방법은 점화식

$$\phi^{n+1} = \phi^{n-1} - \phi^n \quad (\text{단, } n = 1, 2, 3, \cdots) \tag{P2.2}$$

을 이용하는 것이다. 마크다운셀에 식 (P2.2)가 식 (P2.1)과 동등함을 보이시오.

(3) $0 \le n \le 50$일 때, 식 (P2.2)를 이용하여 ϕ^n을 계산하고, (1)의 결과와 겹쳐 그리시오.

(4) n이 클 때, 식 (P2.1)과 식 (P2.2)를 이용한 결과가 서로 다른 이유를 설명하시오.

2.2 **이항계수**(binomial coefficients) $a_{n,k}$는

$$a_{n,k} = \binom{n}{k} = \frac{n!}{k!(n-k)!} \tag{P2.3}$$

로 주어진다. $a_{n,0} = a_{n,n} = 1$이다. 주어진 정수 n에 대해 $a_{n,k}$의 값을 계산하기 위해서는 $a_{n,0} = 1$을 택하고 점화식

$$(k+1)a_{n,k+1} = (n-k)a_{n,k} \tag{P2.4}$$

를 이용한다.

(1) $n = 10$과 100에 대해 식 (P2.4)를 적용하여 $a_{n,k}$의 최댓값을 계산하고(단, $k = 1, \cdots, n$), $a_{n,n}$의 오차를 구하시오.

(2) (1)에서 작성한 알고리즘을 이용하여, $n = 10$과 100에 대해

$$E(n) \equiv \frac{1}{2^n}\sum_{k=0}^{n} k a_{n,k} = \frac{n}{2} \tag{P2.5}$$

의 상대 오차 $2E(n)/n-1$을 계산하시오. $a_{n,k}$의 값이 k에 따라 매우 크게 변함에도 불구하고 계산된 $E(n)$값의 정확도가 높은 이유를 설명하시오.

(3) n이 1,000보다 크면 $E(n)$을 계산할 때, $a_{n,k}$와 2^n을 따로 계산하는 것을 피해야 한다. n일 짝수일 때, $n=2m$이고 $c_m \equiv 2^{-2m}a_{2m,m}$이라고 하면

$$c_{m+1} = \frac{2m+1}{2m+2}c_m \tag{P2.6}$$

임을 보이시오. $c_1 = 1/2$이므로 모든 c_m을 구할 수 있으며, 이 값과 식 (P2.4)를 이용하면 식 (P2.5)의 계산에 필요한 모든 $2^{-n}a_{n,k}$을 구할 수 있다. 이 방법으로 $E(10^4)$의 값을 계산하시오.

2.3 2차방정식

$$x^2 - 2bx - 1 = 0 \tag{P2.7}$$

의 한 근은 $x_1 = \sqrt{b^2+1} - b$이다. 계수 b의 값이 1에서 10^{10}까지 변할 때, x_1을 b의 함수로 그리시오. 또한, $x_2 \equiv 1/(\sqrt{b^2+1}+b)$로 정의할 때, x_2의 값을 겹쳐 그리고, x_1과 x_2의 차이를 반올림 오차 관섬에서 토의하시오.

2.4 $x \in [0.995, 1.005]$인 구간에서

$$y_1 = (1-x)^6 \tag{P2.8a}$$

$$y_2 = 1 - 6x + 15x^2 - 20x^3 + 15x^4 - 6x^5 + x^6 \tag{P2.8b}$$

을 x의 함수로 그래프를 그리고 y_1과 y_2의 차이에 관해 토의하시오.

2.5 유한급수

$$S(n) = \sum_{j=1}^{n} \frac{1}{j(j+2)} = \frac{n(3n+5)}{4(n+1)(n+2)} \tag{P2.9}$$

에 대해, 아래와 같은 방법으로 $S(10^7)$의 오차를 구하시오.

(1) 작은 항부터 큰 항을 차례로 더한다.

(2) 큰 항부터 작은 항을 차례로 더한다.

(3) **커핸 알고리즘**을 사용한다.

2.6 **CORDIC 알고리즘**으로 $\sin(23.7°)$와 $\cos(23.7°)$의 값을 구하고 파이썬의 내장함수인 `np.sin()`과 `np.cos()` 함수를 이용한 결과와 비교하시오.

2.7 지수함수를 테일러 급수로 전개하면

$$e^x = \sum_{n=0}^{\infty} \frac{x^n}{n!} \tag{P2.10}$$

이다.

(1) 식 (P2.10)에서 절댓값이 10^{-8}보다 큰 항을 더하여 e^{+10}과 e^{-10}의 값을 구하고 `np.exp()` 함수를 이용한 결과에 대한 상대 오차를 계산하시오.

(2) $x = 10$이고 $x = -10$일 때, $x = n \log 2 + r$인 n과 r을 각각 구하시오(단, $|r| \le \log(2)/2$).

(3) $|r| \le \log(2)/2$일 때, e^r을

$$e^r \approx 1 + r + \frac{rR(r)}{2 - R(r)} \tag{P2.11}$$

로 근사할 수 있다. 여기서, $R(r) \equiv r - \sum_{i=1}^{5} P_i r^{2i}$이며 계수 P_i는 아래 표와 같다. 식 (P2.11)과 $e^x = 2^n e^r$을 이용하여 e^{+10}과 e^{-10}의 값을 계산하고 (1)의 결과와 비교하시오.

i	P_i
1	$1.666\,666\,666\,666\,660\,190\,37 \times 10^{-1}$
2	$-2.777\,777\,777\,701\,559\,338\,42 \times 10^{-3}$
3	$6.613\,756\,321\,437\,934\,361\,17 \times 10^{-5}$
4	$-1.653\,390\,220\,546\,525\,153\,90 \times 10^{-6}$
5	$4.138\,136\,797\,057\,238\,460\,39 \times 10^{-8}$

2.8 보폭을 구간 $h \in [10^{-5}, 10^{-1}]$에서 변화시키며 점 $x = 1$에서 함수 $f(x) = \exp(-x^2)$의 2계도함수를 계산하고 그 오차를 그래프로 그리시오. 또한 식 (2.58)을 이용하여 정확도의 차수를 구하시오.

제3장

비선형 방정식

과학에서 빈번하게 만나는 문제 중 하나는 비선형 방정식

$$f(x) = 0 \tag{3.1}$$

을 만족시키는 x, 즉 방정식의 근(root)을 구하는 문제다. $f(x)$는 다항식일 수도 있고 초월함수일 수도 있다. 이 단원에서는 식 (3.1)을 수치상으로 풀어 근을 구하는 몇 가지 알고리즘을 소개한다. 절단 오차와 반올림 오차 때문에 수치적으로 구한 근은 정확한 값이 아니라 근사적인 해다. 근을 구하는 모든 방법은 반복 계산을 통해 오차를 줄이는데, 수치해의 오차 추정치가 **오차 허용범위**(error tolerance)보다 작을 때 계산을 멈춘다.

3.1 괄호법

괄호법(bracketing method)은 근을 둘러싼 구간을 설정하고, 반복 계산을 통해 구간의 크기를 줄이며 근을 찾는 방법이다. 괄호법은 근을 잘 찾지만 속도가 다소 느리다. 이 방법에는 이분법과 가위치법이 있다.

3.1.1 이분법

방정식의 근을 구하는 첫걸음은 $y = f(x)$의 개형을 그래프로 확인하여 근을 둘러싼 x 값의 범위를 구간 $[a, b]$로 한정하는 것이다. 함수의 **중간값 정리**(intermediate value theorem)에 의해 함수 $f(x)$가 폐구간 $[a, b]$에서 연속이고 $f(a)f(b) < 0$이면, 방정식 $f(x) = 0$은 a와 b 사이에 적어도 하나의 실근을 갖는다.

이분법(bisection method)에서는 $c = (a+b)/2$를 구한 후 $f(c)$의 부호와 $f(a)$ 또는 $f(b)$의 부호를 비교하여, 근이 존재하는 구간을 $[a, b]$로부터 $[a,\ c]$ 또는 $[c,\ b]$로 절반씩 줄여 나간다. 이분법의 알고리즘을 요약하면 다음과 같다.

```
1 단계 1: f(a)f(b)<0인 폐구간 [a, b] 설정
2 단계 2: c=0.5*(a+b)
3 단계 3: |c-a|<tol이면, c를 근으로 채택하고 계산 중지
4 단계 4: |c-a|>tol이고
5     4-1:   f(a)f(c)<0이면, c를 b로 바꾸고 단계 2로 이동
6     4-2:   f(a)f(c)>0이면, c를 a로 바꾸고 단계 2로 이동
```

3-4행에서 `tol`은 오차 허용범위를 뜻한다.

예제 3.1

구간 $[1, 2]$에서 방정식

$$f(x) = x^4 - 3x - 1 = 0 \tag{3.2}$$

의 근을 이분법으로 구하시오. 오차 허용범위로 `tol=1.e-2`를 선택하시오.

코드 3.1: 이분법

```python
def func(x):
    f=x**4-3*x-1
    return f

tol=1.e-2
a,b=1,2
while True:
    fa=func(a)
    fb=func(b)
    c=0.5*(a+b)
    fc=func(c)
    print(f'{a:.4f}  {b:.4f}  {abs(a-c):.4f}  {fc:.4f}')
    if np.abs(a-c) < tol:
        solution=c
        break
    if fa*fc<0.:
        b=c
    else:
        a=c

print(solution)
```

1-3행은 식 (3.2)를 계산하는 함수 func를 정의한다. 5행은 오차 허용범위를, 6행은 초기 폐구간을 지정한다. 7-19행은 이분법을 이용하여 방정식의 근을 구한다. 21행은 12행에서 구한 해를 화면에 출력한다. 코드 3.1의 진행 과정을 출력하면 표 3.1과 같다. 계산이 반복되면서 $|a-c|$의 값이 1/2씩 줄어들다가 tol보다 작아지면 while 문을 빠져나온다. tol=1.e-2일 경우 근을 구하기 위해 6번의 반복 계산이 필요한데, tol=1.e-6으로 줄이면 계산 횟수가 19번으로 늘어난다.

오차 허용범위와 계산 횟수의 관계를 살펴보자. 처음에 선택한 구간을 $[a, b] = [a_0, b_0]$라고 하고, 참 근을 $x = r$이라고 하자. 이분법을 n번 반복한 후 줄어든 구간을 $[a_n, b_n]$이라고 하고 $c_n = (a_n + b_n)/2$라고 놓으면 오차 $|r - c_n|$은

$$|r - c_n| \le \frac{b_n - a_n}{2} = \frac{b_{n-1} - a_{n-1}}{2^2} = \cdots = \frac{b_0 - a_0}{2^{n+1}} \tag{3.3}$$

즉,

$$|r - c_n| \le \frac{b - a}{2^{n+1}} \tag{3.4}$$

를 만족시킨다. 식 (3.3)에서 등호는 계산이 반복될 때마다 구간의 크기가 절반으로 줄어들기 때문에 성립한다. 매 계산에서 오차가 절반씩 줄어든다. 이것은 이분법이 선형적으로 수렴함을 의미한다.

오차 허용범위가 tol이면,

$$\frac{b - a}{2^{n+1}} < \texttt{tol} \tag{3.5}$$

일 때 계산을 멈춘다. 따라서 주어진 오차 허용범위에 도달하는 데 필요한 반복 계산의 횟수는

$$n > \frac{\log[(b-a)/\texttt{tol}]}{\log 2} - 1 \tag{3.6}$$

로 주어진다.

이분법의 장점은 알고리즘이 단순하고 함수가 특별하지 않은 한 반드시 해를 구한

n	a	b	c	$\lvert a-c\rvert$	$f(c)$
0	1.0000	2.0000	1.5000	0.5000	−0.4375
1	1.5000	2.0000	1.7500	0.2500	3.1289
2	1.5000	1.7500	1.6250	0.1250	1.0979
3	1.5000	1.6250	1.5625	0.0625	0.2730
4	1.5000	1.5625	1.5312	0.0312	−0.0960
5	1.5312	1.5625	1.5469	0.0156	0.0850
6	1.5312	1.5469	1.5391	0.0078	−0.0064

표 3.1: 코드 3.1의 출력값

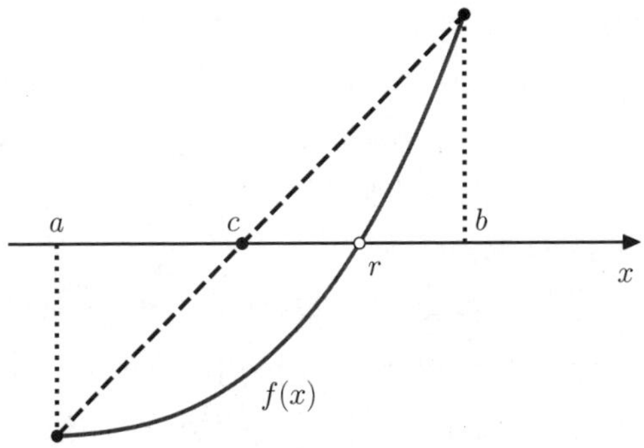

그림 3.1: 가위치법

다는 점이다. 반복 계산마다 오차의 한계가 분명하다는 것도 장점이다. 하지만, 오차가 선형적으로 감소하기 때문에 정확한 근을 구하기 위해서는 상대적으로 많은 반복 계산이 필요하다는 단점도 있다.

3.1.2 가위치법

근사적인 해로 구간의 중앙값을 선택하는 대신 그림 3.1처럼 구간의 양 끝값을 잇는 직선을 긋고 직선이 x축과 만나는 점을 새로운 근사해로 채택하는 방법을 **가위치법**(false position method)이라고 한다.[1]

그림 3.1에서 두 점 $(a, f(a))$와 $(b, f(b))$를 지나는 직선의 방정식은

$$y = f(a) + \frac{f(b) - f(a)}{b - a}(x - a) \tag{3.7}$$

이므로 이 직선과 x축이 만나는 점 c는

$$c = a - \frac{(b-a)f(a)}{f(b) - f(a)} = \frac{af(b) - bf(a)}{f(b) - f(a)} \tag{3.8}$$

로 주어진다. a, b, c의 함숫값 중 부호가 다른 2개를 택하여 구간을 줄이며 계산을 반복한다. 가위치법은 근의 근삿값 c를 구할 때, 함숫값 $f(a)$와 $f(b)$를 이용한다는 점에서 이분법과 다르다.

가위치법으로 방정식 $F(x) = 0$의 해를 구하는 알고리즘은 다음과 같다.

```
단계 1: 구간 [a, b]를 선택
단계 2: fa=F(a)와  fb=F(b)를 계산
```

1) 실제 근이 아니라 함수를 1차식으로 근사한 가짜 해라는 의미로 가위치(假位置)라는 용어를 사용한다. 라틴어로 'Regula Falsi'라고 한다.

```
단계 3: c=(a*fb-b*fa)/(fb-fa)
단계 4: |c-a|<tol이면, c를 근으로 채택하고 계산 중지
단계 5: |c-a|>tol일 때, fc=F(c)를 계산
    5-1: fa*fc<0이면, c를 b로 바꾸고 단계 2로 이동
    5-2: fa*fc>0이면, c를 a로 바꾸고 단계 2로 이동
```

예제 3.2

가위치법을 적용하여 방정식

$$f(x) = \tan(\pi x) - 6 = 0 \tag{3.9}$$

의 근을 구하시오. 초기 구간으로 $[0, 0.48]$을 선택하시오.

코드 3.2: 가위치법

```
1  def func(x):
2      f=np.tan(np.pi*x)-6
3      return f
4  
5  tol=1.e-10
6  a,b=0,0.48
7  
8  while True:
9      fa=func(a)
10     fb=func(b)
11     c=(a*fb-b*fa)/(fb-fa)
12     if abs(c-a)<tol : break
13     if fa*func(c)<0:
14         b=c
15     else:
16         a=c
17 
18 print(c,func(c))
```

1-3행은 식 (3.9)를 계산하는 함수 func를 정의한다. 5행은 오차 허용범위를, 6행은 근을 찾을 초기 구간을 지정한다. 12행에서 근의 근삿값 c가 오차 허용범위에 들어왔는지를 판단한다. c와 a의 간격이 충분히 작다면 18행에서 근과 함숫값을 출력하고, 그렇지 않다면 13-16행에서 함숫값의 부호를 따져 c를 a나 b로 바꾸어 계산을 반복한다.

코드 3.2를 실행하면 반복 계산에서 a는 변하지만, b는 고정된 것을 확인할 수 있다. 그 이유는 그림 3.2와 같이 함수 $f(x)$가 증가함수($f' > 0$)면서 동시에 아래로 볼록($f'' > 0$)하기 때문이다. 이 경우 구간의 양 끝값을 연결하는 직선이 항상 함수의 위쪽에 위치하므로 직선의 x 절편이 참 근 r보다 작아 구간의 오른쪽 끝이 고정된다. 이와

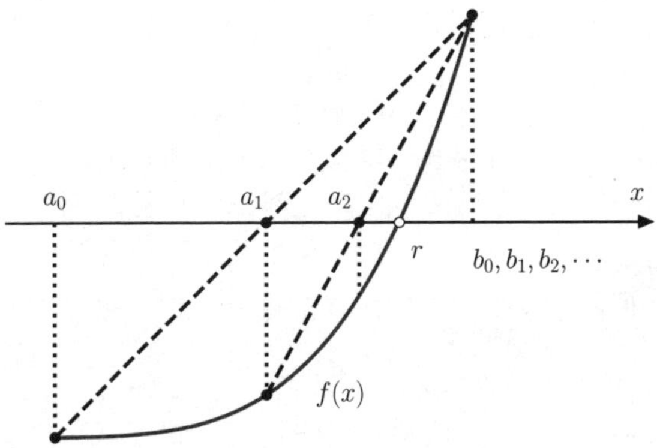

그림 3.2: $f' > 0$이고 $f'' > 0$이면 가위치법은 b를 고정한다.

반대로, 감소함수면서 동시에 위로 볼록한 함수에 대해서는 구간의 왼쪽 끝이 고정된다. 구간의 한쪽 끝이 고정된 채 반대쪽 끝만 점진적으로 줄어드는 경우, 가위치법은 느리게 수렴한다.

3.1.3 수정가위치법⋆

이러한 단점을 보완하기 위해 **수정가위치법**(modified false position method)을 사용한다. 이 방법에서는 그림 3.3과 같이 반복 계산마다 고정점의 함숫값을 절반씩 줄임으로써 구간의 양 끝값을 잇는 직선의 기울기를 완만하게 만들어, 참 근 r에 대한 근사해 c의 상대 위치를 변하게 만든다. 방정식 $F(x) = 0$의 해를 구하는 수정가위치법의 알고리즘은 다음과 같다.

```
1  단계 1: a와 b를  선택
2  단계 2: fa=F(a), fb=F(b) 계산, fc=0 선택
3  단계 3: fc를 pfc로 저장
4  단계 4: c=(a*fb-b*fa)/(b-a)
5  단계 5: |c-a|<tol이면, c를 근으로 택하고 계산 중지
6  단계 6: |c-a|>tol일 때, fc=F(c)를 계산
7        6-1: fa*fc<0이면,
8           c를 b로 바꾸고 fb=F(b) 계산
9           만약 fc*pfc>0이면, fa를 절반 줄임                # a가 고정점
10          단계 3으로 이동
11       6-2: fa*fc>0이면,
12          c를 a로 바꾸고 fa=F(a) 계산
13          만약 fc*pfc>0이면, fb를 절반 줄임                # b가 고정점
14          단계 3으로 이동
```

3, 9, 13행에 있는 `pfc`는 `fc`의 전 단계 값을 저장한다. 9행과 13행에서 (`fc`의 부호가 변하지 않는) 고정점의 함숫값을 절반으로 줄인다. (수정)가위치법에서 오차가 수렴하는

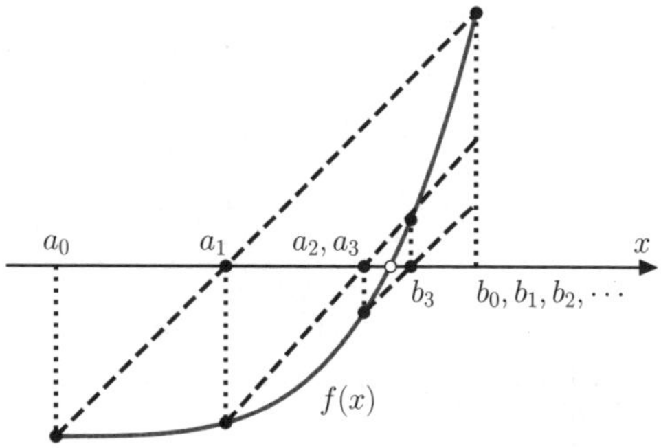

그림 3.3: 수정가위치법. b가 고정된 경우, $f(b)$를 절반으로 줄여 구간 양 끝값을 잇는 직선의 기울기를 완만하게 만든다.

차수는 아래에서 설명할 할선법과 마찬가지로 1.618이다(식 3.28).

예제 3.3

수정가위치법으로 식 (3.9)의 근을 구하시오. 초기 구간으로 $[0, 0.48]$을 선택하시오.

코드 3.3: 수정가위치법

```
def func(x):
    f=np.tan(np.pi*x)-6
    return f

tol=1.e-10
a,b=0,0.48

pfc=0
fa=func(a)
fb=func(b)
while True:
    c=(a*fb-b*fa)/(fb-fa)
    print(f'{a:.5f}   {b:.5f}   {c:.5f}')
    if abs(c-a)<tol: break
    fc=func(c)
    if fa*fc<0:
        b=c
        fb=func(b)
        if fc*pfc>0: fa=0.5*fa
    else:
        a=c
        fa=func(a)
```

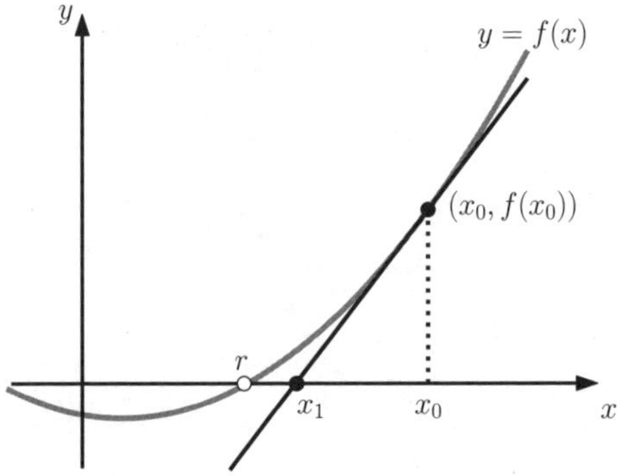

그림 3.4: 뉴턴 방법

```
23          if fc*pfc>0: fb=0.5*fb
24      pfc=fc
25
26  print(c,func(c))
```

1-6행은 코드 3.2와 같다. 8행은 전 단계의 `f(c)` 값을 저장하는 변수 `pfc`를 0으로 초기화한다. 이 문장이 없으면 19행과 23행에서 오류가 발생한다. 24행은 `pfc`를 갱신한다. 코드 3.2는 해를 구하기까지 44번의 반복 계산이 필요하지만, 수정가위치법은 12번의 반복 계산 만에 해를 구한다.

3.2 개방법

개방법(open method)은 점 몇 개를 이용한 반복 계산을 통해 근을 구하는 방법으로 괄호법과는 달리 계산에 이용되는 점이 근을 둘러싸지 않는다. 개방법은 반드시 근을 구한다는 보장은 없지만, 근을 구하면 괄호법보다 훨씬 효율적이다. 개방법에는 한 점을 이용하는 뉴턴 방법, 두 점을 이용하는 할선법, 세 점을 이용하는 뮐러 방법 등이 있다.

3.2.1 뉴턴 방법

미분 가능한 함수를 1차함수로 근사하여 근을 구하는 방법을 **뉴턴 방법**, 또는 **뉴턴-래프슨 방법**(Newton-Raphson method)이라고 부른다.[2]

그림 3.4와 같이 함수 $y = f(x)$ 위의 한 점 $(x_0, f(x_0))$를 생각해 보자. 이 점을 지나는 접선의 방정식은

$$y = f(x_0) + f'(x_0)(x - x_0) \tag{3.10}$$

2) 래프슨(Joseph Raphson; 1648-1715)은 영국의 수학자로 근의 근사치를 구하는 방법을 1690년에 출판하였다. 뉴턴은 비슷한 방법을 1671년 본인의 저서에 적었으나 이 책의 출판은 1736년에 이루어졌다.

이다. 이 방정식과 x축이 만나는 점을 x_1이라고 하면,

$$x_1 = x_0 - \frac{f(x_0)}{f'(x_0)} \tag{3.11}$$

이다. x_1은 참 근 r에 대한 근삿값이다.

뉴턴 방법에서는 x_1이 r에 아주 가깝지 않으면 점화식

$$x_{n+1} = x_n - \frac{f(x_n)}{f'(x_n)} \qquad (n \geq 0) \tag{3.12}$$

을 반복 계산한다. 오차 허용범위를 `tol`이라고 할 때,

$$|x_{n+1} - x_n| = \left|\frac{f(x_n)}{f'(x_n)}\right| < \texttt{tol} \tag{3.13}$$

이 만족할 때까지 계산을 반복하면 원하는 정확도의 근을 구할 수 있다.

예제 3.4

뉴턴 방법으로 방정식 (3.2)의 근과 반복 계산 횟수를 구하시오. 오차 허용범위로 `tol=1.e-6`을 선택하시오.

코드 3.4: 뉴턴 방법

```
1  def NR(x):
2      f=x**4-3*x-1
3      df=4*x**3-3
4      return f,df
5
6  x,tol=2,1.e-6
7  while True:
8      f0,df=NR(x)
9      ratio=f0/df
10     print(f'{x:.5f}  {f0:.5e}  {ratio:.5e}')
11     if abs(ratio)<tol: break
12     x -= ratio
13
14 print(x)
```

1-4행은 점 `x`에서 식 (3.2)의 함숫값 `f`와 미분값 `df`를 반환하는 함수 `NR`을 정의한다. 6행은 출발점 `x`와 오차 허용범위 `tol`을 설정한다. 8행에서 함수 `NR`을 호출하고, 9행에서 함숫값과 도함수의 비 `ratio`를 구한다. 11행은 오차가 허용범위보다 작다면 `while` 문을 빠져나와 14행에서 근을 출력한다. 12행은 점화식 (3.12)를 따라 새로운 근사해 `x`를 갱신한다. 표 3.2는 코드 3.4의 중간과정을 보여 준다. 불과 4번의 반복 계산 만에 오차가 10^{-6} 이하로 감소한다.

n	x_n	$f(x_n)$	$f(x_n)/f'(x_n)$
0	2.00000	9.00000e+00	3.10345e-01
1	1.68966	2.08169e+00	1.27747e-01
2	1.56191	2.65718e-01	2.17064e-02
3	1.54020	6.83298e-03	5.88299e-04
4	1.53961	4.92484e-06	4.24626e-07

표 3.2: 코드 3.4의 출력값

뉴턴 방법에서 오차가 얼마나 빨리 감소하는지 알아보자. r을 함수 $f(x) = 0$의 참 근이라고 하고, n번째 근사해의 오차를 $e_n \equiv r - x_n$이라고 정의하자. 함수 $f(r)$을 점 $x = x_n$에 대해 테일러 급수로 2차항까지 전개하면

$$f(r) = f(x_n) + e_n f'(x_n) + \frac{1}{2} e_n^2 f''(\xi_n) \tag{3.14}$$

을 얻는다. 여기서, ξ_n은 **테일러 정리**(Taylor's theorem)에 따라 x_n과 r 사이에 있는 실수다. $f(r) = 0$이므로, 식 (3.14)의 양변을 $f'(x_n)$으로 나누면

$$0 = \frac{f(x_n)}{f'(x_n)} + e_n + e_n^2 \frac{f''(\xi_n)}{2f'(x_n)} \tag{3.15}$$

이 된다. 식 (3.12)를 식 (3.15)에 대입하면

$$e_{n+1} = -e_n^2 \frac{f''(\xi_n)}{2f'(x_n)} \tag{3.16}$$

이다. 그런데, x_n이 r에 가까우면 ξ_n도 r에 가까우므로

$$e_{n+1} \approx C e_n^2 \tag{3.17}$$

으로 쓸 수 있다. 여기서, $C \equiv -f''(r)/[2f'(r)]$이다. 식 (3.17)은 함수 $f(x)$, $f'(x)$, $f''(x)$가 $x = r$ 근방에서 연속이고 $f'(r) \neq 0$일 때, 오차가 2차적(quadratic)으로 감소함을 의미한다. 즉, 뉴턴 방법은 2차의 정확도를 갖고 있다.

$f'(r)$이 0이거나 0에 가까우면 뉴턴 방법은 수렴하지 않을 수 있다. 식 (3.17)을 다시 적으면

$$C(r - x_{n+1}) \approx [C(r - x_n)]^2 \tag{3.18}$$

이다. n이 증가하면서 좌변과 우변이 감소하기 위해서는 $|C(r - x_n)| < 1$, 즉

$$|r - x_n| < \frac{1}{|C|} = \left| \frac{2f'(r)}{f''(r)} \right| \tag{3.19}$$

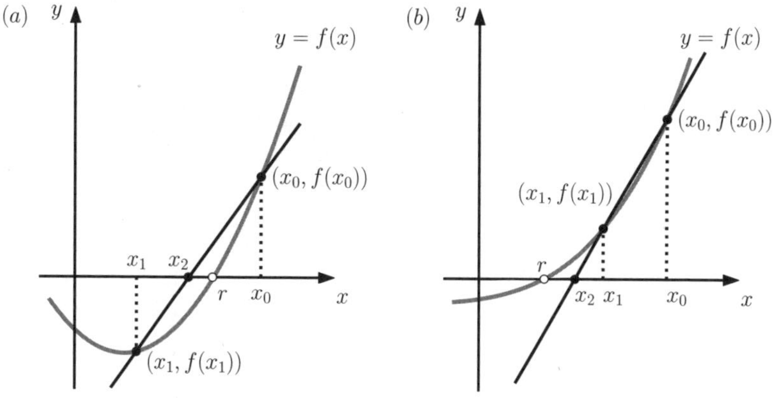

그림 3.5: 할선법. (a) $x_1 < r < x_0$인 경우와 (b) $r < x_0, x_1$인 경우

을 만족시켜야 한다. $f'(r)$이 0에 가까울 경우, r로 수렴할 수 있는 x_n의 범위가 매우 좁아진다. 따라서 뉴턴 방법으로 근을 구하기 위해서는 처음 출발지점 x_0를 신중히 선택해야 한다.

뉴턴 방법의 특성을 요약하면 다음과 같다. 뉴턴 방법은 알고리즘이 간단하여 적용하기가 편리하며 오차가 2차적으로 수렴한다. 그러나 $|f'(r)|$이 매우 작으면, 근을 구하지 못할 수도 있다. 또한, 함숫값뿐만 아니라 도함수도 알아야 하므로 이분법과 비교하여 번거롭다.

3.2.2 할선법

뉴턴 방법은 매우 효율적이지만 도함수를 알아야 하는 단점이 있다. 복잡한 함수에 대해서는 도함수를 해석적으로 구하지 못하거나 도함수를 구하는 것이 비효율적일 수도 있다. 이 경우, 도함수를 평균변화율로 대체하는 **할선법**(secant method)을 이용하면 편리하다.

할선(secant line)은 곡선을 2개 이상으로 나누는 직선을 말한다. 그림 3.5와 같이 함수 $y = f(x)$를 두 점 $(x_0, f(x_0))$와 $(x_1, f(x_1))$에서 분할하는 할선을 생각해 보자. 왼쪽 그림에서는 참 근 r이 두 점 사이에 있으며, 오른쪽 그림에서는 r이 두 점보다 작다. 할선의 방정식은

$$y = \frac{(x - x_0)f(x_1) + (x_1 - x)f(x_0)}{x_1 - x_0} \tag{3.20}$$

로 주어진다. 위 식은 x에 대한 1차식이며, $x = x_0$에서 $y = f(x_0)$이고 $x = x_1$에서 $y = f(x_1)$이다. 이 할선이 x축과 만나는 점을 x_2라고 하면

$$x_2 = x_1 - f(x_1) \cdot \frac{(x_1 - x_0)}{f(x_1) - f(x_0)} \tag{3.21}$$

이다. 이를 점화식으로 고치면

$$x_{n+1} = x_n - f(x_n) \cdot \frac{x_n - x_{n-1}}{f(x_n) - f(x_{n-1})} \qquad (n \geq 1) \tag{3.22}$$

이다.

할선법으로 방정식 $F(x) = 0$의 근을 구하는 알고리즘은 다음과 같다.

```
1 단계 1: x0와 x1을 선택
2 단계 2: f0=F(x0)와 f1=F(x2) 계산
3 단계 3: x2=x1-f1*(x1-x0)/(f1-f0)
4 단계 4: |x2-x1|<tol이면, x2를 근으로 택하고 계산 중지
5 단계 5: |x2-x1|>tol이면, x1을 x0로, x2를 x1으로 바꾸고 단계 2로
```

4-5행에서 tol은 오차 허용범위를 뜻한다.

예제 3.5

할선법으로 식 (3.2)의 근을 오차 허용범위 tol=1.e-6 이내로 구하시오.

코드 3.5: 할선법

```
1  def func(x):
2      f=x**4-3*x-1
3      return f
4
5  tol=1.e-6
6  x0,x1=1,2
7  while True:
8      f0=func(x0)
9      f1=func(x1)
10     x2=x1-f1*(x1-x0)/(f1-f0)
11     print(f'{x2:.5f}  {func(x2):.5e}  {abs(x2-x1):.5e}')
12     if abs(x2-x1)<tol : break
13     x0=x1
14     x1=x2
15
16 print(x2)
```

1-3행은 식 (3.2)를 계산하는 함수 func를 정의한다. 5행과 6행은 각각 오차 허용범위와, 처음 할선을 그을 위치를 지정한다. x0와 x1이 반드시 근을 둘러쌀 필요는 없다. 7-14행은 할선법의 알고리즘에 따라 근을 구한다. 8-9행은 x0와 x1에서 함숫값을 구하고 10행은 식 (3.21)을 따라 근사해 x2를 구한다. 12행에서 점 x2와 점 x1의 차이가 오차 허용범위보다 작다면 while 문을 빠져나와 16행에서 근을 출력한다. 13-14행은 x1, x2를 각각 x0, x1으로 바꾼다. 13행과 14행의 순서가 바뀌지 않도록 주의하자.

n	x_2	$f(x_2)$	$\|x_2 - x_1\|$
1	1.25000	−2.30859e+00	7.50000e-01
2	1.40311	−1.33349e+00	1.53109e-01
3	1.61249	9.23186e-01	2.09382e-01
4	1.52683	−1.45900e-01	8.56563e-02
5	1.53852	1.26155e-02	1.16897e-02
6	1.53963	2.00157e-04	1.10643e-03
6	1.53961	−2.67558e-07	1.72805e-05
8	1.53961	−5.66214e-12	2.30687e-08

표 3.3: 코드 3.5의 중간 결과

코드 3.5의 중간과정을 출력하면 표 3.3과 같다. 오차 허용범위가 같을 경우, 할선법은 이분법보다는 효율적이지만 뉴턴 방법보다는 더 오랜 시간이 걸린다. 그러나 할선법은 뉴턴 방법과는 달리 도함수의 계산을 요구하지 않는다. 식 (3.12)와 식 (3.22)를 비교하면 할선법은 도함수를

$$f'(x_n) \approx \frac{f(x_n) - f(x_{n-1})}{x_n - x_{n-1}} \tag{3.23}$$

으로 근사시킨 것으로 볼 수 있다.[3] 뉴턴 방법에서는 한 점(x_n)에서 접선의 기울기를 구하지만, 할선법에서는 할선의 기울기(평균 변화율)를 구하기 위해 두 점(x_n과 x_{n-1})이 필요하다.

식 (3.8)과 식 (3.22)로부터 알 수 있듯이 할선법과 가위치법은 매우 유사하다. 할선법에서는 함숫값의 부호를 신경 쓰지 않고 새로 얻어지는 점 x_n과 그 전에 얻은 점 x_{n-1}을 이용하여 기계적으로 계산을 반복하기 때문에 x_{n-1}과 x_n이 근을 둘러싼다는 보장이 없다. 따라서 근을 구하지 못하는 경우도 생길 수 있다. 대신 수렴 속도가 빠르다. 반면, 가위치법에서는 함숫값의 부호를 고려하여 근이 항상 구간의 양 끝점 사이에 위치하도록 만들기 때문에 반드시 근을 구한다. 하지만 계산 속도는 상대적으로 느리다.

3.2.2.1 오차 분석

할선법에서 오차가 얼마나 빨리 수렴하는지 알아보자. 참 근 r에 대한 n번째 근사해의 오차를 $e_n = x_n - r$이라고 놓으면 할선법의 점화식 (3.22)는

3) 도함수를 식 (3.23) 대신

$$f'(x_n) \approx \frac{f[x_n + f(x_n)] - f(x_n)}{f(x_n)}$$

으로 근사할 수도 있다. 이 방법을 **스테펜슨 방법**(Steffensen method)이라고 한다. 스테펜슨 방법은 2차적으로 수렴하는데, 할선법과는 달리 매 단계에서 함숫값을 두 번 계산해야 한다.

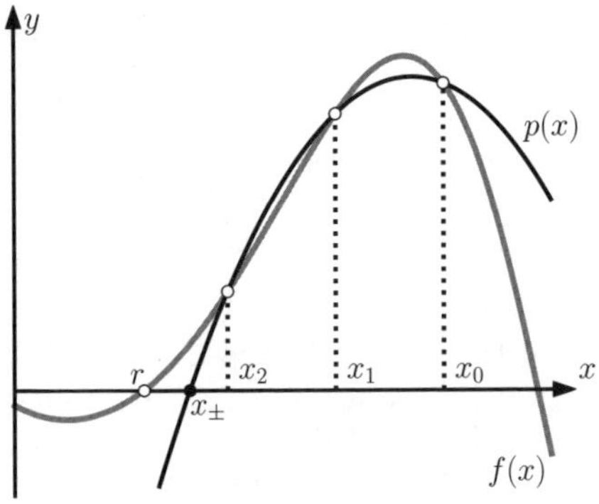

그림 3.6: 뮐러 방법

$$e_{n+1} = e_n - \frac{f(r+e_n)(e_n - e_{n-1})}{f(r+e_n) - f(r+e_{n-1})} \tag{3.24}$$

이 된다. 식 (3.24)에서 우변의 분자와 분모를 각각 테일러 급수로 2차항까지 전개하고 정리하면

$$e_{n+1} = e_n e_{n-1} \frac{f''(r)}{2f'(r)} + \mathcal{O}(e^3) \tag{3.25}$$

을 얻을 수 있다.

오차가 상수 C에 대해

$$e_{n+1} = C e_n^{\alpha} \tag{3.26}$$

로 변한다고 가정하자. 여기서, 지수 α는 오차의 수렴 차수를 나타낸다. 식 (3.26)을 식 (3.25)에 대입하면

$$C^{\alpha+1} e_{n-1}^{\alpha^2} \approx C e_{n-1}^{\alpha+1} \frac{f''(r)}{2f'(r)} \tag{3.27}$$

이므로 $\alpha^2 - \alpha - 1 = 0$, 즉

$$\alpha = \frac{\sqrt{5}+1}{2} \approx 1.618 \tag{3.28}$$

을 얻는다. 따라서, 할선법은 오차가 초선형(superlinear)으로 수렴한다. 다시 말하여, 할선법의 근을 구하는 속도는 2차적으로 수렴하는 뉴턴 방법보다는 느리지만, 1차적으로 수렴하는 이분법보다는 빠르다.

3.2.3 뮐러 방법⋆

할선법은 함수를 두 점을 이용한 직선으로 근사한다. 이와는 달리, 함수를 세 점을 이용한 포물선으로 근사하는 방법이 뮐러(David E. Müller; 1924-2008)에 의해 고안되었다.

그림 3.6과 같이 세 점 $(x_0, f(x_0))$, $(x_1, f(x_1))$, $(x_2, f(x_2))$를 지나는 포물선을 생각해 보자. 이 포물선의 방정식을

$$p(x) = f(x_0) + f[x_1, x_0](x - x_0) + f[x_2, x_1, x_0](x - x_0)(x - x_1) \tag{3.29}$$

과 같이 나타낼 수 있다. 여기서, $f[x_1, x_0]$와 $f[x_2, x_1, x_0]$는 뉴턴의 **분할차분**(Newton's divided difference)이라고 불리며

$$f[x_1, x_0] \equiv \frac{f(x_1) - f(x_0)}{x_1 - x_0} \tag{3.30a}$$

$$f[x_2, x_1, x_0] \equiv \frac{f[x_2, x_1] - f[x_1, x_0]}{x_2 - x_0} \tag{3.30b}$$

와 같이 정의된다. 식 (3.29)는 x에 대한 2차식이며 $p(x_0) = f(x_0)$, $p(x_1) = f(x_1)$, $p(x_2) = f(x_2)$이므로 주어진 세 점을 지나는 포물선임이 확실하다.

식 (3.29)를 $(x - x_0)$에 대한 2차함수로 다시 적으면

$$p(x) = c + b(x - x_0) + a(x - x_0)^2 \tag{3.31}$$

이다. 여기서, 계수는

$$a = f[x_2, x_1, x_0] \tag{3.32a}$$

$$b = f[x_1, x_0] + f[x_2, x_1, x_0](x_0 - x_1) \tag{3.32b}$$

$$c = f(x_0) \tag{3.32c}$$

로 주어진다. $p(x) = 0$을 만족시키는 근을 구하면

$$x_\pm = x_0 - \frac{2c}{b \pm \sqrt{b^2 - 4ac}} \tag{3.33}$$

이다.[4]

뮐러 방법은 식 (3.33)으로 주어진 두 근 중, 함숫값이 0에 가까운 근을 선택하여 x_3로 놓는다. 다만, 근호 안에 있는 항이 음수가 될 수 있으므로 복소수 연산을 이용해야 한다. 점 x_0를 버리고, 세 점 x_1, x_2, x_3를 선택하여 오차가 허용범위보다 작아질 때까지 계산을 반복한다. 뮐러 방법은 수렴 차수가 1.8이며 뉴턴 방법보다 느리지만 할선법보다는 빠르다. 뮐러 방법은 실근뿐만 아니라 복소수 근도 찾아 준다는 장점이 있어서 주로 다항식의 근을 구할 때 사용된다(3.3.2절 참고).

4) x_0가 근에 가까우면 $c = f(x_0)$가 매우 작아 통상적인 근의 공식 $x_\pm = x_0 - (-b \pm \sqrt{b^2 - 4ac})/(2a)$보다 식 (3.33)을 사용하는 것이 더 정확하다.

예제 3.6

뮐러 방법으로 식 (3.2)의 근을 오차 허용범위 tol=1.e-10 이내로 구하시오.

코드 3.6: 뮐러 방법

```
1  import cmath
2
3  def func(x):
4      return x**4-3*x-1
5
6  x0,x1,x2=0.5,1.0,1.5
7  tol=1.e-10
8  while True:
9      f0=func(x0)
10     f1=func(x1)
11     f2=func(x2)
12     F10=(f1-f0)/(x1-x0)
13     F210=((f2-f1)/(x2-x1)-F10)/(x2-x0)
14     a=F210
15     b=F10+F210*(x0-x1)
16     c=f0
17     xp=x0-(2*c/(b+cmath.sqrt(b**2-4*a*c)))
18     xm=x0-(2*c/(b-cmath.sqrt(b**2-4*a*c)))
19     if abs(func(xm))<abs(func(xp)):
20         xnew=xm
21     else:
22         xnew=xp
23     if abs(xnew-x1)<tol: break
24     x0=x1
25     x1=x2
26     x2=xnew
27
28 print('solution=',xnew)
```

1행은 복소수 연산을 위한 cmath 모듈을 불러온다. 3-4행은 식 (3.2)를 계산하는 함수 func를 정의한다. 6행과 7행은 각각 3개의 시작점 x0, x1, x2와 오차 허용범위 tol을 지정한다. 8-26행은 뮐러 방법으로 방정식의 해를 구한다. 9-11행은 점 x0, x1, x2에서 함숫값을 계산한다. 12-13행은 식 (3.30)을 따라 뉴턴의 분할차분을 계산한다. 14-16행은 식 (3.32)를 따라 계수 a, b, c를 구한다. 17-18행은 식 (3.33)을 따라 두 근 xp와 xm을 구하고, 19-22행에서 함숫값이 0에 가까운 근을 새로운 근 xnew로 선택한다. 23행에서 새로운 근이 오차 허용범위에 있다면 while 문을 빠져나가, 28행에서 근을 출력한다. 그렇지 않으면 24-26행에서 x0를 버리고 xnew를 x2로 바꾼다.

3.2.4 고정점 반복법

지금까지 학습한 방법에서는 함수 $y = f(x)$가 직선 $y = 0$과 만나는 교점을 계산하였다. 방정식 $f(x) = 0$을 $x = g(x)$의 형태로 바꾸면, $f(x) = 0$의 근을 구하는 문제는 함수 $y = g(x)$와 직선 $y = x$의 교점을 구하는 문제와 같아진다. **고정점 반복법**(fixed point iteration)에서는 한 점 x_0를 선택한 후, 점화식

$$x_{n+1} = g(x_n) \qquad (n \geq 0) \tag{3.34}$$

을 절대 오차($|x_{n+1} - x_n|$)가 오차 허용범위보다 작아질 때까지 반복 계산한다. $x_* = g(x_*)$인 x_*를 고정점이라고 하며, 이 값이 방정식 $f(x) = 0$의 근이다.

예제 3.7

식 (3.2)를

$$x = g(x) = (3x + 1)^{1/4} \tag{3.35}$$

으로 바꾸고 고정점 반복법을 이용하여 근을 구하시오.

코드 3.7: 고정점 반복법

```
1  def gfunc(x):
2      g=(3*x+1)**0.25
3      return g
4  
5  tol=1.e-6
6  x0=1
7  
8  while True:
9      x1=gfunc(x0)
10     if abs(x1-x0)<tol: break
11     x0=x1
12 
13 print(x1)
```

1-3행은 식 (3.35)를 계산하는 함수 gfunc를 정의한다. 5행은 오차의 허용범위 tol을, 6행은 출발점 x0를 지정한다. 8-11행은 고정점 반복법에 따라 방정식의 근을 계산한다. 10행에서 근사해가 오차 허용범위 안에 있는지 판단한다. x1이 오차 허용범위 밖에 있다면 11행에서 x1을 x0로 바꾸고 계산을 반복한다.

방정식 $f(x) = 0$을 $x = g(x)$ 형태로 바꾸는 방법이 다양하다. 예를 들어, 식 (3.2)의 경우, 식 (3.35) 외에도 $x = g_1(x) = (x^4 - 1)/3$ 또는 $x = g_2(x) = (3x + 1)/x^3$ 등의 형태도 가능하다. 하지만, $g_1(x)$와 $g_2(x)$에 대해서는 고정점 반복법이 수렴하지 않는다. 이 이유는 무엇일까?

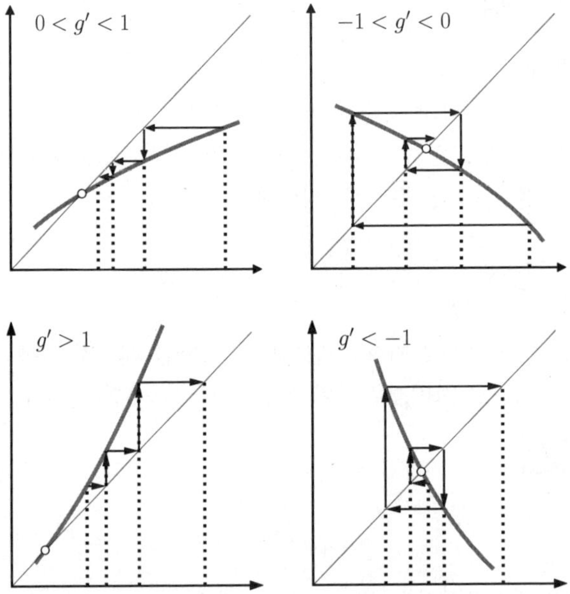

그림 3.7: g'에 따른 고정점 반복법의 수렴 여부

고정점 반복법이 수렴하기 위해서는 함수 $g(x)$가

$$|g(x_2) - g(x_1)| \le k|x_2 - x_1| \qquad (\text{단}, 0 \le k < 1) \tag{3.36}$$

인 조건을 만족해야 한다. 이러한 함수를 **축약함수**(contraction function)라고 한다. 이 경우,

$$|x_{n+1} - x_n| = |g(x_n) - g(x_{n-1})| \tag{3.37a}$$

$$\le k|x_n - x_{n-1}| = k|g(x_{n-1}) - g(x_{n-2})| \tag{3.37b}$$

$$\le k^2|x_{n-1} - x_{n-2}| \le \cdots \le k^n|x_1 - x_0| \tag{3.37c}$$

이므로

$$\lim_{n\to\infty} |x_{n+1} - x_n| = 0 \quad \to \quad \lim_{n\to\infty} x_n = x_* \tag{3.38}$$

이다. 즉, 수열 $\{x_n\}$이 점 x_*로 수렴한다. 또한,

$$g(x_*) = g\left(\lim_{n\to\infty} x_n\right) = \lim_{n\to\infty} g(x_n) = \lim_{n\to\infty} x_{n+1} = x_* \tag{3.39}$$

이므로 점 x_*는 고정점이다.

이제, 함수 $g(x)$가 축약함수일 조건을 알아보자. $g(x)$를 점 $x = x_*$에 대해 테일러

급수로 1차항까지 전개하면

$$g(x) \approx g(x_*) + g'(x_*)(x - x_*) \tag{3.40}$$

이다. $|x - x_*| \ll 1$일 때, $|g(x) - g(x_*)| \leq |g'(x_*)|\,|x - x_*|$이므로 $g(x)$가 $x = x_*$에서 축약함수일 조건은

$$|g'(x_*)| < 1 \tag{3.41}$$

이다.

그림 3.7은 $g'(x_*)$의 값에 따른 고정점 반복법의 수렴 또는 발산 양상을 보여 준다. 식 (3.34)는 그림에서 직선 $y = x$에 대한 굴절 또는 반사에 해당한다. $|g'(x_*)| < 1$일 때는 반복 계산에서 나타나는 점들이 고정점으로 수렴하지만, $|g'(x_*)| > 1$일 때는 고정점으로부터 점점 멀어진다. $g'(x_*)$의 값이 양수일 때는 $\{x_i\}$가 고정점에 대해 단조적으로 변하고, 음수일 때는 고정점에 대해 진동한다.

3.3 다항식의 근

다항식의 근을 구하는 문제는 가장 오래된 수학 문제 중 하나로 지금까지 수많은 방법이 개발되었다. 다항식의 근을 구하는 방법은 (1) 한 근만 구하는 방법과 (2) 모든 근을 구하는 방법으로 나눌 수 있다. 한 근만 구하는 대표적인 방법으로 앞에서 소개한 뉴턴 방법을 꼽을 수 있다. 모든 근을 구하는 방법은 한 근을 구한 후, 원래 다항식을 그 근으로 나눈 몫다항식의 근을 구하는 과정을 반복한다. 이 절에서는 모든 근을 구하는 뉴턴 방법과 뮐러 방법 및 동반행렬을 이용한 방법을 소개한다.

3.3.1 뉴턴 방법⋆

n차다항식

$$p(x) = a_0x^n + a_1x^{n-1} + \cdots + a_n \tag{3.42}$$

을 생각해 보자. 대수학의 기본 정리에 의하면 이 다항식의 근은 n개 존재한다. 계수 $a_0, \cdots, a_n$이 모두 실수일 때는 복소수 근이 켤레 쌍(conjugate pair)으로 존재하지만 계수가 하나라도 실수가 아니면 켤레로 존재하지 않는다.

다항식 $p(x)$의 한 근을 r이라고 하면

$$p(x) = (x - r)f(x) \tag{3.43}$$

로 쓸 수 있다. 여기서, $(n-1)$차다항식 $f(x)$를 **몫다항식**(quotient polynomial) 또는 **수축다항식**(deflated polynomial)이라고 부른다. 식 (3.43)과 같이 다항식의 차수를 줄

이는 것을 수축(deflation)이라고 한다.

위 방정식의 근을 $k\,(< n)$개 찾은 경우를 생각해 보자. 찾은 근을 $r_1, r_2, \cdots, r_k$로 표시하고

$$g_k(x) = \prod_{i=1}^{k}(x - x_i) = (x - x_1)(x - x_2)\cdots(x - x_k) \qquad (k \ge 1) \tag{3.44}$$

라고 정의하자. 근을 하나도 찾지 않았을 때(즉, $k = 0$일 때)는 $g_0(x) = 1$이다. k번째 몫다항식은

$$f_k(x) = \frac{p(x)}{g_k(x)} \tag{3.45}$$

인 $(n - k)$차 다항식이다.

이제 뉴턴 방법으로 $f_k(x) = 0$의 근을 구해 보자. 새로 찾은 근이 $(k+1)$번째 근이다. 함수 $f_k(x)$의 미분에 대한 비는

$$\frac{f_k(x)}{f_k'(x)} = \frac{p(x)}{p'(x) - p(x)[\ln g_k(x)]'} \tag{3.46}$$

인데, 식 (3.44)로부터

$$\frac{d \ln g_k(x)}{dx} = \begin{cases} 0 & (k = 0\text{일 때}) \\ \displaystyle\sum_{i=1}^{k} \frac{1}{x - x_i} & (k \ge 1\text{일 때}) \end{cases} \tag{3.47}$$

이다. 식 (3.46)을 식 (3.12)에 대입하면 점화식

$$x_{n+1} = x_n - \frac{p(x_n)}{p'(x_n) - p(x_n) d \ln g_k(x_n)/dx} \tag{3.48}$$

을 얻는다. 식 (3.48)을 반복적으로 계산하여 $(k+1)$번째 근 r_{k+1}을 구한다. $k = 0$부터 $k = n - 1$까지 위 과정을 반복하면 n개의 근을 구할 수 있다.

다항식의 함숫값과 미분값을 계산할 때는 파이썬의 내장함수인

```
1 np.polyval(coef,x)
2 dcoef=np.polyder(coef)
3 np.polyval(dcoef,x)
```

를 이용하면 편리하다. 1행은 점 `x`에서 계수가 `coef`인 다항식의 함숫값을 반환한다. `coef`는 n차다항식에 대해 $(n+1)$개의 원소를 가진 리스트이거나 배열이어야 한다. 파이썬에서 계수의 순서는 식 (3.42)의 다항식에 대해 `coef[i]` $= a_i$이다. 2행은 계수가 `coef`인 다항식을 한 번 미분한 계수 `dcoef`를 반환한다. 3행은 `x`인 위치에서 다항식의

미분값을 반환한다.

예제 3.8

뉴턴 방법을 적용하여 방정식

$$f(x) = x^6 - 3x - 1 = 0 \tag{3.49}$$

의 근을 모두 구하시오.

코드 3.8: 다항식의 해: 뉴턴 방법

```
1  coef=[1,0,0,0,0,-3,-1]
2  dcoef=np.polyder(coef)
3  deg=len(coef)-1
4  
5  tol=1e-10
6  roots=[]
7  for k in range(deg):
8      x=1.0
9      while True:
10         dlngdx=complex(0,1.e-20)
11         for r in roots:
12             dlngdx+=1/(x-r)
13         fx=np.polyval(coef,x)
14         dfx=np.polyval(dcoef,x)
15         err=fx/(dfx-fx*dlngdx)
16         if np.abs(err)<tol : break
17         x=x-err
18     roots.append(x)
19 
20 print(np.sort_complex(roots))
```

1행은 다항식 (3.49)의 계수를 지정한다. 2행은 `coef`인 다항식을 미분한 다항식의 계수를 `dcoef`에 저장한다. 3행에서 변수 `deg`는 다항식의 차수를 나타낸다. `dcoef=coef[0:-1] *np.arange(deg,0,-1)`과 같다. 5행은 근 수렴 여부에 대한 오차 허용범위를 지정하고, 6행은 찾은 근을 저장할 변수 `roots`를 빈 리스트로 선언한다. 7-18행의 `for` 문은 `k=0`부터 (`deg-1`)까지 뉴턴 방법에 따라 근을 찾는다. 8행은 뉴턴 방법의 시작점을 `x=1.0`으로 지정한다. 10-12행은 식 (3.47)을 계산하는데, 10행과 같이 허수부를 0이 아닌 작은 값으로 초기화해야 복소수 근을 찾을 수 있다. 13-14행은 다항식의 함숫값과 미분값을 구한다. 16행은 오차가 허용범위에 있는지 판단한다. 오차가 충분히 작으면 18행에서 찾은 근을 변수 `roots`에 붙인다. 오차가 충분히 작지 않다면 17행에서 `x`를 뉴턴 방법에 따라 새로운 근삿값으로 대체한 후, 계산을 반복한다. 20행은 모든 근을 출력한다.

np.sort_complex() 함수는 실수부를 오름차순으로 **정렬**(sort)하는 내장함수다. 이 코드를 실행하면 화면에

```
[-0.93224210 +7.41930723e-01j -0.93224210 -7.41930723e-01j
 -0.33287981 -2.00265424e-36j  0.44679947 -1.19312617e+00j
  0.44679947 +1.19312617e+00j  1.30376506 -4.81425032e-35j]
```

가 출력된다.

3.3.2 뮐러 방법⋆

뉴턴 방법과는 달리, 몫다항식의 계수를 직접 계산하여 다항식의 근을 찾는 방법도 있다. 수축다항식을

$$f(x) = b_0x^{n-1} + b_1x^{n-2} + \cdots + b_{n-1} \tag{3.50}$$

이라고 하자. 이를 식 (3.43)에 대입하면, 수축다항식의 계수는

$$b_0 = a_0, \qquad b_i = a_i + rb_{i-1} \quad (i = 1, 2, \cdots, n-1) \tag{3.51}$$

의 관계를 만족해야 한다. 3.2.3절에서 다룬 **뮐러 방법**을 이용하여 근 r을 구하고 식 (3.51)을 통해 차수가 1이 낮은 수축다항식을 구한다. 뮐러 방법은 3차 이상의 다항식에만 적용할 수 있으므로 이 과정을 2차방정식을 얻을 때까지 반복한 후, 2차방정식의 해는 근의 공식으로 구한다.

예제 3.9

뮐러 방법을 적용하여 방정식 (3.49)의 근을 모두 구하시오.

코드 3.9: 다항식의 해: 뮐러 방법

```
import cmath
def Muller(p,x0,x1,x2,tol):
    deg=len(p)-1
    while True:
        f0=np.polyval(p,x0)
        f1=np.polyval(p,x1)
        f2=np.polyval(p,x2)
        F10=(f1-f0)/(x1-x0)
        F210=((f2-f1)/(x2-x1)-F10)/(x2-x0)
        a=F210
        b=F10+F210*(x0-x1)
        c=f0
        xp=x0-(2*c/(b+cmath.sqrt(b**2-4*a*c)))
        xm=x0-(2*c/(b-cmath.sqrt(b**2-4*a*c)))
```

```
15          if abs(np.polyval(p,xm)) < abs(np.polyval(p,xp)):
16              xnew=xm
17          else:
18              xnew=xp
19          if np.abs(np.polyval(p,xnew))<tol: break
20          x2,x1,x0=x1,x0,xnew
21      return xnew
22
23  a=[1,0,0,0,0,-3,-1]
24  deg=len(a)-1
25
26  tol = 1.e-10
27  roots=[]
28  x0,x1,x2=1,2,3
29  for k in range(deg-2):
30      sol=Muller(a,x0,x1,x2,tol)
31      roots.append(sol)
32      b=np.zeros(len(a)-1,dtype=complex)
33      b[0]=a[0]
34      for i in range(1,len(b)):
35          b[i]=a[i]+sol*b[i-1]
36      a=b
37
38  solp=(-b[1]+cmath.sqrt(b[1]**2-4*b[0]*b[2]))/(2*b[0])
39  solm=(-b[1]-cmath.sqrt(b[1]**2-4*b[0]*b[2]))/(2*b[0])
40  roots.extend([solp,solm])
41  print(np.sort_complex(roots))
```

1행은 복소수 연산을 수행하는 `cmath` 모듈을 불러온다. 2-21행은 코드 3.6에서 사용한 뮐러 방법을 `Muller`라는 이름의 함수로 정의한다. 5-7행은 `np.polyval()` 함수를 이용하여 `x0`, `x1`, `x2`인 위치에서 계수가 `p`인 다항식의 함숫값을 구한다. 23행은 다항식 (3.49)의 계수를 지정하고, 24행은 다항식의 차수 `deg`를 계산한다. 27행은 모든 근을 저장할 변수 `roots`를 빈 리스트로 초기화한다. 28행은 뮐러 방법을 적용하기 위해 처음 세 점의 위치를 지정한다. 29-36행은 수축다항식이 2차다항식이 될 때까지 뮐러 방법을 적용한다. 30행은 `Muller` 함수를 호출하여 구한 근을 `sol`에 저장하며, 31행에서 `sol`을 `roots`에 붙인다. 32행은 수축다항식의 계수 `b`를 초기화하는데, 복소수 근을 구하기 위해 자료형을 `complex`로 선언한다. 33-35행은 식 (3.51)을 따라 수축다항식의 계수를 결정한다. 36행은 계수 `b`를 계수 `a`로 바꾸고 계산을 반복한다. 수축다항식이 2차방정식이 되었을 때, 38-39행은 근의 공식을 이용하여 근을 구하고, 40행에서 `roots`에 붙인다. 41행은 구한 모든 근을 실수부를 오름차순으로 정렬하여 화면에 출력하는데, 그 결과는 뉴턴 방법의 결과와 오차 허용범위 안에서 일치한다.

3.3.3 동반행렬 이용

앞에서 소개한 수축다항식을 이용한 다항식의 해법은 차수가 낮은 다항식에 적용가능하다. 차수가 20차 이상인 다항식에 대해서는 숫자를 빼고 나누는 과정에서 반올림 오차가 증폭할 수 있으므로 수치해의 정확성을 신뢰할 수 없다. 이 경우 계수가 약간만 바뀌어도 실근이 복소수근이 되거나, 근이 매우 크게 변할 수 있다. 반면, **동반행렬**(companion matrix)을 이용하면 고차방정식의 해를 비교적 정확하게 구할 수 있다.

식 (3.42)를 $a_0\,(\neq 0)$로 나누어

$$p(x)/a_0 = x^n + c_1 x^{n-1} + \cdots + c_{n-1}x + c_n \tag{3.52}$$

으로 바꾼 후(단, $c_i = a_i/a_0$), 크기가 $n \times n$인 동반행렬

$$\boldsymbol{C} \equiv \begin{bmatrix} 0 & 1 & 0 & \cdots & 0 \\ 0 & 0 & 1 & \cdots & 0 \\ \vdots & \ddots & \ddots & \ddots & \vdots \\ 0 & 0 & 0 & \cdots & 1 \\ -c_n & -c_{n-1} & \cdots & -c_2 & -c_1 \end{bmatrix} \tag{3.53}$$

을 구성해 보자. 열벡터(column vector) $\boldsymbol{x}$를 $\boldsymbol{x} \equiv (1, x, x^2, \cdots, x^{n-1})^\intercal$로 정의하면, 식 (3.52)는

$$\boldsymbol{C}\boldsymbol{x} = \begin{bmatrix} x \\ x^2 \\ \vdots \\ x^{n-1} \\ x^n - p(x)/a_0 \end{bmatrix} = \begin{bmatrix} x \\ x^2 \\ \vdots \\ x^{n-1} \\ x^n \end{bmatrix} = x\boldsymbol{x} \tag{3.54}$$

를 만족한다. 두 번째 등호에서 x가 근이라는 조건, 즉, $p(x) = 0$임을 이용하였다. 식 (3.54)는 다항식의 근 x가 행렬 $\boldsymbol{C}$의 **고윳값**(eigenvalue)임을 의미한다. 따라서, 다항식 (3.52)의 근을 구하는 것은 식 (3.53)으로 정의된 동반행렬 $\boldsymbol{C}$의 고윳값을 구하는 것과 동등하다. 고윳값을 구하는 방법은 5.3.1절에서 소개한다.

파이썬의 내장함수 `np.roots()`는 동반행렬을 이용한 방법으로 다항식의 근을 구한다. 코드셀에

```
np.roots(coef)
```

를 입력하면 근이 출력된다. 여기서, `coef`는 다항식의 계수며, 그 순서는 최고차항의 계수가 `coef[0]`이고 최저차항(상수항)의 계수가 `coef[-1]`이다.

3.4 비선형 연립방정식⋆

비선형 연립방정식의 근을 구하는 것은 일반적으로 매우 어렵다. 하지만 초기에 근의 위치를 잘 추정한다면, 1차원 뉴턴 방법을 다차원으로 확장한 방법이 유용하다.

다음과 같은 n개의 비선형 연립방정식

$$\boldsymbol{F}(\boldsymbol{x}) = \begin{bmatrix} f_1(\boldsymbol{x}) \\ f_2(\boldsymbol{x}) \\ \vdots \\ f_n(\boldsymbol{x}) \end{bmatrix} = 0 \tag{3.55}$$

을 생각해 보자. 여기서, $\boldsymbol{x} = (x_1, x_2, \cdots, x_n)^\intercal$는 n개의 변수를 나타내는 열벡터다. 반복 계산으로 k번째 얻은 근의 근삿값을 $\boldsymbol{x}_k$라고 하고, $(k+1)$번째 근삿값을 $\boldsymbol{x}_{k+1}$이라고 하자. $\delta\boldsymbol{x} \equiv \boldsymbol{x}_{k+1} - \boldsymbol{x}_k$가 작다고 가정하고 식 (3.55)의 각 행에 있는 함수를 점 $\boldsymbol{x}_k$에 대해 테일러 급수로 전개하면

$$f_i(\boldsymbol{x}_{k+1}) = f_i(\boldsymbol{x}_k) + \sum_{j=1}^{n} \left.\frac{\partial f_i}{\partial x_j}\right|_{\boldsymbol{x}_k} \delta x_j + \mathcal{O}(\delta\boldsymbol{x}^2) \qquad (i = 1, \cdots, n) \tag{3.56}$$

이다. $f_i(\boldsymbol{x}_{k+1}) = 0$으로 놓고 $\delta\boldsymbol{x}$에 대한 1차항까지 선택하면 식 (3.55)는

$$\boldsymbol{F}(\boldsymbol{x}_k) = -\boldsymbol{J}(\boldsymbol{x}_k)\delta\boldsymbol{x} \tag{3.57}$$

가 된다. 여기서, $\boldsymbol{J}$는

$$\boldsymbol{J}(\boldsymbol{x}) \equiv \begin{bmatrix} \dfrac{\partial f_1(\boldsymbol{x})}{\partial x_1} & \dfrac{\partial f_1(\boldsymbol{x})}{\partial x_2} & \cdots & \dfrac{\partial f_1(\boldsymbol{x})}{\partial x_n} \\ \dfrac{\partial f_2(\boldsymbol{x})}{\partial x_1} & \dfrac{\partial f_2(\boldsymbol{x})}{\partial x_2} & \cdots & \dfrac{\partial f_2(\boldsymbol{x})}{\partial x_n} \\ \vdots & \vdots & \ddots & \vdots \\ \dfrac{\partial f_n(\boldsymbol{x})}{\partial x_1} & \dfrac{\partial f_n(\boldsymbol{x})}{\partial x_2} & \cdots & \dfrac{\partial f_n(\boldsymbol{x})}{\partial x_n} \end{bmatrix} \tag{3.58}$$

로 정의되는 **야코비 행렬**(Jacobian matrix)이다.

식 (3.57)을 점화식의 형태로 적으면

$$\boldsymbol{x}_{k+1} = \boldsymbol{x}_k - \boldsymbol{J}^{-1}\boldsymbol{F}(\boldsymbol{x}_k) \tag{3.59}$$

가 된다. $\boldsymbol{J}^{-1}$은 $\boldsymbol{J}$의 **역행렬**(inverse matrix)을 의미한다. 식 (3.59)는 $n = 1$일 때, 식

(3.12)와 같다. 초기에 근의 근사치로 $\boldsymbol{x}_0$의 값을 지정하고 식 (3.59)를 반복적으로 풀어 근사치를 개선해 나간다.

예제 3.10

연립방정식

$$0 = x_0 \cos x_1 - 4 \tag{3.60a}$$

$$0 = (x_0 - 1)x_1 - 5 \tag{3.60b}$$

를 만족시키는 해를 구하시오.

코드 3.10: 연립방정식의 해

```
1  from scipy import linalg
2  def func(x):
3      f=[x[0]*np.cos(x[1])-4,(x[0]-1)*x[1]-5]
4      return f
5  def Jacobi(x):
6      J=[[np.cos(x[1]),-x[0]*np.sin(x[1])],[x[1],x[0]-1]]
7      return J
8  
9  x=[5,0]
10 
11 tol=1e-10
12 while True:
13     J=Jacobi(x)
14     f=func(x)
15 
16     Jinv=linalg.inv(J)
17     err=np.dot(Jinv,f)
18     if linalg.norm(err)<tol: break
19     x=x-err
20 
21 print(x)
```

1행은 선형대수 연산을 위한 `scipy.linalg` 모듈을 불러온다. 2-4행은 식 (3.60)의 함숫값을 계산하는 함수 `func`를 정의하고, 5-7행은 야코비 행렬을 계산하는 함수 `Jacobi`를 정의한다. 9행은 뉴턴 방법에서 근의 초기 근삿값 `x`를 지정한다. 13행과 14행은 각각 점 `x`에서 야코비 행렬값과 함숫값을 계산한다. 16행의 `linalg.inv(J)` 함수는 `J`의 역행렬을 계산한다. 17행의 `np.dot()` 함수는 내적을 구하는 함수며, 18행의 `linalg.norm(err)` 함수는 벡터 `err`의 노름(크기)을 구한다. 18행에서 오차가 허용범위보다 작으면 21행에서 근을 출력한다. 오차가 허용범위보다 크다면 19행에서 뉴턴 방법에 따라 근의 새로운 근삿값 x를 구하여 계산을 반복한다.

파이썬은 비선형 연립방정식의 해를 구하는 함수를 가지고 있는데, 위 예제의 근을 다음과 같이 간단히 구할 수 있다.

```
1 from scipy.optimize import fsolve
2 def func(x):
3     return [x[0]*np.cos(x[1])-4, (x[0]-1)*x[1]-5]
4 root=fsolve(func,[1,1],xtol=1.e-10)
5 print(root)
```

1행은 **최적화** 기법을 이용하여 근을 구하는 `scipy.optimize.fsolve()` 함수를 불러온다. 2-3행은 근을 구할 함수를 지정한다. 4행에서 근의 최초 근삿값으로 `[1,1]`을 입력하면 반복 계산을 통해 오차가 허용범위(`xtol`)보다 작아지는 근 `root`를 구한다. 함수의 최적화 기법은 제12장에서 자세히 다룬다.

비선형 연립방정식에 제곱근이나 로그함수가 포함되어 있다면 음수의 제곱근과 음수의 로그값을 허용하는 `cmath` 모듈을 사용하는 것이 안전하다.[5] 예를 들어, 연립방정식

$$0 = x_0^2 + \sqrt{1 - x_1} - 3 \tag{3.61a}$$

$$0 = \log x_0 + x_1 + 2 \tag{3.61b}$$

의 근을 구하는 코드는 다음과 같다.

```
1 from scipy.optimize import fsolve
2 def func(x):
3     f1=np.abs(x[0]**2+cmath.sqrt(1-x[1])-3)
4     f2=np.abs(cmath.log(x[0])+x[1]+2)
5     return [f1,f2]
6 root=fsolve(func,[1,2],xtol=1.e-10)
7 print(root)
```

1행은 `scipy.optimize.fsolve()` 함수를 불러온다. 3-4행에서 비선형 연립방정식을 정의할 때 복소수의 절댓값(크기)을 계산하는 `np.abs()` 함수를 이용하여 `f1`과 `f2`가 실수값을 갖도록 했음에 유의하자. 6행은 `[1,2]`에서 시작하여 오차가 `xtol`보다 작은 근 `root=[1.11241 -2.10653]`을 구한다.

5) 복소평면에서 값을 계산하는 `np.emath.sqrt()`, `np.emath.log()` 함수 등을 이용할 수도 있다.

문제

3.1 에너지가 E인 입자의 핵융합 충돌 단면적은

$$V = \exp\left(-\sqrt{\frac{2}{E}} - \frac{E}{5}\right) \tag{P3.1}$$

로 주어진다. $V = 0.1$인 모든 E를 유효숫자 6개로 구하시오.

3.2 온도가 T인 **흑체**(blackbody)가 방출하는 복사를 기술하는 **플랑크 함수**(Planck function)는

$$B_\lambda(T) = \frac{2hc^2/\lambda^5}{e^{hc/\lambda k_B T} - 1} \tag{P3.2}$$

으로 주어진다. 여기서, $h = 6.626 \times 10^{-34}$ J s, $k_B = 1.381 \times 10^{-23}$ J K^{-1}, $c = 2.998 \times 10^8$ m s^{-1}인 상수다.

(1) $dB_\lambda/d\lambda|_{\lambda_{\max}} = 0$인 조건을 이용하여 B_λ가 최대인 파장 $\lambda_{\max}$와 온도 T 사이에 성립하는 관계식을 구하시오.[6]

(2) $T = 10^4$ K일 때 $B_\lambda = 10^{13}$ J s^{-1} m^{-3}인 파장 λ를 구하시오.

3.3 천체의 평균근점이각(mean anomaly) x, 이심근점이각(eccentric anomaly) y, 이심률(eccentricity) e는 **케플러 방정식**(Kepler equation)

$$x = y - e\sin y \tag{P3.3}$$

를 만족시킨다. $e = 0.9$일 때, 구간 $[0, \pi]$에서 균등간격으로 분포한 30개의 x값에 대한 y값을 뉴턴 방법으로 구하시오. (귀띔: 뉴턴 방법의 시작점으로 전 단계의 y값을 이용하면 수렴하는 해를 효율적으로 찾을 수 있다.)

3.4 온도 T에서 열역학적 평형상태에 있는 수소의 이온화 정도는 **사하 방정식**(Saha equation)

$$\frac{n^+ n_e}{n^0} = \frac{2g^+}{g^0}\left(\frac{2\pi m_e k_B T}{h^2}\right)^{3/2} \exp\left(-\frac{\chi_I}{k_B T}\right) \tag{P3.4}$$

에 의해 결정된다. 여기서, n^+, n^0, n_e는 각각 이온화된 수소(양성자), 중성 수소, 전자의 밀도를 나타내고 $g^+ = 1$과 $g^0 = 2$는 각각 양성자와 바닥상태에 있는 중성 수소의 통계가중치(statistical weight)를, $m_e = 9.109 \times 10^{-31}$ kg은 전자의 질량을, $\chi_I = 13.6$ eV는 수소의 이온화퍼텐셜을 나타내며, $h = 6.626 \times 10^{-34}$ J s이고 $k_B = 1.381 \times 10^{-23}$ J K^{-1}이다.

---

6) 이 법칙을 **비엔의 변위법칙**(Wien's displacement law)이라고 한다.

(1) 총밀도가 $n_{\rm H} = n^0 + n^+ = 10^4\ {\rm cm}^{-3}$일 때, 수소가 50% 이온화되기 위한 온도 $T_{1/2}$를 구하시오.

(2) 수소의 밀도가 $n_{\rm H} = 0.1\ {\rm cm}^{-3}$으로 변한다면 $T_{1/2}$는 얼마인가?

3.5 온도가 T인 **강자성체**(ferromagnetic body)의 무차원 자성(magnetism) $M\ (> 0)$은

$$M = \tanh\left(\frac{M}{T}\right) \tag{P3.5}$$

을 만족시킨다. $T \in (0, 2]$인 구간에서 M을 T의 함수로 그리시오.

3.6 질량이 각각 M_1, $M_2\ (\le M_1)$인 두 천체가 x–y 평면에서 원점에 놓인 질량중심에 대해 공전하고 있다. 두 천체의 거리를 D라고 할 때, 회전 각속도는 $\Omega = \sqrt{G(M_1 + M_2)/D^3}$이다. 총힘이 0인 5개의 **라그랑주 점**(Lagrangian point) $\boldsymbol{r} = (x, y)$는

$$\frac{GM_1}{\|\boldsymbol{r} - \boldsymbol{r}_1\|^3}(\boldsymbol{r} - \boldsymbol{r}_1) + \frac{GM_2}{\|\boldsymbol{r} - \boldsymbol{r}_2\|^3}(\boldsymbol{r} - \boldsymbol{r}_2) = \Omega^2 \boldsymbol{r} \tag{P3.6}$$

인 관계를 만족시킨다. 여기서, $\boldsymbol{r}_1 = (-m, 0)$, $\boldsymbol{r}_2 = (1 - m, 0)$, $m \equiv M_2/(M_1 + M_2) \le 0.5$이며 $D = 1$로 잡았다. $m = 0.2$일 때 아래 물음에 답하시오.

(1) L_1, L_2, L_3 라그랑주 점은 x축에 놓여 있는데, $-m < x < 1 - m$인 점을 L_1, $x > 1 - m$인 점을 L_2, $x < -m$인 점을 L_3라고 부른다. L_1, L_2, L_3의 좌표를 구하시오.

(2) L_4, L_5 라그랑주 점은 $y \ne 0$인 영역에 놓여 있다. 뉴턴 방법으로 L_4와 L_5의 좌표를 구하시오.

3.7 10차 **르장드르 다항식**(Legendre polynomial)은

$$\begin{aligned} P_{10}(x) = \frac{1}{256}(46189x^{10} - 109395x^8 + 90090x^6 \\ - 30030x^4 + 3465x^2 - 63) \end{aligned} \tag{P3.7}$$

으로 주어진다. $P_{10}(x) = 0$을 만족시키는 모든 x를 구하시오.

3.8 비선형 연립방정식

$$2x + y - xy + 5 = 0 \tag{P3.8a}$$

$$2xe^{-y} - 1 = 0 \tag{P3.8b}$$

의 모든 실근 (x, y)를 수치상으로 구하시오.

제4장

수치 적분

$$I = \int_a^b f(x)dx \tag{4.1}$$

위와 같은 정적분 문제를 생각해 보자. 함수 $f(x)$의 역도함수(antiderivative) $F(x)$가 알려져 있다면 $I = F(b) - F(a)$로 주어진다. 하지만 과학계산에서 마주치는 적분 문제는 $F(x)$를 해석적으로 구할 수 없는 경우가 대부분이다. 해석적으로 적분할 수 있더라도 그 결과가 너무 복잡하여 실용적이지 않을 수도 있다. 때로는 피적분 함수 $f(x)$가 수치로만 주어져서 해석적인 적분이 불가능할 수도 있다. 이 장에서는 식 (4.1)을 수치상으로 계산하여 근삿값을 구하는 방법을 알아본다.

4.1 기본 구적법

식 (4.1)에서 정적분 I는 구간 $[a, b]$에서 함수 $y = f(x)$와 x축으로 둘러싸인 영역의 면적과 같다. 수학에서 도형의 면적을 구하는 방법을 **구적법**(quadrature)이라고 한다. 수치 적분의 가장 기본적인 구적법은 함수 $f(x)$를 n차다항식 $p_n(x)$로 근사하여

$$I \approx \int_a^b p_n(x)dx \tag{4.2}$$

로 대치한다. 선택한 다항식의 차수에 따라 중점법칙, 사다리꼴공식, 심프슨 법칙 등으로 나뉜다.

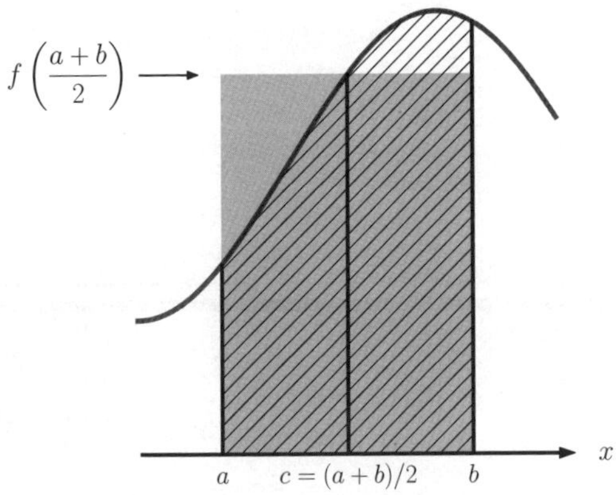

그림 4.1: 중점법칙

4.1.1 중점법칙

중점법칙(midpoint rule)에서는 구간의 중점 $c=(a+b)/2$를 구하고 근사 다항식으로 상숫값 $p_0=f(c)$를 택한다. 즉, 그림 4.1과 같이 곡선의 면적을 밑변의 길이가 $(b-a)$이고 높이가 $f(c)$인 직사각형으로 근사하여

$$I \approx (b-a)f\left(\frac{a+b}{2}\right) \tag{4.3}$$

로 놓는다.

함수 $f(x)$를 점 $x=c$에 대해 테일러 급수로 전개하면

$$f(x)=f(c)+f'(c)(x-c)+\frac{f''(\xi)}{2}(x-c)^2 \tag{4.4}$$

이다. 여기서, $a \le \xi \le b$이다. 식 (4.4)를 구간 $[a,\,b]$에서 적분하면

$$I=\int_a^b f(x)dx=(b-a)f\left(\frac{a+b}{2}\right)+\frac{f''(\xi)}{24}(b-a)^3 \tag{4.5}$$

이 된다.

식 (4.3)과 식 (4.5)를 비교하면 중점법칙의 오차가 $(b-a)^3$에 비례함을 알 수 있다. $|b-a|$가 충분히 크면 전체 구간을 세분한 후, 각 세부구간에 중점법칙을 적용하여 오차를 줄일 수 있다. 그림 4.2처럼 구간 $[a,\,b]$를 $a=x_0,x_1,\cdots,x_{n-1},x_n=b$와 같이 n개의 세부구간으로 균등하게 나누어 보자. 세부구간의 간격, 즉, **보폭**(step size)을

$$h=\frac{b-a}{n} \tag{4.6}$$

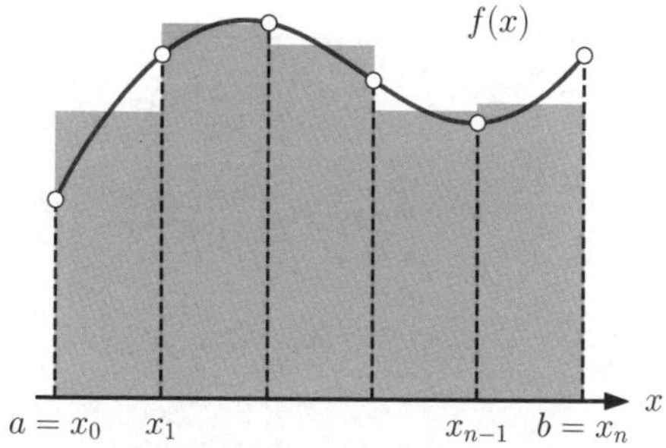

그림 4.2: 합성 중점법칙

라고 하면, 세부구간의 경계는

$$x_j = a + jh \quad (j = 0, 1, \cdots, n) \tag{4.7}$$

로 주어지고, 식 (4.1)은

$$I = \sum_{j=0}^{n-1} \int_{x_j}^{x_{j+1}} f(x)dx \tag{4.8}$$

가 된다.

식 (4.8)에 중점법칙을 적용하면

$$I \approx h \sum_{j=0}^{n-1} f\left(\frac{x_j + x_{j+1}}{2}\right) = h \sum_{j=0}^{n-1} f\left[a + \left(j + \frac{1}{2}\right) h\right] \tag{4.9}$$

를 얻는다. 식 (4.9)를 **합성 중점법칙**(composite midpoint rule)이라고 부른다. 식 (4.9)의 오차는

$$E_{\text{mid}} = \frac{h^3}{24} \sum_{j=0}^{n-1} f''(\xi_j) \qquad (x_j \le \xi_j \le x_{j+1}) \tag{4.10}$$

이다. 이를 다시 적으면

$$E_{\text{mid}} = \frac{nh^3}{24} \left(\frac{f_0'' + f_1'' + \cdots + f_{n-1}''}{n}\right) = \frac{nh^3}{24} f''(\xi) \tag{4.11}$$

인데, 여기서, $f_j'' \equiv f''(\xi_j)$이고 $f''(\xi)$는 f_j''의 평균값을 나타낸다. 식 (4.6)을 이용하여 n을 소거하면 식 (4.11)은

$$E_{\text{mid}} = \frac{(b-a)h^2}{24} f''(\xi) = \mathcal{O}(h^2) \tag{4.12}$$

이 된다. 이것은 합성 중점법칙이 2차의 정확도를 가지고 있음을 말해 준다.

예제 4.1

합성 중점법칙을 이용하여

$$I = \int_0^\pi \sin x dx = 2 \tag{4.13}$$

를 계산하시오. $n = 1, 2, 2^2, \cdots, 2^{10}$으로 변할 때 오차가 몇 배씩 감소하는지 확인하시오.

코드 4.1: 중점법칙

```
1  def func(x):
2      return np.sin(x)
3  
4  def MidPoint(F,a,b,n):
5      summ=0
6      h=(b-a)/float(n)
7      for j in range(n):
8          c=a+(0.5+j)*h
9          summ+=F(c)
10     return h*summ
11 
12 a,b=0,np.pi
13 
14 perr=1
15 for i in range(0,10):
16     n=2**i
17     sol=MidPoint(func,a,b,n)
18     err=abs(2.-sol)
19     ratio=perr/err
20     perr=err
21     print (f'{n:3d}  {sol:.6f}  {err:.4e}  {ratio:.2f}')
```

1-2행은 피적분 함수 func를 정의한다. 4-10행은 합성 중점법칙을 이용하여 함수 F를 a에서 b까지 n개의 세부구간으로 나누어 적분하는 함수 MidPoint를 정의한다. 8행에서 중점 c를 구한 후, 9행에서 중점의 함숫값을 변수 summ에 더하고 10행에서 보폭 h를 곱해 반환한다. 12행은 적분구간을 지정한다. 14행 아래는 세부구간의 수 n을 2의 거듭제곱으로 변화시키며 MidPoint 함수를 호출한 결과인 sol과 해석값에 대한 오차 err을 출력한다. 17행에서 MidPoint 함수를 호출할 때, 1-2행에서 정의한 함수 func를 입력 인자로 넣는다. 19행은 현재 단계의 오차 err과 (n이 2배 작은) 전 단계 오차 perr의 비 ratio를 계산한다. 21행은 계산 결과를 출력한다.

표 4.1은 코드 4.1을 실행하여 얻은 출력값을 보여 준다. n이 2배 증가할 때마다, 또는 h가 2배 감소할 때마다 오차가 4배씩 줄어든다. 이것은 합성 중점법칙이 2차의

n	I	오차	오차비
1	3.141593	1.1416e+00	
2	2.221441	2.2144e-01	5.16
4	2.052344	5.2344e-02	4.23
8	2.012909	1.2909e-02	4.05
16	2.003216	3.2164e-03	4.01
32	2.000803	8.0342e-04	4.00
64	2.000201	2.0081e-04	4.00
128	2.000050	5.0200e-05	4.00
256	2.000013	1.2550e-05	4.00
512	2.000003	3.1375e-06	4.00

표 4.1: 코드 4.1의 출력값

정확도를 가지고 있음을 보여 준다.

4.1.2 사다리꼴공식

구간 $[a, b]$에서 함수 $y = f(x)$를 그림 4.3과 같이 구간의 양 끝값을 연결하는 직선

$$p_1(x) = \frac{(b-x)f(a) + (x-a)f(b)}{b-a} \tag{4.14}$$

로 근사시켜 보자. 이 식을 이용하여 식 (4.2)를 적분하면

$$I \approx \int_a^b p_1(x)dx = \frac{b-a}{2}[f(a) + f(b)] \tag{4.15}$$

를 얻는다. 이 식을 **사다리꼴공식**(trapezoidal rule)이라고 부른다. 곡선의 면적을 밑변의 길이가 $f(b)$, 윗변의 길이가 $f(a)$, 높이가 $(b-a)$인 사다리꼴의 면적으로 근사한다.

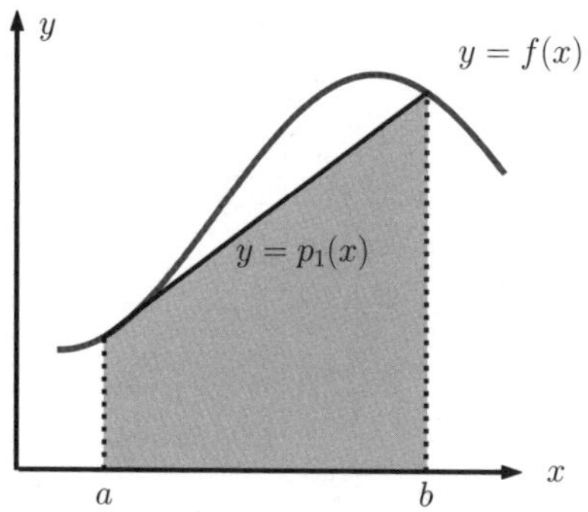

그림 4.3: 사다리꼴 근사

사다리꼴공식의 오차를 구해 보자. 함수 $f(x)$를 $x = a$에서 테일러 급수로 전개하면

$$f(x) = f(a) + f'(a)(x-a) + \frac{f''(\xi)}{2}(x-a)^2 \tag{4.16}$$

인 $\xi \in [a, b]$가 존재한다. 이 식을 적분하면

$$\int_a^b f(x)dx = (b-a)f(a) + \frac{f'(a)}{2}(b-a)^2 + \frac{f''(\xi)}{6}(b-a)^3 \tag{4.17}$$

이다. 한편, 식 (4.16)에 $x = b$를 대입하면

$$f(b) = f(a) + f'(a)(b-a) + \frac{f''(\xi)}{2}(b-a)^2 \tag{4.18}$$

이다. 식 (4.17)과 식 (4.18)에서 $f'(a)$ 항을 소거하고 정리하면

$$\int_a^b f(x)dx = \frac{b-a}{2}[f(a) + f(b)] - \frac{f''(\xi)}{12}(b-a)^3 \tag{4.19}$$

을 얻을 수 있다. 식 (4.19)를 식 (4.5)와 비교하면 사다리꼴공식의 오차와 중점법칙의 오차가 거의 비슷함을 알 수 있다.

적분구간 $[a, b]$가 충분히 넓으면 $a = x_0, x_1, \cdots, x_{n-1}, x_n = b$와 같이 n개의 세부구간으로 균등하게 나눈다. 세부구간의 보폭 h는 식 (4.6)과 같다. 식 (4.8)에 사다리꼴공식을 적용하면

$$I \approx h\left[\frac{1}{2}f(a) + \sum_{j=1}^{n-1} f(x_j) + \frac{1}{2}f(b)\right] \tag{4.20}$$

가 된다. 이 식을 **합성 사다리꼴공식**(composite trapezoidal rule)이라고 한다.

합성 중점법칙의 오차를 구하는 과정(식 4.10과 식 4.11)을 따르면 합성 사다리꼴공식의 오차가

$$E_{\text{trap}} = -\frac{(b-a)h^2}{12}f''(\xi) = \mathcal{O}(h^2) \tag{4.21}$$

으로 주어짐을 보일 수 있다. 합성 중점법칙과 마찬가지로 합성 사다리꼴공식도 2차의 정확도를 가진다. 합성 사다리꼴공식의 오차를 허용범위 `tol`보다 작게 만들기 위한 세부구간의 수는

$$n \geq \sqrt{\frac{|b-a|^3}{12}\frac{f''(\xi)}{\texttt{tol}}} \tag{4.22}$$

이다. 예를 들어, 예제 4.2의 경우 구간 $[0, 1]$에서 $f''(\xi) \geq 1$이므로 $\texttt{tol} = 10^{-5}$이라면, $n > 91$이어야 한다.

예제 4.2

합성 사다리꼴공식을 이용하여

$$I = \int_0^1 e^x dx = e - 1 \tag{4.23}$$

을 계산하시오. 세부구간의 수가 $n = 1, 2, 2^2, \cdots, 2^{10}$으로 변할 때 오차가 몇 배씩 감소하는지 확인하시오.

코드 4.2: 사다리꼴공식

```
1  def func(x):
2      return np.exp(x)
3
4  def Trapzd(F,a,b,n):
5      h=(b-a)/float(n)
6      summ=0.5*(F(a)+F(b))
7      for j in range(1,n):
8          summ+=F(a+j*h)
9      return h*summ
10
11 a,b=0.,1.
12 perr=1.
13 for i in range(0,10):
14     n=2**i
15     sol=Trapzd(func,a,b,n)
16     err=abs(np.exp(1)-1-sol)
17     ratio=perr/err
18     perr=err
19     print (f'{n:3d}  {sol:.6f}  {err:.4e}  {ratio:.2f}')
```

1-2행은 피적분 함수 func를 정의한다. 4-9행은 구간 [a,b]를 n등분한 합성 사다리꼴공식을 이용하여 입력함수 F를 적분하는 함수 Trapzd를 정의한다. 6행은 식 (4.20)의 대괄호 안에 있는 첫째 항과 셋째 항을 더해 변수 summ에 저장한다. 7-8행에서 둘째 항을 summ에 더하고, 9행에서 h를 곱한 값을 반환한다. 11행은 적분구간을 지정한다. 12-19행은 n을 2배씩 증가시키며 Trapzd 함수를 호출한 결괏값 sol, 해석값에 대한 오차 err, 전 단계 오차와의 비 ratio를 출력한다(표 4.2). 변수 perr은 전 단계의 오차에 해당한다. 구간의 수가 2배 증가함에 따라, 즉, 보폭이 2배 감소함에 따라 오차가 4배 감소하는 것은 합성 사다리꼴공식의 정확도가 2차임을 보여 준다. 식 (4.22)의 예측과 같이 n이 90보다 커지면 오차가 10^{-5}보다 작아진다.

파이썬의 scipy.integrate.trapz() 함수는 사다리꼴공식으로 수치 적분을 수행하는 내장함수다. 이 함수의 사용법은 다음과 같다.

n	I	오차	오차비
1	1.859141	1.4086e-01	
2	1.753931	3.5649e-02	3.95
4	1.727222	8.9401e-03	3.99
8	1.720519	2.2368e-03	4.00
16	1.718841	5.5930e-04	4.00
32	1.718422	1.3983e-04	4.00
64	1.718317	3.4958e-05	4.00
128	1.718291	8.7396e-06	4.00
256	1.718284	2.1849e-06	4.00
512	1.718282	5.4623e-07	4.00

표 4.2: 코드 4.2의 출력값

```
1  from scipy import integrate
2
3  def func(x):
4      return np.exp(x)
5
6  a,b=0,1
7  for j in range(10):
8      n=2**j
9      x=np.linspace(a,b,n+1)
10     y=func(x)
11     sol=integrate.trapz(y,x)
12     err=abs(np.exp(1)-1-sol)
13     print(sol,err)
```

1행은 `scipy.integrate` 모듈을 불러온다. 3-4행은 피적분 함수 `func`를 정의한다. 6행은 적분구간을 지정한다. 7-13행은 세부구간의 수 `n`을 2배씩 증가시키며 수치 적분을 수행한다. 11행에서 `integrate.trapz()` 함수는 배열 `y`를 첫째 인수로, 배열 `x`를 둘째 인수로 받아들인 후, 합성 사다리꼴공식으로 적분한 결과를 변수 `sol`에 저장한다.

4.1.3 심프슨 법칙

심프슨 법칙(Simpson's rule)은 피적분 함수를 포물선으로 근사한다. 그림 4.4와 같이 구간 $[a, b]$의 중점 $c = (a+b)/2$를 구한 후, 피적분 함수 $f(x)$를 세 점 $(a, f(a))$, $(c, f(c))$, $(b, f(b))$를 지나는 포물선

$$p_2(x) = \frac{(x-c)(x-b)}{(a-c)(a-b)}f(a) + \frac{(x-a)(x-b)}{(c-a)(c-b)}f(c) + \frac{(x-a)(x-c)}{(b-a)(b-c)}f(b) \tag{4.24}$$

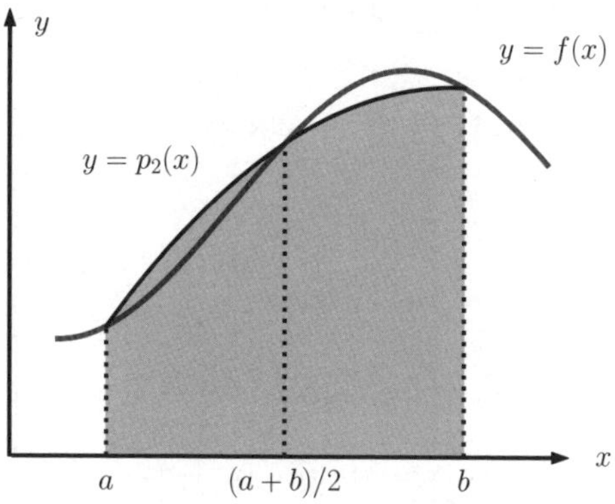

그림 4.4: 심프슨 법칙

로 근사해 보자. 이 식을 적분하면

$$I \approx \int_a^b p_2(x)dx = \frac{(b-a)}{6}\left[f(a) + 4f(c) + f(b)\right] \tag{4.25}$$

를 얻는다. 식 (4.25)를 심프슨 법칙이라고 부른다.

식 (4.25)의 오차를 구해 보자. 함수 $f(x)$를 구간 $[a, b]$에서 $x = c$에 대해 테일러 급수로 전개하면

$$f(x) = f(c) + f'(c)(x-c) + \frac{f''(c)}{2}(x-c)^2 + \frac{f^{(3)}(c)}{6}(x-c)^3 + \frac{f^{(4)}(\xi)}{24}(x-c)^4 \tag{4.26}$$

인 $\xi \in [a, b]$가 존재한다. 이 식을 적분하면

$$\int_a^b f(x)dx = (b-a)f(c) + \frac{f''(c)}{24}(b-a)^3 + \frac{f^{(4)}(\xi)}{2^7 \cdot 3 \cdot 5}(b-a)^5 \tag{4.27}$$

이다. 한편 식 (4.26)에 $x = a$ 또는 $x = b$를 대입한 후, 식 (4.25)의 우변을 정리하면

$$\int_a^b p_2(x)dx = (b-a)f(c) + \frac{f''(c)}{24}(b-a)^3 + \frac{f^{(4)}(\xi)}{2^7 \cdot 3^2}(b-a)^5 \tag{4.28}$$

이다. 식 (4.27)과 식 (4.28)에서 $f''(c)$항을 소거하면

$$\int_a^b f(x)dx = \frac{(b-a)}{6}\left[f(a) + 4f(c) + f(b)\right] - \frac{f^{(4)}(\xi)}{90}\left(\frac{b-a}{2}\right)^5 \tag{4.29}$$

을 얻을 수 있다. 심프슨 법칙의 오차는 중점법칙 또는 사다리꼴공식의 오차보다 $(b-a)$의 크기에 더 민감하다.

적분구간 $[a, b]$가 충분히 넓으면 구간을 $a = x_0, x_1, \cdots, x_{n-1}, x_n = b$와 같이 n개의 세부구간으로 균등하게 나눈다. 단, n은 짝수여야 한다. 인접한 2개의 구간을 $[x_0, x_2]$, $[x_2, x_4]$, $\cdots$, $[x_{n-2}, x_n]$과 같이 묶으면 식 (4.8)을

$$I = \sum_{j=1}^{n/2} \int_{x_{2j-2}}^{x_{2j}} f(x)dx \tag{4.30}$$

로 변형할 수 있다. 식 (4.30)에 심프슨 법칙을 적용하면

$$I \approx \frac{h}{3}\left[f(a) + 4\sum_{j=1}^{n/2} f(x_{2j-1}) + 2\sum_{j=1}^{n/2-1} f(x_{2j}) + f(b)\right] \tag{4.31}$$

를 얻는다. 여기서, 보폭 h는 식 (4.6)과 같다. 식 (4.31)을 **합성 심프슨 법칙**(composite Simpson's rule)이라고 한다. 대괄호 안에 있는 각 항의 계수가 다름에 주의하자.

합성 중점법칙의 오차를 구하는 과정(식 4.10과 식 4.11)에 심프슨 법칙의 오차(식 4.29의 우변 마지막 항)를 적용하면 합성 심프슨 법칙의 오차가

$$E_{\text{Simp}} = -\frac{(b-a)h^4}{180} f^{(4)}(\xi) = \mathcal{O}(h^4) \tag{4.32}$$

임을 보일 수 있다. 따라서 심프슨 법칙은 4차의 정확도를 가진다.

예제 4.3

합성 심프슨 법칙을 이용하여 식 (4.23)을 수치상으로 적분하시오. 세부구간의 수가 $n = 2, 2^2, \cdots, 2^{10}$으로 변할 때 오차가 몇 배씩 감소하는지 확인하시오.

코드 4.3: 심프슨 법칙

```
def func(x):
    return np.exp(x)

def Simpson(F,a,b,n):
    h=(b-a)/float(n)
    summ=F(a)+F(b)
    for j in range(1,n-1,2):
        summ+=4.*F(a+j*h)
        summ+=2.*F(a+(j+1)*h)
    summ+=4.*F(b-h)
    return summ*h/3.

a,b=0,1
perr=1
```

n	I	오차	오차비
2	1.718861	5.7932e-04	
4	1.718319	3.7013e-05	15.65
8	1.718284	2.3262e-06	15.91
16	1.718282	1.4559e-07	15.98
32	1.718282	9.1027e-09	15.99
64	1.718282	5.6897e-10	16.00
128	1.718282	3.5561e-11	16.00
256	1.718282	2.2220e-12	16.00
512	1.718282	1.4078e-13	15.78

표 4.3: 코드 4.3의 출력값

```
15 for i in range(1,10):
16     n=2**i
17     sol=Simpson(func,a,b,n)
18     err=abs(np.exp(1)-1-sol)
19     ratio=perr/err
20     perr=err
21     print (f'{n:3d}  {sol:.6f}  {err:.4e}  {ratio:.2f}')
```

1-2행은 피적분 함수 func를 정의한다. 4-11행은 구간 [a,b]를 n등분한 합성 심프슨 법칙을 이용하여 입력 함수 F를 적분하는 함수 Simpson을 정의한다. 6행은 식 (4.31)의 대괄호에 안에 있는 처음 항과 마지막 항을 더해 변수 summ에 저장한다. 8-9행에서 홀수항과 짝수항의 함숫값에 각각 4와 2를 곱한 값을 summ에 더한다. 10행은 마지막 홀수항의 함숫값에 4를 곱한 값을 summ에 더한다. 11행은 지금까지 계산된 summ 값에 h/3을 곱하여 반환한다. 13행은 적분구간을 지정한다. 15-21행은 n을 2배씩 증가시키며 Simpson 함수를 호출한 결과(sol)와 오차(err), 전 단계 오차와의 비(ratio)를 출력한다(표 4.3). 세부구간의 수가 2배 증가함에 따라 오차는 16배 감소한다. 이것은 심프슨 법칙의 정확도가 4차임을 보여 준다.

파이썬의 scipy.integrate.simps() 함수는 심프슨 법칙을 이용하여 수치 적분하는 내장함수다. 이 함수의 사용법은 다음과 같다.

```
from scipy import integrate

def func(x):
    return np.exp(x)

a,b=0,1
for j in range(10):
```

```
8      n=2**j
9      x=np.linspace(a,b,n+1)
10     y=func(x)
11     sol=integrate.simps(y,x)
12     err=abs(np.exp(1)-1-sol)
13     print(sol,err)
```

1행은 `scipy.integrate` 모듈을 불러온다. 3-4행은 피적분 함수 `func`를 정의한다. 11행에서 `integrate.simps()` 함수는 배열 `y`를 첫째 인수로, 배열 `x`를 둘째 인수로 받아들인 후, 심프슨 법칙으로 적분한 결과를 변수 `sol`에 저장한다.

4.2 롬베르크 적분⋆

보폭을 h로 잡았을 때 사다리꼴공식의 오차는 h^2에 비례하며, 심프슨 법칙의 오차는 h^4에 비례한다. 근사 다항식의 차수를 높이면 정확도가 더 높은 방법을 얻을 수 있지만, 적분값을 구하는 식의 유도 과정이 까다롭고 계수가 복잡하므로 비실용적이다. 수학자 리처드슨(Lewis Richardson; 1881-1953)은 정확도가 낮은 결과를 조합하여 정확도를 높이는 외삽(extrapolation) 알고리즘을 개발하였는데, 롬베르크(Werner Romberg; 1909-2003)는 이를 수치 적분에 적용하였다. **롬베르크 적분**(Romberg integration)이 어떤 과정을 밟아 정확성을 높이는지 알아보자.

함수 $f(x)$를 구간 $[a, b]$에서 합성 사다리꼴공식으로 적분하는 경우를 생각해 보자. 적분의 참값을 $I(f)$라고 하자. 보폭이 h일 때, 수치 적분값을 $T_{0,0}$라고 하면

$$T_{0,0} = I(f) + K_1 h^2 + \mathcal{O}(h^4) \tag{4.33}$$

으로 적을 수 있다. 여기서, K_1은 h^2에 비례하는 오차항의 계수(식 4.21 참고)다. 한편, 보폭을 $h/2$로 줄이고 수치 적분한 결과를 $T_{1,0}$라고 하면

$$T_{1,0} = I(f) + K_1 (h/2)^2 + \mathcal{O}(h^4) \tag{4.34}$$

이다. 위 2개의 식에서 K_1항을 소거해 보자. 식 (4.34)에 4를 곱한 후, 식 (4.33)을 빼고 3으로 나눈 결과를 $T_{1,1}$이라고 하면

$$T_{1,1} = T_{1,0} + \frac{T_{1,0} - T_{0,0}}{3} = I(f) + K_2 h^4 + \mathcal{O}(h^6) \tag{4.35}$$

을 얻는다. h^2에 비례하는 오차는 소거되고 남겨진 선행 오차의 계수를 K_2로 놓았다. $T_{1,1}$의 오차는 h^4에 비례함에 주목하자. 이처럼 보폭이 다른 두 결과를 조합하여 오차의 차수를 높이는 방법을 **리처드슨 외삽**(Richardson extrapolation)이라고 한다.

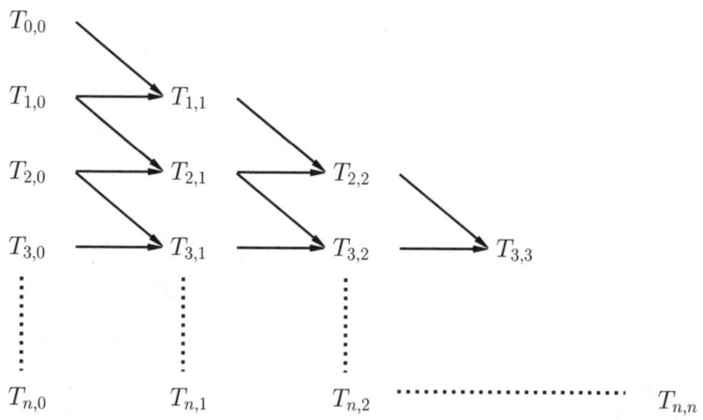

그림 4.5: 롬베르크 삼각형

보폭을 $h/4$로 줄이고 사다리꼴공식으로 적분한 결과를 $T_{2,0}$라고 하면

$$T_{2,0} = I(f) + K_1(h/4)^2 + \mathcal{O}(h^4) \tag{4.36}$$

이다. K_1항을 소거하기 위해 식 (4.36)에 4를 곱한 후, 식 (4.34)를 빼고 3으로 나눈 결과를 $T_{2,1}$이라고 하면

$$T_{2,1} = T_{2,0} + \frac{T_{2,0} - T_{1,0}}{3} = I(f) + K_2(h/2)^4 + \mathcal{O}(h^6) \tag{4.37}$$

을 얻는다.

이제 식 (4.35)와 식 (4.37)에서 K_2항을 소거해 보자. 식 (4.37)에 4^2을 곱한 후, 식 (4.35)를 빼고 $(4^2 - 1)$로 나눈 결과를 $T_{2,2}$라고 하면

$$T_{2,2} = T_{2,1} + \frac{T_{2,1} - T_{1,1}}{4^2 - 1} = I(f) + K_3 h^6 + \mathcal{O}(h^8) \tag{4.38}$$

이 된다. $T_{2,2}$의 오차는 h^6에 비례한다. 위 과정을 계속하면 정확도가 매우 높은 적분 결과를 얻을 수 있다. 그림 4.5는 $T_{j,k}$를 구하는 과정을 도식화한 것으로 **롬베르크 삼각형**(Romberg triangle)이라고 부른다. $T_{j,k}$에서 앞의 인덱스 j는 보폭이 $h/2^j$일 때의 적분값을 의미하며, 뒤의 인덱스 k는 리처드슨 외삽을 적용한 횟수를 나타낸다.

구간 $[a, b]$에서 함수 `F(x)`를 적분하는 롬베르크 알고리즘은 다음과 같다.

```
h=b-a
T[0,0]=0.5*h*(F(a)+F(b))
for j=1,2,...,Jmax do
    T[j,0]= T[0,0]+h*((F(a+h)+...+F(a+(2**j-1)*h)))
```

```
5      for k =1,2,...,j do
6          T[j,k]=T[j,k-1]+(T[j,k-1]-T[j-1,k-1])/(4**k-1)
7      endfor
8      h=h/2
9  endfor
```

2행과 4행은 각각 $n = 1$일 때와 $n = 2^j$일 때 사다리꼴공식을 적용한 적분값이다. 6행에서 리처드슨 외삽으로 적분값을 개선한다. 주어진 보폭에 대해 k=j일 때의 값인 T[j,j]의 오차가 가장 작다. 3행의 Jmax는 최소 보폭을 설정하는데, 보통 10이면 충분하다.

예제 4.4

롬베르크 알고리즘으로

$$I = \int_0^{\pi} \sin x dx = 2 \tag{4.39}$$

를 적분하시오. 인접한 두 $T_{j,j}$값의 차이가 10^{-8}보다 작을 때 계산을 멈추시오.

코드 4.4: 롬베르크 적분

```
1  def func(x):
2      return np.sin(x)
3  
4  def Romberg(F,a,b,tol):
5      Jmax=10
6      T=np.zeros((Jmax,Jmax),dtype=float)
7      T[0,0]=(b-a)*(F(a)+F(b))
8      for j in range(1,Jmax):
9          T[j,0]=Trapzd(F,a,b,2**j)
10         for k in range(1,j+1):
11             T[j,k]=T[j,k-1]+(T[j,k-1]-T[j-1,k-1])/(4**k-1.0)
12         if(abs(T[j,j]-T[j-1,j-1])<tol): break
13     return T[j,j]
14 
15 a,b=0,np.pi
16 tol=1e-8
17 sol=Romberg(func,a,b,tol)
18 err=abs(sol-2)
19 print(sol,err)
```

1-2행은 피적분 함수 func를 정의한다. 4-13행은 함수 F(x)를 구간 [a,b]에서 롬베르크 알고리즘으로 적분하는 함수 Romberg를 정의한다. tol은 인접한 두 T[j,j] 값의 차이에 대한 허용범위를 나타낸다. 6행은 크기가 Jmax × Jmax인 2차원 배열 T의 값을 0으로 초기화한다. 7행은 h=b-a일 때 사다리꼴공식을 적용한 적분값을 T[0,0]에 저장한다. 9행은 h=(b-a)/2**j일 때 사다리꼴공식을 적용한 적분값을 T[j,0]에 저장하는

데, 여기서 사용한 `Trapzd` 함수는 코드 4.2에서 정의한 것이다. 12행에서 `T[j,j]`와 전 단계 값의 차이가 `tol`보다 작으면 계산을 중지하고, 13행에서 `T[j,j]` 값을 반환한다. 17행에서 `Romberg` 함수를 호출하여 적분값을 `sol`에 저장하고, 18행에서 참값에 대한 오차를 구한다. 이 코드를 실행하면 `Romberg` 함수에서 `j=6`일 때 계산이 멈추는데, 적분값의 오차가 `err=1.32e-12`에 불과하다.

파이썬의 `scipy.integrate.romberg()` 함수는 롬베르크 적분을 수행하는 내장함수다. 이 함수의 사용법은 다음과 같다.

```
1  from scipy import integrate
2  def func(x):
3      return np.sin(x)
4
5  a,b=0,0.5*np.pi
6  TOL=1e-10
7  sol=integrate.romberg(func,a,b,tol=TOL,show=True)
8  print(sol)
```

1행은 `scipy.integrate` 모듈을 불러온다. 7행의 `integrate.romberg()` 함수의 인자 중 열쇳말 `tol`은 오차 허용범위를 지정하고, 열쇳말 `show=True`는 내부에서 계산되는 **롬베르크 삼각형**의 값을 화면에 출력할 것을 지시한다.

4.3 가우스 구적법

수치 적분에 관한 식 (4.3), (4.15), (4.25)를 비교하면 어떤 함수의 수치 적분은 구간 내 함숫값의 적당한 가중평균(weighted mean)에 구간의 크기 $(b-a)$를 곱한 값임을 알 수 있다. $a=-1$이고 $b=1$일 때, 이를 일반화하여

$$\int_{-1}^{1} f(x)dx \approx \sum_{j=1}^{n} w_j f(x_j) \tag{4.40}$$

로 놓을 수 있다. 여기서, $x_j \in [-1,1]$를 **마딧점**(node)이라고 하고 w_j를 가중값(weight)이라고 한다. 적분구간이 $[-1,1]$이 아닌 경우는 아래에서 다룬다.

식 (4.40)을 이용하기 위해서는 마딧점과 가중값을 알아야 한다. 마딧점을 선택하는 방식은 간격이 균등한 경우와 비균등한 경우로 나눌 수 있다. 마딧점이 균등하게 배치되어 있을 때, 식 (4.40)은 $(n-1)$차 이하의 다항식에 대해서 완전한(exact) 식이며, 이것을 **뉴턴-코츠 구적법**(Newton-Cotes quadrature)이라고 부른다. 4.1절에서 다룬 기본 구적법이 이에 해당한다. 예를 들어, $n=2$인 경우 식 (4.40)은

$$\int_{-1}^{1} f(x)dx \approx w_1 f(-1) + w_2 f(1) \tag{4.41}$$

이 된다. 다항식 $f(x) = 1$과 $f(x) = x$를 식 (4.41)에 대입하면,

$$2 = w_1 + w_2 \tag{4.42a}$$

$$0 = w_1 - w_2 \tag{4.42b}$$

이므로 $w_1 = w_2 = 1$이어야 한다. 이 결과는 사다리꼴공식(식 4.15)에 해당한다.

또한, $n = 3$일 때, 식 (4.40)은

$$\int_{-1}^{1} f(x)dx \approx w_1 f(-1) + w_2 f(0) + w_3 f(1) \tag{4.43}$$

이 된다. 다항식 $f(x) = 1$, x, x^2을 위 식에 차례로 대입하면

$$2 = w_1 + w_2 + w_3 \tag{4.44a}$$

$$0 = w_1 - w_3 \tag{4.44b}$$

$$2/3 = w_1 + w_3 \tag{4.44c}$$

를 얻는다. 이 식의 해는 $w_1 = w_3 = 1/3$, $w_2 = 4/3$이며, 이 결과는 심프슨 법칙(식 4.25)에 해당한다. 이 방법을 더 큰 n으로 확장하면 정확도가 매우 높은 적분식을 유도할 수 있다.[1]

한편, 가우스는 비균등 마딧점을 이용하는 적분 방법을 고안하였는데 이를 **가우스 구적법**(Gaussian quadrature)이라고 부른다. 이 방법에서는 $(2n-1)$차 이하의 다항식에 대해 식 (4.40)이 완전하게 성립하는 마딧점과 가중치를 찾는다. 마딧점을 적절하게 배치함으로써 뉴턴-코츠 구적법보다 적분의 정확도를 높일 수 있다. 예를 들어, $n = 1$인 경우, 식 (4.40)은

$$\int_{-1}^{1} f(x)dx \approx w_1 f(x_1) \tag{4.45}$$

이 된다. $f(x) = 1$과 $f(x) = x$를 위 식에 대입하면 $w_1 = 2$, $x_1 = 0$을 얻으므로 식 (4.45)는

$$\int_{-1}^{1} f(x)dx \approx 2f(0) \qquad (n = 1) \tag{4.46}$$

이 된다. 이 식은 1차 이하의 다항식에 대해 완전한 식이며, 식 (4.3)의 중점법칙과 같다.

$n = 2$일 때, 가우스 구적법은

$$\int_{-1}^{1} f(x)dx \approx w_1 f(x_1) + w_2 f(x_2) \tag{4.47}$$

---

1) $n = 4$일 때는 **심프슨의 3/8 법칙**, $n = 5$일 때는 **불의 법칙**(Boole's rule)이라고 한다.

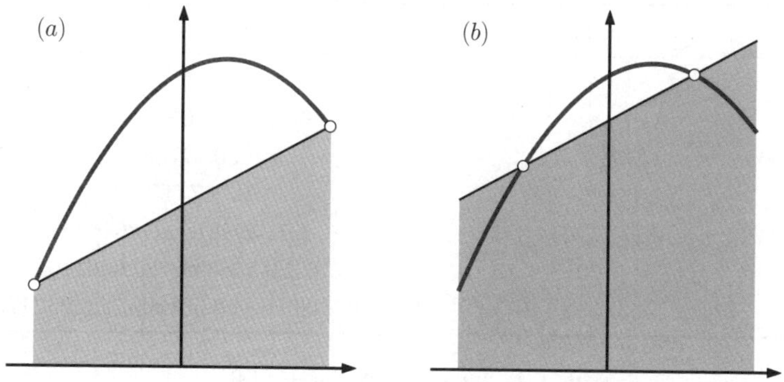

그림 4.6: (a) 사다리꼴공식과 (b) 가우스 구적법의 비교

가 된다. 이 식에서 4개의 미지수(w_1, w_2, x_1, x_2)를 찾기 위해서는 다항식 4개가 필요하다. $f(x) = 1$, x, x^2, x^3을 식 (4.47)에 차례로 대입하면

$$2 = w_1 + w_2 \tag{4.48a}$$

$$0 = w_1 x_1 + w_2 x_2 \tag{4.48b}$$

$$2/3 = w_1 x_1^2 + w_2 x_2^2 \tag{4.48c}$$

$$0 = w_1 x_1^3 + w_2 x_2^3 \tag{4.48d}$$

인 조건을 얻는다. 이 연립방정식의 해는 $w_1 = w_2 = 1$, $x_1 = -1/\sqrt{3}$, $x_2 = 1/\sqrt{3}$이므로 식 (4.47)은

$$\int_{-1}^{1} f(x)dx \approx f\left(\frac{-1}{\sqrt{3}}\right) + f\left(\frac{1}{\sqrt{3}}\right) \qquad (n = 2) \tag{4.49}$$

이 된다. 이 식은 매우 간단하지만 3차 이하의 다항식에 대해 완전한 식이며, 다항식이 아니어도 매우 좋은 근삿값을 제시한다. 예를 들어, $f(x) = (2+x)^{-1}$일 때, 식 (4.49)를 이용한 결과인 12/11은 참값인 $\int_{-1}^{1} dx/(2+x) = \ln 3$에 대해 상대 오차가 0.7% 정도에 불과하다.

그림 4.6은 사다리꼴공식과 가우스 구적법을 비교한다. 사다리꼴공식은 양 끝점의 함숫값을 이용하므로 상수함수 또는 1차함수에 대해서만 정확하다. 하지만, 가우스 구적법은 양 끝점보다 약간 안쪽에 있는 $x = \pm 1/\sqrt{3}$에서의 함숫값을 이용하므로 적분값이 사다리꼴공식을 이용한 결과보다 더 정확하다.

이제 마딧점이 n개인 가우스 구적법에 대해 알아보자. 식 (4.40)에서 $2n$개의 미지수를 결정하기 위해서는 같은 개수의 식이 필요하다. 이를 위해 $(2n-1)$차 이하의 다항식

$$f(x) = x^i \qquad (\text{단}, i = 0, 1, \cdots, 2n-1) \tag{4.50}$$

n	$P_n(x)$	x_i
0	1	
1	x	0
2	$\frac{1}{2}(3x^2-1)$	±0.577350
3	$\frac{1}{2}(5x^3-3x)$	$0, \pm774597$
4	$\frac{1}{8}(35x^4-30x^2+3)$	$\pm0.339981, \pm0.861136$
5	$\frac{1}{8}(63x^5-70x^3+15x)$	$0, \pm0.538469, \pm0.906180$
6	$\frac{1}{16}(231x^6-315x^4+105x^2-5)$	$\pm0.238619, \pm0.661209, \pm0.932470$

표 4.4: 르장드르 다항식과 마딧점

을 사용한다. 식 (4.50)을 식 (4.40)에 대입하면

$$w_1x_1^i + \cdots + w_nx_n^i = \begin{cases} 2/(i+1) & (i=0,2,\cdots,2n-2) \\ 0 & (i=1,3,\cdots,2n-1) \end{cases} \tag{4.51}$$

을 얻는다. 원칙적으로 식 (4.51)에 있는 $2n$개의 비선형 연립방정식을 풀면 n개의 마딧점과 n개의 가중값을 구할 수 있다. 그러나 n이 클 때, 이 연립방정식의 해를 직접 구하는 것은 매우 어렵다.

다행히도 **르장드르 다항식**(Legendre polynomial)을 이용하면 가우스 구적법의 마딧점과 가중값을 쉽게 구할 수 있다. 르장드르 다항식 $P_n(x)$는 n차다항식이며

$$P_n(x) = \frac{1}{2^n n!}\frac{d^n}{dx^n}(x^2-1)^n \tag{4.52}$$

을 만족시킨다. 표 4.4에 차수가 낮은 르장드르 다항식과 근을 제시하였다.

직교함수(orthogonal function) 이론에 의하면 식 (4.51)을 만족시키는 마딧점 x_i는 $P_n(x)=0$의 i번째 근이고 가중값은

$$w_i = \frac{2}{(1-x_i^2)[P_n'(x_i)]^2} = \frac{2(1-x_i^2)}{[nP_{n-1}(x_i)]^2} \tag{4.53}$$

으로 주어진다(Hildebrand 1956). 마딧점은 $x=0$에 대해 좌우 대칭으로 분포하며 절댓값이 같은 마딧점은 같은 가중값을 가진다. 그림 4.7은 $n=30$일 때, 마딧점과 가중값의 관계를 보여 준다. 적분구간의 경계($x=\pm1$)에 가까워질수록 마딧점이 촘촘해지지만, 가중값은 감소한다.

파이썬에서 가우스 구적법의 마딧점과 가중값은 다음과 같은 방법으로 구할 수 있다.

```
n=16
x,w=np.polynomial.legendre.leggauss(n)
```

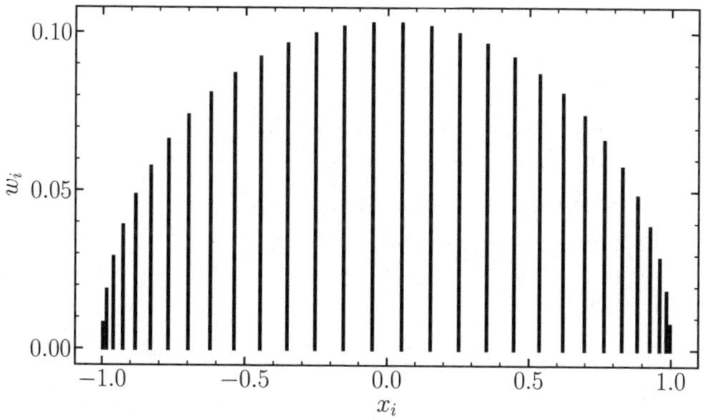

그림 4.7: $n = 30$일 때, 가우스 구적법의 마딧점과 가중값 관계

```
3 for i in range(n):
4     print (f'i={i:3d}   node={x[i]:13.10f}  weight={w[i]:.10f}')
```

1행은 마딧점의 개수 n을 지정한다. 2행에서 가우스 구적법의 마딧점과 가중값을 각각 변수 x와 w에 저장한 다음, 3-4행에서 화면에 출력한다.

예제 4.5

가우스 구적법으로

$$I = \int_{-1}^{1} \frac{1}{1+x^2} dx = 2\tan^{-1}(1) \tag{4.54}$$

을 적분하시오. 마딧점의 수를 $n = 1, 2, 4, 8, 16$으로 변화시키며 오차를 비교하시오.

코드 4.5: 가우스 구적법: $[-1, 1]$ 구간

```
1 func=lambda x: 1/(1+x**2)
2 tsol=2*np.arctan(1)
3 for i in range(5):
4     n=2**i
5     x,w=np.polynomial.legendre.leggauss(n)
6     gauss=np.sum(w*func(x))
7     err=abs(gauss-tsol)
8     print (f'n={n:2d}  sum={gauss:.7e}  err={err:.7e}')
```

1행은 **람다 함수**를 이용하여 피적분 함수 func를 정의한다. 2행은 적분의 참값을 tsol에 저장한다. 5행에서 주어진 n에 해당하는 마딧점 x와 가중값 w를 배열로 저장한다. 6행에서 가중 함숫값을 모두 더해 gauss에 저장하는데, 이 값이 적분의 근삿값이다. 7

행에서 절대 오차를 구하고 8행에서 결과를 출력한다.

```
n= 1  sum=2.0000000e+00  err=4.2920367e-01
n= 2  sum=1.5000000e+00  err=7.0796327e-02
n= 4  sum=1.5686275e+00  err=2.1688758e-03
n= 8  sum=1.5707944e+00  err=1.9142488e-06
n=16  sum=1.5707963e+00  err=1.4517276e-12
```

코드 4.5를 실행한 결과는 위와 같다.

지금까지 설명한 가우스 구적법은 적분구간이 $[-1, 1]$일 때만 적용할 수 있다. 구간이 $[a, b]$일 때는 변수를 변환하여 $[-1, 1]$인 구간으로 바꾼다. 예를 들어,

$$x = \frac{b+a+t(b-a)}{2} \qquad (\text{단}, -1 \le t \le 1) \tag{4.55}$$

와 같은 x와 t의 변환 관계를 이용하면,

$$\int_a^b f(x)dx \implies \frac{b-a}{2}\int_{-1}^{1} f\left[\frac{b+a+t(b-a)}{2}\right] dt \tag{4.56}$$

이므로 t에 대한 적분에 가우스 구적법을 이용할 수 있다.

예제 4.6

가우스 구적법으로

$$I = \int_0^{2\pi} \frac{d\theta}{2+\cos\theta} = \frac{2\pi}{\sqrt{3}} \tag{4.57}$$

를 적분하시오. 마딧점의 수를 $n = 1, 2, \cdots, 2^5, 2^6$으로 변화시키며 오차를 비교하시오.

코드 4.6: 가우스 구적법: 일반 구간

```
1  func=lambda x: 1/(2+np.cos(x))
2  tsol=2*np.pi/np.sqrt(3)
3
4  a,b=0,2*np.pi
5  for i in range(7):
6      n=2**i
7      t,w=np.polynomial.legendre.leggauss(n)
8      x=0.5*(b+a+t*(b-a))
9      gauss=0.5*(b-a)*np.sum(w*func(x))
10     err=abs(gauss-tsol)
11     print (f'n={n:2d}  sum={gauss:.5e}  err={err:.5e}')
```

1행은 `lambda` 함수를 이용하여 피적분 함수 `func`를 정의한다. 2행은 적분의 참값을 `tsol`에 저장한다. 7행에서 마딧점을 변수 `t`로 저장한 후, 8행에서 식 (4.55)를 따라 `t`를

x로 변환한다. 9행에서 가중 함숫값을 모두 더한 후, 변수 변환에 따른 인수 $(b-a)/2$를 곱하여(식 4.56) gauss에 저장하는데, 이 값이 적분의 근삿값이다. 10행에서 절대 오차를 구하고 11행에서 결과를 출력한다.

파이썬의 scipy.integrate.quadrature() 함수는 가우스 구적법에 따라 수치 적분을 수행하는 내장함수다.

```
1 from scipy import integrate
2
3 f=lambda x: 1/(2+np.cos(x))
4
5 a,b=0,2*np.pi
6 val,err=integrate.quadrature(f, a, b, tol=1.e-10)
7 print(val, err)
```

1행은 scipy.integrate 모듈을 불러온다. 6행의 integrate.quadrature() 함수는 마딧점의 개수를 n=1부터 증가시키며 계산을 반복하다가, 전 단계에서 얻은 적분값과의 차이(오차)가 열쇳말로 지정한 tol보다 작아질 때 계산을 멈추고 적분값 val과 오차 err을 반환한다.

4.4 특이 적분⋆

피적분 함수는 적분구간 $[a, b]$에서 연속인 경우가 대부분이다. 드물지만 함수 $f(x)$가 구간의 양 끝점 중 한 곳에서 발산하거나 적분구간이 무한대까지인 경우도 있는데, 이러한 적분을 **특이 적분**(improper integral)이라고 한다. 특이 적분을 수치상으로 계산할 때, 다음 몇 가지 방법을 생각해 볼 수 있다.

4.4.1 변수 변환⋆

$$I = \int_0^1 x^{-1/n} g(x) dx \qquad (n \geq 2) \tag{4.58}$$

위와 같이 피적분 함수가 $x = 0$에서 발산하는 경우를 생각해 보자. 이 경우 $x = t^n$을 이용하여 x를 t로 변환하면 식 (4.58)은

$$I = n \int_0^1 t^{n-2} g(t^n) dt \tag{4.59}$$

가 되어 특이점이 사라진다. 예를 들어,

$$\int_0^2 \frac{dx}{(1+x)\sqrt{x}} \quad \rightarrow \quad 2\int_0^{\sqrt{2}} \frac{dt}{1+t^2} \tag{4.60}$$

이므로 수치상으로 쉽게 적분할 수 있다.

로그함수에 의해 특이점이 생길 때에는 $t = -\ln x$를 이용하여 변수를 변환한다. 즉,

$$\int_0^1 \ln x \cdot g(x)dx \quad \rightarrow \quad -\int_0^\infty te^{-t}g(e^{-t})dt \tag{4.61}$$

가 된다. t에 대한 적분구간이 무한대로 확장되었는데, 무한 적분은 아래에서 다룬다.

4.4.2 적분구간 축소⋆

피적분 함수 $f(x)$가 구간의 한쪽 끝에서 특이점을 갖고 있다면 충분히 작은 실수 r(단, $0 < r < 1$)을 택하여

$$\int_0^1 f(x)dx = \int_0^r f(x)dx + \int_r^1 f(x)dx \tag{4.62}$$

와 같이 두 부분으로 나눈다. 오차 허용범위를 ϵ이라고 할 때,

$$\left|\int_0^r f(x)dx\right| \le \epsilon \tag{4.63}$$

이 되도록 r을 선택하면 식 (4.62)에서 우변의 첫째 적분을 무시할 수 있다.

예를 들어, 구간 $[0, 1]$에서 $|g(x)| \le 1$인 함수 $g(x)$에 대해

$$I = \int_0^1 \frac{g(x)}{\sqrt{x}}dx \tag{4.64}$$

인 적분은

$$\left|\int_0^r \frac{g(x)}{\sqrt{x}}\right| \le \int_0^r \frac{dx}{\sqrt{x}} = 2r^{1/2} \tag{4.65}$$

을 만족시킨다. 따라서 $r \le 10^{-6}$으로 택하고 식 (4.64)를

$$I \approx \int_r^1 \frac{g(x)}{\sqrt{x}}dx \tag{4.66}$$

로 근사하면, 수치 적분의 오차를 0.1% 이하로 낮출 수 있다.

4.4.3 무한 적분⋆

적분

$$I = \int_0^\infty f(x)dx \tag{4.67}$$

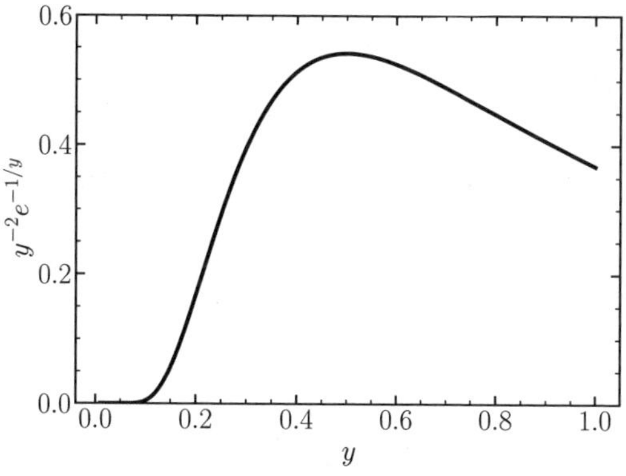

그림 4.8: 함수 $f(y) = e^{-1/y}/y^2$의 y에 대한 개형

와 같이 적분구간이 무한대인 적분도 특이 적분이다. 이러한 적분은 물리학이나 천문학에서 자주 등장한다. 사다리꼴공식과 같은 통상적인 방법은 적분구간을 유한개의 세부구간으로 나누므로 무한 적분에 직접 적용할 수 없다.

무한 적분을 계산하는 가장 단순한 방법은 적분구간을 $[0, a]$와 $[a, \infty]$인 두 부분으로 나누는 것이다. 실수 a는 계산의 정확도와 속도를 고려하여 적당히 선택한다. 구간 $[a, \infty]$에 대한 적분은 변수를 변환하여 유한 구간으로 바꾼다. 간단한 변환함수로 다음을 생각할 수 있다.

1. 함수 $y = \dfrac{1}{x}$은 구간 $x \in [a, \infty]$를 구간 $y \in [0, 1/a]$로 바꾼다.
2. 함수 $y = e^{-x}$은 구간 $x \in [0, \infty]$를 구간 $y \in [0, 1]$로 바꾼다.
3. 함수 $y = \dfrac{x-1}{x+1}$은 구간 $x \in [0, \infty]$를 구간 $y \in [-1, 1]$로 바꾼다.
4. 함수 $y = \dfrac{x}{x+1}$는 구간 $x \in [0, \infty]$를 구간 $y \in [0, 1]$로 바꾼다.

구간 $[a, \infty]$에서 변환함수 $y = 1/x$를 이용하면 식 (4.67)은

$$I = \int_0^a f(x)dx + \int_0^{1/a} \frac{f(1/y)}{y^2} dy \tag{4.68}$$

로 변한다. 식 (4.68)의 오른쪽 둘째 피적분 함수는 $y = 0$에서 발산하는 것처럼 보이지만 대부분 함수에 대해 특이점을 가지지 않는다. 예를 들어, $f(x) = e^{-x}$인 경우, $a = 1$로 잡으면 식 (4.68)은

$$I = \int_0^1 e^{-x} dx + \int_0^1 \frac{e^{-1/y}}{y^2} dy \tag{4.69}$$

가 된다. 그림 4.8에서 볼 수 있듯이, $y \to 0$일 때 $y^{-2}e^{-1/y}$은 0으로 수렴하는 매끄러운 함수다.

예제 4.7

다음 정적분을 수치상으로 계산하시오.

$$I = \int_0^\infty e^{-x^2}\,dx = \frac{\sqrt{\pi}}{2} \tag{4.70}$$

적분구간을 [0, 1]과 [1, ∞]인 두 부분으로 나누고, [1, ∞]인 구간의 적분을 $y = 1/x$로 변환하면 식 (4.70)은

$$I = \int_0^1 e^{-x^2}\,dx + \int_0^1 \frac{e^{-1/y^2}}{y^2}\,dy \tag{4.71}$$

가 된다. 코드 4.7은 식 (4.71)을 사다리꼴공식으로 적분한다.

코드 4.7: 특이 적분

```
1  def F(x):
2      return np.exp(-x**2)
3  def G(y):
4      if(y==0): return 0
5      else: return np.exp(-1/y**2)/y**2
6
7  a,n=1,100
8  tsol=np.sqrt(np.pi)/2
9  sol=Trapzd(F,0,a,n)+Trapzd(G,0,1/a,n)
10 err=abs(sol-tsol)
11 print('sol=',sol)
12 print('err=',err)
```

1-2행과 3-5행은 각각 식 (4.71)의 첫째 피적분 함수와 둘째 피적분 함수를 계산하는 함수 F(x)와 G(y)를 정의한다. 7행은 구간을 나누는 위치 a와 각 적분구간을 세분한 개수 n을 지정한다. 9행에서 사용한 Trapzd() 함수는 코드 4.2에서 정의하였다. 이 코드를 실행하면 화면에

```
sol= 0.886220794006
err= 6.13144664752e-06
```

이 출력된다.

문제

4.1 보폭을 $h_n = \pi/2^{n+1}$(단, $n = 0, 1, \cdots, 20$)으로 잡고 (1) 합성 사다리꼴공식과 (2) 합성 심프슨 법칙을 이용하여

$$I = \int_0^{\pi/2} \left(\frac{x}{\sin x}\right)^2 dx \tag{P4.1}$$

를 수치상으로 적분하시오. 각 방법에서 오차가 10^{-6}보다 작아지는 n의 값을 구하시오.

4.2 (1) 합성 사다리꼴공식과 (2) 가우스 구적법으로 적분

$$I = \int_1^2 x^2 \ln x \, dx \tag{P4.2}$$

의 값을 구하시오. 각 방법에서 오차가 10^{-10}보다 작아지는 세부구간의 수 또는 마딧점의 수를 구하시오.

4.3 태양 표면에서 가장자리로 갈수록 어두워지는 **주연감광**(limb darkening) 현상은

$$H(\mu) = \frac{1}{1+\mu} \exp\left[\frac{1}{\pi}\int_0^{\pi/2} \frac{\phi \tan^{-1}(\mu \tan\phi)}{1 - \phi\cot\phi} d\phi\right] \tag{P4.3}$$

로 기술된다(Koberlein & Meisel 2013). 식 (P4.3)을 수치상으로 적분하여 $H(\mu)$를 $\mu \in [0, 1]$의 함수로 그리시오.

4.4 롬베르크 알고리즘으로 아래 적분을 계산하시오.

(1)

$$I_1 = \int_0^1 \frac{xe^x}{(1+x)^2} dx$$

(2)

$$I_2 = \int_{-1}^1 \frac{\cos x - e^x}{\sin x} dx$$

단, $T_{j-1,j-1}$과 $T_{j,j}$의 차이가 10^{-8}보다 작을 때 계산을 멈추고, 그때의 적분값과 j를 출력하시오.

4.5 n차 **지수적분함수**(exponential integral function)는

$$E_n(\tau) \equiv \int_1^\infty \frac{e^{-\tau x}}{x^n} dx \tag{P4.4}$$

로 정의된다.

(1) 다음 항등식

$$E_2(\tau) = e^{-\tau} - \tau E_1(\tau) \tag{P4.5}$$

가 성립함을 증명하시오.

(2) Abramowitz & Stegun(1965)은 $E_1(\tau)$에 대한 근삿값으로

$$E_1(\tau) = \begin{cases} -\ln\tau + \sum_{n=0}^{5} a_n\tau^n & (0 \le \tau < 1\text{일 때}) \\ \tau^{-1}e^{-\tau}\left[\dfrac{\sum_{n=0}^{4} c_n\tau^n}{\sum_{n=0}^{4} d_n\tau^n}\right] & (1 < \tau < \infty\text{일 때}) \end{cases} \tag{P4.6}$$

을 제시하였다. 여기서, 계수 a_n, c_n, d_n은 아래 표와 같다. $\tau = 1$일 때는 식 (P4.6)에 제시된 두 표현의 평균값을 사용한다. $\tau \in [10^{-3}, 10^2]$인 구간에서 식 (P4.4)에 주어진 $E_1(\tau)$를 수치 적분한 결과와 식 (P4.6)을 비교하시오.

n	a_n	c_n	d_n
0	−0.57721566	0.2677737343	3.9584969228
1	0.99999193	8.6347608925	21.0996530827
2	−0.24991055	18.0590169730	25.6329561486
3	0.05519968	8.5733287401	9.5733223454
4	−0.00976004	1.0000000000	1.0000000000
5	0.00107857		

(3) 별이 방출하는 복사의 플럭스는

$$F_\lambda = 2\pi\int_0^\infty E_2(\tau)B_\lambda[T(\tau)]d\tau \tag{P4.7}$$

로 주어진다. 여기서, E_2는 2차 지수적분함수(식 P4.4)며, B_λ는 식 (P3.2)에서 정의한 플랑크 함수다. 온도 T가 τ에 대해

$$T^4 = \frac{3}{4}T_{\text{eff}}^4\left(\tau + \frac{2}{3}\right) \tag{P4.8}$$

인 관계를 따르고 $T_{\text{eff}} = 5,800\,\text{K}$일 때, 식 (P4.5)와 식 (P4.6)을 이용하여 $\lambda \in [0.2, 2]\ \mu\text{m}$인 구간에서 F_λ를 λ의 함수로 구하고 $\pi B_\lambda(T_{\text{eff}})$와 비교하시오. 또한, $F_{\lambda=1\,\mu\text{m}}$의 값을 출력하시오

4.6 $n = 4$일 때, 뉴턴-코츠 구적법의 마딧점과 가중값을 구하시오. 이에 해당하는 적분식을 **심프슨의 3/8 법칙**이라고 한다.

4.7 파장에 따른 스펙트럼선의 세기 변화는 **포이트 함수**(Voigt function)

$$H(v, a) \equiv \frac{a}{\pi}\int_{-\infty}^{\infty}\frac{e^{-y^2}}{(v-y)^2 + a^2}dy \tag{P4.9}$$

를 따른다. 여기서, v와 a는 각각 규격화된 파장과 규격화된 감쇠상수(damping constant)를 나타낸다. $H(-v,a) = H(v,a)$이고 $H(v,0) = e^{-v^2}$이다.

(1) $a = 1,\ 10^{-1},\ 10^{-2},\ 10^{-3}$일 때, 식 (P4.9)를 심프슨 법칙으로 적분하여 $H(v,a)$를 $v \in [0,10]$의 함수로 그리고 $H(v,0)$과 비교하시오(단, y축의 범위를 $[10^{-5},1]$로 한다). a가 작을 때, 수치 적분이 부정확해지는 이유를 설명하시오.

(2) 변수를 변환하면 식 (P4.9)를

$$\begin{aligned} H(v,a) = e^{-v^2} &+ \frac{2a}{\sqrt{\pi}}\left(-1 + 2ve^{-v^2}\int_0^v e^{x^2}\,dx\right) \\ &+ \frac{1}{\sqrt{\pi}}\int_0^\infty (e^{-ax} - 1 + ax)e^{-x^2/4}\cos(vx)\,dx \end{aligned} \tag{P4.10}$$

로 바꿀 수 있다(Finn & Mugglestone 1965). $a = 1,\ 10^{-1},\ 10^{-2},\ 10^{-3}$일 때, 식 (P4.10)을 적분하여 $H(v,a)$를 $v \in [0,10]$의 함수로 그리고 $H(v,0)$과 비교하시오.

4.8 다음 무한 적분을 유한 적분으로 바꾼 후 심프슨 법칙을 이용하여 수치적으로 계산하시오(단, 절대 오차를 10^{-6}보다 작게 한다).

(1)
$$I_1 = \int_0^\infty \frac{x^3}{e^x - 1}\,dx$$

(2)
$$I_2 = \int_0^\infty \frac{xe^{-2x}}{\sqrt{e^x - 1}}\,dx.$$

4.9 **아벨 적분방정식**(Abel integral equation)

$$f(x) = \int_0^x \frac{g(t)}{\sqrt{x-t}}\,dt \quad (\text{단, } x \ge 0) \tag{P4.11}$$

의 해는

$$g(x) = \frac{1}{\pi}\int_0^x \frac{f'(t)}{\sqrt{x-t}}\,dt \tag{P4.12}$$

로 주어진다. $f(0) = 0$이다.

(1) $f(x) = x^2/(1+x)$에 대해, 식 (P4.12)를 수치적으로 적분하여 $g(x)$를 구하고 그래프를 그리시오.

(2) (1)에서 구한 $g(x)$에 대해, 식 (P4.11)을 수치적으로 적분하여 $f(x) = x^2/(1+x)$인지 확인하시오.

제5장

수치 선형대수

닫힌 회로에 흐르는 전류나 원자/이온에 속박된 전자의 에너지 준위 등의 문제는 미지수 $x_1, \cdots, x_n$에 대한 1차연립방정식

$$\begin{aligned} a_{11}x_1 + a_{12}x_2 + \cdots + a_{1n}x_n &= b_1 \\ a_{21}x_1 + a_{22}x_2 + \cdots + a_{2n}x_n &= b_2 \\ &\vdots \\ a_{n1}x_1 + a_{n2}x_2 + \cdots + a_{nn}x_n &= b_n \end{aligned} \tag{5.1}$$

으로 표현된다. 여기서, a_{ij}와 b_j는 상수다. 식 (5.1)을 행렬방정식으로 나타내면

$$\boldsymbol{A}\boldsymbol{x} = \boldsymbol{b} \tag{5.2}$$

이다. 여기서,

$$\boldsymbol{A} = \begin{bmatrix} a_{11} & a_{12} & \cdots & a_{1n} \\ a_{21} & a_{22} & \cdots & a_{2n} \\ \vdots & \vdots & \ddots & \vdots \\ a_{n1} & a_{n2} & \cdots & a_{nn} \end{bmatrix} \tag{5.3}$$

은 n차 정사각행렬(square matrix)이고 $\boldsymbol{x} = (x_1, x_2, \cdots, x_n)^\intercal$와 $\boldsymbol{b} = (b_1, b_2, \cdots, b_n)^\intercal$는 크기가 n인 열벡터다. 이 단원에서는 식 (5.2)의 해를 구하는 방법과 행렬 $\boldsymbol{A}$를 분해하는 방법에 대해 학습한다.

5.1 1차연립방정식의 해

식 (5.2)는 **행렬식**(determinant)이 $\det(\boldsymbol{A}) \neq 0$일 때 유일한 해를 갖는데, 그 해는 명시적으로 $\boldsymbol{x} = \boldsymbol{A}^{-1}\boldsymbol{b}$로 주어진다. 여기서, $\boldsymbol{A}^{-1}$은 $\boldsymbol{A}$의 **역행렬**(inverse matrix)이다. 식 (5.2)를 수치상으로 풀 때는 역행렬을 구하는 대신 **가우스 소거법**(Gauss elimination)으로 $\boldsymbol{A}$를 변형시키며 $\boldsymbol{x}$를 구한다.

식 (5.2)를

$$\left[\begin{array}{c|c} \boldsymbol{A} & \boldsymbol{b} \end{array}\right] = \left[\begin{array}{cccc|c} a_{11} & a_{12} & \cdots & a_{1n} & b_1 \\ a_{21} & a_{22} & \cdots & a_{2n} & b_2 \\ \vdots & \vdots & \ddots & \vdots & \vdots \\ a_{n1} & a_{n2} & \cdots & a_{nn} & b_n \end{array}\right] \tag{5.4}$$

으로 표기하기도 하는데, 이를 **첨가행렬**(augmented matrix)이라고 한다. 첨가행렬을 이용하면 1차연립방정식의 표기가 간단하다.

5.1.1 가우스 소거법

다음과 같은 연립방정식

$$2x_1 + x_2 + 2x_3 + 5x_4 = -1 \tag{5.5a}$$

$$4x_1 + 4x_2 + 5x_3 + 7x_4 = -2 \tag{5.5b}$$

$$-2x_1 + x_2 + 2x_3 - 9x_4 = 3 \tag{5.5c}$$

$$2x_1 + 7x_2 - x_3 - 3x_4 = -3 \tag{5.5d}$$

을 생각해 보자. 이 연립방정식은 식의 개수와 미지수가 각각 4개다. 이를 첨가행렬로 표현하면

$$\left[\begin{array}{rrrr|r} 2 & 1 & 2 & 5 & -1 \\ 4 & 4 & 5 & 7 & -2 \\ -2 & 1 & 2 & -9 & 3 \\ 2 & 7 & -1 & -3 & -3 \end{array}\right] \tag{5.6}$$

과 같다.

소거법의 첫 단계는 첨가행렬 (5.6)의 첫째 행을 이용하여 나머지 행의 첫째 열을 모두 0으로 만드는 것이다. 이것은 식 (5.5b)부터 식 (5.5d)에 있는 x_1항을 소거하는 것과 같다. 1차식은 상수를 곱하거나 다른 식을 더하고 빼도 해가 달라지지 않는다. 따라서, 첫째 행에 2를 곱한 식을 둘째 행에서 빼고, -1을 곱한 식을 셋째 행에서 빼고, 1을 곱한 식을 넷째 행에서 빼면 원하는 결과를 얻을 수 있다. 이때, 첫째 행에 곱하는

승수(multiplier)는

$$m_{21} = \frac{a_{21}}{a_{11}} = 2, \quad m_{31} = \frac{a_{31}}{a_{11}} = -1, \quad m_{41} = \frac{a_{41}}{a_{11}} = 1 \tag{5.7}$$

로 결정된다. 이 과정을 수행하면 식 (5.6)의 첨가행렬이

$$\left[\begin{array}{cccc|c} 2 & 1 & 2 & 5 & -1 \\ 0 & 2 & 1 & -3 & 0 \\ 0 & 2 & 4 & -4 & 2 \\ 0 & 6 & -3 & -8 & -2 \end{array}\right] \tag{5.8}$$

로 바뀐다. 변하지 않은 첫 방정식을 **기준방정식**(pivot equation)이라고 부른다. 1차식의 경우 상수를 곱하거나 다른 식을 더하거나 빼도 해가 달라지지 않기 때문에 식 (5.6)과 식 (5.8)에 있는 두 첨가행렬은 서로 동등하다.

소거법의 둘째 단계에서는 기준방정식을 제외한 나머지 식에서 x_2항을 소거한다. 식 (5.8)의 둘째 행에 각각

$$m_{32} = \frac{a_{32}}{a_{22}} = 1, \quad m_{42} = \frac{a_{42}}{a_{22}} = 3 \tag{5.9}$$

을 곱한 후, 셋째 행과 넷째 행에서 빼면

$$\left[\begin{array}{cccc|c} 2 & 1 & 2 & 5 & -1 \\ 0 & 2 & 1 & -3 & 0 \\ 0 & 0 & 3 & -1 & 2 \\ 0 & 0 & -6 & 1 & -2 \end{array}\right] \tag{5.10}$$

를 얻는다.

소거법의 마지막 단계에서는 a_{43}을 0으로 만드는 것이다. 식 (5.10)의 셋째 행에

$$m_{43} = \frac{a_{43}}{a_{33}} = -2 \tag{5.11}$$

를 곱한 뒤 넷째 행에서 빼면

$$\left[\begin{array}{cccc|c} 2 & 1 & 2 & 5 & -1 \\ 0 & 2 & 1 & -3 & 0 \\ 0 & 0 & 3 & -1 & 2 \\ 0 & 0 & 0 & -1 & 2 \end{array}\right] \tag{5.12}$$

를 얻는다. 식 (5.12)의 좌측 행렬은 대각선 아래의 모든 원소가 0이므로 **위삼각행**

렬(upper triangular matrix)이라고 부른다.

식 (5.12)의 해는 **후진대입**(backward substitution)으로 쉽게 구할 수 있다. 즉, 넷째 행에서 $x_4 = -2$를 얻고, 이를 셋째 행에 대입하여 $x_3 = 0$을 구한다. 이 결과를 둘째 행에 대입하여 $x_2 = -3$을 얻고, 다시 첫째 행에 대입하면 $x_1 = 6$을 얻는다. 따라서 식 (5.5)의 해는

$$\boldsymbol{x} = \begin{bmatrix} 6 & -3 & 0 & -2 \end{bmatrix}^{\mathsf{T}} \tag{5.13}$$

로 주어진다.

5.1.1.1 소거법 알고리즘

위에서 설명한 과정을 일반화하면 다음과 같다. 가우스 소거법을 통해 식 (5.1)의 해를 구하는 과정은 **전진소거**(forward elimination)와 후진대입의 두 단계로 나뉜다. 전진소거는 행렬 $\boldsymbol{A}$를 위삼각행렬로 바꾸는데, k번째 단계에서는 승수

$$m_{ik} = \frac{a_{ik}}{a_{kk}} \tag{5.14}$$

를 이용하여, 행렬 $\boldsymbol{A}$의 원소 a_{ij}(단, $k+1 \le i \le n$, $k \le j \le n$)와 열벡터 $\boldsymbol{b}$의 원소 b_i(단, $k+1 \le i \le n$)를

$$a_{ij} \;\leftarrow\; a_{ij} - m_{ik}a_{kj} \tag{5.15a}$$

$$b_i \;\leftarrow\; b_i - m_{ik}b_k \tag{5.15b}$$

로 바꾼다. 식 (5.14)에서 승수 m_{ik}를 구할 때 $a_{kk} \neq 0$이어야 한다. 전진소거를 $k=1$부터 $(n-1)$까지 반복하면

$$\left[\begin{array}{cccccc|c} a_{11} & a_{12} & \cdots & a_{1,n-2} & a_{1,n-1} & a_{1n} & b_1 \\ 0 & a_{22} & \cdots & a_{2,n-2} & a_{2,n-1} & a_{2n} & b_2 \\ \vdots & \vdots & \ddots & \vdots & \vdots & \vdots & \vdots \\ 0 & 0 & \cdots & a_{n-2,n-2} & a_{n-2,n-1} & a_{n-2,n} & b_{n-2} \\ 0 & 0 & \cdots & 0 & a_{n-1,n-1} & a_{n-1,n} & b_{n-1} \\ 0 & 0 & \cdots & 0 & 0 & a_{nn} & b_n \end{array}\right] \tag{5.16}$$

과 같은 위삼각행렬을 동반한 연립방정식을 얻는다.

식 (5.16)의 해를 구하는 후진대입은 가장 아래 행부터 시작하여

$$x_n = \frac{b_n}{a_{nn}} \tag{5.17}$$

을 구한 후, 위 행으로 올라가며

$$x_k = \frac{1}{a_{kk}}\left(b_k - \sum_{j=k+1}^{n} a_{kj}x_j\right) \qquad (\text{단}, k = n-1, \cdots, 1) \tag{5.18}$$

와 같이 계산한다.

예제 5.1

행렬 $\boldsymbol{A}$와 열벡터 $\boldsymbol{b}$가

$$\boldsymbol{A} = \begin{bmatrix} 2 & 1 & -1 & 2 \\ 4 & 5 & -3 & 6 \\ -2 & 5 & -2 & 6 \\ 4 & 11 & -4 & 8 \end{bmatrix}, \quad \boldsymbol{b} = \begin{bmatrix} 5 \\ 9 \\ 4 \\ 2 \end{bmatrix} \tag{5.19}$$

일 때, 가우스 소거법으로 식 (5.2)의 해 $\boldsymbol{x}$를 구하시오.

코드 5.1: 가우스 소거법

```
1  A=np.array([[2,1,-1,2],[4,5,-3,6],\
2              [-2,5,-2,6],[4,11,-4,8]],dtype=float)
3  b=np.array([5,9,4,2],dtype=float)
4
5  N=len(A)
6  x=np.zeros(N)
7
8  for j in range(N):                        # Gauss elimination
9      for i in range(j+1,N):
10         mij=A[i,j]/A[j,j]
11         for k in range(j,N):
12             A[i,k]-=mij*A[j,k]
13         b[i]-=mij*b[j]
14
15 x[N-1]=b[N-1]/A[N-1][N-1]               # Backward Substitution
16 for k in range(N-2,-1,-1):
17     summ=np.dot(A[k,k+1:],x[k+1:])
18     x[k]=(b[k]-summ)/A[k,k]
19
20 print(A)
21 print(x)
```

1-3행은 문제에서 주어진 행렬 A와 열벡터 b를 지정한다. 열쇳말 dtype을 float로 설정하면 실수형으로 인식한다. 8-13행은 전진소거(식 5.15)를 통해 A를 **위삼각행렬**로 바꾼

다. 13행까지 실행하였을 때, A와 b가 처음과는 다른 새로운 행렬과 벡터로 바뀌었음에 유의하자. 15-18행은 후진대입(식 5.17과 식 5.18)을 통해 연립방정식의 해 x를 구한다. 17행의 `np.dot(A,B)`는 행렬(또는 벡터) A와 행렬(또는 벡터) B의 내적을 계산한다.[1] 코드 5.1을 실행하면 `x=[1. -2. 1. 3.]`을 얻는다.

가우스 소거법은 주어진 행렬 $\boldsymbol{A}$를 직접 변화시키면서 계산을 진행하므로 별도의 저장 공간이 필요하지 않다. 초기의 행렬값이 필요한 경우에는 소거법을 시작하기 전에 다른 변수로 복사해 놓아야 한다. 코드 5.1에서 알 수 있듯이 크기가 $n \times n$인 정사각행렬에 대해 전진소거를 위한 연산 횟수는 n^3에 비례하고 후진대입을 위한 연산 횟수는 n^2에 비례한다. 따라서 가우스 소거법은 n이 클 때, 해를 구하는 데 오랜 시간이 걸린다.

위 예제에서는 $\boldsymbol{b}$를 열벡터로 잡았지만, 식 (5.2)의 우변을 크기가 $n \times n$인 정사각행렬 $\boldsymbol{B}$로 바꾸어도 가우스 소거법을 적용할 수 있다. $\boldsymbol{B}$를 **단위행렬**(identity matrix) $\boldsymbol{I}$로 놓으면 그 해는 $\boldsymbol{X} = \boldsymbol{A}^{-1}$으로 주어진다. 이 방법으로 $\boldsymbol{A}$의 역행렬을 구한다.

5.1.1.2 추축연산

가우스 소거법으로 행렬 $\boldsymbol{A}$를 위삼각행렬로 변환할 때, 대각원소(a_{kk})가 0이거나 매우 작은 값을 가지면, 가우스 소거법을 이용할 수 없다. 식 (5.14)에서 승수 m_{ik}를 계산할 수 없거나 계산된 값의 반올림 오차가 매우 커지기 때문이다. 이러한 경우를 방지하기 위해 방정식의 순서, 또는 행의 순서를 바꾸는데 이를 **추축연산**(pivoting)이라고 한다.[2] 추축연산에는 부분추축과 전추축이 있다.

예를 들어, 첨가행렬이

$$\left[\begin{array}{ccc|c} 0 & 2 & 3 & 1 \\ 2 & 3 & -1 & -5 \\ 3 & 9 & 2 & 2 \end{array}\right] \tag{5.20}$$

인 문제를 생각해 보자. $a_{11} = 0$이므로 전진소거의 첫 단계를 진행할 수 없다. 이때, 제1열의 원소 중 $a_{31} = 3$이 가장 크므로 제1행과 제3행을 맞바꾸어 얻은 첨가행렬

$$\left[\begin{array}{ccc|c} 3 & 9 & 2 & 2 \\ 2 & 3 & -1 & -5 \\ 0 & 2 & 3 & 1 \end{array}\right] \tag{5.21}$$

1) 파이썬에서 두 행렬 A와 B의 곱을 계산하는 방법에는 `np.dot(A,B)`, `A@B`, `np.matmul(A,B)` 등이 있다. `A@B`는 버전 3.5부터 사용할 수 있는데, `np.matmul(A,B)`와 완전히 같은 기능을 수행한다. `np.dot(A,B)`는 2차원 이하의 배열에 대해서 `np.matmul(A,B)`와 같은 결과를 주지만, 3차원 이상의 배열(텐서)에 대해서는 다른 결과를 준다. 예를 들어, $\boldsymbol{A} = \{a_{ijk}\}$이고 $\boldsymbol{B} = \{b_{lmn}\}$인 3차원 텐서인 경우, `C=np.dot(A,B)`는 $c_{ijkm} = \sum_l a_{ijl} b_{klm}$인 4차원 배열이고 `D=np.matmul(A,B)`는 $d_{ijk} = \sum_l a_{ijl} b_{ilk}$인 3차원 배열이다. 참고로 `np.multiply(A,B)`는 `A*B`와 같으며 같은 위치에 있는 원소의 곱을 반환하므로 벡터의 내적이나 행렬의 곱과는 다르다.

2) 추축(樞軸; pivot)이란 '중추가 되는 축'의 준말이며 '사물의 가장 긴요한 부분'이라는 뜻이다.

을 이용해도 행렬방정식의 해는 바뀌지 않는다. 이처럼 주어진 열에서 원소가 가장 큰 행을 기준방정식으로 삼는 방법을 **부분추축**(partial pivoting)이라고 한다. 부분추축은 추축연산에 필요한 작업이 간단하여 실제로 많은 코드가 채택하는 방법이다. 이미 소거가 진행된 행에 대해서는 추축연산을 실행하지 않는다. 기준방정식에 대한 정보를 **치환행렬**(permutation matrix)로 저장한다.

한편, 식 (5.20)에서 행렬 $\boldsymbol{A}$의 원소 중 (절댓값이) 가장 큰 값은 $a_{32} = 9$이다. 제3행을 기준방정식으로 삼아 제1행과 맞바꾸고, 제1열과 제2열을 바꾸면

$$\left[\begin{array}{ccr|r} 9 & 3 & 2 & 2 \\ 3 & 2 & -1 & -5 \\ 2 & 0 & 3 & 1 \end{array}\right] \tag{5.22}$$

인 첨가행렬을 얻을 수 있다. 두 열이 바뀌면 근에서 x_1과 x_2의 순서도 바뀌어야 한다. 이처럼 행렬에서 가장 큰 원소가 속한 행을 기본방정식으로 삼고, 그 열을 추축열로 삼는 방법을 **전추축**(full pivoting)이라고 한다. 전추축은 행렬의 모든 원소를 탐색하여 가장 큰 수를 찾고 근의 순서도 바뀌기 때문에 복잡하고 시간이 오래 걸린다. 하지만, 구한 근이 부분추축을 이용한 결과보다 작은 오차를 가진다.

5.1.1.3 scipy.linalg 모듈

파이썬의 `scipy.linalg` 모듈은 선형대수학의 여러 문제를 수치상으로 해결할 수 있는 내장함수를 갖고 있다. 그중 대표적 함수를 소개하면 다음과 같다.

```
1  from scipy import linalg
2
3  A=np.array([[2, 1,-1,2],[4, 5,-3,6],\
4             [-2,5,-2,6],[4,11,-4,8]],dtype=float)
5  b=np.array([5.,9.,4.,2.],dtype=float)
6
7  x=np.linalg.solve(A,b)
8  print(np.allclose(A@x,b))
9
10 Ainv=linalg.inv(A)       # inverse matrix
11 detA=linalg.det(A)       # determinant
12 lam,eigA=linalg.eig(A)   # lam:eigenvalues; eigA:eigenvectors
```

1행은 `scipy.linalg` 모듈을 불러온다. 3-5행은 행렬 `A`와 열벡터 `b`를 지정한다. 7행은 행렬방정식 `Ax=b`의 해 `x`를 가우스 소거법으로 구한다. 8행은 구한 해 `x`가 `Ax=b`를 정말로 만족시키는지 확인한다. 10행은 역행렬 `Ainv`를 구하고 11행은 행렬식 `detA`를 구한다. 12행은 행렬의 **고윳값**(eigenvalue) `lam`과 **고유벡터**(eigenvector) `eigA`를 구한다.

5.1.2 LU 분해

식 (5.5)의 풀이 과정을 다시 한번 살펴보자. 문제에서 주어진 행렬은

$$\boldsymbol{A} = \begin{bmatrix} 2 & 1 & 2 & 5 \\ 4 & 4 & 5 & 7 \\ -2 & 1 & 2 & -9 \\ 2 & 7 & -1 & -3 \end{bmatrix} \tag{5.23}$$

이다. 식 (5.7), (5.9), (5.11)로 주어지는 승수를 이용하여 각 행을 차례대로 연산한 결과 **위대각행렬**

$$\boldsymbol{U} = \begin{bmatrix} 2 & 1 & 2 & 5 \\ 0 & 2 & 1 & -3 \\ 0 & 0 & 3 & -1 \\ 0 & 0 & 0 & -1 \end{bmatrix} \tag{5.24}$$

을 얻는다. $\boldsymbol{A}$에서 $\boldsymbol{U}$로의 변환 과정을 행렬로 표현하면

$$\boldsymbol{M}_3\boldsymbol{M}_2\boldsymbol{M}_1\boldsymbol{A} = \boldsymbol{U} \tag{5.25}$$

다.[3] 식 (5.25)로부터 $\boldsymbol{A}$를 구하면

$$\boldsymbol{A} = \boldsymbol{M}_1^{-1}\boldsymbol{M}_2^{-1}\boldsymbol{M}_3^{-1}\boldsymbol{U} = \boldsymbol{L}\boldsymbol{U} \tag{5.26}$$

다. 여기서, 행렬 $\boldsymbol{L}$은

$$\boldsymbol{L} \equiv \boldsymbol{M}_1^{-1}\boldsymbol{M}_2^{-1}\boldsymbol{M}_3^{-1} = \begin{bmatrix} 1 & 0 & 0 & 0 \\ m_{21} & 1 & 0 & 0 \\ m_{31} & m_{32} & 1 & 0 \\ m_{41} & m_{42} & m_{43} & 1 \end{bmatrix} \tag{5.27}$$

---

3) 식 (5.25)에서 $\boldsymbol{M}_1, \boldsymbol{M}_2, \boldsymbol{M}_3$는

$$\boldsymbol{M}_1 = \begin{bmatrix} 1 & 0 & 0 & 0 \\ -m_{21} & 1 & 0 & 0 \\ -m_{31} & 0 & 1 & 0 \\ -m_{41} & 0 & 0 & 1 \end{bmatrix}, \quad \boldsymbol{M}_2 = \begin{bmatrix} 1 & 0 & 0 & 0 \\ 0 & 1 & 0 & 0 \\ 0 & -m_{32} & 1 & 0 \\ 0 & -m_{42} & 0 & 1 \end{bmatrix}, \quad \boldsymbol{M}_3 = \begin{bmatrix} 1 & 0 & 0 & 0 \\ 0 & 1 & 0 & 0 \\ 0 & 0 & 1 & 0 \\ 0 & 0 & -m_{43} & 1 \end{bmatrix}$$

로 주어지는 **아래삼각행렬**(lower triangular matrix)이다.

인 아래삼각행렬이다. 식 (5.26)은 임의의 행렬 $\boldsymbol{A}$를 아래삼각행렬 $\boldsymbol{L}$과 위삼각행렬 $\boldsymbol{U}$의 곱으로 분해할 수 있음을 보여 준다. 이것을 행렬의 **LU 분해**(LU decomposition) 또는 **LU 인수분해**(LU factorization)라고 한다.

LU 분해를 이용하면 식 (5.2)는

$$\boldsymbol{LUx} = \boldsymbol{b} \tag{5.28}$$

가 되는데, 이 식의 해를 구하는 과정은

$$\boldsymbol{Ly} = \boldsymbol{b} \tag{5.29}$$

를 만족시키는 $\boldsymbol{y}$를 구한 후,

$$\boldsymbol{Ux} = \boldsymbol{y} \tag{5.30}$$

를 만족시키는 $\boldsymbol{x}$를 구하는 두 단계로 나눌 수 있다. 대각선 원소가 모두 1인 아래삼각행렬 $\boldsymbol{L}$의 i행, j열 원소를 l_{ij}로 나타낼 때, 식 (5.29)의 해는 점화식

$$y_1 = b_1 \tag{5.31a}$$

$$y_i = b_i - \sum_{j=1}^{i-1} l_{ij} y_j \quad (i = 2, \cdots, n) \tag{5.31b}$$

로 주어진다. 이 과정을 **전진대입**(forward substitution)이라고 부른다. 식 (5.30)의 해는 **후진대입**(식 5.17과 식 5.18)을 통해 쉽게 구할 수 있다. $\boldsymbol{L}$과 $\boldsymbol{U}$가 $n \times n$인 정사각행렬일 때, 전진대입과 후진대입에 필요한 연산 횟수는 n^2에 비례한다

행렬을 LU 분해하는 과정은 본질에서 가우스 소거법과 같으므로 n^3에 비례하는 연산이 필요하다. 따라서, 일반적으로 LU 분해는 가우스 소거법보다 효율적이지 않다. 그러나, 행렬 $\boldsymbol{A}$는 고정되지만 열벡터 $\boldsymbol{b}$가 자주 바뀌는 상황에서는 가우스 소거법보다 LU 분해가 유리하다. 예를 들어, 실험실에서 측정 자료를 얻는 경우 행렬 $\boldsymbol{A}$는 실험 기기의 특성을 반영하고, 측정치 $\boldsymbol{b}$는 입력 변수 $\boldsymbol{x}$에 대한 기기의 반응을 대변한다. 고정된 $\boldsymbol{A}$에 대해 LU 분해를 한 번 수행하고, 측정치 $\boldsymbol{b}$가 달라질 때마다 전진대입과 후진대입만으로 $\boldsymbol{x}$를 구하는 것이 매번 가우스 소거법을 적용하는 것보다 훨씬 효율적이다.

파이썬에서 `scipy.linalg.lu()` 함수와 `scipy.linalg.lu_factor()` 함수는 부분 추축연산으로 행렬을 LU 분해하는 내장함수다. 이 함수는 다음과 같이 사용한다.

```
from scipy import linalg

A=np.array([[2,1, 2, 5],[4,4,5,7],[-2,1,2,-9],\
            [2,7,-1,-3]],dtype=float)
b=np.array([-1,-2,3,-3],dtype=float)
```

```
6
7   P,L,U=linalg.lu(A)            # use partial pivoting A=PLU
8   print (P)                     # permutation matrix
9   print (P@L@U)
10
11  LU=linalg.lu_factor(A)        # pivoted LU decomposition
12  print(LU)
13
14  x=linalg.lu_solve(LU, b)      # solve Ax=b for given LU
15  print(x)
```

1행은 scipy.linalg 모듈을 불러온다. 7행의 linalg.lu() 함수는 행렬 A를 아래삼각행렬 L과 위삼각행렬 U로 분해한다. 행렬 P는 **치환행렬**이라고 불리는데, $p_{21} = p_{42} = p_{33} = p_{14} = 1$이고 나머지 원소는 0이다. $p_{ij} = 1$은 j번째 소거에서 i행을 기준방정식으로 삼고 추축연산을 수행했음을 의미한다. 9행에서 세 행렬 $\boldsymbol{P}$, $\boldsymbol{L}$, $\boldsymbol{U}$를 곱한 결과는 $\boldsymbol{A}$와 같다. 11행은 부분 추축연산으로 행렬 A를 LU 분해한 결과를 변수 LU에 저장한다. 변수 LU는 L의 대각원소를 제외한 원소와 U의 원소를 합성한 행렬 및 기준방정식에 대한 정보를 담고 있다. 14행은 변수 LU를 이용하여 전진대입과 후진대입으로 열벡터 b에 해당하는 해 x를 구한다.

예제 5.2

파이썬 내장함수를 이용하여

$$\boldsymbol{A} = \begin{bmatrix} 2 & 1 & -1 & 2 \\ 4 & 5 & -3 & 6 \\ -2 & 5 & -2 & 6 \\ 4 & 11 & -4 & 8 \end{bmatrix} \qquad \boldsymbol{b} = \begin{bmatrix} 5 \\ 9 \\ 4 \\ 2 \end{bmatrix} \tag{5.32}$$

일 때, $\boldsymbol{Ax} = \boldsymbol{b}$를 만족시키는 $\boldsymbol{x}$와 역행렬 $\boldsymbol{A}^{-1}$을 구하시오.

코드 5.2: LU 분해

```
from scipy import linalg

A=np.array([[2, 1,-1,2],[4, 5,-3,6],\
            [-2,5,-2,6],[4,11,-4,8]],dtype=float)
b=np.array([5.,9.,4.,2.],dtype=float)

LU=linalg.lu_factor(A)
x =linalg.lu_solve(LU, b)
print(x)
```

```
10
11 I=np.identity(n=4,dtype=float)
12
13 Ainv=linalg.lu_solve(LU,I)
14 print(Ainv)
```

1행은 scipy.linalg 모듈을 불러온다. 3-5행은 행렬 A와 열벡터 b를 지정한다. 7행은 A를 LU 분해하여 변수 LU에 저장한다. 8행은 행렬방정식의 해 x를 구한다. 11행의 np.identity() 함수는 크기가 n=4인 **단위행렬**을 생성한다. 13행은 7행에서 분해한 LU를 이용하여 A의 역행렬 Ainv를 계산한다. 14행에서 출력한 Ainv는 기계 엡실론 이내에서 참값인

$$\boldsymbol{A}^{-1} = \begin{bmatrix} 13/6 & -7/6 & 0 & 1/3 \\ 2/3 & -2/3 & 0 & 1/3 \\ 13 & -8 & 1 & 2 \\ 9/2 & -5/2 & 1/2 & 1/2 \end{bmatrix} \tag{5.33}$$

과 같다.

5.1.3 삼중대각행렬

행렬이 대각선을 따라 띠(band) 같은 특별한 구조로 되어 있을 때는 행렬방정식의 해를 매우 간단하게 구할 수 있다. 예를 들어, 대각선과 대각선의 바로 위 줄과 아래 줄을 제외한 모든 원소가 0인 **삼중대각행렬**(tridiagonal matrix)로 표현되는 행렬방정식

$$\begin{bmatrix} b_1 & c_1 & 0 & 0 & 0 \\ a_2 & b_2 & c_2 & 0 & 0 \\ 0 & a_3 & b_3 & c_3 & 0 \\ 0 & 0 & a_4 & b_4 & c_4 \\ 0 & 0 & 0 & a_5 & b_5 \end{bmatrix} \begin{bmatrix} x_1 \\ x_2 \\ x_3 \\ x_4 \\ x_5 \end{bmatrix} = \begin{bmatrix} s_1 \\ s_2 \\ s_3 \\ s_4 \\ s_5 \end{bmatrix} \tag{5.34}$$

를 생각해 보자. 이 식은 $a_1 = c_5 = 0$으로 놓을 때

$$a_i x_{i-1} + b_i x_i + c_i x_{i+1} = s_i \qquad (\text{단}, i = 1, 2, \cdots, 5) \tag{5.35}$$

로 표현할 수 있다. 이 식의 해는 전진대입과 후진대입만으로 구할 수 있다.

전진대입 과정을 살펴보자. 우선, 식 (5.34)의 첫 행을 b_1으로 나눈다. 즉

$$\gamma_1 = c_1/b_1, \quad \sigma_1 = s_1/b_1 \tag{5.36}$$

이라고 하면, 식 (5.34)는

$$\begin{bmatrix} 1 & \gamma_1 & 0 & 0 & 0 \\ a_2 & b_2 & c_2 & 0 & 0 \\ 0 & a_3 & b_3 & c_3 & 0 \\ 0 & 0 & a_4 & b_4 & c_4 \\ 0 & 0 & 0 & a_5 & b_5 \end{bmatrix} \begin{bmatrix} x_1 \\ x_2 \\ x_3 \\ x_4 \\ x_5 \end{bmatrix} = \begin{bmatrix} \sigma_1 \\ s_2 \\ s_3 \\ s_4 \\ s_5 \end{bmatrix} \tag{5.37}$$

로 바뀐다. 이제 식 (5.37)의 제1행을 이용하여 제2행의 a_2를 소거한다. 이것은 제1행에 a_2를 곱한 식을 제2행에서 빼면 가능하다. 즉,

$$\begin{array}{rr} & \cancel{a_2 x_1} + b_2 x_2 + c_2 x_3 = s_2 \\ - & \cancel{a_2 x_1} + a_2\gamma_1 x_2 = a_2\sigma_1 \\ \hline & (b_2 - a_2\gamma_1)x_2 + c_2 x_3 = s_2 - a_2\sigma_1 \end{array} \tag{5.38}$$

을 얻는다. 이 식의 양변을 $(b_2 - a_2\gamma_1)$으로 나눈 후, 식 (5.37)의 제2행으로 대치하면

$$\begin{bmatrix} 1 & \gamma_1 & 0 & 0 & 0 \\ 0 & 1 & \gamma_2 & 0 & 0 \\ 0 & a_3 & b_3 & c_3 & 0 \\ 0 & 0 & a_4 & b_4 & c_4 \\ 0 & 0 & 0 & a_5 & b_5 \end{bmatrix} \begin{bmatrix} x_1 \\ x_2 \\ x_3 \\ x_4 \\ x_5 \end{bmatrix} = \begin{bmatrix} \sigma_1 \\ \sigma_2 \\ s_3 \\ s_4 \\ s_5 \end{bmatrix} \tag{5.39}$$

가 된다. 여기서,

$$\gamma_2 = \frac{c_2}{b_2 - a_2\gamma_1}, \quad \sigma_2 = \frac{s_2 - a_2\sigma_1}{b_2 - a_2\gamma_1} \tag{5.40}$$

이다.

비슷한 과정을 식 (5.39)의 제2행과 제3행에 적용한다. 제2행에 a_3를 곱한 식을 제3행에서 빼면,

$$\begin{array}{rr} & \cancel{a_3 x_2} + b_3 x_3 + c_3 x_4 = s_3 \\ - & \cancel{a_3 x_2} + a_3\gamma_2 x_3 = a_3\sigma_2 \\ \hline & (b_3 - a_3\gamma_2)x_3 + c_3 x_4 = s_3 - a_3\sigma_2 \end{array} \tag{5.41}$$

를 얻는다. 이 식의 양변을 $(b_3 - a_3\gamma_2)$로 나눈 후, 식 (5.39)의 제3행으로 놓으면

$$\begin{bmatrix} 1 & \gamma_1 & 0 & 0 & 0 \\ 0 & 1 & \gamma_2 & 0 & 0 \\ 0 & 0 & 1 & \gamma_3 & 0 \\ 0 & 0 & a_4 & b_4 & c_4 \\ 0 & 0 & 0 & a_5 & b_5 \end{bmatrix} \begin{bmatrix} x_1 \\ x_2 \\ x_3 \\ x_4 \\ x_5 \end{bmatrix} = \begin{bmatrix} \sigma_1 \\ \sigma_2 \\ \sigma_3 \\ s_4 \\ s_5 \end{bmatrix} \tag{5.42}$$

를 얻는다. 여기서,

$$\gamma_3 = \frac{c_3}{b_3 - a_3\gamma_2}, \quad \sigma_3 = \frac{s_3 - a_3\sigma_2}{b_3 - a_3\gamma_2} \tag{5.43}$$

이다.

비슷한 연산을 식 (5.42)의 제4행과 제5행에 연속적으로 적용하면

$$\begin{bmatrix} 1 & \gamma_1 & 0 & 0 & 0 \\ 0 & 1 & \gamma_2 & 0 & 0 \\ 0 & 0 & 1 & \gamma_3 & 0 \\ 0 & 0 & 0 & 1 & \gamma_4 \\ 0 & 0 & 0 & 0 & 1 \end{bmatrix} \begin{bmatrix} x_1 \\ x_2 \\ x_3 \\ x_4 \\ x_5 \end{bmatrix} = \begin{bmatrix} \sigma_1 \\ \sigma_2 \\ \sigma_3 \\ \sigma_4 \\ \sigma_5 \end{bmatrix} \tag{5.44}$$

를 얻는다. 여기서,

$$\gamma_4 = \frac{c_4}{b_4 - a_4\gamma_3}, \quad \sigma_4 = \frac{s_4 - a_4\sigma_3}{b_4 - a_4\gamma_3}, \quad \sigma_5 = \frac{s_5 - a_5\sigma_4}{b_5 - a_5\gamma_4} \tag{5.45}$$

이다.

식 (5.44)는 **이중대각행렬**(bidiagonal matrix) 방정식인데, 이 식의 해는 위삼각행렬의 경우와 같이 후진대입

$$x_5 = \sigma_5 \tag{5.46a}$$

$$x_i = \sigma_i - \gamma_i x_{i+1} \quad (i = 4, \cdots, 1) \tag{5.46b}$$

을 이용하여 간단히 구할 수 있다.

이상의 내용을 다음과 같이 일반화할 수 있다. n차 삼중대각행렬 방정식

$$a_i x_{i-1} + b_i x_i + c_i x_{i+1} = s_i \qquad (i = 1, 2, \cdots, n) \tag{5.47}$$

를 생각해 보자(단, $a_1 = c_n = 0$). 이 방정식의 해는 다음과 같이 두 단계로 구한다. 첫째,

$$\gamma_1 = c_1/b_1, \quad \sigma_1 = s_1/b_1 \tag{5.48}$$

을 계산한 후, 다음과 같은 전진대입

$$\gamma_i = \frac{c_i}{b_i - a_i\gamma_{i-1}} \qquad (i = 2, \cdots, n-1) \tag{5.49a}$$

$$\sigma_i = \frac{s_i - a_i\sigma_{i-1}}{b_i - a_i\gamma_{i-1}} \qquad (i = 2, \cdots, n) \tag{5.49b}$$

으로 삼중대각행렬을 이중대각행렬로 바꾼다. 둘째, 후진대입

$$x_n = \sigma_n \tag{5.50a}$$

$$x_i = \sigma_i - \gamma_i x_{i+1} \qquad (i = n-1, \cdots, 1) \tag{5.50b}$$

을 이용하여 방정식의 해 $\boldsymbol{x}$를 구한다.

예제 5.3

전진대입과 후진대입으로 행렬방정식

$$\begin{bmatrix} 3 & -1 & 0 & 0 & 0 & 0 \\ -1 & 3 & -1 & 0 & 0 & 0 \\ 0 & -1 & 3 & -1 & 0 & 0 \\ 0 & 0 & -1 & 3 & -1 & 0 \\ 0 & 0 & 0 & -1 & 3 & -1 \\ 0 & 0 & 0 & 0 & -1 & 3 \end{bmatrix} \begin{bmatrix} x_1 \\ x_2 \\ x_3 \\ x_4 \\ x_5 \\ x_6 \end{bmatrix} = \begin{bmatrix} 0 \\ 16 \\ 24 \\ 24 \\ 16 \\ 0 \end{bmatrix} \tag{5.51}$$

을 만족시키는 해 $\boldsymbol{x} = (x_1, \cdots, x_6)^\intercal$를 구하시오.

코드 5.3: 삼중대각행렬 방정식

```
def TriDiagonal(a,b,c,s):
    n=len(b)
    sig=np.zeros(n)
    gam=np.zeros(n-1)

    # forward substitution
    bet=b[0]
    sig[0]=s[0]/bet
    for i in range(1,n):
        gam[i-1]=c[i-1]/bet
        bet=b[i]-a[i]*gam[i-1]
        sig[i]=(s[i]-a[i]*sig[i-1])/bet

    # backward substitution
    x=np.zeros(n)
    x[n-1]=sig[n-1]
    for i in range(n-2,-1,-1):
        x[i]=sig[i]-gam[i]*x[i+1]
    return x
```

```
21 a=np.array([0,-1,-1,-1,-1,-1],dtype=float)
22 b=np.array([3, 3, 3, 3, 3, 3],dtype=float)
23 c=np.array([-1,-1,-1,-1,-1,0],dtype=float)
24 s=np.array([0,16,24,24,16,0], dtype=float)
25
26 x=TriDiagonal(a,b,c,s)
27 print(x)
```

1-19행은 삼중대각행렬 방정식의 해를 구하는 함수 `TriDiagonal`을 정의한다. 인자 `a`, `b`, `c`는 삼중대각행렬의 대각선 방향 원소를 나타낸다(식 5.35). 7-12행은 전진대입으로 삼중대각행렬을 이중대각행렬로 바꾸며, 15-19행은 후진대입으로 이중대각행렬 방정식의 해 `x`를 구한다. 21-24행은 삼중대각행렬의 원소 `a`, `b`, `c`와 열벡터 `s`를 지정한다. `a[0]=c[-1]=0`으로 설정함에 주의하자. 26행은 `TriDiagonal` 함수를 호출하여 방정식의 해 `x`를 구한다. 이 코드를 실행하면 `x=[4.3077 12.9231 18.4615 18.4615 12.9231 4.3077]`을 얻는다.

5.2 행렬 노름과 조건수⋆

2.2절에서 설명하였듯이, 변수 x의 반올림 오차가 조건수 κ를 통해 함수의 상대 오차에 반영된다. 함수와 마찬가지로 행렬방정식 $\boldsymbol{A}\boldsymbol{x} = \boldsymbol{b}$에서도 열벡터 $\boldsymbol{b}$의 반올림 오차가 행렬의 조건수를 통해 근 $\boldsymbol{x}$의 상대 오차에 반영된다. 이 절에서는 행렬 노름과 조건수에 대해 알아보자.

5.2.1 행렬 노름⋆

행렬 노름(matrix norm)은 벡터 노름(식 2.51)을 이용하여

$$\|\boldsymbol{A}\|_p = \sup_{\boldsymbol{x}\neq 0} \frac{\|\boldsymbol{A}\boldsymbol{x}\|_p}{\|\boldsymbol{x}\|_p} \tag{5.52}$$

로 정의한다(단, $1 \le p \le \infty$).[4] 특별히, $p = 1,\ 2,\ \infty$일 때,

$$\|\boldsymbol{A}\|_1 = \max_j \sum_{i=1}^{n} |a_{ij}| \tag{5.53a}$$

$$\|\boldsymbol{A}\|_2 = \sigma_{\max}(\boldsymbol{A}) \tag{5.53b}$$

$$\|\boldsymbol{A}\|_\infty = \max_i \sum_{j=1}^{n} |a_{ij}| \tag{5.53c}$$

4) $\sup_{\boldsymbol{x}\neq 0} f(\boldsymbol{x})$는 $\mathbf{0}$ 벡터가 아닌 모든 $\boldsymbol{x}$에 대한 $f(\boldsymbol{x})$의 **상한값**(supremum)을 의미한다.

로 주어진다. 식 (5.53b)에서 $\sigma_{\max}(\boldsymbol{A})$는 행렬 $\boldsymbol{A}$의 최대 **특잇값**(singular value)을 나타낸다(5.3.2절 참고).

식 (5.53a)의 증명은 다음과 같다. $p=0$일 때, 식 (5.52)의 분자를 전개하면

$$\|\boldsymbol{A}\boldsymbol{x}\|_1 = \sum_i |(\boldsymbol{A}\boldsymbol{x})_i| \leq \sum_i \sum_k |a_{ik}||x_k| \tag{5.54a}$$

$$= \sum_k \left(\sum_i |a_{ik}|\right)|x_k| \leq \sum_k \left(\max_j \sum_i |a_{ij}|\right)|x_k| \tag{5.54b}$$

$$= \left(\max_j \sum_i |a_{ij}|\right)\|\boldsymbol{x}\|_1 \tag{5.54c}$$

이므로 식 (5.53a)가 성립한다.

비슷한 방법으로 $p=\infty$일 때, 식 (5.52)의 분자를 전개하면

$$\|\boldsymbol{A}\boldsymbol{x}\|_\infty = \max_i \left|\sum_j a_{ij}x_j\right| \leq \max_i \sum_j |a_{ij}x_j| \tag{5.55a}$$

$$\leq \max_i \sum_j |a_{ij}||x_j| \leq \left(\max_i \sum_j |a_{ij}|\right)\max_k |x_k| \tag{5.55b}$$

$$= \left(\max_i \sum_j |a_{ij}|\right)\|\boldsymbol{x}\|_\infty \tag{5.55c}$$

이므로 식 (5.53c)가 성립한다. $p=2$일 때, 식 (5.53b)의 증명은 특잇값분해(5.3.2절)에서 제시한다.

노름의 정의(식 5.52)로부터 $\|\boldsymbol{A}\boldsymbol{x}\| \leq \|\boldsymbol{A}\|\,\|\boldsymbol{x}\|$가 성립한다. 행렬 $\boldsymbol{A}$와 $\boldsymbol{B}$에 대해

$$\begin{aligned} \|(\boldsymbol{A}\boldsymbol{B})\boldsymbol{x}\| &= \|\boldsymbol{A}(\boldsymbol{B}\boldsymbol{x})\| \\ &\leq \|\boldsymbol{A}\|\,\|\boldsymbol{B}\boldsymbol{x}\| \leq \|\boldsymbol{A}\|\,\|\boldsymbol{B}\|\,\|\boldsymbol{x}\| \end{aligned} \tag{5.56}$$

이므로, 식 (5.52)는 $\|\boldsymbol{A}\boldsymbol{B}\| \leq \|\boldsymbol{A}\|\,\|\boldsymbol{B}\|$임을 의미한다. 또한,

$$\begin{aligned} \|\boldsymbol{A}\boldsymbol{x}\|^2 &= \langle(\boldsymbol{A}\boldsymbol{x})^\mathsf{T}, \boldsymbol{A}\boldsymbol{x}\rangle = |\boldsymbol{x}^\mathsf{T}(\boldsymbol{A}^\mathsf{T}\boldsymbol{A}\boldsymbol{x})| \\ &\leq \|\boldsymbol{x}\|\,\|\boldsymbol{A}^\mathsf{T}\boldsymbol{A}\boldsymbol{x}\| \leq \|\boldsymbol{A}^\mathsf{T}\boldsymbol{A}\|\,\|\boldsymbol{x}\|^2 \end{aligned} \tag{5.57}$$

이다. 여기서, **코시-슈바르츠 부등식**(식 2.55)을 이용하였다. 식 (5.57)을 식 (5.52)에 대입하면,

$$\|\boldsymbol{A}\|^2 \leq \|\boldsymbol{A}^\mathsf{T}\boldsymbol{A}\| \leq \|\boldsymbol{A}^\mathsf{T}\|\,\|\boldsymbol{A}\| \quad \rightarrow \quad \|\boldsymbol{A}\| \leq \|\boldsymbol{A}^\mathsf{T}\| \tag{5.58}$$

를 얻는다. $\boldsymbol{A}$와 $\boldsymbol{A}^{\mathsf{T}}$를 바꾸면 $\|\boldsymbol{A}^{\mathsf{T}}\| \leq \|\boldsymbol{A}\|$를 얻으므로

$$\|\boldsymbol{A}\| = \|\boldsymbol{A}^{\mathsf{T}}\| \tag{5.59}$$

가 성립한다. 즉, 정사각행렬의 노름은 전치행렬의 노름과 같다.

5.2.2 행렬의 조건수⋆

주어진 행렬 $\boldsymbol{A}$와 열벡터 $\boldsymbol{b}$에 대한 1차연립방정식

$$\boldsymbol{A}\boldsymbol{x} = \boldsymbol{b} \tag{5.60}$$

를 생각해 보자. 이 식의 정확한 해가 알려져 있다면 수치상으로 구한 해의 상대 오차를 구할 수 있을 것이다. 하지만 일반적으로 정확한 해를 알지 못하므로 수치해의 상대 오차를 구할 수 없다.

행렬 $\boldsymbol{A}$에 대한 해의 민감도를 알아보기 위해, 열벡터 $\boldsymbol{b}$가 $\boldsymbol{b} + \delta\boldsymbol{b}$로 약간 변형된 경우를 살펴보자(단, $\|\delta\boldsymbol{b}\| \ll \|\boldsymbol{b}\|$). $\boldsymbol{b}$가 달라짐에 따라 $\boldsymbol{x}$도 $\boldsymbol{x} + \delta\boldsymbol{x}$로 달라질 것이다. 이를 식 (5.60)에 대입하면

$$\boldsymbol{A}(\boldsymbol{x} + \delta\boldsymbol{x}) = \boldsymbol{A}\boldsymbol{x} + \boldsymbol{A}\delta\boldsymbol{x} = \boldsymbol{b} + \delta\boldsymbol{b} \tag{5.61}$$

이므로

$$\boldsymbol{A}\delta\boldsymbol{x} = \delta\boldsymbol{b} \tag{5.62}$$

를 얻는다.

식 (5.60)으로부터

$$\|\boldsymbol{b}\| = \|\boldsymbol{A}\boldsymbol{x}\| \;\leq\; \|\boldsymbol{A}\|\,\|\boldsymbol{x}\| \tag{5.63}$$

이고 식 (5.62)로부터

$$\|\delta\boldsymbol{x}\| = \|\boldsymbol{A}^{-1}\delta\boldsymbol{b}\| \;\leq\; \|\boldsymbol{A}^{-1}\|\,\|\delta\boldsymbol{b}\| \tag{5.64}$$

이다. 식 (5.63)과 식 (5.64)를 서로 곱하고 $\|\boldsymbol{x}\|\|\boldsymbol{b}\|$로 나누면

$$\frac{\|\delta\boldsymbol{x}\|}{\|\boldsymbol{x}\|} \leq \kappa(\boldsymbol{A})\frac{\|\delta\boldsymbol{b}\|}{\|\boldsymbol{b}\|} \tag{5.65}$$

를 얻을 수 있다. 여기서, $\kappa(\boldsymbol{A})$는 행렬 $\boldsymbol{A}$의 **조건수**(condition number)며

$$\kappa(\boldsymbol{A}) \equiv \|\boldsymbol{A}\|\,\|\boldsymbol{A}^{-1}\| \tag{5.66}$$

으로 정의된다. 아래에서 유도할 식 (5.100)을 이용하면, 식 (5.66)은

$$\kappa(\boldsymbol{A}) = \frac{\sigma_{\max}(\boldsymbol{A})}{\sigma_{\min}(\boldsymbol{A})} \tag{5.67}$$

와 같아진다. 여기서, $\sigma_{\max}(\boldsymbol{A})$와 $\sigma_{\min}(\boldsymbol{A})$는 각각 행렬 $\boldsymbol{A}$의 최대 특잇값과 최소 특잇값을 가리킨다.

조건수가 1에 가까운 행렬을 **좋은 조건의 행렬**(well-conditioned matrix)이라고 하고 조건수가 매우 큰 행렬을 **나쁜 조건의 행렬**(ill-conditioned matrix)이라고 한다. 행렬 $\boldsymbol{A}$가 좋은 조건의 행렬일 때, 식 (5.65)는 수치상으로 구한 해의 반올림 오차는 열벡터 $\boldsymbol{b}$의 반올림 오차와 비슷함을 보여 준다. 반면, 행렬 $\boldsymbol{A}$가 나쁜 조건의 행렬이면 수치상으로 구한 해는 반올림 오차가 증폭할 가능성이 매우 크다. 이 경우, 행렬방정식의 해 $\boldsymbol{x}$를 구한 후, $\boldsymbol{A}\boldsymbol{x}$가 $\boldsymbol{b}$와 얼마나 다른지 확인해야 한다. 나쁜 조건의 행렬에 대한 해를 구하는 방법으로 **완화법**(9.1.2.3절 참조)을 포함한 다양한 방법이 존재한다. 자세한 내용은 Golub & van Loan(2013)과 같은 전문 서적을 참고하길 권한다.

파이썬의 `np.linalg.cond()` 함수는 행렬의 조건수를 계산한다. 다음과 같은 n차 **힐베르트 행렬**(Hilbert matrix)

$$\boldsymbol{H}_n = \begin{bmatrix} 1 & \frac{1}{2} & \frac{1}{3} & \cdots & \frac{1}{n} \\ \frac{1}{2} & \frac{1}{3} & \frac{1}{4} & \cdots & \frac{1}{n+1} \\ \vdots & \vdots & \vdots & \ddots & \vdots \\ \frac{1}{n} & \frac{1}{n+1} & \frac{1}{n+2} & \cdots & \frac{1}{2n-1} \end{bmatrix} \tag{5.68}$$

의 조건수를 구하는 방법은 다음과 같다.

```
1  from scipy import linalg
2
3  n=10
4  A=linalg.hilbert(n)
5  cond=np.linalg.cond(A)
6
7  _, s,_=linalg.svd(A)
8  print(cond,s.max()/s.min())
```

1행은 `scipy.linalg` 모듈을 불러온다. 4행은 `n(=10)`차 힐베르트 행렬 `A`를 생성하고, 5행은 `A`의 조건수를 계산하여 변수 `cond`에 저장한다. 7행에서 행렬 `A`의 특잇값 `s`를 구한다. `linalg.svd()` 함수를 호출하여 반환되는 값 중 불필요한 것은 밑줄(_)로 받을 수 있다. 8행은 `cond`와 특잇값의 최솟값에 대한 최댓값의 비(식 5.67)를 출력하여 비교한다.

5.3 행렬의 인수분해

주어진 행렬을 위/아래삼각행렬로 분해하는 LU 분해에 대해 앞에서 살펴보았다. 이처럼 한 행렬을 특정한 구조를 가진 다른 행렬의 곱으로 표현하는 것을 **행렬의 인수분해**(matrix factorization)라고 한다. 이 절에서는 행렬의 고윳값분해와 특잇값분해에 대해 알아본다.

5.3.1 고윳값분해

n차 정사각행렬 $\boldsymbol{A}$에 대해

$$\boldsymbol{A}\boldsymbol{q} = \lambda \boldsymbol{q} \tag{5.69}$$

를 만족시키는 상수 λ를 $\boldsymbol{A}$의 **고윳값**이라고 하고, 열벡터 $\boldsymbol{q}$를 $\boldsymbol{A}$의 **고유벡터**라고 한다. 고유벡터는 $\|\boldsymbol{q}\|_2 = 1$로 정규화하는 것이 일반적이다. 임의의 벡터는 선형변환 $\boldsymbol{A}$에 의해 방향과 크기가 변하는데, 방향은 변하지 않고 크기만 변하는 벡터가 고유벡터며 고윳값은 크기 변화의 배수를 나타낸다.

고윳값은 n차 단위행렬 $\boldsymbol{I}$에 대해

$$p(\lambda) = \det(\boldsymbol{A} - \lambda \boldsymbol{I}) = 0 \tag{5.70}$$

으로 주어지는 **특성다항식**(characteristic polynomial)의 근이며 n개 존재한다. 모든 고윳값의 합과 곱은

$$\sum_{i=1}^{n} \lambda_i = \operatorname{tr}(\boldsymbol{A}), \qquad \prod_{i=1}^{n} \lambda_i = \det(\boldsymbol{A}) \tag{5.71}$$

인 관계를 만족시킨다. 여기서, $\operatorname{tr}(\boldsymbol{A})$와 $\det(\boldsymbol{A})$는 각각 행렬 $\boldsymbol{A}$의 **대각합**(trace)과 **행렬식**을 뜻한다.

고윳값을 대각원소로 가지는 행렬을 $\boldsymbol{\Lambda} = \operatorname{diag}(\lambda_1, \cdots, \lambda_n)$이라고 하고, 고유벡터로 구성된 행렬을 $\boldsymbol{Q} = [\boldsymbol{q}_1, \cdots, \boldsymbol{q}_n]$이라고 할 때, $\boldsymbol{Q}$의 역행렬이 존재하면,

$$\boldsymbol{A} = \boldsymbol{Q}\boldsymbol{\Lambda}\boldsymbol{Q}^{-1} \tag{5.72}$$

이 성립한다.[5] 이를 정사각행렬의 **고윳값분해**(eigendecomposition)라고 한다. 식 (5.72)를 이용하면

$$\boldsymbol{A}^m = \boldsymbol{Q}\boldsymbol{\Lambda}^m\boldsymbol{Q}^{-1} \tag{5.73}$$

5) 고윳값이 서로 다르면 $\boldsymbol{Q}$의 역행렬이 존재한다.

이므로 행렬의 거듭제곱을 쉽게 구할 수 있다.

행렬 $\boldsymbol{A}$가 실수며 $\boldsymbol{A} = \boldsymbol{A}^\mathsf{T}$인 **대칭행렬**(symmetric matrix)일 때는 $\boldsymbol{Q\Lambda Q}^{-1} = (\boldsymbol{Q}^\mathsf{T})^{-1}\boldsymbol{\Lambda Q}^\mathsf{T}$이므로

$$\boldsymbol{QQ}^\mathsf{T} = \boldsymbol{I} \quad \text{또는} \quad \boldsymbol{Q}^\mathsf{T} = \boldsymbol{Q}^{-1} \tag{5.74}$$

이 성립한다. 식 (5.74)를 만족시키는 행렬 $\boldsymbol{Q}$를 **직교행렬**(orthogonal matrix)이라고 한다. 직교행렬 $\boldsymbol{Q}$와 임의의 벡터 $\boldsymbol{x}$에 대해

$$\|\boldsymbol{Qx}\|^2 = (\boldsymbol{Qx})^\mathsf{T}(\boldsymbol{Qx}) = \boldsymbol{x}^\mathsf{T}\boldsymbol{Q}^\mathsf{T}\boldsymbol{Qx} = \boldsymbol{x}^\mathsf{T}\boldsymbol{x} = \|\boldsymbol{x}\|^2 \tag{5.75}$$

이다. 즉, 직교행렬은 벡터(나아가 행렬)의 노름을 바꾸지 않는다.

예를 들어, 2차 정사각행렬

$$\boldsymbol{A} = \begin{bmatrix} 2 & 1 \\ 0 & 1 \end{bmatrix} \tag{5.76}$$

의 고윳값은 $\lambda_1 = 2$와 $\lambda_2 = 1$이며 이에 해당하는 고유벡터는

$$\boldsymbol{q}_1 = \begin{bmatrix} 1 \\ 0 \end{bmatrix}, \qquad \boldsymbol{q}_2 = \frac{1}{\sqrt{2}}\begin{bmatrix} -1 \\ 1 \end{bmatrix} \tag{5.77}$$

이다. $\lambda_1 + \lambda_2 = \mathrm{tr}(\boldsymbol{A})$이고 $\lambda_1\lambda_2 = \det(\boldsymbol{A})$이므로 식 (5.71)이 성립한다. $\boldsymbol{x} = (x, y)^\mathsf{T} = (x+y)\boldsymbol{q}_1 + \sqrt{2}y\boldsymbol{q}_1$이라고 할 때,

$$\boldsymbol{Ax} = \begin{bmatrix} 2x + y \\ y \end{bmatrix} = 2(x+y)\boldsymbol{q}_1 + \sqrt{2}y\boldsymbol{q}_2 \tag{5.78}$$

이다. 선형변환 $\boldsymbol{A}$에 의해 벡터 $\boldsymbol{x}$가 $\boldsymbol{q}_1$ 방향으로 2배 팽창하지만, $\boldsymbol{q}_2$ 방향으로는 변하지 않는다. 고윳값과 고유벡터로 구성된 행렬

$$\boldsymbol{\Lambda} = \begin{bmatrix} 2 & 0 \\ 0 & 1 \end{bmatrix}, \quad \boldsymbol{Q} = \begin{bmatrix} 1 & -2^{-1/2} \\ 0 & 2^{-1/2} \end{bmatrix} \tag{5.79}$$

에 대해 식 (5.72)가 성립함을 확인할 수 있다. 식 (5.73)을 이용하면,

$$\boldsymbol{A}^8 = \begin{bmatrix} 1 & -2^{-1/2} \\ 0 & 2^{-1/2} \end{bmatrix}\begin{bmatrix} 2^8 & 0 \\ 0 & 1 \end{bmatrix}\begin{bmatrix} 1 & 1 \\ 0 & 2^{1/2} \end{bmatrix} = \begin{bmatrix} 2^8 & 2^8 - 1 \\ 0 & 1 \end{bmatrix} \tag{5.80}$$

을 얻는다.

예제 5.4

파이썬의 scipy.linalg.eig() 함수는 행렬의 고윳값과 고유벡터를 반환한다. 이 함수를 이용하여 식 (5.76)으로 주어진 행렬 $\boldsymbol{A}$의 고윳값과 고유벡터를 구하고, $\boldsymbol{A}^8$을 계산하시오.

코드 5.4: 고윳값과 고유벡터

```
1  from scipy import linalg
2
3  A=np.array([[2,1],[0,1]])
4
5  lam,Q=linalg.eig(A)
6  print('eigenvalues=',lam)
7
8  q1=Q[:,0]
9  q2=Q[:,1]
10 print('1st eigenvector=',q1)
11 print('2nd eigenvector=',q2)
12 print('sum of eigenvalues',np.sum(lam), np.trace(A))
13 print('product of eigenvalues',np.prod(lam),linalg.det(A))
14
15 Lam=np.diag((lam[0],lam[1]))
16 A1= Q @ Lam @ linalg.inv(Q)
17 print(np.allclose(A,A1))
18
19 Lam8=np.diag((lam[0]**8,lam[1]**8))
20 A8=Q @ Lam8 @ linalg.inv(Q)
21 print(A8)
```

1행은 scipy.linalg 모듈을 불러온다. 3행은 행렬 A를 지정한다. 5행은 A의 고윳값과 고유벡터를 변수 lam과 Q에 저장한다. Q는 고유벡터로 구성된 행렬이다. 각 고윳값에 해당하는 고유벡터를 얻기 위해서는 8-9행처럼 변수 Q의 열을 읽어야 한다. 12행은 모든 고윳값의 합과 행렬 A의 대각합을 비교한다. 13행은 모든 고윳값의 곱과 행렬 A의 행렬식을 비교한다. 15행은 고윳값을 이용하여 대각행렬 Lam을 만든다. 16행은 식 (5.72)의 우변을 계산하여 변수 A1에 저장한다. 17행은 A1과 A가 같은지 확인한다. 19행은 Lam의 8제곱을 계산하여 변수 Lam8에 저장한다. 20행은 Lam8을 이용하여 $\boldsymbol{A}^8$을 계산한다.

5.3.2 특잇값분해와 활용⋆

식 (5.72)로 표현되는 행렬의 고윳값분해는 대각화가 가능한 정사각행렬에 대해서만 성립한다. 고윳값분해를 직사각행렬로 확장하여 행렬을 대각화하는 방법을 **특잇값분해**(singular value decomposition)라고 한다.

5.3.2.1 특잇값분해⋆

크기가 $m \times n$인 직사각행렬 $\boldsymbol{A}$를 생각해 보자. 전치행렬과의 곱 $\boldsymbol{A}^\mathsf{T}\boldsymbol{A}$는 n차 정사각행렬이고 $\boldsymbol{A}\boldsymbol{A}^\mathsf{T}$는 m차 정사각행렬이다. 또한, $(\boldsymbol{A}^\mathsf{T}\boldsymbol{A})^\mathsf{T} = \boldsymbol{A}^\mathsf{T}\boldsymbol{A}$이므로 $\boldsymbol{A}^\mathsf{T}\boldsymbol{A}$는 대칭행렬이다. 행렬 $\boldsymbol{A}^\mathsf{T}\boldsymbol{A}$의 고윳값을 λ, 고유벡터를 $\boldsymbol{v}$(단, $\|\boldsymbol{v}\| = 1$)라고 하면,

$$\boldsymbol{A}^\mathsf{T}\boldsymbol{A}\boldsymbol{v} = \lambda\boldsymbol{v} \tag{5.81}$$

를 만족시킨다. 열벡터 $\boldsymbol{y} \equiv \boldsymbol{A}\boldsymbol{v}$에 대해

$$\begin{aligned}\lambda\boldsymbol{y} &= \lambda\boldsymbol{A}\boldsymbol{v} = \boldsymbol{A}(\lambda\boldsymbol{v}) \\ &= \boldsymbol{A}(\boldsymbol{A}^\mathsf{T}\boldsymbol{A}\boldsymbol{v}) = (\boldsymbol{A}\boldsymbol{A}^\mathsf{T})(\boldsymbol{A}\boldsymbol{v}) = (\boldsymbol{A}\boldsymbol{A}^\mathsf{T})\boldsymbol{y}\end{aligned} \tag{5.82}$$

가 성립한다. 식 (5.82)는 다음과 같은 의미가 있다.

1. $\lambda = 0$이면, $\boldsymbol{y} = 0$이다.

2. $\lambda \neq 0$이면 $\boldsymbol{y} \neq 0$이다. 이 경우, λ와 $\boldsymbol{y}$는 각각 m차 정사각행렬 $\boldsymbol{A}\boldsymbol{A}^\mathsf{T}$의 고윳값과 고유벡터다. 여기서, $\|\boldsymbol{y}\| = 1$일 필요는 없다. 또한, 식 (5.81)과 식 (5.82)로부터 행렬 $\boldsymbol{A}^\mathsf{T}\boldsymbol{A}$와 행렬 $\boldsymbol{A}\boldsymbol{A}^\mathsf{T}$의 0이 아닌 고윳값이 서로 같음을 알 수 있다. 나아가

$$\begin{aligned}\|\boldsymbol{y}\|^2 &= \|\boldsymbol{A}\boldsymbol{v}\|^2 = \langle(\boldsymbol{A}\boldsymbol{v})^\mathsf{T}, \boldsymbol{A}\boldsymbol{v}\rangle \\ &= \boldsymbol{v}^\mathsf{T}\boldsymbol{A}^\mathsf{T}\boldsymbol{A}\boldsymbol{v} = \lambda\|\boldsymbol{v}\|^2 = \lambda\end{aligned} \tag{5.83}$$

   이므로 $\lambda \geq 0$이다. $\sigma \equiv \|\boldsymbol{y}\| = \sqrt{\lambda}$를 행렬 $\boldsymbol{A}$의 **특잇값**이라고 한다. 0이 아닌 고윳값이 r개일 때, $\lambda_1 \geq \lambda_2 \geq \cdots \geq \lambda_r > 0$인 순서로 배치한다.

이제 고윳값이 $\lambda_i = \sigma_i^2 > 0$(단, $i = 1, \cdots, r$)인 행렬 $\boldsymbol{A}\boldsymbol{A}^\mathsf{T}$의 고유벡터 $\boldsymbol{y}_i$를

$$\boldsymbol{u}_i \equiv \frac{\boldsymbol{y}_i}{\sigma_i} \tag{5.84}$$

로 정규화하자. 또한, $\boldsymbol{u}_i$를 열벡터로 가지는 m차 정사각행렬 $\boldsymbol{U}$와, 행렬 $\boldsymbol{A}^\mathsf{T}\boldsymbol{A}$의 고유벡터 $\boldsymbol{v}_i$를 열벡터로 가지는 n차 정사각행렬 $\boldsymbol{V}$를

$$\boldsymbol{U} = [\underbrace{\boldsymbol{u}_1, \cdots, \boldsymbol{u}_r}_{r\text{개}}, \underbrace{\boldsymbol{0}, \cdots, \boldsymbol{0}}_{(m-r)\text{개}}] \tag{5.85}$$

$$\boldsymbol{V} = [\underbrace{\boldsymbol{v}_1, \cdots, \boldsymbol{v}_r}_{r\text{개}}, \underbrace{\boldsymbol{0}, \cdots, \boldsymbol{0}}_{(n-r)\text{개}}] \tag{5.86}$$

과 같이 구성해 보자. 여기서, $\boldsymbol{0}$은 영벡터(null vector)다.

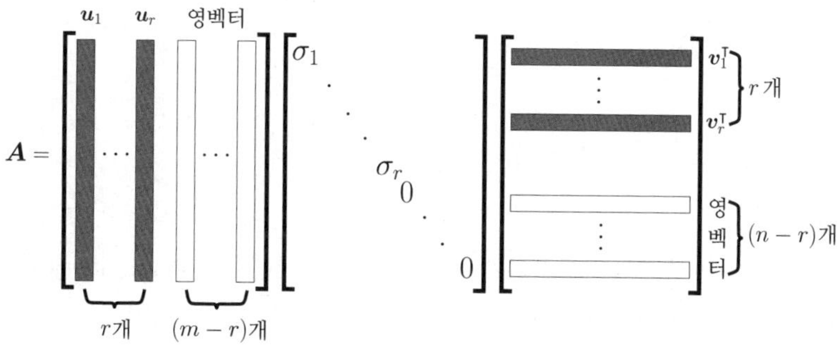

그림 5.1: 행렬의 특잇값분해

고유벡터 $\boldsymbol{v}_i$는 서로 정규수직(orthonormal)이므로 $\boldsymbol{V}\boldsymbol{V}^\intercal = \boldsymbol{I}$이다. 즉, $\boldsymbol{V}$는 $\boldsymbol{V}^\intercal = \boldsymbol{V}^{-1}$을 만족시키는 **직교행렬**이다. 마찬가지로 $\boldsymbol{U}$도 직교행렬이다. 또한, $m \times n$인 직각 대각행렬 $\boldsymbol{\Sigma}$의 원소를

$$\Sigma_{ij} = \begin{cases} \sigma_i & (i = j \le r\text{일 때}) \\ 0 & (\text{그 외의 경우}) \end{cases} \tag{5.87}$$

으로 정의하면, 행렬 $\boldsymbol{A}$를

$$\boldsymbol{A} = \boldsymbol{U}\boldsymbol{\Sigma}\boldsymbol{V}^\intercal \tag{5.88}$$

로 분해할 수 있다. 식 (5.88)을 행렬 $\boldsymbol{A}$의 **특잇값분해**라고 한다. 그림 5.1은 식 (5.88)의 구조를 보여 준다.

식 (5.88)의 증명은 다음과 같다. $\boldsymbol{U}\boldsymbol{\Sigma}$를 계산하면

$$\boldsymbol{U}\boldsymbol{\Sigma} = [\sigma_1\boldsymbol{u}_1, \sigma_2\boldsymbol{u}_2, \cdots, \sigma_r\boldsymbol{u}_r, \boldsymbol{0}, \cdots, \boldsymbol{0}] \tag{5.89a}$$

$$= [\boldsymbol{y}_1, \boldsymbol{y}_2, \cdots, \boldsymbol{y}_r, \boldsymbol{0}, \cdots, \boldsymbol{0}] \tag{5.89b}$$

$$= [\boldsymbol{A}\boldsymbol{v}_1, \boldsymbol{A}\boldsymbol{v}_2, \cdots, \boldsymbol{A}\boldsymbol{v}_r, \boldsymbol{0}, \cdots, \boldsymbol{0}] = \boldsymbol{A}\boldsymbol{V} \tag{5.89c}$$

다. $\boldsymbol{V}$는 직교행렬이므로 식 (5.88)이 성립한다(증명 끝).

예제 5.5

크기가 3×2인 직사각행렬

$$\boldsymbol{A} = \begin{bmatrix} 2 & 2 \\ 1 & 0 \\ 0 & 1 \end{bmatrix} \tag{5.90}$$

을 특잇값분해하시오.

우선 $\boldsymbol{A}^\mathsf{T}\boldsymbol{A}$를 구하면

$$\boldsymbol{A}^\mathsf{T}\boldsymbol{A} = \begin{bmatrix} 2 & 1 & 0 \\ 2 & 0 & 1 \end{bmatrix} \begin{bmatrix} 2 & 2 \\ 1 & 0 \\ 0 & 1 \end{bmatrix} = \begin{bmatrix} 5 & 4 \\ 4 & 5 \end{bmatrix} \tag{5.91}$$

인 대칭행렬이다. 이 행렬의 고윳값은 $\lambda_1 = 9$와 $\lambda_2 = 1$이며 고유벡터는 $\boldsymbol{v}_1 = (1,1)^\mathsf{T}/\sqrt{2}$와 $\boldsymbol{v}_2 = (1,-1)^\mathsf{T}/\sqrt{2}$이다. 따라서

$$\boldsymbol{V} = \begin{bmatrix} \boldsymbol{v}_1 & \boldsymbol{v}_2 \end{bmatrix} = \frac{1}{\sqrt{2}} \begin{bmatrix} 1 & 1 \\ 1 & -1 \end{bmatrix} \tag{5.92}$$

이고, $\boldsymbol{\Sigma}$는 3×2인 직각대각행렬이므로

$$\boldsymbol{\Sigma} = \begin{bmatrix} 3 & 0 \\ 0 & 1 \\ 0 & 0 \end{bmatrix} \tag{5.93}$$

으로 놓을 수 있다.

한편, 식 (5.84)로부터

$$\boldsymbol{u}_1 = \frac{\boldsymbol{A}\boldsymbol{v}_1}{\sigma_1} = \frac{1}{3\sqrt{2}} \begin{bmatrix} 2 & 2 \\ 1 & 0 \\ 0 & 1 \end{bmatrix} \begin{bmatrix} 1 \\ 1 \end{bmatrix} = \frac{1}{3\sqrt{2}} \begin{bmatrix} 4 \\ 1 \\ 1 \end{bmatrix} \tag{5.94}$$

이고

$$\boldsymbol{u}_2 = \frac{\boldsymbol{A}\boldsymbol{v}_2}{\sigma_2} = \frac{1}{\sqrt{2}} \begin{bmatrix} 2 & 2 \\ 1 & 0 \\ 0 & 1 \end{bmatrix} \begin{bmatrix} 1 \\ -1 \end{bmatrix} = \frac{1}{\sqrt{2}} \begin{bmatrix} 0 \\ 1 \\ -1 \end{bmatrix} \tag{5.95}$$

이다. 벡터 $\boldsymbol{u}_1$과 $\boldsymbol{u}_2$에 수직인 단위벡터는

$$\boldsymbol{u}_3 = \frac{1}{3} \begin{bmatrix} 1 \\ -2 \\ -2 \end{bmatrix} \tag{5.96}$$

이다. 그러므로

$$\boldsymbol{U} = \begin{bmatrix} \boldsymbol{u}_1 & \boldsymbol{u}_2 & \boldsymbol{u}_3 \end{bmatrix} = \begin{bmatrix} \frac{4}{3\sqrt{2}} & 0 & \frac{1}{3} \\ \frac{1}{3\sqrt{2}} & \frac{1}{\sqrt{2}} & -\frac{2}{3} \\ \frac{1}{3\sqrt{2}} & -\frac{1}{\sqrt{2}} & -\frac{2}{3} \end{bmatrix} \tag{5.97}$$

로 놓을 수 있다. 이상을 종합하면 행렬 $\boldsymbol{A}$는

$$\boldsymbol{A} = \begin{bmatrix} \frac{4}{3\sqrt{2}} & 0 & \frac{1}{3} \\ \frac{1}{3\sqrt{2}} & \frac{1}{\sqrt{2}} & -\frac{2}{3} \\ \frac{1}{3\sqrt{2}} & -\frac{1}{\sqrt{2}} & -\frac{2}{3} \end{bmatrix} \begin{bmatrix} 3 & 0 \\ 0 & 1 \\ 0 & 0 \end{bmatrix} \begin{bmatrix} \frac{1}{\sqrt{2}} & \frac{1}{\sqrt{2}} \\ \frac{1}{\sqrt{2}} & -\frac{1}{\sqrt{2}} \end{bmatrix} \tag{5.98}$$

로 분해된다.

파이썬의 scipy.linalg.svd() 함수는 행렬을 특잇값분해한다. 이 함수를 예제 5.5에 적용한 코드는 다음과 같다.

코드 5.5: 특잇값분해

```
1  from scipy import linalg
2  
3  A=np.array([[2,2],[1,0],[0,1]])
4  m,n=A.shape
5  
6  U,s,Vh=linalg.svd(A)
7  
8  print(U.shape,s.shape,Vh.shape)
9  print(U)
10 print(Vh.T)
11 print(s)
12 
13 Sigma=np.diag(s)
14 if(m>n):
15     Sigma=np.vstack([Sigma, np.zeros((m-len(s),n))])
16 else:
17     Sigma=np.hstack([Sigma, np.zeros((m,n-len(s)))])
18 print(Sigma)
19 
20 A1=U@Sigma@Vh
21 np.allclose(A1, A)
```

1행은 scipy.linalg 모듈을 불러온다. 3행은 행렬 A를 지정하고, 4행은 A의 크기를 계산한다. 6행에서 A를 특잇값분해한 후, 그 결과를 U, s, Vh에 저장한다. U와 Vh는 각각 직교행렬 $\boldsymbol{U}$와 $\boldsymbol{V}^\intercal$에 해당하는데, 9행과 10행에서 출력한 결과는 식 (5.92)와 식 (5.97)의 결과와 부호가 다르다. s는 $\boldsymbol{\Sigma}$의 대각원소(특잇값)만 저장한다. 13-17행은 정대각행렬 아래쪽(m>n일 때)이나 오른쪽(m<n일 때)에 영벡터를 붙여 만든 크기가 $m \times n$인 행렬 $\boldsymbol{\Sigma}$를 배열 Sigma로 저장한다. 18행의 출력 결과는 식 (5.93)과 같다. 20행은 $\boldsymbol{U\Sigma V}^\intercal$를 계산하여 A1에 저장하고 21행은 A1이 A와 같은지 비교한다.

행렬의 특잇값분해는 정사각행렬에도 적용된다. 특잇값분해를 이용하여 1차연립방정식의 해를 구할 수 있지만, 이 방법은 고윳값과 고유벡터를 계산해야 하므로 가우스 소거법보다 비효율적이다. 행렬의 특잇값분해는 영상의 압축, **최소제곱법**(least square method), 자료의 **주성분분석**(principal component analysis) 등에 활용된다. 특잇값분해를 주성분분석과 최소제곱법에 적용하는 예를 제7장에서 소개한다.

5.3.2.2 행렬의 2-노름⋆

특잇값분해를 이용하면 행렬의 **2-노름**을 구할 수 있다. $\boldsymbol{U}$가 직교행렬이므로 임의의 벡터 $\boldsymbol{x}$에 대해 $\|\boldsymbol{Ux}\|^2 = \|\boldsymbol{x}\|^2$이다(식 5.75). 따라서,

$$\|\boldsymbol{Ax}\| = \|\boldsymbol{U\Sigma V}^\intercal \boldsymbol{x}\| = \|\boldsymbol{\Sigma V}^\intercal \boldsymbol{x}\| \tag{5.99}$$

이다. 이제 $\boldsymbol{z} \equiv \boldsymbol{V}^\intercal \boldsymbol{x}$라고 하면, $\boldsymbol{V}$도 직교행렬이므로 $\|\boldsymbol{z}\| = \|\boldsymbol{x}\|$이다. 식 (5.52)로부터

$$\|\boldsymbol{A}\|_2 = \sup_{\boldsymbol{x}\neq 0} \frac{\|\boldsymbol{\Sigma V}^\intercal \boldsymbol{x}\|_2}{\|\boldsymbol{x}\|_2} \tag{5.100a}$$

$$= \sup_{\boldsymbol{z}\neq 0} \frac{\|\boldsymbol{\Sigma z}\|_2}{\|\boldsymbol{z}\|_2} \tag{5.100b}$$

$$= \sup_{\boldsymbol{z}\neq 0} \frac{\left(\sum_{i=1}^r \sigma_i^2 |z_i|^2\right)^{1/2}}{\left(\sum_{i=1}^r |z_i|^2\right)^{1/2}} \tag{5.100c}$$

$$= \sigma_1 \tag{5.100d}$$

을 얻는다. σ_1은 특잇값의 최댓값이므로 식 (5.100d)는 식 (5.53b)와 같다.

5.3.2.3 최소제곱법에 적용⋆

크기가 $m \times n$인 직사각행렬 $\boldsymbol{A}$에 대한 행렬방정식

$$\boldsymbol{Ax} = \boldsymbol{b} \tag{5.101}$$

를 생각해 보자. $m > n$이면 미지수보다 식의 개수가 많으므로 해가 존재하지 않는다. 대신, 식 (5.101)의 좌변과 우변의 차이

$$r = \|\boldsymbol{Ax} - \boldsymbol{b}\| \tag{5.102}$$

를 최소화하는 해 $\boldsymbol{x}_{LS}$를 생각할 수 있다. 근사해 $\boldsymbol{x}_{LS}$를 구하는 방법을 최소제곱법이라고 한다.

직교행렬 $\boldsymbol{U}$는 벡터의 노름을 바꾸지 않으므로

$$r = \|\boldsymbol{U}^\intercal(\boldsymbol{A}\boldsymbol{x} - \boldsymbol{b})\| \tag{5.103a}$$
$$= \|\boldsymbol{U}^\intercal\boldsymbol{U}\boldsymbol{\Sigma}\boldsymbol{V}^\intercal\boldsymbol{x} - \boldsymbol{U}^\intercal\boldsymbol{b}\| \tag{5.103b}$$
$$= \|\boldsymbol{\Sigma}\boldsymbol{V}^\intercal\boldsymbol{x} - \boldsymbol{U}^\intercal\boldsymbol{b}\| \tag{5.103c}$$
$$= \|\boldsymbol{\Sigma}\boldsymbol{y} - \boldsymbol{z}\| \tag{5.103d}$$

이다. 식 (5.103b)에서 특잇값분해를 사용하였으며, 식 (5.103d)에서 열벡터 $\boldsymbol{y}$와 $\boldsymbol{z}$를

$$\boldsymbol{y} \equiv \boldsymbol{V}^\intercal\boldsymbol{x}, \qquad \boldsymbol{z} = \boldsymbol{U}^\intercal\boldsymbol{b} \tag{5.104}$$

로 정의하였다. $\boldsymbol{\Sigma}$는 원소가 식 (5.87)로 주어지는 대각행렬이므로

$$r^2 = \sum_{i=1}^{r}(\sigma_i y_i - z_i)^2 + \sum_{i=r+1}^{m} z_i^2 \tag{5.105}$$

이 된다. r^2은 $y_i = z_i/\sigma_i$(단, $1 \le i \le r$)일 때, 즉 $\boldsymbol{y} = \boldsymbol{\Sigma}^{-1}\boldsymbol{z}$일 때, 최솟값 $\sum_{i=r+1}^{m} z_i^2$을 갖는다. 따라서 r을 최소로 만드는 해는

$$\boldsymbol{x}_{LS} = \boldsymbol{V}\boldsymbol{y} = \boldsymbol{V}\boldsymbol{\Sigma}^{-1}\boldsymbol{U}^\intercal\boldsymbol{b} = \boldsymbol{A}^+\boldsymbol{b} \tag{5.106}$$

로 주어진다. 여기서, $\boldsymbol{A}^+$는

$$\boldsymbol{A}^+ \equiv (\boldsymbol{U}\boldsymbol{\Sigma}\boldsymbol{V}^\intercal)^+ = \boldsymbol{V}\boldsymbol{\Sigma}^{-1}\boldsymbol{U}^\intercal \tag{5.107}$$

로 정의되며 $\boldsymbol{A}$의 **유사역행렬**(pseudo-inverse matrix)이라고 부른다.[6] 여기서,

$$\boldsymbol{\Sigma}^{-1} = \text{diag}(\sigma_1^{-1}, \sigma_2^{-1}, \cdots, \sigma_r^{-1}, 0, \cdots, 0) \tag{5.108}$$

이다. 자료 맞춤에 식 (5.106)을 활용한 예를 7.2.2절에서 소개한다.

6) 유사역행렬은 직사각행렬의 역행렬을 말한다.

문제

5.1 **방데몽드 행렬**(Vandermonde matrix)

$$\boldsymbol{V}_n = \begin{bmatrix} 1 & 2 & 2^2 & \cdots & 2^{n-1} \\ 1 & 3 & 3^2 & \cdots & 3^{n-1} \\ 1 & 4 & 4^2 & \cdots & 4^{n-1} \\ \vdots & \vdots & \vdots & \ddots & \vdots \\ 1 & n+1 & (n+1)^2 & \cdots & (n+1)^{n-1} \end{bmatrix} \tag{P5.1}$$

과 열벡터

$$\boldsymbol{b} = \begin{bmatrix} 2^n - 1 & (3^n - 1)/2 & (4^n - 1)/3 & \cdots & [(1+n)^n - 1]/n \end{bmatrix}^{\mathsf{T}} \tag{P5.2}$$

에 대한 행렬방정식

$$\boldsymbol{V}_n \boldsymbol{x} = \boldsymbol{b} \tag{P5.3}$$

를 생각해 보자. 파이썬에서

```
n=4
t=np.array(2+np.arange(n))
V=np.vander(t,n,increasing=True)
```

를 실행하면 $n = 4$인 방데몽드 행렬을 만들 수 있다.

(1) $\boldsymbol{x}_0 = [1, 1, \cdots, 1]^{\mathsf{T}}$가 식 (P5.3)을 만족함을 해석적으로 확인하시오.

(2) n을 2에서 10까지 증가시키며 식 (P5.3)을 가우스 소거법으로 풀어 오차 $\delta\boldsymbol{x} \equiv \boldsymbol{x} - \boldsymbol{x}_0$의 노름 $\|\delta\boldsymbol{x}\|_2$를 구하고, $\|\delta\boldsymbol{x}\|_2$를 n의 함수로 그리시오.

(3) n을 2에서 10까지 증가시키며 행렬 $\boldsymbol{V}_n$의 조건수를 구하시오. 이를 이용하여 (2)의 결과를 해석하시오.

5.2 O^{+2} 이온은 5개의 에너지 준위를 갖고 있다. 각 에너지 준위에 있는 O^{+2} 이온의 밀도를 n_i(단, $i = 1, \cdots, 5$)라고 할 때, 에너지 준위 간 **통계적 평형**(statistical equilibrium)을 가정하면

$$n_i \left[n_e \sum_{k \neq i} q_{ik} + \sum_{k<i} A_{ik} \right] = n_e \sum_{k \neq i} n_k q_{ki} + \sum_{k>i} n_k A_{ki} \quad (i = 1, \cdots, 5) \tag{P5.4}$$

를 만족시킨다. 여기서, n_e는 전자의 밀도고, A_{ik}와 q_{ik}는 각각 자발적으로 또는 전자와의 충돌로 에너지 준위가 i에서 k로 변하는 시간당 비율을 나타내는데,

$$q_{ik} = \begin{cases} \dfrac{8.629 \times 10^{-8}}{t^{1/2}} \dfrac{\Omega_{ik}}{\omega_i} \ \mathrm{cm^3\ s^{-1}} & (i > k\text{일 때}) \\ \dfrac{\omega_k}{\omega_i} q_{ki} e^{-1.1605 E_{ik}/t} & (i < k\text{일 때}) \end{cases} \tag{P5.5}$$

으로 주어진다. 식 (P5.5)에서 에너지 $E_{ik} = E_{ki}$의 단위는 eV이고 $t \equiv T/(10^4\,\mathrm{K})$이며, $\Omega_{ik} = \Omega_{ki}$는 충돌세기(collision strength)를, ω_i는 통계가중치(statistical weight)를 나타낸다. O^{+2} 이온에 대해 $(\omega_1, \cdots, \omega_5) = (1, 3, 5, 5, 1)$이며, 나머지 관련 물리량은 아래 표와 같다.

i	j	λ_{ji}	E_{ji} (eV)	A_{ji} (s^{-1})	Ω_{ji}
1	2	88.356 μm	0.014	2.7×10^{-5}	0.55
1	3	32.661 μm	0.038	3.1×10^{-11}	0.27
1	4	4931.1 Å	2.514	1.7×10^{-6}	0.254
1	5	−−	5.300	0.0	0.032
2	3	51.814 μm	0.024	9.7×10^{-5}	1.29
2	4	4958.9 Å	2.500	6.8×10^{-3}	0.763
2	5	2321.0 Å	5.314	2.3×10^{-1}	0.097
3	4	5006.9 Å	2.476	2.0×10^{-2}	1.272
3	5	2331.4 Å	5.318	6.1×10^{-4}	0.161
4	5	4363.2 Å	2.842	1.6	0.58

(1) 식 (P5.4)에 제시된 5개의 식은 선형종속(linearly dependent)임을, 즉, 4개의 식을 선형결합하여 나머지 식을 만들 수 있음을 보이시오.

(2) 주어진 (n_e, T)에 대해, $\sum_{i=1}^{5} n_i = 1$인 규격화 조건에 해당하는 1개의 식과 식 (P5.4)에 제시된 4개의 식(즉, $i = 1, \cdots, 4$)으로 구성된 1차연립방정식을 수치상으로 풀어 $\boldsymbol{n} = (n_1, \cdots, n_5)^\mathsf{T}$를 구하는 프로그램을 작성하시오. $(n_e, T) = (10^2\ \mathrm{cm^{-3}}, 10^4\ \mathrm{K})$일 때, $\boldsymbol{n}$의 값을 출력하시오.

(3) 파장이 $\lambda(5007 + 4959)$인 방출선과 $\lambda4363$인 방출선의 세기의 비는

$$\mathcal{R} = \frac{n_4(A_{43}\lambda_{34} + A_{42}\lambda_{42})}{n_5 A_{54}\lambda_{54}} \tag{P5.6}$$

로 주어진다. 전자밀도가 $n_e = 10, 10^3$, $10^5\ \mathrm{cm^{-3}}$일 때, $\mathcal{R}$을 $T \in [5{,}000\ \mathrm{K}, 20{,}000\ \mathrm{K}]$의 함수로 그리시오.

(4) O^{+2} 이온이 단위 시간당 단위 부피당 방출하는 총에너지는

$$\mathcal{L} = \sum_{i=2}^{5} n_i \left[\sum_{k=1}^{i-1} A_{ik} \cdot E_{ki} \right] \tag{P5.7}$$

로 주어진다. 전자밀도가 $n_e = 10, 10^3, 10^5\ \mathrm{cm}^{-3}$일 때, $\mathcal{L}/n_e$를 $T \in [5,000\,\mathrm{K}, 20,000\,\mathrm{K}]$의 함수로 그리시오.

5.3 행렬

$$\boldsymbol{A} = \begin{bmatrix} 1 & a \\ a & 1 \end{bmatrix} \qquad (\text{단}, a > 0\text{이고 } a \neq 1) \tag{P5.8}$$

의 조건수를 구하시오. 또한 $\boldsymbol{A}$가 나쁜 조건의 행렬일 때, 조건수와 $\det(\boldsymbol{A})$의 관계를 구하시오.

5.4 구간 $x \in [0, \pi]$에서 정의된 함수 $u(x)$가 점화식

$$u_{k-1} - 2u_k + u_{k+1} = h^2 f_k \qquad (k = 1, \cdots, n-1) \tag{P5.9}$$

와 경계조건 $u_0 = 0$과 $u_n = 1$을 만족시킨다. 여기서, $u_k = u(x_k)$, $f_k = \sin x_k$, $h = \pi/n$이며 $x_k = hk$는 마딧점이다(단, $k = 0, \cdots, n$). 점화식과 경계조건을 행렬방정식으로 표현하면,

$$\begin{bmatrix} -2 & 1 & 0 & 0 & \cdots & 0 & 0 \\ 1 & -2 & 1 & 0 & \cdots & 0 & 0 \\ 0 & 1 & -2 & 1 & \cdots & 0 & 0 \\ \vdots & \vdots & \ddots & \ddots & \ddots & \vdots & \vdots \\ 0 & 0 & \cdots & 1 & -2 & 1 & 0 \\ 0 & 0 & \cdots & 0 & 1 & -2 & 1 \\ 0 & 0 & \cdots & 0 & 0 & 1 & -2 \end{bmatrix} \begin{bmatrix} u_1 \\ u_2 \\ u_3 \\ \vdots \\ u_{n-3} \\ u_{n-2} \\ u_{n-1} \end{bmatrix} = \begin{bmatrix} h^2 f_1 - u_0 \\ h^2 f_2 \\ h^2 f_3 \\ \vdots \\ h^2 f_{n-3} \\ h^2 f_{n-2} \\ h^2 f_{n-1} - u_n \end{bmatrix} \tag{P5.10}$$

이 된다. $n = 256$일 때,

(1) 가우스 소거법

(2) 전진/후진 대입법

으로 u_k를 구하고, $n \to \infty$일 때의 해인 '$u(x) = -\sin x + x/\pi$'와 비교하시오.

5.5 1차원 공간 $x \in [0, L]$에서 시간 t에 따른 온도 $T(x, t)$의 변화를 기술하는 **열전도**

방정식(heat conduction equation)은

$$\frac{\partial T}{\partial t} = \mathcal{K}\frac{\partial^2 T}{\partial x^2} \qquad \text{(P5.11)}$$

로 주어진다. 여기서, $\mathcal{K}$는 **열전도도**(thermal conductivity)다.

(1) 공간과 시간을 각각 보폭 Δx와 Δt로 유한차분하여 $T_j^n = T(j\Delta x, n\Delta t)$로 표기하자. 여기서, $j = 0, 1, \cdots, N(\equiv L/\Delta x)$이고 $n = 0, 1, \cdots$이다. 미분연산자를 식 (2.42)와 식 (2.48b)를 이용하여 차분하면 식 (P5.11)이

$$\alpha T_{j-1}^{n+1} - (1+2\alpha)T_j^{n+1} + \alpha T_{j+1}^{n+1} = -T_j^n \qquad \text{(P5.12)}$$

으로 됨을 보이시오. 여기서, $\alpha \equiv \mathcal{K}\Delta t/\Delta x^2$이다.

(2) $L = \mathcal{K} = 1$이고 $T(x, 0) = 100 - 20x + 400x(1-x)$일 때, 식 (P5.12)를 반복적으로 계산하여 $T(x, 0.1)$의 분포를 구하시오. 경계조건으로 $T(0, t) = 100$과 $T(1, t) = 80$을 사용하고 $\Delta x = 0.01$과 $\Delta t = 0.001$을 택하시오. $T(0.5, 0.1)$의 값은 얼마인가?

(3) 가로축이 $x \in [0, 1]$이고 세로축이 $t \in [0, 0.2]$인 2차원 평면에 온도의 분포를 보여 주는 영상 또는 등고선을 그리시오.

5.6 식 (5.68)에서 정의된 **힐베르트 행렬**에 대하여 $n = 20$일 때, 다음 계산을 수행하시오.

(1) $\boldsymbol{x}_0 = [1, 1, \cdots, 1]^\intercal$로 놓고 $\boldsymbol{b} = \boldsymbol{H}_n\boldsymbol{x}_0$를 구하시오.

(2) (1)에서 구한 $\boldsymbol{b}$에 해당하는 $\boldsymbol{H}_n\boldsymbol{x} = \boldsymbol{b}$의 수치해 $\boldsymbol{x}$를 구하고 $\|\boldsymbol{x} - \boldsymbol{x}_0\|_2$를 구하시오.

(3) 특잇값분해로 구한 $\boldsymbol{H}_n$의 **유사역행렬**을 $\boldsymbol{H}_n^+$라고 할 때, 근사해 $\widehat{\boldsymbol{x}} = \boldsymbol{H}_n^+\boldsymbol{b}$를 구하고 $\|\widehat{\boldsymbol{x}} - \boldsymbol{x}_0\|_2$를 구하시오

(4) $\boldsymbol{H}_n$의 특잇값 중 최댓값보다 $\alpha\,(< 1)$배 큰 특잇값은 그대로 두고 최댓값보다 α배 이하인 특잇값을 모두 0으로 바꾸어 구성한 유사역행렬을 $\widetilde{\boldsymbol{H}}_n^+$로 표기하자. 또한, 이를 이용한 근사해를 $\widetilde{\boldsymbol{x}} = \widetilde{\boldsymbol{H}}_n^+\boldsymbol{b}$라고 하자. $\alpha = 10^{-k}$(단, $k = 1, 2, \cdots, 20$)으로 바꾸며 $\|\widetilde{\boldsymbol{x}} - \boldsymbol{x}_0\|_2$의 값을 α의 함수로 그리고 결과에 대해 토의하시오.

제6장

보간법

어렸을 때 종이 위에 찍힌 여러 점을 연결하는 그림을 그려본 적이 있을 것이다. 두 점을 직선으로 잇거나 부드러운 곡선으로 연결하여 그림을 완성할 수 있다. 이와 마찬가지로 유한한 간격으로 떨어져 있는 실험자료의 중간값을 직선이나 곡선을 이용하여 추정할 수 있는데, 이를 **보간법**(interpolation)이라고 한다.

보간법을 수학적으로 표현하면 다음과 같다. x축 위에 분포한 $(n+1)$개의 점 x_0, x_1, $x_2, \cdots, x_n$을 생각해 보자. $i \neq k$라면 $x_i \neq x_k$이다. 점 x_i에서의 함숫값이 $y_i = f(x_i)$일 때, 주어진 모든 점 $\{(x_i, y_i)\}$를 지나는 함수 $y = f(x)$를 찾는 방법을 보간법이라고 하고 $f(x)$를 보간 함수라고 한다. 이 장에서는 다항함수를 이용한 방법과 스플라인(spline)을 이용한 보간법에 대해 알아본다.

6.1 다항함수 보간법

6.1.1 선형보간법

선형보간법(linear interpolation)은 보간법 중 가장 단순하고 직관적인 방법으로, 주어진 두 점을 직선으로 연결하여 중간값을 추정한다. 두 점 (x_0, y_0)와 (x_1, y_1)을 잇는 직선의 방정식은

$$P_1(x) = \frac{x - x_1}{x_0 - x_1} y_0 + \frac{x - x_0}{x_1 - x_0} y_1 \tag{6.1a}$$

$$= y_0 + \left(\frac{y_1 - y_0}{x_1 - x_0}\right)(x - x_0) \tag{6.1b}$$

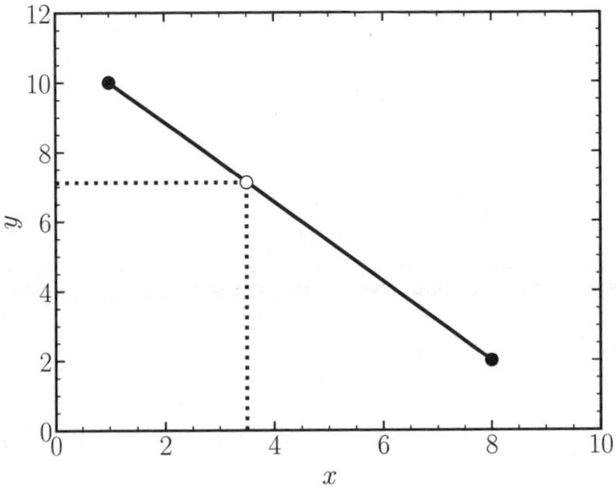

그림 6.1: 선형보간법

이다. 임의의 점 $x \in [x_0, x_1]$에서의 함숫값은 $P_1(x)$로 주어진다.

예제 6.1

$(x, y) = (1, 10)$이고 $(8, 2)$인 두 점에 대해, $x = 3.5$에서의 y값을 선형보간법으로 추산하시오.

코드 6.1: 선형보간법

```
1 def LinearIntpol(x0,x1,x):
2     y=x0[1]+(x-x0[0])*(x1[1]-x0[1])/(x1[0]-x0[0])
3     return y
4 
5 p0=[1,10]
6 p1=[8, 2]
7 res=LinearIntpol(p0,p1,x=3.5)
8 print(res)
```

1-3행은 식 (6.1b)를 따라 선형보간한 값을 반환하는 함수 `LinearIntpol`을 정의한다. 5-6행은 주어진 두 점을 리스트로 저장한다. 7행은 함수 `LinearIntpol`을 호출하여 `x=3.5`에서의 보간값을 구해 변수 `res`에 저장한다(그림 6.1). 8행은 보간 결과를 화면에 출력한다.

6.1.2 2차보간법

2차보간법은 주어진 세 점을 포물선으로 보간한다. 세 점 $(x_0, y_0), (x_1, y_1), (x_2, y_2)$를 지나는 2차함수는

$$P_2(x) = y_0 L_0(x) + y_1 L_1(x) + y_2 L_2(x) \tag{6.2}$$

x	1	1.5	2	2.5	3	4	5
y	0	1.5	2	2	1	1	3

표 6.1: 보간법을 위한 모의자료

로 주어진다. 여기서,

$$L_0(x) = \frac{(x-x_1)(x-x_2)}{(x_0-x_1)(x_0-x_2)} \tag{6.3a}$$

$$L_1(x) = \frac{(x-x_0)(x-x_2)}{(x_1-x_0)(x_1-x_2)} \tag{6.3b}$$

$$L_2(x) = \frac{(x-x_0)(x-x_1)}{(x_2-x_0)(x_2-x_1)} \tag{6.3c}$$

을 **라그랑주 기저함수**(Lagrange basis function)라고 부른다. $L_i(x)$는 2차다항식이고 $L_i(x_j) = \delta_{ij}$임에 주목하자(단, i, j=0, 1, 2). 식 (6.2)를 이용한 보간법을 **라그랑주 2차보간법**(Lagrange quadratic interpolation)이라고 부른다.

6.1.3 고차보간법

식 (6.1a)와 식 (6.2)를 라그랑주 n차다항식으로 확장해 보자. 주어진 $(n+1)$개의 점 $(x_0, y_0), \cdots, (x_n, y_n)$을 지나는 n차다항식을

$$P_n(x) = \sum_{k=0}^{n} y_k L_k(x) \tag{6.4}$$

로 적을 수 있다. 여기서, 라그랑주 기저함수 $L_k(x)$는

$$L_k(x) = \prod_{i=0(\neq k)}^{n} \frac{x - x_i}{x_k - x_i} \tag{6.5}$$

로 주어지며 $L_k(x_j) = \delta_{kj}$를 만족시킨다.

예제 6.2

표 6.1에 제시된 7개의 점을 지나는 라그랑주 6차다항식을 구하고 구간 $x \in [0, 5]$에서 주어진 점과 보간 다항식을 그래프로 그리시오.

코드 6.2: 고차보간법

```
def Lagrange(x,y,xval):
    yval=0
```

```
3      deg=len(x)-1
4      for i in range(deg+1):
5          LagBase=1.
6          for k in range(deg+1):
7              if(k != i ): LagBase *= (xval-x[k])/(x[i]-x[k])
8          yval += y[i]*LagBase
9      return yval
10
11 x=[1,1.5,2,2.5,3,4,5]
12 y=[0,1.5,2,2,1,1,3]
13
14 xa=np.linspace(1,5,100)
15 ya=Lagrange(x,y,xa)
16
17 fig=plt.figure(1,figsize=(7,5))
18 plt.plot(x,y,'or',mec='k',mfc='w',ms=5)
19 plt.plot(xa,ya,'b')
20 plt.xlabel('x')
21 plt.ylabel('y')
22 plt.grid()
23 plt.show()
```

1-9행은 주어진 점 (x,y)를 라그랑주 다항식으로 보간하여 xval에서의 함숫값 yval을 반환하는 함수 Lagrange를 정의한다. 3행은 자료의 개수로부터 다항식의 차수 deg를 결정하고, 7행은 라그랑주 기저함수 LagBase를 계산한다. 11행과 12행은 각각 표 6.1에 주어진 점과 함숫값을 리스트로 지정한다. 14행은 구간 $[1,5]$에서 균등간격으로 선택한 100개의 점을 배열 xa로 저장하고 15행에서 함수 Lagrange를 호출하여 보간한 함숫값을 ya에 저장한다. 17행 이하는 주어진 자료와 보간 함수를 그래프로 출력한다. 18행에서 열쇳말 mec, mfc, ms는 각각 **표식자 테두리색**(marker edge color), **표식자 얼굴색**(marker face color), **표식자 크기**(marker size)를 지정한다. 이 코드를 실행한 결과는 그림 6.2와 같다.

파이썬의 scipy.interpolate.lagrange() 함수는 고차보간법을 수행한다. 이 함수는 다음과 같이 사용한다.

```
from scipy import interpolate

x=[1,1.5,2,2.5,3,4,5]
y=[0,1.5,2,2,1,1,3]

LagPoly=interpolate.lagrange(x, y)
print(LagPoly)

```

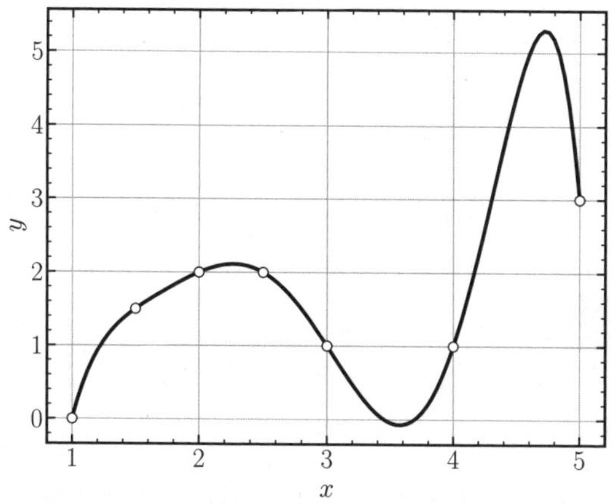

그림 6.2: 고차보간법

```
9  xa=np.linspace(1,5,100)
10 ya=LagPoly(xa)
11
12 fig=plt.figure(1,figsize=(7,5))
13 plt.plot(x,y,'or',mec='k',mfc='w',ms=5)
14 plt.plot(xa,ya,'b')
15 plt.xlabel('x')
16 plt.ylabel('y')
17 plt.grid()
18 plt.show()
```

1행은 `scipy.interpolate` 모듈을 불러온다. 3-4행은 표 6.1에 주어진 점과 함숫값을 리스트로 지정한다. 6행은 `interpolate.lagrange()` 함수를 호출하여 주어진 점 `(x,y)`를 지나는 라그랑주 보간다항식을 구해 변수 `LagPoly`에 저장한다. 7행은 보간다항식 `LagPoly`를 화면에 출력한다. 10행은 주어진 위치 `xa`에서 보간값 `ya`를 계산한다. 12행 이하는 보간 결과를 그래프로 그린다(그림 6.2).

6.2 룽게 현상

룽게 함수(Runge function)

$$f(x) = \frac{1}{1+25x^2} \tag{6.6}$$

을 구간 $[-1,1]$에 있는 $(n+1)$개의 균등간격 마딧점 $x_k = (2k-n)/n$(단, $k = 0, \cdots, n$)에서 추출한 함숫값을 $f_k = f(x_k)$라고 하자. 룽게(Carl Runge; 1856-1927)는 (x_k, f_k)

를 보간하는 n차다항식 $P_n(x)$가 구간의 양 끝점으로 갈수록 심하게 진동하며

$$\lim_{n\to\infty}\left(\max_{|x|\le 1}|f(x)-P_n(x)|\right)=\infty \tag{6.7}$$

임을 보였다. 이것을 **룽게 현상**(Runge phenomenon)이라고 하며, n이 증가할수록 마딧점이 아닌 점에서 $f(x)$와 $P_n(x)$의 차이가 커짐을 의미한다.

예제 6.3

구간 $[-1,1]$에 있는 11개의 균등간격 마딧점에서 룽게 함수(식 6.6)를 보간하는 10차 라그랑주 다항식을 구하고 그래프로 그리시오.

코드 6.3: 룽게 함수

```
1  Runge=lambda x : 1/(1+25*x*x)
2  
3  x=np.linspace(-1,1,11)
4  y=Runge(x)
5  
6  xt=np.linspace(-1,1,1000)
7  yt=Lagrange(x,y,xt)
8  
9  fig=plt.figure(1,figsize=(7,5))
10 plt.plot(x,y,'or',mec='k',ms=5)
11 plt.plot(xt,Runge(xt),'r',label='Runge function')
12 plt.plot(xt,yt,'b',label='Lagrange Interpolation')
13 plt.xlabel('x')
14 plt.ylabel('y')
15 plt.legend()
16 plt.grid()
17 plt.show()
```

1행은 룽게 함수 `Runge`를 정의한다. 3행은 구간 $[-1,1]$에서 균등간격으로 분포한 11개의 마딧점을 `x`에 지정하고, 4행에서 룽게 함숫값 `y`를 구한다. 6행은 구간 $[-1,1]$에서 균등간격으로 선택한 1,000개의 점을 배열 `xt`로 저장한다. 7행은 코드 6.2에서 정의한 `Lagrange` 함수를 호출하여 보간 함숫값을 `yt`에 저장한다. 9행 이하는 룽게 함수와 라그랑주 보간 함수를 그림으로 출력한다(그림 6.3).

라그랑주 보간다항식은 $|x|<0.25$ 영역에서 룽게 함수를 잘 근사한다. 하지만 $|x|$가 증가하면서 위와 아래로 진동하는 데 진폭이 점점 커져 $|x|\sim 0.9$ 근처에서는 룽게 함수와 완전히 다른 값을 가지는 룽게 현상을 겪는다. 그림 6.2의 $x\in[3,5]$인 구간에서 보간다항식이 큰 진동을 보이는 것도 룽게 현상이다. 룽게 현상이 일어나는 이유는 (1) 다항식의 차수 n이 증가하면서 n차 미분값이 크기가 급격하게 커지고, (2) 마딧점을 균등간격으로 잡았기 때문이다.

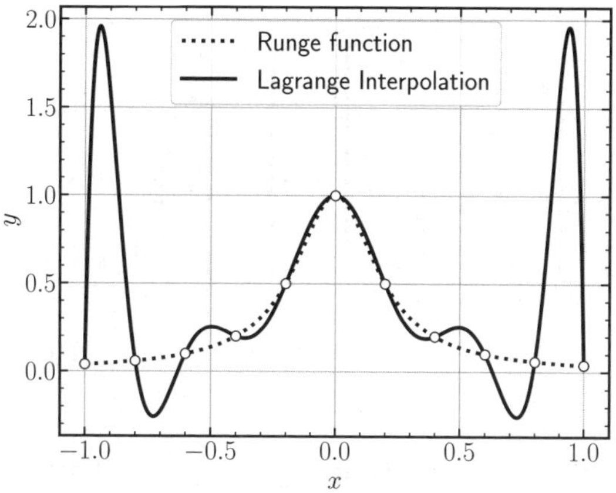

그림 6.3: 룽게 현상

마딧점을 비균등간격으로 잡으면 보간다항식이 어떻게 변할까? 룽게 현상은 **체비셰프 다항식**(Chebyshev polynomial)의 근을 마딧점으로 잡을 때 최소화된다는 사실이 알려져 있다(Cheney & Kincaid 2012). 체비셰프 다항식 $T_n(x)$는

$$T_n(x) = \cos\left(n\cos^{-1}x\right) \qquad (-1 \le x \le 1) \tag{6.8}$$

로 주어진다. 식 (6.8)에서 $x = \cos\theta$라 놓으면

$$T_n(\cos\theta) = \cos(n\theta) \tag{6.9}$$

이다. 삼각함수의 합공식

$$\cos[(n+1)\theta] = 2\cos(n\theta)\cos\theta - \cos[(n-1)\theta] \tag{6.10}$$

를 이용하면, 식 (6.9)는

$$T_{n+1}(x) = 2xT_n(x) - T_{n-1}(x) \qquad (n \ge 1) \tag{6.11}$$

인 점화식으로 바뀐다. 식 (6.8)에서 $T_0(x) = 1$이고 $T_1(x) = x$이므로 식 (6.11)로부터 $T_2(x) = 2x^2 - 1$, $T_3(x) = 4x^3 - 3x$, $T_4(x) = 8x^4 - 8x^2 + 1, \cdots$인 다항식임을 알 수 있다. $T_n(x)$의 최고차항의 계수는 2^{n-1}이다.

라그랑주 n차다항식을 얻기 위해 $(n+1)$차 체비셰프 다항식의 근을 마딧점으로 사용한다. 식 (6.8)로부터 $T_{n+1}(x) = 0$의 해는

$$x_j = \cos\left(\frac{2j+1}{2n+2}\pi\right) \qquad (j = 0, 1, \cdots, n) \tag{6.12}$$

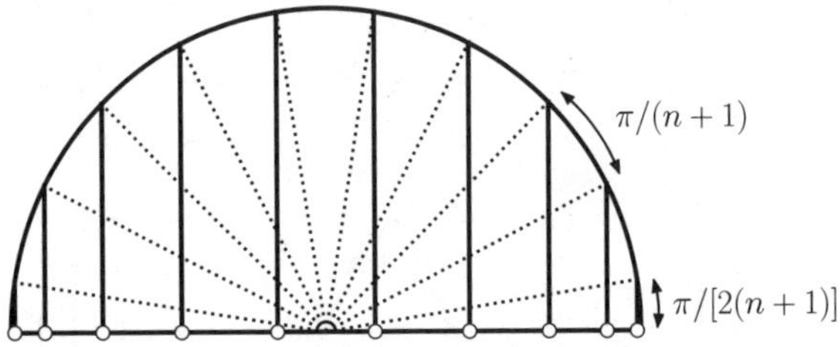

그림 6.4: $n = 9$일 때, 체비셰프 마딧점의 위치

로 주어진다. 그림 6.4는 $n = 9$에 대한 **체비셰프 마딧점**의 위치를 보여 준다. 체비셰프 마딧점은 반지름이 1인 반원을 같은 각도로 나누어 x축에 투영시킨 점에 해당하므로 구간의 양 끝으로 갈수록 점점 촘촘해진다. 마딧점이 위치하는 구간이 $[-1, 1]$이 아니라 $[a, b]$일 때는

$$t_j = \frac{1}{2}[b + a + (b - a)x_j] \tag{6.13}$$

인 변수 변환을 이용한다. $x_j \in [-1, 1]$일 때, $t_j \in [a, b]$다.

예제 6.4

룽게 함수(식 6.6)를 구간 $[-2, 2]$에서 10차다항식으로 보간하시오. 균등간격 마딧점을 이용한 결과와 체비셰프 마딧점을 이용한 결과를 비교하시오.

코드 6.4: 체비셰프 마딧점

```
from scipy import interpolate

Runge=lambda x: 1/(1+25*x*x)

a,b=-2,2
n=10
xuni=np.linspace(a,b,n+1)
xche=np.cos(np.pi*(2*np.arange(n+1)+1)/(2*n+2))
tche=0.5*(b+a+(b-a)*xche)

Poly_uni=interpolate.lagrange(xuni, Runge(xuni))
Poly_che=interpolate.lagrange(tche, Runge(tche))
xa=np.linspace(a,b,500)
yuni=Poly_uni(xa)
yche=Poly_che(xa)

fig=plt.figure(1,figsize=(10,8))
plt.plot(xa,Runge(xa),'k',label='f(x)')
```

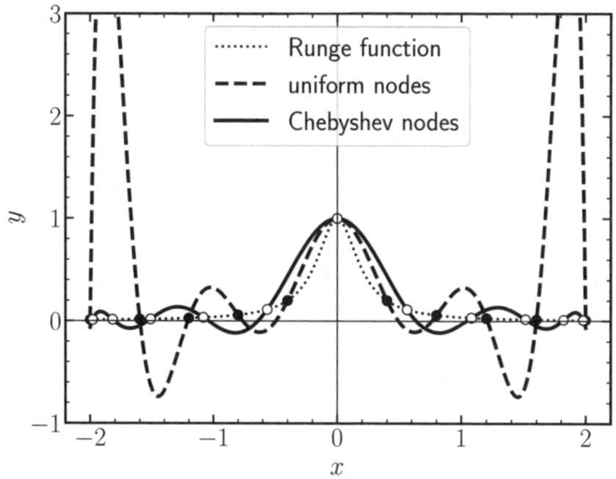

그림 6.5: 균등간격 마딧점과 체비셰프 마딧점을 이용한 보간법의 비교

```
19 plt.plot(xa,yuni,'r',label='uniform nodes')
20 plt.plot(xuni,Runge(xuni),'or')
21 plt.plot(xa,yche,'b',label='Chebyshev nodes')
22 plt.plot(tche,Runge(tche),'ob')
23 plt.ylim(-1,3)
24 plt.axvline(x=0.0)
25 plt.axhline(y=0.0)
26 plt.xlabel('x')
27 plt.ylabel('y')
28 plt.legend()
29 plt.show()
```

1행은 `scipy.interpolate` 모듈을 불러온다. 3행은 룽게 함수 `Runge`를 정의한다. 5행은 보간 구간을 지정하고 6행은 보간다항식의 차수를 지정한다. 7행은 균등간격 마딧점을 지정한다. 8행은 식 (6.12)를 따라 구간 $[-1,1]$에서 체비셰프 마딧점을 지정하고, 9행에서 $[a,b]$인 구간의 체비셰프 마딧점으로 변환한다(식 6.13). 11행과 12행은 각각 균등간격 마딧점과 체비셰프 마딧점을 이용한 라그랑주 보간법을 실행하여 얻은 다항식을 `Poly_uni`와 `Poly_che`에 저장한다. 13행은 구간 $[a,\ b]$에서 균등간격으로 선택한 500개의 점을 배열 `xa`로 저장한다. 14행과 15행은 각각 다항식 `Poly_uni`와 `Poly_che`의 `xa`에서의 함숫값을 변수 `yuni`와 `yche`에 저장한다. 17행 이하는 마딧점과 보간 결과를 그래프로 출력한다.

그림 6.5는 코드 6.4를 실행한 결과를 보여 준다. 체비셰프 마딧점을 이용한 보간 결과는 균등간격 마딧점을 이용한 결과보다 진동의 진폭이 훨씬 작다. 그러나 11개의 체비셰프 마딧점을 이용해도 룽게 함수와 상당한 차이가 있다. 다항식의 차수를 높이면 균등간격 마딧점의 보간 결과에서는 룽게 현상이 더 심해지지만, 체비셰프 마딧점의 보간 결과에서는 룽게 현상이 줄어든다.

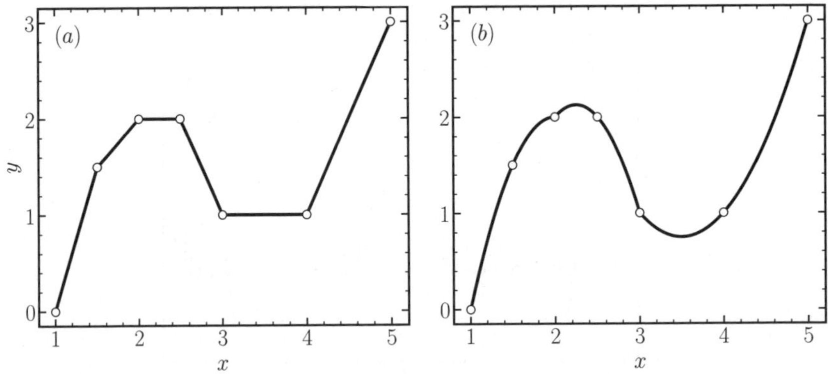

그림 6.6: (a) 조각마다 선형보간법과 (b) 조각마다 2차보간법의 비교

6.3 조각마다 다항함수 보간법

보간다항식의 진동을 줄이기 위해서는 4차 이상의 다항함수를 사용하지 않는 것이 좋다. 마딧점이 매우 많을 때는 인접한 마딧점을 조각으로 묶은 후, **조각마다 다항함수 보간법**(piecewise polynomial interpolation)을 수행한다. 이 절에서는 3차 이하의 다항함수를 이용한 조각마다 다항함수 보간법에 대해 알아본다.

6.3.1 조각마다 선형보간법

조각마다 선형보간법(piecewise linear interpolation)에서는 모든 인접한 두 마딧점 $[x_0, x_1], [x_1, x_2], \cdots [x_{n-1}, x_n]$마다 식 (6.1)을 이용하여 자료를 직선으로 보간한다. 파이썬의 `np.interp()` 함수는 조각마다 선형보간법을 수행한다. 표 6.1에 있는 자료에 대해 조각마다 선형보간법을 수행하는 방법은 다음과 같다.

코드 6.5: 조각마다 선형보간법

```
1  x=[1,1.5,2,2.5,3,4,5]
2  y=[0,1.5,2,2,1,1,3]
3
4  xval=np.linspace(1,5,100)
5  yval=np.interp(xval, x, y)
6
7  fig=plt.figure(1,figsize=(7,5))
8  plt.plot(x,y,'or',mec='k',ms=5)
9  plt.plot(xval,yval,'b')
10 plt.show()
```

5행의 `np.interp()` 함수는 주어진 입력자료 `(x,y)`에 대해 `xval`의 위치에서 조각마다 선형보간법을 수행한 결과를 `yval`에 저장한다. 이 코드를 실행한 결과를 그림 6.6(a)에 나타내었다. 모든 인접한 마딧점을 직선으로 연결하므로, 전 구간에서 연속이지만 모든 마딧점에서 미분 불가능하다.

6.3.2 조각마다 2차보간법

조각마다 2차보간법(piecewise quadratic interpolation)에서는 인접한 세 마딧점 $[x_0, x_2]$, $[x_2, x_4]$, $\cdots$, $[x_{n-2}, x_n]$마다 식 (6.2)를 이용하여 자료를 포물선으로 보간한다. 파이썬 현재 버전(3.8)에는 조각마다 2차보간법을 실행하는 내장함수가 없다. 코드 6.6은 표 6.1에 있는 자료를 조각마다 2차보간법으로 보간한다.

코드 6.6: 조각마다 2차보간법

```
1  x=[1,1.5,2,2.5,3,4,5]
2  y=[0,1.5,2,2,1,1,3]
3
4  xt1=np.linspace(x[0],x[2],100)
5  xt2=np.linspace(x[2],x[4],100)
6  xt3=np.linspace(x[4],x[6],100)
7
8  yt1=Lagrange(x[0:3],y[0:3],xt1)
9  yt2=Lagrange(x[2:5],y[2:5],xt2)
10 yt3=Lagrange(x[4:], y[4:], xt3)
11
12 fig=plt.figure(1,figsize=(7,5))
13 plt.plot(x,y,'or',mec='k',ms=5)
14 plt.plot(xt1,yt1,'b')
15 plt.plot(xt2,yt2,'b')
16 plt.plot(xt3,yt3,'b')
17 plt.show()
```

1-2행은 입력자료의 마딧점 x와 함숫값 y를 지정한다. 4-6행은 인접한 세 마딧점을 조각으로 묶어 자료를 보간할 x 좌표를 지정한다. 8-10행은 조각으로 묶인 영역에 대해 코드 6.2에서 정의한 `Lagrange` 함수를 이용하여 2차보간법을 수행한다. 그림 6.6(b)는 이 코드를 실행한 결과를 보여 준다. 인접한 세 점을 포물선으로 연결하므로 전 구간에서 연속이지만, 두 포물선이 만나는 마딧점($x = 2.0$과 3.0)에서는 미분 불가능하다.

6.3.3 3차스플라인 보간법

조각마다 선형보간법과 2차보간법은 보간 결과가 진동하는 양상은 보이지 않으나 조각의 경계에서 함수가 매끄럽지 않다는 단점을 갖고 있다. 곡선이 매끄럽기 위해서는 함숫값 뿐만 아니라 함수의 가파른 정도(기울기)와 굽은 정도(곡률)도 연속이어야 한다.[1] 즉, 모

1) 기하학에서 함수 $y = f(x)$의 곡률은 $\kappa = y''/(1+y'^2)^{3/2}$으로 주어진다.

든 마딧점에서 한 번 미분한 값과 두 번 미분한 값이 연속인 **조각마다 다항식**(piecewise polynomial)은 전체적으로 매끄러운 보간 곡선이다. 이러한 성질을 만족시키는 곡선 중 가장 간단한 함수는 3차다항식이며 **3차스플라인 함수**(cubic spline function)라고 부른다.[2]

$(n+1)$개의 마딧점 $x_0 < x_1 < \cdots < x_n$에서 함숫값 $f_j = f(x_j)$가 주어진 경우를 생각해 보자(단, $j = 0, \cdots, n$). 구간 $x_j \le x \le x_{j+1}$에서 유효한 3차스플라인 함수를 $s_j(x)$라고 하고, 마딧점에서 $s_j(x)$를 두 번 미분한 값을 $s_j''(x_j) = M_j$라고 하자. $s_j(x)$가 3차다항식이므로, $s_j''(x)$는 직선이다. 마딧점에서 $s_j''(x)$가 연속이라는 조건을 이용하면

$$s_j''(x) = \frac{M_{j+1}}{h_j}(x - x_j) - \frac{M_j}{h_j}(x - x_{j+1}) \tag{6.14}$$

로 놓을 수 있다. 여기서,

$$h_j = x_{j+1} - x_j \tag{6.15}$$

는 마딧점 사이의 보폭을 나타낸다.

식 (6.14)를 x에 대해 적분하면

$$s_j'(x) = \frac{M_{j+1}}{2h_j}(x - x_j)^2 - \frac{M_j}{2h_j}(x - x_{j+1})^2 + a_j \tag{6.16}$$

이다. 여기서, a_j는 적분상수다. 이 식을 x에 대해 다시 한번 적분하면

$$s_j(x) = \frac{M_{j+1}}{6h_j}(x - x_j)^3 - \frac{M_j}{6h_j}(x - x_{j+1})^3 + a_j(x - x_j) + b_j \tag{6.17}$$

를 얻는다. 여기서, b_j도 적분상수다. $s_j(x)$가 구간 $[x_j, x_{j+1}]$의 보간다항식이므로 $s_j(x_j) = f_j$고 $s_j(x_{j+1}) = f_{j+1}$이어야 한다. 이를 식 (6.17)에 대입하면

$$a_j = \frac{f_{j+1} - f_j}{h_j} + \frac{M_j - M_{j+1}}{6}h_j \tag{6.18a}$$

$$b_j = f_j - \frac{M_j}{6}h_j^2 \tag{6.18b}$$

임을 알 수 있다.

한편, 보간다항식을 한 번 미분한 값도 연속이어야 하므로 $s_{j-1}'(x_j) = s_j'(x_j)$고 $s_{j+1}'(x_{j+1}) = s_j'(x_{j+1})$이어야 한다. 이 조건을 식 (6.16)에 대입하면

$$a_j - a_{j-1} = \frac{M_j}{2}(h_j + h_{j-1}) \tag{6.19}$$

2) **스플라인**은 '여러 점을 통과하는 부드러운 곡선'이라는 뜻이며 만곡선(彎曲線)이라고도 부른다.

을 얻는다. 식 (6.18a)를 식 (6.19)에 대입하고 정리하면,

$$(1-\mu_j)M_{j-1} + 2M_j + \mu_j M_{j+1} = 6f[x_{j+1}, x_j, x_{j-1}] \tag{6.20}$$

을 얻는다(단, $j = 1, \cdots, n-1$). 여기서,

$$\mu_j \equiv \frac{h_j}{h_j + h_{j-1}} = \frac{x_{j+1} - x_j}{x_{j+1} - x_{j-1}} \tag{6.21}$$

이고, $f[x_{j+1}, x_j, x_{j-1}]$은 식 (3.30)에서 정의한 뉴턴의 분할차분이다.

식 (6.20)을 행렬의 형태로 표현하면

$$\begin{bmatrix} 2 & \mu_1 & & & \\ 1-\mu_2 & 2 & \mu_2 & & \\ & \ddots & \ddots & \ddots & \\ & & 1-\mu_{n-2} & 2 & \mu_{n-2} \\ & & & 1-\mu_{n-1} & 2 \end{bmatrix} \begin{bmatrix} M_1 \\ M_2 \\ \vdots \\ M_{n-2} \\ M_{n-1} \end{bmatrix} = \begin{bmatrix} r_1 - (1-\mu_1)M_0 \\ r_2 \\ \vdots \\ r_{n-2} \\ r_{n-1} - \mu_{n-1}M_n \end{bmatrix} \tag{6.22}$$

인 **삼중대각행렬**(tridiagonal matrix)을 동반한 방정식을 얻는다. 여기서, $r_j \equiv 6f[x_{j+1}, x_j, x_{j-1}]$이다. 식 (6.22)는 식이 $(n-1)$개이고 미지수가 $(n+1)$개이므로 연립방정식의 유일한 해를 구하기 위해서는 2개의 조건이 추가되어야 한다. 추가되는 조건은 보통 전체 구간의 양 끝점에 주어지는데, 다음과 같은 네 가지로 나뉜다.

1. **자연 3차스플라인**(natural cubic spline): 구간의 양 끝점에서 보간다항식의 곡률을 0으로 잡는다. 즉, $M_0 = M_n = 0$을 택한다.

2. **고정 3차스플라인**(clamped cubic spline): 구간의 양 끝점에서 보간다항식의 기울기를 정해진 값으로 고정한다. 예를 들면, $s_0'(x_0) = s_{n-1}'(x_n) = 0$을 택한다.

3. **무매듭 3차스플라인**(not-a-knot cubic spline): 구간의 양 끝으로부터 한 보폭 떨어진 점에서 3차 미분이 연속인 조건, 즉, $s_0'''(x_1) = s_1'''(x_1)$이고 $s_{n-2}'''(x_{n-1}) = s_{n-1}'''(x_{n-1})$인 조건을 부여한다. 이것은 $(M_1 - M_0)/h_0 = (M_2 - M_1)/h_1$이고 $(M_{n-1} - M_{n-2})/h_{n-2} = (M_n - M_{n-1})/h_{n-1}$인 조건과 같다.

4. **주기적 3차스플라인**(periodic cubic spline): $s_0'(x_0) = s_{n-1}'(x_n)$과 $s_0''(x_0) = s_{n-1}''(x_n)$인 조건을 부여한다. 이 조건은 $f_0 = f_n$일 때만 유효하다.

자연 3차스플라인의 경우, $M_0 = M_n = 0$을 택한 후, 식 (6.22)로부터 마딧점의 2계미분값 $M_1, \cdots, M_{n-1}$을 구하고 식 (6.18)로부터 a_j와 b_j를 구하면 3차스플라인 함수(식 6.17)를 구할 수 있다.

예제 6.5

표 6.1에 있는 자료를 자연 3차스플라인 함수로 보간하고 그림을 그리시오.

코드 6.7: 자연 3차스플라인 보간법

```
1  x=np.array([1,1.5,2,2.5,3,4,5])
2  y=np.array([0,1.5,2,2,1,1,3])
3
4  h=(x[1:]-x[0:-1])
5  mu=(x[2:]-x[1:-1])/(x[2:]-x[0:-2])
6
7  df1=(y[1:]-y[0:-1])/h
8  df2=(df1[1:]-df1[0:-1])/(x[2:]-x[0:-2])
9
10 n=len(x)-2
11 a=np.append(0,1-mu[1:])
12 b=np.full(n,2)
13 c=np.append(mu[0:-1],0)
14 r=6*df2            # for natural cubic spline
15
16 sol=TriDiagonal(a,b,c,r)
17 M=np.concatenate([[0],sol,[0]])
18
19 a=df1+(M[0:-1]-M[1:])*h/6.
20 b=y[0:-1]-M[0:-1]*h**2/6.
21
22 xval=np.array([])
23 yval=np.array([])
24 for j in range(n+1):
25     xv= np.linspace(x[j],x[j+1],20)
26     yv=(M[j+1]*(xv-x[j])**3-M[j]*(xv-x[j+1])**3)/(6*h[j]) + \
27         a[j]*(xv-x[j])+b[j]
28     xval=np.append(xval,xv)
29     yval=np.append(yval,yv)
30
31 fig=plt.figure(1,figsize=(7,5))
32 plt.plot(x,y,'or')
33 plt.plot(xval,yval)
34 plt.show()
```

1-2행은 입력자료를 지정한다. 4행과 5행은 각각 보폭 h(식 6.15)와 상대 보폭 mu(식 6.21)를 계산하고, 7행과 8행은 분할차분을 계산한다. 10-14행은 식 (6.22)에 있는 삼중 대각행렬의 크기 n과 원소 a, b, c와 우변 열벡터 r을 정의한다. 자연 3차스플라인이므로

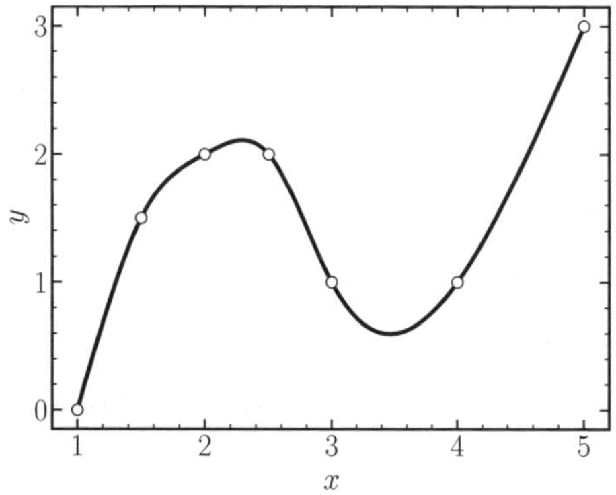

그림 6.7: 자연 3차스플라인 보간법

$M_0 = M_n = 0$을 택하였다. 16행은 코드 5.3에서 정의한 `TriDiagonal` 함수를 호출하여 삼중대각행렬의 해 `sol`을 구한다. 구한 해가 $M_1, \cdots, M_{n-1}$까지이므로 17행에서 `sol`의 앞과 뒤에 $M_0 = M_n = 0$을 추가한다. 19-20행은 식 (6.18)에 있는 계수 a_j와 b_j를 계산한다. 22-29행은 식 (6.17)을 따라 주어진 자료를 보간하는 자연 3차스플라인의 함숫값을 계산한다. 31행 이하는 입력자료와 자연 3차스플라인을 그래프로 출력한다(그림 6.7). 자연 3차스플라인 보간법은 그림 6.6(b)에 제시된 조각마다 2차보간법의 결과와 유사하지만 보간 함수가 모든 마딧점에서 매끄럽다. 또한, 그림 6.2의 고차다항식을 이용한 보간법과 비교하여 보간다항식이 진동하는 양상을 보이지 않는다.

큰 진폭으로 진동하는 함수는 기울기가 급격하게 변하므로 2계도함수가 큰 값을 가진다. 반면, 자연 3차스플라인 함수 $s(x)$는 구간 $a = x_0 < x_1 < \cdots < x_n = b$에서 두 번 미분 가능한 함수 $f(x)$에 대해

$$\int_a^b [s''(x)]^2 dx \le \int_a^b [f''(x)]^2 dx \tag{6.23}$$

를 만족시킨다. 이 식은 $s(x)$가 $f(x_j)$를 보간하는 함수 중 곡률이 가장 작은 매끄러운 함수임을 의미한다.

식 (6.23)을 증명하기 위해 $g(x) \equiv f(x) - s(x)$로 놓으면 $g(x_j) = 0$(단, $j = 0, \cdots, n$)이고

$$\int_a^b (f'')^2 dx = \int_a^b (s'')^2 dx + \int_a^b (g'')^2 dx + 2\int_a^b s''g'' dx \tag{6.24}$$

이다. 식 (6.24)의 우변 마지막 적분을 부분적분하면

$$\int_a^b s''g'' dx = s''g'\big|_a^b - \int_a^b s'''g' dx = -\sum_{j=0}^{n-1} \int_{x_j}^{x_{j+1}} s_j'''g' dx \tag{6.25}$$

가 된다. 여기서, 자연 3차스플라인의 조건인 $s''(a) = s''(b) = 0$을 이용하였다. 식 (6.14)를 이용하면 $s_j''' = (M_{j+1} - M_j)/h_j$는 구간 $[x_j, x_{j+1}]$에서 일정하다. 따라서 식 (6.25)는

$$\int_a^b s''g''dx = -\sum_{j=0}^{n-1} s_j''' \int_{x_j}^{x_{j+1}} g'dx = -\sum_{j=0}^{n-1} s_j'''[g(x_{j+1}) - g(x_j)] = 0 \qquad (6.26)$$

이 된다. $\int_a^b (g'')^2 dx \geq 0$이므로 식 (6.26)을 식 (6.24)에 대입하면 식 (6.23)을 얻을 수 있다. 자연 3차스플라인 함수가 가장 매끄러운 함수이므로 이를 이용한 보간법이 널리 사용되고 있다.

파이썬의 `scipy.interpolate.CubicSpline()` 함수는 3차스플라인 보간법을 수행하는 내장함수다. 이 함수는 다음과 같이 사용한다.

```
1  from scipy import interpolate
2  
3  x=np.array([1,1.5,2,2.5,3,4,5])
4  y=np.array([0,1.5,2,2,1,1,3])
5  
6  results=interpolate.CubicSpline(x,y,bc_type='natural')
7  xval=np.linspace(x[0],x[-1],200)
8  yval=results(xval)
9  
10 fig=plt.figure(1,figsize=(7,5))
11 plt.plot(x,y,'or')
12 plt.plot(xval,yval)
13 plt.show()
```

1행은 `scipy.interpolate` 모듈을 불러온다. 3-4행은 입력자료를 지정하며, 6행은 파이썬의 `interpolate.CubicSpline()` 함수를 이용하여 주어진 자료를 3차스플라인 함수로 보간하고 그 결과를 `results`에 저장한다. 열쇳말 `bc_type`의 값을 `natural`, `clamped`, `not-a-knot`, `periodic`으로 설정하면 각각 자연, 고정, 무매듭, 주기적 3차스플라인으로 보간한다. 고정 3차스플라인의 경우, 파이썬은 양 끝단의 기울기를 0으로 고정한다. 7행은 구간 `[1,5]`를 균등하게 나눈 200개의 마딧점을 `xval`에 저장한다. 8행은 `x=xval`에서의 보간값을 `yval`에 저장한다. 10행 이하는 보간 결과를 그래프로 출력한다. 이 코드를 실행한 결과는 그림 6.7과 같다.

그림 6.8은 표 6.1에 있는 자료를 3차스플라인 보간했을 때, 보간 결과가 경계조건에 따라 어떻게 달라지는지 보여 준다. 자연 3차스플라인과 무매듭 3차스플라인을 이용한 보간 결과는 거의 비슷하다. 고정 3차스플라인은 구간 끝점의 기울기를 0으로 고정하기 때문에, 구간의 양 끝단으로 접근하면서 곡률이 급격하게 변하여 보간 결과가 달라진다.

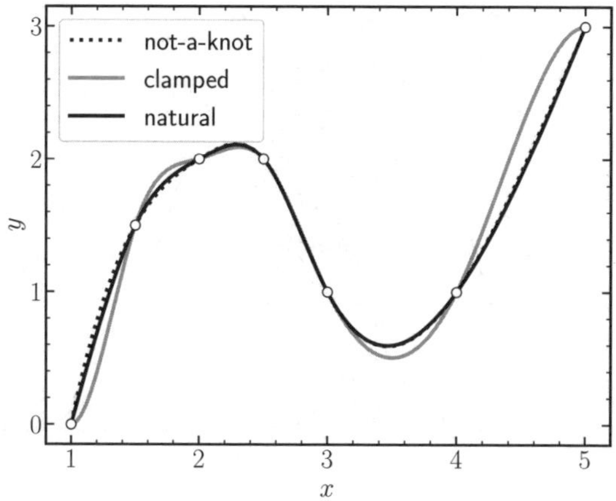

그림 6.8: 경계조건에 따른 스플라인 보간법의 차이

6.3.4 B-스플라인 보간법⋆

B-스플라인(B-spline)을 이용한 보간법은 컴퓨터 그래픽 분야에서 곡선이나 사물의 표면을 모형화할 때 널리 사용된다. B라는 이름은 **기저**(basis)를 뜻하는데, B-스플라인이 보간다항식의 기저함수로 사용되기 때문이다. B-스플라인도 다항식의 차수에 따라 다양한 종류가 있는데, 가장 널리 사용되는 것은 3차 B-스플라인이다. 모든 마딧점을 지나는 매끄러운 다항식을 찾는 3차스플라인 보간법과는 달리, B-스플라인 보간법에서는 주어진 자료를 B-스플라인 함수의 중첩으로 나타낸다. 이 절에서는 3차 B-스플라인을 이용한 보간법에 대해 알아본다.

균일한 보폭 h를 가지는 $(n+1)$개의 마딧점 x_j(단, $j=0,\cdots,n$)를 생각해 보자. 이 경우, 3차 B-스플라인 함수는

$$B_j(u) = \begin{cases} \dfrac{1}{6}(4-6|u|^2+3|u|^3) & (0 \le |u| \le 1) \\ \dfrac{1}{6}(2-|u|)^3 & (1 \le |u| \le 2) \\ 0 & (2 \le |u|) \end{cases} \tag{6.27}$$

으로 주어진다. 여기서, $u=(x-x_j)/h$다. $B_j(u)$는 연속이며 1계미분값과 2계미분값도 연속이다. $B_j(u)$는 그림 6.9와 같이 종(bell) 모양을 하고 있으며,

$$\sum_{j=-\infty}^{\infty} B_j(u) = 1, \qquad \int_{-\infty}^{\infty} B_j(u)du = 1 \tag{6.28}$$

인 조건을 만족시킨다.

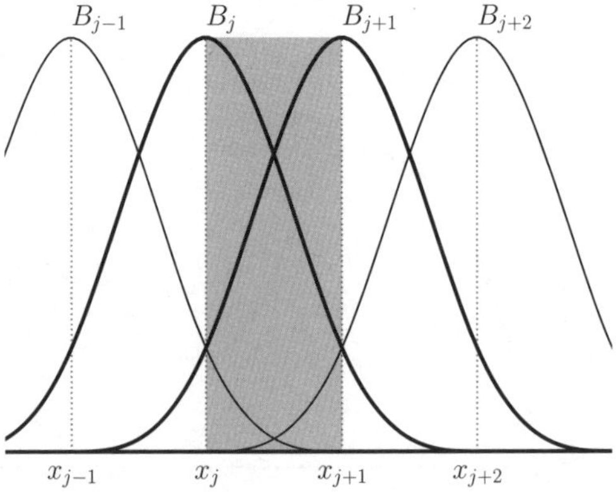

그림 6.9: 3차 B-스플라인 함수

B-스플라인 보간법에서는 보간다항식을

$$s(x) = \sum_{j=-1}^{n+1} b_j B_j(u) \tag{6.29}$$

라고 놓고 $s(x_j) = y_j$를 만족시키는 계수 b_j를 찾는다. $B_j(u)$의 값은 '마딧점 x_j의 함숫값이 u만큼 떨어진 위치에서 보간 다항식에 미치는 기여도'에 해당한다. 마딧점으로부터 거리가 멀수록 기여도가 감소하여 $|u| > 2$인 위치에서는 x_j의 함수값이 보간 다항식에 아무런 영향을 미치지 못한다. $B_j(0) = 2/3$이고 $B_j(1) = 1/6$이므로 $x = x_j$에서의 함숫값이 $x = x_{j-1}$, x_j, x_{j+1}인 마딧점에 미치는 기여도는 각각 1/6, 4/6, 1/6이다. 그림 6.9에서 알 수 있듯이 음영으로 칠해진 $x_j < x < x_{j+1}$ 영역은 4개의 B-스플라인 함수($B_{j-1}, \cdots, B_{j+2}$)가 $s(x)$의 값에 영향을 미치는데, B_j와 B_{j+1}의 기여도가 B_{j-1}과 B_{j+2}의 기여도보다 크다. 구간 $x_0 < x < x_1$과 구간 $x_{n-1} < x < x_n$에서 각각 B_{-1}과 B_{n+1}이 보간다항식에 기여하므로 식 (6.29)에서 인덱스 $j = -1$과 $j = n+1$을 합에 포함해야 한다.

마딧점 $x = x_j$를 식 (6.29)에 대입하고 식 (6.27)을 이용하면

$$b_{j-1} + 4b_j + b_{j+1} = 6y_j \quad (j = 0, \cdots, n) \tag{6.30}$$

를 얻는다. $(n+3)$개의 미지수$(b_{-1}, b_0, \cdots, b_{n+1})$에 대한 식이 $(n+1)$개이므로, 유일한 해를 구하기 위해서는 2개의 조건이 더 필요하다. 3차스플라인 보간법과 마찬가지로, 구간의 양 끝점에서 보간다항식의 1계미분값이나 2계미분값을 특정한 값으로 두는 것이 일반적이다.

2개의 추가 조건으로 구간의 양 끝점에서 보간다항식의 2계미분값이 0인 경우를 생각해 보자. $B_j''(-1) = B_j''(1) = 1$이고 $B_j''(0) = -2$이므로 $s''(x_0) = s''(x_n) = 0$인

조건은

$$b_{-1} - 2b_0 + b_1 = 0 \qquad (x = x_0 \text{일 때}) \tag{6.31a}$$

$$b_{n-1} - 2b_n + b_{n+1} = 0 \qquad (x = x_n \text{일 때}) \tag{6.31b}$$

과 같다. 식 (6.30)과 식 (6.31)을 결합하여 행렬로 표현하면

$$\begin{bmatrix} 1 & -2 & 1 & & & & \\ 1 & 4 & 1 & & & & \\ & 1 & 4 & 1 & & & \\ & & \ddots & \ddots & \ddots & & \\ & & & 1 & 4 & 1 & \\ & & & & 1 & 4 & 1 \\ & & & & 1 & -2 & 1 \end{bmatrix} \begin{bmatrix} b_{-1} \\ b_0 \\ b_1 \\ \vdots \\ b_{n-1} \\ b_n \\ b_{n+1} \end{bmatrix} = \begin{bmatrix} 0 \\ 6y_0 \\ 6y_1 \\ \vdots \\ 6y_{n-1} \\ 6y_n \\ 0 \end{bmatrix} \tag{6.32}$$

이 된다. 역행렬을 이용하여 $\boldsymbol{b} = (b_{-1}, b_0, \cdots, b_{n+1})^{\intercal}$를 구한 후, 식 (6.29)에 대입하면 보간다항식 $s(x)$를 구할 수 있다.

예제 6.6

11개의 마딧점 $\{x_j\} = (-1, -0.8, \cdots, 1)$에서 **룽게 함수**(식 6.6)를 따르는 자료를 3차 B-스플라인 함수로 보간하시오.

코드 6.8: B-스플라인 보간법

```
from scipy import linalg

def BSpline(u):
    n=len(u)
    B=np.zeros(n)
    idx1=np.where(u<=1)
    idx2=np.where((u>1)&(u<=2))
    B[idx1]=(4-6*u[idx1]**2+3*u[idx1]**3)/6.
    B[idx2]=(2-u[idx2])**3/6
    return B

x=np.linspace(-1,1,11)
y=1/(1+25*x**2)

n=len(x)
h=x[1]-x[0]

```

```
18 A=np.zeros([n+2,n+2])          # matrix assignment
19 A[0,0:3]=[1,-2,1]
20 A[n+1,n-1:n+2]=[1,-2,1]
21 for i in range(n):
22     A[i+1,i]=1
23     A[i+1,i+1]=4
24     A[i+1,i+2]=1
25
26 Y=np.concatenate([[0],6*y,[0]])
27 b=linalg.inv(A)@Y              # solutions for bj's
28 print(b)
29
30 n1=1000
31 xval=np.linspace(x[0],x[-1],n1)
32 yval=np.zeros(n1)
33 xbd=np.concatenate([[x[0]-h],x,[x[-1]+h]])
34 for i in range(n+2):
35     sp=BSpline(np.abs(xval-xbd[i])/h)
36     yval+=b[i]*sp
37
38 fig=plt.figure(1,figsize=(7,5))
39 plt.plot(xval,yval)
40 plt.plot(x,y,'ro')
41 for i in range(n+2):
42     sp=BSpline(np.abs(xval-xbd[i])/h)
43     plt.plot(xval,sp*b[i],'k',alpha=0.3)
44 plt.ylim(0,1.05)
45 plt.xlabel('x')
46 plt.ylabel('y')
47 plt.show()
```

1행은 역행렬을 구하기 위한 scipy.linalg 모듈을 불러온다. 3-10행은 배열 u를 입력받아 식 (6.27)에서 정의한 B-스플라인을 구하는 함수 BSpline을 정의한다. 12-13행은 11개의 마딧점 x와 룽게 함수의 함숫값 y를 계산한다. 15행은 마딧점의 수 n을, 16행은 보폭 h를 계산한다. 18-24행은 식 (6.32)의 좌변에 있는 정사각행렬 A를 지정하고, 26행은 우변의 열벡터 Y를 지정한다. 27행에서 A의 역행렬을 구한 후, 벡터 Y를 곱하여 계수 b를 구한다. 30-36행에서 식 (6.29)를 따라 $s(x)$의 값을 계산하여 배열 yval에 저장한다. 33행의 xbd는 j=-1과 j=n+1을 포함한 마딧점의 위치를 나타낸다. 38행 이하는 보간 결과를 그림으로 출력한다. 41-43행은 $s(x)$에 대한 각 B-스플라인 함수의 기여도를 옅은 선으로 그린다(그림 6.10).

파이썬의 내장함수 scipy.interpolate.splrep()는 B-스플라인 보간법을 수행한다. 이 함수는 다음과 같이 사용한다.

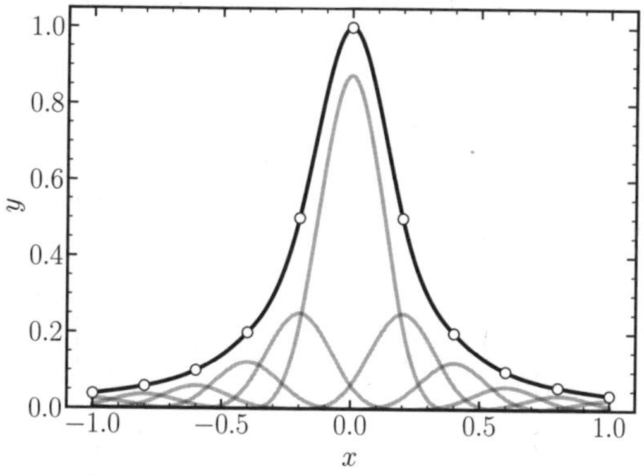

그림 6.10: 룽게 함수의 B-스플라인 보간법

```
1  from scipy import interpolate
2
3  x=np.array([1,1.5,2,2.5,3,4,5])
4  y=np.array([0,1.5,2,2,1,1,3])
5
6  tck=interpolate.splrep(x,y,k=3)
7  xval=np.linspace(x[0],x[-1],100)
8  yval=interpolate.splev(xval,tck)
9
10 plt.plot(x,y,'ro')
11 plt.plot(xval,yval)
12 plt.show()
```

1행은 `scipy.interpolate` 모듈을 불러온다. 3-4행은 표 6.1에 제시된 자료를 `x`와 `y`에 지정한다. 6행의 `interpolate.splrep()` 함수는 B-스플라인 보간법을 수행한 결과 (마딧점, 계수, 차수)를 튜플 `tck`에 저장한다. 열쇳말 `k`는 B-스플라인 함수의 차수를 지정한다. 7행은 구간 `[1,5]`를 100개로 균등하게 나누어 보간할 위치 `xval`로 저장한다. 8행의 `scipy.interpolate.splev()` 함수는 튜플 `tck`를 이용하여 `xval`인 위치에서 B-스플라인의 함숫값 `yval`을 계산한다.

파이썬의 `scipy.interpolate.splprep()` 함수는 다차원 평면에 있는 점도 보간할 수 있다. 다음 코드는 2차원 평면 위의 점을 보간한다.

```
from scipy import interpolate

t=np.arange(0,1.1,0.1)
x=np.sin(2*np.pi*t)
y=1.2*np.cos(2*np.pi*t)

```

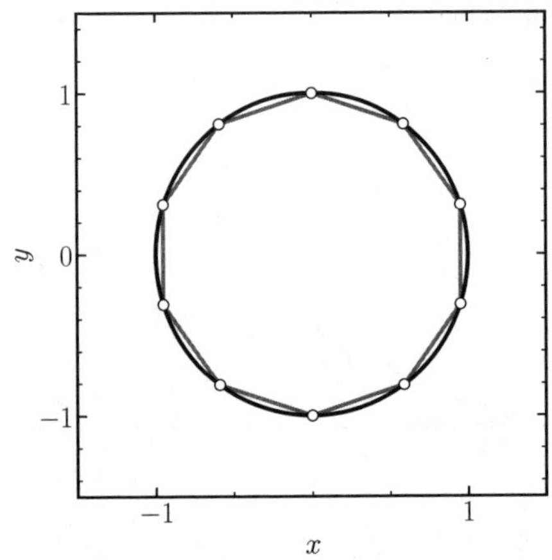

그림 6.11: 2차원 B-스플라인 보간법

```
7  tck,u=interpolate.splprep([x,y],s=0)
8  tnew=np.arange(0,1.01,0.01)
9  out=interpolate.splev(tnew,tck)
10
11 plt.plot(x,y,'bo-')
12 plt.plot(out[0],out[1],'r')
13 plt.xlim(-1.5,1.5)
14 plt.ylim(-1.5,1.5)
15 plt.xlabel('x')
16 plt.ylabel('y')
17 plt.show()
```

1행은 `scipy.interpolate` 모듈을 불러온다. 3-5행은 `t`를 매개변수로 한 x–y 평면에 분포한 11개의 마딧점 `(x,y)`를 지정한다. 7행은 `interpolate.splprep()` 함수를 호출하여 마딧점 `(x,y)`를 보간한 결과(마딧점, 계수, 차수)를 튜플 `tck`에, 마딧점의 규격화된 매개변수를 `u`에 저장한다. 열쇳말 `s`는 보간 함수의 매끄러운 정도를 나타내는데, 보간 함수가 마딧점을 반드시 통과하도록 만들려면 `s=0`으로 지정한다. `s` $\neq$ 0이면 보간 함수가 마딧점을 벗어난다. 9행의 `interpolate.splev()` 함수는 튜플 `tck`를 이용하여 매개변수가 `tnew`인 위치의 좌표 `out`을 계산한다. 11행 이하는 마딧점과 보간곡선을 그래프로 출력한다(그림 6.11).

6.4 2차원 보간법

다차원 자료는 1차원 보간법을 확장하여 보간할 수 있다. 2차원 보간법에 대해 알아보자.

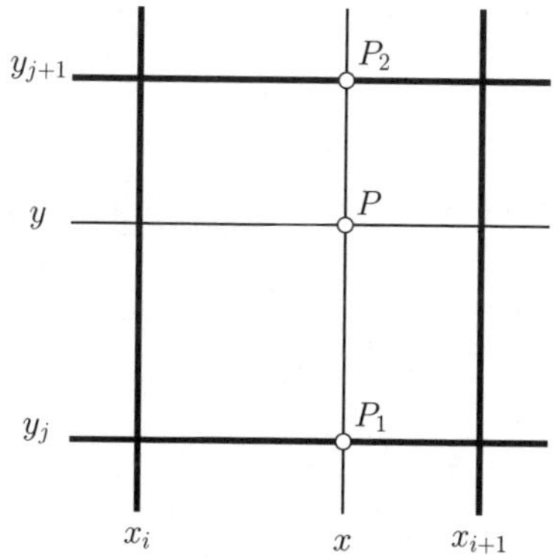

그림 6.12: 이중선형보간법

6.4.1 이중선형보간법

1차원 선형보간법을 2차원으로 확장한 것을 **이중선형보간법**(bilinear interpolation)이라고 한다. 그림 6.12처럼 2차원 평면 위의 격자점 (x_i, y_j)에서의 함숫값을 $f_{ij} = f(x_i, y_j)$로 나타내자. 또한, x축과 y축 방향의 보폭을 각각

$$h_x = x_{i+1} - x_i \tag{6.33a}$$

$$h_y = y_{j+1} - y_j \tag{6.33b}$$

로 나타내자. $x_i \le x \le x_{i+1}$이고 $y_j \le y \le y_{j+1}$인 영역에 있는 임의의 점 $P(x, y)$의 함숫값을 보간하기 위해서는 우선 점 $P_1(x, y_i)$와 $P_2(x, y_{i+1})$의 함숫값을 알아야 한다. 식 (6.1a)를 이용하여 점 P_1과 점 P_2의 함숫값을 x축 방향으로 선형보간하면

$$f(x, y_j) = \frac{(x_{i+1} - x)}{h_x} f_{i,j} + \frac{(x - x_i)}{h_x} f_{i+1,j} \tag{6.34a}$$

$$f(x, y_{j+1}) = \frac{(x_{i+1} - x)}{h_x} f_{i,j+1} + \frac{(x - x_i)}{h_x} f_{i+1,j+1} \tag{6.34b}$$

을 얻는다.

점 P_1과 P_2를 y축 방향으로 선형보간하면 점 $P(x, y)$에서의 함숫값은

$$f(x, y) = \frac{(y_{j+1} - y)}{h_y} f(x, y_j) + \frac{(y - y_j)}{h_y} f(x, y_{j+1}) \tag{6.35}$$

이다. 식 (6.34)를 식 (6.35)에 대입하고 행렬 형태로 정리하면

$$f(x, y) = \frac{1}{h_x h_y} \begin{bmatrix} x_{i+1} - x & x - x_i \end{bmatrix} \begin{bmatrix} f_{i,j} & f_{i,j+1} \\ f_{i+1,j} & f_{i+1,j+1} \end{bmatrix} \begin{bmatrix} y_{j+1} - y \\ y - y_j \end{bmatrix} \tag{6.36}$$

가 된다. 보간 순서를 바꾸어 y축 방향으로 먼저 보간한 후, x축 방향으로 보간해도 같은 결과를 얻는다.

$x_i = y_j = 0$이고 $x_{i+1} = y_{j+1} = 1$일 때, 식 (6.36)은

$$f(x,y) = \begin{bmatrix} 1-x & x \end{bmatrix} \begin{bmatrix} f_{i,j} & f_{i,j+1} \\ f_{i+1,j} & f_{i+1,j+1} \end{bmatrix} \begin{bmatrix} 1-y \\ y \end{bmatrix} \tag{6.37}$$

로 간단해진다.

예제 6.7

2차원 함수 $f(x,y)$에 대하여 $f(0,0)=1$, $f(1,0)=-2$, $f(0,1)=2$, $f(1,1)=4$일 때, 이 함수를 이중선형보간하여 $(x,y)=(i,j)/10$인 격자점에서 함숫값을 추정하시오(단, $i,j=0,1,\cdots,10$).

코드 6.9: 이중선형보간법

```
Forg=np.array([[1,-2],[2,4]])

xnew=np.linspace(0,1,11)
ynew=np.linspace(0,1,11)

n=len(xnew)
Fnew=np.zeros((n,n))
for j in range(n):
    for i in range(n):
        Y=np.array([1-ynew[j], ynew[j]])
        FY= Forg.T@Y
        Fnew[j,i]=np.array([1-xnew[i], xnew[i]])@FY

fig=plt.figure(1,figsize=(10,5))
plt.subplot(121)
plt.imshow(Forg,extent=[0,1,0,1],origin='lower')
plt.text(0.05,0.9,'(a)')
plt.xlabel('x')
plt.ylabel('y')
plt.xticks([0,0.5,1])
plt.yticks([0,0.5,1])
plt.subplot(122)
plt.imshow(Fnew,extent=[0,1,0,1],origin='lower')
plt.text(0.05,0.9,'(b)')
plt.xticks([0,0.5,1])
plt.yticks([0,0.5,1])
```

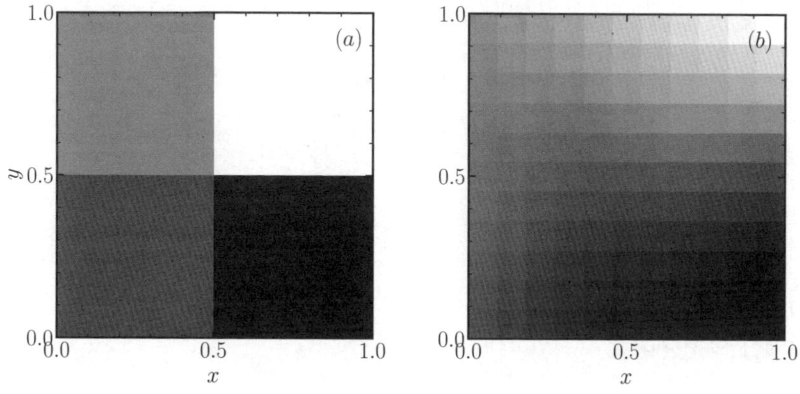

그림 6.13: 이중선형보간법의 활용

```
27  plt.xlabel('x')
28  plt.ylabel('y')
29  plt.show()
```

1행은 입력 함숫값을 행렬 Forg에 저장한다. 3-4행은 보간할 격자점의 좌표를 지정한다. 6행의 n은 자료의 보간값을 구할 x 방향 또는 y 방향 격자점의 개수를 나타낸다. 7행은 보간 함숫값 Fnew를 0으로 초기화한다. 8-12행은 식 (6.37)을 따라 Fnew를 계산한다. Forg[j,i]는 (x_i, y_j)에서의 함수값을 나타내므로, 11행에서 Forg의 전치행렬인 Forg.T를 사용해야 한다. 14행 이하는 결과를 그래프로 출력한다. 그림 6.13(a)와 (b)는 각각 보간하기 전 함숫값 Forg와 보간 함숫값 Fnew를 보여 준다. 2×2인 원자료가 11×11인 자료로 세분되었다.

이중선형보간법을 다른 각도에서 바라보면, x축 방향으로는 $a_0x + a_1$의 형태로 변하고 y축 방향으로는 $b_0y + b_1$의 형태로 변하는 2차원 보간 함수 $f(x, y)$를 찾는 것과 같다. 즉,

$$f(x,y) = (a_0x + a_1)(b_0y + b_1) = \sum_{i=0}^{1}\sum_{j=0}^{1} c_{ij}x^iy^j \tag{6.38}$$

으로 놓고, $f_{ij} = f(x_i, y_j)$를 만족시키는 계수 c_{ij}(단, $i, j = 0, 1$)를 찾는다. $(x, y) = (x_0, y_0)$, (x_1, y_0), (x_0, y_1), (x_1, y_1)을 식 (6.38)에 대입하여 행렬로 표현하면

$$\begin{bmatrix} 1 & x_0 & y_0 & x_0y_0 \\ 1 & x_1 & y_0 & x_1y_0 \\ 1 & x_0 & y_1 & x_0y_1 \\ 1 & x_1 & y_1 & x_1y_1 \end{bmatrix} \begin{bmatrix} c_{00} \\ c_{10} \\ c_{01} \\ c_{11} \end{bmatrix} = \begin{bmatrix} f_{00} \\ f_{10} \\ f_{01} \\ f_{11} \end{bmatrix} \tag{6.39}$$

을 얻는다. 식과 미지수의 개수가 같으므로 계수 c_{ij}를 결정할 수 있다.

앞의 예제를 식 (6.39)에 적용하면

$$\begin{bmatrix} 1 & 0 & 0 & 0 \\ 1 & 1 & 0 & 0 \\ 1 & 0 & 1 & 0 \\ 1 & 1 & 1 & 1 \end{bmatrix} \begin{bmatrix} c_{00} \\ c_{10} \\ c_{01} \\ c_{11} \end{bmatrix} = \begin{bmatrix} 1 \\ -2 \\ 2 \\ 4 \end{bmatrix} \tag{6.40}$$

가 되며, 이 식의 해는 $c_{00} = 1$, $c_{10} = -3$, $c_{01} = 1$, $c_{11} = 5$이다. 이 경우, $0 \leq x, y \leq 1$인 구간에서 식 (6.38)을 그리면 그림 6.13(b)와 같다.

6.4.2 이중고차보간법⋆

고차다항식을 이용한 2차원 보간법은 식 (6.38)을 확장한 방법을 사용한다. 예를 들어, **이중3차보간법**(bicubic interpolation)은

$$f(x, y) = \sum_{i=0}^{3} \sum_{j=0}^{3} c_{ij} x^i y^j \tag{6.41}$$

으로 놓고 주어진 조건을 만족시키는 16개의 계수 c_{ij}(단, $i, j = 0, \cdots, 3$)를 찾는다.

계수를 유일하게 결정하기 위해서는 16개의 조건이 필요하다. 16개의 격자점에서 함숫값 $f_{ij} = f(x_i, y_j)$(단, $i, j = 0, \cdots, 3$)가 주어졌을 때는 식 (6.39)를 16차 정사각 행렬로 확장한 행렬방정식을 푼다. $x_0 \leq x \leq x_1$과 $y_0 \leq y \leq y_1$인 사각형 내부를 보간할 때는, 보간 함수가 4개의 꼭짓점에서 함숫값 f_{ij}를 갖는다는 조건 4개와 꼭짓점에서 함수의 미분값($\partial f/\partial x$, $\partial f/\partial y$, $\partial^2 f/\partial x \partial y$) 12개가 연속이라는 조건을 연립하여 계수 c_{ij}를 결정할 수 있다.

파이썬의 `scipy.interpolate.interp2d()` 함수는 1차, 3차, 5차스플라인 함수를 이용하여 2차원 함수를 보간한다. 이 함수의 사용법은 다음과 같다.

```
from scipy import interpolate
from mpl_toolkits.axes_grid1 import make_axes_locatable

n=10
x=np.linspace(-1,1,n)
y=np.linspace(-1,1,n)
X,Y=np.meshgrid(x,y)
Z=(X+Y)*np.exp(-6.0*(X**2+Y**2))

xnew=np.linspace(-1,1,200)
ynew=np.linspace(-1,1,200)
f=interpolate.interp2d(x,y,Z,kind='cubic')
```

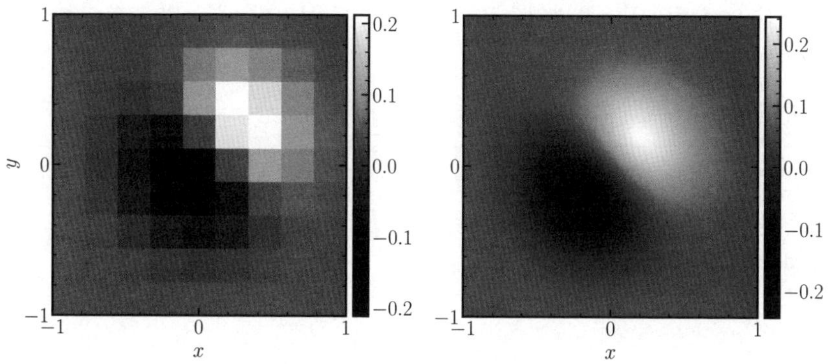

그림 6.14: 이중3차스플라인 보간법

```
13  znew=f(xnew,ynew)
14
15  fig=plt.figure(1,figsize=(10,6))
16  ax=plt.subplot(121)
17  im=ax.pcolormesh(x, y, Z)
18  ax.set_aspect(aspect=1)
19  divider=make_axes_locatable(ax)
20  cax=divider.append_axes("right",size=0.2,pad=0.1)
21  cbar=plt.colorbar(im, cax=cax)
22  ax=plt.subplot(122)
23  im=ax.pcolormesh(xnew,ynew,znew)
24  ax.set_aspect(aspect=1)
25  divider=make_axes_locatable(ax)
26  cax=divider.append_axes("right",size=0.2,pad=0.1)
27  cbar=plt.colorbar(im, cax=cax)
28  plt.tight_layout()
29  plt.show()
```

1행은 `scipy.interpolate` 모듈을 불러온다. 2행은 그림에서 색막대의 위치를 정하는 `make_axes_locatable()` 함수를 불러온다. 4행은 보간 자료의 크기를 `n=10`으로 지정한다. 5-8행은 10 × 10개의 2차원 마딧점 `(x,y)`를 만들고 가상의 입력자료 `Z`를 설정한다. 10-11행은 `Z`를 보간할 2차원 격자점 `(xnew,ynew)`를 지정한다. 12행은 `interpolate.interp2d()` 함수를 호출하여 `Z`를 보간한 결과를 `f`에 저장한다. 열쇳말 `kind`는 보간 함수의 종류를 지정하는데, `linear`, `cubic`, `quintic`은 각각 1차, 3차, 5차스플라인 함수에 해당한다. 13행은 `(xnew,ynew)`인 격자점에서 보간한 결과를 2차원 배열 `znew`에 저장한다. 15행 이하는 결과를 그래프로 출력한다. 그림 6.14는 위 코드를 실행한 결과를 보여 주는데, 왼쪽에 있는 10 × 10인 자료가 오른쪽의 200 × 200인 자료로 세분되었다.

이변량(bivariate) B-스플라인으로 2차원 함수를 보간할 때는 위 코드의 12-13행을

```
tck=interpolate.bisplrep(X,Y,Z,s=0)
znew=interpolate.bisplev(xnew,ynew,tck)
```

로 바꾸면 된다. 다만, `interpolate.bisplrep()` 함수는 입력자료의 크기가 작으면 부정확한 결과를 반환한다. 위 코드의 4행에서 숫자 10을 15 이상으로 바꾸면 그림 6.14와 비슷한 결과를 얻을 수 있다.

문제

6.1 아래 자료를 다항식으로 보간하여 $y=0$ 또는 $y=-1$인 x값을 구하시오.

x	0	1	2	3	4	5
y	1.7	1.5	1.2	−0.2	−0.9	−1.3

6.2 구간 $x \in [-1,1]$에서 함수 $f(x) = \exp(x)$를 4개의 (1) 균등간격 마딧점과 (2) 체비셰프 마딧점에서 추출한 함숫값을 보간하는 3차다항식 $p_3(x)$를 구하시오.

6.3 아래 표에 주어진 자료를

(1) 조각마다 선형보간하여 점 $x = 3.5, 0.4, -0.128, -2.0$에서 함숫값을 추산하시오.

(2) 11차다항식으로 보간하여 (1)에서 주어진 점의 함숫값을 추산하시오.

(3) 자연 3차스플라인 함수로 보간하여 (1)에서 주어진 점의 함숫값을 추산하시오.

또한, 보간 함수를 그래프로 그리시오.

x	y	x	y
−2.1	0.012155	0.8	0.527292
−1.45	0.122151	1.1	0.298197
−1.3	0.184520	1.5	0.105399
−0.2	0.960789	2.0	0.027855
0.1	0.990050	2.8	3.936690×10^{-4}
0.15	0.977751	3.8	5.355348×10^{-7}

6.4 룽게 함수(식 6.6)를 구간 $[-1,1]$에서 선택한

(1) 51개의 균등간격 마딧점에서 자연 3차스플라인 함수로

(2) 51개의 체비셰프 마딧점에서 50차다항식으로

보간하시오. 또한, 룽게 함수와 보간 함수의 차이에 대해 토의하시오.

6.5 속도장이 $\boldsymbol{v} = (v_x, v_y)$인 유체의 **유선**(streamline)은 기울기가

$$\frac{dy}{dx} = \frac{v_y}{v_x} \tag{P6.1}$$

인 곡선을 따른다. 식 (P6.1)을 유한차분하면

$$x_{k+1} = x_k + \Delta x \tag{P6.2a}$$

$$y_{k+1} = y_k + \frac{v_y(x_k, y_k)}{v_x(x_k, y_k)}\Delta x \tag{P6.2b}$$

와 같다(단, $k = 0, 1, \cdots$). 여기서, Δx는 x 방향의 보폭을 나타낸다. $(x, y) = (i, j)$(단, i, j는 정수)인 격자점에서 속도장이 $(v_x, v_y) = (j^2, 2ij)$일 때, 속도장을 (1) 이중선형보간법과 (2) 이중3차보간법으로 보간하여 $(x_0, y_0) = (0, 1)$에서 출발한 유선의 자취를 그리시오. 단, $\Delta x = 0.01$을 택하고 $x \in [0, 3]$인 구간을 보간하시오. 보간 결과를 $y = \sqrt{2x^2 + 1}$인 곡선과 비교하시오.

6.6 다음 표에 있는 자료를 (1) 조각마다 선형보간법, (2) 자연 3차스플라인, (3) 고정 3차스플라인, (4) 9차다항식으로 보간하고 그림을 그리시오. 또한, 각 보간법으로 추산한 $x = 2.0$에서의 함숫값을 출력하시오.

x	y	x	y
0.0	−0.8	2.3	0.28
0.6	−0.34	2.8	1.03
1.5	0.59	3.1	1.44
1.7	0.23	3.5	0.98
2.2	0.1	4	0.74

6.7 2차원 함수

$$f(x, y) = [y + \cos(2\pi x)]\sin(\pi y^2) \tag{P6.3}$$

을 $(x_i, y_j) = (i, j)/5$(단, $i, j = 0, \cdots, 5$)인 36개의 격자점에서 추출한 값을 $(x_i, y_j) = (i, j)/100$(단, $i, j = 0, \cdots, 100$)인 격자점에서 (1) 이중선형보간법과 (2) 3차스플라인 함수로 보간하고 그 결과를 그래프로 그리시오. 또한, 두 보간 결과를 각각 $\boldsymbol{f}_{\text{lin}}$과 $\boldsymbol{f}_{\text{spl}}$이라고 할 때 $|\boldsymbol{f}_{\text{lin}} - \boldsymbol{f}_{\text{spl}}|$의 평균과 표준편차를 구하시오.

6.8 3차원 격자점에서 함숫값이 $f(i, j, k) = i + 2j - 0.3(1 + k)^3$(단, $i, j, k = 0, 1$)일 때, 선형보간법으로 $f(0.1, 0.6, 0.7)$의 값을 추산하시오.

제7장

자료 맞춤

실험/관측 자료는 불확실성 또는 오차에서 벗어날 수 없다. 오차는 때때로 실험자 개인의 실수에서 비롯되기도 하지만, 온도나 습도 등 실험 조건의 변화나 측정 기기가 가진 본질적인 한계 때문에 생기는 경우가 대부분이다. 오차를 가진 측정 자료로부터 변수 사이의 법칙이나 관계를 도출하기 위해서는 실험/관측 결과를 가장 잘 대변해 주는 맞춤함수(fitting function)를 찾아야 한다. 실험자료와 맞춤함수 간 차이를 최소화하는 방법을 **최소제곱법**(least square method)이라고 하며 통계학에서는 **회귀분석**(regression analysis)이라고도 한다.[1] 제6장에서 학습한 보간법은 제시된 모든 점을 정확하게 지나가는 함수를 찾지만, 최소제곱법에서는 주어진 점을 지나지 않더라도 모든 점을 (근사적으로) 가장 잘 대변해 주는 함수를 찾는다. 보간법과는 달리 최소제곱법은 자료가 가진 오차를 맞춤함수에 반영할 수 있다.

7.1 최소제곱법

독립변수 x를 바꾸며 물리량 y를 측정하는 실험에서 n개의 자료 (x_i, y_i)와 y_i 값의 오차 σ_i를 얻은 경우를 생각해 보자(단, $i = 1, \cdots, n$). 이 자료를 m개의 매개변수 a_j(단, $j = 1, \cdots, m$)로 기술되는 함수

$$y = y(x; a_1, \cdots, a_m) \tag{7.1}$$

1) 회귀(regression)는 '더 나쁜 상태로 돌아감'이라는 뜻이다. 이 용어는 19세기 영국의 과학자 골턴(Francis Galton; 1822-1911)이 조상의 키가 컸어도 후손의 키는 평균 키로 회귀한다는 생물학적 현상을 가리키기 위해 처음 사용했는데, 시간이 지나면서 최소제곱법을 대변하는 용어로 확장되었다.

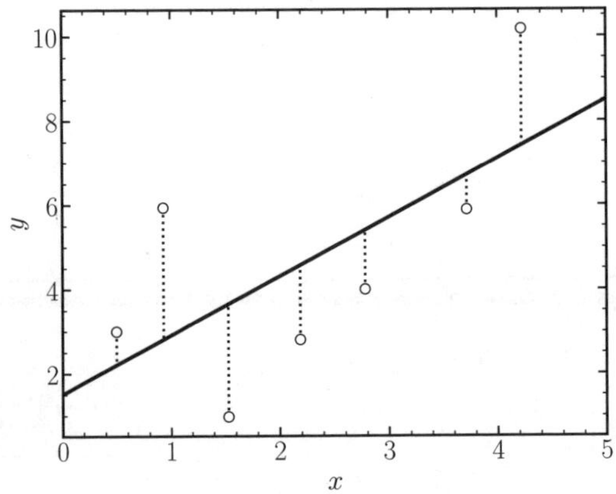

그림 7.1: 측정 자료와 맞춤함수

으로 맞추고자 한다. 그림 7.1에서 점으로 표시된 측정 자료와 실선으로 그려진 맞춤함수 간 y 방향 차이 제곱의 합, 즉

$$\chi^2 \equiv \sum_{i=1}^{n} \left[\frac{y_i - y(x; a_1, \cdots, a_m)}{\sigma_i} \right]^2 \tag{7.2}$$

을 **카이제곱**(chi square)이라고 한다. 식 (7.2)에서 $(y_i - y)$를 σ_i로 나눈 이유는 오차가 작은 자료의 비중을 높이고 오차가 큰 자료의 비중을 낮추기 위함이다. 즉, 오차에 반비례하는 가중값을 부여한다. 최소제곱법에서는 χ^2을 최소화하는 매개변수 $a_1, \cdots, a_m$의 조합을 찾는다.

자료의 개수가 많을수록 카이제곱이 커지므로 맞춤이 잘 되었다고 판단할 절대적인 기준은 없다. $\nu = n - m$을 맞춤의 **자유도**(degree of freedom)라고 하는데, 통상적으로 $\chi^2 \sim \nu$ 정도면 잘된 맞춤으로 간주한다. 오차가 알려지지 않았을 때는 $\sigma_i = 1$로 놓고 최소제곱법을 수행한 후,

$$\sigma_i^2 = \frac{1}{n-m} \sum_{i=1}^{n} [y_i - y(x_i)]^2 \tag{7.3}$$

으로 자료가 가진 오차를 추정할 수 있다.

7.2 선형회귀

식 (7.1)로 표시된 맞춤함수가 매개변수의 선형결합으로 표시되는 최소제곱법을 **선형회귀**(linear regression) 또는 선형 맞춤이라고 한다. 직선이나 고차다항식을 이용한 맞춤은 대표적인 선형회귀다. 이와는 반대로, 식 (7.1)이 매개변수의 1차결합으로 표시되지 않는

최소제곱법을 **비선형회귀**(nonlinear regression) 또는 비선형 맞춤이라고 한다. 지수함수나 가우스 함수를 이용한 맞춤은 대표적인 비선형회귀다.

7.2.1 직선 맞춤: 고전적 방법

맞춤함수가 가장 간단한 함수인 직선

$$y(x) = ax + b \tag{7.4}$$

인 경우를 생각해 보자. 여기서, a와 b는 계수다. 식 (7.4)를 식 (7.2)에 대입하면

$$\chi^2 \equiv \sum_{i=1}^{n} \left(\frac{y_i - ax_i - b}{\sigma_i} \right)^2 \tag{7.5}$$

이 된다. 계수 a와 b의 변화에 대해 χ^2이 최솟값을 가질 조건은

$$\begin{aligned} \frac{\partial \chi^2}{\partial a} &= 0 = -2\sum_{i=1}^{n} \frac{x_i(y_i - ax_i - b)}{\sigma_i^2} \\ \frac{\partial \chi^2}{\partial b} &= 0 = -2\sum_{i=1}^{n} \frac{y_i - ax_i - b}{\sigma_i^2} \end{aligned} \tag{7.6}$$

이다. 이 식을 행렬방정식으로 표현하면

$$\begin{bmatrix} A_{xx} & A_x \\ A_x & A \end{bmatrix} \begin{bmatrix} a \\ b \end{bmatrix} = \begin{bmatrix} A_{xy} \\ A_y \end{bmatrix} \tag{7.7}$$

가 된다. 이 식을 **정규방정식**(normal equation)이라고 한다. 여기서,

$$\begin{aligned} &A_{xx} = \sum_{i=1}^{n} \frac{x_i^2}{\sigma_i^2}, \quad A_{xy} = \sum_{i=1}^{n} \frac{x_i y_i}{\sigma_i^2}, \quad A_x = \sum_{i=1}^{n} \frac{x_i}{\sigma_i^2} \\ &A_y = \sum_{i=1}^{n} \frac{y_i}{\sigma_i^2}, \qquad A = \sum_{i=1}^{n} \frac{1}{\sigma_i^2} \end{aligned} \tag{7.8}$$

이다. 식 (7.7)의 해는

$$\begin{bmatrix} a \\ b \end{bmatrix} = \frac{1}{D} \begin{bmatrix} A & -A_x \\ -A_x & A_{xx} \end{bmatrix} \begin{bmatrix} A_{xy} \\ A_y \end{bmatrix} = \frac{1}{D} \begin{bmatrix} AA_{xy} - A_x A_y \\ A_{xx}A_y - A_x A_{xy} \end{bmatrix} \tag{7.9}$$

로 주어진다. 여기서, $D \equiv AA_{xx} - A_x^2$이다. 식 (7.9)에서 구한 a와 b를 식 (7.4)에 대입하면 선형 맞춤함수를 찾을 수 있다.

측정치 y_i가 σ_i 만큼의 오차를 갖고 있으므로 맞춤함수의 계수도 오차를 가진다. 계수 a와 b의 오차 추정치를 각각 σ_a와 σ_b라고 하면, 오차의 전파로부터

$$\sigma_a^2 = \sum_{i=1}^{n} \sigma_i^2 \left(\frac{\partial a}{\partial y_i}\right)^2, \quad \sigma_b^2 = \sum_{i=1}^{n} \sigma_i^2 \left(\frac{\partial b}{\partial y_i}\right)^2 \tag{7.10}$$

임을 알 수 있다.[2] 식 (7.9)를 y_i에 대해 미분하면

$$\frac{\partial a}{\partial y_i} = \frac{Ax_i - A_x}{D\sigma_i^2}, \quad \frac{\partial b}{\partial y_i} = \frac{A_{xx} - A_x x_i}{D\sigma_i^2} \tag{7.11}$$

이므로, 식 (7.10)으로부터

$$\sigma_a^2 = \frac{A}{D}, \quad \sigma_b^2 = \frac{A_{xx}}{D} \tag{7.12}$$

를 얻는다. 오차가 알려져 있지 않은 경우, σ_i를 일정한 값으로 선택하는데, 이때 계산되는 σ_a^2과 σ_b^2의 값은 σ_i값에 무관하다.

두 계수 a와 b가 함께 변하는 정도를 나타내는 **공분산**(covariance)은

$$\mathrm{Cov}(a,b) = \sum_{i=1}^{n} \sigma_i^2 \left(\frac{\partial a}{\partial y_i}\right)\left(\frac{\partial b}{\partial y_i}\right) = \frac{-A_x}{D} \tag{7.13}$$

로 주어진다. 실험/관측 자료가 축적되어 더 많은 자료를 이용하면 맞춤계수 a와 b가 달라질 것이다. 이때, $\mathrm{Cov}(a,b) > 0$이면 a와 b가 동시에 증가하거나 감소하고, $\mathrm{Cov}(a,b) < 0$이면 a와 b의 증가/감소 방향이 반대다. **상관계수**(correlation coefficient)는 공분산을 정규화하는 양으로

$$r_{ab} = \frac{\mathrm{Cov}(a,b)}{\sigma_a \sigma_b} = \frac{-A_x}{\sqrt{AA_{xx}}} \tag{7.14}$$

로 정의되는데, **코시-슈바르츠 부등식**에 의해 $|r_{ab}| \le 1$인 값을 가진다. $|r_{ab}|$가 크면 a와 b가 동시에 변할 가능성이 높으며, $|r_{ab}|$가 0에 가까울수록 a와 b의 상호 관련성이 줄어든다. 분산과 공분산을 각각 대각원소와 비대각원소로 가지는 행렬

$$\boldsymbol{C} = \begin{bmatrix} \sigma_a^2 & \mathrm{Cov}(a,b) \\ \mathrm{Cov}(a,b) & \sigma_b^2 \end{bmatrix} = \frac{1}{D}\begin{bmatrix} A & -A_x \\ -A_x & A_{xx} \end{bmatrix} \tag{7.15}$$

를 맞춤계수의 **공분산행렬**(covariance matrix)이라고 한다. 식 (7.9)의 중간에 있는 행렬은 공분산행렬과 같음을 알 수 있다.

2) x의 오차가 σ_x이고 y의 오차가 σ_y일 때, 함수 $z = f(x,y)$의 오차 σ_z는 $\sigma_z^2 = \sigma_x^2 (\partial f/\partial x)^2 + \sigma_y^2 (\partial f/\partial y)^2$을 만족시킨다.

x_i	y_i	σ_i	x_i	y_i	σ_i
2.1	4.3	0.7	2.8	5.90	3.6
3.8	5.8	3.7	4.8	6.60	1.7
5.8	11.3	2.8	7.1	12.30	3.4
8.0	13.1	3.2	9.0	16.90	1.7
9.8	14.9	3.0	11.0	17.40	3.4
12.1	23.1	1.3	12.9	21.90	1.5

표 7.1: 최소제곱법을 위한 모의자료

예제 7.1

표 7.1에 있는 모의자료를 직선으로 맞추고 계수 a와 b, 계수의 오차 σ_a와 σ_b, 카이제곱, 상관계수를 구하시오.

코드 7.1: 직선 맞춤

```
x=np.array([2.1, 2.8, 3.8, 4.8, 5.8, 7.1,      \
            8.0, 9.0, 9.8,11.0,12.1,12.9])
y=np.array([4.3, 5.9, 5.8, 6.6,11.3,12.3,      \
           13.1,16.9,14.9,17.4,23.1,21.9])
sig=np.array([0.7,3.6,3.7,1.7,2.8,3.4,         \
             3.2,1.7,3.0,3.4,1.3,1.5])

isig2=1/(sig*sig)
Axx=np.sum(x*x*isig2)
Axy=np.sum(x*y*isig2)
Ax=np.sum(x*isig2)
Ay=np.sum(y*isig2)
A=np.sum(isig2)

D=A*Axx-Ax**2
a=(A*Axy-Ax*Ay)/D
b=(Axx*Ay-Ax*Axy)/D

chi2=np.sum((y-a*x-b)**2*isig2)

sigma_a=np.sqrt(A/D)
sigma_b=np.sqrt(Axx/D)
Cov=-Ax/D
r_ab=Cov/(sigma_a*sigma_b)

print(f'a={a:.3f}+/-{sigma_a:.3f}')
```

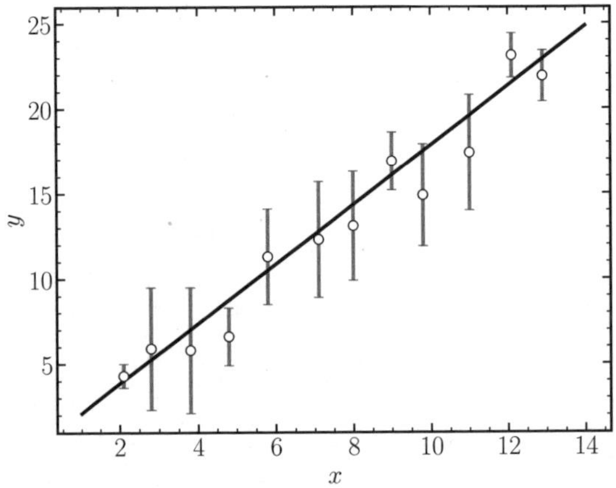

그림 7.2: 점과 오차막대는 표 7.1에 제시된 자료며, 직선은 코드 7.1을 이용한 직선 맞춤 결과를 보여 준다.

```
27 print(f'b={b:.3f}+/-{sigma_b:.3f}')
28 print(f'covariance={Cov:.3f}')
29 print(f'correlation coefficient={r_ab:.3f}')
30 print(f'chi square={chi2:.3f}')
31
32 fig=plt.figure(1,figsize=(7,5))
33 xnew=np.linspace(1,14,100)
34 plt.plot(x,y,'ro',mec='k')
35 plt.errorbar(x,y,yerr=sig,linestyle='None',capsize=4)
36 plt.plot(xnew,a*xnew+b)
37 plt.xlabel('x')
38 plt.ylabel('y')
39 plt.show()
```

1-6행은 입력자료를 지정한다. 8-13행은 식 (7.8)에서 정의한 상수를 계산한다. 15행은 D를 계산하고 16-17행에서 맞춤함수의 계수 a와 b를 계산한다. 19행은 카이제곱인 chi2를 계산한다. 21-22행은 계수 a와 b의 오차인 sigma_a와 sigma_b를 계산한다. 23행은 공분산 Cov를 계산하고 24행은 상관계수 r_ab를 계산한다. 26-29행은 계산한 값을 화면에 출력하는데, 그 결과는

```
a=1.747+/-0.110
b=0.366+/-0.812
covariance=-0.072
correlation coefficient=-0.811
chi square=5.471
```

과 같다. 32행 이하는 입력자료와 맞춤함수를 그래프로 출력한다(그림 7.2). 35행의

`plt.errorbar()` 함수는 **오차막대**(errorbar)를 그린다. 열쇳말 `capsize`는 막대끝선(cap)의 길이를 지정한다.

7.2.2 직선 맞춤: 특잇값분해 이용

n개의 점 (x_i, y_i)에 대한 직선의 방정식 $y_i = ax_i + b$(단, $i = 1, \cdots, n$)를 행렬방정식으로 표현하면

$$\boldsymbol{A}\boldsymbol{w} \approx \boldsymbol{b} \tag{7.16}$$

다. 여기서, $n \times 2$인 행렬 $\boldsymbol{A}$와 열벡터 $\boldsymbol{w}$와 $\boldsymbol{b}$는 각각

$$\boldsymbol{A} = \begin{bmatrix} x_1 & 1 \\ x_2 & 1 \\ \vdots & \vdots \\ x_n & 1 \end{bmatrix}, \quad \boldsymbol{w} = \begin{bmatrix} a \\ b \end{bmatrix}, \quad \boldsymbol{b} = \begin{bmatrix} y_1 \\ y_2 \\ \vdots \\ y_n \end{bmatrix} \tag{7.17}$$

으로 주어진다. y_i의 오차 σ_i가 주어지면 $\boldsymbol{A}$와 $\boldsymbol{b}$를

$$\boldsymbol{A} = \begin{bmatrix} x_1/\sigma_1 & 1/\sigma_1 \\ x_2/\sigma_2 & 1/\sigma_2 \\ \vdots & \vdots \\ x_n/\sigma_n & 1/\sigma_n \end{bmatrix}, \quad \boldsymbol{b} = \begin{bmatrix} y_1/\sigma_1 \\ y_2/\sigma_2 \\ \vdots \\ y_n/\sigma_n \end{bmatrix} \tag{7.18}$$

으로 잡는다. 미지수는 a와 b로 2개고 식은 $n\,(> 2)$개이므로 식 (7.16)의 등호를 만족하는 $\boldsymbol{w}$는 일반적으로 존재하지 않는다. 대신, 행렬의 **특잇값분해**로부터 얻은 식 (5.106)을 이용하면 $\|\boldsymbol{A}\boldsymbol{w} - \boldsymbol{b}\|_2$를 최소화하는 $\boldsymbol{w}_{LS}$를 찾을 수 있다.

예제 7.2

행렬의 특잇값분해를 이용하여 표 7.1에 있는 모의자료를 직선으로 맞추고 카이제곱을 구하시오.

코드 7.2: 특잇값분해를 이용한 선형 맞춤

```
from scipy import linalg

x=np.array([2.1, 2.8, 3.8, 4.8, 5.8, 7.1,    \
            8.0, 9.0, 9.8,11.0,12.1,12.9])
y=np.array([4.3, 5.9, 5.8, 6.6,11.3,12.3,    \
           13.1,16.9,14.9,17.4,23.1,21.9])
sig=np.array([0.7,3.6,3.7,1.7,2.8,3.4,       \
              3.2,1.7,3.0,3.4,1.3,1.5])
```

```
9
10 A=np.vstack([x/sig,np.ones(len(x))/sig]).T
11 b=y/sig
12 m,n=A.shape
13
14 U,s,VT=linalg.svd(A)
15 print('singular values=',s)
16
17 Sinv=np.diag(1/s)
18 Sinv=np.vstack([Sinv,np.zeros((m-len(s),n))]).T
19
20 z=U.T @ b
21 chi2=np.sum(z[n:]**2)
22 print('chi square=',chi2)
23
24 w=VT.T @ Sinv @ z
25 print('coefficients=',w)
```

1행은 scipy.linalg 모듈을 불러온다. 3-8행은 입력자료를 지정한다. 10-11행은 식 (7.18)을 따라 행렬 A와 열벡터 b를 구성한다. 12행은 행렬 A의 크기를 구한다. 14행은 행렬 A를 특잇값분해한다. 15행은 특잇값을 출력한다. 17-18행은 대각행렬 $\mathbf{\Sigma}$의 역행렬 $\mathbf{\Sigma}^{-1}$을 변수 Sinv에 저장한다. 20행은 식 (5.104)를 따라 열벡터 z를 계산하고, 21행은 카이제곱을 계산한다. 24행은 식 (5.106)을 따라 계수로 구성된 열벡터 w를 계산한다. 이 코드를 실행하면 화면에

```
singular values= [15.6915271 1.22358976]
chi square= 5.470595025064473
coefficients= [1.74698872 0.36644842]
```

가 출력된다.

파이썬의 scipy.linalg.lstsq() 함수는 코드 7.2에 제시된 과정을 밟아 최소제곱법을 수행한다. 이 함수의 사용법은 다음과 같다.

```
1 from scipy import linalg
2
3 A=np.vstack([x/sig, np.ones(len(x))/sig]).T
4 b=y/sig
5 w,chi2,rank,s=linalg.lstsq(A,b)
6 print('singular values=',s)
7 print('chi squares=',chi2)
8 print('coefficients=',w)
```

1행은 scipy.linalg 모듈을 불러온다. 3-4행은 코드 7.2의 10-11행과 같다. 5행은 특잇값분해를 이용하여 선형함수의 계수 w를 찾는다. chi2는 카이제곱을, rank는 0이 아닌

특잇값의 개수를, s는 특잇값을 저장한다.

7.2.3 다항식 맞춤

맞춤함수가 m차다항식

$$y(x) = p_0 x^m + p_1 x^{m-1} + \cdots + p_{m-1} x + p_m \tag{7.19}$$

인 경우를 생각해 보자. n개의 점 (x_i, y_i)를 식 (7.19)에 대입하면, 행렬방정식 (7.16)을 얻는다. 단, 행렬 $\boldsymbol{A}$와 열벡터 $\boldsymbol{w}$, $\boldsymbol{b}$는

$$\boldsymbol{A} = \begin{bmatrix} x_1^m & x_1^{m-1} & \cdots & x_1 & 1 \\ x_2^m & x_2^{m-1} & \cdots & x_2 & 1 \\ \vdots & \vdots & \ddots & \vdots & \vdots \\ x_n^m & x_n^{m-1} & \cdots & x_n & 1 \end{bmatrix}, \quad \boldsymbol{w} = \begin{bmatrix} p_0 \\ p_1 \\ \vdots \\ p_m \end{bmatrix}, \quad \boldsymbol{b} = \begin{bmatrix} y_1 \\ y_2 \\ \vdots \\ y_n \end{bmatrix} \tag{7.20}$$

으로 주어진다. 행렬 $\boldsymbol{A}$를 특잇값분해하면 $\|\boldsymbol{A}\boldsymbol{w} - \boldsymbol{b}\|_2$를 최소화는 계수 $\boldsymbol{w}_{LS} = (p_0, \cdots, p_m)^\intercal$를 찾을 수 있다. 오차 σ_i가 제시된 경우, 행렬 $\boldsymbol{A}$와 열벡터 $\boldsymbol{b}$의 모든 원소를 σ_i로 나눈 행렬과 열벡터를 사용한다.

예제 7.3

행렬의 특잇값분해를 이용하여 표 7.1에 있는 모의자료를 3차다항식으로 맞추시오.

코드 7.3: 다항식 맞춤

```
from scipy import linalg

x=np.array([2.1, 2.8, 3.8, 4.8, 5.8, 7.1,   \
            8.0, 9.0, 9.8,11.0,12.1,12.9])
y=np.array([4.3, 5.9, 5.8, 6.6,11.3,12.3,   \
           13.1,16.9,14.9,17.4,23.1,21.9])
sig=np.array([0.7,3.6,3.7,1.7,2.8,3.4,      \
              3.2,1.7,3.0,3.4,1.3,1.5])

A=np.vstack([x**3/sig,x**2/sig,x/sig,np.ones(len(x))/sig]).T
b=y/sig
m,n=A.shape

U,s,VT=linalg.svd(A)
Sinv=np.diag(1/s)
```

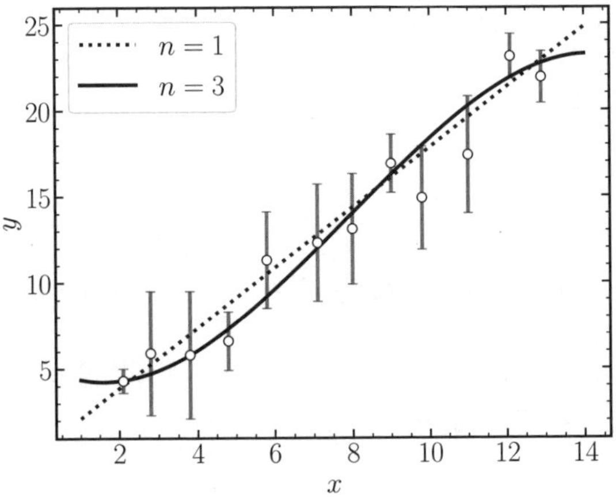

그림 7.3: 3차다항식 맞춤과 직선 맞춤의 비교

```
16  Sinv=np.vstack([Sinv, np.zeros((m-len(s),n))]).T
17  z=U.T @ b
18  chi2=np.sum(z[n:]**2)
19  w=VT.T @ Sinv @ z
20  p=np.poly1d(w)
21  
22  fig=plt.figure(1,figsize=(7,5))
23  xnew=np.linspace(1,14,100)
24  plt.plot(x,y,'ro',mec='k')
25  plt.plot(xnew,p(xnew))
26  plt.errorbar(x,y,yerr=sig,linestyle='None',capsize=4)
27  plt.xlabel('x')
28  plt.ylabel('y')
29  plt.show()
```

행렬 A를 지정하는 10행을 제외하면 1-19행은 코드 7.2의 계산과 같다. 행렬 A와 열벡터 b에 1/sig의 가중치를 곱하여 오차를 고려한다. '@' 기호는 행렬의 곱셈 연산자다. 19행은 맞춤다항식의 계수 w를 구한다. 20행의 np.poly1d() 함수는 다항식의 함숫값을 계산하는 **클래스**인데, p는 식 (7.19)의 $y(x)$와 같다.[3] 25행의 p(xnew)는 xnew인 위치에서 함숫값을 반환한다. 그림 7.3은 이 코드를 실행한 결과와 코드 7.2의 직선 맞춤의 결과를 비교한다.

파이썬의 scipy.linalg.lstsq() 함수를 사용하려면 코드 7.3의 12-19행을

3) 클래스(class)는 변수와 함수를 묶어 새로운 객체를 만드는 파이선의 틀 또는 설계도다. 클래스로 만든 객체를 **인스턴스**(instance)라고 한다. 클래스는 다양한 **속성** 또는 **메소드**를 가지고 있어서 필요한 계산을 간편하게 수행할 수 있다. 예를 들어, 20행의 p는 인스턴스고 메소드 p.o는 다항식의 차수를, p.c는 다항식의 계수를, p.r은 다항식의 근을 출력한다.

```
w=linalg.lstsq(A,b)[0]
```

로 대치한다.

파이썬의 np.polyfit() 함수는 매우 간편하게 사용할 수 있는 다항식 회귀에 특화된 내장함수다. 3차다항식에 대해

```
deg=3
p=np.polyfit(x,y,deg,w=1/sig)
print(p)
```

를 입력하면, 차수가 deg인 맞춤 다항식의 계수 p를 구할 수 있다. p[i]는 (deg-i) 차항의 계수를 나타낸다(단, $\mathtt{i} = 0, \cdots, \mathtt{deg}$).

7.2.4 일반함수 선형회귀

다항식 맞춤을 일반함수의 경우로 확장할 수 있다. 즉, 맞춤함수로

$$y(x) = \sum_{i=0}^{m} p_i f_i(x) \tag{7.21}$$

와 같이 $(m+1)$개의 일반함수 $f_i(x)$(단, $i = 0, \cdots, m$)의 선형결합으로 주어진 경우를 생각해 보자. p_i는 카이제곱을 최소화하는 계수다. 자료의 오차 σ_i를 무시하는 경우, n개의 점 (x_i, y_i)를 식 (7.21)에 대입하면 식 (7.16)을 얻는다. 단,

$$\boldsymbol{A} = \begin{bmatrix} f_0(x_1) & f_1(x_1) & \cdots & f_m(x_1) \\ f_0(x_2) & f_1(x_2) & \cdots & f_m(x_2) \\ \vdots & \vdots & \ddots & \vdots \\ f_0(x_n) & f_1(x_n) & \cdots & f_m(x_n) \end{bmatrix}, \quad \boldsymbol{w} = \begin{bmatrix} p_0 \\ p_1 \\ \vdots \\ p_m \end{bmatrix}, \quad \boldsymbol{b} = \begin{bmatrix} y_1 \\ y_2 \\ \vdots \\ y_n \end{bmatrix} \tag{7.22}$$

이다. $f_i(x) = x^{m-i}$이면, 식 (7.22)는 식 (7.20)과 같아진다. 행렬 $\boldsymbol{A}$를 **특잇값분해**하면, $\|\boldsymbol{A}\boldsymbol{w} - \boldsymbol{b}\|_2$를 최소화하는 $\boldsymbol{w}_{LS}$를 찾을 수 있다.

7.3 직교회귀

지금까지 학습한 회귀에서는 독립변수 $\boldsymbol{x}$에 대한 오차를 가진 종속변수 $\boldsymbol{y}$의 관계를 가장 잘 대변해 주는 맞춤함수를 찾았다. 만일, 변수 $\boldsymbol{x}$와 $\boldsymbol{y}$가 둘 다 오차를 가진 종속변수일 때는 맞춤함수를 어떻게 찾을 수 있을까? 이때는 그림 7.4와 같이 y축 방향의 거리가 아니라 점과 곡선 사이의 수직거리의 합을 최소화하는 회귀분석을 수행한다. 이 방법을 **직교거리회귀**(orthogonal distance regression) 또는 간단히 **직교회귀**라고 한다.

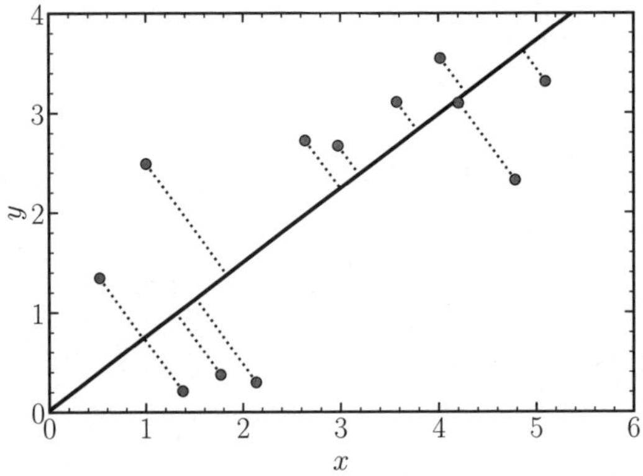

그림 7.4: 직교회귀

그림 7.5와 같이 2차원 평면 위의 점 (x_i, y_i)와 곡선 $y = f(x; \boldsymbol{\beta})$를 생각해 보자. 여기서, $\boldsymbol{\beta}$는 맞춤함수를 기술하는 매개변수로, 직교회귀에서 찾고자 하는 계수다. 점 (x_i, y_i)와 함수 $y = f(x; \boldsymbol{\beta})$ 위의 임의의 점 $[x_i + \delta_i, f(x_i + \delta_i; \boldsymbol{\beta})]$ 사이의 거리를 d_i 라고 하면

$$d_i^2 = \delta_i^2 + [f(x_i + \delta_i; \boldsymbol{\beta}) - y_i]^2 \tag{7.23}$$

이다. 만일, x_i의 오차 σ_{xi}와 y_i의 오차 σ_{yi}가 주어지면 오차의 역수를 가중값으로 택하여 점과 곡선 사이의 거리를

$$d_i^2 = \frac{\delta_i^2}{\sigma_{xi}^2} + \frac{[f(x_i + \delta_i; \boldsymbol{\beta}) - y_i]^2}{\sigma_{yi}^2} \tag{7.24}$$

으로 정의한다.

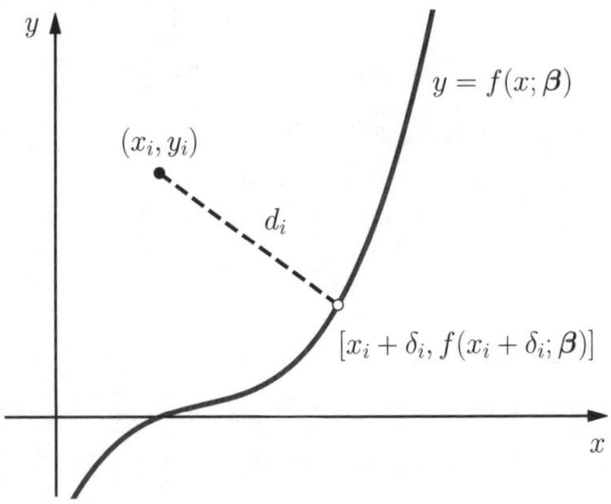

그림 7.5: 점과 곡선 사이의 거리

고정된 $\boldsymbol{\beta}$에 대해 δ_i를 변화시키며 d_i^2을 최소화하는 조건을 구해 보자. $|\delta_i| \ll 1$일 때,

$$f(x_i + \delta_i; \boldsymbol{\beta}) \approx f(x_i; \boldsymbol{\beta}) + \delta_i f'(x_i; \boldsymbol{\beta}) \tag{7.25}$$

로 근사할 수 있다. 식 (7.25)를 식 (7.24)에 대입하고 최솟값의 조건인 $\partial d_i^2/\partial \delta_i = 0$을 적용하면,

$$\delta_i = \frac{\sigma_{xi}^2 [y_i - f(x_i; \boldsymbol{\beta})] f'(x_i; \boldsymbol{\beta})}{\sigma_{yi}^2 + \sigma_{xi}^2 [f'(x_i; \boldsymbol{\beta})]^2} \tag{7.26}$$

일 때, d_i^2가 최솟값

$$\min_{\delta_i} d_i^2 \approx \frac{[y_i - f(x_i; \boldsymbol{\beta})]^2}{\sigma_{yi}^2 + \sigma_{xi}^2 [f'(x_i; \boldsymbol{\beta})]^2} \tag{7.27}$$

을 가짐을 알 수 있다.

직교회귀는 n개의 점에 대한 수직거리를 모두 더한 값인

$$\chi^2 = \sum_{i=1}^{n} \frac{[y_i - f(x_i; \boldsymbol{\beta})]^2}{\sigma_{yi}^2 + \sigma_{xi}^2 [f'(x_i; \boldsymbol{\beta})]^2} \tag{7.28}$$

을 최소화하는 $\boldsymbol{\beta}$를 찾는다. 식 (7.28)로 정의된 **카이제곱**을 최소화하는 과정을 함수의 **최적화**(optimization)라고 한다. 최적화는 반복 계산을 통해 최솟값을 찾는데, 초깃값 $\boldsymbol{\beta}_0$에 대해 χ^2을 구한 후, 카이제곱이 감소하는 방향으로 $\boldsymbol{\beta}_0$를 $\boldsymbol{\beta}_1, \boldsymbol{\beta}_2, \cdots$로 변화시킨다. 최적화에 대한 보다 자세한 내용은 제12장에서 다룬다.

파이썬의 `scipy.odr` 모듈은 직교회귀를 수행한다. 이 모듈은 ODRPACK 라이브러리(Boggs et al. 1992)를 이용하는데, 기본 사용법은 다음과 같다.

```
1  from scipy.odr import *
2  
3  def 함수이름(p,x):
4      본문
5      return 함숫값
6  
7  모형이름=Model(함수이름)
8  자료이름=RealData(x,y,sx=xsig,sy=ysig)
9  회귀이름=ODR(자료이름,모형이름,beta0=매개변수의 초깃값)
10 결과이름=회귀이름.run()
11 결과이름.pprint()
```

1행은 `scipy.odr` 모듈을 불러온다. 3-5행은 사용자가 정의하는 함수로 식 (7.28)에서 맞춤함수 $f(x_i; \boldsymbol{\beta})$에 해당한다. 인자 `p`는 맞춤함수의 매개변수($\boldsymbol{\beta}$)고 `x`는 x 좌표를 나타내는데, `p`가 반드시 `x` 앞에 있어야 한다. 7행에서 사용자가 정의한 함수를 '모형이름'으로 저장한다. 8행은 입력자료를 '자료이름'으로 저장한다. `x`의 오차 `xsig`와 `y`의 오차 `ysig`

속성	내용
beta	매개변수 $\boldsymbol{\beta}$의 최종 수렴값
sd_beta	매개변수 $\boldsymbol{\beta}$의 오차(표준편차)
cov_beta	매개변수 $\boldsymbol{\beta}$의 **공분산행렬**
sum_square	χ^2 (식 7.28)
res_var	축소카이제곱(reduced chi-square) $\chi^2/(n-m)$
stopreason	계산이 종료된 이유

표 7.2: 직교회귀 출력값의 속성. 축소카이제곱은 맞춤적합도(goodness of fit)의 지표다.

를 각각 열쇳말 sx와 sy에 대응시킨다.[4] 9행은 앞에서 정의한 자료이름, 모형이름과 매개변수의 초기 추정값 등의 정보를 모아 '**회귀이름**'으로 저장하고, 10행에서 이를 실행한다. 실행 결과는 변수 '**결과이름**'에 저장된다. 11행은 결과 일부를 화면에 출력한다. 결과이름은 다양한 속성(attribute)을 가지고 있는데 중요한 속성을 표 7.2에 정리하였다. 예를 들어, 결과이름을 out이라고 할 때, out.beta는 매개변수의 최종 수렴값을 갖고 있다. out.sd_beta**2 = np.diag(out.cov_beta*out.res_var)이다.

7.3.1 직선 맞춤

예제 7.4를 통해 scipy.odr 모듈의 사용법을 익혀 보자.

예제 7.4

파이썬의 scipy.odr 모듈을 이용하여 표 7.1에 있는 모의자료를 직선으로 맞추시오.

코드 7.4: 직교회귀

```
from scipy.odr import *

x=np.array([2.1, 2.8, 3.8, 4.8, 5.8, 7.1,    \
            8.0, 9.0, 9.8,11.0,12.1,12.9])
y=np.array([4.3, 5.9, 5.8, 6.6,11.3,12.3,    \
           13.1,16.9,14.9,17.4,23.1,21.9])
sig=np.array([0.7,3.6,3.7,1.7,2.8,3.4,       \
              3.2,1.7,3.0,3.4,1.3,1.5])

def lin_func(p,x):
    return p[0]*x + p[1]

lin_model=Model(lin_func)
```

4) 8행을 '자료이름=Data(x,y,wd=1/xsig**2,we=1/ysig**2)'로 대체할 수 있다.

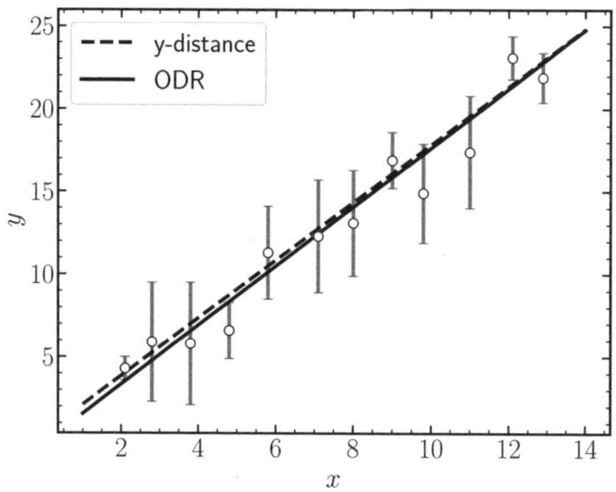

그림 7.6: 직교회귀와 y 방향의 거리를 이용한 선형회귀의 비교

```
14 data=RealData(x,y,sy=sig)
15 odr=ODR(data,lin_model,beta0=[1,0])
16 out=odr.run()
17
18 out.pprint()
19 print('converged beta=',out.beta)
20 print('errors in beta=',out.sd_beta)
21 print('chi square    =',out.sum_square)
22
23 xnew=np.linspace(1,14,100)
24 ynew=lin_func(out.beta, xnew)
25
26 fig=plt.figure(1,figsize=(7,5))
27 plt.plot(x,y,'ro',mec='k')
28 plt.errorbar(x,y,yerr=sig,linestyle='None',capsize=4)
29 plt.plot(xnew,ynew,label='ODR fit')
30 plt.show()
```

1행은 scipy.odr 모듈을 불러온다. 3-8행은 입력자료를 지정한다. 10-11행은 맞춤함수 lin_func를 정의하는데, 첫째 인자 p는 1차함수의 계수를 나타낸다. 13행은 직교회귀 모형을 lin_model이라는 이름으로 저장한다. 14행은 입력자료를 data라는 이름으로 저장한다. 열쇳말 sy는 y의 오차를 지정한다. x의 오차 xsig가 존재할 때에는 열쇳말 sx=xsig를 추가한다. 15행은 직교회귀에 필요한 모든 정보를 모아 변수 odr에 저장한다. 열쇳말 beta0는 10-11행에서 정의한 p의 초깃값이다. 현재 p[0]=1과 p[1]=0으로 설정되어 있다. 매개변수의 초깃값이 최종값에 가까울수록 빨리 수렴한다. 16행은 직교회귀를 수행하고 그 결과를 out에 저장한다. 18행은 변수 out의 중요한 값을 화면에

x_i	y_i	σ_{xi}	σ_{yi}	x_i	y_i	σ_{xi}	σ_{yi}
0.0	2.60	0.2	0.9	0.9	3.2	0.3	0.3
1.8	3.30	0.5	0.6	2.7	3.0	0.4	0.4
3.6	3.90	0.7	0.4	4.6	5.5	0.8	0.8
5.5	10.50	0.6	0.5	6.4	11.0	1.0	1.0
7.3	7.80	0.9	0.5	8.3	3.7	0.3	0.3
9.2	2.60	0.1	0.4	10.1	3.0	0.9	0.9
11.0	2.70	1.1	0.4	12.0	2.6	0.3	0.3

표 7.3: 가우스 맞춤을 위한 모의자료

출력한다. 19-21행은 화면에

```
converged beta= [ 1.78611544 -0.22927159]
errors in beta= [0.10767387 0.92042404]
chi square = 2.6504835241003772
```

를 출력한다. 23행은 맞춤함수를 그리기 위한 x 좌표 `xnew`를 지정한다. 24행은 `xnew`에 해당하는 맞춤함수의 함수값을 `ynew`에 저장한다. 26행 이하는 입력자료와 맞춤함수의 그래프를 그린다. 그림 7.6은 직교회귀의 결과와 y 방향의 거리를 최소화하는 선형회귀 결과를 비교한다. 두 회귀 결과는 비슷하지만 같지는 않다. y 방향의 거리를 이용한 회귀의 기울기는 1.747 ± 0.012이지만 직교회귀의 기울기는 1.786 ± 0.108이다.

7.3.2 비선형 맞춤

`scipy.odr` 모듈을 이용하면 비선형함수를 이용한 회귀분석을 쉽게 수행할 수 있다. 여기서, 비선형이란 x와 y의 관계가 비선형임을 의미하는 것이 아니라 맞춤계수의 연결이 비선형임을 뜻한다. 예를 들어, 주어진 자료를 **가우스 함수**

$$y(x) = p_0 + p_1 \exp\left[-\frac{(x-p_2)^2}{2p_3^2}\right] \tag{7.29}$$

으로 맞출 때, 계수 $p_0, \cdots, p_3$는 비선형으로 연결되어 있다. 이러한 비선형회귀는 7.2.4 절에서 제시한 방법으로 분석할 수 없다. 예제 7.5에서 `scipy.odr` 모듈을 이용한 가우스 맞춤을 연습해 보자.

예제 7.5

`scipy.odr` 모듈을 이용하여 표 7.3에 제시된 모의자료를 가우스 함수(식 7.29)로 맞추시오.

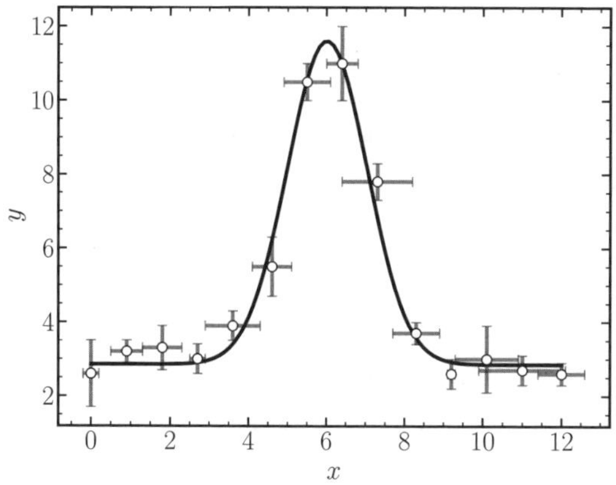

그림 7.7: 가우스 함수를 이용한 직교회귀

코드 7.5: 비선형 직교회귀

```
from scipy.odr import *

x=np.array([0.,0.9,1.8,2.7,3.6,4.6,5.5,                \
            6.4,7.3,8.3,9.2,10.1,11.,12.])
y=np.array([2.6,3.2,3.3,3., 3.9,5.5,10.5,              \
            11.,7.8,3.7,2.6,3.,2.7,2.6])
xsig=np.array([0.2,0.4,0.5,0.2,0.7,0.5,                \
               0.6,0.4,0.9,0.6,0.1,0.8,1.1,0.6])
ysig=np.array([0.9,0.3,0.6,0.4,0.4,0.8,0.5,            \
               1.,0.5,0.3,0.4,0.9,0.4,0.3])

def gauss_func(p,x):
    xc=x-p[2]
    return p[0]+p[1]*np.exp(-0.5*xc**2/p[3]**2)

model=Model(gauss_func)
data=RealData(x,y,sx=xsig,sy=ysig)
odr=ODR(data,model,beta0=[2,2,5,2])
out=odr.run()

print('converged beta=',out.beta)
print('errors in beta=',out.sd_beta)
print('chi square    =',out.sum_square)

xnew=np.linspace(0,12,100)
ynew=gauss_func(out.beta, xnew)
```

```
27
28  fig=plt.figure(1,figsize=(7,5))
29  plt.plot(x,y,'or',mec='k')
30  plt.errorbar(x,y,xerr=xsig,yerr=ysig,ls='None',capsize=4)
31  plt.plot(xnew,ynew)
32  plt.xlabel('x')
33  plt.ylabel('y')
34  plt.show()
```

1행은 `scipy.odr` 모듈을 불러온다. 3-10행은 입력자료를 지정한다. 12-14행은 맞춤함수(식 7.29)를 정의한다. 인자 `p`는 맞춤함수의 계수다. 16-19행은 직교회귀를 수행한다. 18행에서 열쇳말 `beta0`는 `p`의 초깃값을 지정하는데, 이 값에 따라 수렴하지 않거나 엉뚱한 결과가 나올 수도 있다. 21-23행은 `out.beta`, `out.sd_beta`, `out.sum_square`를 화면에 출력한다. 25행 이하는 자료와 맞춤결과를 그래프로 출력한다(그림 7.7). 이 코드를 실행하여 직교회귀로 찾은 계수와 카이제곱은

$$
\begin{aligned}
&p_0 = 2.86 \pm 0.10, \quad p_1 = 8.75 \pm 0.97, \quad p_2 = 6.01 \pm 0.16, \\
&p_3 = 1.02 \pm 0.13, \quad \chi^2 = 3.89
\end{aligned}
$$

이다.

7.3.3 다변수 맞춤⋆

직교회귀를 이용하면 독립변수가 2개 이상인 경우에도 맞춤함수를 찾을 수 있다. 예를 들어, 표 7.4에 제시된 타원은하 12개의 반지름 R, 속도분산 σ_0, 밝기 μ_B에 대한 자료를 살펴보자. 그림 7.8은 $(\log R, \log \sigma_0)$, $(\log R, \mu_B)$, $(\log \sigma_0, \mu_B)$의 관계를 각각 직교회귀한 결과를 보여 준다. 3개의 물리량이 모두 양의 상관관계를 가지고 있다. $(\log R, \mu_B)$의 관계는 분산이 비교적 작지만, 나머지 관계는 분산이 상당히 크다. 예제 7.6을 통해 3개의 물리량을 동시에 만족시키는 관계식을 찾아보자.

$\log R$	$\log \sigma_0$	μ_B	$\log R$	$\log \sigma_0$	μ_B
3.54	2.086	19.55	2.16	1.898	20.55
3.44	2.497	18.86	3.50	2.369	19.86
3.20	2.238	19.05	3.40	2.362	20.05
3.96	2.477	20.20	4.50	2.369	21.20
3.49	2.332	19.43	3.88	2.479	20.43
4.15	2.394	20.94	3.53	2.322	21.94

표 7.4: 12개 타원은하의 반지름 R을 각초(arcsec) 단위로, 속도분산 σ_0를 km s^{-1} 단위로, 밝기 μ_B를 등급 단위로 측정한 자료(Djorgovski & Davis 1987)

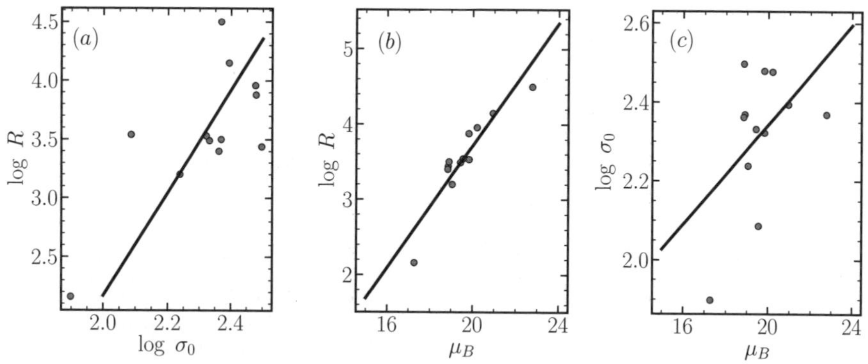

그림 7.8: 표 7.4의 자료에서 두 물리량을 각각 직교회귀한 결과. 직선의 기울기는 (a) 4.37, (b) 0.41, (c) 0.063이다.

예제 7.6

scipy.odr 모듈을 이용하여 표 7.4에 제시된 자료를

$$\log R = \beta_0 + \beta_1 \log \sigma_0 + \beta_2 \log \mu_B \tag{7.30}$$

로 맞출 때, 카이제곱을 최소화하는 맞춤계수 β_0, β_1, β_2를 찾으시오.

코드 7.6: 다변수 직교회귀

```
from scipy.odr import *

logR=np.array([3.54,2.16,3.44,3.5,3.2,3.4,                    \
               3.96,4.5,3.49,3.88,4.15,3.53])
logSig=np.array([2.086,1.898,2.497,2.369,2.238,2.362,         \
                 2.477,2.369,2.332,2.479,2.394,2.322])
mu=np.array([19.55,17.27,18.86,18.9,19.05,18.84,              \
             20.2,22.77,19.43,19.82,20.94,19.83])

x=np.row_stack((logSig, mu))

def linfit(beta,x):
    return beta[0]+beta[1]*x[0]+beta[2]*x[1]

linmod=Model(linfit)
data=Data(x,logR)
odr=ODR(data,linmod,beta0=[1., 1., 1.])
out=odr.run()
print('converged beta=',out.beta)
```

```
20 print('errors in beta=',out.sd_beta)
21 print('chi square =',out.sum_square)
```

1행은 `scipy.odr` 모듈을 불러온다. 3-8행은 입력자료 `logR`, `logSig`, `mu`를 지정한다. 10행은 자료 `logSig`와 `mu`를 행 방향으로 쌓아 변수 `x`에 저장한다. 12-13행은 식 (7.30)을 `linfit`이라는 함수로 정의한다. 인자 `beta`는 맞춤계수를 나타낸다. 15-18행은 직교회귀를 수행하고 그 결과를 변수 `out`에 저장한다. 16행에서 `logR`이 객체 `Data()`의 둘째 인수임에 주의하자. 17행에서 열쇳말 `beta0`는 맞춤계수 `beta`의 초깃값을 지정한다. 19-21행은 `out.beta`, `out.sd_beta`, `out.sum_square`를 화면에 출력한다.

코드 7.6을 실행하면

$$\log R = (1.54 \pm 0.31) \log \sigma_0 + (0.30 \pm 0.04) \mu_B - 5.92 \pm 0.74 \tag{7.31}$$

인 관계를 얻을 수 있다. 식 (7.31)을 타원은하의 **기본평면**(fundamental plane)이라고 부른다.[5] 그림 7.8에 그려진 두 물리량 사이의 관계보다 식 (7.31)로 표현된 세 물리량 사이의 관계가 더 근본적이라는 뜻이다.

파이썬에서 `scipy.odr.multilinear` 객체는 다변수 선형회귀에 유용하다. 코드 7.6의 12-17행을

```
data=RealData(x, logR)
odr=ODR(data, multilinear)
```

로 대체해도 같은 결과를 얻는다.

7.3.4 음함수 맞춤⋆

직교회귀를 이용하면 **음함수**(implicit function)도 맞출 수 있다.[6] 예를 들어,

$$f(x, y) = p_0 x^2 + p_1 xy + p_2 y^2 + p_3 x + p_4 y + 1 = 0 \tag{7.32}$$

은 **원추곡선**(conic section)을 기술하는 방정식이다. $D \equiv p_1^2 - 4p_0 p_2$라고 정의할 때, $D < 0$이면 타원, $D = 0$이면 포물선, $D > 0$이면 쌍곡선이다. 식 (7.32)에서 상수항을 p_5로 두지 않고 1로 고정한 이유는 식의 중복(degenerate)을 방지하기 위해서다. 예제 7.7을 통해 타원 맞춤을 익혀 보자.

예제 7.7

표 7.5에 있는 자료를 식 (7.32)로 맞추시오.

5) 더 많은 은하를 사용한 최신 결과는 '$\log R = 1.49 \log \sigma_0 + 0.32\mu_B +$ 상수'다(Mo et al. 2010).

6) $y = f(x)$와 같이 독립변수 x와 종속변수 y가 분리된 함수를 **양함수**(explicit function)라고 하고, 독립변수와 종속변수가 분리되지 않는 함수를 **음함수**라고 한다.

x_i	y_i	σ_{xi}	σ_{yi}	x_i	y_i	σ_{xi}	σ_{yi}
9.9	6.50	0.2	0.1	9.1	7.7	0.7	0.7
6.6	7.90	0.2	0.9	4.6	6.6	0.5	0.5
1.3	4.60	0.4	0.8	0.0	2.5	0.3	0.3
0.3	0.50	0.6	0.5	1.4	0.0	0.4	0.4
4.0	0.50	0.5	0.4	6.8	2.2	0.7	0.7
9.3	4.50	0.7	0.5	10.4	6.4	0.9	0.9

표 7.5: 타원 맞춤을 위한 모의자료

코드 7.7: 음함수 직교회귀

```
from scipy.odr import *

x=np.array([9.9,9.1,6.6,4.6,1.3,0.,0.3,1.4,4.,6.8,9.3,10.4])
y=np.array([6.5,7.7,7.9,6.6,4.6,2.5,0.5,0.,0.5,2.2,4.5,6.4])
xsig=np.array([0.2,0.1,0.2,0.3,0.4,0.2,0.6,0.4,0.5,0.3,0.7,0.5])
ysig=np.array([0.1,0.7,0.9,0.5,0.8,0.3,0.5,0.4,0.4,0.7,0.5,0.9])

def ellipse_func(p,x):
    return p[0]*x[0]*x[0] + p[1]*x[0]*x[1]+          \
           p[2]*x[1]*x[1] + p[3]*x[0]     +  p[4]*x[1] + 1

xdata=np.row_stack([x,y])
edata=np.row_stack([xsig,ysig])
data=RealData(xdata,y=1,sx=edata,sy=1)
model=Model(ellipse_func,implicit=True)
odr=ODR(data,model,beta0=[1,1,1,1,1],maxit=100)
out=odr.run()

print('stop reason:',out.stopreason)
print('converged beta=',out.beta)
print('errors in beta=',out.sd_beta)
print('chi square     =',out.sum_square)

xc=np.linspace(-1,12,100)
yc=np.linspace(-1,12,100)
X,Y=np.meshgrid(xc, yc)
p=out.beta
Z=p[0]*X**2+p[1]*X*Y+p[2]*Y**2+p[3]*X+p[4]*Y +1

fig=plt.figure(1,figsize=(7,7))
```

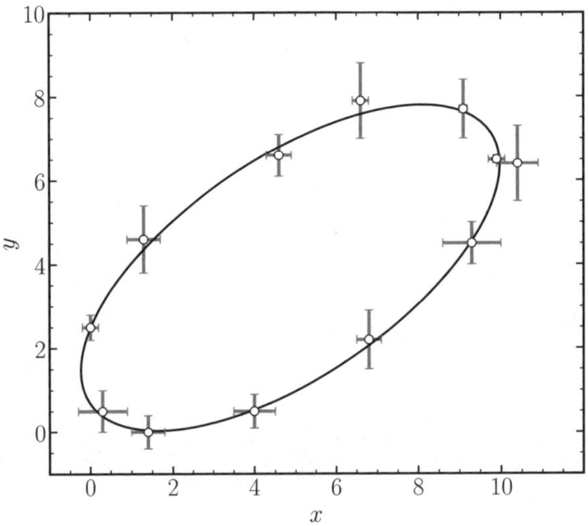

그림 7.9: 타원 함수를 이용한 직교회귀

```
31 plt.plot(x,y,'ro',mec='k')
32 plt.errorbar(x,y,xerr=xsig,yerr=ysig,ls='None',capsize=4)
33 plt.contour(X,Y,Z,levels=[0],colors='r',linewidths=2)
34 plt.xlabel('x')
35 plt.ylabel('y')
36 plt.show()
```

1행은 `scipy.odr` 모듈을 불러온다. 3-6행은 입력자료를 지정한다. 8-10행은 식 (7.32)를 `ellipse_func`라는 함수로 정의한다. 12-13행은 입력자료 (`x,y`), 오차 (`xsig,ysig`)를 열 방향으로 쌓아 각각 `xdata`와 `edata`라는 이름으로 저장한다. 14-17행은 직교회귀를 실행한다. 음함수의 경우 14행에서 `y=1`, `sy=1`로 지정해야 하고, 15행에서 열쇳말 `implicit`를 `True`로 지정해야 한다. 16행에서 열쇳말 `maxit`는 반복 계산 횟수의 최댓값을 설정하는데, 계산이 수렴하지 않더라도 반복 계산 횟수가 `maxit`를 초과하면 최적화를 종료한다. 따라서, 19행과 같이 계산이 종료된 이유를 확인하는 게 좋다. 24-28행은 직교회귀로 찾은 맞춤함수의 **등고선**을 그리기 위해 식 (7.32)를 따라 `Z` = `f(x,y)`를 계산한다. 30행 이하는 `Z=0`인 등고선과 입력자료를 그래프로 비교한다(그림 7.9). 직교맞춤의 매개변수와 카이제곱의 값은

$$
\begin{aligned}
&p_0 = 0.34 \pm 0.13, \quad &&p_1 = -0.57 \pm 0.24, \quad &&p_2 = 0.59 \pm 0.24, \\
&p_3 = -1.11 \pm 0.36, \quad &&p_4 = -1.88 \pm 0.73, \quad &&\chi^2 = 1.28
\end{aligned}
$$

이다.

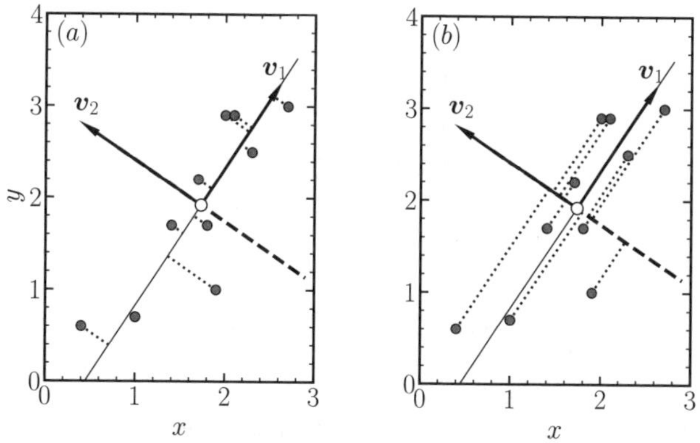

그림 7.10: 표 7.6에 제시된 모의자료를 직선으로 맞춘 결과(실선)와 수직 방향(파선). $\boldsymbol{v}_1$과 $\boldsymbol{v}_2$는 각각 실선과 파선 방향의 단위벡터다. 점선은 (a) 자료와 실선 사이의 거리 또는 (b) 자료와 파선 사이의 거리를 나타낸다.

7.4 주성분분석⋆

주성분분석(principal component analysis; PCA)은 고차원 자료를 저차원 자료로 축약하는 통계학의 분석 방법이다. 이 방법에서는 서로 연관성이 높은 여러 변수를 묶어 자료가 가진 정보를 가장 잘 대변해 주는 몇 개의 주성분을 찾는다. 주성분의 개수는 자료의 차원과 같다. 고차원 자료로부터 여러 변수 사이의 상관관계를 알고 싶을 때 매우 유용하다.

주성분분석을 보다 구체적으로 이해하기 위해 그림 7.10을 살펴보자. 10개의 점은 표 7.6에 있는 2차원 자료의 순서쌍 (x_i, y_i)이며 실선과 파선은 각각 직교회귀 결과인

$$y = 1.495x - 0.667 \tag{7.33}$$

과 이에 수직인 선이다. 두 선은 평균점

$$(\mu_x, \mu_y) = \frac{1}{10}\sum_{i=1}^{10}(x_i, y_i) = (1.73, 1.92) \tag{7.34}$$

에서 만난다. $\boldsymbol{v}_1$과 $\boldsymbol{v}_2$는 각각 실선과 파선 방향의 단위벡터다. 그림 7.10(a)에서 점선은 $\boldsymbol{v}_2$ 방향으로 측정한 점과 실선 사이의 거리를 나타내고, 그림 7.10(b)에서는 $\boldsymbol{v}_1$ 방향으로 측정한 점과 파선 사이의 거리를 나타낸다. 점과 선 사이의 거리의 합은 $\boldsymbol{v}_1$ 방향으로 측정했을 때 최대고, $\boldsymbol{v}_2$ 방향으로 측정했을 때 최소다. 다시 말하여, 점들의 분산은 $\boldsymbol{v}_1$ 방향으로 최대고 $\boldsymbol{v}_2$ 방향으로 최소다. 이렇게 분산이 최대인 방향을 첫째 주성분, 최소인 방향을 둘째 주성분이라고 한다.

x_i	y_i	x_i	y_i
0.4	0.6	1.9	1.0
1.0	0.7	2.0	2.9
1.4	1.7	2.1	2.9
1.7	2.2	2.3	2.5
1.8	1.7	2.7	3.0

표 7.6: 주성분분석의 모의자료

주성분분석에서는 주성분을 새로운 **기저벡터**(basis vector)로 간주한다. 위에서 예를 든 2차원 자료의 경우, 모든 점을 $(x_i, y_i) = a_i\boldsymbol{v}_1 + b_i\boldsymbol{v}_2$와 같이 $\boldsymbol{v}_1$과 $\boldsymbol{v}_2$의 선형결합으로 놓을 수 있다. 여기서, a_i와 b_i는 계수다. 만일 $\boldsymbol{v}_2$ 방향의 분산이 측정 오차에서 비롯되었다면, 각 점을 $\boldsymbol{v}_2$ 방향으로 실선에 투영시켜 얻은 점을 오차가 보정된 자료로 간주할 수 있다. 이것은 $b_i = 0$으로 놓는 것과 동등하며 자료가 첫째 주성분인 $\boldsymbol{v}_1$만으로 표현될 수 있음을 의미한다. 이 경우, x–y 평면 위의 2차원 자료가 첫째 주성분만의 1차원 자료로 축약되어 식 (7.33)으로 기술된다.

이제 주성분분석을 n차원 자료로 일반화해 보자. 다음과 같은 크기가 $m \times n$인 행렬

$$\widetilde{\boldsymbol{A}} = \begin{bmatrix} a_{11} & a_{12} & \cdots & a_{1n} \\ a_{21} & a_{22} & \cdots & a_{2n} \\ \vdots & \vdots & \ddots & \vdots \\ a_{m1} & a_{m2} & \cdots & a_{mn} \end{bmatrix} \tag{7.35}$$

으로 주어진 자료를 생각해 보자. 여러 개의 변량을 반복적으로 측정하는 실험이라면, n은 변량의 개수를 나타내고 m은 변량을 측정한 횟수를 나타낸다. 즉, a_{ij}는 j째 변량을 i번째 측정한 값이다.

앞에서 설명했듯이 주성분분석에서는 (평균값에 대한) 분산이 최대 또는 최소인 방향을 찾으므로, 행렬 $\widetilde{\boldsymbol{A}}$에서 각 열의 평균값을 뺀 **유심행렬**(centered matrix)

$$\boldsymbol{A} \equiv \begin{bmatrix} a_{11}-\mu_1 & a_{12}-\mu_2 & \cdots & a_{1n}-\mu_n \\ a_{21}-\mu_1 & a_{22}-\mu_2 & \cdots & a_{2n}-\mu_n \\ \vdots & \vdots & \ddots & \vdots \\ a_{m1}-\mu_1 & a_{m2}-\mu_2 & \cdots & a_{mn}-\mu_n \end{bmatrix} \tag{7.36}$$

을 이용한다. 여기서,

$$\mu_j = \frac{1}{m}\sum_{i=1}^{m} a_{ij} \tag{7.37}$$

는 행렬 $\widetilde{\boldsymbol{A}}$의 j째 열의 평균값이다. $\widetilde{\boldsymbol{A}}$ 대신 유심행렬 $\boldsymbol{A}$를 분석하는 것은 직선 맞춤에서 y 절편을 0으로 이동시키는 것과 같다. 유심행렬을 이용하지 않으면, 원점과 평균점 사이의 거리가 분산에 반영되어 계산 결과를 신뢰할 수 없다.

행렬 $\widetilde{\boldsymbol{A}}$의 i째 행으로 구성된 행벡터(row vector)를 $\boldsymbol{a}_i \equiv (a_{i1}, \cdots, a_{in})$으로 정의하자. 각 열의 평균으로 구성된 행벡터를 $\boldsymbol{\mu} \equiv (\mu_1, \cdots, \mu_n)$이라고 하면, 행렬 $\boldsymbol{A}$의 i째 행은 $(\boldsymbol{a}_i - \boldsymbol{\mu})$다. 행벡터 $\boldsymbol{a}$를 열벡터 $\boldsymbol{v}$ 방향으로 투영시킨 거리는 두 벡터의 **내적**인 $\langle \boldsymbol{a}, \boldsymbol{v} \rangle = \boldsymbol{a}\boldsymbol{v}$로 주어진다. 따라서 행렬 $\boldsymbol{A}$의 모든 행을 열벡터 $\boldsymbol{v}$ 방향으로 투영시킨 거리 제곱의 합을 **카이제곱**으로 정의하면

$$\begin{aligned} \chi^2 &\equiv \sum_{i=1}^{m} \|(\boldsymbol{a}_i - \boldsymbol{\mu})\boldsymbol{v}\|^2 \\ &= \sum_{i=1}^{m} \boldsymbol{v}^\intercal (\boldsymbol{a}_i - \boldsymbol{\mu})^\intercal (\boldsymbol{a}_i - \boldsymbol{\mu})\boldsymbol{v} = \boldsymbol{v}^\intercal \boldsymbol{C} \boldsymbol{v} \end{aligned} \tag{7.38}$$

를 얻는다. 여기서, $\boldsymbol{C}$는 **공분산행렬**이라고 불리며

$$\boldsymbol{C} \equiv \sum_{i=1}^{m} (\boldsymbol{a}_i - \boldsymbol{\mu})^\intercal (\boldsymbol{a}_i - \boldsymbol{\mu}) = \boldsymbol{A}^\intercal \boldsymbol{A} \tag{7.39}$$

로 정의되는 n차 정사각행렬이다.

주성분분석은 식 (7.38)로 주어진 χ^2을 최대 또는 최소화하는 단위벡터 $\boldsymbol{v}$를 찾는다. $\|\boldsymbol{v}\| = 1$이라는 제약조건이 있을 때, 최대/최소를 찾는 문제는 **라그랑주 곱셈자방법**(Lagrange multiplier method)을 이용한다. 보조 함수 $\mathcal{L}$을

$$\mathcal{L}(\boldsymbol{v}, \lambda) \equiv \boldsymbol{v}^\intercal \boldsymbol{C} \boldsymbol{v} - \lambda(\|\boldsymbol{v}\|^2 - 1) = \boldsymbol{v}^\intercal \boldsymbol{C} \boldsymbol{v} - \lambda(\boldsymbol{v}^\intercal \boldsymbol{v} - 1) \tag{7.40}$$

이라고 정의하면, $\mathcal{L}$은 $\partial \mathcal{L} / \partial \boldsymbol{v} = \boldsymbol{C}\boldsymbol{v} - \lambda \boldsymbol{v} = 0$일 때 최댓값 또는 최솟값을 갖는다. 따라서, χ^2을 최대 또는 최소로 만드는 단위벡터 $\boldsymbol{v}$는

$$\boldsymbol{C}\boldsymbol{v} = \lambda \boldsymbol{v} \tag{7.41}$$

를 만족시킨다. 즉, $\boldsymbol{v}$와 λ는 각각 공분산행렬 $\boldsymbol{C}$의 고유벡터와 고윳값이다.

5.3.2절에서 보았듯이, 전치행렬과의 곱으로 만들어진 행렬의 고윳값은 항상 0보다 크거나 같다. 행렬 $\boldsymbol{C}$의 n개의 고윳값을 $\lambda_1 \geq \cdots \geq \lambda_n \geq 0$과 같이 내림차순으로 배열하고 고윳값 λ_j에 해당하는 **고유벡터**를 $\boldsymbol{v}_j$라고 하자(단, $j = 1, \cdots, n$). 식 (7.41)을 식 (7.38)에 대입하면

$$\chi^2 = \lambda \boldsymbol{v}^\intercal \boldsymbol{v} = \lambda \tag{7.42}$$

이다. 따라서 χ^2의 최댓값은 λ_1이며 $\boldsymbol{A}$를 $\boldsymbol{v}_1$ 방향으로 투영시켰을 때 얻을 수 있다. 반면,

χ^2의 최솟값 λ_n은 $\boldsymbol{A}$를 $\boldsymbol{v}_n$ 방향으로 투영시켰을 때 얻을 수 있다. 고유벡터 $\boldsymbol{v}_j$를 행렬 $\boldsymbol{A}$의 주성분이라고 한다. 행렬 $\boldsymbol{A}$의 모든 행은 주성분의 선형결합으로 나타낼 수 있다.

행렬의 **특잇값분해**를 이용하면 자료를 주성분 방향으로 쉽게 투영시킬 수 있다. 행렬 $\boldsymbol{A}$를 $\boldsymbol{A} = \boldsymbol{U\Sigma V}^\intercal$로 분해하여(식 5.88) 식 (7.39)에 대입하면

$$\boldsymbol{C} = (\boldsymbol{V\Sigma}^\intercal\boldsymbol{U}^\intercal)(\boldsymbol{U\Sigma V}^\intercal) = \boldsymbol{V\Lambda V}^\intercal \tag{7.43}$$

가 된다. 여기서, 행렬 $\boldsymbol{\Lambda}$는

$$\boldsymbol{\Lambda} = \boldsymbol{\Sigma}^\intercal\boldsymbol{\Sigma} = \begin{bmatrix} \sigma_1^2 & 0 & \cdots & 0 \\ 0 & \sigma_2^2 & \cdots & 0 \\ \vdots & \vdots & \ddots & \vdots \\ 0 & 0 & \cdots & \sigma_n^2 \end{bmatrix} \tag{7.44}$$

인 대각행렬이며 대각원소는 특잇값의 제곱으로 주어진다.

식 (7.43)으로부터 $\boldsymbol{CV} = \boldsymbol{V\Lambda}$, 즉

$$\boldsymbol{C}\boldsymbol{v}_j = \sigma_j^2\boldsymbol{v}_j \quad (j = 1, \cdots, n) \tag{7.45}$$

이다. 식 (7.41)과 식 (7.45)를 비교하면 행렬 $\boldsymbol{V}$의 각 열은 행렬 $\boldsymbol{C}$의 고유벡터며, $\sigma_j^2 = \lambda_j$임을 알 수 있다. 즉, $\boldsymbol{V} = [\boldsymbol{v}_1, \cdots, \boldsymbol{v}_n]$은 행렬 $\boldsymbol{A}$의 주성분으로 구성되어 있다. 아울러

$$\boldsymbol{R} \equiv \boldsymbol{AV} = \boldsymbol{U\Sigma} \tag{7.46}$$

로 정의하자. 행렬 $\boldsymbol{R}$의 i행, j열 원소를 r_{ij}라고 하면,

$$r_{ij} = (\boldsymbol{a}_i - \boldsymbol{\mu})\boldsymbol{v}_j \tag{7.47}$$

이다. 식 (7.37)로부터 $\sum_{i=1}^m r_{ij} = 0$이고,

$$\begin{aligned} \sum_{i=1}^m r_{ij}^2 &= \sum_{i=1}^m \|(\boldsymbol{a}_i - \boldsymbol{\mu})\boldsymbol{v}_j\|^2 \\ &= \boldsymbol{v}_j^\intercal \sum_{i=1}^m (\boldsymbol{a}_i - \boldsymbol{\mu})^\intercal(\boldsymbol{a}_i - \boldsymbol{\mu})\boldsymbol{v}_j = \boldsymbol{v}_j^\intercal\boldsymbol{C}\boldsymbol{v}_j = \lambda_j \end{aligned} \tag{7.48}$$

이다. 이로부터 행렬 $\boldsymbol{R}$의 j째 열벡터 $\boldsymbol{r}_j = (r_{1j}, \cdots, r_{mj})^\intercal$는 $\boldsymbol{A}$를 $\boldsymbol{v}_j$ 방향으로 투영시킨 결과고, $\boldsymbol{r}_j$의 평균은 0이며 분산은 λ_j/m과 같음을 알 수 있다. **고윳값**이 내림차순으로 정렬되어 있으므로 입력자료의 분산은 $\boldsymbol{v}_1$ 방향으로 가장 크고, $\boldsymbol{v}_n$ 방향으로 가장 작다. 행렬 $\widetilde{\boldsymbol{A}}$를 구성하는 각 열의 독립변수를 $\boldsymbol{x} = (x_1, \cdots, x_n)$이라고 하면, 첫째

주성분인 $\boldsymbol{v}_1$ 방향으로 축약된 변수들의 관계는

$$(\boldsymbol{x}-\boldsymbol{\mu})\boldsymbol{v}_n = 0 \tag{7.49}$$

으로 주어진다. 이 관계식은 λ_1/λ_n이 클수록 잘 성립한다.

7.4.1 2차원 자료⋆

예제 7.8

표 7.6에 주어진 모의자료를 주성분분석하여 공분산행렬의 고윳값과 고유벡터를 구하고, 첫째 주성분 방향으로 축약된 변수의 관계를 구하시오.

코드 7.8: 주성분분석: 2차원 자료

```
from scipy import linalg

x=np.array([0.4,1.0,1.4,1.7,1.8,1.9,2.0,2.1,2.3,2.7])
y=np.array([0.6,0.7,1.7,2.2,1.7,1.0,2.9,2.9,2.5,3.0])

mu=np.array([x.mean(),y.mean()])
A=np.column_stack([x-mu[0],y-mu[1]]) #centered matrix
m,n=A.shape

C=A.T @ A                             #covariance matrix
lam,Q=linalg.eig(C)
print('from covriance matrix')
print('  eigenvalues=',lam)
print('  1st eigenvector=',Q[:,0])
print('  2nd eigenvector=',Q[:,1])

U,s,Vh=linalg.svd(A)
lam=s**2
print('from SVD')
print('   eigenvalues=',lam)
print('   1st PC=',Vh.T[:,0])
print('   2nd PC=',Vh.T[:,1])

S=np.diag(s)
S=np.vstack([S,np.zeros((m-len(s),n))])
R=U@S
print('var. on 1st PC=',R[:,0].var(),lam[0]/m)
print('var. on 2nd PC=',R[:,1].var(),lam[1]/m)
```

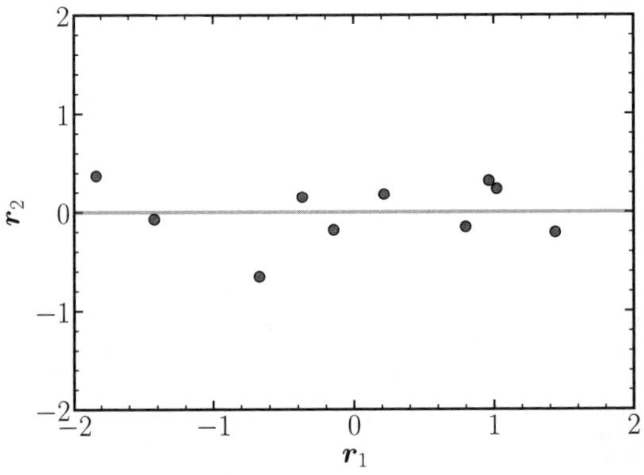

그림 7.11: 표 7.6에 제시된 자료를 2개의 주성분 방향으로 추출한 $\boldsymbol{r}_1$과 $\boldsymbol{r}_2$의 관계

```
29
30 a=-Vh.T[0,1]/Vh.T[1,1]
31 b=np.sum(mu*Vh.T[:,1]/Vh.T[1,1])
32 print('slope=',a)
33 print('y-intercept=',b)
34
35 fig=plt.figure(1,figsize=(7,5))
36 plt.plot(R[:,0],R[:,1],'ro',mec='k')
37 plt.xlim(-2,2)
38 plt.ylim(-2,2)
39 plt.xlabel(r'$r_1$')
40 plt.ylabel(r'$r_2$')
41 plt.axhline(y=0)
42 plt.show()
```

1행은 `scipy.linalg` 모듈을 불러온다. 3-4행은 입력자료를 지정한다. 6행은 입력자료의 평균을 `mu`에 저장하고, 7행은 유심행렬 `A`를 구성한다. 8행은 행렬 `A`의 행과 열의 개수를 각각 `m`과 `n`에 저장한다. 10행은 공분산행렬 `C`를 만들고, 11행은 행렬 `C`의 고윳값 `lam`과 고유벡터로 구성된 행렬 `Q`를 계산하여 12-15행에서 화면에 출력한다. 17행은 행렬 `A`를 특잇값분해한다. 18행은 특잇값을 제곱하여 고윳값 `lam`을 계산한다. 20행은 고윳값을 출력하고, 21-22행은 2개의 주성분을 출력한다. 24-25행은 대각행렬 $\boldsymbol{\Sigma}$를 변수 `S`에 저장한다. 26행은 식 (7.46)에서 정의한 행렬 `R`을 계산한다. 27-28행은 열벡터 $\boldsymbol{r}_j$의 분산과 λ_j/m의 값을 비교한다. 30-31행은 식 (7.49)를 `y=a*x+b`의 형태로 변형하고 맞춤계수 `a`와 `b`를 계산한다. 35행 이하는 $\boldsymbol{r}_1$과 $\boldsymbol{r}_2$의 관계를 그래프로 출력한다(그림 7.11). $|\boldsymbol{r}_1|$의 값이 $|\boldsymbol{r}_2|$값보다 훨씬 크다. $\boldsymbol{r}_1$과 $\boldsymbol{r}_2$의 분산은 각각 1.0715와 0.0882이다. 그림 7.11은 그림 7.10에서 평균점 (μ_x, μ_y)를 원점으로 옮기고 주성분 $\boldsymbol{v}_1$과 $\boldsymbol{v}_2$가 각각 x축과 y축에 나란하도록 회전시킨 결과와 같다.

코드 7.8을 실행하면 다음과 같은 내용이 화면에 출력된다.

```
1 from covriance matrix
2   eigenvalues= [ 0.88190135+0.j 10.71509865+0.j]
3   1st eigenvector= [-0.83122491  0.55593629]
4   2nd eigenvector= [-0.55593629 -0.83122491]
5 from SVD
6    eigenvalues= [10.71509865  0.88190135]
7    1st PC= [0.55593629 0.83122491]
8    2nd PC= [-0.83122491  0.55593629]
9 var. on 1st PC= 1.071509864642214 1.071509864642214
10 var. on 2nd PC= 0.08819013535778612 0.08819013535778614
11 slope= 1.4951801598640264
12 y-intercept= -0.6666616765647662
```

2-4행과 6-8행을 비교하면, 공분산행렬 C의 고윳값과 고유벡터가 특잇값분해를 이용한 결과와 같음을 알 수 있다(순서와 부호는 다를 수 있다). 9행과 10행은 열벡터 $\boldsymbol{r}_j$의 분산이 λ_j/m과 같음을 보여 준다. 11-12행에 출력된 기울기와 y 절편은 식 (7.33)과 같다.

7.4.2 3차원 자료★

예제 7.9

표 7.4에 제시된 3차원 자료를 주성분분석하여 분산을 최소화하는 R, σ_0, μ_B 사이의 관계식을 도출하시오.

코드 7.9: 주성분분석: 3차원 자료

```
from scipy import linalg

x=np.array([3.54,  2.16 , 3.44,  3.5,   3.2,   3.4,    \
            3.96,  4.5  , 3.49,  3.88,  4.15,  3.53  ])
y=np.array([2.086, 1.898, 2.497, 2.369, 2.238, 2.362,  \
            2.477, 2.369, 2.332, 2.479, 2.394, 2.322])
z=np.array([19.55, 17.27, 18.86, 18.9 , 19.05, 18.84,  \
            20.2 , 22.77, 19.43, 19.82, 20.94, 19.83])

mu=np.array([x.mean(),y.mean(),z.mean()])
A=np.column_stack([x-mu[0],y-mu[1],z-mu[2]])
m,n=A.shape

U,s,Vh=linalg.svd(A)
lam=s**2
```

```
16
17 S=np.diag(s)
18 S=np.vstack([S, np.zeros((m-len(s),n))])
19 print('eigenvalues=',lam)
20 print('1st PC=',Vh.T[:,0])
21 print('2nd PC=',Vh.T[:,1])
22 print('3rd PC=',Vh.T[:,2])
23
24 R=U@S
25 print('var. on 1st PC=',R[:,0].var(),lam[0]/m)
26 print('var. on 2nd PC=',R[:,1].var(),lam[1]/m)
27 print('var. on 3rd PC=',R[:,2].var(),lam[2]/m)
28
29 fig=plt.figure(1,figsize=(7,4))
30 plt.subplot(121)
31 plt.plot(R[:,0],R[:,1],'ro',mec='k')
32 plt.ylim(-1,1)
33 plt.grid()
34 plt.text(-2.6,0.8,'(a)')
35 plt.subplot(122)
36 plt.plot(R[:,0],R[:,2],'ro',mec='k')
37 plt.ylim(-1,1)
38 plt.grid()
39 plt.text(-2.6,0.8,'(b)')
40 plt.show()
41
42 a=-Vh.T[1,2]/Vh.T[0,2]
43 b=-Vh.T[2,2]/Vh.T[0,2]
44 c=np.sum(mu*Vh.T[:,2]/Vh.T[0,2])
45 print(a,b,c)
```

1행은 scipy.linalg 모듈을 불러온다. 3-8행은 입력자료를 지정한다. 10행은 입력자료의 평균을 mu에 저장하고, 11행은 유심행렬 A를 구성한다. 12행은 행렬 A의 행과 열의 수를 각각 m과 n에 저장한다. 14행은 행렬 A를 특잇값분해한다. 15행은 특잇값을 제곱하여 고윳값 lam을 계산한다. 17-18행은 대각행렬 $\mathbf{\Sigma}$를 변수 S로 저장한다. 19행은 고윳값을 출력하고, 20-22행은 3개의 주성분을 출력한다. 24행은 식 (7.46)에서 정의한 행렬 R을 계산한다. 25-27행은 열벡터 $\boldsymbol{r}_j$의 분산과 λ_j/m의 값을 비교한다. 29-40행은 $(\boldsymbol{r}_1, \boldsymbol{r}_2)$와 $(\boldsymbol{r}_1, \boldsymbol{r}_3)$의 관계를 그래프로 출력한다(그림 7.12). $\boldsymbol{r}_1$의 분산이 가장 크고, $\boldsymbol{r}_3$의 분산이 가장 작다.

3차원 입력자료를 첫째 주성분 방향으로 추출한 식 (7.49)를 $\log R = a \log \sigma_0 + b\mu_B + c$의 형태로 변형할 때, 코드 7.9의 42-44행은 계수 a, b, c를 계산한다. 45행에서 출력된 값을 이용하면 입력자료가 식 (7.31)을 따름을 확인할 수 있다.

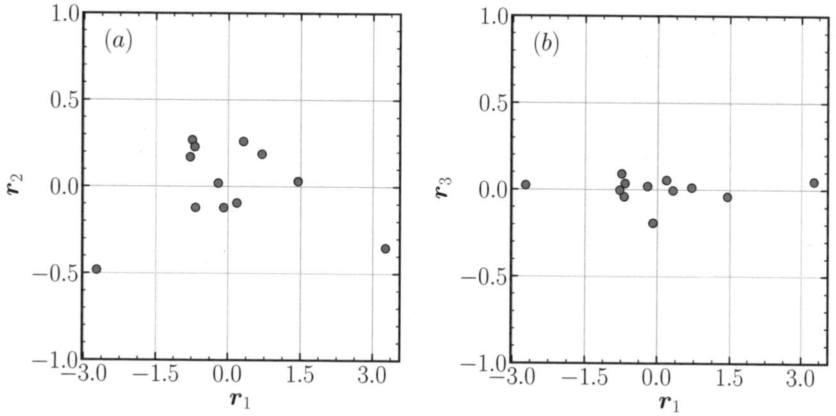

그림 7.12: 표 7.4의 자료를 주성분분석한 결과. (a)는 $\boldsymbol{r}_1$과 $\boldsymbol{r}_2$의 관계를, (b)는 $\boldsymbol{r}_1$과 $\boldsymbol{r}_3$의 관계를 보여 준다.

파이썬에는 scikit-learn이라는 **기계학습**(machine learning)을 수행하는 모듈이 있는데, 이 모듈을 이용하면 주성분분석을 손쉽게 수행할 수 있다. 다음 코드를 실행하면 그림 7.12를 얻을 수 있다.

```
1  from sklearn.decomposition import PCA
2
3  pca=PCA(n_components=3)
4  pc=pca.fit_transform(A)
5
6  fig=plt.figure(1,figsize=(7,4))
7  plt.subplot(121)
8  plt.plot(pc[:,0],pc[:,1],'or',mec='k')
9  plt.ylim(-1,1)
10 plt.grid()
11
12 plt.subplot(122)
13 plt.plot(pc[:,0],pc[:,2],'or',mec='k')
14 plt.ylim(-1,1)
15 plt.grid()
16 plt.show()
```

1행은 파이썬의 클래스 sklearn.decomposition.PCA를 불러온다. 3차원 자료이므로 3행에서 열쇳말 n_components에 3을 지정하여 인스턴스 pca를 만든다. 4행은 pca의 메소드 fit_transform을 이용하여 행렬 A를 주성분분석하고 그 결과를 배열 pc에 저장한다. 행렬 A는 코드 7.9의 11행에서 구성한 행렬과 같다. 6행 이하는 주성분분석 결과를 그래프로 출력한다.

문제

7.1 아래 표에 주어진 14개의 자료를 (1) 고전적인 방법, (2) 특잇값분해, (3) 직교회귀, (4) 주성분분석을 이용하여 직선으로 맞추고 카이제곱을 구하시오.

x	y	x	y
5.7	10.56	9.0	7.91
6.3	10.13	9.6	8.11
6.5	9.98	10.7	7.09
7.9	8.57	11.8	7.86
8.1	8.23	13.3	6.07
8.2	8.16	13.8	6.24
8.5	7.3	14.4	4.82

7.2 아래 자료를

$$y(x) = ax + b\sin(\pi x) \tag{P7.1}$$

인 함수를 이용하여 (1) 일반함수 선형회귀와 (2) 직교회귀로 맞출 때, 카이제곱을 최소화하는 계수 a와 b의 값을 계산하고 결과를 비교하시오.

x	y	x	y
0.1	0.1	1.4	−6.1
0.5	1.6	1.8	−5.0
0.8	−0.9	2.1	−2.9
1.1	−4.1	2.6	−2.6

7.3 수열

$$\gamma_n = 1 + \frac{1}{2} + \frac{1}{3} + \cdots + \frac{1}{n} - \ln n \tag{P7.2}$$

의 극한값 $\gamma \equiv \lim_{n\to\infty} \gamma_n$을 **오일러-마스케로니 상수**(Euler-Mascheroni constant)라고 하며, $\gamma = 0.577215664901532860606512 0\cdots$인 무리수다. γ가 $n \to \infty$에서

$$\gamma_n - \gamma \approx cn^{-d} \tag{P7.3}$$

을 따른다고 가정할 때, 상수 c와 d의 값을 계산하시오.

7.4 아래 표는 연도 t에 따른 세계 인구의 변화를 보여 준다. 이 자료를

$$f(t) = \frac{p_0 + p_1 t}{1 + p_2 t} \tag{P7.4}$$

로 맞출 때, 최적의 계수 p_0, p_1, p_2를 구하고 세계 인구가 무한히 커지는 연도를 추산하시오.

연도	인구 (십억)	연도	인구 (십억)
1800	0.91	1980	4.43
1900	1.61	1990	5.28
1950	2.56	2000	6.11
1960	3.03	2010	6.92
1970	3.68	2020	7.79

7.5 아래 표에 제시된 자료를 직교회귀로 다음과 같이 맞춰 보자.

x	y	x	y
0.9	455.2	28.2	28.1
1.5	428.6	35.2	13.1
13.8	124.1	60.3	4.1
19.8	67.3	74.6	1.3
24.1	43.2	81.3	1.5

(1) y를 지수함수

$$y = p_0 \exp(p_1 x) \tag{P7.5}$$

로 맞출 때, 최적의 맞춤계수 p_0와 p_1을 찾으시오.

(2) 주어진 자료를 음함수

$$f(x, y) = y - a_0 \exp(a_1 x) = 0 \tag{P7.6}$$

으로 맞출 때, 최적의 계수 a_0와 a_1을 찾고 (1)에서 구한 계수와 비교하시오.

(3) 주어진 자료를 음함수

$$g(x, y) = \ln y - b_0 - b_1 x = 0 \tag{P7.7}$$

으로 맞출 때, 최적의 계수 b_0와 b_1을 찾고 (1)에서 구한 계수와 비교하시오.

(4) $\ln y$를 직선

$$\ln y = c_0 + c_1 x \tag{P7.8}$$

로 맞출 때, 최적의 계수 c_0와 c_1을 찾고 (3)에서 구한 계수와 다른 이유를 설명하시오.

7.6 모든 은하의 중심에는 초중량블랙홀(supermassive blackhole)이 있는데, 블랙홀의 질량 $M_{\rm BH}$는 별의 속도분산(velocity dispersion) σ_*와

$$\log\left(\frac{M_{\rm BH}}{1M_\odot}\right) = a + b\log\left(\frac{\sigma_*}{1\text{km s}^{-1}}\right) \tag{P7.9}$$

인 관계를 만족시킨다(단, log는 상용로그). 여기서, $M_\odot$는 태양의 질량을 나타내며, a와 b는 상수다. `http://astro.snu.ac.kr/~wkim/PyData/BlackHall.dat` 파일은 67개의 은하에 대한 관측 결과를 담고 있다(Kormendy & Ho 2013). 1열과 2열은 각각 $M_{\rm BH}$와 측정오차 $\Delta M_{\rm BH}$를 태양질량 단위로 제시하고, 3열과 4열은 각각 σ_*와 측정오차 $\Delta\sigma_*$를 km s^{-1} 단위로 제시한다.

(1) 측정오차 $\Delta M_{\rm BH}$와 $\Delta\sigma_*$를 무시할 때, 관측자료를 가장 잘 맞추는 a와 b값을 찾으시오. 직교회귀 결과와 특잇값분해를 이용한 결과를 비교하시오.

(2) 측정오차 $\Delta M_{\rm BH}$와 $\Delta\sigma_*$를 고려할 때, 관측자료를 가장 잘 맞추는 a와 b값을 찾으시오. 직교회귀 결과와 특잇값분해를 이용한 결과를 비교하시오.

(3) 관측자료와 (1)과 (2)의 결과를 그림으로 그려 비교하시오.

(4) 이제, 맞춤함수를

$$\log\left(\frac{\sigma_*}{1\text{km s}^{-1}}\right) = c + d\log\left(\frac{M_{\rm BH}}{1M_\odot}\right) \tag{P7.10}$$

로 놓고, 최적의 계수 c와 d를 찾으시오. 이 결과를 (1)의 결과와 비교하시오.

7.7 `http://astro.snu.ac.kr/~wkim/PyData/GaussLorenz.dat` 파일은 2개의 열로 구성된 자료를 담고 있다. 1열과 2열을 각각 x와 y라고 할 때,

(1) 자료를 가우스 함수(식 7.29)로 맞추고 맞춤계수 $p_0, \cdots, p_3$와 카이제곱을 구하시오.

(2) 자료를 **로렌츠 함수**(Lorentzian function)

$$y = q_0 + \frac{q_1}{q_2 + (x - q_3)^2} \tag{P7.11}$$

으로 맞추고 맞춤계수와 카이제곱을 구하시오.

(3) (1)과 (2)의 결과를 그림으로 그리시오. 두 함수 중 어떤 함수가 자료를 더 잘 맞추는지 판단하시오.

제8장

미분방정식: 초깃값문제

자연계에서 일어나는 수많은 현상은

$$y' \equiv \frac{dy}{dx} = f(x, y) \tag{8.1}$$

와 같은 1차 **상미분방정식**(ordinary differential equation)이나 이들의 연립방정식으로 기술된다. 여기서, x는 독립변수며 위치 또는 시간을 나타낸다. 식 (8.1)이 구간 $[a,\ b]$에서 유일한 해를 갖기 위해서는

$$y(a) = \alpha \tag{8.2}$$

와 같은 **초깃값**(initial value) 또는 초기조건(initial condition)이 필요하다. 여기서, α는 상수다. n차 미분방정식의 유일한 해를 구하기 위해서는 n개의 조건이 필요하다. 초깃값을 가진 미분방정식을 **초깃값문제**(initial value problem)라고 한다. 이 장에서는 초깃값문제의 수치해를 구하는 방법을 알아본다.

8.1 1차 미분방정식

미분방정식의 해를 구하는 대부분의 수치 방법은

$$a = x_0 < x_1 < \cdots < x_N = b, \qquad x_n = a + nh \tag{8.3}$$

와 같이 구간 $[a,\ b]$를 **보폭**(stepsize)이 $h = (b-a)/N$인 $(N+1)$개의 격자점 x_n (단, $n = 0, \cdots, N$)으로 나누고 격자점에서 함숫값 $y_n = y(x_n)$을 계산한다.

8.1.1 오일러 방법

오일러 방법 또는 **전진 오일러 방법**(forward Euler method)에서는 식 (8.1)을 식 (2.42)에 따라 **전진차분**하여

$$\frac{dy}{dx} \approx \frac{y_{n+1} - y_n}{h} = f(x_n, y_n) \tag{8.4}$$

으로 놓는다. 이 식을 정리하면 점화식

$$y_{n+1} = y_n + hf(x_n, y_n) \tag{8.5a}$$

$$x_{n+1} = x_n + h \tag{8.5b}$$

를 얻는다. 초기조건으로 x_0에서 y_0의 값이 주어져 있으므로 n을 0부터 1씩 증가시키며 $y_1, \cdots, y_N$을 구할 수 있다. 식 (8.5)의 우변은 이미 계산된 x_n과 y_n만으로 계산할 수 있는 **양함수**(explicit function)다. 우변이 양함수인 방정식의 해법을 **명시적 방법**(explicit method)이라고 한다.

예제 8.1

오일러 방법으로 구간 [0, 10]에서 미분방정식

$$\frac{dy}{dx} = -2x + y, \qquad y(0) = 3 \tag{8.6}$$

의 수치해를 구하시오. 식 (8.6)의 해석해가 $y_{\text{true}}(x) = 2 + 2x + e^x$임을 이용하여 보폭이 $h = 10^{-1}, 10^{-2}, 10^{-3}$으로 달라짐에 따라 오차가 어떻게 변하는지 조사하시오.

코드 8.1: 오일러 방법

```
func= lambda x,y: -2*x + y
sol = lambda x: 2+2*x+np.exp(x)

def Euler(F,x0,y0,xmax,h):
    x,y=x0,y0
    xsol=np.array([x])
    ysol=np.array([y])
    N=int((xmax-x0)/h)
    for i in range(N):
        y+=h*F(x,y)
        x+=h
        xsol=np.append(xsol,x)
        ysol=np.append(ysol,y)
    return xsol,ysol
```

```
15
16 h=[0.1,0.01,0.001]
17 x1,y1=Euler(func,0,3,10,h[0])
18 x2,y2=Euler(func,0,3,10,h[1])
19 x3,y3=Euler(func,0,3,10,h[2])
20 err1=(np.abs(y1/sol(x1)-1)).mean()
21 err2=(np.abs(y2/sol(x2)-1)).mean()
22 err3=(np.abs(y3/sol(x3)-1)).mean()
23 err=[err1,err2,err3]
24
25 fig=plt.figure(1,figsize=(10,5))
26 plt.subplot(121)
27 plt.plot(x1,y1,label=r'$h=10^{-1}$')
28 plt.plot(x2,y2,label=r'$h=10^{-2}$')
29 plt.plot(x3,y3,label=r'$h=10^{-3}$')
30 plt.yscale('log')
31 plt.xlabel(r'$x$')
32 plt.ylabel(r'$y$')
33 plt.legend()
34 plt.subplot(122)
35 plt.loglog(h,err,'o',label='errors')
36 plt.loglog([0.001,0.1],[0.0022,0.22],label='slope=1')
37 plt.legend(numpoints=2)
38 plt.xlabel(r'$h$')
39 plt.ylabel(r'$|y/y_t-1|$')
40 plt.tight_layout()
41 plt.show()
```

1행과 2행은 각각 식 (8.6)과 해석해를 func와 sol이라는 함수로 정의한다. 4-14행은 오일러 방법으로 도함수 F를 초깃값 y0를 이용하여 x0에서 xmax까지 보폭 h로 적분한 결과를 반환하는 함수 Euler를 정의한다. 16행은 3개의 보폭을 리스트 h에 지정한다. 17-19행은 F=func, x0=0, y0=3, xmax=10으로 택하고 보폭을 달리하며 Euler 함수를 호출한다. 20-23행은 각 보폭에 해당하는 수치해의 상대 오차 평균값을 리스트 err에 저장한다. 26-33행은 보폭을 달리한 수치해 y를 그래프로 출력한다. 34-39행은 상대 오차 err을 보폭 h의 함수로 그린다.

그림 8.1은 코드 8.1을 실행한 결과를 보여 준다. 그림 8.1(a)는 수치해 y를 x의 함수로 그리는데, $h = 10^{-2}$과 $h = 10^{-3}$인 결과는 거의 비슷하다. 그림 8.1(b)는 상대 오차의 평균값과 보폭 h의 관계를 보여 준다. 실선은 기울기가 1인 선으로 $h \le 10^{-2}$일 때의 상대 오차를 잘 설명한다. 이것은 오일러 방법이 1차 정확도를 갖고 있음을 의미한다.

오일러 방법은 쉽고 간편하지만, 정확도가 낮다. 또한, 수치해 y_N을 초깃값으로 간

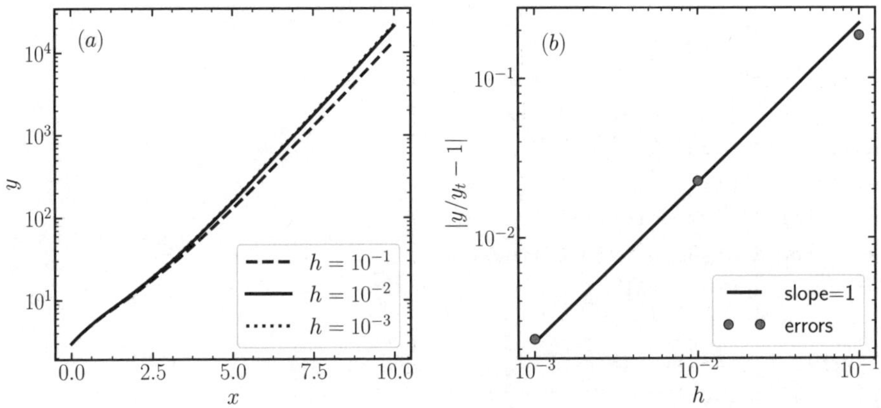

그림 8.1: 오일러 방법을 이용한 식 (8.6)의 (a) 수치해와 (b) 상대 오차

주하고 $x = x_N$에서 출발하여 음의 보폭$(-h)$으로 $x = x_0$까지 적분하여 얻은 $y(x_0)$의 값은 초깃값 α와 다르다. 이것은 오일러 방법이 비대칭적(unsymmetric)이기 때문이다.

오일러 방정식이 가진 또 하나의 문제는 **수치 안정성**(numerical stability)에 관한 것이다. 수치 안정성을 이해하기 위해 $x \geq 0$에서 정의된 간단한 미분방정식

$$y' = \lambda y \tag{8.7}$$

를 생각해 보자. 여기서, $\lambda < 0$이고 초기조건은 $y(0) = 1$이다. 이 방정식의 해석해는 $y = e^{\lambda x}$이며 $x \to \infty$일 때, $y \to 0$이다.

식 (8.7)을 식 (8.5)에 대입하면

$$y_{n+1} = y_n + h\lambda y_n = (1 + h\lambda)y_n \qquad (n = 0, 1, \cdots) \tag{8.8}$$

이고 $y_0 = 1$이다. 귀납법(induction)에 의해 위 식의 해는

$$y_n = (1 + h\lambda)^n \tag{8.9}$$

으로 주어진다.

$n \to \infty$일 때, $y_n \to 0$이기 위해서는

$$|1 + h\lambda| < 1 \quad \to \quad 0 < h|\lambda| < 2 \tag{8.10}$$

인 조건을 만족시켜야 한다. 즉, 수렴하는 또는 안정적인 해를 얻기 위해서는 보폭 h가 충분히 작아야 한다. 이러한 제약이 생기는 근본적인 이유는 오일러 방법이 명시적이기 때문이다. 식 (8.6)은 $\lambda > 0$이므로 해석해가 발산하여 안정성에 대한 보폭의 제약을

받지 않는다. 그러나 보다 정확한 수치해를 얻기 위해서는 작은 보폭을 사용하는 것이 좋다.

8.1.2 후진 오일러 방법

도함수를 식 (2.46)과 같이 **후진차분**하면 안정성에 대한 보폭의 제약을 피할 수 있다. 이 방법에서는 식 (8.1)을

$$y_{n+1} = y_n + hf(x_{n+1}, y_{n+1}) \tag{8.11}$$

으로 놓는데, 이를 **후진 오일러 방법**(backward Euler method)이라고 한다. 식 (8.11)의 우변은 아직 값을 알지 못하는 y_{n+1}에 의존하므로 이 방법은 **암시적 방법**(implicit method)이다. 식 (8.11)의 해를 구하기 위해서는

$$z = y_n + hf(x_{n+1}, z) \tag{8.12}$$

로 대치한 다음, 제3장에서 학습한 방법으로 근 z를 구하여 $y_{n+1} = z$로 놓는다. 일반적으로 뉴턴 방법을 이용하는 것이 간편하고 $h|\partial f/\partial y| < 1$인 경우 **고정점 반복법**을 이용할 수 있다. 암시적 방법은 명시적 방법보다 번거롭지만, 더욱 안정적인 해를 구할 수 있다는 장점이 있다.

예제 8.2

후진 오일러 방법으로 구간 $[0, 5]$에서 미분방정식

$$\frac{dy}{dx} = x(1 + \cos 2y), \qquad y(0) = 0 \tag{8.13}$$

의 수치해를 구하시오. 보폭으로 $h = 0.1$을 채택하시오. 이 방정식의 해는 $y_{\text{true}} = \tan^{-1}(x^2)$이다.

식 (8.13)을 후진차분하면 $z = y_{n+1}$에 대해

$$g(z) \equiv y_n + hx_{n+1}(1 + \cos 2z) - z = 0 \tag{8.14}$$

을 얻는다. 방정식 $g(z) = 0$의 근 z를 뉴턴 방법으로 구하여 식 (8.13)을 적분하는 코드는 코드 8.2와 같다.

코드 8.2: 후진 오일러 방법

```
def NR(z,x,y,h):
    tol=1e-6
    xp=x+h
    while True:
```

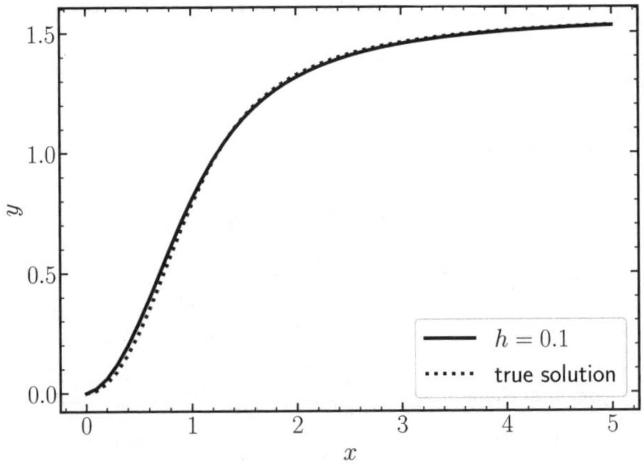

그림 8.2: 식 (8.13)을 후진 오일러 방법으로 적분한 수치해와 해석해의 비교

```
5          g=y+h*xp*(1+np.cos(2*z))-z
6          dg=-2*h*xp*np.sin(2*z)-1
7          ratio=g/dg
8          if abs(ratio)<tol: break
9          z-=ratio
10     return z
11
12 def backEuler(x,xmax,y,h):
13     N=int((xmax-x)/h)
14     xsol,ysol=[x],[y]
15     for i in range(N):
16         y=NR(y,x,y,h)
17         x+=h
18         xsol=np.append(xsol,x)
19         ysol=np.append(ysol,y)
20     return xsol,ysol
21
22 x,y=backEuler(0,5,0,0.1)
23
24 fig=plt.figure(1,figsize=(7,5))
25 plt.plot(x,y,'r',label='h=0.1')
26 plt.plot(x,np.arctan(x**2),':',label='true solution')
27 plt.xlabel('x')
28 plt.ylabel('y')
29 plt.legend()
30 plt.show()
```

1-10행은 뉴턴 방법으로 식 (8.14)의 해를 구하는 함수 NR을 정의한다. 수렴 조건으로

오차 허용범위를 `tol=1e-6`으로 잡았다. 12-20행은 후진 오일러 방법으로 식 (8.13)을 적분하는 함수 `backEuler`를 정의한다. 인자 `x`, `xmax`, `y`, `h`는 각각 적분구간의 시작값과 끝값, 함수의 초깃값, 보폭을 나타낸다. 16행은 `NR` 함수를 호출하여 `y` $= y_{n+1}$을 구한다. 17행은 `x` $= x_{n+1}$을 갱신한다. 18-19행은 `np.append()` 함수를 이용하여 새로 구한 `x`와 `y`를 각각 `xsol`과 `ysol`에 붙인다. 22행은 `x=0`, `xmax=5`, `y=0`, `h=0.1`로 놓고 함수 `backEuler`를 호출한 결과를 `x`와 `y`에 저장한다. 24-30행은 수치해와 해석해를 그림으로 비교한다(그림 8.2).

8.1.3 룽게-쿠타 방법

전진/후진 오일러 방법은 간편하지만 정확도가 1차에 불과하다. 정밀한 수치해가 필요할 문제에는 더욱 정확한 **룽게-쿠타 방법**(Runge-Kutta method)을 이용한다. 2차 정확도와 4차 정확도를 갖는 룽게-쿠타 방법에 대해 알아보자.

8.1.3.1 2차 룽게-쿠타 방법

식 (8.1)의 수치해를

$$y_{n+1} = y_n + hF(x_n, y_n) \tag{8.15}$$

으로 놓자. 여기서, $F(x_n, y_n)$은 구간 $[x_n, x_{n+1}]$에서 도함수 $f(x, y)$를 비교적 정확하게 근사하는 함수다. 2차 룽게-쿠타 방법에서는

$$F(x, y) = w_1 f(x, y) + w_2 f[x + \alpha h, y + \beta h f(x, y)] \tag{8.16}$$

로 놓는다. 여기서, w_1, w_2, α, β는 상수며

$$w_1 + w_2 = 1, \quad 0 \le \alpha \le 1 \tag{8.17}$$

인 조건을 만족시킨다. 식 (8.16)과 식 (8.17)은 $F(x_n, y_n)$이 $x = x_n$과 $x = x_n + \alpha h$인 두 점에서 계산한 도함수의 가중평균임을 의미한다. w_1과 w_2는 두 도함수의 가중값이다. $w_1 = 1$이고 $w_2 = 0$이면 식 (8.15)는 오일러 방법에 해당하고, $w_1 = 0$이고 $w_2 = \alpha = \beta = 1$이면 후진 오일러 방법에 해당한다.

4개의 상수 w_1, w_2, α, β를 어떻게 선택하면 최고의 정확도를 얻을 수 있을까? 이를 해결하기 위해 수치해의 절단 오차를

$$E_h \equiv y(x_n + h) - y_{n+1} \tag{8.18a}$$

$$= y(x_n + h) - y_n - hF(x_n, y_n) \tag{8.18b}$$

으로 정의하고 E_h를 최소화하는 상수의 조합을 찾아보자.

$y' = f(x, y)$이고

$$y'' = \frac{\partial f}{\partial x} + \frac{dy}{dx}\frac{\partial f}{\partial y} = \frac{\partial f}{\partial x} + f\frac{\partial f}{\partial y} \tag{8.19}$$

임을 이용하여 $y(x_n + h)$를 테일러 급수로 전개하면,

$$y(x_n + h) = y(x_n) + hf + \frac{h^2}{2}\left(\frac{\partial f}{\partial x} + f\frac{\partial f}{\partial y}\right) + \mathcal{O}(h^3) \tag{8.20}$$

이다. 또한,

$$f(x + \alpha h, y + \beta hf) = f(x, y) + h\left(\alpha\frac{\partial f}{\partial x} + \beta f\frac{\partial f}{\partial y}\right) + \mathcal{O}(h^2) \tag{8.21}$$

이므로 식 (8.16)은

$$F(x, y) = (w_1 + w_2)f(x, y) + w_2 h\left(\alpha\frac{\partial f}{\partial x} + \beta f\frac{\partial f}{\partial y}\right) + \mathcal{O}(h^2) \tag{8.22}$$

이 된다.

식 (8.20)과 식 (8.22)를 식 (8.18b)에 대입하면

$$E_h = h(1 - w_1 - w_2)f + \frac{h^2}{2}\left[(1 - 2\alpha w_2)\frac{\partial f}{\partial x} + (1 - 2\beta w_2)f\frac{\partial f}{\partial y}\right] + \mathcal{O}(h^3) \tag{8.23}$$

을 얻는다. 따라서 4개의 상수를

$$w_1 + w_2 = 1, \quad \alpha = \beta = \frac{1}{2w_2} \tag{8.24}$$

인 조건을 만족시키도록 선택하면 절단 오차가 $E_h \propto \mathcal{O}(h^3)$으로 최소가 된다.

식 (8.24)를 만족시키는 상수의 조합 중, 자주 사용하는 두 경우는 다음과 같다.

1. $w_1 = w_2 = 1/2$, $\alpha = \beta = 1$: 이때, 식 (8.15)는

$$y_{n+1} = y_n + \frac{h}{2}(K_1 + K_2) \tag{8.25}$$

가 된다. 여기서,

$$K_1 = f(x_n, y_n) \tag{8.26a}$$

$$K_2 = f(x_n + h, y_n + hK_1) \tag{8.26b}$$

이다. 즉, F의 값으로 점 $x = x_n$에서의 기울기 K_1과 $x = x_n$으로부터 오일러 방법으로 한 걸음 전진한 점 $x = x_n + h$에서의 기울기 K_2의 평균값을 택한다.

이 방법을 **사다리꼴 룽게-쿠타 방법**(trapezoidal Runge-Kutta method)이라고 한다.

2. $w_1 = 0$, $w_2 = 1$, $\alpha = \beta = 1/2$: 이때, 식 (8.15)는

$$y_{n+1} = y_n + hK_2 \tag{8.27}$$

가 된다. 여기서,

$$K_1 = f(x_n, y_n) \tag{8.28a}$$

$$K_2 = f\left(x_n + \frac{h}{2}, y_n + \frac{h}{2}K_1\right) \tag{8.28b}$$

이다. 즉, 오일러 방법으로 $x = x_n$으로부터 반걸음 전진한 점 $x = x_n + h/2$에서의 기울기 K_2를 F로 잡는다. 이 방법을 **중점 룽게-쿠타 방법**(midpoint Runge-Kutta method)이라고 한다.

예제 8.3

중점 룽게-쿠타 방법으로 구간 [0, 10]에서 미분방정식

$$\frac{dy}{dx} = -2x + y, \qquad y(0) = 3 \tag{8.29}$$

의 수치해를 구하시오. 보폭을 $h = 10^{-1}$과 10^{-2}으로 택한 수치해의 상대 오차를 비교하시오. 이 방정식의 해석해는 $y_{\text{true}}(x) = 2 + 2x + e^x$이다.

코드 8.3: 중점 룽게-쿠타 방법

```
sol =lambda x: 2 + 2*x + np.exp(x)
func=lambda x,y: - 2*x + y

def midRK2(F,x0,xmax,y0, h):
    n=int((xmax-x0)/h)
    hh=0.5*h
    x,y=x0,y0
    xsol,ysol=[x],[y]
    for i in range(n):
        K1=F(x,y)
        K2=F(x+hh,y+hh*K1)
        y+=h*K2
        x+=h
        xsol=np.append(xsol,x)
        ysol=np.append(ysol,y)
```

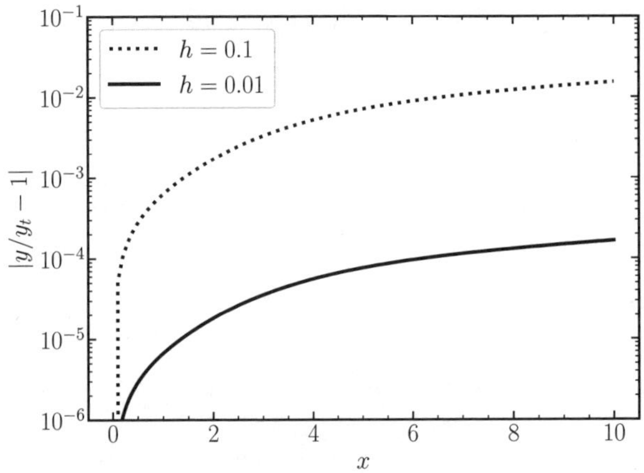

그림 8.3: 식 (8.29)를 중점 룽게-쿠타 방법으로 적분한 수치해의 상대 오차

```
16      return xsol,ysol
17
18  x1,y1=midRK2(func,0,10,3,0.1)
19  x2,y2=midRK2(func,0,10,3,0.01)
20
21  err1=np.abs(y1/sol(x1)-1)
22  err2=np.abs(y2/sol(x2)-1)
23
24  fig=plt.figure(1,figsize=(7,5))
25  plt.plot(x1,err1,label=r'$h=0.1$')
26  plt.plot(x2,err2,label=r'$h=0.01$')
27  plt.ylim(1.e-6,1.e-1)
28  plt.xlabel(r'$x$')
29  plt.ylabel(r'$|y/y_t-1|$')
30  plt.yscale('log')
31  plt.legend()
32  plt.show()
```

1행은 해석해를 함수 `sol`로 정의하고 2행은 식 (8.29)에 주어진 도함수를 `func`로 정의한다. 4-16행은 함수 `F`를 `x0`부터 `xmax`까지 초깃값 `y0`와 보폭 `h`를 이용하여 중점 룽게-쿠타 방법으로 적분하는 함수 `midRK2`를 정의한다. 14-15행은 걸음마다 구한 `x`와 `y`를 `xsol`과 `ysol`의 뒤에 붙인다. 16행은 `xsol`과 `ysol`을 반환한다. 18-19행은 보폭을 `h=0.1`과 `h=0.01`로 달리하며 `midRK2` 함수를 호출한 결과를 각각 `x1`, `y1`과 `x2`, `y2`에 저장한다. 21-22행은 해석해에 대한 수치해의 상대 오차를 구한다. 24행 이하는 수치해의 상대 오차를 그래프로 출력한다(그림 8.3). h가 10배 감소하면, 상대 오차는 100배 감소한다. 이것은 중점 룽게-쿠타 방법이 2차의 정확도를 갖고 있기 때문이다.

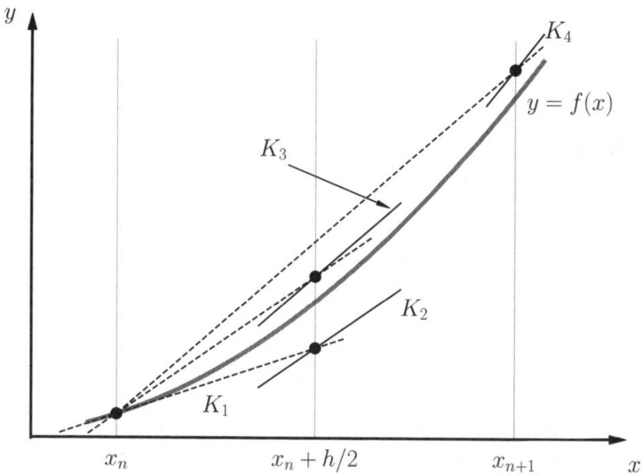

그림 8.4: 4차 룽게-쿠타 방법

8.1.3.2 4차 룽게-쿠타 방법

4차 룽게-쿠타 방법은 2차 룽게-쿠타 방법을 네 점으로 확장한 방법으로 네 기울기의 가중 평균값을 이용하여 해를 구한다. 가장 널리 사용되는 방법은 점화식

$$y_{n+1} = y_n + \frac{h}{6}(K_1 + 2K_2 + 2K_3 + K_4) \tag{8.30}$$

를 이용한다. 여기서,

$$K_1 = f(x_n, y_n) \tag{8.31a}$$

$$K_2 = f\left(x_n + \frac{h}{2}, y_n + \frac{h}{2}K_1\right) \tag{8.31b}$$

$$K_3 = f\left(x_n + \frac{h}{2}, y_n + \frac{h}{2}K_2\right) \tag{8.31c}$$

$$K_4 = f\left(x_n + h, y_n + hK_3\right) \tag{8.31d}$$

이다. 식 (8.30)은 4차의 정확도를 가진다. 차수가 높아지면서 정확도가 증가하는데, 이는 $f(x, y)$의 값을 계산하는 횟수가 증가하기 때문이다. 항의 수를 더 늘리면 정확도가 더욱 높아지지만, 식이 매우 복잡하여 실용적이지 않다.

그림 8.4는 식 (8.31)에서 정의한 기울기와 기울기를 구하는 위치를 보여 준다. K_1은 점 $x = x_n$에서 y의 기울기를 나타낸다. K_2는 점 $x = x_n$에서 기울기를 K_1으로 잡은 후, 오일러 방법으로 반걸음 전진한 위치($x = x_n + h/2$)에서 측정한 기울기다. K_3는 점 $x = x_n$에서 기울기를 K_2로 잡은 후, 오일러 방법으로 반걸음 전진한 위치 ($x = x_n + h/2$)에서 측정한 기울기다. K_4는 점 $x = x_n$에서 기울기를 K_3로 잡고 한

걸음 전진한 위치인 점($x = x_n + h$)에서 측정한 기울기를 나타낸다. 4차 룽게-쿠타 방법은 이 4개의 기울기를 1 : 2 : 2 : 1의 비율로 가중평균한 값을 이용하여 한 걸음 전진한다.

예제 8.4

4차 룽게-쿠타 방법으로 구간 $[0, 10]$에서 미분방정식

$$\frac{dy}{dx} = -y + \cos x - \sin(x), \quad y(0) = 2 \tag{8.32}$$

의 수치해를 구하시오. 보폭이 $h = 0.1$과 $h = 0.01$인 수치해의 절대 오차를 비교하시오. 이 미분방정식의 해석해는 $y_{\text{true}} = e^{-x} + \cos x$이다.

코드 8.4: 4차 룽게-쿠타 방법

```
sol =lambda x: np.cos(x)+np.exp(-x)
func=lambda x,y: -y+np.cos(x)-np.sin(x)

def RK4(F, x0, xmax, y0, h):
    hh=0.5*h
    x,y=x0,y0
    xsol,ysol=[x],[y]
    n=int((xmax-x0)/h)
    for i in range(n):
        K1=F(x,y)
        K2=F(x+hh,y+hh*K1)
        K3=F(x+hh,y+hh*K2)
        K4=F(x+h, y+ h*K3)
        y+=h*(K1+K4+2*(K2+K3))/6.0
        x+=h
        xsol=np.append(xsol,x)
        ysol=np.append(ysol,y)
    return xsol,ysol

x1,y1=RK4(func,0,10,2,0.1)
x2,y2=RK4(func,0,10,2,0.01)
err1=np.abs(y1-sol(x1))
err2=np.abs(y2-sol(x2))

fig=plt.figure(1,figsize=(9,4))
plt.subplot(121)
plt.plot(x1,y1,label=r'$h=0.1$')
plt.plot(x2,y2,label=r'$h=0.01$')
plt.xlabel(r'$x$')
```

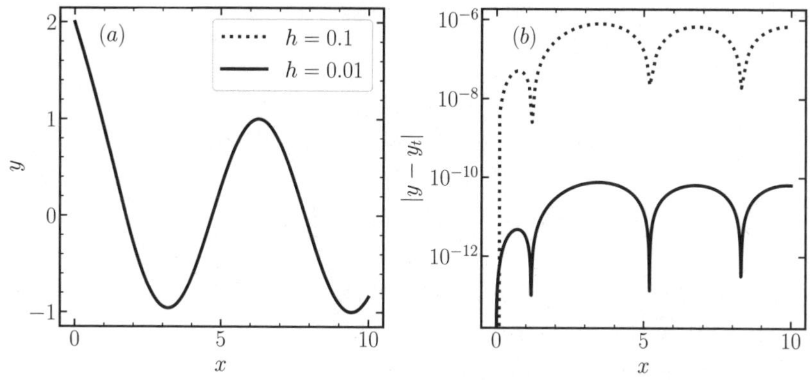

그림 8.5: 식 (8.32)를 4차 룽게-쿠타 방법으로 적분한 (a) 수치해와 (b) 절대 오차

```
30 plt.ylabel(r'$y$')
31 plt.legend()
32 plt.subplot(122)
33 plt.plot(x1,err1)
34 plt.plot(x2,err2)
35 plt.yscale('log')
36 plt.xlabel(r'$x$')
37 plt.ylabel(r'$|y-y_t|$')
38 plt.tight_layout()
39 plt.show()
```

1행은 해석해를 함수 `sol`로 정의한다. 2행은 식 (8.32)의 도함수를 `func`로 정의한다. 4-18행은 함수 `F`를 `x0`에서 `xmax`까지 초깃값 `y0`와 보폭 `h`를 이용하여 4차 룽게-쿠타 방법으로 적분하는 함수 `RK4`를 정의한다. 16-17행은 걸음마다 구한 `x`와 `y`를 `xsol`과 `ysol`의 뒤에 붙인다. 18행은 `xsol`과 `ysol`을 반환한다. 20-21행은 보폭이 `h=0.1`과 `h=0.01`일 때, `RK4`를 호출한 결과를 각각 `x1`, `y1`과 `x2`, `y2`에 저장한다. 22-23행은 수치해의 절대 오차를 구한다. 25행 이하는 수치해와 오차를 `x`의 함수로 그린다(그림 8.5). 보폭이 10배 작아지면 오차는 10^4배 감소한다.

8.1.4 예측자-수정자 방법

오일러 방법과 룽게-쿠타 방법은 x_n에서의 함숫값만을 이용하여 x_{n+1}에서의 함숫값을 계산하는 **단일단계법**(single step method)에 속한다. 이와는 달리, 한 걸음 전진하기 위해 전 단계에서 계산한 여러 함숫값을 사용하는 **다중단계법**(multistep method)이 있다. 다중단계법에서는 식 (8.1)을

$$y = \int f[x, y(x)]dx \tag{8.33}$$

로 대치하고 우변을 근사한다. 예를 들어, 식 (8.33)에 세 점 x_{n-1}, x_n, x_{n+1}에 대한 **심프슨 법칙**(식 4.25)을 적용하면

$$y_{n+1} = y_{n-1} + \int_{x_{n-1}}^{x_{n+1}} f[x, y(x)]dx \tag{8.34a}$$

$$= y_{n-1} + \frac{h}{3}(f_{n-1} + 4f_n + f_{n+1}) \tag{8.34b}$$

을 얻는다. 여기서, $f_n = f(x_n, y_n)$이다. 식 (8.34b)는 y_n뿐만 아니라 y_{n-1}의 값도 알아야 y_{n+1}의 값을 계산할 수 있는 2단계법이다.

식 (8.34b)를 k단계법으로 일반화하면

$$\sum_{i=0}^{k} c_i y_{n+i} = h \sum_{i=0}^{k} w_i f_{n+i} \tag{8.35}$$

로 적을 수 있다. 여기서, c_i와 w_i(단, $i = 0, \cdots, k$)는 상수며, $c_k \neq 0$이고 c_0와 w_0는 동시에 0이 아니어야 한다. $w_k = 0$이면, 좌변의 y_{n+k}는 이미 계산된 y_{n+i}와 f_{n+i}(단, $i \leq k-1$)의 선형결합으로 결정되므로 k단계법은 명시적이다. 반대로 $w_k \neq 0$이면, 우변의 f_{n+k}가 y_{n+k}에 의존하므로 k단계법은 암시적이다.

8.1.1절에서 보았듯이 명시적 방법은 계산이 간편하지만, 보폭이 작아야 안정적인 해를 구할 수 있다. 반면, **암시적 방법**은 계산은 복잡하지만 비교적 큰 보폭을 사용해도 안정적인 해를 구할 수 있다. 따라서 **명시적 방법**과 암시적 방법을 결합하면 편리성과 안정성의 장점을 취할 수 있는데, 이를 **예측자-수정자 방법**(predictor-corrector method)이라고 한다. 널리 사용되는 예측자-수정자 방법은 애덤스(Adams)와 바시포스(Bashforth)가 개발한 4차 명시적 방법

$$y_{n+4} = y_{n+3} + \frac{h}{24}(55f_{n+3} - 59f_{n+2} + 37f_{n+1} - 9f_n) + \mathcal{O}(h^5) \tag{8.36}$$

과, 애덤스와 몰턴(Moulton)이 개발한 4차 암시적 방법

$$y_{n+4} = y_{n+3} + \frac{h}{24}(9f_{n+4} + 19f_{n+3} - 5f_{n+2} + f_{n+1}) + \mathcal{O}(h^5) \tag{8.37}$$

을 결합한다. 즉, 예측자-수정자 방법은 식 (8.36)으로부터 y_{n+4}의 값을 '예측'하고, 이를 이용하여 f_{n+4}를 구한 후, 식 (8.37)로부터 y_{n+4}의 값을 '수정'한다. 식 (8.36)을 이용하기 위해서는 f_0, f_1, f_2, f_3의 값을 알아야 한다. f_0는 초기조건으로부터 얻을 수 있으며 나머지 3개의 함숫값은 같은 정확도를 가지는 4차 룽게-쿠타 방법으로 구한다.

식 (8.36)과 식 (8.37)을 동시에 이용하는 예측자-수정자 방법은 4차 정확도를 갖는다. 이 방법이 4차 룽게-쿠타 방법보다 우수한 점은 매 단계에서 함숫값을 한 번만 계산하면 된다는 것이다. 식 (8.36)과 식 (8.37)을 통해 y_{n+4}의 값을 계산하기 위해서는

5개의 함숫값($f_n, \cdots, f_{n+4}$)이 필요하지만, 이 중 4개($f_n, \cdots, f_{n+3}$)는 전 단계에서 이미 계산된 값이므로 f_{n+4}의 값 하나만 새로 계산하면 된다. 반면, 4차 룽게-쿠타 방법은 매 단계에서 함숫값을 4번 계산해야 한다(식 8.31).

예제 8.5

구간 $[0, 10]$에서 미분방정식

$$\frac{dy}{dx} = -2xy^2, \quad y(0) = 1 \tag{8.38}$$

의 수치해를 예측자-수정자 방법으로 구하시오. $h = 0.1$과 $h = 0.01$인 결과의 상대 오차를 비교하시오. 이 미분방정식의 해석해는 $y_{\text{true}} = 1/(1+x^2)$이다.

코드 8.5: 예측자-수정자 방법

```
sol =lambda x: 1/(1+x**2)
func=lambda x,y: -2*x*(y**2)

def PreCor(F,xsol,ysol,xmax,h):
    h24=h/24
    f=F(xsol,ysol)
    x,y=xsol[3],ysol[3]
    while x<xmax:
        x =x+h
        yp=y+h24*(55*f[3]   -59*f[2]+37*f[1]-9*f[0])
        y =y+h24*( 9*F(x,yp)+19*f[3]- 5*f[2]+  f[1])
        f=np.delete(f,0)
        f=np.append(f,F(x,y))
        xsol=np.append(xsol,x)
        ysol=np.append(ysol,y)
    return xsol,ysol

x0,xmax,y0=0,10,1
h=0.1
x1,y1=RK4(func,x0,3*h,y0,h)
x1,y1=PreCor(func,x1,y1,xmax,h)

h=0.01
x2,y2=RK4(func,x0,3*h,y0,h)
x2,y2=PreCor(func,x2,y2,xmax,h)

err1=np.abs(y1/sol(x1)-1)
err2=np.abs(y2/sol(x2)-1)
```

```
30 fig=plt.figure(1,figsize=(9,4))
31 plt.subplot(121)
32 plt.plot(x1,y1,label='h=0.1')
33 plt.plot(x2,y2,label='h=0.01')
34 plt.xlabel('x')
35 plt.ylabel('y')
36 plt.subplot(122)
37 plt.plot(x1,err1,label='h=0.1')
38 plt.plot(x2,err2,label='h=0.01')
39 plt.yscale('log')
40 plt.xlabel(r'$x$')
41 plt.ylabel(r'$|y/y_t-1|$')
42 plt.legend()
43 plt.tight_layout()
44 plt.show()
```

1행은 해석해를 함수 sol로 정의한다. 2행은 식 (8.38)의 도함수를 func로 정의한다. 4-16행은 함수 F를 예측자-수정자 방법으로 xsol[3]부터 xmax까지 보폭 h로 적분한 결과인 xsol과 ysol을 반환하는 함수 PreCor을 정의한다. 이 함수는 처음 네 걸음의 해 xsol[0:4]와 ysol[0:4]를 인자로 받아들인다. 6행은 처음 네 걸음의 함숫값 f를 계산하고, 7행은 xsol[3]과 ysol[3]을 각각 x와 y로 저장한다. 10행은 애덤스-바시포스 방법으로 yp값을 예측하고, 11행은 애덤스-몰턴 방법으로 y값을 수정한다. 12행은 배열 f에서 f[0]를 삭제하고, 13행은 새로 계산된 F(x,y)를 f[3]에 저장한다. 14-15행은 새로 계산된 x와 y를 각각 xsol과 ysol에 덧붙힌다. 18행은 적분구간과 초깃값을 지정한다. 19-21행은 보폭이 h=0.1일 때, 처음 세 걸음을 4차 룽게-쿠타 방법으로, 그 이후는 예측자-수정자 방법으로 수치해 x1, y1을 구한다. RK4 함수는 코드 8.4에서 정의된 함수다. 23-25행은 보폭이 h=0.01일 때, 수치해 x2, y2를 구한다. 27-28행은

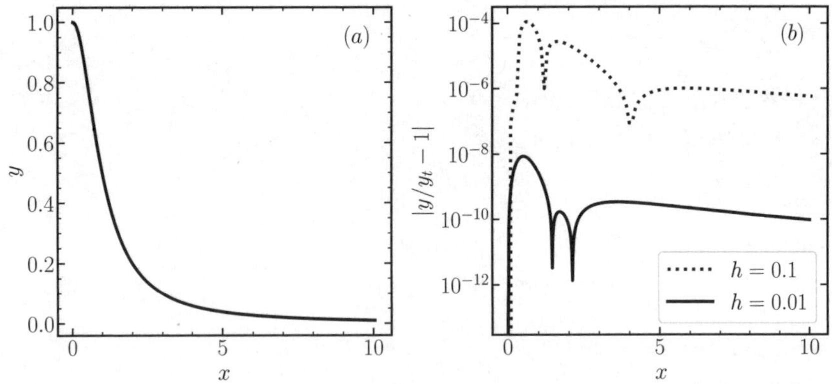

그림 8.6: 식 (8.38)을 예측자-수정자 방법으로 적분한 (a) 수치해와 (b) 상대 오차

수치해의 상대 오차를 구한다. 30행 이하는 수치해와 상대 오차를 그래프로 출력한다 (그림 8.6). 예측자-수정자 방법은 오차가 매우 적어 그림 8.6(a)에서 $h = 0.1$인 결과와 $h = 0.01$인 결과가 구분되지 않는다. 보폭이 10배 감소하면 오차가 10^4배 감소한다.

파이썬의 `scipy.integrate.odeint()` 함수는 ODEPACK 라이브러리에 기반하여 예측자-수정자 방법으로 미분방정식의 수치해를 구한다.[1] 이 함수의 주요한 인자는 다음과 같다.

```
1  from scipy.integrate import odeint
2  odeint(func, y0, x, args=(), rtol=None, atol=None, h0=0)
```

1행은 `scipy.integrate` 모듈에서 `odeint()` 함수를 불러온다. 2행에서 `func`는 도함수를, `y0`는 초깃값을, `x`는 수치해를 구할 위치를 지정한다. 함수 `func`에 넘겨줄 `x`와 `y`를 제외한 인자가 있을 때, 튜플 자료형의 열쇳말 `args`를 이용한다(코드 8.7 참고). 열쇳말 `rtol`과 `atol`은 각각 상대 오차와 절대 오차의 허용값을 지정하는데, 오차를 지정하지 않으면 `rtol=atol=1.49012e-8`이 자동으로 지정된다. 마지막 열쇳말 `h0`는 첫 계산에 사용할 보폭을 지정하는데, 지정하지 않거나 `h0=0`을 넣으면 내부에서 정의한 값을 사용한다. 이 함수는 차수가 다른 두 예측자-수정자 방법으로 계산한 해를 비교하여 오차를 추정하고, 추정된 오차가 허용범위보다 작아질 때까지 보폭을 줄이며 계산을 반복한다. `odeint()` 함수는 연립미분방정식(8.2절 참고)의 수치해도 구한다.

`odeint()` 함수를 이용하여 예제 8.5의 수치해를 구하는 방법은 다음과 같다.

```
1  from scipy.integrate import odeint
2  
3  def dydx(y,x):                      # y first in the arguments
4      return -2.*x*y**2
5  
6  x0,xmax,y0=0,10,1
7  x=np.linspace(x0,xmax,100)
8  y=odeint(dydx,y0,x)
9  y=y[:,0]
10 
11 fig=plt.figure(1,figsize=(9,4))
12 plt.plot(x,y)
13 plt.show()
```

3-4행은 도함수 $y' = f(x, y)$를 `dydx`라는 이름으로 정의하는데, 인자 `y`가 반드시 인자 `x` 앞에 있어야 한다. 7행은 수치해를 저장할 `x`의 위치를 지정한다. 8행은 초깃값 `y0`에 대해 `odeint()` 함수를 호출하여 `dydx` 함수를 적분하고 그 결과를 변수 `y`에 저장한다. `y`는 크기가 `len(x)`×`len(y0)`인 2차원 배열(행렬)이다. 식의 개수가 1개이므로 9행에서

1) https://computing.llnl.gov/projects/odepack

행렬 y의 첫째 열을 새로운 1차원 배열 y로 저장한다. 11행 이하는 수치해를 그래프로 그린다.

8.2 연립미분방정식

m개의 1차 미분방정식으로 구성된 연립미분방정식의 초깃값 문제는

$$y_1'(x) = f_1(x, y_1, \cdots, y_m), \qquad y_1(x_0) = \alpha_1 \tag{8.39a}$$

$$\vdots \qquad\qquad\qquad \vdots$$

$$y_m'(x) = f_m(x, y_1, \cdots, y_m), \quad y_m(x_0) = \alpha_m \tag{8.39b}$$

의 형태를 가진다. 이를 벡터 형태로 표기하면

$$\boldsymbol{y}'(x) = \boldsymbol{f}\left[x, \boldsymbol{y}(x)\right], \quad \boldsymbol{y}(0) = \boldsymbol{\alpha} \tag{8.40}$$

가 된다. 여기서,

$$\boldsymbol{y}(x) = \begin{bmatrix} y_1(x) \\ \vdots \\ y_m(x) \end{bmatrix}, \quad \boldsymbol{f} = \begin{bmatrix} f_1(x, y_1, \cdots, y_m) \\ \vdots \\ f_m(x, y_1, \cdots, y_m) \end{bmatrix}, \quad \boldsymbol{\alpha} = \begin{bmatrix} \alpha_1 \\ \vdots \\ \alpha_m \end{bmatrix} \tag{8.41}$$

이다. 식 (8.40)은 식 (8.1)과 형태가 같으므로 1차 연립미분방정식의 해를 구하기 위해 앞에서 학습한 방법을 모두 적용할 수 있다. 다만, 식 (8.41)에서 정의한 벡터 또는 배열을 사용한다.

예제 8.6

구간 $[0, 2]$에서 연립미분방정식

$$y_1' = -y_1 + 6y_2, \quad y_1(0) = 5 \tag{8.42a}$$

$$y_2' = y_1 - 2y_2, \qquad y_2(0) = 0 \tag{8.42b}$$

의 수치해를 4차 룽게-쿠타 방법으로 구하시오. 이 연립방정식의 해석해는 $y_{1,\text{true}} = 3e^x + 2e^{-4x}$, $y_{2,\text{true}} = e^x - e^{-4x}$이다.

코드 8.6: 연립미분방정식

```
def sol(x):
    y0=3*np.exp(x)+2*np.exp(-4*x)
    y1=  np.exp(x)-  np.exp(-4*x)
```

```
    return np.array([y0,y1])

def func(x,y):
    dydx0=-y[0]+6*y[1]
    dydx1= y[0]-2*y[1]
    return np.array([dydx0, dydx1])

def RK4_ODEset(F,x0,xmax,y0,h):
    hh=0.5*h
    x,y=x0,y0
    n=int((xmax-x0)/h)
    m=len(y0)
    xsol=np.zeros(n+1)
    ysol=np.zeros([n+1,m])
    xsol[0]=x
    ysol[0,:]=y
    for i in range(n):
        K1=F(x,y)
        K2=F(x+hh,y+hh*K1)
        K3=F(x+hh,y+hh*K2)
        K4=F(x+h, y+ h*K3)
        y+=h*(K1+K4+2.*(K2+K3))/6.0
        x+=h
        xsol[i+1]=x
        ysol[i+1,:]=y
    return xsol,ysol

h=0.01
x0,xmax=0,2
y0=np.array([5,0],dtype=float)
x,y=RK4_ODEset(func,x0,xmax,y0,h)
yt=sol(x)
err=np.abs(y/yt.T-1)

fig=plt.figure(1,figsize=(9,4))
plt.subplot(121)
plt.plot(x,y[:,0],label=r'$y_1$')
plt.plot(x,y[:,1],label=r'$y_2$')
plt.legend()
plt.xlabel('x')
plt.ylabel('y')
plt.subplot(122)
```

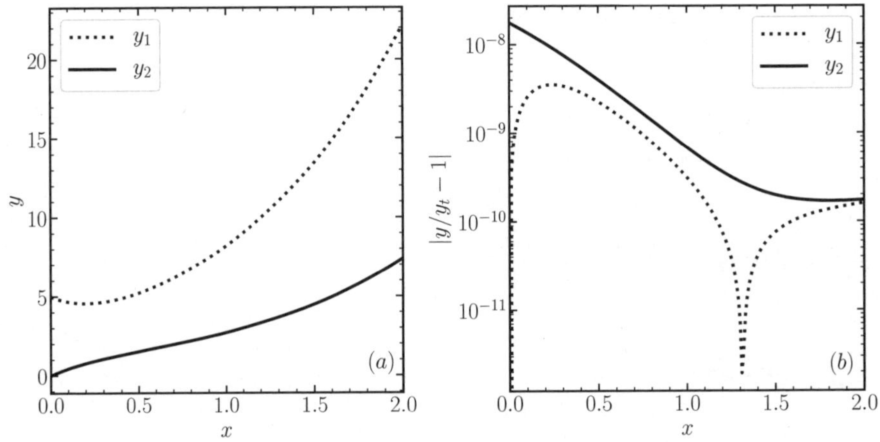

그림 8.7: 4차 룽게-쿠타 방법을 이용한 식 (8.42)의 (*a*) 수치해와 (*b*) 상대 오차

```
46 plt.plot(x,err[:,0],label=r'$y_1$')
47 plt.plot(x,err[:,1],label=r'$y_2$')
48 plt.legend()
49 plt.yscale('log')
50 plt.xlabel(r'$x$')
51 plt.ylabel(r'$|y/y_t-1|$')
52 plt.tight_layout()
53 plt.show()
```

1-4행은 해석해를 함수 sol로 정의한다. 6-9행은 식 (8.42)에 주어진 2개의 도함수를 배열로 반환하는 함수 func를 정의한다. 11-29행은 4차 룽게-쿠타 방법으로 연립미분방정식의 해를 구하는 함수 RK4_ODEset를 정의한다. 이 함수는 코드 8.4에서 정의한 RK4 함수를 배열도 허용하도록 수정한 것이다. 15행은 초깃값의 개수로부터 연립미분방정식의 개수에 해당하는 변수 m을 계산한다. 16-17행은 수치해의 위치와 함숫값을 저장할 변수 xsol과 ysol을 0으로 초기화한다. 27-28행은 매 걸음에서 구한 x와 y를 xsol과 ysol의 뒤에 붙인다. ysol은 2차원 배열인데, 첫째 열은 y_1을, 둘째 열은 y_2를 저장한다. 29행은 xsol과 ysol을 반환한다. 31-33행은 보폭 h, 구간의 시작점 x0와 끝점 xmax, 초깃값 y0를 지정한다. 34행은 함수 RK4_ODEset를 호출하여 얻는 수치해를 x와 y에 저장한다. 35행은 해석해를 구하고, 36행은 수치해의 상대 오차를 계산한다. 38행 이하는 수치해와 상대 오차를 그래프로 출력한다(그림 8.7).

8.2.1 로트카-볼테라 방정식

수학자 로트카(Alfred Lotka; 1880-1949)와 수리물리학자 볼테라(Vito Volterra; 1860-1940)는 피식자와 포식자 관계인 두 동물로 구성된 생태계의 진화에 대한 간단한 모형을 세웠다. 이 모형에서는 시각 t에서 피식자인 얼룩말의 개체 수를 u라고 하고 포식자인 사자의 개체 수를 v라고 할 때, u와 v의 시간에 대한 진화가

$$\frac{du}{dt} = \alpha u - \beta uv \tag{8.43a}$$

$$\frac{dv}{dt} = \delta uv - \gamma v \tag{8.43b}$$

라는 **로트카-볼테라 방정식**(Lotka-Volterra equation)으로 기술된다. 여기서, $\alpha, \beta, \gamma, \delta$는 모두 양의 상수다. 얼룩말의 먹이(풀)가 무한히 제공된다면, 얼룩말의 수가 많을수록 번식을 통해 얼룩말의 수가 빨리 증가하고 사자의 수가 많을수록 얼룩말의 수는 빨리 감소한다(식 8.43a). 사자의 수는 먹이인 얼룩말의 수가 많을수록 빨리 증가하고, 죽거나 다른 곳으로 이동하면 그 수가 감소한다(식 8.43b).

로트카-볼테라 방정식은 보존되는 양을 갖고 있다. 이를 알아보기 위해 식 (8.43a)를 식 (8.43b)로 나누면

$$\frac{du}{dv} = \frac{(\alpha - \beta v)u}{(\delta u - \gamma)v} \tag{8.44}$$

가 된다. 이 식에서 분자와 분모가 동시에 0이 되는

$$(u, v) = (0, 0), \quad \left(\frac{\gamma}{\delta}, \frac{\alpha}{\beta}\right) \tag{8.45}$$

인 점을 임계점(critical point)이라고 한다. 임계점에 도달하면 개체 수가 변하지 않는다. $(u, v) = (0, 0)$은 멸종 상태에 해당한다.

식 (8.44)의 양변을 uv로 나누고 정리하면

$$0 = \left(\frac{\gamma}{u} - \delta\right) du + \left(\frac{\alpha}{v} - \beta\right) dv \tag{8.46}$$

이다. 이 식을 적분하면

$$E \equiv \gamma \ln u + \alpha \ln v - \delta u - \beta v = \text{일정} \tag{8.47}$$

함을 알 수 있다. u와 v는 시간에 따라 변하지만, 식 (8.47)에서 정의한 E는 변하지 않는다.

예제 8.7

$\alpha = 2, \beta = 1, \gamma = 9, \delta = 3$일 때, $u(0) = 1.5, v(0) = 2$인 초기조건에 대하여 $t \in [0, 5]$인 구간에서 식 (8.43)의 수치해를 구하시오. 파이썬의 `odeint()` 함수를 이용하시오. 식 (8.47)을 이용하여 수치해의 상대 오차를 구하시오.

코드 8.7: 로트카-볼테라 방정식

```
from scipy.integrate import odeint

def deriv(y,t,alpha,beta,gamma,delta):
    dydt0=alpha*y[0]-beta*y[0]*y[1]
    dydt1=delta*y[0]*y[1]-gamma*y[1]
    return [dydt0,dydt1]

t0,tmax=0,5
y0=np.array([1.5, 2.0])
t=np.linspace(t0,tmax,1000)
alpha,beta,gamma,delta=2,1,9,3
y=odeint(deriv,y0,t,args=(alpha,beta,gamma,delta))
u=y[:,0]
v=y[:,1]

E=gamma*np.log(u)+alpha*np.log(v)-delta*u-beta*v
print('mean of E=',E.mean())
print('errors in E=',E.std())

fig=plt.figure(1,figsize=(9,5))
plt.subplot(121)
plt.plot(t,u,label=r'$u$')
plt.plot(t,v,label=r'$v$')
plt.xlabel(r'$t$')
plt.ylabel(r'$u,v$')
plt.legend()

plt.subplot(122)
x=np.arange(0.02,6,0.02)
y=np.arange(0.02,6,0.02)
U, V =np.meshgrid(x,y)
E=gamma*np.log(U)+alpha*np.log(V)-delta*U-beta*V
CS=plt.contour(U, V, E, [-4,-3,-2,-1,0],linewidths=0.1)
plt.clabel(CS,inline=1,fontsize=14,fmt='%1.1f')
plt.xlim(0,6)
plt.ylim(0,6)
plt.plot(u,v)
plt.xlabel(r'$u$')
plt.ylabel(r'$v$')
plt.tight_layout()
plt.show()
```

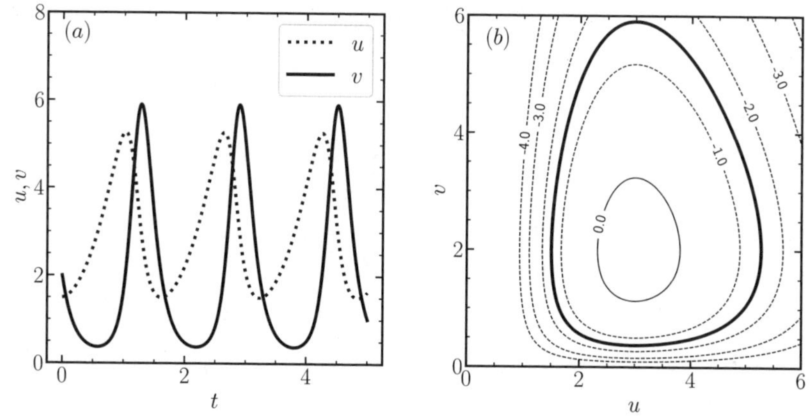

그림 8.8: 로트카-볼테라 방정식의 해. (a) u와 v의 시간 t에 대한 변화와 (b) u와 v의 관계(식 8.47)

1행은 `scipy.integrate` 모듈에 있는 `odeint()` 함수를 불러온다. 3-6행은 식 (8.43)에서 주어진 도함수를 계산하는 함수 `deriv`를 정의한다. 인자 `y`가 `t`보다 앞에 있어야 함에 주의하자. 8행과 9행은 각각 수치해를 구할 구간과 초깃값을 지정한다. 10행은 수치해를 구할 시각 `t`를 지정한다. 11행은 문제에서 주어진 4개의 상수 `alpha`, `beta`, `gamma`, `delta`를 지정한다. 12행은 `odeint()` 함수를 호출하여 얻는 미분방정식의 수치해를 변수 `y`에 지정한다. 3행에서 정의한 함수 `deriv`의 인자 중 `y`와 `t`를 제외한 나머지 인자는 튜플형 열쇳말 `args=()`에 넣어야 한다. 13-14행은 `y`의 첫째 열과 둘째 열을 각각 변수 `u`와 `v`로 저장한다. 16행은 식 (8.47)에서 정의한 불변량 `E`를 계산한다. 17-18행에서 화면에 출력되는 `E`의 평균값과 표준편차는

```
mean of E= -1.4645193962605683
errors in E= 1.1053419090574978e-07
```

과 같다. 21-26행은 `u`와 `v`를 `t`의 함수로 그리고, 28-39행은 u–v 평면에 `E`의 **등고선**과 함께 `v`를 `u`의 함수로 그린다(그림 8.8). 얼룩말의 개체 수인 u가 증가(감소)하면 사자의 개체 수인 v도 증가(감소)하는데, v가 충분히 커(작아)지면 u가 감소(증가)하는 양상이 반복된다. u–v 평면에서 u와 v는 $E = -1.465$인 폐곡선(식 8.47)을 따라 반시계방향으로 회전한다. 임계점 $(u, v) = (3, 2)$는 E가 일정한 등고선의 중심에 해당한다.

8.3 고차 미분방정식

자연계의 많은 문제는 독립변수의 2차 미분이나 그보다 높은 차수의 미분값에 의존하는 비선형 미분방정식으로 기술된다. n차 미분방정식은 변수를 변환하여 n개의 1차 연립 미분방정식으로 바꿀 수 있다. 예를 들어, 그림 8.9와 같이 중력 $\boldsymbol{F} = -mg\hat{\boldsymbol{z}}$의 영향을

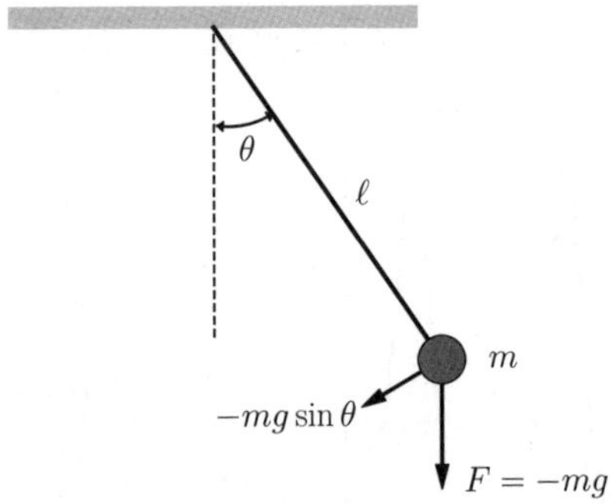

그림 8.9: 진자의 운동

받아 진동하는 진자의 운동을 살펴보자. 길이가 ℓ인 줄의 끝에 질량이 m인 추가 달려 있다. 진자의 운동에 대한 뉴턴 법칙은

$$m\ell\frac{d^2\theta(t)}{dt^2} = -mg\sin\theta(t) \tag{8.48}$$

다. 여기서, θ는 줄이 수직 방향과 이루는 각도를 나타낸다. 식 (8.48)의 해를 유일하게 결정하기 위해서는

$$\theta(0) = \theta_0, \quad \frac{d\theta(0)}{dt} = 0 \tag{8.49}$$

과 같은 2개의 초기조건이 필요하다.

변수를

$$y_1 \equiv \theta\,, \qquad y_2 \equiv \frac{d\theta}{dt} = \frac{dy_1}{dt} \tag{8.50}$$

으로 변환하면, 식 (8.48)은

$$y_1' = y_2 \tag{8.51a}$$

$$y_2' = -\frac{g}{\ell}\sin y_1 \tag{8.51b}$$

으로 바뀌고, 초기조건은 $y_1(0) = \theta_0, y_2(0) = 0$이 된다. 즉, 1개의 2차 미분방정식이 2개의 1차 연립미분방정식으로 바뀐다.

이 과정을 n차 미분방정식

$$\frac{dy^{(n)}}{dx} = f(x, y, y', \cdots, y^{(n-1)}) \tag{8.52}$$

으로 확장해 보자. 이 식의 유일한 해를 구하기 위해서는 n개의 초기조건이 필요한데, 보통

$$y(x_0) = \alpha_1, \quad y'(x_0) = \alpha_2, \quad \cdots, \quad y^{(n-1)}(x_0) = \alpha_n \tag{8.53}$$

의 형태로 주어진다. 변수를

$$y_1 \equiv y, \quad y_2 \equiv y', \quad y_3 \equiv y'', \quad \cdots, \quad y_n \equiv y^{(n-1)} \tag{8.54}$$

으로 변환하면 식 (8.52)는

$$y_1' = y_2 \tag{8.55a}$$
$$y_2' = y_3 \tag{8.55b}$$
$$\vdots$$
$$y_{n-1}' = y_n \tag{8.55c}$$
$$y_n' = f(x, y_1, y_2, \cdots, y_n) \tag{8.55d}$$

과 같이 n개의 1차 연립미분방정식으로 바뀌고, 초기조건은

$$y_1(x_0) = \alpha_1, \quad y_2(x_0) = \alpha_2, \quad \cdots, \quad y_n(x_0) = \alpha_n \tag{8.56}$$

이 된다. 8.2절에서 소개한 방법을 이용하면 식 (8.55)의 수치해를 구할 수 있다. 다음 두 예제를 통해 고차 미분방정식의 수치해를 구하는 과정을 실습해 보자.

8.3.1 감쇠조화진동자

감쇠조화진동자(damped harmonic oscillator)의 운동은

$$y'' + \gamma y' + \omega_0^2 y = 0 \tag{8.57}$$

으로 기술된다. 여기서, γ는 감쇠상수며 ω_0는 조화진동자의 진동수다. 초기조건이 $y(0) = 0$이고 $y'(0) = 2$일 때, 이 미분방정식의 해석해는

$$y_{\text{true}} = (2/\omega_1)e^{-\gamma t/2}\sin(\omega_1 t) \quad (\text{단, } \omega_1^2 = \omega_0^2 - \gamma^2/4) \tag{8.58}$$

다.

예제 8.8

$\gamma = 0.4$이고 $\omega_0 = 2$일 때, $t \in [0, 20]$인 구간에서 식 (8.57)의 수치해를 구하고 식 (8.58)과 비교하시오.

코드 8.8: 감쇠조화진동자

```
from scipy.integrate import odeint

def deriv(y,t,gamma,omega0):
```

```
4       dydt0=y[1]
5       dydt1=-gamma*y[1]-(omega0**2)*y[0]
6       return [dydt0,dydt1]
7
8   x0,xmax=0,20
9   gamma,omega0=0.4,2
10  y0=np.array([0.,2.])
11
12  t=np.linspace(x0,xmax,1000)
13  y=odeint(deriv,y0,t,args=(gamma,omega0))
14
15  omega1=np.sqrt(omega0**2-gamma**2/4)
16  sol=(2/omega1)*np.exp(-gamma*t/2)*np.sin(omega1*t)
17  err=np.abs(y[:,0]-sol)
18
19  fig=plt.figure(1,figsize=(9,5))
20  import matplotlib.gridspec as gridspec
21  gs=gridspec.GridSpec(2,2,width_ratios=[3,2],height_ratios=[5,2],
22      left=0.1,right=0.99,top=0.99,bottom=0.11,wspace=0.23)
23  fig.add_subplot(gs[0,0])
24  plt.plot(t,y[:,0],label=r'$y$')
25  plt.plot(t,y[:,1],label=r'$y^\prime$')
26  plt.xticks([0,5,10,15,20])
27  plt.ylabel('$y$, $y^\prime$')
28  plt.legend()
29  fig.add_subplot(gs[1,0])
30  plt.semilogy(t,err)
31  plt.xticks([0,5,10,15,20])
32  plt.xlabel(r'$t$')
33  plt.ylabel(r'$|y-y_t|$')
34  fig.add_subplot(gs[0,1])
35  plt.plot(y[:,0],y[:,1])
36  plt.xlabel(r'$y$')
37  plt.ylabel(r'$y^\prime$')
38  plt.show()
```

1행은 `scipy.integrate` 모듈의 `odeint()` 함수를 불러온다. 3-6행은 식 (8.57)을 1차 연립미분방정식으로 바꿨을 때 얻은 도함수를 계산하는 함수 `deriv`를 정의한다. 8-10행은 문제에서 제시한 구간, 매개변수, 초깃값을 지정한다. 12행은 수치해를 구할 시각 `t`를 지정한다. 13행은 `odeint()` 함수를 호출하여 얻은 수치해를 변수 `y`에 저장한다. 15-17행은 해석해를 구해 `sol`에 저장하고 절대 오차 `err`을 계산한다. 20-22행은 크기가 다른 여러 개의 상자로 구성된 그림을 그릴 때 유용한 클래스 `gridspec.GridSpec`

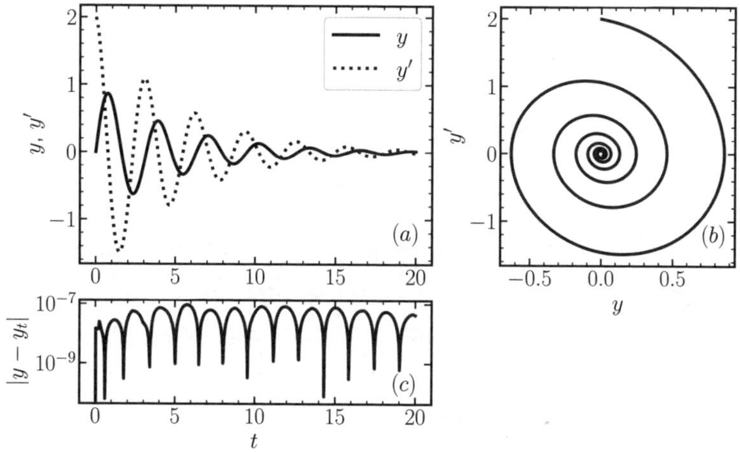

그림 8.10: 감쇠조화진동자의 (a, b) 수치해와 (c) 오차

을 gs라는 이름으로 저장한다. 열쇳말 `width_ratios`와 `height_ratios`를 이용하여 그림 상자의 폭과 높이의 비율을 조정할 수 있다. 열쇳말 `wspace`는 상자의 수평 방향 간격을 지정한다. 23-28행은 수치해로 구한 y와 y'을 `t`의 함수로 그린다. 29-33행은 y의 해석해에 대한 오차를 그린다. 34-37행은 수치해를 y–y' 평면에 그린다(그림 8.10). 시간이 지나며 y와 y'의 진동 진폭이 감소한다. 수치해는 y–y' 평면에서 시계방향으로 회전하면서 $y, y' \to 0$으로 수렴한다. 수치해의 오차는 10^{-7}보다 작다.

8.3.2 레인-엠덴 방정식⋆

내부압력과 자체 중력이 균형을 이루는 단열 기체구(gas sphere)의 밀도분포를 기술하는 함수 Θ는 **레인-엠덴 방정식**(Lane-Emden equation)

$$\frac{1}{r^2}\frac{d}{dr}\left(r^2\frac{d\Theta}{dr}\right) = -\Theta^5 \tag{8.59}$$

을 따른다. 여기서, r은 기체구의 중심으로부터 측정한 거리를 나타낸다. Θ의 초기조건은 $\Theta(0) = 1$, $d\Theta/dr|_{r=0} = 0$이다.

예제 8.9

$r \in [0, 100]$인 구간에서 식 (8.59)의 수치해와 오차를 구하시오. 이 식의 해석해는 $\Theta_{\text{true}} = (1 + r^2/3)^{-1/2}$이다.

새로운 변수를 도입하여

$$y_1 \equiv \Theta, \quad y_2 \equiv \frac{d\Theta}{dr} \tag{8.60}$$

로 정의하면 식 (8.59)는

$$\frac{dy_1}{dr} = y_2 \tag{8.61a}$$

$$\frac{dy_2}{dr} = -\frac{2}{r}y_2 - y_1^5 \tag{8.61b}$$

이 된다. 초기조건은 $y_1(0) = 1$, $y_2(0) = 0$이다. 식 (8.61b)의 우변 첫째 항이 $r = 0$에서 발산하므로, 앞에서 학습한 방법을 직접 적용할 수 없다. 이를 해결하기 위해 $r \ll 1$을 가정하고 y_1을 r에 대한 멱급수로 전개해 보자. 초기조건을 이용하면

$$y_1 = 1 + a_2r^2 + a_3r^3 + a_4r^4 + \cdots \tag{8.62}$$

으로 놓을 수 있다. 여기서, a_i는 상수다. 식 (8.62)를 식 (8.61)에 대입하면 $a_2 = -1/6$, $a_3 = 0$, $a_4 = 1/24$을 얻는다. 따라서 보폭을 h라고 놓으면

$$y_1(h) = 1 - \frac{1}{6}h^2 + \frac{1}{24}h^4 + \mathcal{O}(h^6) \tag{8.63a}$$

$$y_2(h) = -\frac{1}{3}h + \frac{1}{6}h^3 + \mathcal{O}(h^5) \tag{8.63b}$$

이다. 식 (8.63)을 새로운 초기조건으로 잡고 식 (8.61)을 $x = h$에서부터 적분하면 $r = 0$에서 발산하는 문제를 해결할 수 있다. 코드 8.9는 이와 같은 방식으로 식 (8.59)의 수치해를 구한다.

코드 8.9: 레인-엠덴 방정식

```
from scipy.integrate import odeint

def LaneEmden(y,r):
    dydr0=y[1]
    dydr1=-2*y[1]/r-y[0]**5
    return [dydr0,dydr1]

h=0.01
h2=h*h
yh=1-h2/6+h2*h2/24
yph=-h/3+h*h2/6
y0=np.array([yh,yph])
r0,rmax=h,100

r=np.linspace(r0,rmax,int(rmax/h))
y=odeint(LaneEmden, y0, r, atol=1e-10, rtol=1e-10)

```

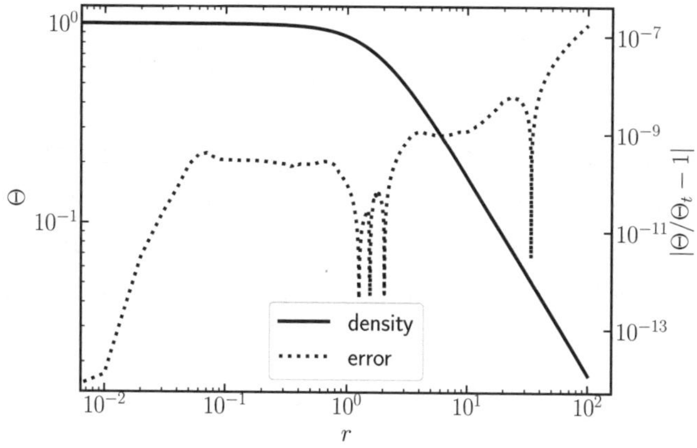

그림 8.11: 레인-엠덴 방정식의 (왼쪽 y축) 수치해와 (오른쪽 y축) 상대 오차

```
18  den=np.append(1,y[:,0])
19  rds=np.append(0,r)
20  sol=1/np.sqrt(1+rds**2/3)
21  rerr=np.abs(den/sol-1)
22  print('mean of rerr',rerr.mean())
23
24  fig,ax1= plt.subplots(1,figsize=(7,5))
25  line1=ax1.loglog(rds,den,label='density')
26  ax1.set_ylabel(r'$\Theta$')
27  ax1.set_xlabel(r'$r$')
28
29  ax2=ax1.twinx()
30  line2=ax2.loglog(rds, rerr,'r--',label='error')
31  ax2.set_ylabel(r'$|\Theta/\Theta_t-1|$', color='r')
32  ax2.tick_params(axis='y', labelcolor='r')
33
34  lines=line1+line2
35  labels=[la.get_label() for la in lines]
36  plt.legend(lines, labels,loc=8)
37
38  plt.show()
```

1행은 scipy.integrate 모듈의 odeint() 함수를 불러온다. 3-6행은 식 (8.61)에 주어진 도함수를 계산하는 함수 LaneEmden을 정의한다. 8-12행은 보폭 h를 정하고, 식 (8.63)을 따라 r=h에서의 초깃값을 계산한다. 13행은 적분구간을 지정한다. 15-16행은 odeint() 함수로 미분방정식을 풀어 위치 r에서의 수치해 y를 계산한다. 18-19행은 수치해 y[:,0]에 r=0에서의 해 y=0을 붙인 전체 구간의 밀도 den과 위치 rds를 생성한다.

20행은 해석해를 계산한다. 21-22행은 수치해의 상대 오차를 구하고 오차의 평균값을 출력한다. 24행 이하는 밀도와 상대 오차를 x축을 공유하며 그래프로 출력하는데, 왼쪽 y축은 밀도를 나타내고 오른쪽 y축은 상대 오차를 나타낸다. 24행의 `plt.subplots()` 함수는 `plt.figure()` 함수와 거의 같은 기능을 수행한다.[2] 29행의 `ax2=ax1.twinx()` 함수는 축 `ax1`과 x축을 공유하는 새로운 축 `ax2`를 설정한다. 34-36행은 `ax1`축과 `ax2`축으로 그린 두 선의 **범례**(legend)를 하나로 출력한다. 35행의 `get_label()`은 변수 `la`의 라벨을 읽는 메소드다. 코드 8.9를 실행한 결과는 그림 8.11과 같다.

2) `plt.figure`는 **캔버스**만 설정하지만, `plt.subplots`는 캔버스(`fig`)에 좌표축(`ax1`)까지 설정한다.

문제

8.1 새로 생겨난 무거운 별은 많은 양의 자외선을 방출하여 (주로 수소로 이루어진) 주변 기체를 이온화시켜 **전리수소영역**(HII region)을 생성하는데, 이온화된 기체와 중성 기체의 경계면을 **전리전선**(ionization front)이라고 한다. 전리전선의 위치 $x(t)$는 시간이 경과하며 별로부터 멀어지는데, 그 비율은

$$\frac{dx}{dt} = \frac{1-x^3}{3x^2} \tag{P8.1}$$

으로 주어지고 초깃값은 $x(0) = 0$이다. 식 (P8.1)을 구간 $t \in [0, 5]$에서 적분하고 해석해 $x_{\text{true}} = (1-e^{-t})^{1/3}$에 대한 오차를 구하시오.

8.2 블랙홀은 강한 중력으로 주변 물질을 끌어당긴다. 블랙홀을 향하는 물질의 유입(accretion)이 구대칭이고 정상 평형상태에 있다면, 물질의 유입속도 $u(x)$는 미분 방정식

$$\left(u - \frac{1}{u}\right)\frac{du}{dx} = \frac{2}{x} - \frac{1}{x^2} \tag{P8.2}$$

을 따른다. 여기서, x는 블랙홀까지의 거리다.

(1) 식 (P8.2)를 $x = 5$부터 $x = 0.1$까지 적분하고 u를 x의 함수로 그리시오. 속도의 초깃값으로 $u(5) = 3$, 0.1, 0.01인 세 경우를 선택하시오. 초깃값이 $u(5) = 0.1$인 경우, 적절한 수치해를 찾을 수 없는 이유와 이 문제를 해결할 방법을 찾으시오.

(2) $x_0 = 1/2$인 점에서 $u_0 = 1$인 해를 **전이음속해**(transonic solutions)라고 한다. 전이음속해는 $\Delta u = \pm 2\Delta x$를 만족시킴을 보이시오. 여기서, $\Delta u = u - u_0$이고 $\Delta x = x - x_0$이며 $|\Delta u|, |\Delta v| \ll 1$인 조건을 만족한다. 이 결과를 이용하여 $x \in [0.1, 5]$인 구간에서 전이음속해를 구하시오.

8.3 대기의 대류를 기술하는 **로런츠 방정식**(Lorenz equation)은

$$\frac{dx}{dt} = \sigma(y - x) \tag{P8.3a}$$

$$\frac{dy}{dt} = x(\rho - z) - y \tag{P8.3b}$$

$$\frac{dz}{dt} = xy - \beta z \tag{P8.3c}$$

로 주어진다. 여기서, 변수 x, y, z는 각각 대류의 속도, 수평 방향의 온도, 수직 방향의 온도를 나타내며, σ, ρ, β는 상수다.

(1) $\sigma = 10$, $\rho = 28$, $\beta = 3$일 때, $x(0) = z(0) = 0$이고 $y(0) = 1$인 초기조건에 대해 x, y, z의 $t \in [0, 20]$에 대한 변화를 그래프로 그리시오. 파이썬에서 3차원 그래프를 그리는 방법은 다음과 같다.

```
1 from mpl_toolkits import mplot3d
2 fig=plt.figure(figsize=(10,10))
3 ax=plt.axes(projection='3d')
4 ax.view_init(elev=30,azim=-40)
5 ax.plot3D(x,y,z)
6 ax.set_xlabel('X')
7 ax.set_ylabel('Y')
8 ax.set_zlabel('Z')
9 plt.show()
```

1행은 3차원 그래프를 위한 `mpl_toolkits.mplot3d` 모듈을 불러온다. 3행에서 `Axes` 객체의 열쇳말 `projection`을 `'3d'`로 설정한다. 4행은 카메라 각도를 설정한다. 열쇳말 `elev`와 `azim`은 각각 카메라가 향하는 방향의 고도와 방위각을 지정한다. 5행은 3차원 공간에서 자료를 선으로 연결한다. 6-8행은 좌표축의 이름을 적는다.

(2) (1)에서 $z(0) = 10^{-6}$으로 바꾸고 계산을 반복하시오.

(3) (1)의 결과를 $\boldsymbol{x}_1 = (x, y, z)$라고 하고 (2)의 결과를 $\boldsymbol{x}_2$라고 할 때, $\ln\|\boldsymbol{x}_1(t) - \boldsymbol{x}_2(t)\|$를 시간 t의 함수로 그리시오. $1 \le t \le 10$인 구간에서 $\|\boldsymbol{x}_1 - \boldsymbol{x}_2\| \propto e^{\lambda t}$을 만족시키는 λ의 값을 구하시오. 이 값을 **리아프노프 지수**(Lyapunov exponent)라고 한다.

8.4 연립미분방정식

$$\frac{du}{dx} = 998u + 1998v \tag{P8.4a}$$
$$\frac{dv}{dx} = -999u - 1999v \tag{P8.4b}$$

가 초기조건 $u(0) = 1$과 $v(0) = 0$을 만족시킨다.

(1) 식 (P8.4)의 해석해가

$$u(x) = 2e^{-x} - e^{-1000x} \tag{P8.5a}$$
$$v(x) = -e^{-x} + e^{-1000x} \tag{P8.5b}$$

임을 확인하시오.

(2) 보폭을 $h = 10^{-2}$과 10^{-3}으로 택하고 룽게-쿠타 방법이나 예측자-수정자 방법과 같은 명시적 방법으로 식 (P8.4)를 $x \in [0, 5]$에 대해 적분하시오. $h = 10^{-2}$일 때, 수치해가 불안정한 이유를 설명하시오.

(3) 보폭을 $h = 10^{-2}$으로 택하고 $x \in [0, 5]$인 구간에서 식 (P8.4)를 암시적 방법으로 적분하여 수치해를 구하고 식 (P8.5)와 비교하시오.

8.5 무거운 별 주변에 형성된 **전리수소영역**에서 전체 입자에 대한 중성 입자의 비율 f는 방정식

$$\exp\left(-\tau \int_0^x f(x)dx\right) = \frac{3x^2}{\tau}\frac{(1-f)^2}{f} \tag{P8.6}$$

을 만족시킨다. 여기서, x는 중심별로부터의 거리를 나타내며, τ는 전리수소영역의 **광학적 깊이**(optical depth)인데 일반적으로 $\tau \gg 1$이다. $0 \le f \le 1$이고, $x \ll 1$이면 $f \approx 0$이다.

(1) 식 (P8.6)을 변형하여

$$\frac{df}{dx} = \left(\tau f + \frac{2}{x}\right)\frac{f(1-f)}{1+f} \tag{P8.7}$$

임을 보이시오.

(2) $x \ll 1$일 때,

$$\tau f = \frac{3x^2}{1-x^3} \tag{P8.8}$$

임을 보이시오. (귀띔: $F \equiv \tau \int_0^x f dx$라고 놓고 $dF/dx = \tau f$임을 이용하시오.)

(3) (1)과 (2)의 결과를 이용하여, $\tau = 10^3$이고 $\tau = 10^4$일 때, f를 $x \in [10^{-3}, 2]$의 함수로 그리시오(단, x축과 y축을 로그 척도로 한다). 또한, $f(x=1)$의 값을 출력하시오.

8.6 **반더르폴 진동자**(van der Pol oscillator)는

$$\frac{d^2y}{dt^2} - \mu(1-y^2)\frac{dy}{dt} + \omega^2 y = 0 \tag{P8.9}$$

으로 기술된다. 초기조건으로 $y(0) = 0$과 $dy/dt(0) = 1$을 선택하시오.

(1) $\omega = 1$이고, $\mu = 0.1, 1, 2, 5, 10$일 때, 식 (P8.9)를 $t \in [0, 50]$에 대해 수치상으로 적분하고 dy/dt를 y의 함수로 그리시오.

(2) $\omega = 1$이고 $\mu = 1000$일 때, y를 $t \in [0, 3000]$의 함수로 그리시오.

8.7 자체 중력과 압력이 균형을 이루는 등온 기체구의 밀도 ρ는

$$\frac{1}{r^2}\frac{d}{dr}\left(r^2\frac{du}{dr}\right) = e^{-u} \tag{P8.10}$$

인 2차 미분방정식으로 기술된다. 여기서, r은 반지름이며 $u(r) = -\ln\rho$이다. 식 (P8.10)의 초기조건은 $u(0) = du/dr|_{r=0} = 0$이다.

(1) $r \ll 1$일 때, 식 (P8.10)의 해로 $u(r) = \sum_{m=0}^{\infty} a_m r^m$과 같은 멱급수(power series) 해를 생각할 수 있다. 처음 5개의 계수 $a_0, \cdots, a_4$를 구하시오.

(2) 식 (P8.10)을 수치상으로 적분하여 밀도 ρ를 반지름 $r \in [10^{-2}, 10^2]$의 함수로 그리시오.

(3) 기체구의 질량은

$$m(r) \equiv \frac{1}{\sqrt{4\pi}}\int_0^r r'^2 e^{-u(r')}dr' \tag{P8.11}$$

으로 주어진다. $P \equiv m^2 e^{-u}$를 $R \equiv (r du/dr)^{-1}$의 함수로 그리시오(단, $R \in [0,1]$). P가 최댓값을 갖는 R과 r의 값을 구하시오.

8.8 우주론에서 **척도인자**(scale factor) $a(t)$는 적색편이 z와 $a(t) = 1/(1+z)$인 관계를 가진다. 우주 초기($t = 0$)에서는 $a = 0$이고, 시각이 $t = t_0$인 현재 우주에서는 $a = 1$이다. 우주 팽창을 기술하는 **프리드만 방정식**(Friedmann equation)은

$$H^2(z) = H_0^2[\Omega_R(1+z)^4 + \Omega_M(1+z)^3 + \Omega_k(1+z)^2 + \Omega_\Lambda] \tag{P8.12}$$

로 주어진다. 여기서,

$$H \equiv \frac{1}{a}\frac{da}{dt} \tag{P8.13}$$

는 허블 변수(Hubble parameter)고, $H_0 = 68$ km s^{-1} Mpc^{-1}은 현재의 **허블 상수**(Hubble constant)며, Ω_R, Ω_M, Ω_k, Ω_Λ는 각각 복사, 물질, 곡률(curvature), 암흑에너지의 밀도를 나타내는데 $\Omega_R + \Omega_M + \Omega_k + \Omega_\Lambda = 1$인 조건을 만족시킨다.

(1) 물질이 지배하는 가상 우주에서는 $\Omega_R = \Omega_k = \Omega_\Lambda = 0$이고 $\Omega_M = 1$이다. 식 (P8.12)를 $a \in [0,1]$인 구간에서 수치상으로 적분하여 a를 $H_0 t$의 함수로 구하고 해석해 $a_{\text{true}}(t) = (3H_0 t/2)^{2/3}$과 비교하시오.

(2) 현재 우주의 관측 결과는 $\Omega_R = 3 \times 10^{-5}$, $\Omega_k = 0$, $\Omega_M = 0.31$, $\Omega_\Lambda = 0.69$임을 시사한다. 식 (P8.12)를 $a \in [0,1]$인 구간에서 수치상으로 적분하여 a를 t의 함수로 그리시오. 현재 우주의 나이 t_0는 Gyr 단위로 얼마인가?

(3) (2)에서 우주의 팽창이 감속에서 가속으로 바뀐 시각을 구하시오.

제9장

미분방정식: 경곗값문제와 운동방정식

구간 $[a, b]$에서

$$y(a) = \alpha, \quad y(b) = \beta \tag{9.1}$$

인 조건을 만족시키는 2차 미분방정식

$$y'' = f(x, y, y') \tag{9.2}$$

을 생각해 보자. 식 (9.1)과 같이 구간의 양 끝점에 주어진 값을 **경곗값**(boundary value) 또는 경계조건(boundary condition)이라고 하며, 경곗값이 주어진 미분방정식을 **경곗값문제**(boundary value problem)라고 한다.

9.1 경곗값문제

경곗값문제는 초깃값문제와 비슷해 보이지만, 해를 구하는 과정이 더 복잡하다. 경곗값문제의 수치해를 구하는 방법으로 사격법과 유한차분법이 있다.

9.1.1 사격법

$x \in [a, b]$인 구간에서 룽케-쿠타 방법이나 예측자-수정자 방법으로 식 (9.2)의 수치해를 구하기 위해서는 시작점($x = a$)에서 함숫값 $y(a)$와 기울기 $y'(a)$를 알아야 한다. 식 (9.1)에 주어진 경계조건은 시작점의 기울기를 명시하지 않았으므로, $y'(a)$의 값을 임

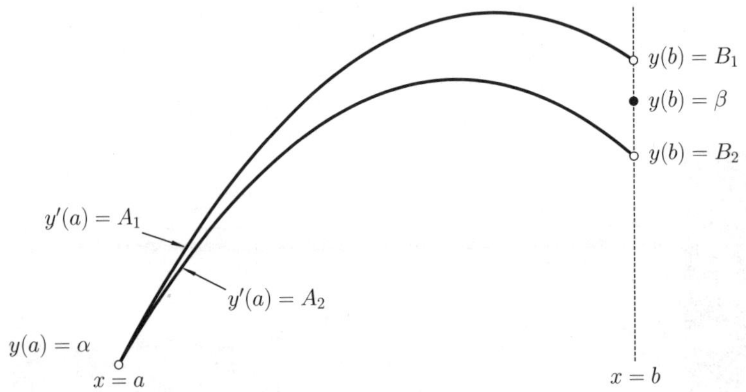

그림 9.1: 경곗값 문제의 사격법. $y'(a) = A_1$은 $y(b) = B_1$에 대응하고, $y'(a) = A_2$는 $y(b) = B_2$에 대응한다.

의로 선택한 후, 식 (9.2)를 초깃값문제처럼 적분하여 수치해 $y(x)$를 얻는다. 수치해가 끝점($x = b$)에서 $y(b) = \beta$인 경계조건을 (오차 허용범위 안에서) 만족시키면 이 수치해가 원하는 해다. 이 조건이 만족되지 않으면 처음으로 되돌아가 $y'(a)$의 값을 바꾸며 $y(b) = \beta$인 조건을 만족시킬 때까지 계산을 반복한다. 이와 같은 반복 계산을 통해 경곗값문제의 해를 구하는 방법을 **사격법**(shooting method)이라고 한다.

구간의 시작점에서 선택한 기울기와 끝점에서 얻은 함숫값의 대응 관계를 이용하면 사격법의 효율을 높일 수 있다. 그림 9.1과 같이 $y'(a) = A_1$을 초깃값으로 선택하여 얻은 끝점의 함숫값을 $y(b) = B_1$이라고 하고, $y'(a) = A_2$를 초깃값으로 선택하여 얻은 끝점의 함숫값을 $y(b) = B_2$라고 하자. $A_1 \to B_1$과 $A_2 \to B_2$의 대응 관계를 1차식으로 표현하면 $y(b) = \beta$에 해당하는 $y'(a) = A_{\text{new}}$의 값은

$$A_{\text{new}} = A_2 + \frac{A_2 - A_1}{B_2 - B_1}(\beta - B_2) \tag{9.3}$$

로 주어진다. 이것은 비선형방정식의 근을 구하는 **할선법**에서 새로운 근을 추정하는 것과 같다(식 3.22). A와 B값 사이의 실제 대응 관계는 일반적으로 1차식이 아니지만, 식 (9.3)으로부터 계산한 A_{new}의 값은 시작점의 기울기로 좋은 근삿값이다.

사격법의 알고리즘은 다음과 같다.

```
단계 1: y'(a)=A1을 선택, 초깃값문제를 풀어 y(b)=B1계산
단계 2: y'(a)=A2를 선택, 초깃값문제를 풀어 y(b)=B2계산
단계 3: Anew계산, y'(a)=Anew로 초깃값문제를 풀어 y(b)=Bnew계산
단계 4-1: |Bnew-beta|<tol이면, 단계 3의 해를 수치해로 채택하고 계산 중단
단계 4-2: |Bnew-beta|>tol이면,
          A2,B2를 A1,B1으로, Anew,Bnew를 A2,B2로 바꾸고 단계 3으로 이동
```

예제 9.1

구간 $[1,4]$에서 $y(1) = 9/2$와 $y(4) = 33/4$인 경계조건을 만족시키는 미분방정식

$$y'' = \frac{1}{8}(8 + 3x^4 - 6xyy') \tag{9.4}$$

의 수치해를 구하시오. 이 문제의 해석해는 $y_{\text{true}} = x^2/2 + 4/x^2$이다.

코드 9.1: 사격법

```
from scipy.integrate import odeint

def deriv(y,x):
    dydt0=y[1]
    dydt1=(8+3*x**4-6*x*y[0]*y[1])/8
    return [dydt0,dydt1]

x0,xmax=1,4
y0,beta=9/2.,33/4.
x=np.linspace(x0, xmax, 1000)
tol=1.e-6

A1,A2,B2=0,1,0

loop=0
while True:
    loop += 1
    if(loop==1): yp=A1
    if(loop==2): yp=A2
    yini=np.array([y0,yp])
    yout=odeint(deriv,yini,x)
    B1=B2
    B2=yout[-1,0]
    if loop>=2:
        err=beta-B2
        if abs(err)<tol: break
        yp=A2+(A2-A1)/(B2-B1)*err
        A1=A2
        A2=yp

y=yout[:,0]
sol=x**2/2+4/x**2
rerr=np.abs(y/sol-1)
```

```
35 fig,ax1=plt.subplots(1,figsize=(7,5))
36 ax1.plot(x,y,label=r'$y$')
37 ax1.set_ylabel(r'$y$')
38 ax1.set_xlabel(r'$x$')
39 ax2=ax1.twinx()
40 ax2.plot(x, rerr, 'r:')
41 ax2.set_ylabel(r'$|y/y_t-1|$', color='r')
42 ax2.tick_params(axis='y', labelcolor='r')
43 plt.show()
```

1행은 `scipy.integrate` 모듈의 `odeint()` 함수를 불러온다. 3-6행은 식 (9.4)를 초깃값문제로 풀기 위해 도함수를 계산하는 함수 `deriv`를 정의한다. 8행은 적분구간, 9행은 경계조건을 지정한다. 10행은 수치해를 계산하는 위치 `x`를 지정하고 11행은 오차 허용범위 `tol`을 지정한다. 13행은 시작점의 기울기 `A1`과 `A2`를 임의로 지정하고, 변수 `B2`를 `0`으로 초기화한다. 15행은 `while` 문의 반복 계산 횟수를 세는 변수 `loop`를 `0`으로 초기화한다. 18-19행은 처음 두 번의 시도에서 시작점의 기울기를 각각 `A1`과 `A2`로 설정한다. 21행은 `odeint()` 함수를 호출하여 얻은 수치해를 `yout`에 저장한다. 23행의 `yout[-1,0]`은 구간 끝에서의 수치해인 $y(b)$에 해당한다. 따라서 22-23행은 반복 계산마다 `B1`은 $y(a) = A_1$일 때의 $y(b)$와 같고, `B2`는 $y(a) = A_2$일 때의 $y(b)$와 같도록 한다. 25-26행은 $|\beta - B_2|$의 값이 오차 허용범위보다 작은지 판단한다. 27행은 식 (9.3)을 따라 새로운 기울기 `yp`$= A_{\mathrm{new}}$를 계산한다. 28-29행은 다음 반복 계산을 위해 시작점의 기울기를 바꿔 준다. 31행은 배열 `yout`에서 y값을 선택한다. 32-33행은 해석해 `sol`과 상대 오차 `rerr`을 구한다. 35행 이하는 수치해와 상대 오차를 그래프로 출력한다(그림 9.2). 39행의 `ax2=ax1.twinx()`는 축 `ax1`과 x축을 공유하는 새로운 축 `ax2`를 그림의 오른쪽 y축에 설정한다.

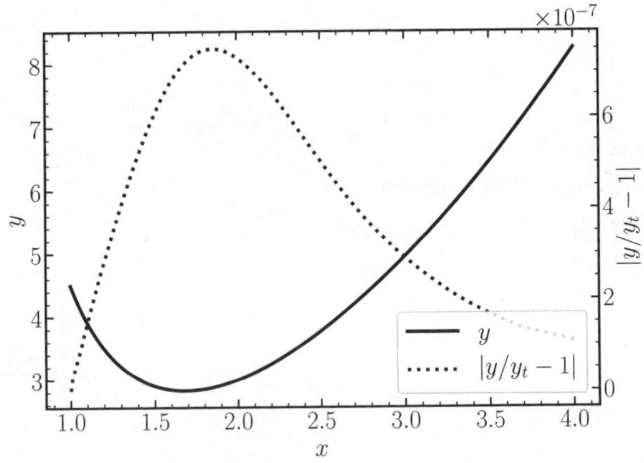

그림 9.2: 사격법을 이용한 식 (9.4)의 (왼쪽 y축) 수치해와 (오른쪽 y축) 상대 오차

9.1.2 유한차분법

경곗값문제를 푸는 또 다른 방법은 도함수의 **유한차분**(finite difference)을 이용하는 것이다. 유한차분법에서는 구간 $[a, b]$를 N등분하여 식 (8.3)과 같이 격자점을 만들고 미분방정식을 **차분방정식**(difference equation)으로 변환한다.

예를 들어, 구간 $x \in [0, 1]$에서 정의된 선형 미분방정식

$$y'' + 2y' + 4y = 0, \qquad y(0) = 0, \quad y(1) = 1 \tag{9.5}$$

의 해를 유한차분법으로 구해 보자. 이 식은 감쇠조화진동자의 운동을 기술한다(식 8.57).

식 (9.5)에 식 (2.47)과 식 (2.48b)를 적용하고 h^2에 비례하는 오차항을 무시하면

$$\frac{y_{n+1} - 2y_n + y_{n-1}}{h^2} + 2\frac{y_{n+1} - y_{n-1}}{2h} + 4y_n = 0 \tag{9.6}$$

을 얻고, 이를 정리하면

$$(1-h)y_{n-1} + (4h^2 - 2)y_n + (1+h)y_{n+1} = 0 \quad (n = 1, \cdots, N-1) \tag{9.7}$$

이 된다. 식 (9.5)에 주어진 경계조건은 $y_0 = 0$과 $y_N = 1$에 해당한다.

9.1.2.1 삼중대각행렬 이용

경계조건을 포함하여 식 (9.7)을 행렬방정식으로 바꾸면

$$\begin{bmatrix} 1 & 0 & 0 & 0 & \cdots & 0 \\ 1-h & 4h^2-2 & 1+h & 0 & \cdots & 0 \\ 0 & 1-h & 4h^2-2 & 1+h & \ddots & 0 \\ \vdots & \ddots & \ddots & \ddots & \ddots & \vdots \\ 0 & \cdots & 0 & 1-h & 4h^2-2 & 1+h \\ 0 & \cdots & 0 & 0 & 0 & 1 \end{bmatrix} \begin{bmatrix} y_0 \\ y_1 \\ y_2 \\ \vdots \\ y_{N-1} \\ y_N \end{bmatrix} = \begin{bmatrix} 0 \\ 0 \\ 0 \\ \vdots \\ 0 \\ 1 \end{bmatrix} \tag{9.8}$$

이 된다. 식 (9.8)은 **삼중대각행렬**을 동반하므로 5.1.3절에서 학습한 방법을 이용하면 해를 쉽게 구할 수 있다.

예제 9.2

유한차분법을 이용하여 구간 $[0, 1]$에서 식 (9.5)의 수치해를 구하시오. 보폭으로 $h = 0.01$을 사용하시오. 해석해는 $y_{\text{true}} = e^{1-x}\sin(\sqrt{3}x)/\sin(\sqrt{3})$이다.

코드 9.2: 유한차분법: 삼중대각행렬

```
1  h=0.01
2  h2=h*h
3
4  x0,xmax=0,1
5  N=int((xmax-x0)/h)+1
6  x=x0+h*np.arange(N)
7  a=np.full(N,1-h)
8  b=np.full(N,4*h2-2)
9  c=np.full(N,1+h)
10 a[0],a[-1]=0,0
11 b[0],b[-1]=1,1
12 c[0],c[-1]=0,0
13 s=np.zeros(N)
14 s[-1]=1
15
16 y=TriDiagonal(a,b,c,s)
17
18 sol=np.exp(1-x)*np.sin(np.sqrt(3)*x)/np.sin(np.sqrt(3))
19 err=np.abs(y-sol)
20
21 fig,ax1=plt.subplots(1,figsize=(7,5))
22 ax1.plot(x,y)
23 ax1.set_ylabel(r'$y$')
24 ax1.set_xlabel(r'$x$')
25
26 ax2=ax1.twinx()
27 ax2.plot(x, err,'r:')
28 ax2.set_yscale('log')
29 ax2.set_ylim(1.e-6,1.e-4)
30 ax2.set_ylabel(r'$|y-y_t|$', color='r')
31 ax2.tick_params(axis='y', labelcolor='r')
32 plt.show()
```

1-2행은 보폭 h와 보폭의 제곱 h2를 지정한다. 4-6행은 적분구간 [x,xmax], 격자점의 수 N, 격자점의 좌표 x를 지정한다. 7-12행은 삼중대각행렬의 대각원소 a, b, c를 초기화한 후, 경곗값을 이용하여 바로잡는다. 13-14행은 식 (9.8)의 우변 열벡터를 배열 s로 저장한다. 16행은 코드 5.3에서 정의한 함수 TriDiagonal을 호출하여 행렬방정식의 해를 구해 y에 저장한다. 18-19행은 해석해 sol에 대한 수치해 y의 오차를 계산한다. 21행 이하는 수치해와 오차를 그래프로 출력한다(그림 9.3). $h = 0.01$을 선택했을 때, 오차가 $x = 0.4$ 근처에서 $\sim 10^{-4}$에 가까워진다. 오차가 상대적으로 큰 이유는 유한차분에서 생긴 $\sim \mathcal{O}(h^2)$에 이르는 오차가 후진대입을 통해 전파하기 때문이다.

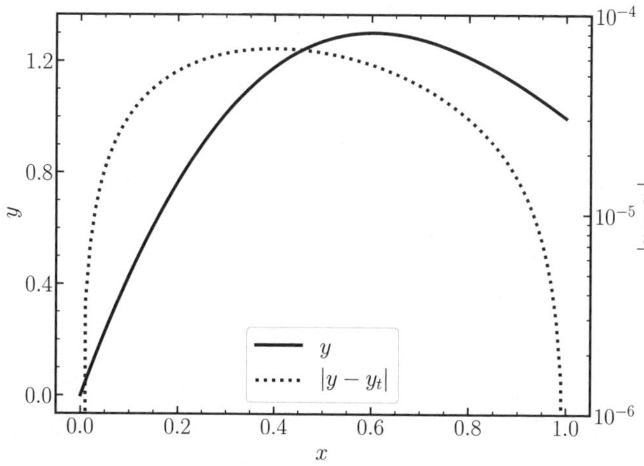

그림 9.3: 삼중대각행렬을 이용한 식 (9.5)의 (왼쪽 y축) 수치해와 (오른쪽 y축) 절대 오차

9.1.2.2 뉴턴 방법⋆

삼중대각행렬을 이용한 방법은 y와 그 도함수의 선형결합으로 표시된 선형 미분방정식에만 적용할 수 있다. 비선형 미분방정식을 유한차분하면 비선형 연립방정식을 얻을 수 있는데, 3.4절에 설명한 다차원 뉴턴 방법을 이용하면 그 해를 구할 수 있다. 예제 9.3은 비선형 미분방정식의 해를 뉴턴 방법으로 구하는 과정을 소개한다.

예제 9.3

구간 $x \in [1,2]$에서 정의된 비선형 미분방정식

$$y'' = 2y^3, \qquad y(1) = 1, \quad y(2) = 1/2 \tag{9.9}$$

의 수치해를 유한차분법으로 구하시오. 보폭으로 $h = 0.01$을 사용하시오. 이 문제의 해석해는 $y_{\text{true}} = 1/x$다.

구간 $[1,2]$를 $N\,(=1/h)$등분하면 격자점의 위치는 $x_n = 1 + nh$다(단, $0 \le n \le N$). 식 (9.9)를 유한차분하면

$$\frac{y_{n+1} - 2y_n + y_{n-1}}{h^2} = 2y_n^3 \tag{9.10}$$

을 얻고, 이 식을 정리하면

$$-y_{n-1} + 2y_n + 2h^2 y_n^3 - y_{n+1} = 0 \quad (\text{단, } 1 \le n \le N-1) \tag{9.11}$$

이 된다. $n = 1$과 $n = N-1$일 때, 경계조건 $y_0 = 1$, $y_N = 1/2$를 적용하고 식 (9.11)을

행렬방정식으로 표기하면

$$\boldsymbol{F}(\boldsymbol{y}) = \begin{bmatrix} -1 + 2y_1 + 2h^2y_1^3 - y_2 \\ -y_1 + 2y_2 + 2h^2y_2^3 - y_3 \\ \vdots \\ -y_{N-3} + 2y_{N-2} + 2h^2y_{N-2}^3 - y_{N-1} \\ -y_{N-2} + 2y_{N-1} + 2h^2y_{N-1}^3 - 1/2 \end{bmatrix} = 0 \tag{9.12}$$

을 얻을 수 있다. 여기서, $\boldsymbol{y} = (y_1, \cdots, y_{N-1})^\intercal$이다. $\boldsymbol{F}(\boldsymbol{y})$의 **야코비 행렬**(식 3.58)은

$$\boldsymbol{J}(\boldsymbol{y}) = \begin{bmatrix} 2+6h^2y_1^2 & -1 & 0 & \cdots & 0 \\ -1 & 2+6h^2y_2^2 & \ddots & \ddots & 0 \\ 0 & -1 & \ddots & -1 & 0 \\ \vdots & \ddots & \ddots & 2+6h^2y_{N-2}^2 & -1 \\ 0 & \cdots & 0 & -1 & 2+6h^2y_{N-1}^2 \end{bmatrix} \tag{9.13}$$

으로 주어진다. 뉴턴 방법으로 식 (9.12)의 해를 구하는 점화식은

$$\boldsymbol{y}_{k+1} = \boldsymbol{y}_k - \boldsymbol{J}^{-1}(\boldsymbol{y}_k) \cdot \boldsymbol{F}(\boldsymbol{y}_k) \tag{9.14}$$

이다(식 3.59 참고). 코드 9.3은 식 (9.14)를 반복적으로 풀어 식 (9.9)의 해를 구한다.

코드 9.3: 유한차분법: 뉴턴 방법

```
from scipy import linalg

def func(y):
    n=len(y)
    f=np.zeros(n)
    f[0]=-1+2*y[0]+2*h2*y[0]**3-y[1]
    f[n-1]=-y[n-2]+2*y[n-1]+2*h2*y[n-2]**3-1/2
    for i in range(1,n-1):
        f[i]=-y[i-1]+2*y[i]+2*h2*y[i]**3-y[i+1]
    return f

def Jacobi(y):
    n=len(y)
    J=np.zeros((n,n))
    for i in range(0,n):
        J[i,i]=2+6*h2*y[i]**2
    for i in range(0,n-1):
```

```
18         J[i,i+1]=-1
19         J[i+1,i]=-1
20     return J
21
22 N=101
23 x=np.linspace(1,2,N)
24 h=x[1]-x[0]
25 h2=h*h
26 y=np.zeros(N-2)
27 tol=1.e-6
28 while True:
29     f=func(y)
30     J=Jacobi(y)
31     Jinv=linalg.inv(J)
32     err=np.dot(Jinv,f)
33     if linalg.norm(err)<tol: break
34     y=y-err
35
36 y=np.concatenate([[1],y,[1/2]])
37 sol=1/x
38 rerr=np.abs(y/sol-1)
39
40 fig,ax1=plt.subplots(1,figsize=(7,5))
41 ax1.plot(x,y)
42 ax1.set_ylabel(r'$y$')
43 ax1.set_xlabel(r'$x$')
44 ax2=ax1.twinx()
45 ax2.plot(x, rerr,'r:')
46 ax2.set_yscale('log')
47 ax2.set_ylim(1.e-7,1.e-5)
48 ax2.set_ylabel(r'$|y/y_t-1|$', color='r')
49 ax2.tick_params(axis='y', labelcolor='r')
50 plt.show()
```

1행은 `scipy.linalg` 모듈을 불러온다. 3-10행은 식 (9.12)의 좌변을 계산하는 함수 `func`를 정의한다. 12-20행은 식 (9.13)으로 주어진 야코비 행렬 $\boldsymbol{J}$를 계산하는 함수 `Jacobi`를 정의한다. 함수 `func`와 `Jacobi`에서 `h2` $= h^2$이다. 22행은 격자점의 개수 `N`을, 23행은 격자점의 좌표 `x`를, 24-25행은 보폭 `h`와 보폭의 제곱 `h2`를 지정한다. 26행은 미분방정식의 해 `y`를 0으로 초기화한다. 양 끝 경계($n = 0, N$)를 제외한 격자점에서 해를 구하므로 `y`의 크기는 `N-2`이다. 27행은 오차 허용범위 `tol`을 지정한다. 28-34행은 $\|\boldsymbol{J}^{-1} \cdot \boldsymbol{F}\| <$ `tol`인 조건이 만족될 때까지 식 (9.14)를 반복적으로 계산한다. 36행은 뉴턴 방법으로 구한 해의 양 끝에 경계조건을 추가하여 `y`를 갱신한다. 37-38행은 해석해

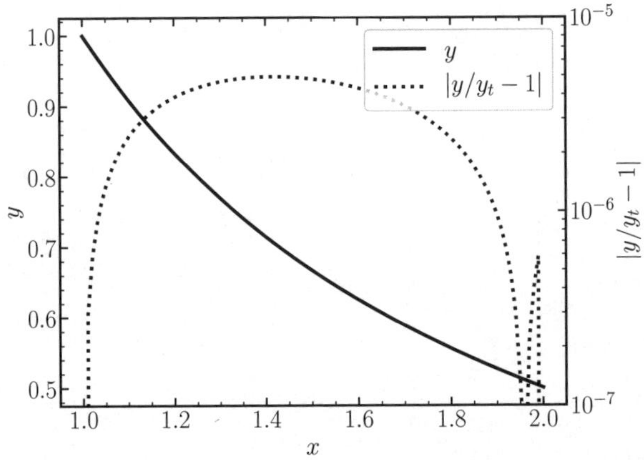

그림 9.4: 뉴턴 방법을 이용한 식 (9.9)의 (왼쪽 y축) 수치해와 (오른쪽 y축) 상대 오차

`sol`에 대한 상대 오차 `rerr`을 계산한다. 40행 이하는 수치해와 상대 오차를 그래프로 출력한다(그림 9.4).

9.1.2.3 완화법⋆

식 (9.7) 또는 식 (9.11)의 해를 구하는 또 하나의 방법은 **완화법**(relaxation method)을 이용하는 것이다. 예를 들어, 완화법에서는 식 (9.7)을

$$y_n = \frac{(1+h)y_{n+1} + (1-h)y_{n-1}}{2-4h^2} \tag{9.15}$$

으로 바꾸고, 전 단계에서 얻은 $y_0, \cdots, y_N$의 값을 우변에 대입하여 좌변의 y_n을 갱신하는 과정을 반복한다. 완화법은 상미분방정식에 대해서는 삼중대각행렬을 이용한 후진대입법보다 느리다. 하지만 고차원의 문제나 편미분방정식의 해를 구할 때는 후진대입법보다 빠르다.

대표적인 완화법에는 **야코비 반복법**(Jacobi iteration), **가우스-자이델 반복법**(Gauss-Seidel iteration), **연속적 가속완화법**(successive over-relaxation) 등이 있다. $(i-1)$번째 단계와 i번째 단계의 수치해를 각각 $y_n^{(i-1)}$과 $y_n^{(i)}$으로 나타내자. $y_n^{(0)}$의 첫 시행값으로 경계조건을 만족시키는 1차함수를 선택한다.

1. **야코비 반복법**에서는 식 (9.15)를

$$y_n^{(i)} = \frac{(1+h)y_{n+1}^{(i-1)} + (1-h)y_{n-1}^{(i-1)}}{2-4h^2} \tag{9.16}$$

으로 놓고 반복 계산을 수행한다. 즉, 우변을 $(i-1)$번째 단계의 값만으로 계산하여 i번째 단계의 해를 계산한다.

2. 식 (9.16)을 $n = 1, 2, \cdots$이 증가하는 순서로 i번째 계산을 진행하는 경우, $y_{n-1}^{(i-1)}$ 대신 이미 계산된 $y_{n-1}^{(i)}$을 이용하여 $y_n^{(i)}$을 계산한다. 즉, 점화식

$$y_n^{(i)} = \frac{(1+h)y_{n+1}^{(i-1)} + (1-h)y_{n-1}^{(i)}}{2-4h^2} \tag{9.17}$$

   을 이용한 반복 계산을 수행하는 방법을 **가우스-자이델 반복법**이라고 한다.

3. **연속적 가속완화법**에서는 $y_n^{(i-1)}$과 식 (9.17)의 우변을 섞어

$$y_n^{(i)} = (1-w)y_n^{(i-1)} + w\frac{(1+h)y_{n+1}^{(i-1)} + (1-h)y_{n-1}^{(i)}}{2-4h^2} \tag{9.18}$$

   인 점화식을 이용한다. 여기서, w는 **가속완화인자**(over-relaxation parameter)라고 하며 통상적으로 $1 < w < 2$인 값을 사용한다. $w = 1$일 때, 연속적 가속완화법은 가우스-자이델 반복법과 같아진다.

$(i-1)$번째 단계와 i번째 단계에서 구한 함숫값 차이의 노름

$$\varepsilon = \|\boldsymbol{y}_n^{(i)} - \boldsymbol{y}_n^{(i-1)}\| \tag{9.19}$$

을 계산한 후, ε이 허용값보다 작으면 반복 계산을 중지한다.

예제 9.4

가우스-자이델 반복법과 연속적 가속완화법을 이용하여 구간 $[0, 1]$에서 식 (9.5)의 수치해를 구하시오. 수렴의 허용값으로 tol$= 10^{-6}$을 택하고 수렴된 해를 구하는 데 필요한 계산의 반복 횟수를 구하시오.

코드 9.4: 완화법: 선형 미분방정식

```
h=0.01
hp,hm=1+h,1-h
hs=2-4*h*h

x0,xmax=0,1
y0,yN=0,1
N=int((xmax-x0)/h)+1
x=x0+h*np.arange(N)

tol=1.e-6
# Gauss-Seidel relaxation
loop=0
y=y0+(yN-y0)*np.arange(N)/(N-1)
while True:
```

```
15      loop+=1
16      yold=np.copy(y)
17      for j in range(1,N-1):
18          y[j]=(hp*y[j+1]+hm*y[j-1])/hs
19      eps=np.linalg.norm(yold-y)
20      if eps < tol:
21          print('GSR converged after loops of ',loop)
22          break
23
24  #successive over-relaxation
25  w=1.9
26  loop=0
27  y=y0+(yN-y0)*np.arange(N)/(N-1)
28  while True:
29      loop+=1
30      yold=np.copy(y)
31      for j in range(1,N-1):
32          y[j]=(1-w)*y[j]+w*(hp*y[j+1]+hm*y[j-1])/hs
33      eps=np.linalg.norm(yold-y)
34      if eps < tol:
35          print('SOR converged after loops of ',loop)
36          break
37
38  sol=np.exp(1-x)*np.sin(np.sqrt(3)*x)/np.sin(np.sqrt(3))
39  err=np.abs(y-sol)
40
41  fig,ax1=plt.subplots(1,figsize=(7,5))
42  ax1.plot(x,y)
43  ax1.set_ylabel(r'$y$')
44  ax1.set_xlabel(r'$x$')
45  ax2=ax1.twinx()
46  ax2.plot(x, err, 'r:')
47  ax2.set_yscale('log')
48  ax2.set_ylim(1.e-6,1.e-4)
49  ax2.set_ylabel(r'$|y-y_t|$', color='r')
50  ax2.tick_params(axis='y', labelcolor='r')
51  plt.show()
```

1-3행은 보폭을 지정하고 점화식에 있는 여러 상수를 미리 계산한다. 5-8행은 적분구간, 경계조건, 격자점의 수 `N`, 수치해를 구할 격자점의 좌표 `x`를 설정한다. 10행은 수렴 여부의 허용값 `tol`을 지정한다. 12-22행은 가우스-자이델 반복법을 이용하여 수치해 `y`를 구한다. 변수 `loop`는 반복 횟수를 센다. 13행은 경계조건을 직선으로 근사하여 초기 시행값 `y`를 지정한다. 16행의 `yold=np.copy(y)`는 `y`를 `yold`로 복사한다. 17-18행은

가우스-자이델 반복법(식 9.17)으로 새로운 y를 구한다. 19행은 반복 계산 전과 후의 y 값 차이의 노름을 구하고, 이 값이 tol보다 작으면 21-22행에서 반복 횟수를 출력하고 while 문을 빠져나간다. 25-36행은 연속적 가속완화법으로 수치해 y를 구한다. 25행의 w=1.9는 가속완화인자를 지정한다. 26-27행에서 loop와 초기 시행값 y를 다시 초기화한다. 33-36행은 19-22행과 같은 기능을 수행한다. 38-39행은 해석해와 오차를 계산하고, 41행 이하는 그래프로 출력한다(그림 9.3). 수렴하는 해를 얻기까지 가우스-자이델 반복법과 연속적 가속완화법은 각각 12,077회와 824회의 반복 계산을 수행한다. 연속적 가속완화법이 가우스-자이델 반복법보다 효율적임을 알 수 있다.

비선형 미분방정식에도 완화법을 적용할 수 있다. 예를 들어, 식 (9.11)을 **가우스-자이델 반복법**의 형태로 변형하면

$$y_n^{(i)} = \frac{y_{n-1}^{(i)} + y_{n+1}^{(i-1)} - 2h^2(y_n^{(i-1)})^3}{2} \tag{9.20}$$

이 되고, **가속완화인자** w를 이용하여 **연속적 가속완화법**의 형태로 변형하면

$$y_n^{(i)} = (1-w)y_n^{(i-1)} + w\frac{y_{n-1}^{(i)} + y_{n+1}^{(i-1)} - 2h^2(y_n^{(i-1)})^3}{2} \tag{9.21}$$

을 얻는다. 예제 9.5에서 식 (9.20)과 식 (9.21)을 활용해 보자.

예제 9.5

가우스-자이델 반복법과 연속적 가속완화법을 이용하여 식 (9.11)의 수치해를 구하시오. 수렴의 허용값으로 tol $= 10^{-8}$을 택하고 수렴된 해를 구하는 데 필요한 계산의 반복 횟수를 구하시오.

코드 9.5: 완화법: 비선형 미분방정식

```
h=0.01
x0,xmax=1,2
y0,yN=1,1/2
N=int((xmax-x0)/h)+1
x=x0+h*np.arange(N)

tol=1e-8
# Gauss-Seidel relaxation
loop=0
y=y0+(yN-y0)*np.arange(N)/(N-1)
while True:
    loop+=1
    yold=np.copy(y)
    for j in range(1,N-1):
```

```
15          y[j]=(y[j-1]+y[j+1]-2*h*h*y[j]**3)/2
16      eps=np.linalg.norm(yold-y)
17      if eps < tol:
18          print('GSR converged after loops of ',loop)
19          break
20
21  #successive over-relaxation
22  w=1.9
23  loop=0
24  y=y0+(yN-y0)*np.arange(N)/(N-1)
25  while True:
26      loop+=1
27      yold=np.copy(y)
28      for j in range(1,N-1):
29          y[j]=(1-w)*y[j]+ w*(y[j-1]+y[j+1]-2*h*h*y[j]**3)/2
30      eps= np.linalg.norm(yold-y)
31      if eps < tol:
32          print('SOR converged after loops of ',loop)
33          break
34
35  sol=1/x
36  rerr=np.abs(y/sol-1)
37
38  fig,ax1=plt.subplots(1,figsize=(7,5))
39  ax1.plot(x,y)
40  ax1.set_ylabel(r'$y$')
41  ax1.set_xlabel(r'$x$')
42  ax2=ax1.twinx()
43  ax2.plot(x, rerr,'r:')
44  ax2.set_yscale('log')
45  ax2.set_ylim(1.e-7,1.e-5)
46  ax2.set_ylabel(r'$|y/y_t-1|$', color='r')
47  ax2.tick_params(axis='y', labelcolor='r')
48  plt.show()
```

1-5행은 보폭 h, 적분구간 x0,xmax, 경곗값 y0,yN, 격자점의 수 N, 격자점의 좌표 x를 설정한다. 7행은 수렴 여부의 허용값 tol을 지정한다. 9-19행은 가우스-자이델 반복법을 이용하여 수치해 y를 구하고, 22-33행은 연속적 가속완화법을 이용하여 수치해를 구한다. 8-33행은 15, 29행을 제외하면 코드 9.4의 11-36행과 같다. 35-36행은 해석해 sol과 상대 오차 rerr을 계산한다. 38행 이하는 수치해와 상대 오차를 그래프로 출력하는데, 그 결과는 그림 9.4와 같다. 수렴하는 해를 얻기까지 가우스-자이델 반복법과 연속적 가속완화법은 각각 8,882회와 522회의 반복 계산을 수행한다.

9.2 고윳값문제

9.2.1 유한경계 문제

구간 $x \in [0, \pi/2]$에서 정의된 미분방정식

$$y'' + \omega^2 y = 0 \tag{9.22}$$

에 부여된 3개의 경계조건

$$y(0) = 0, \quad y'(0) = 1, \quad y(\pi/2) = 0 \tag{9.23}$$

을 생각해 보자. 식 (9.22)는 **단순조화진동자**(simple harmonic oscillator)의 운동을 기술한다.

앞에서 설명했듯이 2차 미분방정식의 유일한 해를 구하는 데는 2개의 조건만 필요하다. 따라서, 식 (9.22)에서 ω의 값이 정해져 있다면 3개의 경계조건을 만족시키는 해는 일반적으로 존재하지 않는다. 역으로, 3개의 경계조건을 만족시키는 ω의 값을 찾을 수 있는데, 이 값을 **고윳값**(eigenvalue)이라고 하고 이에 해당하는 해 y를 **고유함수**(eigenfunction)라고 한다. 위 고윳값 문제의 해석해는

$$y_{\text{true}} = \frac{\sin(\omega_n x)}{\omega_n}, \qquad \omega_n = 2n \quad (\text{단, } n = 1, 2, 3, \cdots) \tag{9.24}$$

이다. 이처럼 고윳값문제의 해는 유일하지 않으며 여러 개 있거나 무한히 많을 수 있다. 식 (9.22)에 임의의 상수를 곱해도 고윳값은 달라지지 않는다. 이것은 식 (9.22)와 식 (9.23)을 만족시키는 고윳값이 $y'(0)$의 값에 무관함을 의미한다.

사격법을 이용하면 고윳값문제의 수치해를 구할 수 있다. 처음 두 번의 시도는 임의의 두 값 A_1과 A_2를 선택하여 $\omega = A_1, \omega = A_2$로 놓고 식 (9.22)를 $y(0) = 0, y'(0) = 1$을 이용한 초깃값문제로, $x = 0$에서 $x = \pi/2$까지 적분하여 수치해를 구한다. $\omega = A_1$과 $\omega = A_2$에 대응하는 경계 끝에서의 함숫값 $y(\pi/2)$를 각각 B_1과 B_2라고 놓는다. 세 번째 시도부터는 마지막 경계조건인 $\beta = y(\pi/2) = 0$을 이용하여 식 (9.3)으로부터 구한 A_{new}를 새로운 ω로 놓고 $|y(\pi/2) - \beta|$의 값이 오차 허용범위보다 작아질 때까지 계산을 반복한다.

예제 9.6

식 (9.23)을 만족시키는 식 (9.22)의 가장 작은 5개의 고윳값 $\omega_1, \cdots, \omega_5$를 계산하고, 각 고윳값에 해당하는 고유함수 y를 그리시오.

코드 9.6: 고윳값문제

```
from scipy.integrate import odeint

def deriv(y,x,omg):
    dydt0=y[1]
    dydt1=-omg*omg*y[0]
    return [dydt0,dydt1]

def OmgTry(k):
    omg1=2*(k+1)-0.5
    omg2=omg1+0.2
    return omg1,omg2

def EigenDiff(F,x0,xmax,y0,yp0,beta,n_eig):
    h=0.01
    n=int((xmax-x0)/h)+1
    x=np.linspace(x0,xmax,n)
    y=np.zeros((n,n_eig))
    omega=np.zeros(n_eig)
    tol=1.e-6
    for k in range(n_eig):
        omg1,omg2=OmgTry(k)
        B2=0.
        loop=0
        while True:
            loop+=1
            if(loop==1): omg=omg1
            if(loop==2): omg=omg2
            yini=np.array([y0,yp0])
            yout=odeint(F,yini,x,args=(omg,))
            B1=B2
            B2=yout[-1,0]
            if (loop >= 2):
                err=beta-B2
                if(loop > 100):
                    print ('no convergence is made',err)
                    break
                if abs(err)<tol: break
                omg=omg2+(omg2-omg1)/(B2-B1)*err
                omg1=omg2
                omg2=omg
        omega[k]=omg
```

```
42         y[:,k]=yout[:,0]
43     return x,y,omega
44 
45 x,y,omega=EigenDiff(deriv,0,np.pi/2,0,1,0,5)
46 print('Eigenvalues=',omega)
47 
48 plt.figure(1,figsize=(7,5))
49 plt.plot(x*2/np.pi,y[:,0],'r',label=r'$n=1$')
50 plt.plot(x*2/np.pi,y[:,1],'b',label=r'$n=2$')
51 plt.plot(x*2/np.pi,y[:,2],'k',label=r'$n=3$')
52 plt.plot(x*2/np.pi,y[:,3],'m',label=r'$n=4$')
53 plt.plot(x*2/np.pi,y[:,4],'g',label=r'$n=5$')
54 plt.axhline(y=0,linestyle=':')
55 plt.ylim(-0.6,0.6)
56 plt.yticks([-0.6,-0.3,0,0.3,0.6])
57 plt.xticks(np.linspace(0,1,3),[r'$0$',r'$\pi$/4',r'$\pi$/2'])
58 plt.ylabel(r'$y$')
59 plt.xlabel(r'$x$')
60 plt.legend(ncol=2)
61 plt.show()
```

1행은 scipy.integrate 모듈의 odeint() 함수를 불러온다. 3-6행은 식 (9.22)를 1차 연립미분방정식으로 바꾸어 얻은 도함수를 계산하는 함수 deriv를 정의한다. 8-11행은 ω의 처음 두 시행값을 지정하는 함수 OmgTry를 정의한다. 13-43행은 함수 F를 구간 [x0,xmax]에서 적분하여 경계조건 y0$=y(x_0)$, yp0$=y'(x_0)$, beta$=y(x_{\max})$를 만족시키는 n_eig개의 고윳값과 고유함수를 계산하는 함수 EigenDiff를 정의한다. 14-15행은 보폭 h와 격자점의 개수 n을 지정한다. 16-18행은 수치해를 구할 격자점의

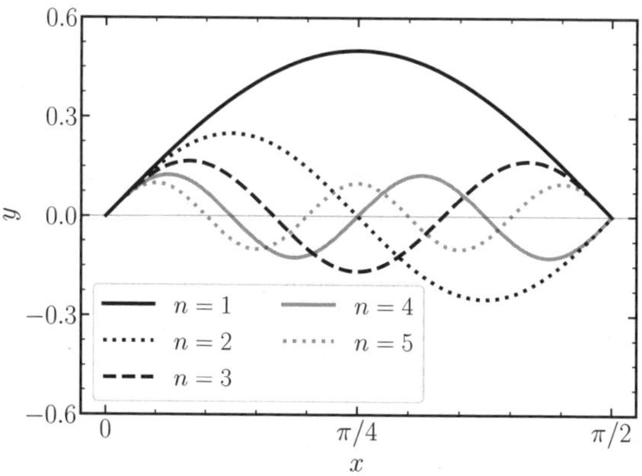

그림 9.5: 식 (9.22)의 고유함수

위치 x를 지정하고 고유함수 y와 고윳값 omega를 모든 값이 0인 배열로 초기화한다. 고윳값마다 고유함수가 다르므로 y를 2차원 배열로 설정한다. 19행은 수렴의 허용범위 tol을 지정한다. 20-42행의 for 문은 n_eig개의 고윳값과 고유함수를 찾는다. 이를 위해 21행에서 ω의 처음 두 시행값으로 omg1과 omg2를 인덱스 k에 따라 달라지도록 지정한다. 24-40행은 사격법을 통해 수렴하는 해를 찾는데, 그 과정은 코드 9.1에서와 같다. 다만 반복 계산이 100회를 초과하면 while 문을 빠져나오도록 34-36행에 안전장치를 두었다. 41-42행에서 수렴한 고윳값을 omega에 고유함수를 y에 저장하고, 43행에서 x, y, omega를 반환한다. 45행은 주어진 조건에 맞는 5개의 고유함수와 고윳값을 찾는 함수 EigenDiff를 호출한다. 46행에서 5개의 고윳값을 출력한다. 48행 이하는 고유함수를 그래프로 출력한다(그림 9.5). 모든 고유함수는 $y(0) = y(\pi/2) = 0$과 $y'(0) = 1$인 경계조건을 만족시킨다. 고윳값이 커질수록 고유함수가 더 짧은 주기로 진동한다.

9.2.2 무한경계 문제⋆

어떤 고윳값문제는 한쪽 또는 양쪽 경계가 무한대에 위치한다. 예를 들어 $x \in (-\infty, \infty)$인 구간에서 정의된 미분방정식

$$y'' = (x^2 - 2\lambda)y \tag{9.25}$$

의 해 중, 경계조건

$$y(x \to \pm\infty) \to 0 \tag{9.26}$$

을 만족시키는 고윳값 λ를 구하는 문제를 생각해 보자. 이 문제는 양자역학에서 **조화진동자 퍼텐셜**(harmonic oscillator potential)의 허용된 파동함수 y와 에너지 준위 λ를 구하는 문제에 해당한다. 이 문제의 해석해는

$$y_{\text{true}} \propto H_n(x)e^{-x^2/2}, \quad \lambda_n = n + \frac{1}{2} \quad (\text{단, } n = 0, 1, \cdots) \tag{9.27}$$

로 주어진다. 여기서, H_n은 **에르미트 다항식**(Hermite polynomial)으로, $H_0 = 1$, $H_1 = 2x$, $H_2 = 4x^2 - 2$ 등으로 주어진다.

식 (9.25)의 해는 $y(x) = y(-x)$인 조건을 만족시키는 **대칭해**(symmetric solution)와 $y(x) = -y(-x)$인 조건을 만족시키는 **반대칭해**(antisymmetric solution)로 나뉜다. 식 (9.27)에서 n이 짝수인 해는 대칭해고 홀수인 해는 반대칭해다. (반)대칭성을 이용하여 구간을 $(-\infty, \infty)$에서 $[0, \infty)$로 줄이면, 대칭해는 $y'(0) = 0$인 경계조건을 만족시키고 반대칭해는 $y(0) = 0$인 경계조건을 만족시킨다.

식 (9.25)에 상수를 곱해도 고윳값이 달라지지 않는다. 따라서 대칭해에 대해 $y(0) = 1$을 잡고, 반대칭해에 대해 $y'(0) = 1$을 잡아도 고윳값이 변하지 않는다. 식 (9.25)를 수치상으로 무한대까지 적분할 수 없으므로, 실제로는 적당히 큰 양수 L을 선택하고

$y(L) = 0$인 경계조건을 만족시키는 고윳값 λ를 찾는다. 그 후, L을 조금 더 큰 값으로 증가시키면서 λ의 변화를 조사한다. λ의 변화가 오차 허용범위보다 작아지면 그때의 λ를 고윳값으로 받아들인다.

예제 9.7

식 (9.26)을 만족시키는 식 (9.25)의 대칭해 중, 가장 작은 3개의 고윳값과 고유함수를 구하시오.

코드 9.7: 조화진동자의 대칭해

```
from scipy.integrate import odeint

def deriv(y,x,lam):
    dydt0=y[1]
    dydt1=(x**2-2*lam)*y[0]
    return [dydt0,dydt1]

def OmgTry(k):
    lam1=2*k+0.3
    lam2=lam1+0.4
    return lam1,lam2

n_eig,nL=3,100
L=3+3*np.arange(nL)/(nL-1)
Lambda=np.zeros((nL,n_eig))
for i in range(nL):
    x,y,lam=EigenDiff(deriv,0,L[i],1,0,0,n_eig)
    Lambda[i,:]=lam

fig=plt.figure(1,figsize=(12,5))
plt.subplot(121)
plt.plot(L,Lambda[:,0],label=r'$n=0$')
plt.plot(L,Lambda[:,1],label=r'$n=2$')
plt.plot(L,Lambda[:,2],label=r'$n=4$')
plt.xlabel(r'$L$')
plt.ylabel(r'$\lambda_n$')
plt.legend(loc=9)
plt.subplot(122)
plt.plot(x,y[:,0],label=r'$n=0$')
plt.plot(x,y[:,1],label=r'$n=2$')
plt.plot(x,y[:,2],label=r'$n=4$')
plt.axhline(y=0,linestyle=':')
plt.xlabel(r'$x$')
```

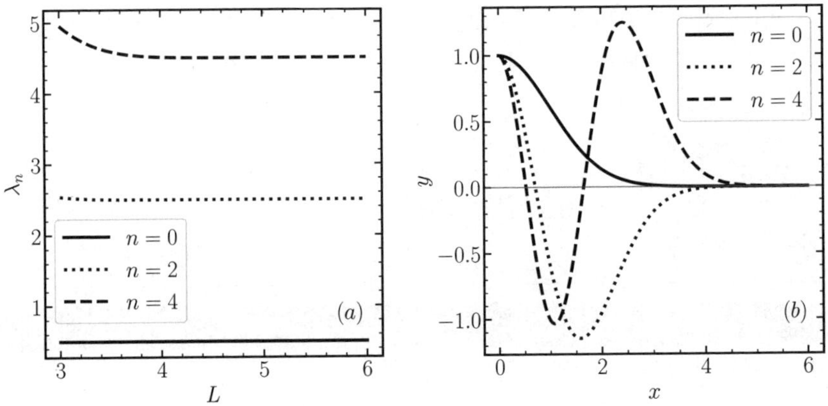

그림 9.6: 식 (9.26)의 대칭해의 (a) 고윳값과 (b) 고유함수

```
34  plt.ylabel(r'$y$')
35  plt.legend()
36  plt.tight_layout()
37  plt.show()
```

1행은 scipy.integrate 모듈의 odeint() 함수를 불러온다. 3-6행은 식 (9.25)를 1차 연립미분방정식으로 바꾸어 얻은 도함수를 계산하는 함수 deriv를 정의한다. 8-11행은 λ의 처음 두 시행값을 지정하는 함수 OmgTry를 정의한다. 13행은 찾고자 하는 고윳값의 갯수 n_eig와 L의 값을 바꾸는 횟수 nL을 지정하고 14행은 L의 값을 지정한다. 15행은 n_eig와 nL에 해당하는 고윳값을 저장할 변수 Lambda를 모든 값이 0인 2차원 배열로 초기화한다. 16-17행은 경계의 위치 L을 바꾸며 코드 9.6에서 정의한 EigenDiff 함수를 호출하여 반환받은 x 좌표, 고유함수, 고윳값을 각각 변수 x, y, lam에 저장한다. 18행은 lam을 Lambda로 옮긴다. 21-27행은 Lambda를 L의 함수로 그린다. 28-35행은 16-18행에서 마지막 계산된 L[-1]=6에 해당하는 고유함수를 그린다(그림 9.6). $L \lesssim 4$에서는 L이 증가하면서 고윳값이 약간 감소하지만, $L \gtrsim 4$에서는 고윳값이 거의 변하지 않는다. n이 커질수록 고유함수는 점점 짧은 주기로 진동한다. n은 구간 $(-\infty, \infty)$에서 고유함수가 x축과 만나는 횟수를 나타낸다.

9.3 심플렉틱 알고리즘

원자나 분자들의 운동을 연구하는 분자동력학(molecular dynamics)이나, 태양계와 같이 중력에 묶인 계의 진화를 연구하는 ***N*체 문제**(N-body problem)에서는 뉴턴 운동방정식

$$\ddot{x}(t) = \boldsymbol{f}(\boldsymbol{x}) = -\boldsymbol{\nabla}\Phi(\boldsymbol{x}) \tag{9.28}$$

를 시간에 대해 적분하여 각 입자의 움직임을 계산한다. 여기서, $\boldsymbol{f}$는 입자가 받는 (단위 질량당) 힘이고 Φ는 퍼텐셜(potential)인데, 위치 벡터 $\boldsymbol{x}$만의 함수다.

뉴턴 역학에서는 에너지와 각운동량이 보존된다. 식 (9.28)의 양변에 속도 벡터 $\dot{\boldsymbol{x}}$를 내적하고 시간에 대해 적분하면

$$\frac{d}{dt}\left[\frac{1}{2}\dot{\boldsymbol{x}}^2 + \Phi(\boldsymbol{x})\right] = 0 \tag{9.29}$$

을 얻는다. 즉, 단위 질량당 총에너지를 E라고 하면

$$E \equiv \frac{1}{2}\dot{\boldsymbol{x}}^2 + \Phi = \text{일정} \tag{9.30}$$

하다. 또한, 퍼텐셜이 거리 $x = \|\boldsymbol{x}\|$만의 함수면

$$\boldsymbol{f} = -\boldsymbol{\nabla}\Phi(\boldsymbol{x}) = -\hat{\boldsymbol{x}}\frac{d\Phi}{dx} \tag{9.31}$$

다. 즉, $\boldsymbol{f}$는 $\boldsymbol{x}$에 평행하다. 이 경우, 식 (9.28)의 양변에 벡터 $\boldsymbol{x}$를 외적하면

$$\boldsymbol{x} \times \ddot{\boldsymbol{x}} = \frac{d(\boldsymbol{x} \times \dot{\boldsymbol{x}})}{dt} = 0 \tag{9.32}$$

이 된다. 따라서 단위 질량당 각운동량을 $\boldsymbol{L}$이라고 하면

$$\boldsymbol{L} \equiv \boldsymbol{x} \times \dot{\boldsymbol{x}} = \text{일정} \tag{9.33}$$

하다. 나아가, 뉴턴 운동방정식은 시간 역전에 대해 불변이다. 즉, $t \to -t$로 바꿔도 식 (9.28)은 변하지 않는다.

속도 $\boldsymbol{v}$를 이용하면 식 (9.28)을

$$\dot{\boldsymbol{x}} = \boldsymbol{v} \tag{9.34a}$$

$$\dot{\boldsymbol{v}} = \boldsymbol{f} \tag{9.34b}$$

와 같이 1차 연립미분방정식으로 바꿀 수 있다. 초기조건 $\boldsymbol{x}(0)$와 $\dot{\boldsymbol{x}}(0) = \boldsymbol{v}(0)$가 주어진 경우, 제8장에서 소개한 다양한 방법을 이용하여 식 (9.34)의 수치해를 구할 수 있다. 하지만 이러한 통상적인 방법은 에너지와 각운동량 보존 조건을 만족시키지 못한다. 또한, 입자를 $t = 0$에서부터 $t = T$까지 적분한 후, 거꾸로 $t = T$부터 $t = 0$까지 적분하면 입자의 위치와 속도가 초기조건과 다른 값을 갖는다. 즉, 통상적인 방법은 **시간역전불변**(time-reversal invariant) 조건도 만족시키지 못한다. 이러한 점은 운동방정식을 매우 짧은 시간 동안만 진화시킬 때는 큰 문제가 아니지만 수십억 년에 걸쳐 일어나는 태양계의 진화를 조사할 때처럼 계를 매우 오랫동안 진화시킬 때는 수치해의 정확성을

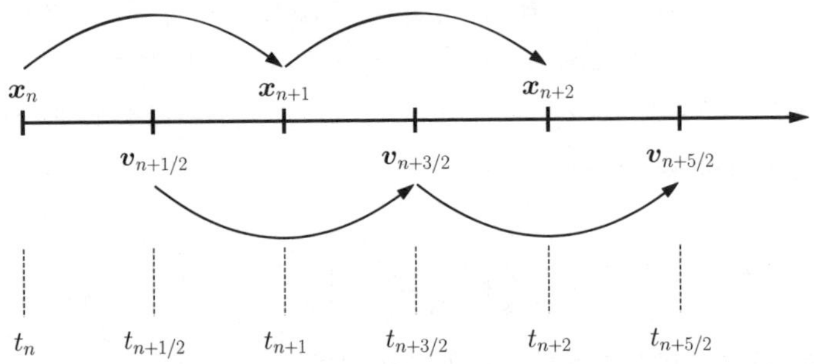

그림 9.7: 도약개구리 방법. 입자의 위치와 속도를 구하는 시각이 반보폭만큼 비켜나 있다.

신뢰하기 어렵게 만든다.

뉴턴 운동방정식이 가진 에너지 보존, 각운동량 보존, 시간역전불변성을 만족시키는 알고리즘이 개발되었는데, 이를 **심플렉틱 알고리즘**(symplectic algorithm)이라고 한다. 심플렉틱이란 '$(\boldsymbol{x}, \dot{\boldsymbol{x}})$로 정의된 **위상공간**(phase space)에서 계가 차지하는 면적이 보존된다'는 뜻이며, 이는 역학에서 **해밀턴계**(Hamiltonian system)의 특성 중 하나다. 위상공간의 면적이 보존되면 인접한 두 입자의 궤도가 크게 달라지지 않으므로 적분이 안정적이다. 심플렉틱 알고리즘을 사용하더라도 각 입자의 궤도 계산이 룽게-쿠타 방법 같은 비심플렉틱(non-symplectic) 알고리즘을 사용했을 때보다 더 정확하다고 말할 수 없다. 하지만 심플렉틱 알고리즘은 에너지와 각운동량 같은 기본적인 물리량을 보존하기 때문에, 많은 입자로 구성된 계의 집단행동(collective behavior)이나 통계적인 양의 진화를 비교적 정확하게 추적한다.

9.3.1 도약개구리 알고리즘

심플렉틱 알고리즘의 가장 간단한 형태는 **도약개구리 알고리즘**(leap-frog algorithm)이다.[1] 이 알고리즘에서는 식 (9.34)를

$$\boldsymbol{x}_{n+1} = \boldsymbol{x}_n + h\boldsymbol{v}_{n+1/2} \tag{9.35a}$$

$$\boldsymbol{v}_{n+3/2} = \boldsymbol{v}_{n+1/2} + h\boldsymbol{f}(\boldsymbol{x}_{n+1}) \tag{9.35b}$$

인 점화식으로 바꾼다(단, $n = 0, 1, \cdots$). 여기서, $h = t_{n+1} - t_n$은 보폭이다.

그림 9.7은 도약개구리 알고리즘의 구조를 설명한다. 위치는 시각 t_n에서 결정하며 속도는 위치보다 반보폭 비켜난 시각에서 결정한다. $t_{n+1/2} = t_n + h/2$에서 계산된 속도 $\boldsymbol{v}_{n+1/2}$를 이용하여 입자의 위치를 $\boldsymbol{x}_n$에서 $\boldsymbol{x}_{n+1}$으로 옮긴다(식 9.35a). 이 위치에서 입자가 받는 힘 $\boldsymbol{f}(\boldsymbol{x}_{n+1})$을 구하여 입자의 속도를 $\boldsymbol{v}_{n+1/2}$에서 $\boldsymbol{v}_{n+3/2}$로 바꾼다(식 9.35b).

1) 도약개구리는 어린이 놀이의 일종으로, 한 어린이가 앞 어린이의 등을 짚고 뛰어넘은 후, 다른 어린이가 넘도록 등을 굽혀 주는 놀이를 말한다.

이 과정을 반복하여 입자가 움직이는 궤적을 추적한다.

입자의 초기조건은 $\boldsymbol{x}_0 = \boldsymbol{x}(t=0)$이고 $\boldsymbol{v}_0 = \boldsymbol{v}(t=0)$이다. 따라서 도약개구리 알고리즘을 이용하기 위해서는 $\boldsymbol{v}_{1/2}$의 값을 알아야 한다. 또한, 매 시각 총에너지 E와 각운동량 $\boldsymbol{L}$을 정확하게 계산하기 위해서는 입자의 위치와 속도를 **동시화**(synchronization)해야 한다. 이를 위해 식 (9.34b)를 $\boldsymbol{x}_n$에서 반보폭($h/2$)만큼 전진차분하거나 $\boldsymbol{x}_{n+1}$에서 반보폭만큼 후진차분하면

$$\boldsymbol{v}_{n+1/2} = \boldsymbol{v}_n + \frac{h}{2}\boldsymbol{f}(\boldsymbol{x}_n) \tag{9.36a}$$

$$\boldsymbol{v}_{n+1} = \boldsymbol{v}_{n+1/2} + \frac{h}{2}\boldsymbol{f}(\boldsymbol{x}_{n+1}) \tag{9.36b}$$

을 얻는다. 식 (9.36)으로부터

$$\boldsymbol{v}_{n+3/2} = \boldsymbol{v}_{n+1} + \frac{h}{2}\boldsymbol{f}(\boldsymbol{x}_{n+1}) = \boldsymbol{v}_{n+1/2} + h\boldsymbol{f}(\boldsymbol{x}_{n+1}) \tag{9.37}$$

을 얻을 수 있으므로 식 (9.35b)와 식 (9.36)은 동등하다.

따라서 동시화된 도약개구리 방법으로 한 걸음 전진하는 알고리즘은

$$\boldsymbol{v}_{n+1/2} = \boldsymbol{v}_n + \frac{h}{2}\boldsymbol{f}(\boldsymbol{x}_n) \tag{9.38a}$$

$$\boldsymbol{x}_{n+1} = \boldsymbol{x}_n + h\boldsymbol{v}_{n+1/2} \tag{9.38b}$$

$$\boldsymbol{v}_{n+1} = \boldsymbol{v}_{n+1/2} + \frac{h}{2}\boldsymbol{f}(\boldsymbol{x}_{n+1}) \tag{9.38c}$$

과 같다. 분자동력학에서는 식 (9.38)을 **베를레 알고리즘**(Verlet algorithm)이라고 한다.

식 (9.38a)와 식 (9.38b)를 결합하면

$$\boldsymbol{x}_{n+1} = \boldsymbol{x}_n + h\boldsymbol{v}_n + \frac{h^2}{2}\boldsymbol{f}(\boldsymbol{x}_n) \tag{9.39}$$

이다. 한편, $\boldsymbol{x}(t+h)$를 테일러 급수로 전개하면

$$\boldsymbol{x}(t+h) = \boldsymbol{x}(t) + h\dot{\boldsymbol{x}} + \frac{h^2}{2}\ddot{\boldsymbol{x}} + \mathcal{O}(h^3) \tag{9.40a}$$

$$= \boldsymbol{x}(t) + h\boldsymbol{v}(t) + \frac{h^2}{2}\boldsymbol{f}(t) + \mathcal{O}(h^3) \tag{9.40b}$$

이다. 식 (9.39)와 (9.40b)를 비교하면 도약개구리 알고리즘이 2차 정확도를 가지고 있음을 알 수 있다. 도약개구리 알고리즘은 계산 방법이 전진 오일러 방법과 매우 비슷하지만, 위치와 속도를 계산하는 시각을 반보폭 엇갈리게 둠으로써 더 높은 정확도를 가진다. 예제 9.8과 예제 9.9에서 입자의 궤도 계산에 도약개구리 알고리즘을 적용해 보자.

9.3.1.1 1차원 문제

예제 9.8

조화진동자 퍼텐셜 $\Phi = \frac{1}{2}x^2$의 영향 아래에서 x 방향으로 움직이는 입자의 1차원 운동방정식은

$$\ddot{x} = -x \tag{9.41}$$

로 주어진다. 초기조건이 $x(0) = 2$이고 $\dot{x}(0) = 0$일 때, 식 (9.41)을 $t \in [0, 10]$에서 전진 오일러 방법과 도약개구리 방법으로 적분하시오. $(x, \dot{x})$로 정의된 위상 공간에서 입자의 자취를 그리고 시간에 대한 에너지 보존을 비교하시오. 보폭은 $h = 0.1$로 잡으시오. 이 문제의 해석해는 $x_{\rm true} = 2\cos t$, $v_{\rm true} = 2\sin t$고 위상 공간에서의 자취는 $x^2 + v^2 = 2$인 원이며, 총에너지는 $E = \frac{1}{2}x^2 + \frac{1}{2}v^2 = 2$이다.

코드 9.8: 도약개구리 알고리즘: 1차원 조화진동자

```
def deriv(t,x):
    dxdt0= x[1]
    dxdt1=-x[0]
    return np.array([dxdt0,dxdt1])

def Euler_ODEset(F,t0,tmax,x0,h):
    t,x=t0,x0
    n=int((tmax-t0)/h)
    m=len(x0)
    tsol=np.zeros(n+1)
    xsol=np.zeros([n+1,m])
    tsol[0]=t
    xsol[0,:]=x
    for i in range(n):
        x+=h*F(t,x)
        t+=h
        tsol[i+1]=t
        xsol[i+1,:]=x
    return tsol,xsol

def accel(x):
    return -x

def LeapFrog(F,t0,tmax,x0,v0,h):
    t,x,v,hh=t0,x0,v0,0.5*h
    if np.isscalar(x0):
        m=1
```

```
    else:
        m=len(x0)
    n=int((tmax-t0)/h)
    tsol=np.zeros((n+1))
    xsol=np.zeros((n+1,m))
    vsol=np.zeros((n+1,m))
    tsol[0]=t
    xsol[0,:]=x
    vsol[0,:]=v
    for i in range(n):
        vh=v+hh*F(x)
        x=x+h*vh
        v=vh+hh*F(x)
        t+=h
        tsol[i+1]=t
        xsol[i+1,:]=x
        vsol[i+1,:]=v
    return tsol,xsol,vsol

t0,tmax,x0,v0=0.,10.,2.,0.
h=0.1

tLF,xLF,vLF=LeapFrog(accel,t0,tmax,x0,v0,h)
tFE,xFE=Euler_ODEset(deriv,t0,tmax,np.array([x0,v0]),h)

engLF=0.5*(xLF**2+vLF**2)
engFE=0.5*(xFE[:,0]**2+xFE[:,1]**2)

fig=plt.figure(1,figsize=(8,4))
plt.subplot(121)
plt.plot(xFE[:,0],xFE[:,1],'^',label='Euler')
plt.plot(xLF,vLF,'o',label='LeapFrog')
plt.legend(numpoints=2)
plt.xlabel(r'$x$')
plt.ylabel(r'$v$')
plt.xlim(-4,4)
plt.ylim(-4,4)
plt.subplot(122)
plt.plot(tFE,np.abs(engFE-2),label='Euler')
plt.plot(tLF,np.abs(engLF-2),label='LeapFrog')
plt.yscale('log')
plt.legend()
plt.xlabel(r'$t$')
```

```
71 plt.ylabel(r'$|E-E_t$|')
72 plt.ylim(1.e-4,10.)
73 plt.tight_layout()
74 plt.show()
```

1-4행은 식 (9.41)을 1차 연립미분방정식으로 바꾸어 얻은 도함수를 계산하는 함수 deriv를 정의한다. 6-19행은 연립미분방정식 F를 전진 오일러 방법으로 적분하는 함수 Euler_ODEset를 정의한다. 이 함수의 구조는 코드 8.6에서 정의한 함수 RK4_ODEset와 비슷하다. 21-22행은 식 (9.41)의 우변에 주어진 가속도를 계산하는 함수 accel을 정의한다. 24-45행은 가속도가 F인 입자를 도약개구리 알고리즘으로 시각 t0부터 tmax까지 초기조건 x0, v0와 보폭 h로 적분하는 함수 LeapFrog를 정의한다. 26-29행에서 m은 입자의 개수를 지정하는데, 이 문제에서는 m=1이다. 38-40행은 식 (9.38)을 따라 입자의 속도와 위치를 갱신한다. 45행에서 반환되는 tsol, xsol, vsol은 동기화되어 있다. 47-48행은 문제의 초기조건과 보폭을 지정한다. 50행은 LeapFrog 함수를 호출한 결과를 tLF, xLF, vLF에 저장한다. 51행은 Euler_ODEset 함수를 호출한 결과를 tFE, xFE에 저장한다. xFE[:,0]은 x에 해당하고 xFE[:,1]은 v에 해당한다. 53-54행은 각각 도약개구리 방법과 전진 오일러 방법을 이용한 적분결과로부터 총에너지 engLF와 engFE를 계산한다. 57-64행은 적분결과를 위상공간에 그리며, 65-72행은 시간에 대한 에너지의 오차를 그린다.

그림 9.8은 위 코드를 실행한 결과를 보여 준다. 도약개구리 방법의 결과는 위상공간에서 반지름이 2인 원 위에 놓이지만 전진 오일러 방법의 결과는 시계방향으로 펼쳐지는 나선 구조를 보인다. 도약개구리 방법은 총에너지의 오차를 5×10^{-3} 정도에서 일정하게 유지하지만, 전진 오일러 방법에서는 오차가 시간과 함께 꾸준히 증가한다. 전진 오일러

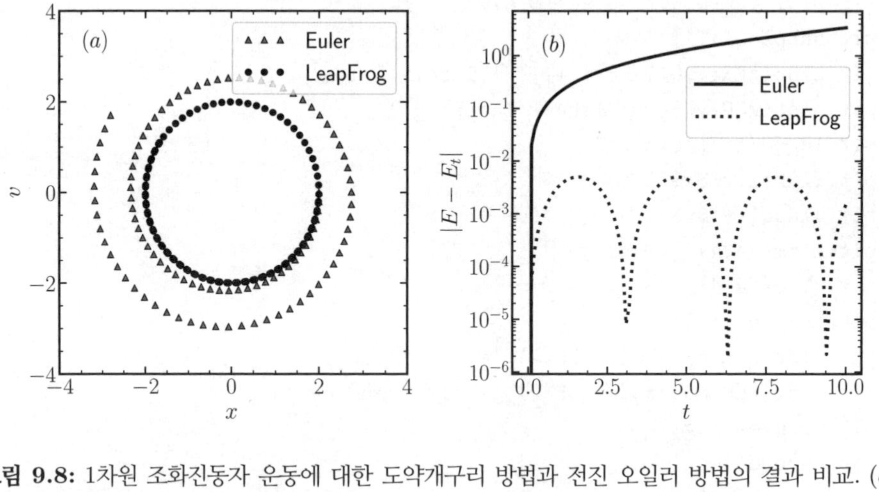

그림 9.8: 1차원 조화진동자 운동에 대한 도약개구리 방법과 전진 오일러 방법의 결과 비교. (a) 위상공간에서의 궤적과 (b) 시간에 대한 총에너지 오차의 변화

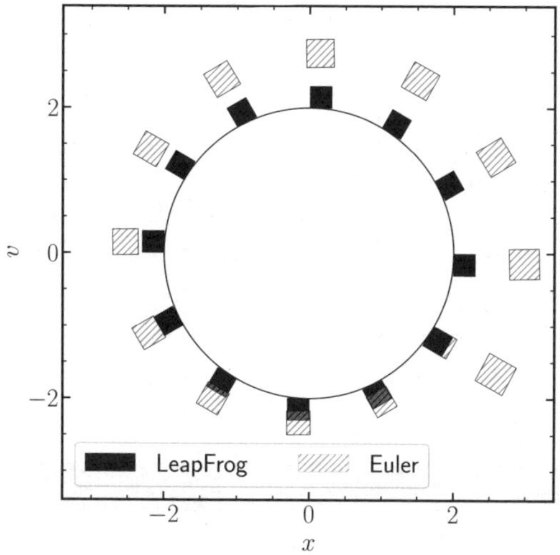

그림 9.9: 1차원 조화진동자 운동에 대한 위상공간의 면적 변화. 도약개구리 방법과 전진오일러 방법의 결과를 비교한다.

방법의 오차가 도약개구리 방법보다 큰 이유는 물론 전진 오일러 방법의 정확도가 낮기 때문이다. 그러나 시간이 지나며 오차가 꾸준히 커지는 현상은 모든 비심플렉틱 방법의 특성이다. 4차 룽게-쿠타 방법을 사용하더라도 시간이 충분히 지나면 도약개구리 방법보다 큰 오차를 가진다.

그림 9.9는 꼭짓점이 $(x_0, v_0) = (2, 0)$, $(2, -0.3)$, $(2.3, 0)$, $(2.3, -0.3)$인 사각형을 도약개구리 방법과 전진 오일러 방법으로 진화시켰을 때 위상공간에서 이동하는 모습을 보여 준다. 도약개구리 방법에서는 사각형의 면적이 일정하게 유지되지만, 전진 오일러 방법에서는 사각형의 면적이 시간이 경과하며 점점 증가한다. 이처럼 위상공간의 면적을 보존하는 것은 심플렉틱 알고리즘의 특성이다.

9.3.1.2 2차원 문제

예제 9.9

퍼텐셜이 $\Phi(x, y) = -1/\sqrt{x^2 + y^2}$인 2차원 평면에서, $t \in [0, 100]$인 구간에서 입자의 궤도를 계산하고 총에너지와 각운동량의 변화를 조사하시오. 초기조건으로 $(x, y, v_x, v_y) = (1, 0, 0, 1)$, 보폭으로 $h = 0.01$을 선택하고 도약개구리 방법과 4차 룽게-쿠타 방법을 이용한 결과를 비교하시오.

주어진 퍼텐셜에 해당하는 가속도는 $\boldsymbol{f} = -\boldsymbol{\nabla}\Phi = -\boldsymbol{x}/\|\boldsymbol{x}\|^3$이므로, 운동방정식은

$$\ddot{\boldsymbol{x}} = -\frac{\boldsymbol{x}}{(x^2 + y^2)^{3/2}} \tag{9.42}$$

다. 이 식을 속도 $\boldsymbol{v} = \dot{\boldsymbol{x}}$를 이용하여 x와 y 방향 성분으로 분리하면

$$\frac{d}{dt}\begin{bmatrix} x \\ y \\ v_x \\ v_y \end{bmatrix} = \begin{bmatrix} v_x \\ v_y \\ -x/(x^2+y^2)^{3/2} \\ -y/(x^2+y^2)^{3/2} \end{bmatrix} \tag{9.43}$$

을 얻는다. 이 문제의 해석해는 $\boldsymbol{x}_{\text{true}} = (\cos t, \sin t)$다. 즉, 입자는 반지름이 $r = \sqrt{x^2+y^2} = 1$인 원을 따라 움직이며, 총에너지는 $E = \boldsymbol{v}^2/2 + \Phi = -1/2$이고 각운동량은 $L = xv_y - yv_x = 1$이다.

코드 9.9: 도약개구리 알고리즘: 2차원 원운동

```
def accel(x):
    r32=(x[0]**2+x[1]**2)**1.5
    return np.array([-x[0]/r32,-x[1]/r32])

def deriv(t,x):
    r32=(x[0]**2+x[1]**2)**1.5
    dxdt0= x[2]
    dxdt1= x[3]
    dxdt2=-x[0]/r32
    dxdt3=-x[1]/r32
    return np.array([dxdt0,dxdt1,dxdt2,dxdt3])

h=0.01
t0,tmax=0,100
x0=np.array([1.,0.])
v0=np.array([0.,1.])

tLF,xLF,vLF=LeapFrog(accel,t0,tmax,x0,v0,h)
tRK,xRK=RK4_ODEset(deriv, t0, tmax, np.append(x0,v0), h)

E_LF=0.5*(vLF[:,0]**2+vLF[:,1]**2)-1/np.hypot(xLF[:,0],xLF[:,1])
E_RK=0.5*(xRK[:,2]**2+xRK[:,3]**2)-1/np.hypot(xRK[:,0],xRK[:,1])
L_LF=xLF[:,0]*vLF[:,1]-xLF[:,1]*vLF[:,0]
L_RK=xRK[:,0]*xRK[:,3]-xRK[:,1]*xRK[:,2]

fig=plt.figure(1,figsize=(12,5))
import matplotlib.gridspec as gridspec
gs=gridspec.GridSpec(2,2,width_ratios=[1,1],
            height_ratios=[1,1],hspace=0.4,wspace=0.4,bottom=0.1)
fig.add_subplot(gs[:,0])
```

```
31 plt.plot(xLF[:,0],xLF[:,1])
32 plt.plot(xRK[:,0],xRK[:,1])
33 plt.yticks([-1,0,1])
34 plt.xticks([-1,0,1])
35 plt.xlabel(r'$x$')
36 plt.ylabel(r'$y$')
37 fig.add_subplot(gs[0,1])
38 plt.plot(tLF,np.abs(E_LF+0.5))
39 plt.plot(tRK,np.abs(E_RK+0.5))
40 plt.xlabel(r'$t$')
41 plt.ylabel(r'$|E-E_t|$')
42 plt.yscale('log')
43 fig.add_subplot(gs[1,1])
44 plt.plot(tLF,np.abs(L_LF-1),label='LeapFrog')
45 plt.plot(tRK,np.abs(L_RK-1),label='RK4')
46 plt.legend()
47 plt.xlabel(r'$t$')
48 plt.ylabel(r'$|L-L_t|$')
49 plt.yscale('log')
50 plt.show()
```

1-3행은 도약개구리 방법에서 사용할 가속도를 계산하는 함수 accel을 정의한다. 5-11행은 룽게-쿠타 방법에서 사용할 식 (9.43)의 좌변을 계산하는 함수 deriv를 정의한다. 13-16행은 보폭, 적분구간, 초기조건을 지정한다. 18행은 코드 9.8에서 정의한 함수 LeapFrog를 호출하고 입자의 궤도를 도약개구리 방법으로 적분하여 시간, 위치, 속도를 각각 tLF, xLF, vLF에 저장한다. 19행은 코드 8.6에서 정의한 함수 RK4_ODEset를

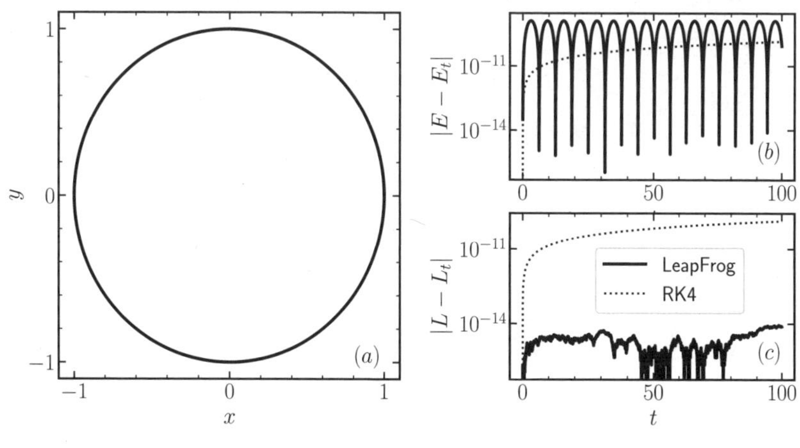

그림 9.10: 2차원 원운동에 대한 도약개구리 방법과 4차 룽게-쿠타 방법의 비교. (a) x–y 평면에서의 궤도, (b) 총에너지 오차와 (c) 각운동량 오차의 시간에 대한 변화

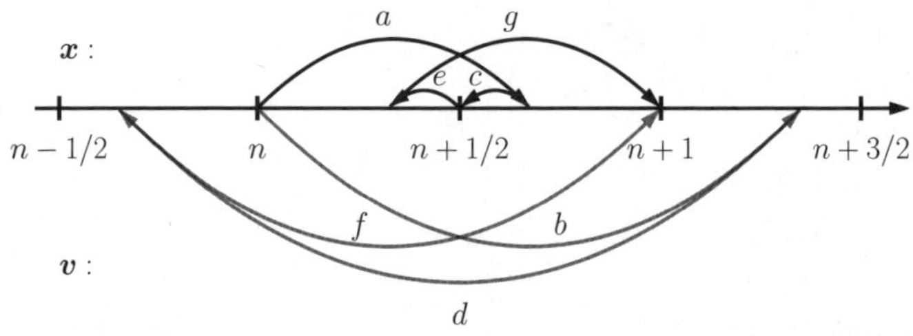

그림 9.11: 포레스트-루스 알고리즘. 알파벳은 식 (9.44)의 방정식 번호를 나타낸다.

호출하여 입자의 궤도를 4차 룽게-쿠타 방법으로 적분한 결과를 `tRK`와 `xRK`에 저장한다. `xRK[:,0]`는 x, `xRK[:,1]`은 y, `xRK[:,2]`는 v_x, `xRK[:,3]`는 v_y에 해당함에 유의하자. 21-22행과 23-24행은 각각 적분결과로부터 총에너지와 각운동량을 계산한다. 30-36행은 x–y 평면에 입자의 궤도를 그린다. 37-42행은 에너지의 오차를 그리고, 43-49행은 각운동량의 오차를 그린다.

그림 9.10은 위 코드를 실행한 결과를 보여 준다. 입자는 x–y 평면에서 반지름이 1인 원을 따라 반시계방향으로 회전한다. 도약개구리 방법에서 총에너지의 최대 오차는 1.2×10^{-9} 정도고 각운동량의 오차는 기계 엡실론 정도의 값을 가진다. 4차 룽게-쿠타 방법의 총에너지 오차는 $t \leq 100$에서는 도약개구리 방법보다 작지만 시간이 지나며 꾸준히 증가하여, $t > 10^3$에서는 도약개구리 방법보다도 커진다. 룽게-쿠타 방법의 각운동량 오차는 항상 도약개구리 방법의 오차보다 크다.

9.3.2 포레스트-루스 알고리즘⋆

Forest & Ruth(1990)는 4차 정확도를 가지는 심플렉틱 알고리즘을 개발하였다. **포레스트-루스 알고리즘**(Forest-Ruth algorithm)에서는 입자의 위치를 $\boldsymbol{x}_n$에서 $\boldsymbol{x}_{n+1}$으로 한 걸음 전진시킬 때,

$$\boldsymbol{x}_{n+\theta/2} = \boldsymbol{x}_n + (\theta h/2)\boldsymbol{v}_n \tag{9.44a}$$

$$\boldsymbol{v}_{n+\theta} = \boldsymbol{v}_n + \theta h \boldsymbol{f}(\boldsymbol{x}_{n+\theta/2}) \tag{9.44b}$$

$$\boldsymbol{x}_{n+1/2} = \boldsymbol{x}_{n+\theta/2} + [(1-\theta)h/2]\boldsymbol{v}_{n+\theta} \tag{9.44c}$$

$$\boldsymbol{v}_{n+1-\theta} = \boldsymbol{v}_{n+\theta} + (1-2\theta)h\boldsymbol{f}(\boldsymbol{x}_{n+1/2}) \tag{9.44d}$$

$$\boldsymbol{x}_{n+1-\theta/2} = \boldsymbol{x}_{n+1/2} + [(1-\theta)h/2]\boldsymbol{v}_{n+1-\theta} \tag{9.44e}$$

$$\boldsymbol{v}_{n+1} = \boldsymbol{v}_{n+1-\theta} + \theta h \boldsymbol{f}(\boldsymbol{x}_{n+1-\theta/2}) \tag{9.44f}$$

$$\boldsymbol{x}_{n+1} = \boldsymbol{x}_{n+1-\theta/2} + (\theta h/2)\boldsymbol{v}_{n+1} \tag{9.44g}$$

과 같은 과정을 따른다. 여기서, $\theta \equiv 1/(2-2^{1/3}) \simeq 1.3512$인 상수고 h는 보폭이다.

그림 9.11은 식 (9.44)를 따라 위치와 속도를 갱신하는 과정을 보여 준다. 도약개

구리 방법에서는 한 걸음 전진하기 위해 가속도를 한 번만 계산하지만, 포레스트-루스 방법에서는 가속도를 세 번 계산한다. 도약개구리 방법에서는 항상 (시간에 대해) 전진만 했지만, 포레스트-루스 방법에서는 속도를 구할 때 t_{n+1}을 초과한 시각까지 전진했다가 t_n보다도 과거로 후진한 후, 다시 t_{n+1}으로 전진한다. 그러나 이 알고리즘은 중간 단계인 식 (9.44d)에 대해 전후가 대칭이기 때문에 시간역전불변 조건을 만족시킨다.

예제 9.10

식 (9.41)로 표현되는 조화진동자의 1차원 운동을 포레스트-루스 알고리즘으로 적분하여 총에너지의 보존에 대해 도약개구리 알고리즘을 이용한 결과와 비교하시오. 초기조건으로 $x(0) = 2$와 $\dot{x}(0) = 0$을, 보폭으로 $h = 0.1$을 선택하시오.

코드 9.10: 포레스트-루스 알고리즘

```
def accel(x):
    return -x

def ForestRuth(F,t0,tmax,x0,v0,h):
    theta=1/(2-2**(1/3.))
    t,x,v=t0,x0,v0
    hh=0.5*h
    if np.isscalar(x0):
        m=1
    else:
        m=len(x0)
    n=int((tmax-t0)/h)
    tsol=np.zeros((n+1))
    xsol=np.zeros((n+1,m))
    vsol=np.zeros((n+1,m))
    tsol[0]=t
    xsol[0,:]=x
    vsol[0,:]=v
    for i in range(n):
        x+=theta*hh*v
        v+=theta*h*F(x)
        x+=(1-theta)*hh*v
        v+=(1-2*theta)*h*F(x)
        x+=(1-theta)*hh*v
        v+=theta*h*F(x)
        x+=theta*hh*v
        t+=h
        tsol[i+1]=t
        xsol[i+1,:]=x
        vsol[i+1,:]=v
```

```
31         return tsol,xsol,vsol
32
33     t0,tmax,x0,v0=0.,10.,2.,0.
34     h=0.1
35     tLF,xLF,vLF=LeapFrog(accel,t0,tmax,x0,v0,h)
36     tTR,xTR,vTR=ForestRuth(accel,t0,tmax,x0,v0,h)
37
38     errLF=np.abs(0.5*(xLF**2+vLF**2)-2)
39     errTR=np.abs(0.5*(xTR**2+vTR**2)-2)
40     print('error ratio=',errLF.mean()/errTR.mean())
41
42     fig=plt.figure(1,figsize=(7,5))
43     plt.plot(tLF,errLF,label='LeapFrog')
44     plt.plot(tTR,errTR,label='ForestRuth')
45     plt.yscale('log')
46     plt.legend()
47     plt.xlabel(r'$t$')
48     plt.ylabel(r'$|E-E_t$|')
49     plt.tight_layout()
50     plt.show()
```

1-2행은 가속도를 계산하는 함수 accel을 정의한다. 4-31행은 가속도가 F인 뉴턴 운동방정식을 t0부터 tmax까지 포레스트-루스 알고리즘으로 적분하여 입자의 시각 tsol, 위치 xsol, 속도 vsol을 반환하는 함수 ForestRuth를 정의한다. 인자로 넘겨지는 x0와 v0는 초기조건이고 h는 보폭이다. 이 함수의 전반적인 구조는 코드 9.8에서 정의한 함수 LeapFrog와 같은데, 20-26행에서 식 (9.44)에 제시된 알고리즘을 이용한다. 33-34행은 문제의 적분구간, 초기조건, 보폭을 지정한다. 35행은 LeapFrog 함수를 호출하여 해를 구하고 36행은 ForestRuth 함수를 호출하여 해를 구한다. 38-39행은 두 방법의 결과로부터 총에너지의 오차를 구하고 40행에서 오차 평균의 비를 출력한다. 42행 이하는 두 방법에서 총에너지 오차가 시간에 따라 변하는 양상을 그래프로 출력한다(그림 9.12). 포레스트-루스 방법의 총에너지 오차는 도약개구리 방법의 오차보다 약 330배 작다. 두 방법 모두 오차의 최댓값이 일정 수준을 유지한다.

9.3.3 보리스 알고리즘⋆

각속도 $\boldsymbol{\Omega} = \Omega\hat{\boldsymbol{z}}$로 회전하는 좌표계에서는 뉴턴 운동방정식이

$$\ddot{\boldsymbol{x}} = -\boldsymbol{\nabla}\Phi_{\rm eff}(\boldsymbol{x}) - 2\boldsymbol{\Omega}\times\dot{\boldsymbol{x}} \tag{9.45}$$

으로 바뀐다. 여기서,

$$\Phi_{\rm eff} \equiv \Phi(\boldsymbol{x}) - \frac{1}{2}\|\boldsymbol{\Omega}\times\boldsymbol{x}\|^2 \tag{9.46}$$

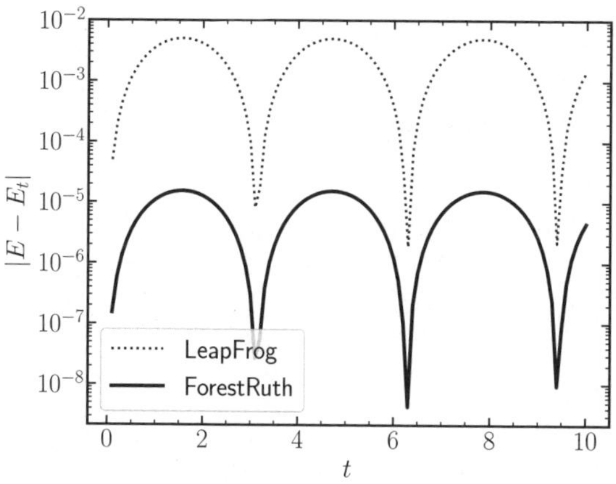

그림 9.12: 1차원 조화진동자 운동에 대한 포레스트-루스 방법과 도약개구리 방법의 총에너지 오차 비교

은 **유효퍼텐셜**(effective potential)이고 $2\boldsymbol{\Omega} \times \dot{\boldsymbol{x}}$항은 **전향력**(Coriolis force)을 나타낸다. 유효퍼텐셜은 원심력 항을 포함한다. 식 (9.28)과 마찬가지로, 회전 좌표계에서도 총에너지 $E = \frac{1}{2}\dot{\boldsymbol{x}}^2 + \Phi_{\text{eff}}$는 보존된다. 하지만, 식 (9.45)의 우변이 속도 $\dot{\boldsymbol{x}}$에 의존하므로 도약개구리 알고리즘이나 포레스트-루스 알고리즘을 적용할 수 없다.

식 (9.45)는 **로런츠 힘**(Lorentz force)을 받는 하전입자의 운동방정식

$$\ddot{\boldsymbol{x}} = \frac{q}{m}\left(\boldsymbol{E} + \frac{\dot{\boldsymbol{x}} \times \boldsymbol{B}}{c}\right) \tag{9.47}$$

와 그 구조가 비슷하다. 여기서, q와 m은 입자의 전하와 질량을 나타내고, $\boldsymbol{E}(\boldsymbol{x})$는 전기장, $\boldsymbol{B}(\boldsymbol{x})$는 자기장, c는 빛의 속도를 나타낸다. $\boldsymbol{E} \to -(m/q)\boldsymbol{\nabla}\Phi_{\text{eff}}$, $\boldsymbol{B} \to (2mc/q)\boldsymbol{\Omega}$면 식 (9.47)은 식 (9.45)와 같아진다. Boris(1970)는 식 (9.47)을 적분하는 데 있어서 오차가 제한되며 위상공간의 면적을 보존하는 알고리즘을 개발하였는데, 이 알고리즘을 **보리스 알고리즘**(Boris algorithm)이라고 한다.

보리스 알고리즘을 회전좌표계의 운동방정식 (9.45)에 적용해 보자. 보리스 알고리즘은 도약개구리 알고리즘과 마찬가지로 반걸음만큼 엇갈린 입자의 위치 $\boldsymbol{x}_{n-1/2}$와 속도 $\boldsymbol{v}_n$을 이용한다. 이 방법은 입자를 한 걸음 이동시킬 때,

$$\boldsymbol{v}^- = \boldsymbol{v}_{n-1} + (h/2)\boldsymbol{f}(\boldsymbol{x}_{n-1/2}) \tag{9.48a}$$

$$\boldsymbol{v}^+ - \boldsymbol{v}^- = -h\boldsymbol{\Omega} \times (\boldsymbol{v}^+ + \boldsymbol{v}^-) \tag{9.48b}$$

$$\boldsymbol{v}_n = \boldsymbol{v}^+ + (h/2)\boldsymbol{f}(\boldsymbol{x}_{n-1/2}) \tag{9.48c}$$

$$\boldsymbol{x}_{n+1/2} = \boldsymbol{x}_{n-1/2} + h\boldsymbol{v}_n \tag{9.48d}$$

으로 계산한다. 여기서, $\boldsymbol{f} \equiv -\boldsymbol{\nabla}\Phi_{\text{eff}}$는 유효가속도다. 우선 $\boldsymbol{v}_{n-1}$을 유효가속도만으로

반걸음 이동시켜 $\boldsymbol{v}^-$를 얻고(식 9.48a), 전향력을 이용하여 $\boldsymbol{v}^-$를 $\boldsymbol{\Omega}$ 주위로 회전시켜 $\boldsymbol{v}^+$를 구한 다음(식 9.48b), $\boldsymbol{v}^+$를 유효가속도만으로 다시 반걸음 이동시켜 $\boldsymbol{v}_n$을 구한다(식 9.48c). 위치의 이동은 도약개구리 알고리즘과 같다(식 9.48d). 보리스 알고리즘의 정확도는 2차적이다.

입자의 운동을 x–y 평면에 국한하면, 식 (9.48)을

$$v_x^- = v_{x,n-1} + (h/2)f_x(\boldsymbol{x}_{n-1/2}) \tag{9.49a}$$

$$v_y^- = v_{y,n-1} + (h/2)f_y(\boldsymbol{x}_{n-1/2}) \tag{9.49b}$$

$$v_x^+ = \frac{(1-h^2\Omega^2)v_x^- + 2h\Omega v_y^-}{1+h^2\Omega^2} \tag{9.49c}$$

$$v_y^+ = \frac{(1-h^2\Omega^2)v_y^- - 2h\Omega v_x^-}{1+h^2\Omega^2} \tag{9.49d}$$

$$v_{x,n} = v_x^+ + (h/2)f_x(\boldsymbol{x}_{n-1/2}) \tag{9.49e}$$

$$v_{y,n} = v_y^+ + (h/2)f_y(\boldsymbol{x}_{n-1/2}) \tag{9.49f}$$

$$x_{n+1/2} = x_{n-1/2} + hv_{x,n} \tag{9.49g}$$

$$y_{n+1/2} = y_{n-1/2} + hv_{y,n} \tag{9.49h}$$

과 같이 명시적으로 표현할 수 있다(단, $n = 1, 2, \cdots$). 식 (9.49a)와 식 (9.49b)를 처음 사용하기 위해서는 $\boldsymbol{x}_{1/2}$를 알아야 하는데,

$$\boldsymbol{x}_{1/2} = \boldsymbol{x}_0 + (h/2)\boldsymbol{v}_0 \tag{9.50}$$

와 같이 전진 오일러 방법을 사용한다. 총에너지를 구하기 위한 $\boldsymbol{v}_n$에 동시화된 입자의 위치는 $\boldsymbol{x}_n = (\boldsymbol{x}_{n-1/2} + \boldsymbol{x}_{n+1/2})/2$로 구한다.

예제 9.11

유효퍼텐셜이 $\Phi_{\text{eff}} = -\Omega^2(x-2)^2$일 때, x–y 평면에 국한된 입자의 운동방정식은

$$\ddot{x} = 2\Omega^2(x-2) + 2\Omega\dot{y} \tag{9.51a}$$

$$\ddot{y} = -2\Omega\dot{x} \tag{9.51b}$$

로 주어진다. $\Omega = 1$이고 초기조건이 $(x_0, y_0) = (3, 0)$, $(\dot{x}_0, \dot{y}_0) = (0, -2)$일 때, $t \in [0, 20]$인 구간에서 입자의 궤도와 총에너지의 변화를 구하시오. 보폭으로 $h = 0.1$을 사용한 결과와 $h = 0.01$을 사용한 결과를 비교하시오.

식 (9.51)의 해석해는 $x_{\text{true}} = 2 + \cos(\sqrt{2}\Omega t)$, $y_{\text{true}} = -\sqrt{2}\sin(\sqrt{2}\Omega t)$이므로, 입자는 $(x-2)^2 + y^2/2 = 1$인 타원 궤도를 그리며 총에너지는 $E = (\dot{x}^2 + \dot{y}^2)/2 + \Phi_{\text{eff}} = \Omega^2 = 1$이다.

코드 9.11: 보리스 알고리즘

```
def accel(x):
    fx=2*(x[0]-2)
    fy=0.
    return np.array([fx,fy])

def Boris(F,t0,tmax,x0,v0,h):
    h2=h*h
    hh=0.5*h
    t=t0
    x,y=x0[0],x0[1]
    vx,vy=v0[0],v0[1]
    n=int((tmax-t0)/h)
    tsol=np.zeros((n+1))
    xsol=np.zeros((n+1,2))
    vsol=np.zeros((n+1,2))
    tsol[0]=t
    xsol[0,:]=x0
    vsol[0,:]=v0
    x+=hh*vx
    y+=hh*vy
    for i in range(n):
        px,py=x,y
        fx,fy=F(np.array([x,y]))
        vxm=vx+hh*fx
        vym=vy+hh*fy
        vxp=((1-h2)*vxm+2*h*vym)/(1+h2)
        vyp=((1-h2)*vym-2*h*vxm)/(1+h2)
        vx=vxp+hh*fx
        vy=vyp+hh*fy
        x+=h*vx
        y+=h*vy
        t+=h
        tsol[i+1]=t
        xbar=0.5*(px+x)
        ybar=0.5*(py+y)
        xsol[i+1,:]=np.array([xbar,ybar])
        vsol[i+1,:]=np.array([vx,vy])
    return tsol,xsol,vsol

t0,tmax=0,20
x0=np.array([3,0])
```

```
42 v0=np.array([0,-2])
43
44 t1,x1,v1=Boris(accel,t0,tmax,x0,v0,0.1)
45 t2,x2,v2=Boris(accel,t0,tmax,x0,v0,0.01)
46
47 E1=0.5*(v1[:,0]**2+v1[:,1]**2)-(x1[:,0]-2)**2
48 E2=0.5*(v2[:,0]**2+v2[:,1]**2)-(x2[:,0]-2)**2
49
50 fig=plt.figure(1,figsize=(8,4))
51 plt.subplot(121)
52 plt.plot(x1[:,0],x1[:,1],label=r'$h=0.1$')
53 plt.plot(x2[:,0],x2[:,1],label=r'$h=0.01$')
54 plt.xlabel(r'$x$')
55 plt.ylabel(r'$y$')
56 plt.xlim(0,4)
57 plt.ylim(-2,2)
58 plt.subplot(122)
59 plt.plot(t1,np.abs(E1-1),label=r'$h=0.1$')
60 plt.plot(t2,np.abs(E2-1),label=r'$h=0.01$')
61 plt.yscale('log')
62 plt.legend()
63 plt.xlabel(r'$t$')
64 plt.ylabel(r'$|E-E_t$|')
65 plt.ylim(1.e-8,1.e-2)
66 plt.tight_layout()
67 plt.show()
```

1-4행은 식 (9.51)의 우변에 있는 유효가속도를 계산하는 함수 `accel`을 정의한다. 6-38행은 보리스 알고리즘으로 초기조건이 `x0`와 `v0`인 입자의 궤도를 시각 `t0`부터 `tmax`까지 보폭 `h`로 계산하는 함수 `Boris`를 정의한다. 인자로 넘겨지는 `F`는 입자의 유효가속도다. 9-11행은 초기조건을 변수 `t`, `x`, `y`, `vx`, `vy`에 지정한다. 12행은 시각 `t0`부터 `tmax`까지 전진하는 데 필요한 보폭 수 `n`을 계산한다. 13-15행은 시간, 위치, 속도의 수치해를 저장할 변수 `tsol`, `xsol`, `vsol`을 0으로 초기화한다. 16-18행은 초기조건을 `tsol`, `xsol`, `vsol`에 저장한다. 19-20행은 전진 오일러 방법으로 위치를 반보폭 이동시킨다. 21-37행은 식 (9.49)를 따라 입자의 속도와 위치를 이동시킨다. 22행은 위치의 동시화를 위해 이전 단계 입자의 위치를 변수 `px`와 `py`에 저장한다. 34-35행은 속도에 동시화된 위치를 `xbar`와 `ybar`에 저장하고, 36행에서 이 값을 n번째 단계의 수치해로 받아들인다. 38행에서 `tsol`, `xsol`, `vsol`을 반환한다. 40-42행은 문제의 적분구간과 초기조건을 지정한다. 44행과 45행은 보폭이 각각 `h=0.1`이고 `h=0.01`일 때, `Boris` 함수를 호출하여 계산한 입자의 궤적을 반환받는다. 47-48행은 총에너지를 계산한다. 51-57행은 입자의 궤도를 x–y 평면에 그린다. 58-65행은 총에너지의 오차가 시간에 따라 변하는 양상을 그린다.

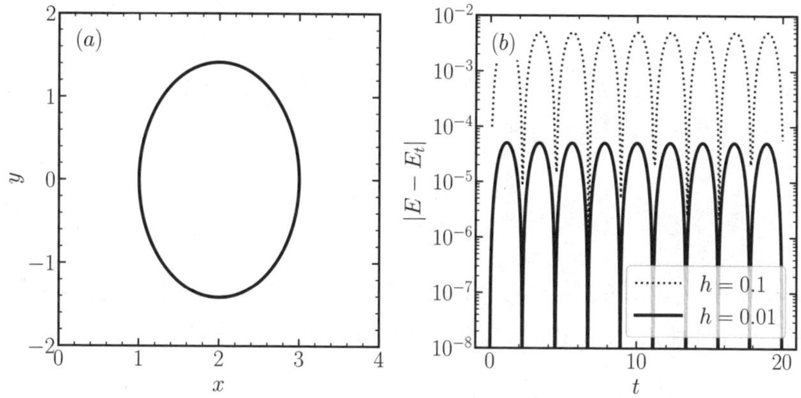

그림 9.13: 보리스 알고리즘을 이용한 식 (9.51)의 수치해. (*a*) 입자의 궤적과 (*b*) 총에너지 오차의 시간에 대한 변화

그림 9.13은 위 코드를 실행한 결과를 보여 준다. 입자는 x–y 평면에서 y 방향으로 길쭉한 타원을 따라 시계 방향으로 회전하는데, 이 타원을 **주전원**(epicycle)이라고 부른다. $h = 0.1$인 결과와 $h = 0.01$인 결과는 그림 9.13(*a*)에서 구별되지 않는다. 총에너지의 오차는 진동하지만 진폭이 변하지 않는데, 이것이 바로 보리스 알고리즘의 특징이다. 총에너지 오차는 $h = 0.01$인 경우가 $h = 0.1$의 경우보다 100배 작은데, 이것은 보리스 알고리즘의 정확도가 2차적임을 보여 준다.

문제

9.1 중심축이 나란하고 반지름이 각각 $r = 1$과 $r = 3$인 두 원통 사이에 가득 차 있는 물의 온도 $T(r)$은 미분방정식

$$\frac{d^2T}{dr^2} + \frac{1}{r}\frac{dT}{dr} = 0 \tag{P9.1}$$

을 따른다. $T(1) = 0°\text{C}$고 $T(3) = 100°\text{C}$일 때, 구간 $[1, 3]$에서 $T(r)$을 수치상으로 구하고 해석해 $T_{\text{true}} = 100 \ln r / \ln 3$에 대한 오차를 구하시오.

9.2 구간 $x \in [0, 10]$에서 정의된 미분방정식

$$y'' = \frac{y^3 - y'}{2x} \tag{P9.2}$$

의 해 중, 경계조건 $y(0) = 0.1$과 $y(10) = 1$을 만족시키는 해를 구해 보자.

(1) $x \ll 1$일 때,

$$y(x) = a + b\sqrt{x} + a^3 x + \cdots \tag{P9.3}$$

임을 보이시오. 여기서, $a = 0.1$이고 b는 임의의 실수다.

(2) (1)을 이용하여 식 (P9.2)의 수치해를 찾고 식 (P9.3)과 비교하시오. 경계조건을 만족하는 b의 값을 출력하시오.

9.3 은하를 회전하는 기체는 나선팔의 영향으로 나선충격파(spiral shock)를 형성한다. 충격파에 수직인 속도 $u(x)$와 수평인 속도 $v(x)$는 구간 $x \in [0, L]$에서 미분방정식

$$\left(u_0 + u - \frac{a^2}{u_0 + u}\right)\frac{du}{dx} = 2v + \mathcal{F}\sin\left(\frac{2\pi x}{L}\right) \tag{P9.4a}$$

$$\frac{dv}{dx} = -\frac{u}{u_0 + u} \tag{P9.4b}$$

를 따른다. 여기서, x와 $\mathcal{F}$는 각각 나선팔로부터의 거리와 나선팔의 세기를 나타내고, $u_0 = 0.05$, $a = 0.027$, $L = 0.1\pi$다. 속도 u와 v는 주기가 L인 주기함수며, 주기적 경계조건인 $u(x) = u(x \pm L)$, $v(x) = v(x \pm L)$을 만족시킨다.

(1) 식 (P9.4)는 $u_0 + u = a$인 특이점 $x = x_0$를 갖는다. 식 (P9.4)를 특이점에서 $u + u_0 = a + p(x - x_0) + \cdots$와 $v = q + r(x - x_0) + \cdots$로 전개할 때, p, q, r을 $\mathcal{F}$, L, x_0, u_0, a로 나타내시오.

(2) 식 (P9.4)의 수치해를 구하는 과정은 다음과 같다.

(i) 구간 $[0, L]$에서 특이점 x_0를 임의로 잡는다.

(ii) 식 (P9.4)를 특이점부터 전진 방향으로 적분한 해 (u_+, v_+)를 구한다. $x > L$이면 주기적 경계조건을 적용한다.

(iii) 식 (P9.4)를 특이점부터 후진 방향으로 적분한 해 (u_-, v_-)를 구한다. $u_- + u_0 \approx 0$이면 계산을 멈춘다.

(iv) $v_+ = v_-$인 점 $x = x_{\rm sh} \in [0, L]$을 찾는다.

(v) $x = x_{\rm sh}$에서 충격파의 도약 조건(jump condition)인 $(u_0 + u_+)(u_0 + u_-) = a^2$이 성립하는지 조사한다. 이 조건이 오차 허용범위 이내에서 성립하면 나선충격파의 해이므로 계산을 종료한다. 이 조건이 성립하지 않으면 단계 (i)로 되돌아가 x_0의 위치를 바꾸고 계산을 반복한다.

위 알고리즘을 적용하여 $\mathcal{F} = 0.1$일 때, u와 v의 수치해를 구하고 x/L의 함수로 그리시오. 또한, 특이점 x_0와 충격파의 위치 $x_{\rm sh}$를 출력하시오.

9.4 구간 $x \in [0, 1]$에서 정의된 미분방정식

$$y'' = -xyy' \tag{P9.5}$$

을 생각해 보자. 경계조건으로 $y(0) = 0$, $y(1) = 10$을 이용한다.

(1) 경계조건을 만족하는 식 (P9.5)의 해를 사격법으로 구하시오.

(2) 식 (P9.5)를 보폭 $h = 0.01$로 유한차분한 후, 뉴턴 방법으로 해를 구하고 (1)의 결과와 비교하시오.

(3) 식 (P9.5)를 보폭 $h = 0.01$로 유한차분한 후, 연속적 가속완화법으로 해를 구하고 (1)의 결과와 비교하시오.

9.5 경계조건 (9.26)을 만족시키는 식 (9.25)의 반대칭해 중, 고윳값이 가장 작은 3개의 고유함수와 고윳값을 구하시오.

9.6 구간 $[-5, 5]$에서 정의된 미분방정식

$$y'' + (\lambda - |x|)y = 0 \tag{P9.6}$$

의 가장 작은 5개의 고윳값 $\lambda\,(> 0)$를 구하시오. 경계조건으로 $y(-5) = 0, y'(-5) = 0.1$, $y(5) = 0$을 선택하시오. 각 고윳값에 해당하는 고유함수를 그래프로 그리시오.

9.7 구간 $[0, \pi]$에서 정의된 미분방정식

$$y'' + [\lambda - 2Q\cos(2x)]y = 0 \tag{P9.7}$$

이 있다. 여기서, λ와 Q는 상수이며, 경계조건은 $y(0) = 1$, $y'(0) = y'(\pi) = 0$이다.

(1) $Q = 5$일 때, 식 (P9.7)을 적분하여 경계조건을 만족시키는 고유함수 중 x축 ($y = 0$)과 한 점에서 만나는 고유함수 y를 x의 함수로 그리고 이에 해당하는 고윳값 λ_1을 구하시오.

(2) Q를 0부터 10까지 변화시키며 λ_1을 구하여 Q의 함수로 그리시오.

9.8 x–y 평면에서 움직이는 질량이 각각 $m_1 = 1$과 $m_2 = 1.5$인 두 물체가 있다. 두 물체는 초기에 $\boldsymbol{r}_1 = (x_1, y_1) = (-0.5, 0)$이고 $\boldsymbol{r}_2 = (0.5, 0)$인 위치에서 $\boldsymbol{v}_1 = (v_{x1}, v_{y1}) = (0.2, -1)$이고 $\boldsymbol{v}_2 = (0, 0.5)$인 속도로 움직이고 있다. 두 물체의 운동 방정식은

$$\ddot{\boldsymbol{r}}_i = -m_j \frac{\boldsymbol{r}_i - \boldsymbol{r}_j}{\|\boldsymbol{r}_i - \boldsymbol{r}_j\|^3} \quad (i \neq j) \tag{P9.8}$$

로 주어진다(단, $i, j = 1, 2$).

(1) 도약개구리 알고리즘으로 식 (P9.8)을 $t = 0$에서 $t = 20$까지 적분하고 두 물체의 운동궤도를 x–y 평면에 그리시오.

(2) 두 물체의 질량중심(center of mass)은

$$\boldsymbol{r}_{\rm CM} = \frac{\sum_{i=1}^{2} m_i \boldsymbol{r}_i}{\sum_{i=1}^{2} m_i} \tag{P9.9}$$

로 주어진다. (1)의 그림에 $\boldsymbol{r}_{\rm CM}$의 궤적을 표시하시오.

(3) 식 (P9.8)을 $t = 0$–100까지 적분하여

$$\boldsymbol{L} = \sum_{i=1}^{2} m_i \boldsymbol{r}_i \times \boldsymbol{v}_i, \quad E = \frac{1}{2} m_1 \boldsymbol{v}_1^2 + \frac{1}{2} m_2 \boldsymbol{v}_2^2 - \frac{m_1 m_2}{\|\boldsymbol{r}_1 - \boldsymbol{r}_2\|} \tag{P9.10}$$

로 주어지는 각운동량 $\boldsymbol{L}$과 에너지 E의 변화를 시간의 함수로 그리고 오차에 대해 토의하시오.

9.9 x–y 평면에 있는 질량이 각각 $m_1 = 1.5$, $m_2 = 0.5$, $m_3 = 2.5$인 세 천체를 생각해 보자. 세 천체는 초기에 $\boldsymbol{r}_1 = (x_1, y_1) = (3, 0)$, $\boldsymbol{r}_2 = (-1, 2)$, $\boldsymbol{r}_3 = (-3, -1)$인 위치에서 정지해 있다. 각 천체의 운동방정식은

$$\ddot{\boldsymbol{r}}_i = -\sum_{j=1,\neq i}^{3} m_j \frac{\boldsymbol{r}_i - \boldsymbol{r}_j}{(\|\boldsymbol{r}_i - \boldsymbol{r}_j\|^2 + \epsilon^2)^{3/2}} \tag{P9.11}$$

로 주어진다(단, $i = 1, 2, 3$). 여기서, ϵ은 **완화인자**(softening factor)라고 부르며, 두 입자가 매우 가까울 때 가속도의 발산을 방지하는 기능을 한다. $\epsilon = 0.1$을 택하고 아래 계산을 수행하시오.

(1) 식 (P9.11)을 포레스트-루스 알고리즘으로 $t = 0$에서 $t = 20$까지 적분하고 세 천체의 운동궤도를 x–y 평면에 그리시오.

(2) 식 (P9.11)을 $t = 0$-100까지 적분하여

$$\boldsymbol{L} = \sum_{i=1}^{3} m_i \boldsymbol{r}_i \times \boldsymbol{v}_i, \quad E = \frac{1}{2}\sum_{j=1}^{3} m_j \boldsymbol{v}_j^2 - \sum_{i \neq j}^{3} \frac{m_i m_j}{(\|\boldsymbol{r}_i - \boldsymbol{r}_j\|^2 + \epsilon^2)^{1/2}} \quad \text{(P9.12)}$$

로 주어지는 각운동량 $\boldsymbol{L}$과 에너지 E를 시간의 함수로 그리고 오차에 대해 토의하시오.

9.10 x–y 평면에서 정의된 **헤논-하일리스 퍼텐셜**(Hénon-Heiles potential)

$$\Phi(x, y) = \frac{1}{2}(x^2 + y^2) + x^2 y - \frac{1}{3}y^3 \quad \text{(P9.13)}$$

의 영향 아래에서 움직이는 입자의 운동방정식은

$$\ddot{x} = -x - 2xy \quad \text{(P9.14a)}$$

$$\ddot{y} = -y - x^2 + y^2 \quad \text{(P9.14b)}$$

으로 주어진다(Hénon & Heiles 1964). 아래 문제에서 식 (P9.14)를 보폭이 $h = 0.01$인 도약개구리 방법으로 적분하시오.

(1) 단위 질량당 총에너지 E가

$$E = \frac{1}{2}(\dot{x}^2 + \dot{y}^2) + \Phi = \text{일정} \quad \text{(P9.15)}$$

함을 보이시오.

(2) 초기조건($t = 0$)이 $E = 1/12$, $x = 0$, $y = \dot{x} = 0.3$일 때, 식 (P9.14)를 $t \in [0, 100]$인 구간에서 적분하시오. x–y 평면에서 입자의 자취를 그리고 총에너지 보존을 조사하시오.

(3) (2)의 계산을 $t \in [0, 5000]$으로 확장하되 입자의 자취 중 $x = 0$인 면을 통과하는 모든 순간의 y값과 $\dot{y}$값을 y–$\dot{y}$ 평면에 점으로 찍으시오. 이 그림을 **푸앙카레 단면**(Poincaré surface of section)이라고 한다.

(4) 초기조건으로 $E = 1/12$, $x = 0$, $y = 0.3$을 고정시키고 $\dot{x} = 0.02$, 0.2, 0.26, 0.3으로 변화시키며 구간 $t \in [0, 20000]$에서 구한 푸앙카레 단면을 한 그림에 그리시오.

(5) 에너지를 $E = 3/24$로 바꾸고 (4)를 반복하시오. 푸앙카레 단면의 구조가 난잡한 입자의 궤도를 혼돈궤도(chaotic orbit)라고 한다.

9.11 전기장이 $\boldsymbol{E}$고 자기장이 $\boldsymbol{B}$인 공간에 있는 하전입자의 운동방정식은 식 (9.47)로 주어진다. $q = m = c = 1$이고 입자의 초기조건이 직각좌표계에서 $\boldsymbol{x}(0) = (0, 0, 0)$이고 $\dot{\boldsymbol{x}}(0) = (-1, 0, 0)$일 때, 다음 문제에 답하시오.

(1) $\boldsymbol{E} = 0$이고 $\boldsymbol{B} = B_0\hat{\boldsymbol{z}}$인 경우를 생각해 보자. $B_0 = -3, -2, -1, 1, 2, 3$일 때, 입자의 궤도를 보리스 알고리즘으로 계산하여 x–y 평면에 그리시오(단, $t \in [0, 10]$). 입자의 회전 반경과 회전 방향이 B_0의 값에 따라 어떻게 달라지는지 조사하시오.

(2) (1)에 전기장 $\boldsymbol{E} = 2\hat{\boldsymbol{y}}$가 추가된 경우, $B_0 = 2, 4, 6, 8$로 변화시키며 입자의 궤도를 x–y 평면에 그리시오(단, $t \in [0, 30]$).

(3) (2)에서 시간에 대한 입자의 x 좌표를 직선으로 맞추면 입자의 표류속도(drift velocity)를 구할 수 있다. 표류속도가 $\boldsymbol{v}_d = (\boldsymbol{E} \times \boldsymbol{B})/B^2$으로 주어짐을 확인하시오.

9.12 도약개구리 알고리즘이 심플렉틱 알고리즘임을 보이기 위해 위상공간에서 가까이 있는 네 점 $(\boldsymbol{x}_n, \boldsymbol{v}_n)$, $(\boldsymbol{x}_n, \boldsymbol{v}_n + \delta\boldsymbol{v}_n)$, $(\boldsymbol{x}_n + \delta\boldsymbol{x}_n, \boldsymbol{v}_n)$, $(\boldsymbol{x}_n + \delta\boldsymbol{x}_n, \boldsymbol{v}_n + \delta\boldsymbol{v}_n)$을 생각해 보자(단, $\|\delta\boldsymbol{x}_n\|, \|\delta\boldsymbol{v}_n\| \ll 1$). 네 점으로 둘러싸인 영역의 면적은 $\delta A_n = \|\delta\boldsymbol{x}_n \times \delta\boldsymbol{v}_n\|$이다. 보폭 h만큼 시간이 지나면 각 점은 $(\boldsymbol{x}_{n+1}, \boldsymbol{v}_{n+1})$, $(\boldsymbol{x}_{n+1}, \boldsymbol{v}_{n+1} + \delta\boldsymbol{v}_{n+1})$, $(\boldsymbol{x}_{n+1} + \delta\boldsymbol{x}_{n+1}, \boldsymbol{v}_{n+1})$, $(\boldsymbol{x}_{n+1} + \delta\boldsymbol{x}_{n+1}, \boldsymbol{v}_{n+1} + \delta\boldsymbol{v}_{n+1})$으로 이동한다(단, $\|\delta\boldsymbol{x}_{n+1}\|, \|\delta\boldsymbol{v}_{n+1}\| \ll 1$). 새로운 네 점으로 둘러싸인 영역의 면적은 $\delta A_{n+1} = \|\delta\boldsymbol{x}_{n+1} \times \delta\boldsymbol{v}_{n+1}\| = \det(\boldsymbol{J})\delta A_n$이다. 여기서, $\boldsymbol{J}$는 $(\delta\boldsymbol{x}_n, \delta\boldsymbol{v}_n) \to (\delta\boldsymbol{x}_{n+1}, \delta\boldsymbol{v}_{n+1})$인 변환의 **야코비 행렬**이다. 식 (9.38)을 이용하여 야코비 행렬이

$$\boldsymbol{J} = \begin{bmatrix} 1 + \dfrac{h^2}{2} f'_n & h \\ \dfrac{h}{2}(f'_n + f'_{n+1}) + \dfrac{h^3}{4} f'_n f'_{n+1} & 1 + \dfrac{h^2}{2} f'_{n+1} \end{bmatrix} \tag{P9.16}$$

으로 주어짐을 보이시오. 여기서, $f'_n \equiv f'(\boldsymbol{x}_n)$이고 $f'_{n+1} \equiv f'(\boldsymbol{x}_{n+1})$이다. 이로부터 $\delta A_{n+1} = \delta A_n$임을 보이시오.

제10장

몬테카를로 방법

방사성 동위원소의 분열, 물에 뜬 꽃가루의 확산, 주식시장의 주가 변동 등은 무작위성(randomness)이라는 공통점을 갖고 있다. 수많은 동위원소 중 어떤 동위원소가 분열하는지, 꽃가루가 어떤 방향으로 이동하는지, 주가가 어느 정도 내릴지 또는 오를지는 예측이 불가능한 비결정적 과정(nondeterministic process)이다. 어떤 사건이 무작위로 일어나더라도 **난수**(random number)를 이용한 컴퓨터 실험을 통하여 그 과정과 결과를 통계적으로 흉내 낼 수 있는데, 이러한 통계적 방법을 **몬테카를로 방법**(Monte Carlo method) 또는 몬테카를로 실험이라고 부른다.[1] 몬테카를로 방법은 위에서 언급한 비결정적 과정 외에도, 결정적 과정이지만 그 과정이 너무 복잡하여 해석적 모형을 세울 수 없는 문제나 차원이 매우 큰 고차원 적분 문제에도 적용할 수 있다.

10.1 난수

몬테카를로 실험은 난수를 이용하여 실행한다. 난수란 컴퓨터에서 무작위로 추출된 예측이 불가능한 수를 말한다. 우리가 온라인으로 은행 계좌를 거래할 때 사용하는 보안카드의 숫자도 난수에 해당한다. 난수가 가져야 할 가장 중요한 특성은 **예측 불가능성**(unpredictability)과 **비반복성**(lack of repeatability)이다. 한 난수 다음에 나올 숫자를 예측할 수 있다면 이 수는 더는 무작위하지 않다. 또한 어떤 주기로 반복되는 난수는 일정한 패턴을 보이고 있어 더는 예측 불가능하지 않다.

---

1) 몬테카를로는 모나코에 있는 카지노로 유명한 도시의 이름이자 카지노 이름이기도 하다. '몬테카를로 방법'이라는 명칭은 이 방법의 개발자 중의 한 명인 물리학자 울람(Stanislaw Ulam; 1909-1984)이 몬테카를로 카지노에서 노름하던 삼촌을 추억하며 사용했다고 한다.

컴퓨터는 일정한 알고리즘을 이용하여 **난수열**(random sequence)을 생성한다. 이렇게 만들어진 난수열은 비록 무작위해 보이더라도 그 패턴이 이미 결정되어 있어서 완전히 예측 불가능하지 않고, 재현이 가능하며, 비교적 긴 주기로 반복된다. 숫자를 저장하는 비트 수의 제한 때문에 난수의 반복은 불가피하다. 이런 의미에서 컴퓨터에서 생성된 난수를 **유사난수**(pseudo random number)라고 한다. 유사난수는 진정한 의미의 난수는 아니지만, 실질적으로 예측할 수 없으므로 난수로 간주할 수 있다. 똑같은 패턴의 유사난수를 재현할 수 있다는 점은 무작위라는 측면에서는 단점이지만, 프로그램을 디버깅(debugging)하거나 계산 결과를 검증하는 측면에서는 오히려 필요한 장점이기도 하다.

10.1.1 난수발생기

난수를 생성하는 알고리즘을 **난수발생기**(random number generator)라고 한다. 좋은 난수발생기는 패턴이 무작위하고 반복 주기가 매우 길며, 난수열의 재현이 가능하다. 이런 특성을 만족시키는 난수발생기로 **선형합동발생기**(linear congruential generator)가 있는데, 점화식

$$x_{i+1} = ax_i + c \mod m \quad (i = 0, 1, \cdots) \tag{10.1}$$

을 이용하여 난수열을 생성한다. 여기서, a, c, m은 정수며 mod는 **모듈로 연산자**(modulo operator)를 뜻한다. 즉, x_{i+1}은 $ax_i + c$를 m으로 나눈 나머지와 같다. 난수발생기는 계산 후 x_{i+1}/m의 값을 반환하므로, 생성된 난수열은 구간 $[0, 1)$에서 균등(uniform)하게 분포하며 그 주기는 m이다. m의 값으로 컴퓨터가 저장할 수 있는 가장 큰 정수를 사용하는 것이 통상적이다. 예를 들어, ANSI C언어에서 난수를 생성하는 `rand()` 함수는 $a = 1103515245$, $c = 12345$, $m = 2^{31}$을 사용한다.

식 (10.1)을 사용하기 위해서는 초깃값 x_0를 입력해야 하는데, 이 값을 **씨앗**(seed)이라고 한다. 같은 씨앗을 사용하면 동일한 난수열을 얻는다. 씨앗이 입력되지 않았을 때, 대부분의 난수발생기는 현재 날짜와 시각을 조합하여 씨앗을 임의로 생성한다. 이 경우, 난수발생기를 실행할 때마다 씨앗이 달라져 매번 다른 난수열이 생성된다. 프로그램을 실행할 때마다 같은 난수열을 사용하기 원하면 씨앗을 일정한 값으로 고정시킨다.

파이썬은 **메르센 트위스터**(Mersenne Twister)라는 난수발생기를 이용하여 난수열을 생성한다. 메르센 트위스터는 Matsumoto & Nishimura(1998)에 의해 개발되었으며, 선형합동발생기와는 달리 이진수에 대한 비트 연산과 행렬 점화식을 이용하여 난수열을 생성하는데, 그 주기가 $m = 2^{19937} - 1$로 매우 길다.[2] 메르센 트위스터는 작동이 매우 빠르며 여러 통계적 시험을 통해 기존 선형합동발생기보다 무작위성이 훨씬 좋은 난수열을 생성한다는 것이 확인되었다.

2) 자연수 n에 대해 $M_n = 2^n - 1$의 형태를 가지는 소수(prime number) M_n을 **메르센 소수**라고 한다. $3, 7, 31, 127, \cdots$ 등이 메르센 소수에 속한다.

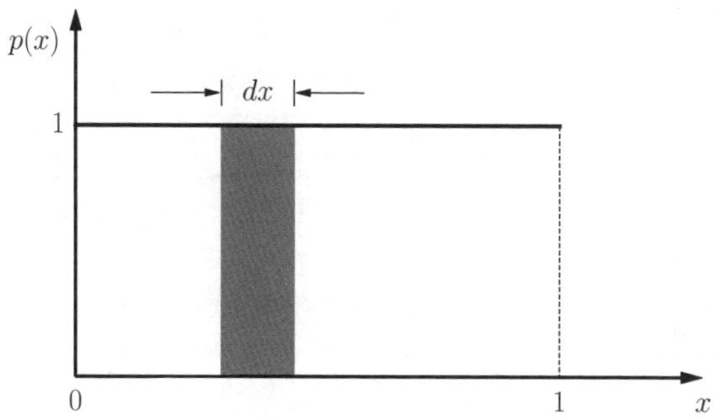

그림 10.1: 균등 확률밀도함수

10.1.2 균등분포

어떤 수가 x와 $x+dx$ 사이에 있을 확률이 $p(x)dx$일 때, $p(x)$를 **확률밀도함수**(probability density function; PDF)라고 한다. 확률밀도함수는 $p(x) > 0$인 조건과

$$\int_{-\infty}^{\infty} p(x)dx = 1 \tag{10.2}$$

이라는 규격화 조건을 만족시켜야 한다. 이 분포의 평균 μ와 표준편차 σ는 각각

$$\mu = \int_{-\infty}^{\infty} xp(x)dx, \quad \sigma^2 = \int_{-\infty}^{\infty} (x-\mu)^2 p(x)dx \tag{10.3}$$

를 만족시킨다.

난수발생기로 생성된 **균등 난수** x는 구간 $[0,1)$에서 균등하게 분포하며 확률밀도함수

$$p(x)dx = \begin{cases} dx & (0 \le x < 1\text{일 때}) \\ 0 & (\text{그 외 구간}) \end{cases} \tag{10.4}$$

을 따른다(그림 10.1). 구간 $[0,1)$에서 $p = 1$이므로 $p(x)dx$는 dx에 비례한다. $x \in [0,1)$인 난수로부터

$$z = (b-a)x + a \tag{10.5}$$

인 연산을 통해 얻은 난수 z의 확률밀도함수는

$$p(z)dz = \begin{cases} \dfrac{dz}{b-a} & (a \le z < b\text{일 때}) \\ 0 & (\text{그 외 구간}) \end{cases} \tag{10.6}$$

으로 주어진다. 즉, 난수 z는 구간 $[a, b)$에서 균등하다. 이것은 균등 난수열에 상수를

곱하거나 더해 얻는 난수열도 균등한 분포를 가짐을 의미한다.

파이썬에서 균등분포 난수를 생성하는 방법은 다음과 같다.[3]

```
np.random.seed()                  # 현재 시각으로 씨앗을 생성
np.random.seed(0)                 # 숫자 0으로 씨앗을 생성

np.random.random()                # 구간 [0,1)에서 난수 1개 생성
np.random.random(100)             # 구간 [0,1)에서 난수 100개 생성

np.random.randint(50,size=100)    # 구간 [0,50)에서 정수 난수 100개 생성
np.random.choice(a,n)             # 배열 a의 원소를 무작위로 n개 선택
```

예제 10.1

구간 $[-1,1)$에서 균등 난수 10^4개를 생성하고, 생성된 난수의 정규화된 히스토그램(또는 확률밀도함수)을 그리시오.

코드 10.1: 난수의 균등분포

```
1  np.random.seed(0)
2  x=np.random.random(10000)
3  a,b=-1,1
4  z=(b-a)*x+a
5  
6  fig=plt.figure(1,figsize=(8,5))
7  plt.hist(z,bins=100,density=1)
8  plt.plot([-1,1],[0.5,0.5],'k:')
9  plt.xlabel('z')
10 plt.ylabel('PDF')
11 plt.show()
```

1행은 숫자 0으로 난수의 씨앗을 생성한다. 2행은 [0,1)인 구간에서 10^4개의 균등 난수 x를 생성한다. 3-4행에서 x를 $[-1,1)$인 구간의 균등 난수 z로 바꾼다. 7행에서 z의 히스토그램을 그리되 열쇳말 bins를 이용하여 계급(bin)을 100개로 나눈다. 열쇳말을 density=1(또는 normed=1)로 두어 히스토그램을 정규화한다. 8행은 y=0.5인 수평선을 긋는다.

그림 10.2는 코드 10.1을 실행한 결과를 보여 준다. 난수 z가 $[-1,1)$인 구간에서 거의 균등하게 분포하고 있다. 하지만, 정규화된 히스토그램(또는 확률밀도함수)이 이론값인 $y=0.5$에 대해 약간의 요동을 보인다. 이것은 생성된 난수가 완벽하게 균등하지 않기 때문이다. 이처럼 숫자의 무작위성 때문에 생기는 요동을 **푸아송 잡음**(Poisson noise)이라고 한다. 난수의 개수가 증가하면 푸아송 잡음의 크기가 감소한다.

3) **다차원 난수** 배열을 생성할 때는 np.random.rand() 함수를 이용하는 것이 편리하다.

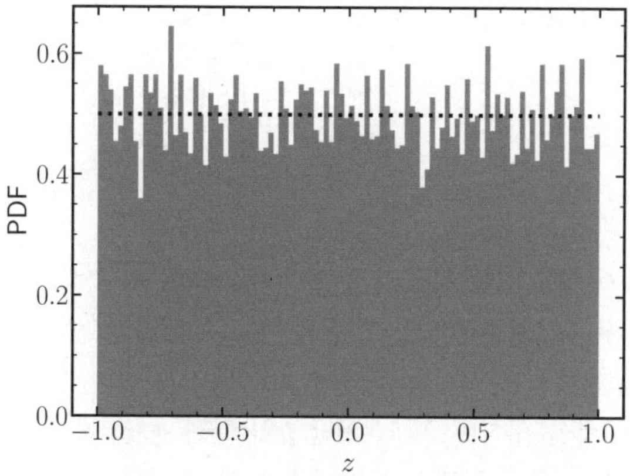

그림 10.2: 구간 $[-1, 1)$에서 추출한 균등 난수 10^4개의 히스토그램. $y = 0.5$에 그려진 파선은 완벽하게 균등한 난수의 확률밀도함수에 해당한다.

10.2 중심극한정리

몬테카를로 방법에서는 수많은 반복 시행을 통해 통계적인 결과를 얻는다. **중심극한정리**(central limit theorem)는 몬테카를로 실험의 결과를 해석하는 데 매우 유용하다.

표면에 숫자 $1, 2, \cdots, 6$이 찍혀 있는 주사위를 n번 던지는 실험을 생각해 보자. 이상적인 주사위라면 특정한 수가 나올 확률이 $p = 1/6$이며, 주사위를 한 번 던져서 나올 수의 평균과 분산은 각각

$$\mu = \frac{1}{6}\sum_{i=1}^{6} i = \frac{7}{2}, \quad \sigma^2 = \frac{1}{6}\sum_{i=1}^{6}(i-\mu)^2 = \frac{35}{12} \tag{10.7}$$

일 것이다. 이 주사위를 n번 던져 나오는 수를 차례대로 $X_1, X_2, \cdots, X_n$으로 나타내자. 나온 수의 평균에 대한 '추정치'를

$$S_n = \frac{1}{n}\sum_{i=1}^{n} X_i \tag{10.8}$$

로 나타낼 수 있다. $n \to \infty$이면 $S_n \to \mu$로 수렴하지만, 유한한 n에 대해 S_n은 μ에 대한 근삿값을 준다.

이제 위와 같은 실험을 m번 반복하여, m개의 평균값으로 구성된 수열 $\{S_n\} = [S_n^{(1)}, S_n^{(2)}, \cdots, S_n^{(m)}]$을 얻은 경우를 생각해 보자. $S_n^{(k)}$(단, $k = 1, \cdots, m$)는 모두 μ에 가까운 값을 가진다. 중심극한정리에 의하면 n이 충분히 클 때, 수열 $\{S_n\}$은 평균이 μ고 분산이

$$\sigma_S^2 = \frac{\sigma^2}{n} \tag{10.9}$$

인 **정규분포**(normal distribution)

$$\mathcal{N}(\mu, \sigma_S) = \frac{1}{\sqrt{2\pi\sigma_S^2}} \exp\left[-\frac{(S_n-\mu)^2}{2\sigma_S^2}\right] \tag{10.10}$$

을 따른다. $\int_{\mu-\sigma_S}^{\mu+\sigma_S} \mathcal{N}(\mu,\sigma_S)dS_n = 0.68$이고 $\int_{\mu-2\sigma_S}^{\mu+2\sigma_S} \mathcal{N}(\mu,\sigma_S)dS_n = 0.95$이므로 S_n의 값이 μ로부터 $\pm\sigma_S$ 이내에 있을 확률이 약 68%며 $\pm 2\sigma_S$ 이내에 있을 확률이 약 95%다.

쉬운 이해를 위해 주사위를 던지는 실험을 예로 들었지만, 중심극한정리는 확률변수 X_i의 확률분포와 무관하게 성립한다. 확률분포를 알지 못하는 실험의 경우, 수열 $\{S_n\}$의 평균 μ_S와 분산 σ_S^2을 구하여 X_i의 평균 μ와 분산 σ^2을 $\mu \approx \mu_S$와 $\sigma^2 \approx n\sigma_S^2$으로 추정할 수 있다. m이 충분히 크면 μ_S와 σ_S^2은 m에 무관하다. 푸아송 잡음(σ_S)은 n이 증가함에 따라 $\propto n^{-1/2}$으로 매우 느리게 감소한다(식 10.9).

다음 몇 가지 예제를 통해 중심극한정리를 학습해 보자.

10.2.1 주사위 던지기

예제 10.2

몬테카를로 방법으로 주사위를 100번 던져 나온 수의 평균 S_{100}를 구하는 실험을 10^4번 실행하여, $\{S_{100}\}$의 평균과 분산을 구하시오. 또한 $\{S_{100}\}$의 정규화된 히스토그램을 그리고 식 (10.10)과 비교하시오.

코드 10.2: 주사위 던지기

```
def DiceRoll(n,m):
    S=np.zeros(m)
    for i in range(m):
        r=6*np.random.random(n)
        X=np.zeros(n)
        for j in range(6):
            idx=np.where((r>=j)&(r<(j+1)))
            X[idx]=j+1
        S[i]=X.mean()
    return S

np.random.seed(2)
S=DiceRoll(100,10000)
muS=S.mean()
varS=S.var()
print('mean of S100    =', muS)
print('variance of S100=',varS)

```

```
19 x=np.linspace(2.8,4.2,100)
20 y=1./np.sqrt(2*np.pi*varS)*np.exp(-0.5*(x-muS)**2/varS)
21
22 fig=plt.figure(1,figsize=(8,5))
23 plt.hist(S,bins=30,density=1,rwidth=0.9,label='histogram')
24 plt.plot(x,y,label='normal dist.')
25 plt.xlabel(r'$S_{100}$')
26 plt.ylabel(r'PDF')
27 plt.legend()
28 plt.show()
```

1-10행은 주사위를 `n`번 던져 나온 수의 평균을 구하는 과정을 `m`번 실행하여 평균 `S`를 반환하는 함수 `DiceRoll(n,m)`을 정의한다. 4행은 구간 `[0,6)`에 있는 `n`개의 균등 난수 `r`을 생성한다. 6-8행은 변수 `X`에 주사위의 숫자를 저장하는데, `r`이 `[j,j+1]`인 구간에 있으면 `X=j+1`로 놓는다. 4-8행을 `X=1+np.random.randint(6,size=n)`으로 바꾸어도 같은 결과를 얻는다. 9행은 `X`의 평균값을 `S`에 저장하고, 10행에서 `S`를 반환한다. 12행은 숫자 2를 이용하여 난수의 씨앗을 뿌린다. 13행은 `n=100`과 `m=10000`을 택하고 `DiceRoll` 함수를 호출한 결과를 배열 `S`에 저장한다. 14-17행은 `S`의 평균 `muS`와 분산 `varS`를 계산하고 화면에 출력한다. 19-20행은 식 (10.10)을 따라 정규분포 `y`를 계산한다. 22-28행은 계급의 수가 30인 `S`의 정규화된 히스토그램을 그리고 식 (10.10)과 비교한다.

그림 10.3은 코드 10.2를 실행한 결과를 보여 준다. S_{100}의 분포는 평균이 $\mu_S = 3.496$이고 분산이 $\sigma_S^2 = 2.995 \times 10^{-2}$인 정규분포로 잘 기술된다. 표준편차는 $\sigma_S = 0.173$이다. $\sigma^2/\sigma_S^2 = 97.38 \approx n$이므로 식 (10.9)가 근사적으로 만족된다. 실행 횟수 m이 증가하여도 σ_S의 값은 거의 변하지 않는다. 이 실험은 주사위를 던져 나온 수의 평균값이 3.496 ± 0.173에 있을 확률이 68%임을 의미한다.

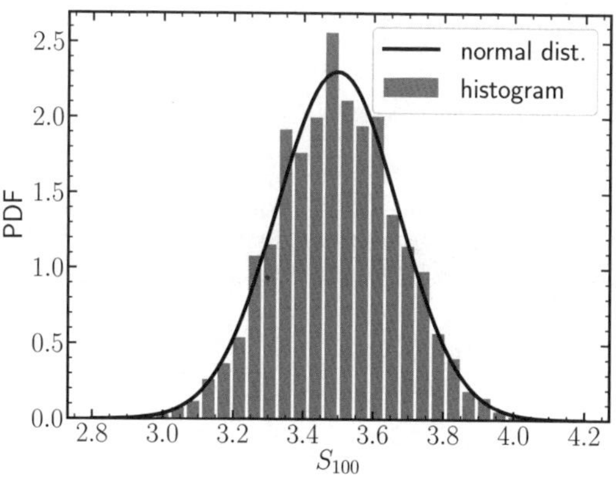

그림 10.3: 주사위를 100번 던져 나온 수의 평균 S_{100}의 정규화된 히스토그램. 실선은 식 (10.10)을 나타낸다.

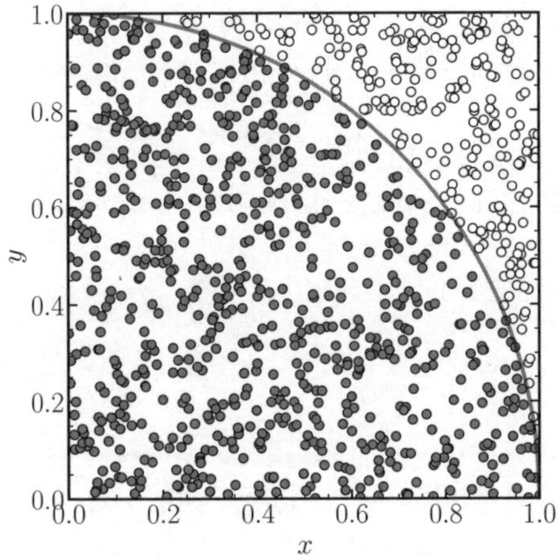

그림 10.4: $x, y \in [0, 1]$인 영역에 뿌려진 점이 사분원 내부에 존재할 확률은 $\pi/4$이다.

10.2.2 원주율 계산

그림 10.4는 $0 \le x, y \le 1$인 정사각형 영역에 흩어져 있는 점과 사분원(quartercircle)을 보여 준다. 정사각형의 면적은 1이고 사분원의 면적이 $\pi/4$이므로 점 (x, y)가 사분원 내부에 있을 확률은 $\pi/4$이고 외부에 있을 확률은 $(1 - \pi/4)$이다. 난수를 이용하여 n개의 점을 정사각형 내부에 무작위로 뿌려 보자. 사분원 내부에 떨어진 점이 m개면, $m/n = \pi/4$이므로 원주율 π의 값을

$$\pi = \frac{4m}{n} \tag{10.11}$$

으로 추정할 수 있다.

예제 10.3

한 변의 길이가 1인 정사각형에 $n = 10^3$개의 점을 무작위로 뿌리는 몬테카를로 실험을 수행하여 π의 값을 계산하시오. 같은 실험을 500번 반복하여 π값의 히스토그램을 그리고, 평균과 분산을 구하시오.

코드 10.3: 원주율 계산

```
n,m=1000,500
pi=np.zeros(m)

np.random.seed(0)
for i in range(m):
    x=np.random.random(n)
    y=np.random.random(n)
```

```
8       r=np.hypot(x,y)
9       idx=np.where(r<=1)
10      pi[i]=4*len(r[idx])/n
11
12  mu=pi.mean()
13  std=pi.std()
14  print('mean of pi=',mu)
15  print('std of pi=',std)
16  x=np.linspace(3.0,3.3,100)
17  y=1./np.sqrt(2*np.pi*std*std)*np.exp(-0.5*(x-mu)**2/std/std)
18
19  fig=plt.figure(1,figsize=(8,5))
20  plt.hist(pi,bins=25,density=1,rwidth=0.9,label='histogram')
21  plt.plot(x,y,label='normal dist.')
22  plt.ylabel('PDF')
23  plt.xlabel('$\pi$')
24  plt.legend()
25  plt.show()
```

1행은 무작위 점의 개수 n과 실험 횟수 m을 지정한다. 2행은 식 (10.11)을 따라 π값을 저장할 배열 pi를 0으로 초기화한다. 4행은 난수의 씨앗을 뿌린다. 5-10행은 식 (10.11)을 따라 pi의 값을 구한다. 8행에서 np.hypot(x,y) 함수는 밑변이 x고 높이가 y인 직각삼각형 빗변의 길이 $\mathrm{r} = \sqrt{\mathrm{x}^2 + \mathrm{y}^2}$을 구한다. 9행은 원점으로부터 거리 r이 1 이하인 점, 즉 사반원 내부에 있는 모든 점의 인덱스를 idx에 저장하고, 10행에서 그 개수를 세어 pi를 계산한다. 12-15행은 pi의 평균 mu와 표준편차 std를 계산하여 화면에 출력한다. 16-17행은 평균이 mu고 표준편차가 std인 정규분포 y(식 10.10)를 계산한다. 19행 이하는 pi의 히스토그램을 그리고 정규분포와 비교한다.

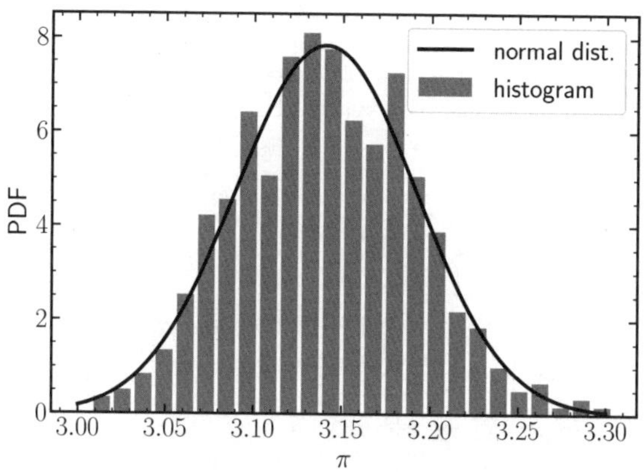

그림 10.5: 몬테카를로 실험을 통해 계산한 pi값의 분포. 실선은 식 (10.10)을 나타낸다.

그림 10.5는 코드 10.3을 실행한 결과를 보여 준다. pi의 히스토그램은 평균이 $\mu_S =$ 3.1406이고 표준편차가 $\sigma_S = 0.0508$인 정규분포를 따른다. π의 값이 3.14106 ± 0.0508에 있을 확률이 68%다. n이 커져도 μ_S의 값은 거의 변화가 없지만 σ_S의 값은 $\sqrt{n}$에 반비례한다.

10.2.3 1차원 임의보행

시각 $t = 0$에 $x = 0$인 위치에 서 있는 보행자를 생각해 보자. 이 보행자는 τ초마다 동전을 던져 앞면이 나오면 오른쪽으로, 뒷면이 나오면 왼쪽으로 한 걸음씩 움직인다. 보폭이 ℓ로 일정하고 움직이는 방향이 전 단계와 무관하다고 가정하자. 방향이 무작위인 이러한 움직임을 **임의보행**(random walk)이라고 한다. t초 후에 이 보행자의 평균 위치와 분산은 얼마일까?

n걸음 후(즉, $t = n\tau$일 때), 보행자의 위치는

$$x(n) = \sum_{i=1}^{n} s_i \tag{10.12}$$

로 주어진다. 여기서, s_i는 동전을 던질 때마다 생기는 보행자의 위치변화를 나타내며 반반의 확률로 $s_i = +\ell$이거나 $s_i = -\ell$이다. s_i의 평균값이 0이므로

$$\langle x(n) \rangle = 0 \tag{10.13}$$

이다. 여기서, $\langle\ \rangle$는 평균을 나타낸다. 즉, 보행자는 평균적으로 늘 제자리에 머물러 있다.

한편, 보행자 위치의 제곱은

$$x^2(n) = \sum_{i=1}^{n} s_i \sum_{j=1}^{n} s_j = \sum_{i=1}^{n} s_i^2 + \sum_{i=1}^{n} \sum_{j \neq i}^{n} s_i s_j \tag{10.14}$$

다. 그런데, $i \neq j$면 반반의 확률로 $s_i s_j = +\ell^2$이거나 $s_i s_j = -\ell^2$이므로 $\langle s_i s_j \rangle = 0$이다. $s_i^2 = \ell^2$이므로 식 (10.14)는

$$\langle x^2(n) \rangle = n\ell^2 = \frac{\ell^2 t}{\tau} \tag{10.15}$$

다. 즉, 보행자 위치의 분산은 n 또는 t에 비례하여 증가한다.

따라서, 1차원 임의보행에 중심극한정리를 적용하면 $n\,(\gg 1)$걸음 후 보행자의 위치 x는 평균이 0이고 분산이 $n\ell^2$인 정규분포

$$\mathcal{N}(0, nl^2) = \frac{1}{\sqrt{2\pi n\ell^2}} \exp\left(-\frac{x^2}{2n\ell^2}\right) \tag{10.16}$$

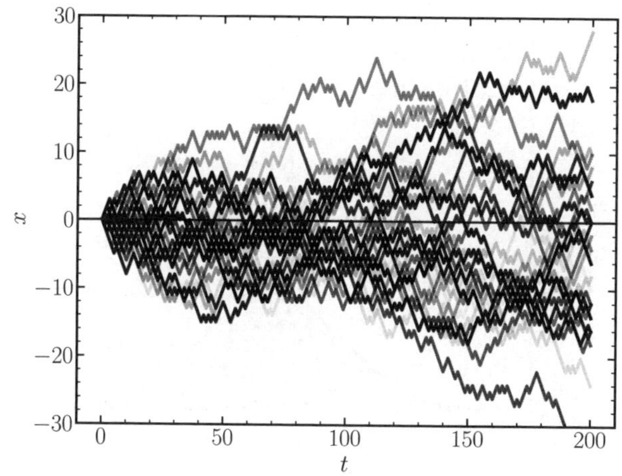

그림 10.6: 1차원 임의보행에서 시간에 따른 보행자의 위치

을 따른다. 임의보행은 물리학에서 기체와 용액의 확산 현상, 천문학에서 복사의 전달, 생물학에서 고분자의 굽힘, 컴퓨터 과학에서 웹의 크기 추정 등의 문제에 다양하게 응용된다.

그림 10.6은 1차원 임의보행을 몬테카를로 방법으로 실험할 때, 보행자의 위치가 시간에 따라 어떻게 달라지는지 보여 준다. $\ell = \tau = 1$로 선택한 후, 200걸음 임의보행을 30번 실시하였다. 각 임의보행에서 보행자의 거리는 시간이 지나며 시작점으로부터 $t^{1/2}$에 비례하여 멀어지지만, $+x$ 방향으로 움직이는 보행과 $-x$ 방향으로 움직이는 보행이 서로 상쇄되어 보행자 위치의 평균값은 0으로 수렴한다.

예제 10.4

몬테카를로 방법으로 10^3걸음 1차원 임의보행을 실험하여 최종 위치 x_f를 기록하시오. 이 실험을 10^3번 반복하여 x_f의 분포를 구한 후, 식 (10.16)과 비교하시오. 걸음 수를 10^4으로 늘린 실험을 병행하여 결과를 비교하시오.

코드 10.4: 임의보행

```
def RandomWalk(nstep):
    r=np.random.random(nstep)
    idx=np.where(r>0.5)
    xf=2*len(r[idx])-nstep
    return xf

ntrial=1000
n1,n2=1000,10000
xf1=np.zeros(ntrial)
```

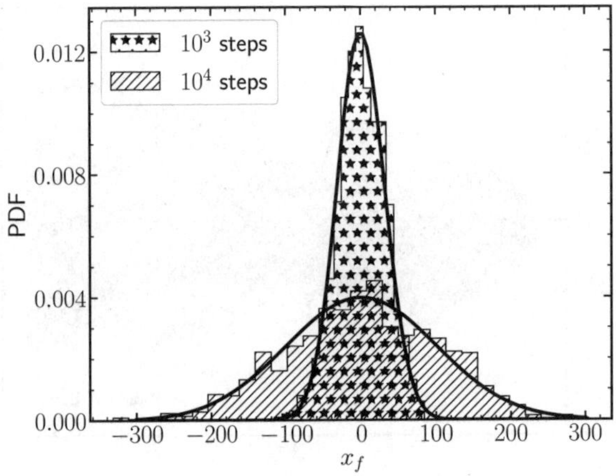

그림 10.7: 1차원 임의보행에서 10^3, 10^4걸음 후의 보행자의 위치 분포와 식 (10.16)의 비교

```
10 xf2=np.zeros(ntrial)
11 for i in range(ntrial):
12     xf1[i]=RandomWalk(n1)
13     xf2[i]=RandomWalk(n2)
14
15 x=np.linspace(-300,300,100)
16 f1=np.exp(-x*x/(2*n1))/np.sqrt(2*np.pi*n1)
17 f2=np.exp(-x*x/(2*n2))/np.sqrt(2*np.pi*n2)
18
19 fig=plt.figure(1,figsize=(8,5))
20 plt.hist(xf1,bins=20,density=1,color='b',\
21      label='$10^3$ steps',histtype='step',hatch='*')
22 plt.hist(xf2,bins=30,density=1,color='r',\
23      label='$10^4$ steps',histtype='step',hatch='//')
24 plt.plot(x,f1,'b')
25 plt.plot(x,f2,'r')
26 plt.legend(loc=2)
27 plt.xlabel(r'$x_f$')
28 plt.ylabel('PDF')
29 plt.show()
```

1-5행은 `nstep` 후의 보행자의 최종 위치 `xf`를 반환하는 함수 `RandomWalk`를 정의한다. 2행은 `nstep`개의 균등 난수 `r`을 생성한다. 난수 `r`이 0.5보다 크면 $+1$만큼 전진하고 0.5보다 작으면 -1만큼 후진하므로 최종 위치는 0.5보다 큰 `r`의 개수의 2배에서 `nstep`을 뺀 값과 같다. 3-4행은 이를 이용하여 `xf`를 계산한다. 11-13행은 `RandomWalk` 함수를 호출하여 `n1=`10^3걸음 후의 위치 `xf1`과 `n2=`10^4걸음 후의 위치 `xf2`를 계산하는 실험을 `ntrial`번 실행한다. 15-17행은 식 (10.16)을 계산한다. 19행 이하는 `xf1`과 `xf2`의 히

스토그램을 정규분포와 비교한다.

그림 10.7은 코드 10.4를 실행한 결과를 보여 준다. 별과 빗금이 그려진 히스토그램은 각각 10^3걸음과 10^4걸음의 결과고, 두꺼운 실선은 식 (10.16)을 그린다. 두 경우 모두 최종 위치가 정규분포를 잘 따른다. 최종 위치의 평균값은 모두 0이지만, 10^4걸음의 표준편차가 10^3걸음의 결과보다 $\sqrt{10}$배 크다.

10.3 비균등 난수 분포

수많은 몬테카를로 실험은 균등 난수보다 비균등하게 분포한 난수를 필요로 한다. 균등 난수로부터 비균등 난수를 생성하는 방법이 있는데 이 절에서는 변환법(transformation method)과 기각법(rejection method)에 대해 학습해 보자.

10.3.1 변환법

확률밀도함수가 식 (10.4)를 따르는 균등 난수를 x라고 하고, 확률밀도함수가 $p(y)$인 비균등 난수를 y로 나타내자. x와 y는 확률의 기본 변환법칙인

$$p(y)|dy| = p(x)|dx| \quad \rightarrow \quad p(y) = p(x)\left|\frac{dx}{dy}\right| \tag{10.17}$$

를 만족시킨다. 식 (10.17)은 난수 x가 x와 $x + dx$ 사이에 있을 확률은 난수 y가 y와 $y + dy$ 사이에 있을 확률과 같음을 의미한다.

구간 $x \in [0, 1)$에서 $p(x) = 1$이므로, $p(y) = f(y)$를 따르는 난수는

$$\frac{dx}{dy} = f(y) \tag{10.18}$$

를 만족시킨다. 위 식에서 dx와 dy의 부호가 같다고 가정하였다. 식 (10.18)을 적분하면

$$x = \int f(y)dy \equiv \mathcal{F}(y) \tag{10.19}$$

다. 여기서, $\mathcal{F}(y)$는 $f(y)$의 누적분포며 $0 \le \mathcal{F}(y) \le 1$인 조건을 만족해야 한다. 식 (10.19)를 다시 적으면

$$y = \mathcal{F}^{-1}(x) \tag{10.20}$$

인데, $\mathcal{F}^{-1}$은 $\mathcal{F}$의 역함수를 뜻한다. 즉, $f(y)$의 누적분포의 역함수를 이용하여 x를 y로 변환하면, 확률밀도함수 $f(y)$를 따르는 비균등 난수 y를 얻을 수 있다.

그림 10.8은 이 과정을 그래프로 보여 준다. $x = \mathcal{F}(y)$로 대응시킬 때, 구간 $[0, 1)$에서 균등하게 분포한 x에 대응하는 $y = \mathcal{F}^{-1}(x)$는 비균등분포 $f(y)$를 따른다. $\mathcal{F}^{-1}(x)$

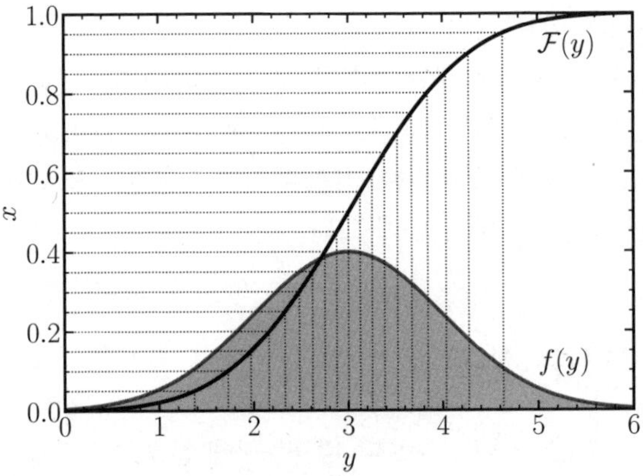

그림 10.8: 변환법을 이용한 비균등 난수의 생성. $\mathcal{F}(y)$는 $f(y)$의 누적분포다.

를 해석적으로 구할 수 없으면 수치 방법을 이용한다

10.3.1.1 지수분포

변환법의 예로서, 확률밀도함수가

$$p(y) = \begin{cases} \dfrac{1}{\lambda}\exp\left(-\dfrac{y}{\lambda}\right) & (y \geq 0\text{일 때}) \\ 0 & (y < 0\text{일 때}) \end{cases} \tag{10.21}$$

인 **지수분포**(exponential distribution)를 생각해 보자. 양수 λ는 지수분포의 평균값, 즉, $\lambda = \int_0^\infty yp(y)dy$에 해당한다. 지수분포의 누적분포는

$$\mathcal{F}(y) = \int_0^y p(y)dy = 1 - e^{-y/\lambda} \tag{10.22}$$

이므로, $\mathcal{F}(y) = x$를 풀면

$$y(x) = -\lambda\ln(1-x) \quad \text{또는} \quad -\lambda\ln x \tag{10.23}$$

이다. 여기서, $x \in [0, 1)$가 균등 난수면 $(1-x)$도 $[0, 1)$인 구간에서 균등 난수라는 사실을 이용하였다. 식 (10.23)을 이용하면 균등 난수 x를 지수분포를 따르는 비균등 난수 y로 바꿀 수 있다.

예제 10.5

$[0, \infty)$인 구간에서 $\lambda = 1/2$인 지수분포를 따르는 비균등 난수 10^4개를 생성하고 히스토그램을 그리시오.

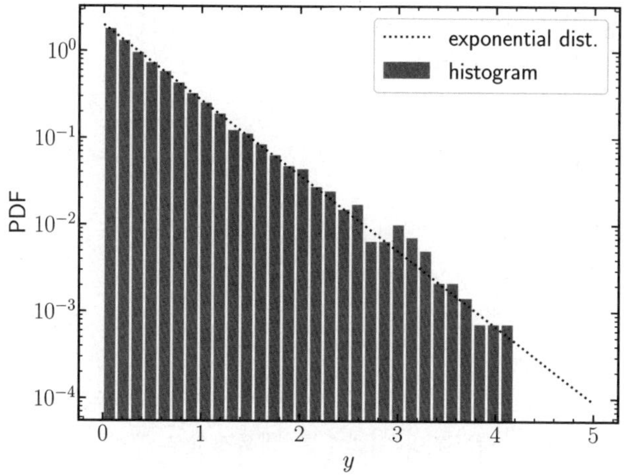

그림 10.9: $\lambda = 1/2$인 지수분포를 따르는 난수 y의 히스토그램. 점선은 식 (10.21)을 그린다.

코드 10.5: 지수분포

```
1  lam=0.5
2  x=np.random.random(10000)
3  y=-lam*np.log(x)
4  
5  x=np.linspace(0,5,100)
6  f=np.exp(-x/lam)/lam
7  
8  fig=plt.figure(1,figsize=(7,5))
9  plt.hist(y,bins=30,density=1,rwidth=0.9,label='histogram')
10 plt.plot(x,f,':',label='exponential dist.')
11 plt.legend()
12 plt.yscale('log')
13 plt.ylabel('PDF')
14 plt.xlabel('y')
15 plt.show()
```

2행은 균등 난수 10^4개를 변수 x에 저장한다. 3행은 식 (10.23)을 따라 x를 지수분포를 따르는 난수 y로 변환한다. 5-6행은 구간 $[0, 5]$에서 지수분포(식 10.21)를 계산한다. 8행 이하는 y의 히스토그램과 지수분포를 비교한다(그림 10.9). 생성된 난수는 지수분포를 잘 따른다. $y \gtrsim 2.5$인 영역에서 보이는 히스토그램의 요동은 이 영역의 확률밀도함수가 매우 작아 충분한 수의 난수가 추출되지 않기 때문이다.

파이썬에서

```
y=np.random.exponential(scale=0.5, size=10000)
```

은 코드 10.5의 1-3행과 같은 기능을 수행한다. 열쇳말 `scale`과 `size`는 각각 지수분포의 평균과 난수의 개수를 지정한다.

10.3.1.2 가우스 분포

몬테카를로 실험에서 자주 만나는 또 다른 중요한 확률밀도함수는

$$p(y) = \frac{1}{\sqrt{2\pi}} \exp\left(-\frac{y^2}{2}\right) \tag{10.24}$$

인 **가우스 분포**(Gaussian distribution)다. 가우스 분포를 따르는 난수를 변환법으로 직접 생성할 수 있지만, 누적분포의 역함수를 해석적으로 구할 수 없기 때문에 다음과 같은 방법을 이용한다.

2개의 독립적인 가우스 분포의 **결합확률분포**(joint probability distribution)

$$p(x)p(y)dxdy = \frac{1}{2\pi} \exp\left(-\frac{x^2+y^2}{2}\right) dxdy \tag{10.25}$$

를 생각해 보자. 변수 x와 y를

$$x = r\cos\theta \tag{10.26a}$$

$$y = r\sin\theta \tag{10.26b}$$

와 같이 r과 θ로 변환하면, $r \in [0, \infty)$이고 $\theta \in [0, 2\pi)$다. 이때, 식 (10.25)는

$$p(x)p(y)dxdy = \frac{1}{2\pi} \exp\left(-\frac{r^2}{2}\right) rdrd\theta \tag{10.27}$$

가 된다. 다시 한번 변수를

$$\xi_1 = 1 - \exp(-r^2/2) \tag{10.28a}$$

$$\xi_2 = \theta/(2\pi) \tag{10.28b}$$

로 변환하면, $\xi_1, \xi_2 \in [0, 1)$이고 $d\xi_1 = \exp(-r^2/2)rdr$, $d\xi_2 = d\theta/(2\pi)$이므로 식 (10.27)은

$$p(x)p(y)dxdy = d\xi_1 d\xi_2 \tag{10.29}$$

로 변한다. 즉, 2개의 독립적인 균등분포 ξ_1과 ξ_2의 결합확률분포는 2개의 독립적인 가우스 분포의 결합확률분포와 같다. 따라서, 2개의 독립적인 균등 난수 $\xi_1, \xi_2 \in [0, 1)$은 가우스 분포를 따르는 2개의 독립적인 난수 x와 y에 대응된다.

식 (10.26)과 식 (10.28)을 이용하고, 균등 난수 ξ_1과 $(1-\xi_1)$이 동등함을 이용하면

$$x = \sqrt{-2\ln\xi_1}\cos(2\pi\xi_2) \tag{10.30a}$$

$$y = \sqrt{-2\ln\xi_1}\sin(2\pi\xi_2) \tag{10.30b}$$

이다. 이렇게 생성된 x와 y는 평균이 0이고 표준편차가 1인 가우스 분포를 따른다. 평균이 μ고 표준편차가 σ인 가우스 난수는

$$x = \mu + \sigma\sqrt{-2\ln\xi_1}\cos(2\pi\xi_2) \tag{10.31a}$$

$$y = \mu + \sigma\sqrt{-2\ln\xi_1}\sin(2\pi\xi_2) \tag{10.31b}$$

로 구한다. 두 난수 x와 y는 서로 독립임에 유의하자. 이 방법을 개발자의 이름을 따 **박스-뮬러 방법**(Box-Müller method)이라고 한다.

예제 10.6

박스-뮬러 방법으로 평균이 0이고 분산이 1인 가우스 분포를 따르는 10^4개의 난수를 생성하고, 히스토그램을 그리시오.

코드 10.6: 가우스 분포

```
1  n=5000
2  R=np.sqrt(-2*np.log(np.random.random(n)))
3  Theta=2*np.pi*np.random.random(n)
4
5  x=R*np.cos(Theta)
6  y=R*np.sin(Theta)
7
8  gasdev=np.append(x,y)
9
10 xs=np.linspace(-5,5,1000)
11 ys=1./np.sqrt(2.*np.pi)*np.exp(-xs**2/2.)
12
13 fig=plt.figure(1,figsize=(7,5))
14 plt.hist(gasdev, bins=50, density=1, rwidth=0.8,label='histogram')
15 plt.plot(xs,ys,'k',label='Gaussian dist.')
16 plt.legend()
17 plt.ylabel('PDF')
18 plt.xlabel('y')
19 plt.show()
```

2-3행은 식 (10.28)을 따라 `n=5000`개의 난수에 대해 `R`과 `Theta`를 계산한다. 5-6행은 식 (10.26)을 따라 가우스 분포를 따르는 5,000개의 난수 `x`와 `y`를 생성한다. 8행은 서

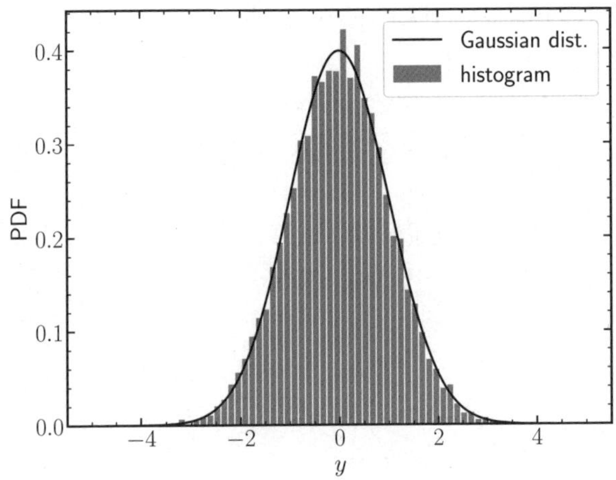

그림 10.10: 가우스 분포를 따르는 난수 y의 히스토그램. 실선은 식 (10.24)를 그린다.

로 독립인 두 배열 `x`와 `y`를 `np.append`로 붙여 10^4개의 난수 `gasdev`를 만든다. 13행 이하는 `gasdev`의 정규화된 히스토그램과 식 (10.24)를 비교한다(그림 10.10).

파이썬에서

```
gasdev=np.random.normal(loc=0, scale=1, size=10000)
```

은 코드 10.6의 1-8행과 같은 기능을 수행한다. 열쇳말 `loc`와 `scale`은 각각 가우스 분포의 평균과 표준편차를 지정하고, `size`는 난수의 개수를 지정한다.

10.3.2 기각법⋆

비균등 난수를 생성하는 또 다른 방법으로 **기각법**이 있다. 이 방법은 누적분포의 역함수를 요구하지 않으므로 간편하다. 하지만 생성한 난수가 일정 조건을 만족시키지 않으면 버려지기 때문에 변환법보다 효율성이 떨어진다. 확률밀도함수가 복잡하여 누적분포를 해석적으로 계산하기 어려울 때는 변환법보다 기각법이 유용하다.

그림 10.11과 같이 구간 $[a, b)$에서 확률밀도함수 $p(x)$를 따르는 난수를 생각해 보자. 이 구간에서 항상 $f(x) \geq p(x)$를 만족시키는 함수 $f(x)$를 선택한다. $f(x)$는 충분히 간단하여 그 분포를 따르는 난수를 쉽게 만들 수 있어야 한다. 이러한 조건을 만족시키는 함수 중 가장 간편한 함수는 $f(x) = \max_x p(x)$인 상수함수다.

이제, 구간 $[a, b)$에서 $f(x)$를 따르는 난수 x_0를 생성한다. $f(x)$가 상수함수라면, 균등 난수 $\xi_1 \in [0, 1)$에 대해 $x_0 = a + (b-a)\xi_1$으로 놓는다. $f(x)$가 상수함수가 아니면 변환법으로 x_0를 생성한다. 그림 10.11에서 볼 수 있듯이 x_0가 $f(x)$를 따를 때, x_0가 $p(x)$를 따를 확률은 $p(x_0)/f(x_0)$고 $p(x)$를 따르지 않을 확률은 $1 - p(x_0)/f(x_0)$다. 따라서, 또 다른 균등 난수 $\xi_2 \in [0, 1)$을 생성한 후, $\xi_2 \leq p(x_0)/f(x_0)$면 x_0를 $p(x)$를 따르는 난수로 채택하고, 그렇지 않으면 x_0를 버린다. 원하는 개수의 난수가 생성될 때까지 이

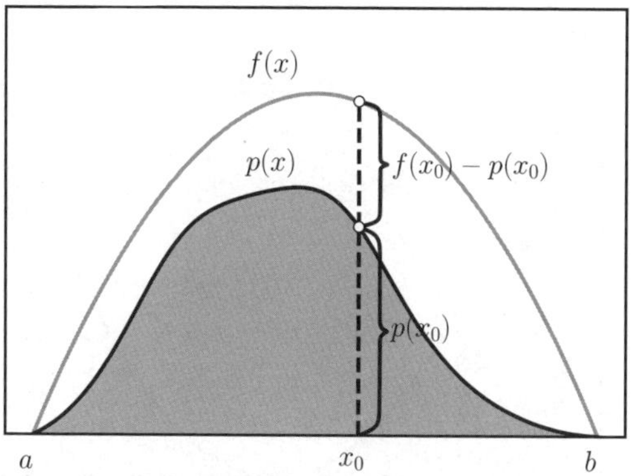

그림 10.11: 비균등 난수 생성을 위한 기각법

방법을 반복한다. 기각법은 원하는 난수 1개를 얻기 위해 최소한 2개의 난수가 필요하며, $f(x)$와 $p(x)$의 차이가 클수록 추출한 난수를 기각할 확률이 높아진다.

예제 10.7

구간 $[0, 2)$에서 기각법으로 확률밀도함수

$$p(x) = \frac{3}{2}(x-1)^2 \tag{10.32}$$

을 따르는 난수 10^4개를 생성하고 히스토그램을 그리시오.

$\max_{x\in[0,2)} p(x) = 3/2$이므로 $f(x) = 3/2$으로 택한다. 구간 $[0, 1)$에서 균등한 난수 ξ_1과 ξ_2를 생성하여 $x_0 = 2\xi_1$으로 놓고, $\xi_2 \le p(x_0)/f(x_0) = (x_0 - 1)^2$이면 x_0를 원하는 난수로 채택한다. 코드 10.7은 이 과정을 수행한다.

코드 10.7: 기각법

```
x=[]
n,loop=0,0
np.random.seed(0)
while (n<10000):
    loop+=1
    xi1,xi2=np.random.random(2)
    x0=2*xi1
    if(xi2<=(x0-1)**2):
        n+=1
        x.append(x0)

print('number of loop iterations=',loop)

```

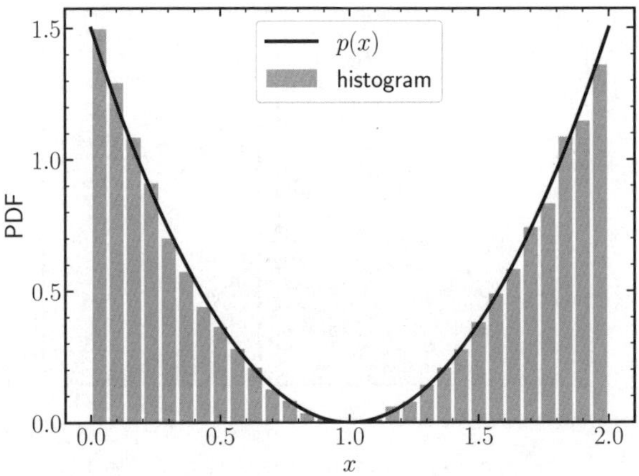

그림 10.12: 기각법을 이용한 $p(x) = 3(x-1)^2/2$를 따르는 난수의 생성

```
14 xs=np.linspace(0,2,200)
15 f=1.5*(xs-1)**2
16
17 fig=plt.figure(1,figsize=(7,5))
18 plt.hist(x,bins=30,density=1,rwidth=0.9,label='histogram')
19 plt.plot(xs,f,label='p(x)')
20 plt.legend()
21 plt.xlabel('x')
22 plt.ylabel('PDF')
23 plt.show()
```

1행은 채택한 난수를 저장할 빈 리스트 `x`를 만든다. 2행은 채택한 난수의 개수 `n`과 `while` 문의 반복 계산 횟수 `loop`를 0으로 초기화한다. 4-10행은 2개의 균등 난수 `xi1`과 `xi2`를 이용하여 기각법에 따라 10^4개의 난수가 채택될 때까지 계산을 반복한다. 12행에서 출력된 `loop`의 값은 29849이다. 1만 개의 난수를 채택하기 위해 약 6만 개의 난수를 호출하였음을 의미한다. 14행 이하는 채택한 `x`의 히스토그램을 그리고 $p(x)$와 비교한다 (그림 10.12).

10.4 소볼의 준난수열⋆

지금까지 학습한 (유사)난수발생기는 구간 $[0,1)$에서 균등 난수를 생성할 때, 난수가 $[0,0.5)$인 구간과 $[0.5,1)$인 구간에 있을 확률이 같았다. 이 경우, n개의 난수 전부가 우연히 $[0,0.5)$인 구간에 있더라도 $(n+1)$번째 수가 같은 구간에 있을 확률은 여전히 1/2이다. 이렇게 생성된 균등 난수를 2차원 평면에 뿌리면 그림 10.13(a)와 같이 점들이 무작위로 분포하지만 매우 고르지는 않다. 점들의 밀집도가 큰 영역과 작은 영역이 섞여

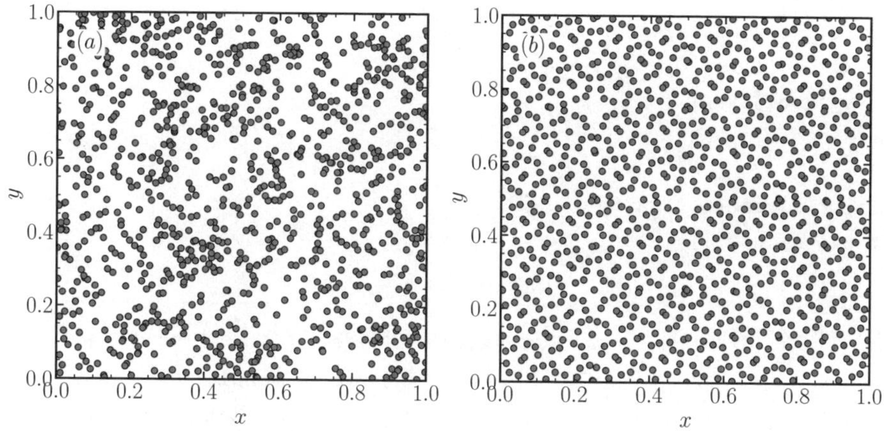

그림 10.13: (a) 유사난수와 (b) 준난수의 2차원 분포

있다. 점들의 밀집도가 위치마다 다르면 푸아송 잡음이 커진다.

수학자 소볼(Ilya Sobol; 1926-)이 도입한 **준난수열**(quasi-random sequence)은 무작위성을 어느 정도 유지하면서 다차원 공간에 (비교적) 균등하게 분포하는 난수열이다. 이미 생성된 난수에 대한 정보를 이용하여 새로운 난수를 만들기 때문에 난수열이 고르게 분포한다. 예를 들어, 첫 난수가 $[0, 0.5)$인 구간에 있다면, 다음 난수는 $[0.5, 1)$인 구간에서 추출한다.

파이썬에는 아직 준난수열을 만드는 내장함수가 없다. 대신, `pypi`라는 프로젝트에서 작성된 코드가 인터넷에 공개되어 있으므로 이를 사용하여 준난수를 생성할 수 있다.[4] 아래 코드를 실행하면 그림 10.13(b)를 그릴 수 있다. 준난수가 유사난수보다 훨씬 고르게 분포하고 있음을 알 수 있다.

```
import urllib.request
url='https://people.sc.fsu.edu/~jburkardt/py_src/sobol/sobol.py'
urllib.request.urlretrieve(url,'sobol.py')

from sobol import *

dim=2
seed=500

n=1024
x_sobol=np.zeros(n)
y_sobol=np.zeros(n)
for i in range(n):
```

4) `https://people.sc.fsu.edu/~jburkardt/py_src/sobol/sobol.html` 또는 `https://pypi.org/project/sobol-seq/`에서 코드를 내려받을 수 있다.

```
14      [r, seed_out]=i4_sobol(dim, seed)
15      x_sobol[i]=r[0]
16      y_sobol[i]=r[1]
17      seed=seed_out
18
19  fig=plt.figure(1,figsize=(7,5))
20  plt.plot(x_sobol,y_sobol,'ro',ms=3,mec='k')
21  plt.show()
```

1행은 웹주소(url)를 처리할 수 있는 `urllib.request` 모듈을 불러온다. 2행은 해당 파일이 있는 웹주소를 변수 `url`로 저장하고, 3행은 `url`을 `sobol.py`라는 이름으로 주피터 홈 폴더에 저장한다. 5행은 `sobol.py`에 있는 모든 함수를 불러온다. 7행은 준난수열의 차원 `dim`을 지정하고, 8행은 난수의 씨앗 `seed`를 지정한다. `dim`은 1 이상 40 이하인 정수여야 한다. 10행은 추출하기 원하는 준난수의 개수 `n`을 지정한다. 11-12행은 난수의 x, y 좌표를 저장할 변수 `x_sobol`과 `y_sobol`을 `0`으로 초기화한다. 14행에서 `i4_sobol()` 함수는 `sobol.py`에서 정의된 함수로, `dim`과 `seed`를 입력받아 준난수열 벡터 `r`과 새로운 씨앗 `seed_out=seed+1`을 반환한다. `dim=2`일 때, `r`은 2개의 원소를 갖고 있으므로 15-16행에서 각 원소를 `x_sobol`과 `y_sobol`로 저장한다. 준난수를 유지하려면 17행과 같이 `seed`를 갱신해야 한다.

d차원 준난수열을 이용하면 **푸아송 잡음**을 $\propto n^{-1/2-1/(2d)}$으로 줄일 수 있으므로 (Sauer 2012) 몬테카를로 실험 결과가 유사난수를 사용한 경우보다 빨리 수렴하고 더 정확하다. 예를 들어, 예제 10.3에서 주어진 π값을 계산하는 실험에 소볼의 준난수열을 이용하면 $\pi = 3.1415 \pm 0.0117$이라는 값을 얻는다. 즉, 표준편차가 유사난수를 사용한 결과보다 약 5배 작다. 준난수열의 결과와 비슷한 결과를 얻기 위해서는 유사난수의 수를 25배 증가시켜야 한다.

10.5 몬테카를로 적분

급격하게 진동하는 함수를 적분하거나 다차원 함수를 적분할 때는 앞에서 다룬 사다리꼴공식 같은 통상적인 방법보다 몬테카를로 방법을 이용한 적분이 유용하다. 몬테카를로 적분은 크게 균등추출 적분과 중요추출 적분으로 나뉜다.

10.5.1 균등추출 적분

몬테카를로 방법은 적분

$$I = \int_a^b f(x)dx \tag{10.33}$$

를 유한합(finite sum)

$$I_n \approx \frac{b-a}{n}\sum_{i=1}^{n} f(x_i) \tag{10.34}$$

로 근사한다. 여기서, x_i는 구간 $[a, b)$에서 확률밀도함수 $p(x) = 1/(b-a)$을 따르는 균등 난수며 균등 난수 $\xi_i \in [0,1)$과 $x_i = a+(b-a)\xi_i$인 관계를 만족시킨다. $f_i \equiv f(x_i)$로 표기하면, f_i는 서로 독립이다. f_i의 평균은

$$\langle f_i \rangle \equiv \int_a^b f(x)p(x)dx = \frac{I}{b-a} \tag{10.35}$$

며, f_i의 분산은

$$\sigma^2(f_i) = \int_a^b (f(x) - \langle f_i \rangle)^2 p(x)dx = \langle f_i^2 \rangle - \langle f_i \rangle^2 \tag{10.36}$$

으로 주어진다. 따라서, I_n의 평균은

$$\langle I_n \rangle = \frac{b-a}{n}\left\langle \sum_{i=1}^{n} f_i \right\rangle = \frac{b-a}{n}\sum_{i=1}^{n}\langle f_i \rangle = I \tag{10.37}$$

와 같고, I_n의 분산은

$$\sigma^2(I_n) = \left\langle (I_n - \langle I_n \rangle)^2 \right\rangle = \left(\frac{b-a}{n}\right)^2 \left\langle \left(\sum_{i=1}^{n} f_i - \sum_{i=1}^{n}\langle f_i \rangle\right)^2 \right\rangle \tag{10.38a}$$

$$= \left(\frac{b-a}{n}\right)^2 \sum_{i=1}^{n}\left(\langle f_i^2 \rangle - \langle f_i \rangle^2\right) = \frac{(b-a)^2}{n}\sigma^2(f_i) \tag{10.38b}$$

다. 위 내용을 정리하면 식 (10.33)은

$$I = I_n \pm (b-a)\frac{\sigma(f_i)}{\sqrt{n}} \tag{10.39}$$

로 근사될 수 있다. 식 (10.39)는 난수의 개수 n이 증가함에 따라 몬테카를로 적분의 오차가 $\propto 1/\sqrt{n}$으로 감소함을 보여 준다. 중심극한정리에서와 마찬가지로 I가 $I_n \pm \sigma(I_n)$인 구간에 있을 확률이 68%다(10.2절 참고).

예제 10.8

$n = 10, 10^2, \cdots, 10^6$개의 난수를 이용한 몬테카를로 방법으로

$$I = \int_0^2 e^x dx = e^2 - 1 \tag{10.40}$$

을 적분하고 오차를 계산하시오.

n	I_n	$\|I - I_n\|$	$\sigma^2(f_i)$	$\sigma(I_n)$
10	7.36729	0.97823	2.24594	0.94783
100	6.05121	0.33785	3.11529	0.35300
1000	6.38580	0.00326	3.36937	0.11609
10000	6.33514	0.05392	3.16753	0.03560
100000	6.39762	0.00856	3.20513	0.01132
1000000	6.39485	0.00579	3.19615	0.00358

표 10.1: 코드 10.8의 출력값

코드 10.8: 1차원 몬테카를로 적분

```
1  def Func(x):
2      return np.exp(x)
3  
4  np.random.seed(0)
5  a,b=0,2
6  for j in range(6):
7      n=10**(j+1)
8      x=a+(b-a)*np.random.random(n)
9      f=Func(x)
10     mu=f.mean()
11     fvar=f.var()
12     In=(b-a)*mu
13     err=np.abs(In-(np.exp(2)-1))
14     sigI=(b-a)*np.sqrt(fvar/n)
15     print(f'{n:6d} {In:.5f} {err:.5f} {fvar:.5f} {sigI:.5f}')
```

1-2행은 식 (10.40)에 주어진 피적분함수를 `Func`로 정의한다. 4행은 난수의 씨앗을 뿌린다. 5행은 적분구간 `[a,b]`를 설정한다. 6행 이하는 난수의 개수 `n`을 달리하며 몬테카를로 적분을 수행한다. 10-11행은 f_i의 평균 `mu`와 분산 `fvar`을 계산한다. 12행은 적분값 `In`을 구하고(식 10.34), 13행은 참값에 대한 오차 `err`을 계산한다. 14행은 I_n의 표준편차 `sigI`를 계산한다. 15행은 결과를 화면에 출력한다.

이 코드를 실행한 결과를 표 10.1에 나타내었다. $\sigma^2(f_i)$는 n에 따라 거의 변하지 않는다. 참값 $(e^2 - 1)$에 대한 수치 오차 $|I - I_n|$은 $\sigma(I_n)$과 비슷하다. n이 증가하면서 오차가 줄어들지만 $\sigma(I_n) \propto n^{-1/2}$으로 매우 느리게 감소하는 것은 몬테카를로 방법의 특성이다.

몬테카를로 방법은 다음과 같은 2차원 적분을

$$I = \iint_A f(x,y)dxdy \approx \frac{A}{n}\sum_{i=1}^{n} f(x_i, y_i) \tag{10.41}$$

로 근사한다. 여기서, A는 적분구간으로 둘러싸인 영역의 면적을 나타내며, x_i와 y_i는 A에 속하는 균등 난수다.

예제 10.9

몬테카를로 방법으로

$$I = \iint_A \sqrt{4-(x^2+y^2)}\,dxdy = \frac{16\pi}{3} \tag{10.42}$$

를 적분하시오(단, $A = \{(x,y) : x^2+y^2 \le 4\}$).

코드 10.9: 2차원 몬테카를로 적분

```
1  def Func(x,y):
2      return np.sqrt(4-x**2-y**2)
3  
4  n=100000
5  num,f=0,[]
6  np.random.seed(0)
7  while(num<n):
8      x,y=4*np.random.random(2)-2
9      if(x**2+y**2<=4):
10         num+=1
11         f=np.append(f,Func(x,y))
12 
13 mu=f.mean()
14 var=f.var()
15 
16 Area=4*np.pi
17 In=mu*Area
18 sigI=np.sqrt(var/n)*Area
19 
20 print('mean=',In)
21 print('std =',sigI)
```

1-2행은 식 (10.42)에 주어진 피적분함수를 `Func`로 정의한다. 5행은 조건을 만족시키는 난수의 개수를 세는 변수 `num`과 함숫값을 저장할 배열 `f`를 초기화한다. 7-11행은 '원점으로부터의 거리가 2 이하'라는 조건을 만족시키는 난수의 순서쌍 (x, y)를 `n`=10^5개 생성하여 함숫값 `Func(x,y)`를 배열 `f`에 쌓는다. 13행과 14행은 각각 함숫값의 평균 `mu`와 분산 `var`을 구한다. 16-18행에서 조건의 면적 `Area`를 보정하여 적분값 `In`과 표준편차 `sigI`를 구한다. 코드 10.9를 실행하면 식 (10.42)의 적분 결과로 $I = 16.738 \pm 0.0187$을 얻는다.

10.5.2 중요추출 적분⋆

식 (10.39)에서 알 수 있듯이 몬테카를로 적분의 정확도를 높이기 위해서는 난수의 개수 n을 증가시키거나 표준편차 $\sigma(f_i)$를 감소시켜야 한다. 적분구간에서 함수 $f(x)$의 변화가 큰 경우, x_i를 균등하게 추출하면 $\sigma(f_i)$가 커진다. 반면, x_i를 비균등하게 추출하면 $\sigma(f_i)$를 줄일 수 있는데, 이러한 방법으로 오차를 줄이는 방법을 **중요추출**(importance sampling) 적분이라고 한다.

식 (10.33)을 중요추출로 적분하기 위해 구간 $[a, b)$에서 $\int_a^b p(x)dx = 1$이고 $p(x) \geq 0$을 만족시키는 확률밀도함수 $p(x)$를 생각해 보자. 식 (10.33)을

$$I = \int_a^b \frac{f(x)}{p(x)} p(x)dx = \int_a^b g(x)p(x)dx = \langle g(x) \rangle \tag{10.43}$$

로 적을 수 있다. 여기서,

$$g(x) \equiv \frac{f(x)}{p(x)} \tag{10.44}$$

로 정의하였으며, $\langle\ \rangle$ 기호는 평균(식 10.35)을 뜻한다.

식 (10.43)은 $g_i = g(x_i)$라고 할 때, 몬테카를로 방법으로

$$I_n = \frac{1}{n}\sum_{i=1}^{n} g_i \tag{10.45}$$

와 같이 계산할 수 있다. 단, x_i는 균등 난수가 아니라, 구간 $[a, b)$에서 확률밀도함수 $p(x)$를 따르는 비균등 난수임에 주의하자. $p(x)$는 가능한 한 $g(x)$를 일정하게 만드는 함수를 선택하는 게 좋다. 이 경우, $p(x)$를 따르는 비균등 난수는 $f(x)$가 큰 값을 가지는 '중요한' 점에 집중된다. 식 (10.45)의 오차는

$$\sigma(I_n) = \frac{\sigma(g_i)}{\sqrt{n}} \tag{10.46}$$

로 주어진다. 균등추출 적분과는 달리 식 (10.45)와 식 (10.46)에서 인수 $(b-a)$가 붙지 않은 이유는 이 인수가 $p(x)$에 흡수되었기 때문이다.

예제 10.10

식 (10.40)을 중요추출 몬테카를로 방법으로 적분하고 오차를 계산하시오. $n = 10, 10^2, \cdots, 10^6$개의 난수를 사용하시오. 적분결과를 균등추출 방법과 비교하시오.

구간 $[0, 2]$에서 함수 $y = e^x$의 양 끝점을 지나가는 직선은 $y = 1 + 4x$에 가까우므로

n	I_n	$\|I - I_n\|$	$\sigma^2(g_i)$	$\sigma(I_n)$
10	6.52193	0.13287	0.57665	0.24014
100	6.32273	0.06632	0.81987	0.09055
1000	6.39051	0.00145	0.89377	0.02990
10000	6.38402	0.00504	0.85401	0.00924
100000	6.39064	0.00158	0.84705	0.00291
1000000	6.38978	0.00072	0.84745	0.00092

표 10.2: 코드 10.10의 출력값

중요추출의 확률밀도함수를 $p(x) = (1+4x)/10$으로 선택하자. 변환법을 이용하여 $p(y)$를 따르는 난수 y를 생성하는 방법은 다음과 같다. $p(y)$의 누적분포는

$$\mathcal{F}(y) = \int_0^y p(y')dy' = \frac{y+2y^2}{10} \tag{10.47}$$

이므로 역함수를 구하면 $y = (\sqrt{1+80x} - 1)/4$이다. 코드 10.10은 중요추출로 식 (10.40)을 적분한다.

코드 10.10: 중요추출 적분

```
1  def Func(x):
2      p=(1+4*x)/10.
3      g=np.exp(x)/p
4      return g
5
6  np.random.seed(0)
7  for j in range(6):
8      n=10**(j+1)
9      x=np.random.random(n)
10     y=(np.sqrt(1+80*x)-1)/4
11     g=Func(y)
12     In=g.mean()
13     gvar=g.var()
14     sigI=np.sqrt(gvar/n)
15     err=np.abs(In-(np.exp(2)-1))
16     print(f'{n:6d} {In:.5f} {err:.5f} {gvar:.5f} {sigI:.5f}')
```

1-4행은 함수 $g(x) = f(x)/p(x)$를 계산하는 함수 Func를 정의한다. 7행 이하에서 난수의 개수 n을 10부터 10배씩 증가시키며 중요추출 적분을 수행한다. 9행은 구간 $[0, 1)$에서 n개의 균등 난수 x를 생성하고, 10행에서 $p(x)$를 따르는 비균등 난수 y를 추출한다. 11행은 y에서의 함숫값 g를 계산한다. 12-13행에서 함숫값 g의 평균 In과 분산 gvar을 계산한다. 14행은 식 (10.46)을 따라 In의 오차 sigI를 계산한다. 15행은 참값에 대한

In의 오차를 구한다. 16행에서 출력한 결과를 표 10.2에 제시하였다. 중요추출을 이용한 적분결과는 균등추출로 적분한 결과(표 10.1)보다 오차가 약 4-5배 작다.

10.6 몬테카를로 방법의 응용

몬테카를로 방법을 방사성 동위원소의 붕괴, 구상성단의 별 분포, 복사 산란 문제 등에 적용해 보자.

10.6.1 방사성 동위원소의 붕괴

반감기가 τ인 방사성 동위원소를 생각해 보자. 처음($t = 0$) 동위원소의 개수가 N_0일 때, 시각 t에 붕괴하지 않고 남아 있는 동위원소의 수는

$$N(t) = N_0\, 2^{-t/\tau} \tag{10.48}$$

으로 주어진다. 전체에 대한 붕괴한 동위원소의 비율은 $1 - 2^{-t/\tau}$이므로, 특정 동위원소가 처음부터 시각 t까지 붕괴할 확률은 $p(t) = 1 - 2^{-t/\tau}$이고, 붕괴하지 않고 살아남을 확률은 $1 - p(t) = 2^{-t/\tau}$이다. 따라서, 1개의 방사성 동위원소가 dt라는 짧은 시간 동안 붕괴할 확률은

$$p(dt) = 1 - 2^{-dt/\tau} \tag{10.49}$$

이다. 몬테카를로 방법에서는 $\xi \in [0, 1)$인 균등 난수를 생성하여 충분히 작은 dt에 대해 $p(dt) > \xi$인 동위원소를 붕괴시키고 시각을 $t = t + dt$로 갱신하는 방식으로 동위원소의 붕괴를 실험한다.

예제 10.11

x–y 평면에 있는 50×50개의 격자점에 반감기가 $\tau = 1$인 방사성 동위원소가 놓여 있다. 동위원소의 붕괴에 대한 몬테카를로 실험을 수행하여 (1) 붕괴한 동위원소와 붕괴하지 않은 동위원소의 수를 시간 $t \in [0, 5\tau]$의 함수로 그리고, (2) 시각 $t = 2\tau$에서 붕괴한 동위원소의 공간 분포를 그래프로 그리시오.

코드 10.11: 방사성 동위원소의 분열

```
n=50
N0=n*n
N=np.ones((n,n))
tau,dt,t=1,0.1,0
time,Ndecay=[t],[0]

np.random.seed(0)
```

```
8  while t <= 5*tau:
9      t+=dt
10     p=1-2.**(-dt/tau)
11     xi=np.random.random((n,n))
12     N[p>xi]=0
13     if np.abs(t-2.)<dt: N2=N.copy()
14     time=np.append(time,t)
15     Ndecay=np.append(Ndecay,len(N[N==0]))
16 
17 fig=plt.figure(1,figsize=(10,5))
18 plt.subplot(121)
19 plt.plot(time,Ndecay,'+',label='decayed')
20 plt.plot(time,N0-Ndecay,'o', label='remaining')
21 plt.plot(time,N0*2**(-time/tau),label='analytic')
22 plt.legend(numpoints=3)
23 plt.xlabel(r'$t/\tau$')
24 plt.ylabel(r'$N(t)$')
25 plt.subplot(122)
26 plt.pcolormesh(N2)
27 plt.xticks(np.linspace(0,50,6))
28 plt.xlabel(r'$x$')
29 plt.ylabel(r'$y$')
30 plt.tight_layout()
31 plt.show()
```

1행은 한 방향의 격자점의 개수 n을 지정하고, 2행은 격자점의 총개수 N0를 지정한다. 3행은 n×n인 격자점 위에 배치된 모든 방사성 동위원소에 N=1을 부여한다. N=1이면 동위원소가 붕괴하지 않았음을 나타내며, N=0이면 붕괴했음을 나타낸다. 4행은 반감기 tau, 시간간격 dt, 현재 시각 t를 지정한다. 5행에서 time과 Ndecay는 각각 시각 t와 그때까지 붕괴한 동위원소의 개수를 저장하는 변수인데, time=0에서 Ndecay=0이다. 7-15행은 시간이 지나며 동위원소가 붕괴하는 과정을 추적한다. 10행은 식 (10.49)를 따라 dt 동안 붕괴할 확률을 계산한다. 11행은 구간 [0,1)에 있는 균일 난수 n×n개를 생성하여 xi에 저장한다. 12행은 p>xi를 만족시키는 모든 동위원소를 붕괴시킨다. 13행은 $t = 2$일 때의 N의 분포를 N2에 복사한다. 시간이 경과하며 N이 계속 변하기 때문에, 얕은 복사를 이용한다. 14행과 15행은 각각 현재 시각과 현재까지 붕괴한 동위원소의 개수를 변수 time과 Ndecay에 붙인다. 17행 이하는 계산 결과를 그래프로 출력한다.

그림 10.14는 코드 10.11을 실행한 결과를 보여 준다. 그림 10.14(a)는 붕괴한 또는 붕괴하지 않은 동위원소의 수가 시간에 따라 변하는 양상을 보여 준다. 난수의 무작위성 때문에 몬테카를로 결과가 해석해(식 10.48)와 작은 차이를 보인다. 그림 10.14(b)에서 어두운색과 밝은색은 각각 $t = 2\tau$까지 붕괴한 동위원소와 아직 붕괴하지 않은 동위원소의 분포를 보여 준다.

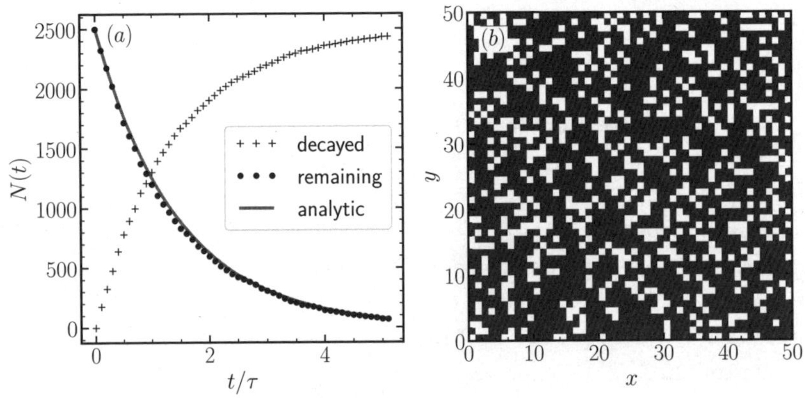

그림 10.14: (a) 방사성 동위원소 붕괴의 시간에 대한 변화와 (b) $t = 2\tau$일 때까지 붕괴한 동위원소의 분포. 어두운색이 붕괴한 동위원소를 나타낸다.

동위원소의 붕괴를 실험하는 더 효율적인 방법은 동위원소가 시각 t에서 $t + dt$ 사이에 붕괴할 확률을 이용하는 것이다. 동위원소가 시각 t에서 $t + dt$ 사이에 붕괴하기 위해서는 시각 t까지 붕괴하지 않다가 이후 dt라는 짧은 시간에 붕괴해야 한다. dt가 충분히 작을 때, 식 (10.49)를 테일러 급수로 전개하면 $p(dt) \approx \ln 2\, dt/\tau$다. 따라서 특정 동위원소가 시각 t에서 $t + dt$ 사이에 붕괴할 확률은

$$P(t)dt = 2^{-t/\tau} \cdot \frac{\ln 2}{\tau} dt = \frac{1}{\lambda} \exp\left(-\frac{t}{\lambda}\right) dt \qquad (10.50)$$

다. 여기서, $\lambda = \tau / \ln 2$다.

식 (10.50)으로 주어진 $P(t)$를 따르는 난수 t_i는 $\xi_i \in [0, 1)$인 균등 난수를 이용하여 $t_i = -\lambda \ln \xi_i$로 구할 수 있다(식 10.23). 이렇게 생성된 난수 t_i는 동위원소가 붕괴할 때까지 걸리는 시간, 즉 동위원소의 수명을 의미한다. 따라서 시각 t에 이르는 동안 $t_i < t$인 동위원소는 모두 붕괴한다. 이 방법으로 예제 10.11을 해결하는 코드의 핵심 부분을 아래에 제시하였다. 코드 10.11의 7-15행을 아래 코드로 대치하면 같은 결과를 얻는다.

```
1  xi=np.random.random((n,n))
2  lam=tau/np.log(2)
3  lifetime=-lam*np.log(xi)
4  while t<=5*tau:
5      t+=dt
6      N[t>lifetime]=0
7      if np.abs(t-2.)<dt: N2=N.copy()
8      time=np.append(time,t)
9      Ndecay=np.append(Ndecay,len(N[N==0]))
```

1행은 균등 난수 n×n개를 생성하여 `xi`에 저장한다. 2-3행은 식 (10.50)에 주어진 $P(t)$

를 따르는 난수 `lifetime`을 계산한다. 6행은 `t>lifetime`인 동위원소를 모두 붕괴시킨다. 코드 10.11에서는 매 `dt`마다 `n×n`개의 난수를 호출하였지만, 이 방법은 난수를 단 한 번만 호출하므로 더 효율적이다.

10.6.2 구상성단의 별 분포⋆

구상성단(globular cluster)은 수십만 개의 별이 축구공의 형태로 빽빽하게 모여 있는 천체를 말한다. 구상성단의 밀도분포는

$$\rho(r) = \frac{3M}{4\pi}\frac{a^2}{(r^2+a^2)^{5/2}} \tag{10.51}$$

인 **플러머 분포**(Plummer profile)로 잘 기술된다. 여기서, M은 성단의 질량이며, r은 반지름, a는 거리척도(scale radius)다. 성단의 역학적 진화를 계산하기 위해서는 수천에서 수십만 개에 이르는 별을 식 (10.51)에 따라 3차원 공간에 분포시켜야 하는데, 몬테카를로 방법을 이용할 수 있다.

우선, 별을 점질량(point mass) 입자로 표현하자. 성단이 구대칭이므로 입자의 위치를 결정하는 것은 직각좌교계보다 **구면극좌표계**(spherical polar coordinates)가 편리하다. 구면극좌표계에서 $(r, r+dr)$, $(\theta, \theta+d\theta)$, $(\phi, \phi+d\phi)$로 둘러싸인 부피소 $dV = r^2\sin\theta dr d\theta d\phi$의 질량은

$$\rho(r)r^2\sin\theta dr d\theta d\phi = dm(r)\cdot\frac{d(1-\cos\theta)}{2}\cdot\frac{d\phi}{2\pi} \tag{10.52}$$

로 주어진다. 여기서,

$$dm(r) \equiv 4\pi\rho(r)r^2 dr \tag{10.53}$$

은 r과 $r+dr$ 사이에 있는 입자의 질량을 나타내며, 식 (10.51)을 이용하면 누적분포가

$$m(r) = 4\pi\int_0^r \rho(r')r'^2 dr' = M\frac{r^3}{(r^2+a^2)^{3/2}} \tag{10.54}$$

으로 주어진다.

식 (10.52)는 3개의 변수 m, $(1-\cos\theta)/2$, $\phi/(2\pi)$가 균등하도록 입자를 분포시키면 원하는 밀도분포를 얻을 수 있음을 말한다. 즉, r 방향으로는 변환법을 사용하여 누적분포 $m(r)$이 균등하도록 입자를 배치한다. $M = a = 1$로 택하면, $r = 0 \to \infty$로 변할 때 $m(r) = 0 \to 1$로 변한다. $m(r)$의 역함수는

$$r(m) = (m^{-2/3}-1)^{-1/2} \tag{10.55}$$

이다. 따라서, $\xi_1 \in [0,1)$인 균등 난수 ξ_1에 대해 $\xi_1 = m$으로 놓고 식 (10.55)로부터

입자의 r 방향 좌표를 구한다. θ와 ϕ 방향으로는 $0 \le \theta < \pi$, $0 \le \phi < 2\pi$에 대해 $0 \le (1-\cos\theta)/2 < 1$이고 $0 \le \phi/(2\pi) < 1$이다. 따라서, $\xi_2, \xi_3 \in [0,1)$인 두 균등 난수 ξ_2와 ξ_3를 이용하여 $\xi_2 = (1-\cos\theta)/2$와 $\xi_3 = \phi/(2\pi)$로 입자의 θ와 ϕ 방향 좌표를 정한다.

플러머 분포를 구현하는 방법을 요약하면 다음과 같다. 구간 $[0,1)$에서 3개의 균등한 난수 ξ_1, ξ_2, ξ_3를 생성한 후,

$$\begin{aligned} r &= (\xi_1^{-2/3} - 1)^{-1/2} \\ \theta &= \cos^{-1}(2\xi_2 - 1) \\ \phi &= 2\pi\xi_3 \end{aligned} \tag{10.56}$$

로부터 r, θ, ϕ를 구한다. 나아가,

$$\begin{aligned} x &= r\sin\theta\cos\phi \\ y &= r\sin\theta\sin\phi \\ z &= r\cos\theta \end{aligned} \tag{10.57}$$

인 관계를 이용하여 직각좌표계에서 입자의 위치 (x, y, z)를 결정한다.

예제 10.12

$n = 10^4$개의 입자를 플러머 분포를 따르도록 배치하시오. 또한, 배치된 입자로부터 수치상으로 구한 밀도가 플러머 분포를 따르는지 확인하시오.

코드 10.12: 플러머 밀도분포

```
n=10000
np.random.seed(1)
xi1=np.random.random(n)
xi2=np.random.random(n)
xi3=np.random.random(n)
rds=1.0/np.sqrt(xi1**(-2./3.)-1.)
theta=np.arccos(2.*xi2-1.)
phi=2*np.pi*xi3
x=rds*np.sin(theta)*np.cos(phi)
y=rds*np.sin(theta)*np.sin(phi)
z=rds*np.cos(theta)

# to plot the density profile
nbin,rmin,rmax =30,0.,5.
rbin=np.linspace(rmin,rmax,nbin)
fnum,bin_edges=np.histogram(rds,rbin)
```

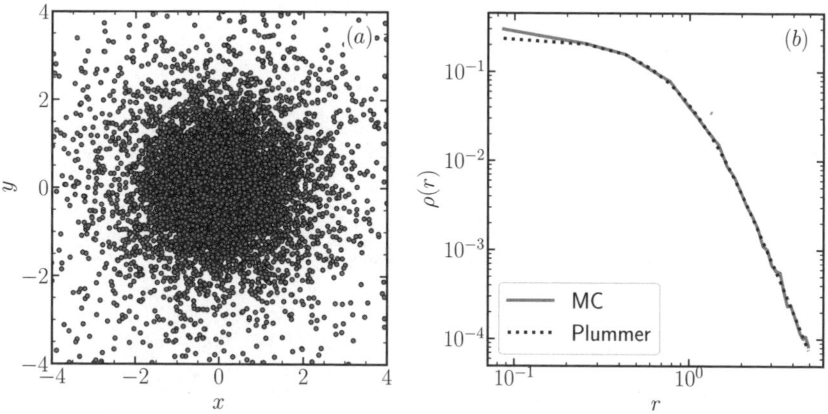

그림 10.15: (a) $n = 10^4$개의 입자로 구성된 구상성단을 x–y 평면에 투영시킨 모습과 (b) 입자 분포로부터 구한 밀도와 플러머 분포의 비교

```
17 avg_r=0.5*(bin_edges[1:]+bin_edges[0:nbin-1])
18 dr=bin_edges[1]-bin_edges[0]
19 rho=fnum/float(n)/avg_r**2/(4*np.pi*dr)
20 plummer=3./(4.*np.pi)/(1+avg_r**2)**2.5
21
22 fig=plt.figure(1,figsize=(8,4))
23 plt.subplot(121)
24 plt.xlim(-4,4)
25 plt.ylim(-4,4)
26 plt.xlabel('x')
27 plt.ylabel('y')
28 plt.plot(x,y,'o',ms=3,mec='k',color='yellow')
29 plt.subplot(122)
30 plt.loglog(avg_r,rho,label='MC')
31 plt.loglog(avg_r,plummer,label='Plummer')
32 plt.xlabel(r'$r$')
33 plt.ylabel(r'$\rho(r)$')
34 plt.legend()
35 plt.tight_layout()
36 plt.show()
```

1행은 입자의 개수 `n`을 지정한다. 3-5행은 $[0, 1)$ 구간에서 세개의 균등 난수 `xi1`, `xi2`, `xi3`를 `n`개씩 추출한다. 6-8행과 9-11행은 각각 식 (10.56)과 식 (10.57)을 따라 `rds`, `theta`, `phi`와 `x`, `y`, `z`를 계산한다. 14-20행은 배치된 입자로부터 밀도분포를 구한다. 14-16행은 반지름이 `rmin=0`에서 `rmax=5`인 구간을 `rbin=30`개의 계급으로 나누어 `rds`의 히스토그램을 구한다. 16행에서 반환되는 값은 각 계급의 도수 `fnum`과 계급의 경계

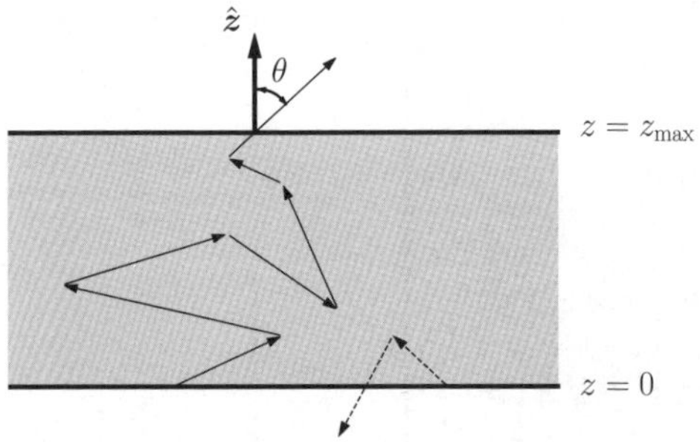

그림 10.16: 매질에 의한 복사의 산란. 아래로부터 $z = 0$에 입사한 복사가 매질을 통과하며 산란을 겪다가 $z < 0$인 영역으로 반사(점선 화살표)되거나 $z > z_{\max}$인 영역으로 투과(실선 화살표)된다. $\hat{z}$는 수직 방향의 단위벡터며 θ는 투과된 복사의 방향이 수직 방향($\hat{z}$)과 이루는 각도다.

bin_edges다. 17행은 계급 경계의 중간값을 대표 계급 avg_r로 정하고, 18행은 계급의 크기 dr을 정한다. 19행은 입자의 분포로부터

$$\rho(r) = \frac{dm}{4\pi r^2 dr} \tag{10.58}$$

을 이용하여 밀도 rho를 구한다. 입자가 n개고 $M = 1$일 때, 각 입자의 질량은 $1/n$이므로 $dm =$ fnum$/n$이다. 20행은 식 (10.51)을 계산하여 plummer에 저장한다. 23-28행은 입자를 x–y 평면에 투영시킨 모습을 그린다. 29-34행은 입자의 분포로부터 구한 rho와 이론적인 plummer를 비교한다.

그림 10.15는 코드 10.12를 실행한 결과를 보여 준다. 대부분의 입자는 $r \leq 4$에 분포하지만 더 먼 위치에 분포한 입자도 있다. 배치된 입자로부터 구한 밀도는 플러머 분포와 잘 일치한다. 그림 10.15(*b*)의 $r \sim 0.1$ 근처에 보이는 이론적인 값과 수치 결과의 작은 차이는 dm이 가진 오차가 식 (10.58)에 따라 작은 r에서 증폭되었기 때문이다.

10.6.3 복사의 산란⋆

그림 10.16과 같이 두께가 $z_{\max}$인 매질에 아래로부터 입사한 **복사**(radiation)의 전달을 생각해 보자. 매질을 구성하는 입자는 복사를 임의의 방향으로 산란시킨다. 산란된 복사는 **평균자유이동거리**(mean free path)만큼 이동하다가 다른 입자와 충돌하여 산란되는 과정을 연속적으로 겪는다. 입사한 복사는 최종적으로 $z < 0$인 영역으로 반사되거나, $z > z_{\max}$인 영역으로 투과되어 매질을 빠져나간다. 투과한 복사와 반사한 복사의 비율은 $z_{\max}$에 따라 어떻게 달라질까? 투과한 복사의 개수는 법선벡터 $\hat{z}$와 이루는 각도 θ에 따라 어떻게 달라질까? 몬테카를로 실험을 이용하면 이러한 질문에 대한 답을 찾을 수 있다. 이 실험은 별 내부에서 만들어진 복사가 외곽층을 통과하며 겪는 산란 현상이나, 원자로(nuclear reactor)에서 일어나는 중성자의 전달 문제에 적용된다.

복사에 대한 2차원 몬테카를로 실험은 다음과 같은 단계로 진행된다.

1. 복사를 $(x, z) = (0, 0)$인 점에서 $z > 0$인 방향으로 투입한다. 투입되는 복사의 플럭스가 등방적(isotropic)이라면, $z = 0$에 투입된 복사의 각도 $\mu \equiv \cos\theta$(단, $0 \le \mu \le 1$)는 확률밀도함수

$$p(\mu) = 1 \tag{10.59}$$

을 따른다.[5] 따라서 투입되는 복사의 각도를 $\xi_1 \in [0, 1)$인 균등 난수를 이용하여 $\mu = \cos\theta = \xi_1$으로 놓는다.

2. 복사의 전진 방향은 $(n_x, n_z) = (\sin\theta, \cos\theta)$다. **평균자유이동거리**가 λ일 때, 복사가 (입자와 산란을 겪지 않고) 전진하는 거리 ℓ은 확률밀도함수 $p(\ell) = \lambda^{-1}e^{-\ell/\lambda}$을 따른다. 따라서, $\xi_2 \in [0, 1)$인 균등 난수 ξ_2에 대해

$$\xi_2 = \int_0^{\ell} p(\ell)d\ell = 1 - e^{-\ell/\lambda} \quad \rightarrow \quad \ell = -\lambda \ln \xi_2 \tag{10.60}$$

를 통해 ℓ을 구하고, 복사의 위치를

$$(x, z) \leftarrow (x, z) + \ell(\sin\theta, \cos\theta) \tag{10.61}$$

로 이동시킨다.

3. 복사의 z 좌표를 확인하여 $z < 0$이면 반사된 복사의 개수를 하나 증가시키고 단계 5로 건너뛴다. $z > z_{\max}$면 투과된 복사의 개수를 하나 증가시키며 투과각 μ를 저장한 후, 단계 5로 건너뛴다.

4. 복사가 매질 내부($0 < z < z_{\max}$)에 있다면, 다른 입자와 산란을 겪는다. 산란 방향이 등방적이라고 가정하면 산란 방향의 확률밀도함수는

$$p(\theta)d\theta = \frac{d\Omega}{4\pi} = \frac{\sin\theta}{2}d\theta = \frac{d(1-\mu)}{2} \tag{10.62}$$

다. 여기서, $-1 \le \mu(= \cos\theta) \le 1$이다. 따라서, $\xi_3 \in [0, 1)$인 균등 난수에 대해 $\mu = 2\xi_3 - 1$로 μ를 결정하고 단계 2로 돌아간다.

5. 투과한 복사의 개수가 충분한 수에 도달할 때까지 단계 1-4를 반복한다.

---

5) 에너지가 $h\nu$인 n개의 광자(photon)가 면적 dA를 통과하여 μ 방향으로 dt 시간 동안 입체각소 $d\Omega$ 안으로 입사할 때 복사 에너지는 $E(\mu) = nh\nu p(\mu) = I(\mu)\cos\theta d\Omega dA dt$고 플럭스는 $F(\mu) = I(\mu)\cos\theta d\Omega$다. 여기서, I는 **복사세기**(intensity)다. 축대칭일 경우 $d\Omega = -2\pi d\mu$이므로, $I(\mu) \propto E(\mu)/(\mu d\mu)$고 $F(\mu) \propto E(\mu) \propto p(\mu)$다. 따라서, F가 등방적이면 $p(\mu)$는 μ에 무관하다.

6. 산란한 복사의 수와 투과한 복사의 수를 비교한다. 투과한 복사에 대해 투과각 $0 \le \mu \le 1$의 값을 $\Delta\mu = 0.1$의 간격으로 10개의 계급으로 나눈다. i째 계급의 복사의 개수를 n_i라고 하면 **복사세기** I_i는 n_i/μ_i에 비례한다. 복사세기와 투과각 θ의 관계를 조사한다.

예제 10.13

두께가 $z_{\max} = 10$이고 평균자유이동거리가 $\lambda = 1$인 매질로 투입된 복사의 산란을 몬테카를로 방법으로 실험하여 투과된 복사의 세기가 투과각에 따라 어떻게 달라지는지 조사하시오. 투입된 복사의 수가 $n = 10^5, 10^6$인 경우를 계산하시오.

코드 10.13: 복사전달

```
def RadTransfer(nphotons):
    ntran=0
    lam,zmax=1,10
    nbin=10
    mu=(0.5+np.arange(nbin))/nbin
    num_bin=np.zeros(nbin)
    np.random.seed(0)
    for i in range(nphotons):       # initial photon creation
        x,z=0,0
        xi1,xi2=np.random.random(2)
        theta=np.arccos(xi1)
        length=-lam*np.log(xi2)
        x+=length*np.sin(theta)
        z+=length*np.cos(theta)
        while ((z >= 0) and (z <= zmax)):     # random walk
            xi2,xi3=np.random.random(2)
            length=-lam*np.log(xi2)
            theta=np.arccos(2.*xi3-1.)
            x+=length*np.sin(theta)
            z+=length*np.cos(theta)

        if(z>zmax):                 # binning transmitted photons
            ntran+=1
            idx=int(np.cos(theta)*nbin)
            num_bin[idx]+=1

    print('fraction of transmitted photons=',ntran/nphotons)
    Intensity=num_bin/mu
    return np.rad2deg(np.arccos(mu)),Intensity

x1,y1=RadTransfer(100000)
```

```
32 x2,y2=RadTransfer(1000000)
33
34 fig=plt.figure(1,figsize=(7,5))
35 x=np.linspace(0,90,100)
36 y=0.4+0.6*np.cos(np.deg2rad(x))
37 factor=0.4+0.6*np.cos(np.deg2rad(x1[-1]))
38 plt.plot(x,y,label='Eddington')
39 plt.plot(x1,factor*y1/y1[-1],'X',label=r'$n=10^5$')
40 plt.plot(x2,factor*y2/y2[-1],'o',label=r'$n=10^6$')
41 plt.xlabel(r'$\theta$')
42 plt.ylabel('Normalized Intensity')
43 plt.legend(numpoints=2)
44 plt.show()
```

1-30행은 `nphotons`개의 복사를 투입하여 투과한 복사가 수직 방향과 이루는 각도 `mu`와 복사세기 `Intensity`를 계산하는 함수 `RadTransfer`를 정의한다. 2행은 투과한 복사의 개수를 세는 변수 `ntran`을 `0`으로 초기화한다. 3행은 매질의 평균자유이동거리 `lam`과 두께 `zmax`를 지정한다. 4-6행은 투과한 복사를 투과각에 따라 분류하기 위한 사전 작업을 수행하는데, 계급의 수 `nbin`과 계급값 `mu`를 설정하고, 계급의 도수 `num_bin`을 0으로 초기화한다. 9-14행은 복사를 투입하고 산란을 처음 겪을 때까지 이동시킨다. 15-20행은 복사가 매질 내부에서 겪는 산란/이동 과정을 반복한다. 22-25행은 투과한 복사에 대해서만 실행한다. 23행은 투과한 복사의 수를 하나 증가시키고, 24행은 투과한 복사가 속한 계급의 인덱스 `idx`를 계산한다. $0 \leq \mu \leq 1$을 10개의 계급으로 나누므로, μ값의 소수점 아래 첫 번째 수가 계급의 인덱스다. 25행은 인덱스가 `idx`인 계급의 도수를 하나 증가시킨다. 27행은 투입된 복사의 총개수에 대한 투과한 복사의 비율을 출력한다. 31-32행은 투입한 복사의 수를 달리하며 `RadTransfer` 함수를 호출한다. 34행 이하는 몬테카를로 실험 결과를 그래프로 출력한다. 36행은 이 문제에 대한 에딩턴(Arthur Eddington; 1882-1944)의 근사해인

$$\frac{I(\theta)}{I(0)} = \frac{2}{5} + \frac{3}{5}\cos\theta \tag{10.63}$$

를 `y`로 계산한다. 37행은 몬테카를로 결과를 에딩턴 근사해와 비교하기 위한 정규화 인자 `factor`를 계산한다. 38-40행은 $n = 10^5$과 10^6개의 복사에 관한 결과를 그리는데, 수치 결과가 `x1[-1]`$\approx 18°$에서 식 (10.63)과 일치하도록 복사세기를 정규화한다. `np.rad2deg()` 함수와 `np.deg2rad()` 함수는 각각 호도(radian)를 도(degree)로, 도를 호도로 변환한다.

그림 10.17은 코드 10.13을 수행한 결과를 보여 준다. 기호로 표시된 자료는 몬테카를로 실험 결과며 실선은 식 (10.63)을 그린다. 세 결과가 $\theta \approx 18°$에서 일치하도록 복사세기를 정규화하였다. 복사의 개수가 많아질수록 에딩턴의 예측에 가까워진다. θ가

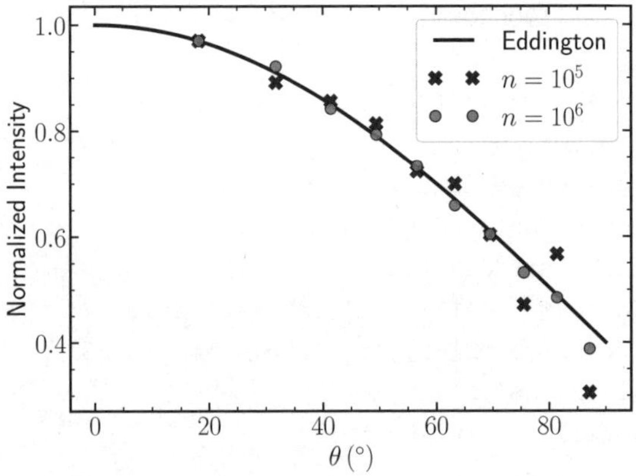

그림 10.17: 복사 산란에 대한 몬테카를로 실험 결과. 복사의 수가 10^5, 10^6인 결과를 에딩턴의 이론적인 예측과 비교한다.

증가하면서 복사의 상대 세기가 감소하는데, 이것은 태양의 밝기가 중심($\theta = 0$)으로부터 가장자리($\theta = 90°$)로 가면서 점점 어두워지는 **주연감광**(limb darkening) 현상을 설명한다.

문제

10.1 한 보행자가 (x, y) 좌표계의 원점 $(0, 0)$에서 걷기 시작하였다. 보행자의 모든 보폭은 $\ell = 1$이며, $+x$, $-x$, $+y$, $-y$ 방향으로 움직일 확률은 각각 1/6, 1/3, 1/4, 1/4이다.

(1) 100걸음 걸은 보행자의 자취를 그래프로 그리시오.

(2) 보행자가 10^4걸음 걸었을 때, 보행자의 평균 위치와 표준편차를 계산하시오.

(3) 보행자가 50걸음 걸었을 때, 출발점으로부터 거리가 20 이상일 확률의 평균값과 표준편차를 계산하시오.

10.2 n명으로 구성된 사람들의 모임을 생각해 보자. 구성원의 생일이 1년(365일)에 걸쳐 균등하게 분포한다고 가정한다. 몬테카를로 실험을 10^4번 실행하여

(1) $n = 10, 30, 50$일 때, n명 중 최소한 두 명의 생일이 같을 확률을 계산하시오.

(2) 최소한 두 명의 생일이 같을 확률이 0.5를 넘는 n의 최솟값을 계산하시오.

10.3 반지름이 r인 n차원 구의 부피는 $V_n = (2r)^n(\pi/2)^{[n/2]}/n!!$이다.[6] 한 축 방향으로 10^4개의 난수를 이용한 몬테카를로 실험을 10^3번 반복 수행하여 $n = 2, 3, 4, 5$ 차원에서 정의된 반지름이 1인 구의 부피에 대한 평균값과 표준편차를 계산하시오.

10.4 변환법으로 **레일리 분포**(Rayleigh distribution)

$$p(y) = ye^{-y^2/2} \quad (\text{단, } y \geq 0) \tag{P10.1}$$

을 따르는 10^5개의 난수를 생성하시오. 생성한 난수의 히스토그램을 그리고 식 (P10.1)과 비교하시오.

10.5 성단이 형성될 때, 질량이 M과 $M + dM$ 사이에 있는 별의 개수 분포는

$$N(M)dM \propto M^{-\alpha}dM \quad (\text{단, } 0.1\,M_\odot \leq M \leq 100\,M_\odot) \tag{P10.2}$$

인 **샐피터**(Edwin Salpeter; 1924-2008) **함수**를 따른다. 여기서, $\alpha = 2.35$이다.

(1) 10^5개의 난수를 사용하여 샐피터 함수를 따르는 각 별의 질량 $M \in [0.1, 100]\,M_\odot$을 정하시오. 성단의 총질량은 얼마인가?

(2) (1)에서 구한 질량의 히스토그램을 그리고, 식 (P10.2)와 비교하시오(단, x축과 y축을 로그 척도로 한다).

6) $[x]$는 x보다 크지 않은 최대 정수를 뜻하며, $n!! = n(n-2)(n-4)\cdots$이다.

10.6 폭이 W인 기다란 마루가 깔린 바닥에 길이가 ℓ인 바늘을 떨어뜨릴 때, 바늘이 마루의 경계에 걸릴 확률은

$$p = \frac{2\ell}{\pi W} \tag{P10.3}$$

로 주어진다.[7] $W = 2\ell$로 선택하고 몬테카를로 실험을 수행하여 π의 평균값과 표준편차를 구하시오. 이것을 **뷔퐁의 바늘 문제**(Buffon's needle problem)라고 한다. (귀띔: 대칭성을 고려하면 2개의 균등 난수로 바늘의 중심과 마루에 대한 각도를 지정할 수 있다.)

10.7 다음 적분을 아래와 같은 방법으로 계산하시오.

$$I = \int_0^2 \frac{1}{x^2 + e^{-x^2}} dx \tag{P10.4}$$

(1) $n = 10^3, 10^4, \cdots, 10^7$개의 난수를 구간 $[0, 2]$에서 균등추출하여 적분의 평균값 I_n과 표준편차 $\sigma(I_n)$을 n의 함수로 계산하고, $\sigma(I_n) \propto 1/\sqrt{n}$인 관계를 그래프로 확인하시오.

(2) $n = 10^3, 10^4, \cdots, 10^7$개의 난수를 확률밀도함수 $p(x) \propto e^{-\beta x}$(단, $\beta = 1$)을 따르도록 중요추출하여 I_n과 $\sigma(I_n)$을 계산하고, (1)의 결과와 비교하시오.

(3) (2)에서 중요추출한 난수의 개수를 10^5개로 고정시키고 β를 바꾼 실험을 수행하여 $\sigma(I_n)$이 최소인 β의 값을 구하시오.

10.8 질량이 1인 구상성단의 밀도분포가

$$\rho(r) = \begin{cases} \dfrac{1}{2\pi r} & (r \le 1) \\ 0 & (r > 1) \end{cases} \tag{P10.5}$$

을 따른다.

(1) $n = 200$개의 입자를 배치하여 성단의 모형을 만들고, 입자를 x–y 평면에 투영시킨 그림을 그리시오. 또한, 입자의 분포로부터 밀도를 수치상으로 구하고 식 (P10.5)와 비교하시오. 각 입자의 질량은 $m_i = 1/n$이다.

(2) 각 입자의 속도 $\boldsymbol{v} = (v_x, v_y, v_z)$를

$$\begin{aligned} v_x &= 0.5 \sin\theta \cos\phi \\ v_y &= 0.5 \sin\theta \sin\phi \\ v_z &= 0.5 \cos\theta \end{aligned} \tag{P10.6}$$

7) https://en.wikipedia.org/wiki/Buffon%27s_needle_problem

로 지정하시오. 여기서, 2개의 독립적인 균등 난수 $\xi_1, \xi_2 \in [0,1)$에 대해 $\theta = \cos^{-1}(2\xi_1 - 1)$, $\phi = 2\pi\xi_2$로 주어진다. 성단의 운동에너지 K와 중력퍼텐셜 에너지 W는

$$K = \frac{1}{2}\sum_{i=1}^{n} m_i \boldsymbol{v}_i^2, \quad W = -\frac{1}{2}\sum_{i=1}^{n}\sum_{j=1(\neq i)}^{n} \frac{m_i m_j}{(\|\boldsymbol{r}_i - \boldsymbol{r}_j\|^2 + \epsilon^2)^{1/2}} \tag{P10.7}$$

로 주어진다. 여기서, $\boldsymbol{r}_i$는 i째 입자의 위치를 나타내며 $\epsilon(= 0.1)$은 중력의 **완화인자**(softening factor)다. 입자의 분포로부터 K와 W를 계산하시오.

(3) 각 입자는 다른 입자가 미치는 중력의 영향을 받는데, 그 운동방정식은

$$\ddot{\boldsymbol{r}}_i = -\sum_{j=1(\neq i)}^{n} m_j \frac{\boldsymbol{r}_i - \boldsymbol{r}_j}{(\|\boldsymbol{r}_i - \boldsymbol{r}_j\|^2 + \epsilon^2)^{3/2}} \tag{P10.8}$$

로 주어진다. 시간의 보폭을 $\Delta t = 0.001$로 택하고 성단을 구성하는 모든 입자를 $t = 0$에서 $t = 2$까지 도약개구리 알고리즘으로 진화시키며 K와 W의 시간에 대한 변화를 조사하시오.

10.9 본문에서 설명한 복사의 산란 문제를 변형시켜 단계 4에서 복사가 전진하는 동안 10%의 확률로 물질에 흡수되어 사라지고, 90%의 확률로 산란하는 경우를 생각해 보자. 복사가 흡수될 경우, 흡수된 복사의 개수를 하나 증가시키고 단계 5로 건너뛴다. 복사가 산란될 경우, 단계 2-4를 반복한다. $\lambda = 1$을 선택하고, 다음을 계산하시오.

(1) 10^5개의 복사를 투입한 몬테카를로 실험을 수행하여 $z_{\max} = 1, 3, 10$으로 바꾸며 매질에 반사, 흡수, 투과된 복사의 비율을 계산하시오.

(2) $z_{\max} = 1$일 때, 10^6개의 복사를 투입한 몬테카를로 실험을 수행하여 투과된 복사의 개수가 투과각에 따라 어떻게 달라지는지 조사하시오.

10.10 반지름이 1인 구의 표면에 균등하게 분포한 10^3개의 점을 뿌리고 3차원 그래프로 그리시오(문제 8.3 참고). 파이썬의 `mpl_toolkits.mplot3d` 모듈을 이용할 때, `ax.scatter()` 함수는 3차원 점을 표시한다.

제11장

푸리에 변환

자연계에서 발생하는 대부분의 신호는 시간에 따라 변한다. 한여름의 매미 소리나 라디오의 노랫소리는 비교적 짧은 시간에 걸쳐 변하지만, 기온이나 해수면의 높이와 같이 비교적 긴 시간에 걸쳐 변하는 현상도 있다. 이렇게 시간에 따라 변하는 자료를 **시계열 자료**(time-series data)라고 한다. 그림 11.1에 예시된 것과 같이 시계열 자료는 언뜻 무질서해 보이지만 다양한 주파수를 갖는 삼각함수의 선형결합으로 분해할 수 있는데 이를 **푸리에 변환**(Fourier transform)이라고 한다. 즉, 푸리에 변환은 시간 영역의 함수를

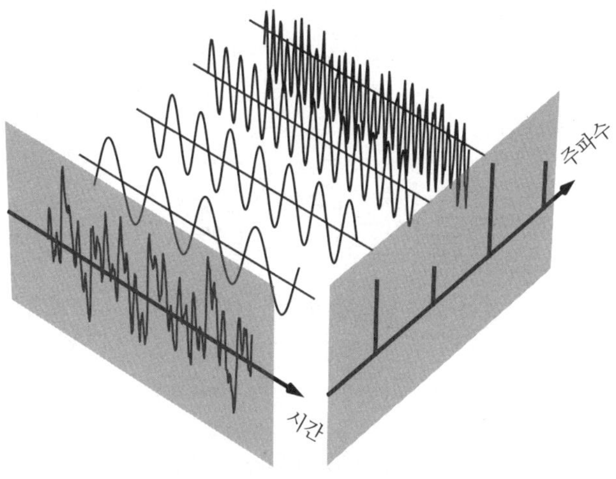

그림 11.1: 푸리에 변환은 시계열 자료를 주파수가 다른 삼각함수로 분해한다.

주파수 영역의 함수로 바꾼다. 푸리에 변환은 과학과 공학의 거의 전 영역에서 신호를 분석하는 가장 유용한 도구의 하나일 뿐만 아니라, 뇌파와 지진파 분석, 음성과 영상 신호의 압축과 분석 등과 같이 실생활에서도 널리 활용되고 있다.

11.1 푸리에 급수

주기가 T인 연속함수 $f(t)$는 $f(t) = f(t - nT)$인 조건을 만족시킨다(단, n은 정수). **복소지수함수**(complex exponential function)의 직교성(orthogonality)을 이용하면 임의의 주기함수를

$$f(t) = \sum_{n=-\infty}^{\infty} F_n e^{i2\pi nt/T} \tag{11.1}$$

과 같이 복소지수함수의 선형결합으로 전개할 수 있는데, 이를 **푸리에 급수**(Fourier series)라고 한다. 여기서, **푸리에 계수**(Fourier coefficient) F_n은

$$F_n = \frac{1}{T}\int_0^T f(t)e^{-i2\pi nt/T}\,dt \tag{11.2}$$

로 주어진다. F_0는 함수 $f(t)$의 한 주기에 대한 평균값에 해당하며, F_n(단, $n \geq 1$)의 실수부와 허수부는 각각 $f(t)$의 주파수가 n/T인 우함수(코사인함수) 성분과 기함수(사인함수) 성분의 크기를 나타낸다.

$f(t)$가 실함수(real function)일 때, 식 (11.1)의 켤레복소수(complex conjugate)를 취하고 $n \to -n$으로 바꾸면 $F_n = F_{-n}^*$임을 보일 수 있다. 즉, 실함수에 대해 F_n은 **켤레대칭**(conjugate symmetric)이다. 이 경우, **오일러 공식**(Euler's formula)

$$e^{i\theta} = \cos\theta + i\sin\theta \tag{11.3}$$

를 이용하여, 식 (11.1)을

$$f(t) = a_0 + \sum_{n=1}^{\infty} a_n \cos\left(\frac{2\pi nt}{T}\right) + \sum_{n=1}^{\infty} b_n \sin\left(\frac{2\pi nt}{T}\right) \tag{11.4}$$

와 같이 사인함수와 코사인함수의 선형결합으로 전개할 수 있다. 여기서, $a_0 = F_0$이고

$$a_n = F_n + F_{-n}, \quad b_n = i(F_n - F_{-n}) \quad (n \geq 1) \tag{11.5}$$

이다. 따라서, $f(t)$가 우함수라면 $b_n = 0$ (또는 $F_n = F_{-n}$)을 만족시키고, 기함수라면 $a_n = 0$ (또는 $F_n = -F_{-n}$)을 만족시킨다.

파이썬의 `mpmath` 라이브러리는 매우 정밀한 복소수 연산을 수행하는 다양한 내장

함수를 갖고 있다. 그중, `mpmath.fourier()` 함수는 푸리에 급수의 계수를 계산한다. 예제 11.1을 통해 이 함수의 사용법을 익혀 보자.

예제 11.1

주기가 $T=2$인 **사각파**(square wave)

$$f(t)=\begin{cases}1 & (0\le t\le 1\text{일 때})\\ -1 & (1<t\le 2\text{일 때})\end{cases} \tag{11.6}$$

의 푸리에 급수를 구하고 그래프로 확인하시오. 이 문제의 해석해는 $f(t) = (4/\pi)\sum_{n=1,3,5,\cdots}^{\infty} n^{-1}\sin(2\pi nt/T)$다.

코드 11.1: 푸리에 급수

```
from mpmath import mp
def func(t):
    if 0<t<1: return 1
    elif t<2: return -1
    else:     return 0

N,T=10,2
c,s=mp.fourier(func,[0,T],N)

num=1000
t=np.linspace(0,T,num)
an=np.array(c)[:,np.newaxis]
bn=np.array(s)[:,np.newaxis]
n=np.arange(N+1)[:,np.newaxis]
cos=an*np.cos(2*np.pi*n*t/T)
sin=bn*np.sin(2*np.pi*n*t/T)

f=np.zeros(num)
for i in range(num):
    f[i]=func(t[i])

fig=plt.figure(1,figsize=(7,5))
plt.plot(t,f,'k')
plt.plot(t,sin.T)
plt.plot(t,cos.T)
plt.plot(t,sum(sin+cos))
plt.xlabel(r'$x$')
plt.ylabel(r'$f(x)$')
plt.show()
```

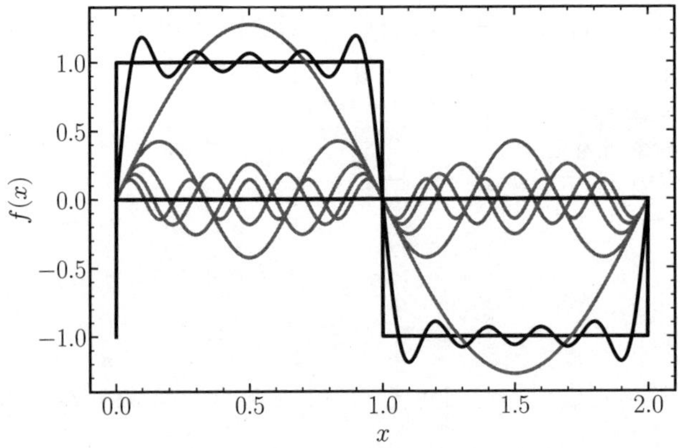

그림 11.2: 사각파의 푸리에 급수 전개

1행은 mpmath 라이브러리에서 객체 mp를 불러온다.[1] 2-5행은 식 (11.6)을 계산하는 함수 func를 정의한다. 7행의 N과 T는 푸리에 급수에서 항의 개수와 func의 주기를 지정한다. 8행은 mp.fourier() 함수를 호출하여 [0,T]인 구간에서 정의된 func의 푸리에 급수를 구한다. c와 s는 각각 코사인함수와 사인함수의 계수에 해당한다. 10-11행은 구간 [0,T]에서 함숫값을 계산할 시각 t를 지정한다. 12-14행은 각각 코사인함수의 계수 an, 사인함수의 계수 bn, 인덱스 n을 저장하는데, 객체 np.newaxis를 이용하여 (열의 개수가 1개인) 2차원 배열로 확장한다. 15-16행은 계수를 포함한 코사인 항과 사인 항을 2차원 배열(행렬)로 계산한다. 각 행은 n의 변화를, 각 열은 t의 변화를 나타낸다. 18-20행은 시각 t의 함숫값 func를 f에 저장한다. 22행 이하는 사인 항, 코사인 항, 급수의 총합을 t의 함수로 그린다(그림 11.2). 식 (11.6)으로 주어진 사각파가 기함수이므로 코사인 항의 계수는 모두 0이다. 13행의 bn을 출력하면 해석해와 같음을 확인할 수 있다.

11.2 푸리에 변환

푸리에 급수(식 11.1)는 주기함수를 복소지수함수의 **이산합**(discrete sum)으로 나타낸 것이다. 푸리에 급수를 비주기적(non-periodic) 연속함수로 확장하여 복소지수함수의 '연속적인' 중첩으로 표현할 수 있다. 즉, 비주기적 연속함수 $h(t)$에 대해

$$H(f) \equiv \int_{-\infty}^{\infty} h(t)e^{-i2\pi ft}dt \tag{11.7}$$

를 $h(t)$의 **푸리에 변환**이라고 한다. 여기서, f는 주파수다. 푸리에 급수에서는 주파수가 주기 역수의 정수배로 국한되지만, 푸리에 변환에서는 주파수가 연속적인 실수임에 유

1) print(mp)를 실행하면 mpmath 라이브러리가 처리하는 숫자의 정밀도를 확인할 수 있다. 숫자를 십진수로 표기할 때, 소수점 이하 20번째 자리까지 정확하게 처리하기 원하면 mp.dps=20을 입력한다.

의하자.

복소지수함수에 대한 항등식

$$\int_{-\infty}^{\infty} e^{\pm i2\pi f(t-t')}df = \delta(t-t') \tag{11.8}$$

을 이용하면 식 (11.7)로부터

$$h(t) \equiv \int_{-\infty}^{\infty} H(f)e^{i2\pi ft}df \tag{11.9}$$

를 얻을 수 있는데, 이를 **푸리에 역변환**(inverse Fourier transform)이라고 한다. $h(t)$는 **물리적 공간**(physical space)에서 정의된 함수고 $H(f)$는 **푸리에 공간**(Fourier space) 또는 **주파수 공간**(frequency space)에서 정의된 함수다. 간단한 표기를 위해 식 (11.7)과 식 (11.9)를

$$\mathcal{F}[h(t)] = H(f), \quad \mathcal{F}^{-1}[H(f)] = h(t) \tag{11.10}$$

또는 $h(t) \Leftrightarrow H(f)$로 나타내기로 한다.

주기함수에 대해 푸리에 급수와 푸리에 변환의 관계를 살펴보자. $h(t)$가 주기 T인 주기함수라면

$$h(t) = \sum_{n=-\infty}^{\infty} H_n e^{i2\pi nt/T} \tag{11.11}$$

과 같이 푸리에 급수로 전개할 수 있다. 여기서, H_n은 $h(t)$의 복소수 푸리에 계수다. 식 (11.11)을 식 (11.7)에 대입하면

$$H(f) = \sum_{n=-\infty}^{\infty} H_n \int_{-\infty}^{\infty} e^{-i2\pi t(f-n/T)}dt = \sum_{n=-\infty}^{\infty} H_n\delta\left(f - \frac{n}{T}\right) \tag{11.12}$$

이 된다. 따라서, 주기함수의 푸리에 변환은 $f = n/T$(단, n은 정수)인 주파수에서만 0이 아니며 그 값은 푸리에 계수 H_n과 같음을 알 수 있다. 즉, 푸리에 계수는 주기함수의 파워스펙트럼을 구성한다(11.2.1절 참고).

11.2.1 푸리에 변환의 성질

연속함수 $g(t)$와 $h(t)$에 대하여 $g(t) \Leftrightarrow G(f)$이고 $h(t) \Leftrightarrow H(f)$라고 할 때, 푸리에 변환은 다음과 같은 성질을 갖고 있다.

1. **대칭성**(symmetry): 함수 $h(t)$가 실함수라면,

$$H(f) = H(-f)^* \tag{11.13}$$

이다. 즉, 실함수의 푸리에 변환은 켤레대칭이다.

2. **시간척도 조절**(time scaling): 임의의 실수 a에 대해

$$h(at) \quad \Leftrightarrow \quad \frac{1}{|a|}H\left(\frac{f}{a}\right) \tag{11.14}$$

가 성립한다. 즉, 함수의 시간척도가 늘어나 시간에 따라 느리게 변하면($a < 1$), 푸리에 변환의 주파수가 감소하고 진폭이 증가한다. 반대로 시간에 따라 빠르게 변하면($a > 1$), 푸리에 변환의 주파수가 증가하고 진폭이 감소한다.

3. **시간 이동**(time shifting): 임의의 실수 t_0에 대해

$$h(t - t_0) \quad \Leftrightarrow \quad H(f)e^{-i2\pi f t_0} \tag{11.15}$$

이 성립한다. 즉, $h(t)$를 시간축으로 t_0만큼 이동시키면 $H(f)$의 크기는 변하지 않고 위상이 $2\pi f t_0$만큼 변한다.

4. **합성곱 정리**(convolution theorem): 두 함수의 합성곱을 $g * h$로 표기할 때,

$$(g * h)(t) \equiv \int_{-\infty}^{\infty} g(\tau)h(t-\tau)d\tau \quad \Leftrightarrow \quad G(f)H(f) \tag{11.16}$$

가 성립한다. 즉, 물리적 공간에서 합성곱의 푸리에 변환은 각 함수의 푸리에 변환의 곱셈과 같다. 역으로 푸리에 변환의 합성곱은 푸리에 역변환의 곱셈과 같다.

5. **상호상관 정리**(cross-correlation theorem): 두 함수의 밀접성을 보여 주는 상호상관을 $g \star h$로 표기할 때,

$$(g \star h)(t) \equiv \int_{-\infty}^{\infty} g(\tau)^* h(t+\tau)d\tau \quad \Leftrightarrow \quad G(f)^* H(f) \tag{11.17}$$

가 성립한다. $g = h$일 때, $h \star h$를 **자기상관**(autocorrelation)이라고 한다.

6. **파세발 정리**(Parseval's theorem): 구간 $[t_1, t_2]$에서 정의된 시계열 함수 $h(t)$의 에너지를 $\int_{t_1}^{t_2} |h(t)|^2 dt$로 정의한다. 파세발 정리는 함수의 총에너지가 푸리에 변환의 총에너지와 같음을 말한다. 이를 식으로 표현하면

$$\int_{-\infty}^{\infty} |h(t)|^2 dt = \int_{-\infty}^{\infty} |H(f)|^2 df \tag{11.18}$$

이다. $|H(f)|^2$을 함수 $h(t)$의 **파워스펙트럼**(power spectrum)이라고 한다. 파워스펙트럼의 총면적은 $h(t)$의 총에너지와 같다.

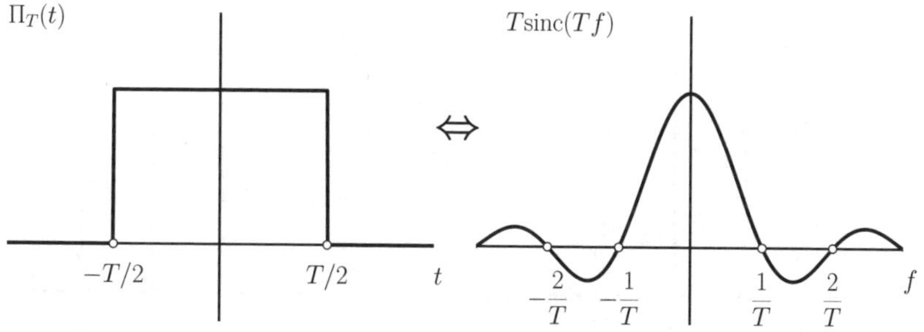

그림 11.3: 직사각함수의 푸리에 변환

11.2.2 유용한 함수의 푸리에 변환

신호 분석에 널리 사용되는 여러 함수의 푸리에 변환은 다음과 같다.

1. **델타함수**(delta function) $\delta(t - t_0)$:

$$\delta(t - t_0) \quad \Leftrightarrow \quad e^{-i2\pi f t_0} \tag{11.19}$$

델타함수는 주로 **단위충격**(unit impulse)을 기술하는 데 사용된다.

2. **가우스 함수**(Gaussian function) e^{-at^2}:

$$\exp\left(-at^2\right) \quad \Leftrightarrow \quad \sqrt{\frac{\pi}{a}}\exp\left(-\frac{\pi^2 f^2}{a}\right) \tag{11.20}$$

즉, 가우스 함수의 푸리에 변환은 폭이 다른 가우스 함수다. 가우스 함수는 영상 처리에서 영상을 흐릿하게 만들거나 사물의 경계를 포착할 때 주로 사용한다(11.5.4절 참고).

3. **직사각함수**(rectangular function) $\Pi_T(t)$:

$$\Pi_T(t) \equiv \begin{cases} 1 & (|t| \le T/2) \\ 0 & (|t| > T/2) \end{cases} \quad \Leftrightarrow \quad T\text{sinc}(Tf) \tag{11.21}$$

여기서, $\text{sinc}(x)$는 **싱크함수**(sinc function)라고 부르며

$$\text{sinc}(x) \equiv \frac{\sin(\pi x)}{\pi x} \tag{11.22}$$

로 정의한다. 직사각함수는 **대문함수**(gate function)라고도 불리는데 일정 두께의 펄스를 만들거나 일정 영역 밖의 신호를 제거하는 데 사용된다. 그림 11.3은 직사각함수와 싱크함수의 개형을 보여 준다.

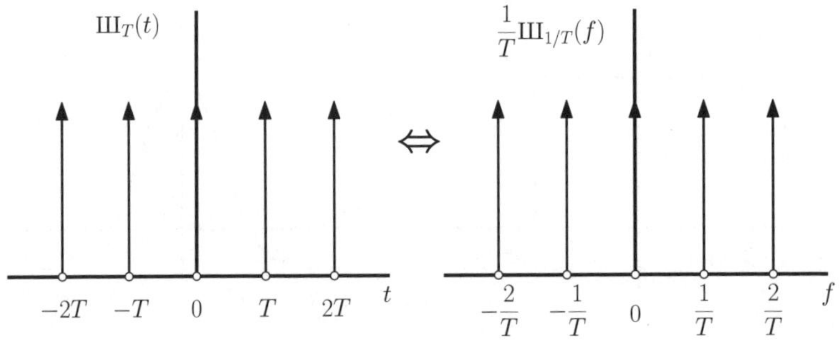

그림 11.4: 추출함수의 푸리에 변환

4. **삼각형함수**(triangular function) $\Lambda_T(t)$:

$$\Lambda_T(t) \equiv \begin{cases} 1 - |t|/T & (|t| \le T) \\ 0 & (|t| > T) \end{cases} \quad \Leftrightarrow \quad T\text{sinc}^2(Tf) \tag{11.23}$$

삼각형함수는 두 사각형함수의 합성곱으로도 표현된다(즉, $\Lambda_T = \Pi_T * \Pi_T/T$). 삼각형함수는 필터를 통과한 신호를 묘사하는 데 사용된다.

5. **표본추출함수**(sampling function)[2] $Ш_T(t)$:

$$Ш_T(t) \equiv \sum_{n=-\infty}^{\infty} \delta(t - nT) = \frac{1}{T}\sum_{n=-\infty}^{\infty} e^{i2\pi nt/T} \quad \Leftrightarrow \quad \frac{1}{T}Ш_{1/T}(f) \tag{11.24}$$

표본추출함수는 아날로그 신호를 간격 T로 표본추출할 때 사용한다. 그림 11.4는 표본추출함수와 푸리에 변환의 개형을 보여 준다.

11.2.3 니퀴스트-섀넌 표본추출 정리⋆

대부분의 시계열 자료는 긴 시간 동안 연속적으로 일어나는 아날로그 신호를 균등한 간격으로 표본추출한 디지털 신호며, 이 신호의 푸리에 변환을 수치상으로 구할 수 있다. 연속적인 아날로그 신호를 저장하려면 대용량의 저장공간이 필요하다. 디지털 신호가 추출 전의 아날로그 신호를 완벽하게 복원할 수 있다면, 저장공간을 획기적으로 줄일 수 있을 것이다. 우리가 휴대전화로 듣고 보는 노래와 영상은 아날로그 신호를 용량이 작은 디지털 신호로 바꾼 후, 기계를 통해 아날로그 신호로 재생한 것이다.

그림 11.5와 같이 푸리에 변환이 $H(f)$인 연속함수 $h(t)$를 생각해 보자. $h(t)$가 실함수면 $H(f)$는 **켤레대칭** 관계에 있다(식 11.13). $H(f)$의 최대 주파수를 $f_{\max}$라고 하자.

2) 함수의 모양이 키릴(Cyrillic) 문자의 샤(Shah)와 닮았기 때문에 **샤함수**(Shah function)라고도 하고, 빗을 닮았기 때문에 **디락 빗함수**(Dirac comb function)라고도 한다.

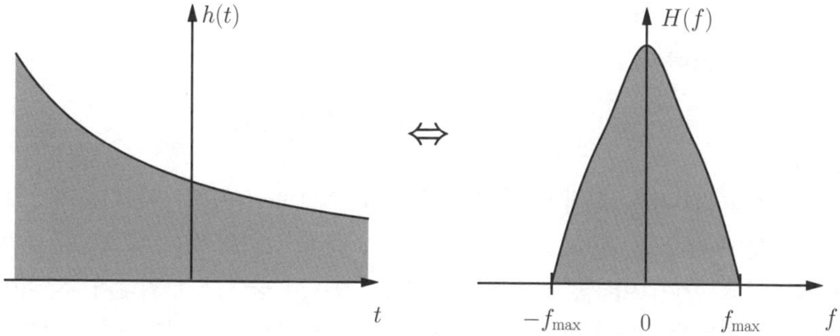

그림 11.5: 연속함수 $h(t)$와 푸리에 변환 $H(f)$. $f_{\max}$는 $H(f)$가 가진 최대 주파수를 나타낸다.

이렇게 $|f| > f_{\max}$인 주파수에서 $H(f) = 0$인 조건을 만족시키는 함수를 **대역폭 제한 함수**(bandwidth-limited function)라고 한다.

이제, 함수 $h(t)$를 Δt라는 균등간격으로 표본추출해 보자. $h_n = h(n\Delta t)$로 표기하면, 표본추출한 값들로 구성된 수열은

$$\sum_{n=-\infty}^{\infty} h_n \delta(t - n\Delta t) = h(t)\text{III}_{\Delta t}(t) \tag{11.25}$$

로 주어진다. 이 수열을 푸리에 변환하면

$$h(t)\text{III}_{\Delta t}(t) \quad \Leftrightarrow \quad \frac{1}{\Delta t} H(f) * \text{III}_{1/\Delta t}(f) = \frac{1}{\Delta t} \sum_{n=-\infty}^{\infty} H\left(f - \frac{n}{\Delta t}\right) \tag{11.26}$$

을 얻는다. 여기서, 식 (11.16)과 식 (11.24)를 이용하였다. 그림 11.6은 $h(t)\text{III}_{\Delta t}(t)$와 $H(f) * \text{III}_{1/\Delta t}(f)$의 개형을 보여 준다. 물리적 공간에서 자료를 간격 Δt로 표본추출하는 것은 푸리에 공간에서 $H(f)$의 복제 스펙트럼을 $\Delta f = 1/\Delta t$인 간격으로 이동시키며

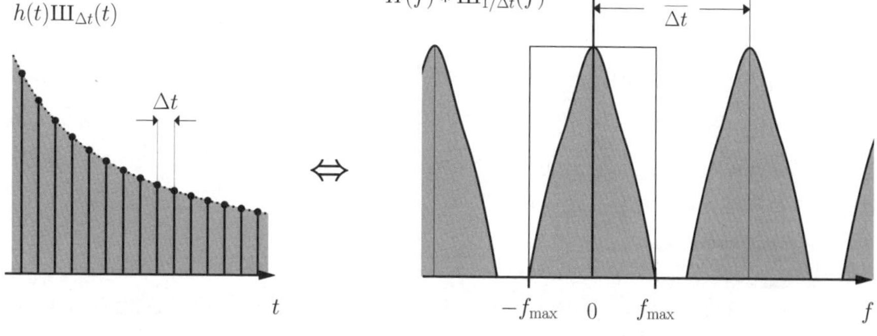

그림 11.6: 균일 간격으로 표본화한 자료 $h(t)\text{III}_{\Delta t}(t)$와 푸리에 변환 $H(f) * \text{III}_{1/\Delta t}(f)$

무한히 더하는 것과 같다.

Δt가 충분히 작아서

$$f_{\max} \le \frac{1}{2\Delta t} \equiv f_c \tag{11.27}$$

인 조건을 만족시킨다면, 인접한 복제 스펙트럼은 서로 겹치지 않는다. 여기서, f_c를 **니퀴스트 임계 주파수**(Nyquist critical frequency)라고 하며 $\Delta t = 1/(2f_{\max})$를 **니퀴스트 간격**이라고 한다. 이 경우, 수많은 복제 스펙트럼 중 $|f| \le f_{\max}$인 영역에 있는 저주파 스펙트럼만 선택하면 $h(t)$의 푸리에 변환인 $H(f)$와 같아진다. 이 과정을 식으로 표현하면

$$H(f) = [H(f) * \text{Ш}_{1/\Delta t}(f)] \cdot \Pi_{2f_{\max}}(f) \tag{11.28}$$

와 같다. 여기서, $\Pi_{2f_{\max}}(f)$는 식 (11.21)에서 정의한 폭이 $2f_{\max}$인 직사각함수다.

식 (11.28)을 푸리에 역변환하면 $h(t)$를 얻을 수 있다. 즉,

$$h(t) = \mathcal{F}^{-1}\left\{[H(f) * \text{Ш}_{1/\Delta t}(f)] \cdot \Pi_{2f_{\max}}\right\} \tag{11.29a}$$

$$= \mathcal{F}^{-1}\left[H(f) * \text{Ш}_{1/\Delta t}(f)\right] * \mathcal{F}^{-1}\left[\Pi_{2f_{\max}}(f)\right] \tag{11.29b}$$

$$= \left\{\mathcal{F}^{-1}[H(f)] \cdot \mathcal{F}^{-1}\left[\text{Ш}_{1/\Delta t}(f)\right]\right\} * \mathcal{F}^{-1}\left[\Pi_{2f_{\max}}(f)\right] \tag{11.29c}$$

$$= 2f_{\max}\Delta t\,[h(t)\text{Ш}_{\Delta t}(t)] * \text{sinc}(2f_{\max}t) \tag{11.29d}$$

$$= 2f_{\max}\Delta t \sum_{n=-\infty}^{\infty} h_n \int_{-\infty}^{\infty} \delta(\tau - n\Delta t)\text{sinc}[2f_{\max}(t-\tau)]d\tau \tag{11.29e}$$

$$= \Delta t \sum_{n=-\infty}^{\infty} h_n \frac{\sin[2\pi f_{\max}(t - n\Delta t)]}{\pi(t - n\Delta t)} \tag{11.29f}$$

다. 여기서, 식 (11.21)과 식 (11.24)를 이용하였다. 니퀴스트 간격으로 표본추출할 때 (즉, $2f_{\max} = 1/\Delta t$일 때), 식 (11.29f)는

$$h(t) = \sum_{n=-\infty}^{\infty} h_n \text{sinc}\left(\frac{t}{\Delta t} - n\right) \tag{11.30}$$

으로 단순화된다. 식 (11.30)을 **니퀴스트-섀넌 표본추출 정리**(Nyquist–Shannon sampling theorem)라고 한다. 이 정리는, 주기가 $T = 1/f_{\max}$인 주기함수의 경우, $\Delta t = T/2$, 즉, 한 주기당 두 점씩 표본추출한 h_n만으로 원래의 연속함수 $h(t)$를 완벽하게 복원할 수 있음을 의미한다.

예제 11.2

함수 $h(t) = \cos(2\pi t)$를 니퀴스트 간격으로 표본추출하고, 추출된 자료가 $h(t)$를 복원하는지 확인하시오. 이 함수의 최대 주파수는 $f_{\max} = 1$이다.

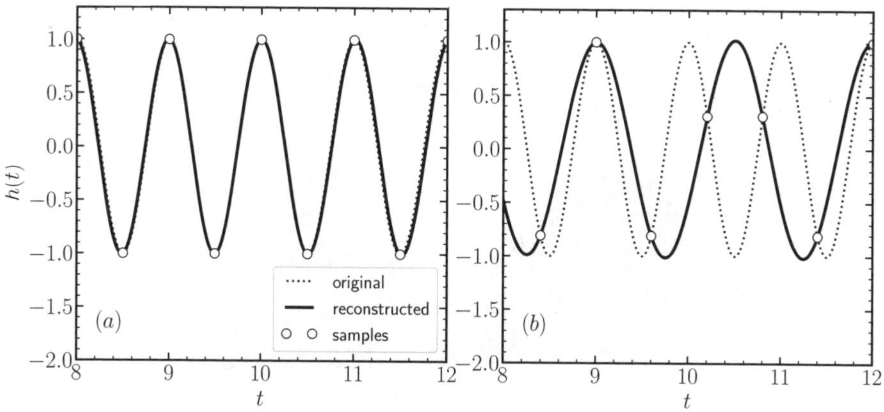

그림 11.7: 연속함수 $h(t) = \cos(2\pi t)$를 (a) 나이퀴스트 간격으로, (b) $\Delta t = 1.2/(2f_{\max})$인 간격으로 표본추출하여 원함수를 복원한 결과. 파선은 원함수고 실선은 복원 결과다.

코드 11.2: 표본추출 정리

```
def h(t):
    return np.cos(2*np.pi*t)

N=10000
t=20.*np.arange(N)/float(N)

fmax=1
delt=1/(2*fmax)
ts=np.arange(0,20,delt)

hn=h(ts)

hrec=np.zeros(N)
for j in range(len(ts)):
    hrec+=hn[j]*np.sinc(t/delt-j)

fig=plt.figure(1,figsize=(7,5))
plt.plot(t,h(t),'--',label='original')
plt.plot(ts,hn,'o',mec='k',label='samples')
plt.plot(t,hrec,'r',label='reconstructed')
plt.xlim(8,12)
plt.xlabel(r'$t$')
plt.ylabel(r'$h(t)$')
plt.legend(numpoints=2,loc=4)
plt.show()
```

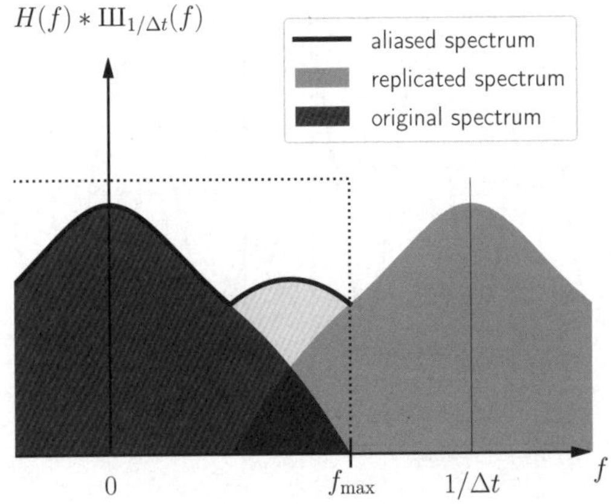

그림 11.8: $\Delta t > 1/(2f_{\max})$일 때 나타나는 위신호 스펙트럼

1-2행은 함수 `h(t)`를 정의한다. 4-5행은 함숫값을 계산할 시각 `t`∈`[0,20)`을 지정한다. 7-9행은 최대 주파수 `fmax`, 표본추출 간격 `delt=1/(2*fmax)`, 표본추출할 시각 `ts`를 지정한다. 11행은 `h(t)`를 시각 `ts`에서 표본추출하여 변수 `hn`에 저장한다. 13행은 변수 `hrec`를 0으로 초기화하고 14-15행은 식 (11.30)의 우변을 계산하여 `hrec`에 저장한다. 17행 이하는 $t \in [8, 12]$인 영역에 관한 결과를 그래프로 출력한다.

그림 11.7(a)는 코드 11.2를 실행한 결과를 보여 준다. 표본추출한 점의 수는 한 주기당 2개다. 복원된 곡선은 원함수 $h(t)$를 비교적 잘 따르지만 그림의 양쪽 경계로 가면서 원함수와 점점 달라진다. 이것은 식 (11.30)에 있는 무한개의 합을 유한개의 합으로 대치했기 때문이다.

11.2.4 위신호 현상⋆

표본추출 간격 Δt가 너무 커서 식 (11.27)을 만족시키지 못하면 인접한 두 복제 스펙트럼이 겹친다(그림 11.8). 이 경우, 식 (11.28)의 우변으로부터 구성된 스펙트럼은 $|f| < (1/\Delta t - f_{\max})$인 영역에서는 $H(f)$와 같지만, $(1/\Delta t - f_{\max}) < |f| < f_{\max}$인 영역에서는 겹쳐진 두 복제 스펙트럼의 합으로 주어진다. 따라서 구간 $|f| < f_{\max}$에 있는 스펙트럼은 $H(f)$와 달라지는데, 이렇게 본래 스펙트럼으로부터 왜곡된 스펙트럼을 **위신호 스펙트럼**(aliased spectrum)이라고 한다.[3]

그림 11.7(b)는 코드 11.2의 8행을

```
delt=1.2/(2*fmax)
```

로 바꾸어 실행한 결과를 보여 준다. $h_0(t) = \cos(2\pi t)$의 최대 주파수는 $f_{\max} = 1$이므로 $f = \pm 1/\Delta t = \pm 5/3$에 중심을 둔 복제 스펙트럼의 주파수인 $f_1 = |1/\Delta t - 1| = 2/3$가

3) 위신호(僞信號)는 가짜 신호 또는 잘못된 신호라는 뜻이다.

위신호 스펙트럼이 된다. 그림 11.7(b)의 실선은 $h_1(t) = \cos(2\pi f_1 t)$와 같은데, 이러한 가짜 신호가 생기는 현상을 **위신호 현상**(aliasing)이라고 한다. 위신호 현상을 줄이기 위해서는 Δt를 니퀴스트 간격보다 작게 잡거나, **저역통과필터**(low-pass filter)를 이용하여 $|f| > 1/(2\Delta t)$인 고주파 신호를 제거한다.

11.3 이산시간 푸리에 변환

앞에서 언급했듯이 컴퓨터는 연속함수가 아니라 연속함수를 균등간격으로 표본추출하여 얻은 유한개의 이산 자료를 다룬다. 따라서 식 (11.7)의 적분을 유한한 이산 자료에 대한 합으로 대치한 푸리에 변환이 필요하다. 이를 위해, 무한한 이산 자료의 푸리에 변환부터 살펴보자.

연속함수 $h(t)$를 Δt 간격으로 $t_n = n\Delta t$인 시각에 표본추출한 무한개의 자료를 $h_s(t)$라고 하면

$$h_s(t) = \sum_{n=-\infty}^{\infty} h_n \delta(t - n\Delta t) \tag{11.31}$$

이다. 여기서, $h_n = h(t_n)$이다. 식 (11.31)을 식 (11.7)에 대입하고 정리하면

$$H(f) = \sum_{n=-\infty}^{\infty} h_n e^{-i2\pi fn} \tag{11.32}$$

가 된다. 여기서, 관례에 따라 $\Delta t = 1$로 잡았다. 식 (11.32)를 h_n의 **이산시간 푸리에 변환**(discrete-time Fourier transform) 또는 간단히 DTFT라고 한다. $H(f) = H(f+1)$이다. h_n은 이산적이지만 $H(f)$는 주기가 $1(= 1/\Delta t)$인 연속함수임에 유의하자. 자료를 간격 Δt로 표본추출하는 것은 $H(f)$의 복제 스펙트럼을 $1/\Delta t$의 정수배 간격으로 이동시키며 무한히 더하는 것과 동등하다(그림 11.6 참고).[4]

식 (11.32)를 식 (11.1)과 비교하면 h_n은 $H(f)$의 복소수 푸리에 계수와 같음을 알 수 있다(단, $f = -t/T$). 따라서, 식 (11.2)를 적용하면

$$h_n = \int_0^1 H(f) e^{2\pi ifn} df \tag{11.33}$$

가 된다. 식 (11.33)을 **이산시간 푸리에 역변환**(inverse discrete-time Fourier transform)이라고 한다. 형태는 약간 다르지만 DTFT도 11.2.1절에서 언급한 푸리에 변환의 다양한 성질을 만족한다. DTFT의 성질에 대해서는 Kamen & Heck(2014) 등과 같은 디지털 신호 분석에 관한 전문 서적을 참고할 수 있다.

4) DTFT와 식 (11.7)에서 계산되는 연속시간(continuous-time) 푸리에 변환 $H(f)$는 $|f| < 1/(2\Delta t)$에서만 같고 나머지 영역에서는 다르지만 혼란의 여지가 없으므로 같은 기호로 표기하였다.

11.4 이산 푸리에 변환

11.4.1 이산 푸리에 변환과 역변환

DTFT는 이산 신호를 해석적으로 푸리에 변환할 때 유용하지만, (1) 무한개의 자료에 대한 합을 구해야 하고 (2) 진동수 f가 연속적으로 변하기 때문에 여전히 컴퓨터를 이용하여 계산할 수 없다. 컴퓨터 계산이 가능하도록 $n = 0, 1, \cdots, N-1$인 신호만 남기고 나머지를 0으로 만든 자료를 $\widetilde{h}_n$으로 나타내면

$$\widetilde{h}_n = p_n h_n \tag{11.34}$$

이다. 여기서, p_n은 폭이 N인 **직사각 펄스**(rectangular pulse)로

$$p_n = \begin{cases} 1 & (0 \le n \le N-1\text{일 때}) \\ 0 & (n < 0\,\text{또는}\, n \ge N\text{일 때}) \end{cases} \tag{11.35}$$

을 만족시킨다. $\widetilde{h}_n$의 DTFT는

$$\widetilde{H}(f) = \sum_{n=-\infty}^{\infty} \widetilde{h}_n e^{-i2\pi fn} = \sum_{n=0}^{N-1} h_n e^{-i2\pi fn} \tag{11.36}$$

으로 주어진다. $\widetilde{H}(f)$는 f에 대한 주기 1인 연속함수다. 직사각 펄스의 DTFT는

$$P_N(f) = \sum_{n=-\infty}^{\infty} p_n e^{-i2\pi fn} = \sum_{n=0}^{N-1} (e^{-i2\pi f})^n \tag{11.37a}$$

$$= \frac{1 - e^{-i2\pi fN}}{1 - e^{-i2\pi f}} = e^{-i\pi f(N-1)} \frac{\sin(\pi fN)}{\sin(\pi f)} \tag{11.37b}$$

이다. $P_N(f)$의 진폭인 $\sin(\pi fN)/\sin(\pi f)$를 **디리쉬레 커널**(Dirichlet kernel)이라고 부르는데, 직사각함수의 푸리에 변환(식 11.21)과 유사하지만 주기함수라는 점에서 싱크함수와 다르다.

이제, 구간 $[0, 1)$에서 연속인 주파수 f를 $1/N$인 간격으로 표본추출한 N개의 주파수를 $f_k \equiv k/N$으로 나타내고 $H_k \equiv \widetilde{H}(f_k)$라고 하면(단, $k = 0, 1, \cdots, N-1$), 식 (11.36)은

$$H_k = \sum_{n=0}^{N-1} h_n e^{-i2\pi kn/N} \tag{11.38}$$

이 된다. 식 (11.38)을 h_n의 **이산 푸리에 변환**(discrete Fourier transform), 또는 간단히 DFT라고 한다. 이산 푸리에 변환은 $H_k = H_{k+N}$인 주기적 경계조건을 만족시킨다.

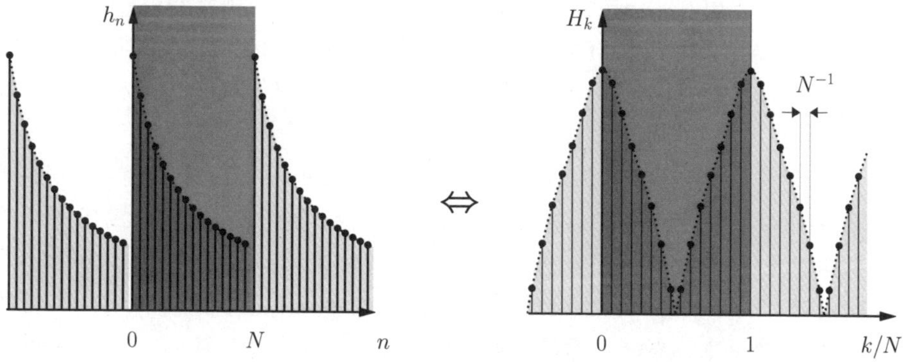

그림 11.9: 이산 푸리에 변환과 역변환. 구간 $n = t_n/\Delta t \in [0, N)$에서 표본추출된 N개 이산 신호 h_n의 이산 푸리에 변환 $H(f)$는 주기 $1/\Delta t$인 주기함수며, $H(f)$를 구간 $k/N \in [0, 1)$에서 $1/N$인 간격으로 표본추출한 H_k의 이산 푸리에 역변환 h_n은 주기가 N인 주기신호다.

나아가 식 (11.33)의 적분을 유한합으로 근사하면

$$h_n = \frac{1}{N}\sum_{k=0}^{N-1} H_k e^{i2\pi kn/N} \tag{11.39}$$

을 얻을 수 있다. 식 (11.39)를 H_k의 **이산 푸리에 역변환**(inverse discrete Fourier transform)이라고 한다. 이산 푸리에 역변환도 $h_n = h_{n+N}$인 주기적 경계조건을 만족시킴에 유의하자. 즉, 푸리에 공간에서 주파수를 $1/N$인 간격으로 표본추출하는 것은 물리적 공간에서 h_n(단, $0 \le n \le N-1$)의 복제 자료를 N의 정수배 간격으로 이동시키며 무한히 더하는 것과 같다(그림 11.9).

식 (11.38)과 식 (11.39)가 양립하기 위해서는 N개의 점에서 정의된 복소지수함수가

$$\frac{1}{N}\sum_{k=0}^{N-1} e^{i2\pi k(n-m)/N} = \delta_{mn} \tag{11.40}$$

이라는 직교 관계를 만족시켜야 한다. 여기서, δ_{mn}은 크로네커 델타(Kronecker delta)다. 식 (11.40)의 증명은 다음과 같다. 우선 $n = m$이면 좌변과 우변이 모두 1이다. $n \neq m$이면, 좌변은 초항이 N^{-1}이고 공비가 $r = e^{i2\pi(n-m)/N}$인 등비수열의 합 $N^{-1}(1 - r^N)/(1 - r)$과 같다. 그런데 $r^N = 1$이므로 좌변과 우변이 모두 0이다(증명 끝).

간단한 예로,

$$h_n = \cos(2\pi kn/N) = \frac{1}{2}(e^{i2\pi kn/N} + e^{-i2\pi kn/N}) \tag{11.41}$$

과 같이 주파수가 k/N인 코사인함수의 한 주기를 N점 표본추출한 경우를 생각해 보자. 식 (11.41)을 식 (11.38)에 대입하고 식 (11.40)을 이용하면 $H_k = H_{-k} = H_{N-k} =$

$N/2$이고 H_k의 나머지 원소는 모두 0이다. 즉, 코사인함수의 푸리에 변환은 실수며, 인덱스가 k 또는 $N-k$인 원소만 0이 아닌 값을 갖는다. 마찬가지로 $h_n = \sin(2\pi kn/N)$인 주파수가 k/N인 사인함수의 푸리에 변환은 $H_k = H^*_{-k} = H^*_{N-k} = N/(2i)$인 허수며 나머지 원소는 모두 0이다.

위 내용을 다음과 같이 일반화할 수 있다. $k \le N/2$일 때, H_k의 실수부와 허수부는 각각 주파수가 $f = k/(N\Delta t)$인 코사인함수(우함수)와 사인함수(기함수)의 상대진폭을 나타낸다. H_0는 주파수가 0인, 즉 t에 따라 변하지 않는 성분이며 그 값은 h_n의 총합과 같다. $H_{N/2}$는 주어진 N개의 자료로 표현할 수 있는 주파수의 최댓값인 **니퀴스트 임계 주파수**에 해당하는 성분이다.[5] $N/2 < k \le (N-1)$일 때, H_k는 주파수 $f = (k-N)/(N\Delta t)$가 음수인 성분의 세기를 나타낸다. 음의 주파수는 물리적으로 실재하지 않는 수학적인 주파수다. $h(t)$가 실함수라면 $H_{-k} = H^*_k$인 관계를 만족시키므로 양의 주파수와 중복된다.

식 (11.38)을 행렬방정식으로 표현하면

$$\boldsymbol{H} = \boldsymbol{\Omega h} \tag{11.42}$$

이다. 여기서, $\boldsymbol{H} = [H_0, \cdots, H_{N-1}]^\intercal$, $\boldsymbol{h} = [h_0, \cdots, h_{N-1}]^\intercal$인 열벡터고,

$$\boldsymbol{\Omega} = \begin{bmatrix} 1 & 1 & 1 & \cdots & 1 \\ 1 & W_N^1 & W_N^2 & \cdots & W_N^{N-1} \\ 1 & W_N^2 & W_N^4 & \cdots & W_N^{2(N-1)} \\ \vdots & \vdots & \vdots & \ddots & \vdots \\ 1 & W_N^{N-1} & W_N^{2(N-1)} & \cdots & W_N^{(N-1)^2} \end{bmatrix} \tag{11.43}$$

인 행렬이며

$$W_N \equiv e^{-i2\pi/N} \tag{11.44}$$

이다. 따라서 N개로 구성된 자료의 DFT를 구하려면 $\mathcal{O}(N^2)$에 비례하는 연산이 필요하다.

예제 11.3

$N = 8$일 때, $t \in [0, 1)$인 구간에서 함수

$$h(t) = \cos(2\pi t) + 2\sin(4\pi t) + 0.1 \tag{11.45}$$

의 이산 푸리에 변환 H_k를 구하시오(단, $k = 0, \cdots, 7$).

5) N이 홀수일 때는 니퀴스트 임계 주파수보다 약간 작은 주파수($k = [N-1]/2$)까지만 분해할 수 있다.

코드 11.3: 이산 푸리에 변환

```
1  def func(t):
2      return np.cos(2*np.pi*t)+2*np.sin(4*np.pi*t)+0.1
3
4  N=8
5  Omega=np.zeros((N,N),dtype=complex)
6  for j in range(N):
7      for i in range(N):
8          W=np.exp(-2*np.pi*complex(0,1)/N)
9          Omega[j,i]=pow(W,i*j)
10
11 t=np.arange(N)/float(N)
12 h=func(t)
13
14 H=Omega@h
15 print(H.real)
16 print(H.imag)
17
18 fig=plt.figure(1,figsize=(9,4))
19 plt.subplot(121)
20 ts=np.linspace(0,1,200)
21 plt.plot(ts,func(ts))
22 plt.plot(t,h,'o')
23 plt.xlabel(r'$t$')
24 plt.ylabel(r'$h$')
25 plt.subplot(122)
26 k=np.arange(N)
27 plt.plot(k,H.real,'o-',label='Real')
28 plt.plot(k,H.imag,'v--',label='Imag')
29 plt.xlabel(r'$k$')
30 plt.ylabel(r'$H_k$')
31 plt.legend()
32 plt.tight_layout()
33 plt.show()
```

1-2행은 식 (11.45)를 계산하는 함수 `func`를 정의한다. 5행은 행렬 `Omega`를 `N`차 정사각행렬로 선언하고 모든 원소를 0으로 초기화한다. `Omega`는 복소수이므로 열쇳말 `dtype`을 이용하여 자료형을 `complex`로 선언해야 한다. 6-9행은 식 (11.43)을 따라 행렬 `Omega`를 계산한다. 8행의 `complex(0,1)`은 허수단위인 i와 같다. 8행을 `W = np.exp(-2j*np.pi/N)`으로 바꾸어도 같은 결과를 얻는다. 11행은 함수를 표본추출할 시각 `t`를 지정하고 12행에서 함숫값을 추출하여 `h`에 저장한다. 14행은 식 (11.42)를 따라 푸리에 변환 `H`를 계산한다. `@`는 행렬의 곱셈연산자다. 15-16행은 `H`의 실수부와

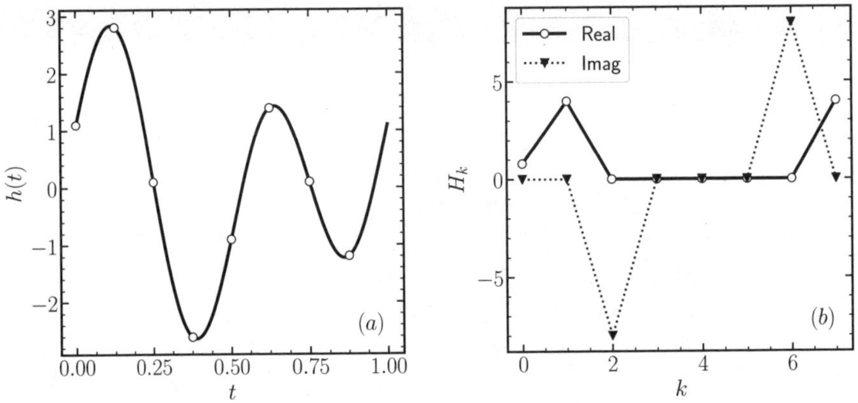

그림 11.10: (a) 식 (11.45)의 $N = 8$점 표본추출과 (b) 푸리에 변환. $\Delta t = 1/N$이다.

허수부를 화면에 출력한다. 19-24행은 $h(t)$와 표본추출값 h_n을 그래프로 그린다. 25-31행은 H의 실수부와 허수부를 주파수 k의 함수로 그린다. 26행은 인덱스 k를 지정한다.

그림 11.10은 코드 11.3을 실행한 결과를 보여 준다. 그림 11.10(a)는 식 (11.45)에서 정의한 함수와 $N = 8$개의 표본추출 자료를 나타내고, 그림 11.10(b)는 푸리에 변환 H_k의 실수부와 허수부를 인덱스 k의 함수로 보여 준다. $H_0 = \sum_{n=0}^{N-1} h_n = 0.8$이다. $H_1 = N/2 = 4$는 식 (11.45)에서 주파수가 1인 $\cos(2\pi t)$ 푸리에 변환에 해당하는데, 코사인함수가 우함수이므로 실수다. $H_2 = -8i$는 주파수가 2인 $2\sin(4\pi t)$의 푸리에 변환이며 사인함수가 기함수이므로 허수다. $|H_2|/|H_1| = 2$인 것은 주파수가 2인 사인함수의 진폭이 주파수가 1인 코사인함수의 진폭의 두 배임을 뜻한다. 식 (11.45)에는 주파수가 3과 4인 함수가 없으므로 $H_3 = H_4 = 0$이다. $k > N/2$일 때, H_k는 주파수가 $f = k - N$인 함수의 푸리에 변환이다. 따라서 $H_5 = H_{-3} = H_3^* = 0$, $H_6 = H_{-2} = H_2^* = 8i$, $H_7 = H_{-1} = H_1^* = 4$이다.

1차원 자료의 푸리에 (역)변환인 식 (11.38)과 식 (11.39)를 고차원으로 확장할 수 있다. 예를 들어, 2차원 함수 $h(x, y)$를 x 방향으로는 간격이 Δx이고 y 방향으로는 간격이 Δy인 $M \times N$개의 격자점에서 표본추출한 값을 $h_{mn} = h(m\Delta x, n\Delta y)$라고 하자. 또한, x 방향의 파수(wavenumber)를 $f_k = k/(M\Delta x)$, y 방향의 파수를 $f_l = l/(N\Delta y)$라고 하고 $H_{kl} = H(f_k, f_l)$로 나타내면, h_{mn}의 푸리에 변환은

$$H_{kl} = \sum_{m=0}^{M-1} \sum_{n=0}^{N-1} h_{mn} \exp\left[-i2\pi\left(\frac{km}{M} + \frac{ln}{N}\right)\right] \tag{11.46}$$

이고, H_{kl}의 역변환은

$$h_{mn} = \frac{1}{MN} \sum_{k=0}^{M-1} \sum_{l=0}^{N-1} H_{kl} \exp\left[i2\pi\left(\frac{km}{M} + \frac{ln}{N}\right)\right] \tag{11.47}$$

이다. 여기서, 관례에 따라 $\Delta x = \Delta y = 1$로 잡았다. H_{00}는 h_{mn}을 모두 더한 값이며, x 방향으로도 y 방향으로도 변하지 않는 성분을 나타낸다.

11.4.2 이산시간 푸리에 변환과 비교⋆

다음과 같이 세 경우로 나누어 DTFT와 DTF를 비교해 보자. 첫째, 자료가 유한개의 점에서 0이 아닌 경우를 살펴보자. 원자료가 $n < 0$과 $n \geq N$인 구간에서 모두 0이면,

$$H(f) = \sum_{n=-\infty}^{\infty} h_n e^{-i2\pi fn} = \sum_{n=0}^{N-1} h_n e^{-i2\pi fn} \tag{11.48}$$

이므로 $H(f_k) = H_k$다(단, $k = 0, \cdots, N-1$). 즉, DFT는 DTFT를 $f_k = k/N$인 이산 주파수에서 표본추출한 값과 같다. 나아가, 식 (11.39)를 식 (11.48)에 대입하여 h_n을 소거하면

$$H(f) = \frac{1}{N} \sum_{k=0}^{N-1} H_k P_N(f - k/N) \tag{11.49}$$

가 된다. 즉, H_k를 보간하여 연속적인 $H(f)$를 구성할 수 있다(식 11.30 참고).

길이가 N인 자료에 대해 DFT의 진동수 분해능은 $1/N$이다. 또한 식 (11.48)에 $h_n = 0$인 값을 아무리 더해도 $H(f)$는 변하지 않는다. 따라서, 주어진 N개의 자료 h_n(단, $n = 0, \cdots, N-1$)에 $(M-N)$개의 $h_n = 0$(단, $n = N, N+1, \cdots, M-1$)을 붙여 만든 M개 자료의 DTFT는 $H(f)$와 같지만 진동수 분해능은 $1/M$으로 개선된다. 예를 들어,

$$h_n = \begin{cases} 1 & (n = 0, \cdots, 3\text{일 때}) \\ 0 & (\text{그 외의 경우}) \end{cases} \tag{11.50}$$

인 자료의 DTFT는

$$H(f) = P_4(f) = e^{-i3\pi f} \frac{\sin(4\pi f)}{\sin(\pi f)} \tag{11.51}$$

로 주어진다. $H(f)$를 표본추출한 H_k의 진폭은 $|P_4(k/4)| = |\sin(\pi k)|/\sin(\pi k/4)$이므로 $H_0 = 4$, $H_1 = H_2 = H_3 = 0$이다. 이 경우, DFT는 DTFT의 형태에 대한 어떤 정보도 제공하지 않는다. 위 자료에 4개의 0을 덧대어 만든 8개의 자료 $h_n = \{1, 1, 1, 1, 0, 0, 0, 0\}$의 DTFT는 여전히 $P_4(f)$와 같지만 DFT의 진폭은 $|P_4(k/8)| = |\sin(\pi k/2)|/\sin(\pi k/8)$로 변한다(단, $k = 0, \cdots, 7$). 그림 11.11은 덧붙여진 0의 개수가 증가할수록 DFT가 DTFT에 가까워짐을 보여 준다. 이와 같이 추출된 신호 뒤에 0으로 된 가짜 신호를 붙여 진동수의 분해능을 증가시키는 것을 **영덧댐 방법**(zero-padding method)이라고 한다.

둘째, 자료가 무한하지만 주기적인 경우를 살펴보자. h_n이 주기 N으로 반복되는

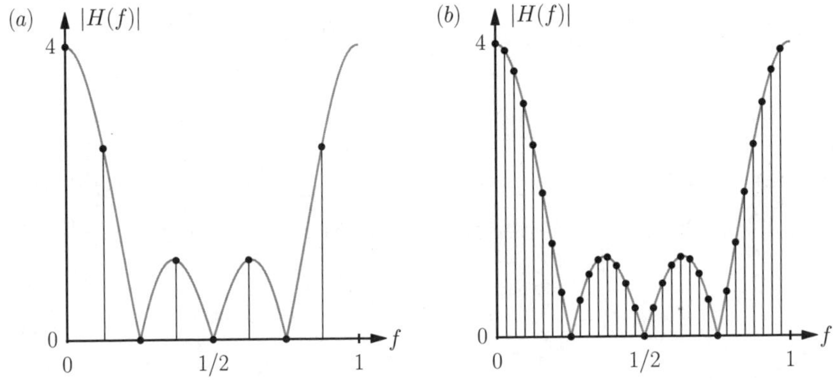

그림 11.11: 영덧댐과 푸리에 변환의 분해능. $h_n = \{1,1,1,1\}$에 (a) 4개의 0을 덧댄 8개 신호 $h_n = \{1,1,1,1,0,0,0,0\}$의 DFT 스펙트럼과 (b) 28개의 0을 덧댄 32개 신호 $h_n = \{1,1,1,1,0,\cdots,0\}$의 DFT 스펙트럼. DFT의 윤곽은 두 경우 모두 $|H(f)| = |P_4(f)| = |\sin(4\pi f)|/\sin(\pi f)$로 주어진다.

자료라면 $h_n = h_{n+N}$이므로,

$$H(f) = \sum_{n=-\infty}^{\infty} h_n e^{-i2\pi fn} = \sum_{m=-\infty}^{\infty}\sum_{l=0}^{N-1} h_{mN+l}e^{-i2\pi f(mN+l)} \tag{11.52a}$$

$$= \sum_{m=-\infty}^{\infty} e^{-i2\pi fmN}\sum_{l=0}^{N-1} h_l e^{-i2\pi fl} \tag{11.52b}$$

$$= \sum_{k=-\infty}^{\infty} H_k\delta(f-k/N) \tag{11.52c}$$

이다. 식 (11.52a)에서는 $n = mN + l$로 치환하였으며 식 (11.52c)에서는 항등식

$$\frac{1}{N}\sum_{k=-\infty}^{\infty}\delta(f-k/N) = \sum_{m=-\infty}^{\infty} e^{\pm i2\pi fmN} \tag{11.53}$$

을 이용하였다. 식 (11.53)은 좌변이 주기가 $1/N$인 주기함수며 푸리에 급수로 전개했을 때, 그 계수(식 11.2)가 1임을 이용하여 증명할 수 있다. 이 항등식은 **사함수**의 정의(식 11.24)에도 사용된다. 식 (11.52c)는 연속 주기함수의 푸리에 변환에 관한 식 (11.12)와 동등하다. 따라서, 주기신호의 DTFT는 $f = k/N$인 이산 주파수에서만 0이 아니며 그 값은 N점 DFT인 H_k와 같음을 알 수 있다.

마지막으로 h_n이 무한하며 비주기적인 경우를 살펴보자. 식 (11.34)에 **합성곱 정리**를 적용하면

$$\widetilde{H}(f) = (P_N * H)(f) = \int_0^1 P_N(\lambda)H(f-\lambda)d\lambda \tag{11.54}$$

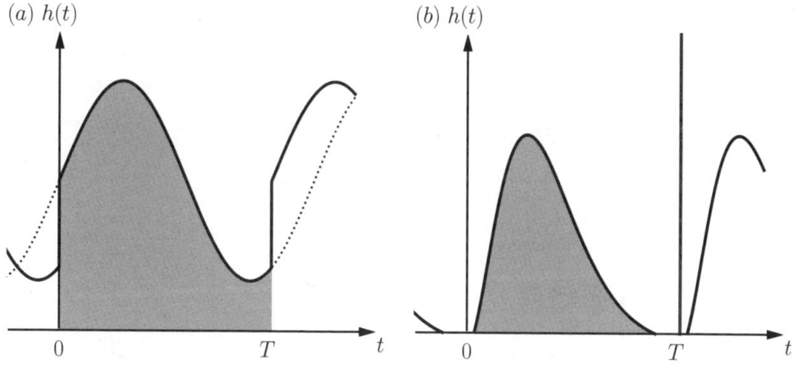

그림 11.12: (a) 이산 푸리에 변환의 누출. 점선은 실제 $h(t)$의 개형이고 실선은 DFT가 간주하는 $h(t)$의 개형이다. (b) 이산 푸리에 변환의 말뚝울타리 효과. 실제 신호는 $0 \le t \le T$인 구간에 국한되어 있지만, DFT는 이 신호가 무한히 복제되어 주기적으로 분포하는 것으로 간주한다.

임을 보일 수 있다. 즉, $\widetilde{H}(f)$는 $P_N(f)$와 $H(f)$의 합성곱으로 주어진다. 이것은 $0 \le n \le N-1$인 영역에서 잘라낸 자료($\widetilde{h}_n$)의 DFT인 H_k가 원자료의 DTFT인 $H(f_k)$로부터 변형됨을 의미한다. 이렇게 직사각 펄스 바깥 신호를 제거함으로써 파워스펙트럼이 왜곡되는 현상을 **누출**(leakage)이라고 한다. 입력신호가 주기적이거나 $0 \le n \le N-1$인 영역 밖의 신호가 충분히 작지 않은 한 주파수의 누출을 피할 수 없다.

11.4.3 이산 푸리에 변환의 오차

앞에서 언급했듯이 DFT는 h_n을 주기가 $T = N\Delta t$인 신호로 간주한다. 이것은 다음과 같은 세 가지 효과를 가져온다. 첫째, $h(t)$가 $|f| > 1/(2\Delta t) = N/(2T)$인 신호를 갖고 있으면 이 고주파 신호는 h_n의 DFT 스펙트럼에서 분해되지 않고 위신호 현상으로 왜곡된다. 이 현상을 줄이기 위해서는 N을 증가시키거나 **저역통과필터**를 사용하여 고주파 신호를 제거한다.

둘째, 그림 11.12(a)와 같이 $t < 0$ 또는 $t > T$인 영역에서 $h(t)$의 개형과 DFT가 간주하는 함수의 개형이 다를 수 있다. 점선은 실제 $h(t)$의 개형이고 실선은 DFT가 간주하는 $h(t)$의 개형을 나타내는데, 후자는 양쪽 경계에서 불연속이다. $h(t)$가 주기함수고 그 주기의 정수배가 T와 일치할 때만 실선과 점선이 같아진다. 물리적 공간에서 불연속인 함수는 주파수 공간에서 넓게 퍼져(그림 11.3 또는 식 11.54) 스펙트럼의 **누출**로 나타난다. 누출을 최소화하기 위해서는 가급적 $h_0 \approx h_N$이 되도록 구간을 설정하거나 경계($n = 0, N$)에서 직사각 펄스보다 더 완만하게 변하는 필터를 사용하여 자료를 추출한다.

셋째, 그림 11.12(b)와 같이 실제 $h(t)$가 $0 \le t \le T$인 구간에 국한된 함수라고 하더라도, DFT는 이 함수의 복제가 T인 주기로 무한히 분포하는 것으로 간주한다. 이것은 푸리에 공간에서 스펙트럼 $H(f)$를 $\Delta f = 1/T$인 간격으로 표본추출하는 것과 같은 효과를 주어 $f_k = k/T$인 이산 주파수의 신호만 살아남고 그 사이에 있는 연속 주파수의 신호는 제거된다. 이 경우 인접한 이산 주파수 사이에 있는 중요한 신호를 놓칠 수 있다. 이 현상을 **말뚝울타리 효과**(picket-fence effect)라고 한다. 이 현상을 줄이기 위해서는 T를 크게 잡거나 추출된 신호 뒤에 0을 덧대는 **영덧댐 방법** 등을 적용하여 이산 주파수의 간격을 작게 만든다.

11.4.4 고속 푸리에 변환

식 (11.44)에서 정의한 복소수 W_N은

$$W_N^{2kn} = W_{N/2}^{kn} \tag{11.55}$$

이라는 항등식을 만족시킨다. 이 식을 이용하면 이산 푸리에 변환을 매우 빠르게 계산할 수 있는데 이를 **고속 푸리에 변환**(fast fourier transform) 또는 간단히 FFT라고 한다.

FFT는 다음과 같은 과정을 따른다. 식 (11.55)를 이용하여 식 (11.38)을 전개하면

$$\begin{aligned} H_k &= \sum_{n=0}^{N-1} W_N^{kn} h_n && \text{(11.56a)} \\ &= \sum_{n=0}^{N/2-1} W_N^{2kn} h_{2n} + \sum_{n=0}^{N/2-1} W_N^{k(2n+1)} h_{2n+1} && \text{(11.56b)} \\ &= \sum_{n=0}^{N/2-1} W_{N/2}^{kn} h_{2n} + W_N^k \sum_{n=0}^{N/2-1} W_{N/2}^{kn} h_{2n+1} && \text{(11.56c)} \\ &= E_k + W_N^k O_k && \text{(11.56d)} \end{aligned}$$

와 같이 짝수항 E_k와 홀수항 O_k로 분리할 수 있다. 또한, $W_{N/2}^{k+N/2} = W_{N/2}^k$이고 $W_N^{k+N/2} = -W_N^k$이므로

$$H_{k+N/2} = E_k - W_N^k O_k \tag{11.57}$$

다. 이것은 N점 DFT 하나를 2개의 $(N/2)$점 DFT(즉, E_k와 O_k)로 대체할 수 있음을 의미한다.

고속 푸리에 변환은 자료의 개수가 2의 거듭제곱일 때, 즉, $N = 2^m$일 때(단, m은 양의 정수), N을 절반씩 줄이며 $N = 1$이 될 때까지 식 (11.56d)와 식 (11.57)을 m번 연속적으로 적용한다. 마지막 단계에서 E_k와 O_k는 1점 DFT에 해당하는데, $W_1 = 1$이므로 입력자료인 h_n의 어느 한 값을 가진다. 이와 같은 방법으로 FFT를 계산하는 알고리즘을 **쿨리-튜키 알고리즘**(Cooley–Tukey algorithm)이라고 한다.

N개의 자료를 쿨리-튜키 알고리즘으로 푸리에 변환할 때 요구되는 덧셈과 곱셈의

연산 횟수를 각각 $A(N)$과 $M(N)$이라고 하면, 식 (11.56)과 식 (11.57)로부터

$$A(N) = 2A(N/2) + N, \qquad A(2) = 2 \tag{11.58a}$$

$$M(N) = 2M(N/2) + N/2, \qquad M(2) = 0 \tag{11.58b}$$

임을 알 수 있다. 이 식의 해는 $A(N) = N \log_2 N$, $M(N) = (N/2)\log_2(N/2)$이므로 총연산 횟수는

$$A(N) + M(N) = \frac{3N}{2}\log_2 N - \frac{N}{2} \sim \mathcal{O}(N \log_2 N) \tag{11.59}$$

이다. 이것은 FFT가 행렬의 곱(식 11.42)을 이용하는 방법보다 훨씬 효율적임을 보여준다. 다만, FFT의 빠른 성능을 최대로 이용하기 위해서는 입력자료가 주기적이고 균일 간격으로 추출되어야 하며, 그 개수는 2의 거듭제곱이어야 한다.

파이썬의 numpy 모듈에 있는 FFT를 수행하는 함수와 그 기능은 다음과 같다.

```
1  np.fft.rfft(h)             # 실함수 h의 1차원 DFT/FFT
2  np.fft.irfft(h)            # 실함수 h의 1차원 역DFT/역FFT
3
4  np.fft.fft(h)              # 복소함수 h의 1차원 DFT/FFT
5  np.fft.fft2(h)             # 복소함수 h의 2차원 DFT/FFT
6  np.fft.fftn(h)             # 복소함수 h의 n차원 DFT/FFT
7
8  np.fft.ifft(h)             # 복소함수 h의 1차원 역DFT/역FFT
9  np.fft.ifft2(h)            # 복소함수 h의 2차원 역DFT/역FFT
10 np.fft.ifftn(h)            # 복소함수 h의 n차원 역DFT/역FFT
11
12 f=np.fft.fftfreq(n,d)      # 시간 간격 d에 해당하는 주파수 n개 생성
13 fs=np.fft.fftshift(f)      # 주파수가 0인 성분을 중앙으로 이동
14 fr=np.fft.rfftfreq(n,d)    # 시간 간격 d에 해당하는 주파수 n/2+1개 생성
```

1-2행은 실함수 h에 대한 푸리에 변환과 역변환을 수행한다. 4-10행은 복소함수 h의 푸리에 변환과 역변환을 수행한다. 12행은 주파수를 생성하는데, f=[0, 1, 2, ⋯, n/2-1, -n/2, -n/2+1, ⋯, -1]/(n*d)가 저장된다. 13행을 수행하면 f의 순서가 바뀌어 fs=[-n/2, -n/2+1, ⋯, -1, 0, 1, ⋯, n/2-1]/(n*d)가 저장된다. 14행은 np.fft.rfft에 해당하는 주파수를 생성하는데, fr=[0, 1, 2, ⋯, n/2]/(n*d)가 저장된다.

파이썬의 scipy.fftpack 모듈도 DFT 또는 FFT를 수행하는 여러 내장함수를 갖고 있다. 계산 속도와 반환되는 자료의 형태가 numpy 모듈의 함수와 약간 다를 수 있으므로 정확한 사용을 위해 파이썬 웹에 있는 설명문을 참고하기 바란다. 이 책에서는 numpy 모듈의 내장함수를 이용하겠다. 아래 몇 개의 예제를 통해 푸리에 변환을 실습해 보자.

예제 11.4

파이썬 내장함수를 이용하여 함수

$$h(t) = 2\sin(20\pi t) + \cos(50\pi t) \tag{11.60}$$

를 구간 $t \in [0, 1)$에서 $N = 128$개의 자료로 표본추출하고 추출된 자료의 푸리에 변환을 구하시오.

코드 11.4: 파이썬 FFT

```
def func(t):
    return 2*np.sin(20*np.pi*t)+np.cos(50*np.pi*t)

N=128
t=np.arange(N)/float(N)
h=func(t)

H=np.fft.fft(h)
f=np.fft.fftfreq(N,1/N)

Hs=np.fft.fftshift(H)
fs=np.fft.fftshift(f)

fig=plt.figure(1,figsize=(12,8))
plt.subplot(221)
t1=np.linspace(0,1,1000)
plt.plot(t1,func(t1))
plt.plot(t,h,'.')
plt.xlabel(r'$t$')
plt.ylabel(r'$h$')
plt.text(0,2.5,'(a)')
plt.subplot(222)
plt.plot(H.real, 'ro--',label='real')
plt.plot(H.imag, 'b',label='imag')
plt.legend(loc=9,numpoints=2)
plt.xlabel('k')
plt.ylabel('H')
plt.text(0,110,'(b)')
plt.subplot(223)
plt.plot(f,H.real, 'ro--')
plt.plot(f,H.imag, 'b')
plt.xlabel('f')
```

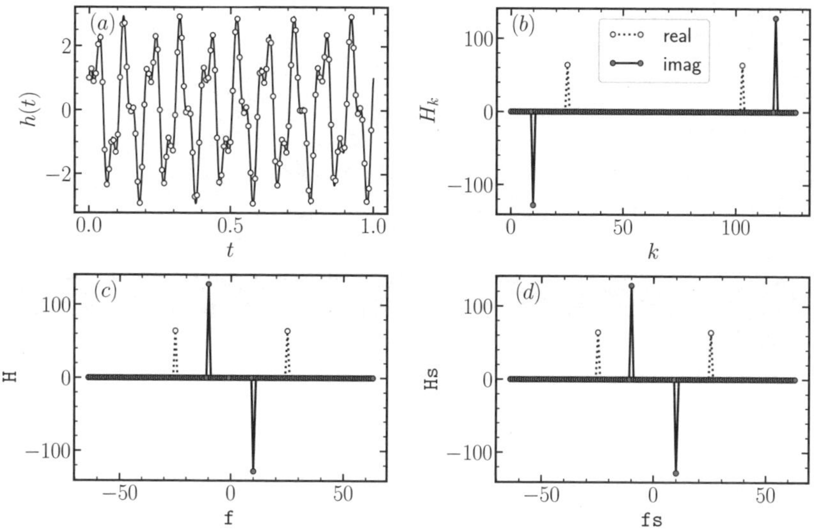

그림 11.13: 식 (11.60)의 푸리에 변환과 주파수 이동

```
33 plt.ylabel('H')
34 plt.text(-62,110,'(c)')
35 plt.subplot(224)
36 plt.plot(fs,Hs.real, 'ro--')
37 plt.plot(fs,Hs.imag, 'b')
38 plt.xlabel('fs')
39 plt.ylabel('Hs')
40 plt.text(-62,110,'(d)')
41 plt.tight_layout()
42 plt.show()
```

1-2행은 식 (11.60)을 계산하는 함수 `func`를 정의한다. 4-6행은 표본추출할 시각 `t`와 함숫값 `h`를 지정한다. 8행은 `h`의 푸리에 변환 `H`를 계산하고 9행은 주파수 `f=[0, 1,` $\cdots$`, 63, -64, -63,` $\cdots$`, -1]`을 생성한다. 11-12행은 주파수가 0인 성분이 중앙으로 오도록 `H`의 인덱스를 이동시킨 값을 `Hs`에 저장하고, 이동된 주파수 `fs=[-64, -63,` $\cdots$`, 62, 63]`을 계산한다. 15-21행은 $h(t)$의 개형과 표본추출된 점을 그리고, 22-28행은 `H`를 인덱스의 함수로, 29-34행은 `H`를 `f`의 함수로, 35-40행은 `Hs`를 `fs`의 함수로 그린다.

그림 11.13은 코드 11.4를 실행한 결과를 보여 준다. 주파수가 $f = \pm 10$인 사인함수는 H_k의 허수부에 나타나고, 주파수가 $f = \pm 25$인 코사인함수는 H_k의 실수부에 나타난다. 인덱스가 $k > N/2$일 때, $H_k = H^*_{-k} = H^*_{N-k}$다. 그림 11.13($c$)와 ($d$)는 서로 같지만, `H`와 `Hs`에 저장된 값의 순서가 다르다. 즉, `0` $\leq$ `k` $\leq$ `N/2-1`일 때는 `H[k]=Hs[k+N/2]`이고, `N/2` $\leq$ `k` $\leq$ `N-1`일 때는 `H[k]=Hs[k-N/2]`이다. `f`와 `fs`의 관계도 `H`와 `Hs`의 관계와 같다.

예제 11.5

연속함수

$$h(t) = \cos(2\pi t) \tag{11.61}$$

를, (1) $t \in [0,1)$인 구간과 (2) $t \in [0,1.2)$인 구간에서 $N = 16$개의 자료로 표본추출하고 각 자료의 푸리에 변환을 비교하시오.

코드 11.5: 주파수 누출

```
def func(t):
    return np.cos(2*np.pi*t)

N=16
t0=1.0*np.arange(N)/float(N)
t1=1.2*np.arange(N)/float(N)
h0=func(t0)
h1=func(t1)

H0=np.fft.fft(h0)
H1=np.fft.fft(h1)

Hs0=np.fft.fftshift(H0)
Hs1=np.fft.fftshift(H1)
fs0=np.fft.fftshift(np.fft.fftfreq(N,1.0/N))
fs1=np.fft.fftshift(np.fft.fftfreq(N,1.2/N))

fig=plt.figure(1,figsize=(9,6))
plt.subplot(221)
plt.plot(t0,h0)
plt.stem(t0,h0)
plt.xlabel(r't')
plt.ylabel(r'h0')

plt.subplot(222)
plt.plot(t1,h1)
plt.stem(t1,h1)
plt.xlabel(r't')
plt.ylabel(r'h1')

plt.subplot(223)
plt.stem(fs0,Hs0.real)
plt.xlabel(r'fs0')
plt.ylabel(r'H0')
```

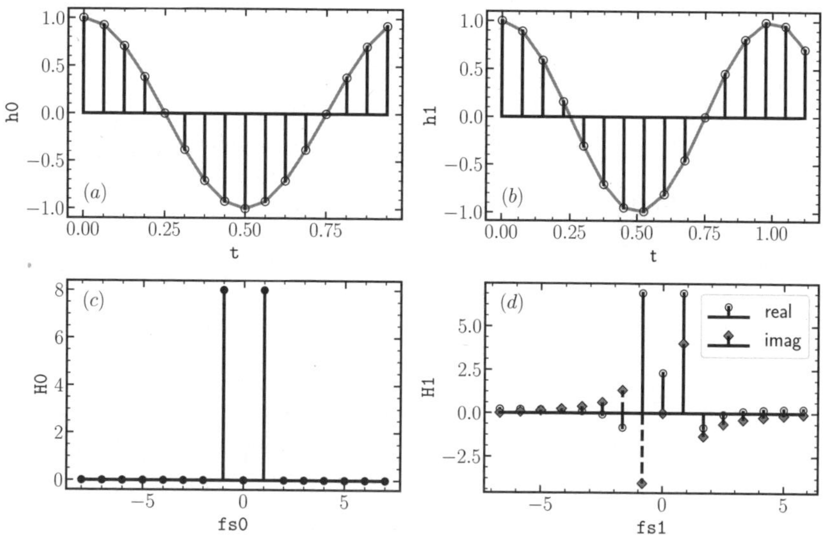

그림 11.14: 식 (11.61)을 (a) $t \in [0,1)$인 구간과 (b) $t \in [0,1.2)$인 구간에서 표본추출한 자료. (c)와 (d)는 각각 (a)와 (b)의 푸리에 변환이다.

```
35
36  plt.subplot(224)
37  plt.stem(fs1,Hs1.real,markerfmt='ko',linefmt='k',label='real')
38  plt.stem(fs1,Hs1.imag,markerfmt='ro',linefmt='r',label='imag')
39  plt.legend()
40  plt.xlabel(r'fs1')
41  plt.ylabel(r'H1')
42  plt.tight_layout()
43  plt.show()
```

1-2행은 식 (11.61)을 계산하는 함수 `func`를 정의한다. 4-8행은 구간 `[0,1)`에서 표본추출할 시각 `t0`와 함숫값 `h0`, 구간 `[0,1.2)`에서 표본추출할 시각 `t1`과 함숫값 `h1`을 지정한다. 10-11행은 `h0`와 `h1`을 푸리에 변환하여 각각 `H0`와 `H1`에 저장한다. 13-16행은 주파수를 생성하고, 주파수가 0인 성분이 중심에 오도록 푸리에 변환과 주파수의 인덱스를 이동시킨다. 19-23행은 `h0`를 `t0`의 함수로 그린다. 25-29행은 `h1`을 `t1`의 함수로 그린다. 31-34행은 `H0`의 실수부를 `fs0`의 함수로 그린다. 36-41행은 `H1`의 실수부와 허수부를 `fs1`의 함수로 그린다. `plt.stem()` 함수를 이용하면, 자료를 x축에서 y축에 평행한 방향으로 뻗은 줄기처럼 그릴 수 있다.

그림 11.14는 코드 11.5를 실행한 결과를 보여 준다. 왼쪽은 $t \in [0,1)$인 구간에서 표본추출한 자료의 푸리에 변환을 보여 주는데, 식 (11.61)의 코사인함수가 이 구간에서 주기적이기 때문에 주파수가 $|f| = 1$인 성분만 0이 아니다. `H0`의 허수부는 모든 성분이 0이다. 오른쪽은 $t \in [0,1.2)$인 구간에서 표본추출한 자료의 푸리에 변환이다. 이 구간

에서는 코사인함수가 주기적이지 않기 때문에 $|f| = 1$인 성분의 일부가 다른 주파수로 이동하여 거의 모든 주파수 성분이 0이 아닌 값을 갖는다. H0와는 달리 H1의 허수부 또한 0이 아닌 값을 갖는다. 비주기함수를 주기함수로 간주하여 나타나는 주파수의 이동을 **누출**이라고 한다(11.4.3절 참고). 예제 11.6에서 누출의 효과에서 대해 학습해 보자.

예제 11.6

$t \geq 0$에서 정의된 함수

$$h(t) = \sin(2\pi\nu t)e^{-t/\tau} \quad (\text{단, } t \geq 0) \tag{11.62}$$

이 있다. 여기서, $\nu = 10$ Hz고 $\tau = 0.2$ s다. $h(t)$를 $t \in [0, 0.4)$s인 구간에서 간격 $\Delta t = 0.01$ s로 표본추출하여 푸리에 변환을 구하고, 이를 푸리에 역변환하여 $h(t)$와 같은지 확인하시오.

식 (11.62)가 $t \in [0, \infty)$인 구간에서 정의되었다고 가정하고 식 (11.7)에 대입하면

$$H(f) = \frac{2\pi\nu}{(1/\tau + i2\pi f)^2 + (2\pi\nu)^2} \tag{11.63}$$

를 얻을 수 있다. $h(t)$를 구간 $t \in [0, 0.4)$ s에서 표본추출하면 FFT는 $h(t)$를 주기 0.4 s인 주기함수로 간주하므로 FFT를 실행한 결과는 식 (11.63)과 다르다. 코드 11.6을 실행해 보자.

코드 11.6: 비주기함수의 푸리에 변환

```
def func(t,nu,tau):
    return np.sin(2*np.pi*nu*t)*np.exp(-t/tau)

nu,tau,dt=10,0.2,0.01
t=np.arange(0,0.4,dt)
h=func(t,nu,tau)

H=np.fft.fft(h)
iH=np.fft.ifft(H)
f=np.fft.fftfreq(len(t),dt)
fs=np.fft.fftshift(f)
Hs=np.fft.fftshift(H)
Power=np.abs(Hs)**2
print('max. power freq.(Hz)=',fs[Power==Power.max()])

Ha=2*np.pi*nu/((1/tau+2j*np.pi*fs)**2+(2*np.pi*nu)**2)

fig=plt.figure(1,figsize=(12,5))
```

```
19 plt.subplot(131)
20 t1=np.linspace(0,0.4,1000)
21 plt.plot(t1,func(t1,nu,tau))
22 plt.plot(t,h,'ro',mec='k')
23 plt.xticks([0,0.2,0.4])
24 plt.yticks([-1,0,1])
25 plt.xlabel(r'$t$ (s)')
26 plt.ylabel(r'$h$')
27 plt.text(0.35,0.9,r'$(a)$')
28 plt.plot(t,np.exp(-t/tau),'k--',alpha=0.5)
29 plt.plot(t,-np.exp(-t/tau),'k--',alpha=0.5)
30 plt.subplot(132)
31 plt.plot(fs,Power,label='FFT')
32 plt.fill_between(fs,(np.abs(Ha)/dt)**2,label='analytic')
33 plt.legend(loc=4)
34 plt.yscale('log')
35 plt.xlabel(r'$f$ (Hz)')
36 plt.ylabel(r'$|H|^2$')
37 plt.text(38,80,r'$(b)$')
38 plt.subplot(133)
39 plt.plot(t1,func(t1,nu,tau),alpha=0.5)
40 plt.plot(t,iH.real,'ro',label='real',mec='k')
41 plt.plot(t,iH.imag,'bo',label='imag',mec='k')
42 plt.plot(t,np.exp(-t/tau),'k--',alpha=0.5)
43 plt.plot(t,-np.exp(-t/tau),'k--',alpha=0.5)
44 plt.xticks([0,0.2,0.4])
45 plt.yticks([-1,0,1])
46 plt.xlabel(r'$t$ (s)')
47 plt.ylabel(r'${\cal F}^{-1} (H)$')
48 plt.text(0.35,0.9,r'$(c)$')
49 plt.legend(loc=4)
50 plt.tight_layout()
51 plt.show()
```

1-2행은 식 (11.62)를 계산하는 함수 `func`를 정의한다. 4행은 ν, τ, Δt의 값을 지정한다. 5-6행은 자료를 표본추출할 시각 `t`와 함숫값 `h`를 지정한다. 8행은 `h`의 푸리에 변환 `H`를 구한다. 9행은 `H`의 푸리에 역변환 `iH`를 구한다. 10행은 단위가 Hz인 주파수 `f`를 생성한다. 11-12행은 주파수가 0인 성분이 중심에 오도록 이동시킨 이동 주파수 `fs`와 이동 푸리에 변환 `Hs`를 구한다. 13행은 `Hs`의 파워스펙트럼을 계산한다. 14행은 파워스펙트럼이 최대인 진동수를 계산하여 화면에 출력한다. 16행은 $[0,\infty)$인 영역에서 정의된 $h(t)$의 푸리에 변환 `Ha`를 계산한다(식 11.63). 19-29행은 $h(t)$의 개형과 표본추출한 함숫값 `h`를 그린다. 30-37행은 파워스펙트럼을 진동수 `f`의 함수로 그리고 해석적인 결과와 비교한다.

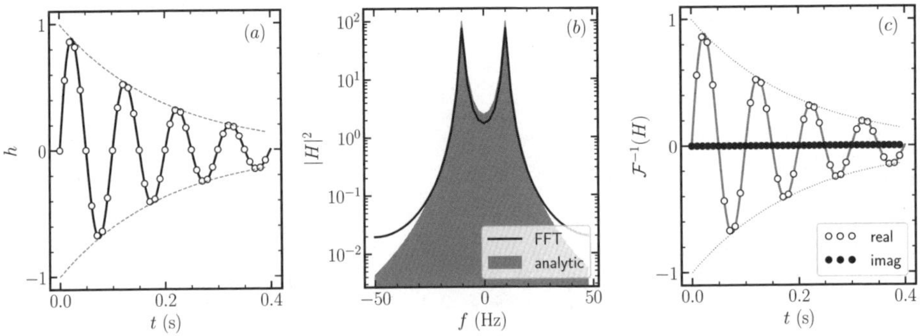

그림 11.15: 식 (11.62)의 파워스펙트럼과 푸리에 역변환

38-49행은 iH의 실수부와 허수부를 t의 함수로 그린다.

그림 11.15는 코드 11.6을 실행한 결과를 보여 준다. $h(t)$는 진동하면서 진폭이 감소한다. 파워스펙트럼은 주파수 $|f| = 10$ Hz에서 최대를 이루는데, 이 값은 식 (11.62)에서 ν의 값과 같다. 그림 11.15(b)에서 파워스펙트럼이 $f = \pm 10$ Hz를 기준으로 양옆으로 퍼진 것은 진폭이 지수적으로 감소하기 때문이다. FFT는 $h(t)$를 주기 0.4 s인 주기함수로 간주하므로 파워가 누출되어 스펙트럼이 해석적인 결과와 달라진다. $H(f)$의 푸리에 역변환인 $\mathcal{F}^{-1}(H)$의 실수부는 $h(t)$와 같고 허수부는 0이다.

11.5 푸리에 변환의 응용

푸리에 변환은 신호 분석, 영상 처리 등 과학의 많은 분야에 응용된다. 이 절에서는 자료의 주기를 구하는 문제, 난류의 파워스펙트럼을 구하는 문제, 푸아송 방정식의 수치해를 구하는 문제, 영상 처리 문제 등에 푸리에 변환을 활용한다.

11.5.1 흑점의 변화 주기

태양 표면에 보이는 **흑점**(sunspot)은 주변보다 온도가 낮아 어둡게 보이며 강한 자기장을 갖고 있다. 흑점의 반지름은 $\sim$ 10-10^6 km 정도로 다양하며 생성된 후 며칠에서 몇 개월이 지나면 사라진다. 흑점의 개수는 시간에 따라 변하는데 태양의 자기활동(magnetic activity)의 지표로 사용된다. 자기활동이 강해지면 흑점 수가 증가하고, 약해지면 그 수가 감소한다.

흑점의 개수는

$$r = n_s + 10 n_g \tag{11.64}$$

로 정의하고 **울프수**(Wolf number)라고 부른다. 여기서, n_s는 분해된 흑점의 개수고 n_g는 많은 수의 흑점이 가까이 있어 분해되지 않고 하나로 보이는 **흑점군**(sunspot group)

의 개수를 나타낸다. 벨기에 왕립천문대(Royal Observatory of Belgium)는 흑점 수를 꾸준히 기록하고 있다. 이 자료를 분석하여 태양의 활동 주기를 계산해 보자.

예제 11.7

벨기에 왕립천문대의 웹페이지(`https://wwwbis.sidc.be/silso/`)를 방문하여 1700년 이후부터 축적된 흑점 수에 대한 자료를 내려받으시오.[a] 이 자료의 첫째 열은 연도를, 둘째 열은 연평균 울프수 r을 나타낸다. 이 자료를 푸리에 분석하여 흑점 수의 변화 주기를 구하시오.

a) `https://wwwbis.sidc.be/silso/DATA/SN_y_tot_V2.0.txt`

코드 11.7: 흑점 주기

```
import urllib
target="https://wwwbis.sidc.be/silso/DATA/SN_y_tot_V2.0.txt"
data=urllib.request.urlopen(target)
year,r=[],[]
for line in data:
    s=str.split(line.decode('ascii'))
    year.append(float(s[0]))
    r.append(float(s[1]))
if len(r)%2 !=0:
    r=r[:-1]
    year=year[:-1]

R=np.fft.rfft(r)
R2=np.abs(R)**2
f=np.fft.rfftfreq(len(r),1)
R2[0]=1.e-5*R2.min()
idx=np.where(R2==R2.max())
print('maximum power period (yr)=',1/f[idx])

fig=plt.figure(1,figsize=(8,6))
import matplotlib.gridspec as gridspec
gs=gridspec.GridSpec(2,2,width_ratios=[1,1],height_ratios=[1,1],
            hspace=0.4,wspace=0.4,bottom=0.1)
fig.add_subplot(gs[0,:])
plt.plot(year,r)
plt.fill_between(year,r,alpha=0.5)
plt.ylim(0,300)
plt.xlabel(r'$t$ (yr)')
plt.ylabel(r'$r$')
plt.text(1690,270,r'$(a)$')
```

```
31
32 fig.add_subplot(gs[1,0])
33 plt.loglog(f,R2)
34 plt.annotate(r'$f_1$',xy=(f[idx], 8.e7), xytext=(f[idx], 3e9),
35             arrowprops=dict(width=0.3, headwidth=3),)
36 plt.annotate(r'$f_2$',xy=(f[3], 2.e7), xytext=(f[3], 4e8),
37             arrowprops=dict(width=0.3, headwidth=3),)
38 plt.ylim(1e4,1e10)
39 plt.xlabel(r'$f$ (yr$^{-1}$)')
40 plt.ylabel(r'$|R|^2$')
41 plt.text(0.003,2.e9,r'$(b)$')
42 rR=np.zeros(len(R),dtype=complex)
43 rR[0]=R[0]
44 rR[3]=R[3]
45 rR[idx]=R[idx]
46
47 fig.add_subplot(gs[1,1])
48 plt.plot(year,np.fft.irfft(rR),'r')
49 plt.fill_between(year,r,alpha=0.5)
50 plt.ylim(0,300)
51 plt.xlabel(r'$t$ (yr)')
52 plt.ylabel(r'$r$')
53 plt.text(1690,270,r'$(c)$')
54 plt.show()
```

1행은 웹주소(url)를 처리할 수 있는 `urllib` 모듈을 불러온다. 2행은 해당 파일이 있는 웹주소를 변수 `target`으로 저장한다. 3행은 파일을 읽어 객체 `data`로 저장한다. 5-6행은 `data`를 행 단위로 읽어 `line`에 저장하고 이를 `ascii`라는 열쇳말을 이용하여 문자열로 해독(decode)한 다음, `str.split()` 함수를 사용하여 공백으로 문자를 분리한 결과를 배열 `s`에 저장한다. 7-8행은 `s`의 처음 두 원소를 각각 연도를 나타내는 리스트 `year`와 울프수를 나타내는 리스트 `r`에 저장한다. 자료의 개수가 홀수일 때는 9-11행에서 맨 끝 자료를 제거한다.

13행은 `np.fft.rfft()` 함수를 이용하여 `r`의 푸리에 변환 `R`을 구하고, 14행은 `R`의 파워스펙트럼 `R2`를 구한다. 15행은 주파수 `f`를 생성하는데, 그 단위는 yr^{-1}이다. 흑점의 총개수에 해당하는 `R2[0]`는 값이 매우 커서 파워스펙트럼의 최대 주파수를 찾는 것을 방해하므로 16행에서 매우 작은 값으로 재지정한다. 17행은 `R2`가 최대인 주파수의 인덱스 `idx` $(= 29)$를 구한다. 18행은 파워스펙트럼이 최대인 주기를 화면에 출력한다. 21-23행은 `matplotlib.gridspec` 모듈을 불러와 캔버스를 2×2개의 상자로 나눈 후, 객체 `gs`에 저장한다. 24-30행은 울프수를 시간의 함수로 그린다. 24행은 위쪽 2개의 상자를 1개의 기다란 상자로 묶는다. 32-41행은 파워스펙트럼을 주파수의 함수로 그린다. 34-35행과 36-37행은 각각 파워가 최대인 주파수 $f_1 = \mathtt{f}[29] = 1/(11.03\mathtt{yr})$와 저주파 영역

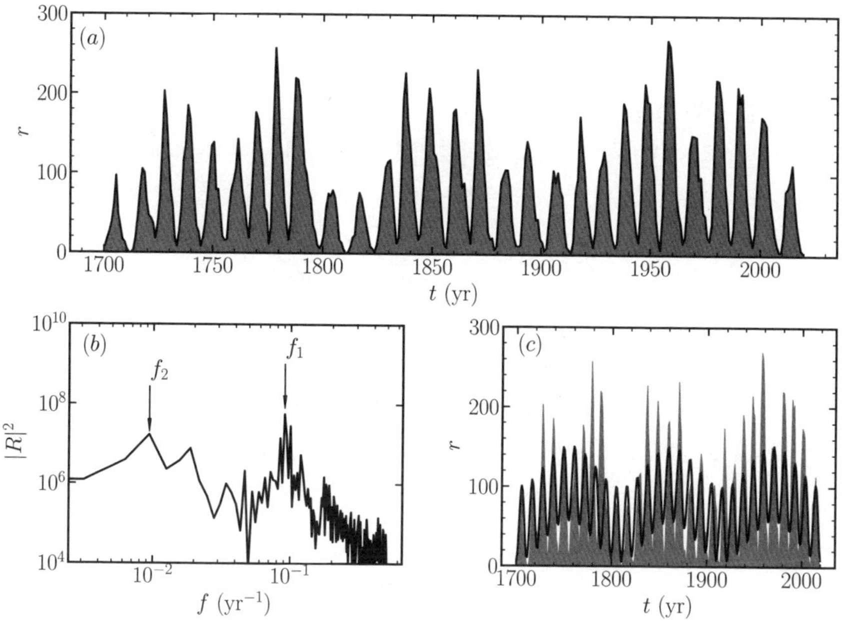

그림 11.16: (a) 관측된 흑점 수의 변화, (b) 흑점 수의 파워스펙트럼, (c) 우세한 세 주파수를 이용한 흑점 수의 재구성

에서 파워가 최대인 주파수 $f_2 =$ `f[3]` $=$ `1/(106.7yr)`를 화살표로 표시한다. 42-45행은 `R`에서 인덱스가 0, 3, 29인 성분만 뽑아낸 새로운 푸리에 변환 `rR`을 구성한다. 47-53행은 `rR`의 푸리에 역변환을 울프수의 시간에 대한 변화와 비교한다.

그림 11.16은 코드 11.7을 실행한 결과를 보여 준다. 흑점 수가 약 11년 주기로 변하는 모습이 뚜렷하며, 이보다는 약하지만 약 100년의 주기로 변하는 모습도 보인다. 파워스펙트럼은 $f = f_1$인 주파수에 집중되어 있으며, 그 주변 영역을 제외하면 $f = f_2$에서 가장 강하다. 그림 11.16(c)는 $f = 0, f_1, f_2$인 세 주파수만을 이용하여 재구성한 흑점 수의 변화인데, 원자료에서 보이는 1800년과 1900년 무렵의 흑점 극소기를 잘 설명한다.

11.5.2 푸아송 방정식의 수치해

밀도분포가 $\rho(r)$인 매질의 중력퍼텐셜 Φ는

$$\nabla^2\Phi = 4\pi G\rho \tag{11.65}$$

인 **푸아송 방정식**(Poisson equation)을 만족시킨다. 물질이 작은 영역에 국한되어 있다면 적절한 경계조건은 $\Phi(|\boldsymbol{x}| \to \infty) \to 0$일 것이다. 반면, 물질이 매우 넓은 공간을 차지하고 있지만 중력퍼텐셜의 국소적(local) 변화에만 관심이 있다면 $\Phi(x, y, z) =$

$\Phi(x+lL, y+mL, z+nL)$이고 $\nabla\Phi(x,y,z) = \nabla\Phi(x+lL, y+mL, z+nL)$인 주기적 경계조건을 사용할 수 있다(단, $l, m, n = 0$ 또는 1). 여기서, L은 정육면체로 한정된 영역의 크기를 나타낸다.

푸리에 변환을 이용하면 주기적 경계조건을 만족시키는 푸아송 방정식의 해를 쉽게 구할 수 있다. 문제를 1차원으로 단순화하여, 구간 $x \in [a, b]$에서 주어진 $\rho(x)$에 대해

$$\frac{d^2\Phi}{dx^2} = \rho, \qquad \Phi(a) = \Phi(b) \tag{11.66}$$

를 만족시키는 수치해 $\Phi(x)$를 구해 보자. 식 (11.66)을 x에 대해 적분하면 $\int_a^b \rho dx = 0$인 조건과 주기적 경계조건 $d\Phi/dx|_{x=a} = d\Phi/dx|_{x=b}$가 서로 동등함을 알 수 있다.

구간 $[a, b]$를 보폭이 $h = (b-a)/N$인 N개의 격자점으로 나누고 n번째 격자점의 좌표를

$$x_n = a + hn \qquad (\text{단}, n = 0, 1, \cdots, N) \tag{11.67}$$

이라고 하자. 식 (11.66)의 좌변을 식 (2.48b)를 따라 유한차분하면

$$\Phi_{n+1} - 2\Phi_n + \Phi_{n-1} = h^2\rho_n, \qquad \Phi_0 = \Phi_N \tag{11.68}$$

이 된다. 여기서, $\Phi_n = \Phi(x_n)$이고 $\rho_n = \rho(x_n)$이다.

경계조건이 주기적이므로 식 (11.68)의 수치해로

$$\Phi_n = \sum_{k=0}^{N-1} P_k e^{i2\pi kn/N}, \quad \rho_n = \sum_{k=0}^{N-1} R_k e^{i2\pi kn/N} \tag{11.69}$$

을 택할 수 있다. 여기서, P_k와 R_k는 각각 Φ_n과 ρ_n의 푸리에 변환이다. 식 (11.69)를 식 (11.68)의 좌변에 대입하고 정리하면

$$\Phi_{n+1} - 2\Phi_n + \Phi_{n-1} = \sum_{k=0}^{N-1} P_k \left(e^{i2\pi k(n+1)/N} - 2e^{i2\pi kn/N} + e^{i2\pi k(n-1)/N}\right) \tag{11.70a}$$

$$= \sum_{k=0}^{N-1} P_k e^{i2\pi kn/N} \left(e^{i2\pi k/N} - 2 + e^{-i2\pi k/N}\right) \tag{11.70b}$$

$$= \sum_{k=0}^{N-1} P_k e^{i2\pi kn/N} \left(e^{i\pi k/N} - e^{-i\pi k/N}\right)^2 \tag{11.70c}$$

$$= -4\sum_{k=0}^{N-1} P_k e^{i2\pi kn/N} \sin^2\left(\frac{\pi k}{N}\right) \tag{11.70d}$$

를 얻는다. 여기서, $\sin\theta = (e^{i\theta} - e^{-i\theta})/(2i)$임을 이용하였다. 식 (11.69)와 식 (11.70d)

를 식 (11.68)에 대입하고 복소지수함수의 직교성을 이용하면

$$\lambda_k P_k = -R_k \tag{11.71}$$

를 얻는다. 여기서,

$$\lambda_k \equiv \frac{4}{h^2}\sin^2\left(\frac{\pi k}{N}\right) \tag{11.72}$$

를 **커널**(kernel)이라고 한다(단, $k = 0, 1, \cdots, N-1$).

푸리에 변환을 이용하여 푸아송 방정식의 해를 구하는 과정을 요약하면 다음과 같다. (1) ρ의 푸리에 변환 R_k를 구한다. (2) 식 (11.72)로부터 λ_k를 구한다. (3) 식 (11.71)을 이용하여 P_k를 구한다. 이때, $k = 0$이면 P_0가 발산할 수 있으므로, 임의로 $P_0 = 0$을 택한다. 이 값은 $\sum_{n=0}^{N-1}\Phi_n = 0$에 해당한다. (4) P_k를 푸리에 역변환하여 Φ를 구하고 적당한 상수를 더해 경계조건을 맞춘다. 이 방법은 2차의 정확도를 갖고 있다

밀도분포가 $\rho(x, y)$로 주어진 2차원 푸아송 방정식에 대해서도 같은 과정으로 수치해를 구할 수 있다.[6] x축 방향과 y축 방향을 보폭이 각각 h_x와 h_y인 $M \times N$개의 격자점으로 나누고, 식 (11.46)과 식 (11.47)을 이용하여 2차원 푸리에 변환을 수행하면

$$\lambda_{kl} P_{kl} = -R_{kl} \tag{11.73}$$

을 얻는다. 여기서, P_{kl}과 R_{kl}은 각각 Φ_{mn}과 ρ_{mn}의 2차원 푸리에 변환이며, 2차원 커널 λ_{kl}은

$$\lambda_{kl} \equiv \frac{4}{h_x^2}\sin^2\left(\frac{\pi k}{M}\right) + \frac{4}{h_y^2}\sin^2\left(\frac{\pi l}{N}\right) \tag{11.74}$$

로 정의된다. $\lambda_{00} = 0$이므로 $P_{00} = 0$으로 잡고 1차원 문제와 같은 과정을 따라 $\rho(x, y)$가 생성하는 중력퍼텐셜 $\Phi(x, y)$를 구한다.[7]

예제 11.8

구간 $x \in [-1, 1]$에서 밀도가

$$\rho = 2\sin(\pi x) + \cos(5\pi x) \tag{11.75}$$

이고 $\Phi(-1) = \Phi(1) = 0$, $d\Phi/dx|_{x=-1} = d\Phi/dx|_{x=1}$인 경계조건을 만족할 때, $N = 64$개의 격자점에서 중력퍼텐셜 Φ를 푸리에 변환으로 구하시오. 이 문제의 해석해는 $\Phi_{\text{true}} = -2\sin(\pi x)/\pi^2 - \cos(5\pi x)/(5\pi)^2$이다.

---

6) 고차원 푸아송 방정식은 편미분방정식이므로 제9장에서 다룬 사격법으로 해를 구할 수 없다.

7) P_{00}를 **DC 성분**, 나머지 P_{kl}(단, $k, l \neq 0$) 성분을 **AC 성분**이라고 한다. DC와 AC는 전류의 직류(direct current)와 교류(alternating current)에서 비롯하였다.

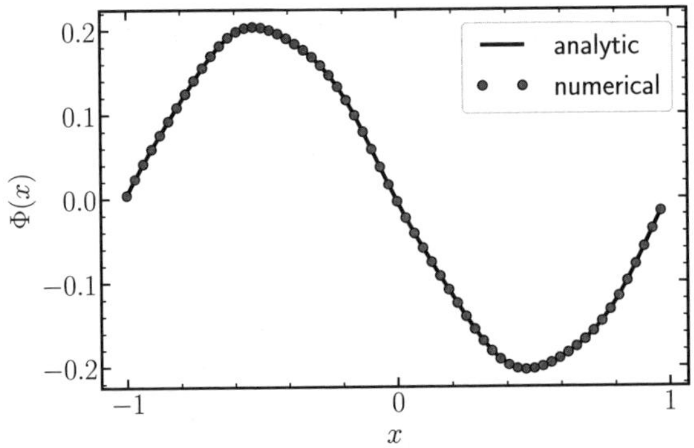

그림 11.17: 푸리에 변환을 이용한 푸아송 방정식의 수치해와 해석해의 비교

코드 11.8: 푸아송 방정식

```
def func(x):
    return 2*np.sin(np.pi*x)+np.cos(5*np.pi*x)

N=64
x=-1+2*np.arange(N)/float(N)
rho=func(x)
R=np.fft.rfft(rho)
h=x[1]-x[0]
k=np.fft.rfftfreq(N,1./N)
lam=4*(np.sin(np.pi*k/N)/h)**2.
lam[0]=1.e-10
P=-R/lam
P[0]=complex(0,0)

Phi=np.fft.irfft(P)
sol=-2*np.sin(np.pi*x)/(np.pi)**2-np.cos(5*np.pi*x)/(5*np.pi)**2
err=np.abs(Phi.real-sol)
print('mean error=',err.mean())

fig=plt.figure(1,figsize=(7,5))
plt.plot(x,sol,label='analytic')
plt.plot(x,Phi.real,'ro',mec='k',ms=5,label='numerical')
plt.legend(numpoints=2)
plt.xlabel(r'$x$')
plt.ylabel(r'$\Phi(x)$')
plt.xticks([-1,0,1])
plt.yticks([-0.2,-0.1,0,0.1,0.2])
plt.show()
```

1-2행은 식 (11.75)로 주어진 밀도를 계산하는 함수 `func`를 정의한다. 4-5행은 밀도를 표본추출할 격자점의 위치를 지정한다. 6-7행은 밀도의 표본추출값 `rho`와 푸리에 변환 `R`을 계산한다. 8행은 보폭을 계산한다. 9행은 `k=[0,1,···,31,32]`인 주파수 `k`를 생성한다. 10행은 커널 `lam`을 구한다(식 11.72). 11행은 12행에서 오류가 생기지 않도록 `lam[0]`에 0이 아닌 값을 지정한다. 12행은 식 (11.71)을 따라 중력퍼텐셜의 푸리에 변환 `P`를 구한다. 13행은 경계조건을 만족시키기 위해 `P[0]`값을 0으로 재지정한다. 15행은 `P`의 푸리에 역변환 `Phi`를 계산한다. `Phi`의 실수부가 중력퍼텐셜의 수치해다. 16행은 해석해를 구하고, 17-18행은 오차를 구해 평균값을 출력한다. 20행 이하는 수치해와 해석해를 그래프로 출력한다(그림 11.17).

11.5.3 2차원 파워스펙트럼⋆

파워스펙트럼은 시간 또는 공간에 따라 복잡하게 변하는 물리량의 특성을 파악하는 데 유용하다. 매질의 속도장이나 밀도장의 파워스펙트럼을 구하면 운동의 특성이나 매질의 공간 분포 등에 대한 정보를 얻을 수 있다. 예제 11.9에서 2차원 밀도분포의 파워스펙트럼을 구해 보자.

예제 11.9

인터넷에 있는 `2Ddensity.txt` 파일은 x–y 평면에 분포한 512×512개 격자점의 밀도 값을 갖고 있다.[a] 이 자료를 푸리에 변환하여 밀도의 파워스펙트럼을 $k_R \equiv \sqrt{k_x^2 + k_y^2}$의 함수로 그리시오. 여기서, k_x와 k_y는 각각 x와 y 방향의 파수를 뜻한다.

a) `http://astro.snu.ac.kr/~wkim/PyData/2Ddensity.txt`

코드 11.9: 2차원 파워스펙트럼

```
import urllib
target="http://astro.snu.ac.kr/~wkim/PyData/2Ddensity.txt"
data=urllib.request.urlopen(target)
d=[]
for line in data:
    s=str.split(line.decode('ascii'))
    d.append(float(s[0]))

N=512
den=np.array(d).reshape(N,N)

Fden=np.fft.fft2(den)
Pd=np.abs(Fden)**2
Pd[0,0]=1.e-10
```

```

k=np.fft.fftfreq(N,1./N)
ks=np.fft.fftshift(k)
Pds=np.fft.fftshift(Pd)
kR=np.hypot(ks[:,None],ks).ravel()
Pk=Pds.ravel()
kd,idx=np.unique(kR,return_inverse=True)
Pkavg=np.bincount(idx,weights=Pk)/np.bincount(idx)

nbin=int(N/2)
fnum,bin_edges=np.histogram(kR,nbin)
fnum_w,bin_edges=np.histogram(kR,nbin,weights=Pk)
aPk=fnum_w/fnum
akR=0.5*(bin_edges[1:]+bin_edges[:-1])

import matplotlib.colors as colors

fig=plt.figure(1,figsize=(9,9))
x=np.arange(N)
y=np.arange(N)
plt.subplot(221)
vmin,vmax=10**(-4),10**2
plt.pcolormesh(x,y,den,norm=colors.LogNorm(vmin=vmin,vmax=vmax))
ax=plt.gca()
ax.set_aspect(aspect=1)
plt.xlabel(r'$x$')
plt.ylabel(r'$y$')
plt.text(450,460,r'$(a)$')
plt.subplot(222)
plt.pcolormesh(x,y,Pd,norm=colors.LogNorm(vmin=10**2,vmax=10**8))
ax=plt.gca()
ax.set_aspect('equal')
plt.xlabel(r'$k_x$')
plt.ylabel(r'$k_y$')
plt.text(450,460,r'$(b)$')
plt.subplot(223)
plt.pcolormesh(ks,ks,Pds,norm=colors.LogNorm(vmin=10**2,vmax=10**8))
ax=plt.gca()
ax.set_aspect('equal')
plt.xlabel(r'$k_x$')
plt.ylabel(r'$k_y$')
plt.text(200,200,r'$(c)$')
plt.subplot(224)
```

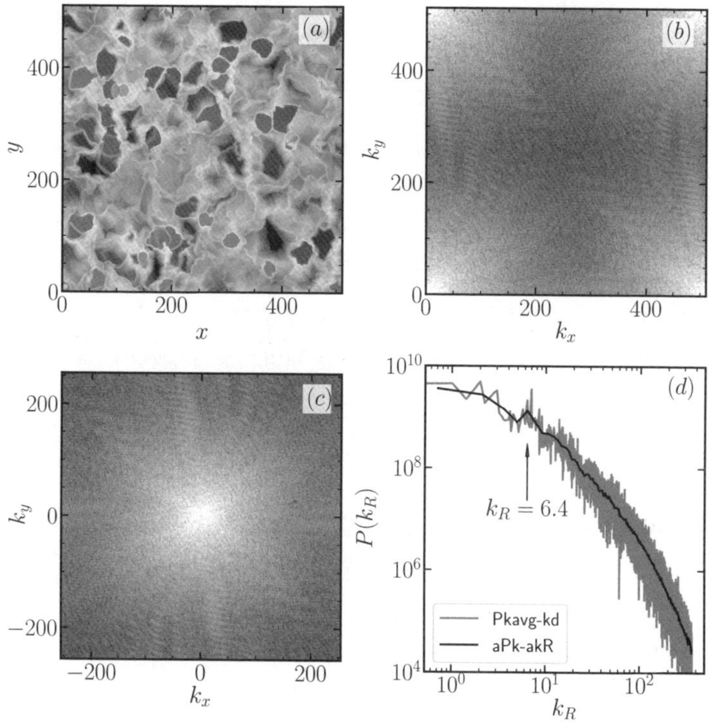

그림 11.18: 밀도장의 2차원 파워스펙트럼

```
58  plt.loglog(kd,Pkavg)
59  plt.loglog(akR,aPk)
60  plt.ylim(1e4,1e10)
61  plt.xlabel(r'$k_R$')
62  plt.ylabel(r'$P$')
63  plt.annotate(r'$k_R=6.4$',xy=(6.36, 3.e8),
64      xytext=(6.36396103,1e7),horizontalalignment='right',
65      arrowprops=dict(width=0.3,headwidth=3),)
66  plt.text(200,3e9,r'$(d)$')
67  plt.tight_layout()
68  plt.show()
```

1-7행은 코드 11.7에서와 같이 웹주소 `target`에 있는 1열 자료를 읽어 1차원 리스트 `d`에 저장한다. 9-10행은 1차원 리스트 `d`를 크기가 512 × 512인 2차원 배열 `den`으로 바꾼다. 12-14행은 `den`의 푸리에 변환 `Fden`과 파워스펙트럼 `Pd`를 구한 후, `Pd[0,0]`에 매우 작은 값을 지정한다. 16-18행은 파수 `k`를 생성한 후, `0`이 중앙에 오도록 이동된 파수 `ks`와 파워스펙트럼 `Pds`를 구한다. 19행은 $k_R = (k_x^2 + k_y^2)^{1/2}$을 구한 다음, `ravel()` 함수를 이용하여 1차원 배열 `kR`에 저장한다. 20행은 `Pds`를 1차원 배열로 바

꾸어 Pk에 저장한다. 21행은 kR을 오름차순으로 정렬(sort)하는데, 중복된 값이 있으면 1개의 값만 kd에 저장하고, 그 값의 처음 인덱스를 idx에 저장한다. idx의 크기는 kR의 크기와 같다. 22행은 중복된 원소의 평균 파워를 Pkavg에 저장한다. np.bincount()는 인자에 있는 값의 빈도수를 세는 함수다. 24-28행은 kR을 N/2개의 계급으로 나눈 후, 히스토그램을 이용하여 계급의 평균 파워 aPk와 계급의 평균 파수 akR을 계산한다. 30행은 plt.pcolormesh() 함수에서 사용할 색의 규격화를 위한 matplotlib.colors() 함수를 불러온다. 32행 이하는 결과를 그래프로 출력한다.

그림 11.18은 코드 11.9를 실행한 결과를 보여 준다. 그림 11.18(*a*)는 x–y 평면에서 밀도 den의 분포를 보여 준다. 밀도는 일그러진 원형 구조물을 갖고 있다. 그림 11.18(*b*)는 파워스펙트럼을 $k_x, k_y = [0, 1, \cdots, 511]$의 함수로 보여 준다. 대부분의 파워가 상자의 네 구석에 집중되어 있다. 그림 11.18(*c*)는 이동된 파수 ks를 사용하여 $k_x = k_y = 0$인 성분이 중앙에 오도록 그림 11.18(*b*)를 재배치한 것이다. 대부분의 파워가 상자의 중심에 집중되어 있다. 그림 11.18(*d*)는 코드 11.9의 21-22행에서 계산한 Pkavg–kd의 관계와 27-28행에서 계산한 aPk–akR의 관계를 보여 준다. Pkavg–kd의 관계에서 kd 축을 계급으로 나누어 히스토그램으로 바꾼 것이 aPk–akR의 관계다. 대부분의 파워가 k_R이 작은 성분에 담겨 있으며 k_R이 커지면 파워가 감소한다. 화살표로 표시된 $k_R = 6.4$인 성분은 파워가 주변보다 높은데, 이것은 그림 11.18(*a*)에서 보이는 일그러진 원형 구조물의 평균 크기가 $\lambda_R \sim 512/k_R \sim 80$임을 의미한다.

11.5.4 영상 처리⋆

푸리에 변환을 이용하면 영상을 파수로 분리한 후, 필터를 이용하여 다양한 방식으로 변환할 수 있다. 주어진 영상을 함수 $h(x, y)$로 표현할 때, 변형된 영상 $g(x, y)$는 **필터 방정식**(filtering equation)

$$g(x, y) = \mathcal{F}^{-1}[F(k_x, k_y)H(k_x, k_y)] \tag{11.76}$$

를 따른다(Gonzalez & Woods 2018). 여기서, H는 h의 푸리에 변환이며 F는 **필터 함수**(filter function)라고 하는데 입력 영상을 푸리에 공간에서 변형한다.

가장 단순한 형태의 필터는 중심($k_x = k_y = 0$)에 대해 대칭적이다. 주파수가 높은 성분 또는 낮은 성분을 통과시키는 필터를 각각 **고역통과필터**(high-pass filter) 또는 **저역통과필터**라고 부른다. 고역통과필터는 영상에서 사물의 경계를 포착하고 저역통과필터는 영상을 흐릿하게 만든다. **가우스 필터**(Gaussian filter)의 경우,

$$F_{\text{high}} = 1 - e^{-k^2/(2\sigma_k^2)} \qquad \text{(가우스 고역통과필터)} \tag{11.77a}$$

$$F_{\text{low}} = e^{-k^2/(2\sigma_k^2)} \qquad \text{(가우스 저역통과필터)} \tag{11.77b}$$

로 주어진다. 여기서, $k = \sqrt{k_x^2 + k_y^2}$이고 σ_k는 가우스 필터의 표준편차를 나타낸다. 예제 11.10에서 가우스 고역/저역통과필터를 활용하여 영상 처리를 실습해 보자.

예제 11.10

인터넷에 있는 snugate.jpg 파일은 서울대학교 정문 사진이다.[a] 이 사진을 $\sigma_k = 30$인 가우스 저역통과필터, $\sigma_k = 50$인 가우스 고역통과필터, $F_{\rm mix} = 1 - 0.6e^{-k^2/(2\times 50^2)}$인 혼합 필터를 이용하여 원본 사진을 재구성하시오.

a) http://astro.snu.ac.kr/~wkim/PyData/snugate.jpg

코드 11.10: 영상 처리

```
import urllib.request
target="http://astro.snu.ac.kr/~wkim/PyData/snugate.jpg"
urllib.request.urlretrieve(target,"snugate.jpg")

img=plt.imread('snugate.jpg')
imgr=img[:,:,0]
H=np.fft.fft2(imgr)
Hs=np.fft.fftshift(H)

ly,lx=imgr.shape
kY,kX=np.ogrid[0:ly, 0:lx]
sigl,sigh,sigm=30,50,50
Flow=np.exp(-((kX-lx/2.)**2+(kY-ly/2.)**2)/(2*sigl**2))
Fhgh=1-np.exp(-((kX-lx/2.)**2+(kY-ly/2.)**2)/(2*sigh**2))
Fmix=1-0.6*np.exp(-((kX-lx/2.)**2+(kY-ly/2.)**2)/(2*sigm**2))

Glow=Hs.copy()*Flow
Ghgh=Hs.copy()*Fhgh
Gmix=Hs.copy()*Fmix
iGlow=np.fft.ifftshift(Glow)
iGhgh=np.fft.ifftshift(Ghgh)
iGmix=np.fft.ifftshift(Gmix)
glow=np.fft.ifft2(iGlow)
ghgh=np.fft.ifft2(iGhgh)
gmix=np.fft.ifft2(iGmix)

fig=plt.figure(1,figsize=(10,7))
plt.subplot(221)
plt.axis('off')
plt.imshow(imgr, cmap='gray')
plt.text(430,40,r'$(a)$',color='k')
```

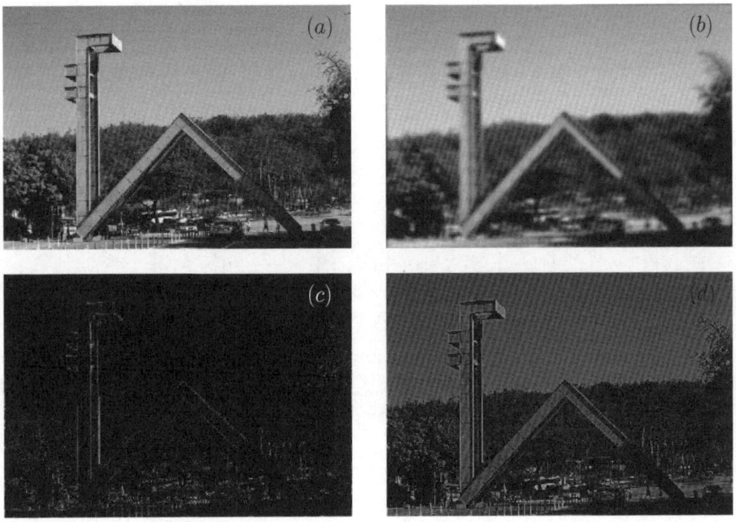

그림 11.19: (a) 원본 사진, (b) 저역통과필터를 적용한 영상, (c) 고역통과필터를 적용한 영상, (d) 혼합 필터를 적용한 영상

```
32 ax=plt.subplot(222)
33 plt.imshow(np.abs(glow),cmap='gray')
34 plt.axis('off')
35 plt.text(430,40,r'$(b)$',color='k')
36 plt.subplot(223)
37 plt.imshow(np.abs(ghgh),cmap='gray')
38 plt.axis('off')
39 plt.text(430,40,r'$(c)$',color='w')
40 plt.subplot(224)
41 plt.imshow(np.abs(gmix),cmap='gray')
42 plt.axis('off')
43 plt.text(430,40,r'$(d)$',color='w')
44 plt.tight_layout()
45 plt.show()
```

1-3행은 웹주소 `target`에 있는 파일을 내려받아 현재 작업 폴더에 `snugate.jpg`라는 이름으로 저장한다. 5행은 폴더에 저장된 `snugate.jpg` 파일을 읽어 `img`라는 이름으로 저장한다. `img`는 3차원 배열인데, 처음 2개의 인덱스는 x와 y 방향의 화소 수(pixel number)를 나타내고, 세 번째 인덱스는 `r`(빨강), `g`(녹색), `b`(파랑) 밴드(band)를 가리킨다. 각 밴드의 값은 색의 상대 세기를 나타내며 0에서 255 사이의 값을 가진다. 6행은 `img`에서 빨간색 밴드를 선택하여 2차원 배열 `imgr`에 저장한다. 7행은 `imgr`의 푸리에 변환 `H`를 계산하고, 8행은 `Hs`의 파수가 0인 성분을 중앙으로 이동한 푸리에 변환 `Hs`를 구한다.

10행은 imgr의 크기 lx $\times$ ly를 구한다. lx와 ly는 각각 x 방향과 y 방향의 화소수에 해당한다. 11행의 np.ogrid() 함수는 열린 격자(open grid)를 만드는데, 주로 마스크를 만들 때 사용한다. 반환되는 kY는 크기가 ly $\times$ 1인 행렬이고 kX는 크기가 1 $\times$ lx인 행렬이다. 12행은 필터의 표준편차를 지정한다. 13-15행은 저역통과필터 Flow, 고역통과필터 Fhgh, 혼합 필터 Fmix를 생성한다. 필터를 생성할 때 kX에서 lx/2를 빼고 kY에서 ly/2를 빼는 이유는 파수가 0인 성분이 중앙에 있기 때문이다. 17-19행은 Hs의 복사본에 필터를 곱한다. 20-22행은 푸리에 변환의 주파수 순서를 원상태로 되돌리고, 23-25행은 푸리에 역변환을 수행한다. 결과로 얻은 glow, ghgh, gmix는 각각 저역통과필터, 고역통과필터, 혼합 필터를 통과한 영상이다. 28-31행은 imgr을, 32-35행은 np.abs(glow)를, 36-39행은 np.abs(ghgh)를, 40-43행은 np.abs(gmix)를 출력한다(그림 11.19). 저역통과필터를 통과한 영상은 파수가 큰 정보를 잃어버려 상이 흐릿해지고, 고역통과필터를 통과한 영상에서는 사물의 경계가 두드러진다. 혼합 필터를 통과한 영상은 약간 흐릿해지지만 (특히, 철제 기둥의) 경계가 원본보다 뚜렷하다.

코드 11.10에서 2차원 영상 imgr의 푸리에 변환 H는 복소수이므로 크기(magnitude)와 위상(phase)을 가지고 있다.[8] 크기는 각 파수 성분이 얼마나 강한지를 나타내며 그 제곱이 파워스펙트럼이다. 반면, 위상은 각 파수 성분의 위치에 관한 정보를 갖고 있다. 따라서 영상에서 특정 구조물의 세기(명암 또는 색상)는 크기에 의해 결정되지만, 그 구조물의 위치는 위상에 의해 결정된다. 코드 11.11을 살펴보자.

코드 11.11: 푸리에 변환의 크기와 위상

```
Mag=np.abs(H)
Phase=np.angle(H)

np.random.seed(0)
ranP=np.pi*(2*np.random.rand(ly,lx)-1)
ranM=np.random.rand(ly,lx)

F1=np.zeros((ly,lx),dtype='complex')
F2=np.zeros((ly,lx),dtype='complex')
F1.real=Mag*np.cos(ranP)
F1.imag=Mag*np.sin(ranP)
F2.real=ranM*np.cos(Phase)
F2.imag=ranM*np.sin(Phase)

img1=np.fft.ifft2(F1)
img2=np.fft.ifft2(F2)

fig=plt.figure(1,figsize=(10,7))
```

8) 파이썬에서 크기와 위상은 각각 np.abs() 함수와 np.angle() 함수로 계산한다.

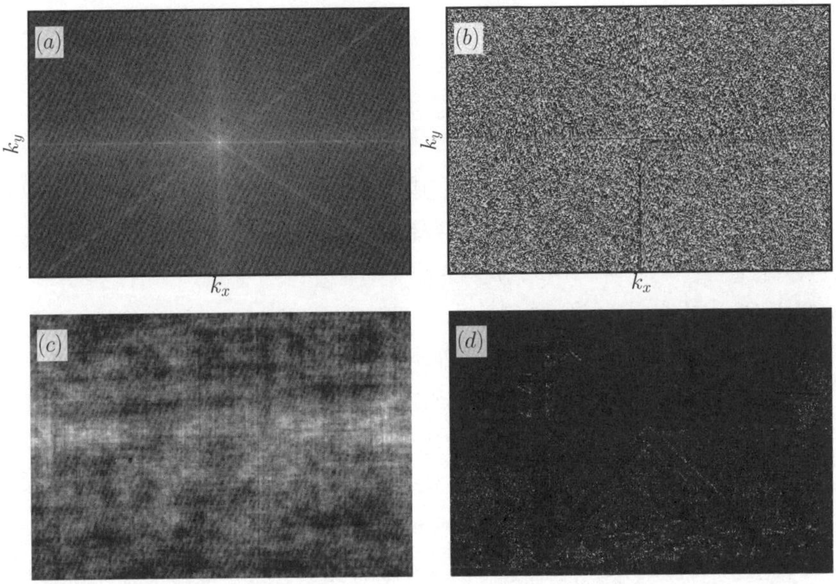

그림 11.20: 푸리에 변환의 (a) 크기와 (b) 위상의 원본 분포, (c) 크기를 원본과 같게 하되 위상을 무작위로 택하고 복원한 영상, (d) 위상을 원본과 같게 하되 크기를 무작위로 택하고 복원한 영상

```
plt.subplot(221)
Mags=np.fft.fftshift(Mag)
plt.imshow(Mags,norm=colors.LogNorm(),cmap='gray')
plt.xticks([]),plt.yticks([])
plt.xlabel(r'$k_x$'),plt.ylabel(r'$k_y$')
plt.text(10,50,r'$(a)$',color='w')
plt.subplot(222)
plt.imshow(np.fft.fftshift(Phase),cmap='gray')
plt.xticks([]),plt.yticks([])
plt.xlabel(r'$k_x$'),plt.ylabel(r'$k_y$')
plt.text(10,50,r'$(b)$',color='w')
plt.subplot(223)
plt.imshow(np.abs(img1),cmap='gray')
plt.axis('off')
plt.text(10,50,r'$(c)$',color='w')
plt.subplot(224)
plt.imshow(np.abs(img2),cmap='gray')
plt.axis('off')
plt.text(10,50,r'$(d)$',color='k')
plt.tight_layout()
plt.show()
```

1-2행은 코드 11.10의 7행에서 계산한 푸리에 변환 `H`의 크기 `Mag`와 위상 `Phase`를 계산한다. 4-6행은 난수를 이용하여 생성한 위상 `ranP`와 크기 `ranM`을 지정한다. 2차원 이상의 난수 배열을 만들 때 `np.random.rand()` 함수를 이용한다. `lx`와 `ly`는 코드 11.10의 10행에서 얻은 값과 같다. 8-13행에서 `Mag`에 무작위 위상 `ranP`를 합성한 복소수 배열 `F1`과, 무작위 크기 `ranM`에 `Phase`를 합성한 복소수 배열 `F2`를 생성한다. 15-16행은 `F1`과 `F2`의 푸리에 역변환을 계산하여 `img1`과 `img2`에 저장한다. 18행 이하는 `Mag`, `Phase`, `img1`, `img2`를 화면에 출력한다.

그림 11.20은 코드 11.11을 실행한 결과를 보여 준다. `H`의 크기는 파수가 작은 영역과 k_x축, k_y축, 대각선 방향에 집중되어 있다. 위상의 분포는 크기 분포보다 훨씬 무작위하다. 위상을 무작위로 택한 그림 11.20(c)는 원본(그림 11.19a)과의 공통점을 거의 찾을 수 없다. 하지만 크기를 무작위로 택한 그림 11.20(d)에서는 건물의 윤곽선을 확인할 수 있다. 이것은 위상이 구조물의 위치에 대한 정보를 갖고 있음을 보여 준다.

문제

11.1 **반더르폴 진동자**(van der Pol oscillator)는 미분방정식

$$\ddot{x} - (1 - x^2)\dot{x} + (0.24\pi)^2 x = 0 \tag{P11.1}$$

으로 기술된다(식 P8.9 참고). 초기조건으로 $x(0) = -2$, $\dot{x}(0) = 0$을 선택하고 식 (P11.1)을 $t \in [0, 200]$에 대해 수치상으로 적분하시오.

(1) $\dot{x}$을 x의 함수로 그리시오. 또한, x를 t의 함수로 그리시오.

(2) 구간 $t \in [0, 200]$에서 균등간격으로 분포한 2^{11}개의 x를 표본추출하여 x의 파워스펙트럼을 진동수의 함수로 그리고, 파워스펙트럼이 최댓값을 갖는 진동수 $f_{\max}$를 구하시오.

11.2 **더핑 진동자**(Duffing oscillator)는 미분방정식

$$\ddot{x} + 0.3\dot{x} - x + x^3 = \gamma \cos(1.2t) \tag{P11.2}$$

를 따른다. 초기조건으로 $x(0) = 1$, $\dot{x}(0) = 0$을 선택하시오.

(1) $\gamma = 0.37$일 때, 식 (P11.2)를 $t \in [0, 50]$에 대해 적분하고 $\dot{x}$–x의 관계와 x–t의 관계를 그리시오.

(2) (1)의 결과를 이용하여 x의 파워스펙트럼을 구하고, 파워스펙트럼이 최대인 진동수 $f_{\max}$를 구하시오.

(3) γ가 0.2부터 1까지 변할 때 $f_{\max}$의 변화를 조사하시오.

11.3 수직 방향의 밀도 분포가 $\rho_0(z) = \mathrm{sech}^2(z)$인 x–y 방향으로 무한히 펼쳐진 평면의 중력퍼텐셜은 1차원 푸아송 방정식

$$\frac{d^2\Phi}{dz^2} = \rho_0 \tag{P11.3}$$

를 만족시킨다. $\Phi(|z| \to \infty) = 0$인 경계조건을 만족하는 식 (P11.3)의 해는 $\Phi_{\mathrm{true}} = \ln\cosh(z)$이고 평면에 수직인 중력은 $g_{\mathrm{true}} = -d\Phi/dz = -\tanh(z)$이다. 아래 문제에서 $L = 2$를 선택하시오.

(1) $z \in [-L, L]$인 영역을 $N = 256$개의 격자점 $z_n = -L + (2L/N)n$으로 나누고 (단, $n = 0, \cdots, N-1$), 푸리에 변환을 이용한 방법으로 수직 방향의 중력 g_0를 수치적으로 구하시오. g_0와 해석해 g_{true}를 그림으로 비교하고 오차의 평균값 $\sum_{n=0}^{N-1} |g_0(z_n) - g_{\mathrm{true}}(z_n)|/N$을 계산하시오. 수치해가 해석해와 다른 이유가 무엇인지 토의하시오.

(2) 수치해의 오차를 줄이는 방법으로 **영덧댐 방법**을 생각할 수 있다. 즉, 새로운 밀도를

$$\rho_1(z) = \begin{cases} \rho_0(z) & (-L \le z \le L\text{일 때}) \\ 0 & (L < z \le 7L\text{일 때}) \end{cases} \tag{P11.4}$$

으로 구성하고 $z \in [-L, 7L]$인 영역을 $N = 1024$개의 격자점으로 나누어 ρ_1에 해당하는 중력 g_1을 구하시오. $z \in [-L, L]$인 영역에서 g_1을 g_0, $g_{\rm true}$와 비교하고 오차의 평균값 $\sum_{n=0}^{N-1} |g_1(z_n) - g_{\rm true}(z_n)|/N$을 계산하시오.

(3) (1)의 문제를 해결하는 다른 방법으로 $z = 2L$만큼 떨어진 위치에 **상밀도**(image density)를 두는 방법을 생각할 수 있다(Koyama & Ostriker 2009). 즉, 새로운 밀도를

$$\rho_2(z) = \begin{cases} \rho_0(z) & (-L \le z \le L\text{일 때}) \\ -\rho_0(z - 2L) & (L < z \le 3L\text{일 때}) \end{cases} \tag{P11.5}$$

로 구성하고 $z \in [-L, 3L]$인 영역을 $N = 512$개의 격자점으로 나누어 ρ_2에 해당하는 중력 g_2를 구하시오. $z \in [-L, L]$인 영역에서 g_2를 $g_{\rm true}$와 비교하고 오차의 평균값 $\sum_{n=0}^{N-1} |g_2(z_n) - g_{\rm true}(z_n)|/N$을 계산하시오. 상밀도를 이용한 방법이 정확한 이유에 대해 토의하시오.

11.4 2차원 영역 $[-L, L] \times [-L, L]$에서 정의된 밀도분포 $\rho(x, y)$에 대한 중력퍼텐셜 $\Phi(x, y)$는 **푸아송 방정식**

$$\nabla^2\Phi = \frac{\partial^2\Phi}{\partial x^2} + \frac{\partial^2\Phi}{\partial y^2} = \rho \tag{P11.6}$$

를 따른다.

(1) Φ와 그 미분값이 주기적 경계조건을 만족시키면, $\int_A \rho(x, y)dxdy = 0$이어야 함을 보이시오. 여기서, A는 밀도와 중력퍼텐셜이 정의된 영역을 의미한다.

(2) $L = 1$이고 $\rho = e^{-10(x^2+y^2)}$일 때, 2차원 영역을 256×256개의 격자점으로 나누고, 푸리에 변환을 이용하여 중력퍼텐셜 $\Phi(x, y)$를 구하시오. 또한, ρ와 Φ의 2차원 분포를 영상으로 그리시오.

(3) (2)에서 구한 Φ를 유한차분하여 $\nabla^2\Phi$를 구한 뒤,

$$\nabla^2\Phi - \rho = -\frac{\int_A \rho dxdy}{\int_A dxdy} \tag{P11.7}$$

임을 확인하시오.

11.5 푸리에 변환을 이용하면 **열전도 방정식**의 해를 구할 수 있다. $t = 0$일 때, 온도 분포가 $T(x, 0) = e^{-x^2}$인 매질을 생각해 보자. 온도의 시간에 대한 변화는 1차원 열전도 방정식

$$\frac{\partial T}{\partial t} = \mathcal{K}\frac{\partial^2 T}{\partial x^2} \tag{P11.8}$$

로 기술된다. 여기서, $\mathcal{K}$는 매질의 **열전도도**다(문제 5.5 참고). 구간 $x \in [-L, L]$을 N개의 격자점으로 나누면, 보폭이 $h = 2L/N$이고 n번째 격자점의 좌표는 $x_n = -L + hn$이다(단, $n = 0, \cdots, N-1$).

(1) $T(x,t)$의 공간에 대한 푸리에 변환을 $T_k(t)$라고 하면,

$$T(x_n, t) = \sum_{k=0}^{N-1} T_k(t) e^{i2\pi kn/N} \tag{P11.9}$$

이다. 식 (P11.8)의 해가

$$T_k(t) = T_k(0) e^{-\lambda_k \mathcal{K} t} \tag{P11.10}$$

으로 주어짐을 보이시오. 여기서, $T_k(0)$은 $T(x_n, 0)$의 푸리에 변환이고 λ_k는 식 (11.72)에서 정의된 커널이다.

(2) $L = 10$이고 $N = 2^{10}$일 때, $T_k(0)$을 구하고 파워스펙트럼($|T_k(0)|^2$)을 k의 함수로 그리시오.

(3) $t = 1, 2, 10$일 때, $T_k(t)$를 구하고 $T_k(t)$를 푸리에 역변환하여 $T(x,t)$를 x의 함수로 그리시오. 열전도도로 $\mathcal{K} = 0.5$를 택하시오. 또한, 수치해를 이 문제의 해석해

$$T_{\text{true}}(x,t) = \frac{1}{\sqrt{1+4\mathcal{K}t}} \exp\left(-\frac{x^2}{1+4\mathcal{K}t}\right) \tag{P11.11}$$

과 비교하시오.

11.6 반지름이 R인 둥근 구멍(circular aperture)을 통과한 빛의 **회절무늬**(diffraction pattern)는 $I(\boldsymbol{\xi}) = |U(\boldsymbol{\xi})|^2$으로 주어진다. 여기서,

$$U(\boldsymbol{\xi}) = \iint_{\sqrt{x^2+y^2} \le R} e^{i2\pi \boldsymbol{r}\cdot\boldsymbol{\xi}} dx dy \tag{P11.12}$$

이고, $\boldsymbol{r} = (x, y)$와 $\boldsymbol{\xi} = (\eta, \zeta)$는 각각 구멍 속의 점과 회절무늬가 생긴 스크린 위의 점을 나타낸다.[9]

9) 구멍과 스크린 사이의 거리가 z고 빛의 파장이 λ일 때, $\boldsymbol{r}$과 $\boldsymbol{\xi}$는 각각 R과 $\lambda z/R$로 정규화된 좌표다.

(1) $U(\boldsymbol{\xi})$는 2차원 공간 $[-L, L] \times [-L, L]$에서 정의된 필터 함수

$$u(x, y) = \begin{cases} 1 & (\sqrt{x^2 + y^2} \leq R) \\ 0 & (\sqrt{x^2 + y^2} > R) \end{cases} \tag{P11.13}$$

의 푸리에 변환이다. $L = 10$이고 $R = 1$일 때, $I(\boldsymbol{\xi})$를 구하고 $I(0, 0) = 1$이 되도록 규격화한 회절무늬를 (η, ζ) 평면에 그리시오.

(2) 식 (P11.12)의 규격화된 해석해는 $U(\boldsymbol{\xi}) = J_1(2\pi\xi)/(\pi\xi)$이다. 여기서, J_1은 **베셀 함수**(Bessel function)며, $\xi = \sqrt{\eta^2 + \zeta^2}$이다. 파이썬에서

```
import scipy.special as sp
sp.jv(1,x)
```

를 실행하면 $J_1(x)$를 계산할 수 있다. (1)의 결과와 규격화된 해석해를 그래프로 비교하시오. 수치해와 해석해가 다른 이유에 대해 토의하시오.

11.7 `http://astro.snu.ac.kr/~wkim/PyData/solvel.dat` 파일은 태양 표면의 고요한 영역을 관측한 자료를 담고 있다(자료 출처: 서울대학교 채종철 교수). 제1열은 관측 시각 t를 분(minute)단위로 나타내며, 제2열과 제3열은 각각 Hα선과 Ca II선으로 관측한 시선속도 $v_{\mathrm{H}\alpha}$와 v_{CaII}를 km s^{-1} 단위로 측정한 값이다.

(1) 하나의 그림에 $v_{\mathrm{H}\alpha}$와 v_{CaII}를 t의 함수로 그리시오.

(2) 하나의 그림에 $v_{\mathrm{H}\alpha}$와 v_{CaII}의 파워스펙트럼을 진동수 f의 함수로 그리시오. 그림에 f의 단위를 표기하시오.

(3) (2)의 결과로부터 $v_{\mathrm{H}\alpha}$와 v_{CaII}의 진동주기 P_0를 구하시오.

(4) $v_{\mathrm{H}\alpha}$와 v_{CaII}의 상호상관(cross-correlation)은

$$v_{\mathrm{H}\alpha} \star v_{\mathrm{CaII}} = \int_{-\infty}^{\infty} v_{\mathrm{H}\alpha}(\tau) v_{\mathrm{CaII}}(\tau + t) d\tau \tag{P11.14}$$

로 주어진다. 상호상관을 t의 함수로 그리시오. 상호상관이 최대인 시각을 구하고, 그 의미를 설명하시오.

11.8 `http://astro.snu.ac.kr/~wkim/PyData/seoul.dat` 파일은 1970년 1월부터 2020년 12월까지 서울에서 측정한 월평균 기온과 기압에 대한 정보를 담고 있다(자료 출처: 기상청[10]). 제1열과 제2열은 각각 측정 연도와 월을 나타내며, 제3열과 제4열은 각각 기온 T와 기압 P를 °C와 hPa의 단위로 측정한 값이다.

10) `https://data.kma.go.kr/cmmn/main.do`

(1) T와 P를 시각 t의 함수로 그리시오.

(2) T의 파워스펙트럼을 진동수 f의 함수로 그리시오. 그림에 f의 단위를 표기하시오.

(3) T의 파워스펙트럼이 최대인 진동주기 t_0를 구하고 물리적 의미를 설명하시오. T의 시간변화를 설명해 주는 t_0를 제외한 중요한 진동주기 2개를 구하시오.

(4) T와 P의 상호상관은

$$T \star P = \int_{-\infty}^{\infty} T(\tau)P(\tau + t)d\tau \tag{P11.15}$$

로 주어진다. 상호상관을 t의 함수로 그리시오. 상호상관이 최대인 시각을 구하고, 그 의미를 설명하시오.

제12장

함수의 최적화

함수의 **최적화**(optimization)는 주어진 함수 $f(\boldsymbol{x})$의 최댓값 또는 최솟값을 주는 독립변수 $\boldsymbol{x}$를 찾는 것을 말한다.[1] 함수의 최적화는 최소 비용이나 최대 이익을 꾀하는 사회적 또는 경영상의 문제나, 변분 원리(variational principle)와 관련된 물리와 수학의 다양한 문제를 푸는 데 유용하다. 제7장에서 다룬 최소제곱법도 카이제곱의 최적화에 해당하며, 비선형 방정식 $f(\boldsymbol{x})$의 근을 구하는 문제도 $f^2(\boldsymbol{x})$의 최적화로 바꿀 수 있다.

최적화는 크게 제한조건이 있는 **조건부 최적화**(constrained optimization)와 제한조건이 없는 **무조건부 최적화**(unconstrained optimization)로 나눌 수 있다. 변의 총 길이가 일정하다는 조건에서 사각형의 면적을 최대화하는 문제나 라그랑주 곱셈자방법 등이 조건부 최적화의 예다. 조건부 최적화는 일반적으로 무조건부 최적화보다 어렵다. 이 장에서는 무조건부 최적화에 대한 개념 및 간단한 알고리즘을 학습한다. 조건부 최적화에 대해서는 Fletcher(1987)와 같은 전문 서적을 참고하길 권한다.

12.1 1차원 최적화

함수의 최솟값을 찾는 알고리즘은 시작점 $\boldsymbol{x}_0$에서 출발하여 반복적인 계산을 통해 $\boldsymbol{x}_0$를 최소점으로 이동시키는 방법을 사용한다. 함수가 여러 개의 극소점(local minimum)을 갖고 있다면, 수치상으로 찾은 극소점은 초깃값에 따라 달라지며 그 극소점이 전체적인 최소점(global minimum)인지 아닌지를 알 수 없다. 이 경우 초깃값을 달리한 계산을 반복하여 얻어진 최솟값 중 가장 작은 값을 선택한다.

---

1) $f(\boldsymbol{x})$의 최댓값을 찾는 것은 $-f(\boldsymbol{x})$의 최솟값을 찾는 것과 동등하다.

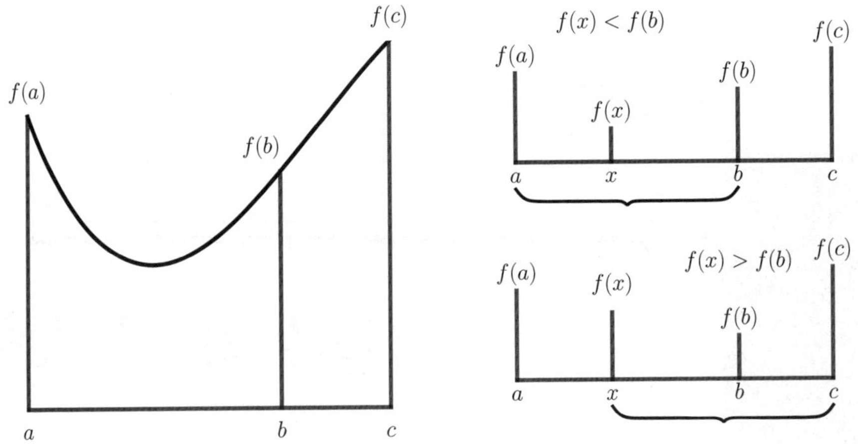

그림 12.1: 1차원 함수의 최적화 과정

12.1.1 황금분할탐색

그림 12.1과 같이 구간 $[a, c]$에서 정의된 1차원 함수 $f(x)$의 최솟값을 구하는 문제를 생각해 보자. $a < b < c$인 b에 대해 $f(a) > f(b)$고 $f(b) < f(c)$면, b가 최소점의 근삿값이다. 이제, 구간 $[a, b]$ 또는 $[b, c]$에서 새로운 점 x를 선택한다. 그림 12.1의 오른쪽과 같이 x를 구간 $[a, b]$에서 선택했을 경우, $f(x) < f(b)$이면 새로운 탐색 구간을 $[a, c]$에서 $[a, b]$로 줄이고, $f(x) > f(b)$이면 탐색 구간을 $[x, c]$로 줄인다. 이 과정을 반복하여 구간의 폭을 점차적으로 줄이면 최소점을 찾을 수 있다.

문제는 새로운 탐색점 b와 x를 정하는 방법이다. 가장 단순한 방법은 $b = (a + c)/2$, $x = (a + b)/2$와 같이 구간 $[a, c]$의 중앙을 b, 구간 $[a, b]$의 중앙을 x로 택하는 이분법이다. 운이 좋으면(즉, $f(x) < f(b)$이면) 새로운 탐색 구간이 $[a, b]$가 되어 그 폭이 전 단계의 1/2로 줄어들고, 운이 나쁘면(즉, $f(x) > f(b)$이면) 새로운 탐색 구간이 $[x, c]$가 되어 전 단계의 3/4으로 줄어든다.

그림 12.2는 최악의 경우(즉, 모든 단계에서 운이 없는 경우), 탐색 구간이 줄어드는

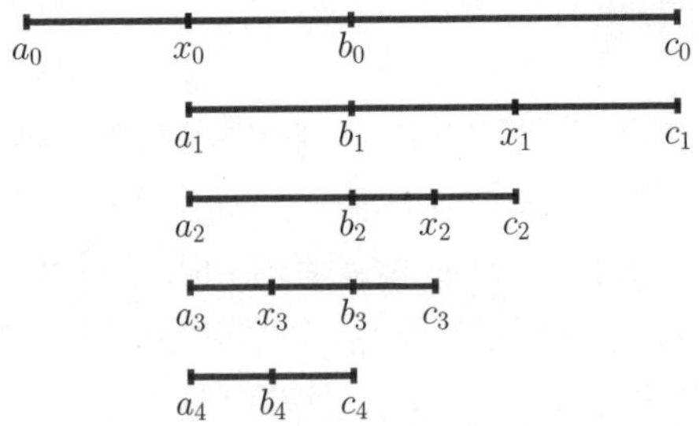

그림 12.2: 최악의 경우 탐색 구간이 감소하는 모습

양상을 보여 준다. 홀수 번째에서는 탐색 구간의 크기가 직전 단계의 3/4으로 줄어들고, 짝수 번째에서는 직전 단계의 2/3로 줄어든다. 따라서, i번째 탐색 구간의 크기를 $\ell_i = c_i - a_i$라고 하면,

$$\begin{aligned} \ell_1 &= \frac{3}{4}\ell_0 \\ \ell_2 &= \frac{2}{3}\ell_1 = \frac{1}{2}\ell_0 \\ \ell_3 &= \frac{3}{4}\ell_2 = \frac{3}{8}\ell_0 \\ \ell_4 &= \frac{2}{3}\ell_3 = \frac{1}{4}\ell_0 \\ &\vdots \end{aligned} \tag{12.1}$$

이다. 즉, 최악의 경우 두 번 반복 계산마다 탐색 구간의 크기가 절반씩 줄어든다.

최악의 경우를 최소화하기 위해 2개의 탐색 구간 $[a,\ b]$와 $[x,\ c]$의 크기를 같게 둔다. 이 조건은

$$b - a = c - x \tag{12.2}$$

와 같다. 또한, 점 b가 이전 단계에서 같은 맥락에서 결정된 점이라면, 구간 $[a,\ c]$에서 시작점 a에 대한 점 b의 상대 위치는 구간 $[a,\ b]$에서 시작점 a에 대한 점 x의 상대 위치와 같다. 이 경우,

$$\frac{b-a}{c-a} = \frac{x-a}{b-a} \tag{12.3}$$

라는 비례식이 성립한다. 식 (12.2)와 식 (12.3)에서 b를 소거하면

$$\mathcal{R}^2 + \mathcal{R} - 1 = 0 \tag{12.4}$$

을 얻는다. 여기서, $\mathcal{R} \equiv (c-x)/(c-a)$이며,

$$x = c - \mathcal{R}(c-a) \tag{12.5a}$$

$$b = a + \mathcal{R}(c-a) \tag{12.5b}$$

로 주어진다. 식 (12.4)의 해는

$$\mathcal{R} = \frac{-1+\sqrt{5}}{2} \approx 0.61803, \quad 1 - \mathcal{R} = \frac{3-\sqrt{5}}{2} \approx 0.38197 \tag{12.6}$$

인 **황금비**(golden ratio)임을 알 수 있다. 식 (12.5)를 이용하여 두 점 x와 b를 선택하여 구간 $[a,\ c]$에서 최소점을 찾는 방법을 **황금분할탐색**(golden section search)이라고 한다.

황금분할탐색은 1차적으로 수렴한다.

구간 $[a, b]$에서 함수 $f(x)$의 최소점을 찾는 황금분할탐색 알고리즘은 다음과 같다. `tol`은 최소점의 오차 허용범위를 나타낸다.

```
단계 1: 구간 [a,b]를 지정하고 R=0.618을 설정
단계 2: x1=b-R(b-a)와 f1=f(x1)을 계산
        x2=a+R(b-a)와 f2=f(x2)를 계산
단계 3: f1>f2이면, x1을 a로 저장
        그렇지 않으면, x2를 b로 저장
단계 4: (b-a)<tol이면, 계산을 중지
        그렇지 않으면, 단계 2로
```

예제 12.1

구간 $[0, 4]$에서 함수

$$f(x) = x(x-3)(x+3)^2 \tag{12.7}$$

의 최소점을 구하시오. 오차 허용범위로 10^{-6}을 택하시오.

코드 12.1: 황금분할탐색

```
func=lambda x : x*(x-3)*(x+3)**2

def golden(F,a,b,tol):
    x=np.array(a)
    R=0.618
    loop=0
    while np.abs(b-a) > tol:
        loop+=1
        x1=b-R*(b-a)
        x2=a+R*(b-a)
        f1=F(x1)
        f2=F(x2)
        x=np.append(x,a)
        if(f2<f1): a=x1
        else: b=x2
    return x,loop

a,b,tol=0,4,1.e-6
x,loop=golden(func,a,b,tol)

print('number of iterations=',loop)
print(f'minimum point= {x[-1]:.7g}')
print(f'minimum value= {func(x[-1]):.7g}')
```

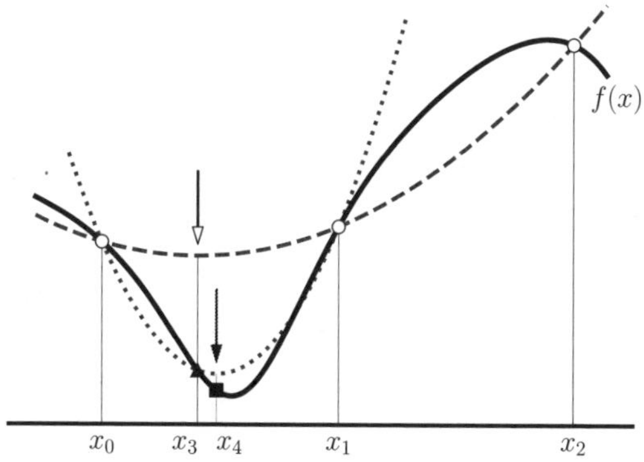

그림 12.3: 브렌트 방법

1행은 식 (12.7)을 함수 `func`로 정의한다. 3-16행은 함수 `F`를 황금분할탐색으로 구간 `[a,b]`에서 오차 허용범위 `tol` 이내로 최솟값을 구하는 함수 `golden`을 정의한다. 18행은 초기 탐색 구간과 오차 허용범위를 지정한다. 19행은 `golden` 함수를 호출하여 매 단계에서 구한 최소점 `x`와 총반복 계산 횟수 `loop`를 반환받는다. 21-23행은 계산 결과를 출력한다. 이 코드를 실행하면 화면에

```
number of iterations= 32
minimum point= 1.921164
minimum value= -50.19443
```

이 출력된다.

황금분할탐색으로 최소점의 위치를 얼마나 정확하게 찾을 수 있을까? 함수 $f(x)$를 최소점 $x = x_*$에서 테일러 급수로 전개하면

$$f(x) \approx f(x_*) + \frac{f''(x_*)}{2}(x - x_*)^2 \tag{12.8}$$

이다. 기계 엡실론을 ϵ이라고 할 때, 최소점에서는 $f(x) = f(x_*)(1+\epsilon)$이므로 식 (12.8)은

$$|x - x_*| \sim \sqrt{\epsilon}|x_*|\sqrt{\frac{2|f(x_*)|}{x_*^2|f''(x_*)|}} \sim \sqrt{\epsilon}|x_*| \tag{12.9}$$

가 된다. 즉, 최소점의 상대 오차는 $\sim \sqrt{\epsilon}$이다. 따라서, 황금분할탐색으로 최소점을 찾을 때, 탐색 구간의 크기를 $\sqrt{\epsilon}|x_*|$보다 작게 잡는 것은 소용이 없다.

12.1.2 브렌트 방법⋆

브렌트 방법(Brent method)은 그림 12.3처럼 함수 $f(x)$를 포물선으로 근사한다. 우선, 세 점 x_0, x_1, x_2를 지나는 포물선의 최소점 x_3를 찾은 후, 네 점 $x_0, \cdots, x_3$ 중에서

새로운 세 점을 선택하여 점 사이의 거리가 오차 허용범위보다 작아질 때까지 계산을 반복한다. 매 단계에서 선택되는 세 점은 $x_3 - x_1$의 부호와 $f(x_3) - f(x_1)$의 부호에 따라 달라진다.

세 점 (x_0, f_0), (x_1, f_1), (x_2, f_2)를 지나는 포물선의 방정식은 식 (6.2)로 주어진다. 여기서, $f_i \equiv f(x_i)$이다. 식 (6.2)를 이용하여 최솟값 조건인 $dP_2(x_3)/dx = 0$을 적용하면

$$x_3 = x_1 - \frac{1}{2} \frac{(x_1 - x_0)^2(f_1 - f_2) - (x_1 - x_2)^2(f_1 - f_0)}{(x_1 - x_0)(f_1 - f_2) - (x_1 - x_2)(f_1 - f_0)} \tag{12.10}$$

를 얻는다(Press et al. 2007). 브렌트 방법은 1.5차로 수렴한다.

브렌트 방법의 알고리즘은 다음과 같다. `tol`은 최소점의 오차 허용범위를 나타낸다.

```
단계 1: 세 점 x0, x1, x2를 지정
단계 2: |x0-x2|<tol이면, 계산을 중지
단계 3: f0=f(x0), f1=f(x1), f2=f(x2) 계산
단계 4: x3와 f3=f(x3) 계산
단계 5: x3<x1일 때,
          f3<f1이면, (x0, x3, x1)을 선택하고 단계 2로
          f3>f1이면, (x3, x1, x2)를 선택하고 단계 2로
       x3>x1일 때,
          f3<f1이면, (x1, x3, x2)를 선택하고 단계 2로
          f3>f1이면, (x0, x1, x3)를 선택하고 단계 2로
```

예제 12.2

브렌트 방법으로 식 (12.7)의 최소점을 구하시오. 오차 허용범위로 10^{-6}을 선택하시오.

코드 12.2: 브렌트 방법

```
func=lambda x : x*(x-3)*(x+3)**2

def Brent(F,x0,x1,x2,tol):
    loop=0
    x=np.array(x1)
    while abs(x2-x1)>tol:
        loop+=1
        f0,f1,f2=F(x0),F(x1),F(x2)

        den=(x1-x0)*(f1-f2)-(x1-x2)*(f1-f0)
        num=(x1-x0)**2*(f1-f2)-(x1-x2)**2*(f1-f0)
        x3=x1-0.5*num/den
        f3=F(x3)
```

```
14            if x3<x1 :
15                if f3<f1:
16                    x2=x1
17                    x1=x3
18                else:
19                    x0=x3
20            else :
21                if f3<f1:
22                    x0=x1
23                    x1=x3
24                else:
25                    x2=x3
26            x=np.append(x,x2)
27        return x,loop
28
29    x0,x1,x2=-1,2.,5.
30    tol=1.e-6
31    x,loop=Brent(func,x0,x1,x2,tol)
32
33    print('number of iterations=',loop)
34    print(f'minimum point= {x[-1]:.7g}')
35    print(f'minimum value= {func(x[-1]):.7g}')
```

1행은 식 (12.7)을 함수 `func`로 정의한다. 3-27행은 함수 `F`를 브렌트 방법을 이용하여 오차 허용범위 `tol` 이내로 최솟값을 구하는 함수 `Brent`를 정의한다. 세 점 `x0`, `x1`, `x2`는 브렌트 방법의 처음 시작점이다. 12행은 식 (12.10)을 따라 `x3`를 계산한다. 29-30행은 처음 세 점과 오차 허용범위를 지정한다. 31행은 `Brent` 함수를 호출하여 매 단계에서 구한 최소점 `x`와 총반복 계산 횟수 `loop`를 반환받는다. 33-35행은 계산 결과를 출력한다. 이 코드를 실행하면 화면에

```
number of iterations= 12
minimum point= 1.921165
minimum value= -50.19443
```

이 출력된다.

파이썬의 `scipy.optimize.minimize_scalar()` 함수는 황금분할탐색 또는 브렌트 방법을 이용하여 1차원 함수를 최적화하는데, 다음과 같이 사용한다.

```
from scipy.optimize import minimize_scalar

F=lambda x : x*(x-3)*(x+3)**2

res=minimize_scalar(F,bracket=(0,4),method='Golden',tol=1.e-6)
```

속성	내용
res.fun	함수의 최솟값
res.nfev	함숫값을 계산한 횟수
res.nit	반복 계산의 횟수
res.success	최솟값을 찾았는지 여부
res.x	최소점의 위치

표 12.1: minimize_scalar() 함수 결괏값 res의 속성

```
6  print(res)
7
8  res=minimize_scalar(F,bracket=(-1,2,5),method='Brent',tol=1.e-6)
9  print(res)
10
11 res=minimize_scalar(F,bounds=(0,4),method='bounded')
12 print(res)
```

1행은 scipy.optimize 모듈에서 minimize_scalar() 함수를 불러온다. 3행은 최솟값을 구하는 함수 F를 정의한다. 5행은 황금분할탐색으로 함수 F를 최적화한 후, 결과를 res에 저장한다. 열쇳말 bracket에 있는 두 수는 탐색 구간을 지정한다. 8행은 브렌트 방법을 이용하여 함수 F를 최적화한 후, 결과를 res에 저장한다. 열쇳말 bracket에 있는 3개의 수는 처음 시작점을 지정한다. res에 저장된 값은 황금분할탐색의 경우와 같다. 11행은 브렌트 방법을 이용하되 열쇳말 bounds로 지정된 범위에서 최적화한 결과를 res에 저장한다. 결과가 저장된 변수 res의 속성을 표 12.1에 정리하였다.

12.1.3 뉴턴 방법

뉴턴 방법에서는 주어진 함수를 한 점에서 접하는 포물선으로 근사하여 최소점을 찾아간다(그림 12.4). 점 $x = x_k$에서 함수 $f(x)$에 접하는 포물선의 방정식은

$$y(x) = f(x_k) + f'(x_k)(x - x_k) + \frac{1}{2}f''(x_k)(x - x_k)^2 \tag{12.11}$$

이다. 이 포물선의 최소점 $x = x_{k+1}$은

$$x_{k+1} = x_k - \frac{f'(x_k)}{f''(x_k)} \tag{12.12}$$

로 주어진다. 점 x_0부터 시작하여 점화식 (12.12)를 연속적으로 적용하면 함수의 최솟값을 찾을 수 있다. 뉴턴 방법은 2차적으로 수렴하므로 매우 효율적이다. 단, 이 방법은 두 번 미분 가능한 함수에만 적용할 수 있다.

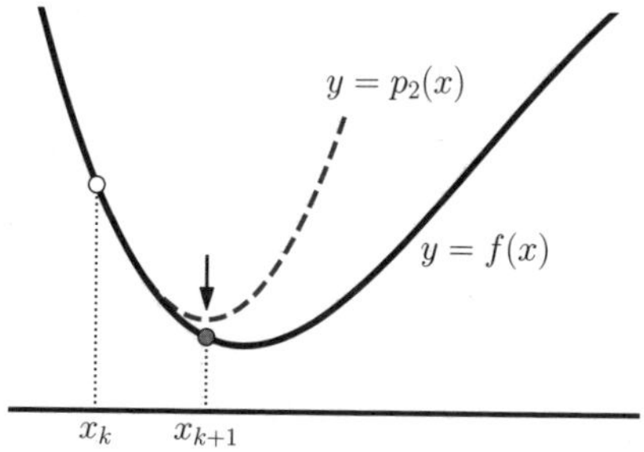

그림 12.4: 뉴턴 방법

예제 12.3

뉴턴 방법으로 식 (12.7)의 최소점을 구하시오. 오차 허용범위로 10^{-6}을 택하시오. 이 함수의 1계도함수와 2계도함수는 각각

$$f'(x) = (x+3)(4x^2 - 3x - 9) \tag{12.13a}$$

$$f''(x) = 12x^2 + 18x - 18 \tag{12.13b}$$

이다.

코드 12.3: 1차원 뉴턴 방법

```
1  def dfunc(x):
2      f=x*(x-3)*(x+3)**2
3      df1=(x+3)*(4*x**2-3*x-9)
4      df2=12*x**2+18*x-18
5      return f,df1,df2
6  
7  x,tol=3,1e-6
8  loop=0
9  while True:
10     loop+=1
11     f,df1,df2=dfunc(x)
12     dx=-df1/df2
13     if abs(dx) < tol: break
14     x+=dx
15     print(f'iter={loop}  x={x:.7g}  f={f:.7g}')
```

1-5행은 식 (12.7)에 주어진 함수의 함숫값 `f`, 1계도함수 `df1`, 2계도함수 `df2`를 계산하는 함수 `dfunc`를 정의한다. 7행은 뉴턴 방법의 시작값 `x`와 오차 허용범위 `tol`을 지정한다. 8행은 반복 계산의 횟수를 세는 변수 `loop`를 0으로 초기화한다. 9-15행은 점화식 (12.12)를 따라 $|x_{k+1} - x_k| <$ `tol`이 만족할 때까지 계산을 반복한다. 이 코드를 실행하면 불과 4번의 계산만으로 원하는 정확도의 최소점을 구할 수 있다.

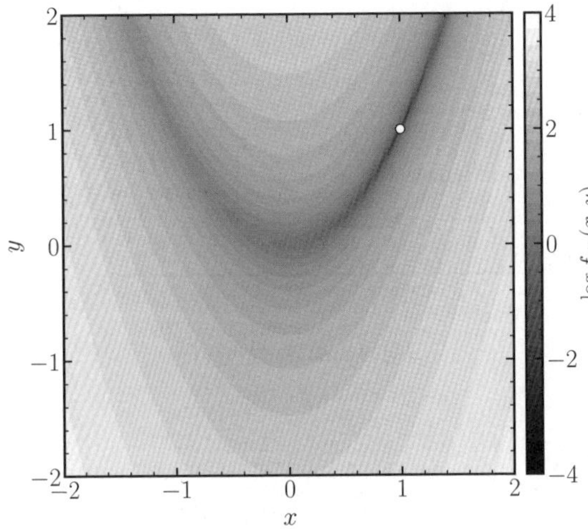

그림 12.5: 2차원 로젠브록 함수. 점 $(x, y) = (1, 1)$에서 최솟값 0을 가진다.

12.2 다차원 최적화

다차원 함수의 최적화는 실험자료를 잘 설명해 주는 맞춤 함수를 찾거나 다변수 비선형 방정식의 근을 구하는 데 유용하다. 다차원 함수가 여러 개의 극솟값을 갖거나, **안장점**(saddle point) 또는 휘어진 골짜기와 같은 기묘한 형태를 보일 때는 최적화가 매우 더디게 이루어진다. 다차원 함수의 최적화에는 (1) 함숫값만 이용하는 **내리막단체법**(downhill simplex method), (2) 2계도함수를 이용하는 뉴턴 방법, (3) 1차원 함수의 최적화를 다차원으로 확장하는 방법 등이 있다.

12.2.1 로젠브록 함수

로젠브록 함수(Rosenbrock function)는 최적화 알고리즘의 성능 실험에 기준(benchmark)으로 사용되는 함수며, 2차원에서는

$$f_{2D}(x, y) = 100(y - x^2)^2 + (1 - x)^2 \tag{12.14}$$

으로, 3차원에서는

$$f_{3D}(x, y, z) = f_{2D}(x, y) + f_{2D}(y, z) \tag{12.15}$$

로 정의된다. 2차원 로젠브록 함수는 그림 12.5와 같이 바나나처럼 굽은 골짜기를 가지고 있으며 $(x, y) = (1, 1)$인 점에서 최솟값을 가진다. 이 때문에 로젠브록 함수를 **바나나 함수**(banana function), 또는 **골짜기 함수**(valley function)라고도 부른다. 3차원 로젠브록 함수는 $(x, y, z) = (1, 1, 1)$인 점에서 최솟값을 가진다.

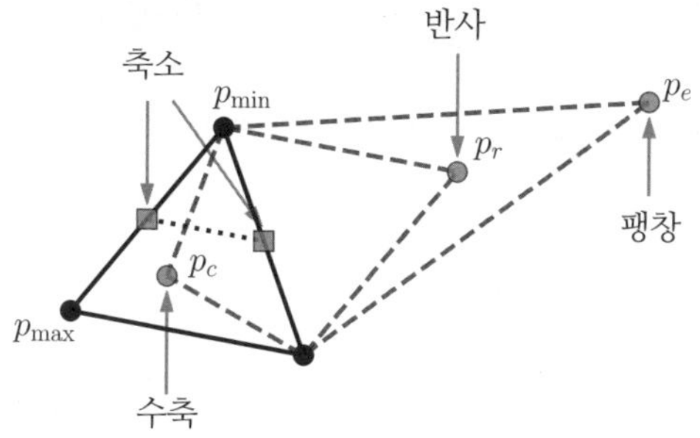

그림 12.6: 2차원 단체의 움직임

12.2.2 내리막단체법⋆

단체(單體; simplex)란 N차원 공간에서 $(N+1)$개의 꼭짓점을 가진 다각형을 말한다. 2차원 공간의 단체는 삼각형이며, 3차원 공간의 단체는 4면체(tetrahedron)다. **내리막단체법**에서는 단체를 함숫값이 낮아지는 방향으로 굴려 최솟값을 찾는다. 단체는 팽창, 수축, 또는 뒤집기 등의 방법으로 움직인다. 단체의 움직임이 아메바(amoeba)를 닮았기 때문에 **아메바 방법**이라고 부르며 개발자의 이름을 따 **넬더-미드 방법**(Nelder–Mead method)이라고도 부른다.

그림 12.6은 2차원 공간에서 삼각형이 움직이는 방식을 보여 준다. 세 꼭짓점 중 함숫값이 가장 큰 점을 $p_{\max}$라고 하고 함숫값이 가장 작은 점을 $p_{\min}$이라고 하자. 단체의 움직임을 정리하면 다음과 같다.

1. 단체의 가장 기본적인 움직임은 점 $p_{\max}$를 대변에 대해 **반사**(reflection)시키는 것이다. 반사시켜 얻은 점 p_r이 최솟값을 가지면, 반사를 채택한다.

2. 점 p_r을 채택한 경우, 단체를 **팽창**(expansion)시켜 p_r을 p_e로 움직인다. p_e가 최솟값을 가지면 팽창을 채택한다.

3. 1단계가 실패하면(즉, 점 p_r이 최소점이 아니면), 단체를 **수축**(contraction)시켜 점 $p_{\max}$를 점 p_c로 옮긴다. 점 p_c의 함숫값이 점 $p_{\max}$의 함숫값보다 작다면 수축을 채택한다.

4. 3단계도 실패하면, 단체를 점 $p_{\min}$ 방향으로 **축소**(shrinkage)한다.

예제 12.4를 통해 로젠브록 바나나 함수를 내리막단체법으로 최적화하는 과정을 살펴보자.

예제 12.4

2차원 로젠브록 함수(식 12.14)를 점 $(x, y) = (-2, 2)$에서 출발하여 내리막단체법으로 최적화하시오. 최솟값의 수렴 기준으로 `tol` $= 10^{-6}$을 선택하시오.

코드 12.4: 내리막단체법

```
def rosen(x):
    return 100*(x[1]-x[0]**2)**2+(1-x[0])**2

def Simplex(F,x0,tol):
    dim=len(x0)
    x=np.zeros((dim+1,dim))
    step=0.5*np.identity(dim)
    x[0]=x0.copy()
    for i in range(dim):
        x[i+1]=x[i]+step[i]

    f=np.zeros(dim+1)
    for i in range(dim+1): f[i]=F(x[i])
    xmin=x[0].copy()

    loop=0
    while True:
        loop+=1
        imin=np.argmin(f)
        imax=np.argmax(f)
        L=1.5*(x.mean(axis=0)-x[imax])
        if np.sqrt(np.mean(L*L)) < tol: break

        pr=x[imax] + 2*L                # reflection
        fr=F(pr)

        if fr < f[imin]:
            x[imax]=pr
            f[imax]=fr

            pe=x[imax] + L              # expansion
            fe=F(pe)
            if fe < f[imin]:
                x[imax]=pe
                f[imax]=fe
        else:
            pc=x[imax] + 0.5*L          # contraction
            fc=F(pc)
            if fc < f[imax]:
                x[imax]=pc
                f[imax]=fc
```

```
42                else:
43                    for i in range(dim+1):  # shrinkage
44                        if i != imin:
45                            x[i]=0.5*(x[i]+x[imin])
46                            f[i]=F(x[i])
47            xmin=np.vstack((xmin,x[0]))
48        return loop,xmin
49
50    x0,tol=[-2,2],1.e-6
51    loop,xmin=Simplex(rosen,x0,tol)
52
53    print('number of iterations=',loop)
54    print('minimum point=',xmin[-1])
55    print('minimum value=',rosen(xmin[-1]))
56
57    fig=plt.figure(1,figsize=(7,7))
58    x=np.linspace(-2,2,400)
59    y=np.linspace(-1,3,400)
60    X,Y=np.meshgrid(x,y)
61    E=np.log10(100*(Y-X**2)**2+(1.-X)**2)
62    dmax,dmin=np.max(E),-3
63    levels=(dmax-dmin)*np.arange(20)/19.+dmin
64    plt.contourf(x,y,E,levels,cmap='gist_heat')
65    plt.xlabel('x')
66    plt.ylabel('y')
67    plt.plot(xmin[:,0],xmin[:,1],'-ko',ms=7,mec='k',color='yellow')
68    plt.xticks(np.linspace(-2,2,5))
69    plt.yticks(np.linspace(-1,3,5))
70    plt.show()
```

1-2행은 식 (12.14)를 계산하는 함수 rosen을 정의한다. 4-48행은 함수 F를 내리막단체법으로 최적화하는 함수 Simplex를 정의한다. x0=(x_0, y_0)와 tol은 각각 시작점의 좌표와 오차 허용범위를 나타낸다. 6행은 단체(삼각형)의 꼭짓점 x를 모두 [0,0]으로 초기화한다. 7-10행은 꼭짓점의 초기 좌표를 x[0] $= (x_0, y_0)$, x[1] $= (x_0 + 0.5, y_0)$, x[2] $= (x_0 + 0.5, y_0 + 0.5)$로 설정한다. 12-13행은 꼭짓점의 함숫값을 계산하여 변수 f에 저장한다. 14행은 반복 계산에서 최소점의 궤적을 추적하기 위한 변수 xmin을 x[0]로 초기화한다.

19-20행은 꼭짓점의 함숫값 중 가장 작은 값과 큰 값의 인덱스를 각각 imin과 imax에 저장한다. 21행은 최댓점으로부터 대변의 중점을 향하는 벡터 L을 정의한다. x.mean(axis=0)은 삼각형의 무게중심에 해당한다. 22행에서 L의 길이가 tol보다 작다면 while 문의 반복 계산을 중단한다. 24-25행은 최댓점을 대변에 대해 반사한 점 pr과 함숫값 fr을 구한다. 27행에서 점 pr이 세 점 중 최소점인지 판단한다. pr이 최소

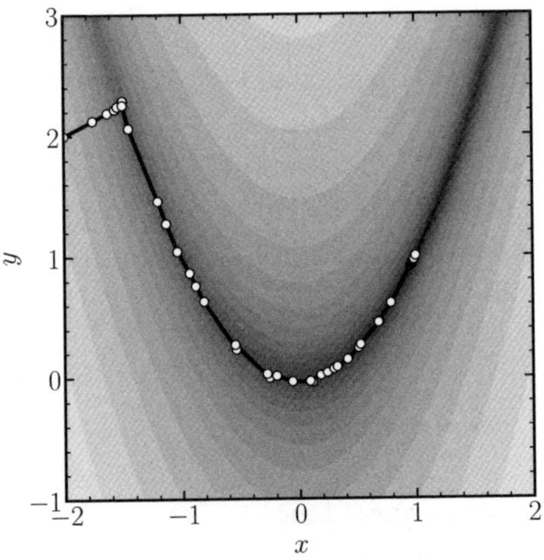

그림 12.7: 내리막단체법을 이용한 로젠브록 함수의 최적화. 점 $(-2, 2)$에서 출발하였다.

점이라면, 28-29행에서 최댓점 대신 이 점을 단체의 새로운 꼭짓점으로 채택하고 31-32행에서 L만큼 팽창시켜 본다. 33-35행은 팽창된 점이 최소점이라면 이 점을 새로운 꼭짓점으로 채택한다. 점 pr이 최소점이 아니라면, 37-38행에서 최댓점을 점 pc로 수축한다. 39-46행에서는 점 pc의 함숫값이 최댓점의 함숫값보다 작다면 수축한 점을 채택하고 (40-41행), 그렇지 않으면 삼각형을 절반으로 축소한다(43-46행). 47행은 반복 계산에서 얻은 최소점의 위치를 변수 xmin에 저장한다. 48행은 반복 계산의 횟수 loop와 xmin을 반환한다. 50행은 내리막단체법의 시작점과 오차 허용범위를 지정한다. 51행은 함수 Simplex를 호출하여 얻은 결과를 loop와 xmin에 저장한다. 53-55행은 반복 계산의 횟수와 최소점의 위치, 함수의 최솟값을 화면에 출력하는데 그 결과는

```
number of iterations= 150
minimum point= [ 0.99999938  0.99999891]
minimum value= 2.40757060816e-12
```

과 같다. 57행 이하는 로젠브록 함수의 등고선과 내리막단체법에서 구한 최소점의 자취를 그래프로 출력한다.

그림 12.7은 코드 12.4를 실행한 결과를 보여 준다. 단체가 점 $(-2, 2)$에서 출발하여 점 $(-1.5, 2.3)$으로 내려간 후 좁은 골짜기를 따라 서서히 최소점 $(1, 1)$로 이동한다. tol $= 10^{-6}$일 때, 최소점에 이르기까지 150번의 반복 계산이 필요하다. 이것은 내리막단체법이 상당히 비효율적임을 말해 준다. 하지만 알고리즘이 비교적 간단하고 1계도함수와 2계도함수를 계산할 필요가 없으며, 함수의 매끄러움과 무관하게 최적화할 수 있다는 장점을 갖고 있다.

파이썬의 scipy.optimize.fmin() 함수는 주어진 함수를 내리막단체법으로 최적화한다. 이 함수의 사용법은 다음과 같다.

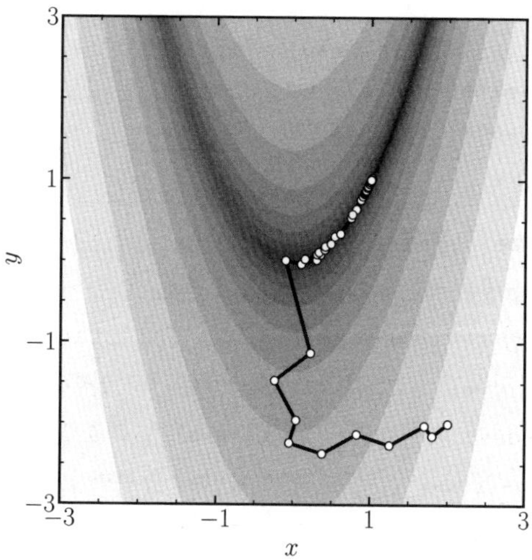

그림 12.8: 파이썬의 내장함수 `scipy.optimize.fmin()` 함수를 이용하여 로젠브록 함수를 최적화한 결과. $(x, y) = (2, -2)$인 점에서 출발하였다.

```
from scipy.optimize import fmin

def rosen(x):
    return 100*(x[1]-x[0]**2)**2+(1-x[0])**2

def stackF(x):
    global xmin
    xmin=np.vstack((xmin,x))

x0 = np.array([2,-2])
xmin=x0

res=fmin(rosen, x0,xtol=1.e-6,disp=True,callback=stackF)

fig=plt.figure(1,figsize=(7,7))
x=np.linspace(-3,3,400)
y=np.linspace(-3,3,400)
X,Y=np.meshgrid(x,y)
E=np.log10(100*(Y-X**2)**2+(1.-X)**2)
dmax,dmin=np.max(E),-3
levels=(dmax-dmin)*np.arange(20)/19.+dmin
con=plt.contourf(x,y,E,levels,cmap='gist_heat')
plt.xlabel(r'$x$')
plt.ylabel(r'$y$')
```

```
25 plt.plot(xmin[:,0],xmin[:,1],'-ko',ms=7,mec='b',mfc='yellow')
26 plt.xticks(np.linspace(-3,3,4))
27 plt.yticks(np.linspace(-3,3,4))
28 plt.show()
```

1행은 scipy.optimize 모듈에서 fmin() 함수를 불러온다. 3-4행은 로젠브록 함수 rosen을 정의한다. 6-8행은 최소점의 자취를 추적하기 위해 변수 xmin을 광역변수로 선언하고 새로운 최소점 x의 좌표를 xmin에 쌓는 함수 stackF()를 정의한다. 10행은 시작점의 위치 x0를 지정하고, 11행은 xmin을 x0로 초기화한다. 13행은 fmin() 함수를 호출하고 그 결과를 res에 저장한다. 열쇳말 xtol은 최소점 위치의 오차 허용범위를 지정하며, 열쇳말 disp=True는 실행 결과를 화면에 출력하도록 한다. 열쇳말 callback에는 반복 계산마다 호출할 함수(위 코드에서는 stackF)를 지정한다. 15행 이하는 로젠브록 함수의 등고선과 최소점의 자취를 그래프로 출력한다(그림 12.8).

12.2.3 뉴턴 방법

식 (12.12)로 표현되는 1차원 뉴턴의 최적화 방법을 다차원으로 확장할 수 있다. 다만, 1계도함수를 기울기(gradient)로, 2계도함수를 헤시안(Hessian)으로 대체한 식

$$\boldsymbol{x}_{k+1} = \boldsymbol{x}_k - \boldsymbol{H}^{-1}(\boldsymbol{x}_k)\boldsymbol{\nabla} f(\boldsymbol{x}_k) \tag{12.16}$$

를 사용한다. 여기서, $\boldsymbol{H}$는 성분이

$$H_{ij} = \frac{\partial^2 f}{\partial x_i \partial x_j} \tag{12.17}$$

인 행렬이며, **헤시안** 또는 **헤시안 행렬**(Hessian matrix)이라고 불린다. 함수 f의 헤시안 행렬은 $\boldsymbol{\nabla} f$의 **야코비 행렬**과 같다. 2차원에서 함수 $f(x,y)$의 헤시안 행렬은

$$\boldsymbol{H} = \begin{bmatrix} \dfrac{\partial^2 f}{\partial x^2} & \dfrac{\partial^2 f}{\partial x \partial y} \\ \dfrac{\partial^2 f}{\partial x \partial y} & \dfrac{\partial^2 f}{\partial y^2} \end{bmatrix} \tag{12.18}$$

로 주어진다. 식 (12.16)을

$$\boldsymbol{H}(\boldsymbol{x}_k)\boldsymbol{s}_k = -\boldsymbol{\nabla} f(\boldsymbol{x}_k) \tag{12.19}$$

와 같이 $\boldsymbol{s}_k$에 대한 비선형방정식으로 대체한 후,

$$\boldsymbol{x}_{k+1} = \boldsymbol{x}_k + \boldsymbol{s}_k \tag{12.20}$$

를 이용하여 $\boldsymbol{x}_{k+1}$을 구한다. 식 (12.19)와 식 (12.20)을 반복적으로 계산하면 함수의 최소점을 구할 수 있다.

예제 12.5

2차원 로젠브록 함수(식 12.14)를 뉴턴 방법으로 최적화하시오. 점 $(x, y) = (-2, 2)$에서 출발하고 최솟값의 수렴 기준으로 $\texttt{tol} = 10^{-6}$을 선택하시오.

로젠브록 함수의 기울기는

$$\nabla f(\boldsymbol{x}) = \begin{bmatrix} \partial f/\partial x \\ \partial f/\partial y \end{bmatrix} = \begin{bmatrix} -400x(y - x^2) - 2(1 - x) \\ 200(y - x^2) \end{bmatrix} \tag{12.21}$$

이고 헤시안 행렬은

$$\boldsymbol{H} = \begin{bmatrix} H_{00} & H_{01} \\ H_{10} & H_{11} \end{bmatrix} = \begin{bmatrix} -400y + 1200x^2 + 2 & -400x \\ -400x & 200 \end{bmatrix} \tag{12.22}$$

이다.

코드 12.5: 2차원 뉴턴 방법

```
def hess_grad(x):
    x0sq=x[0]*x[0]
    df=[-400*x[0]*(x[1]-x0sq)-2*(1-x[0]),200*(x[1]-x0sq)]
    H=[[-400*x[1]+1200*x0sq+2,-400*x[0]],[-400*x[0],200]]
    return np.array(df),np.array(H)

def Newton2D(F,x,tol):
    xmin=x.copy()
    while True:
        grad,H=F(x)
        s=np.linalg.solve(H,-grad)
        if np.linalg.norm(s) < tol: break
        x+=s
        xmin=np.vstack((xmin,x))
    return xmin

x=np.array([-2,2],float)
tol=1.e-6
xmin=Newton2D(hess_grad, x,tol)

print('number of iterations=',len(xmin)-1)
print('minimum point=',xmin[-1])
```

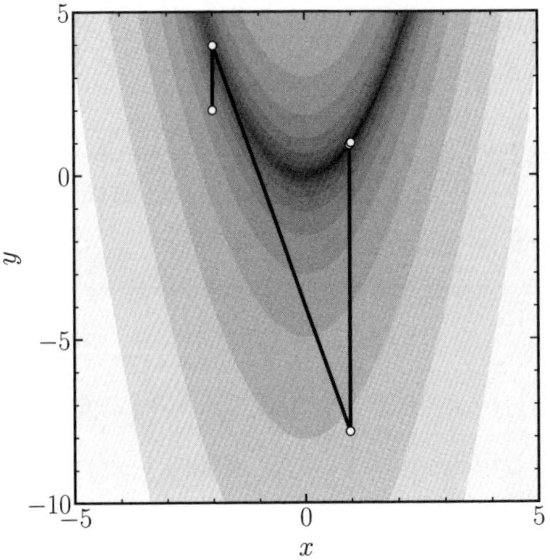

그림 12.9: 2차원 뉴턴 방법을 이용한 로젠브록 함수의 최적화

```
23 print('minimum value=',rosen(xmin[-1]))
24 
25 fig=plt.figure(1,figsize=(7,7))
26 x=np.linspace(-5,5,400)
27 y=np.linspace(-10,5,400)
28 X,Y=np.meshgrid(x,y)
29 E=np.log10(100*(Y-X**2)**2+(1.-X)**2)
30 dmax,dmin=np.max(E),-3
31 levels=(dmax-dmin)*np.arange(20)/19.+dmin
32 plt.contourf(x,y,E,levels,cmap='gist_heat')
33 plt.xlabel(r'$x$')
34 plt.ylabel(r'$y$')
35 plt.plot(xmin[:,0],xmin[:,1],'-ko',ms=7,mec='k',color='yellow')
36 plt.xticks(np.linspace(-5,5,3))
37 plt.yticks(np.linspace(-10,5,4))
38 plt.show()
```

1-5행은 식 (12.21)과 식 (12.22)를 따라, 로젠브록 함수의 기울기와 헤시안을 계산하는 함수 hess_grad를 정의한다. 7-15행은 뉴턴 방법을 이용하여 기울기와 헤시안이 각각 F[0]이고 F[1]인 함수를 최적화하는 함수 Newton2D를 정의한다. x와 tol은 각각 시작점의 위치와 오차 허용범위를 나타낸다. 10행은 함수 F로부터 점 x에서 기울기 grad와 헤시안 H를 구한다. 11행은 식 (12.19)로부터 s를 구한다. 12행에서 $\|$s$\|$ < tol을 만족시키면 while 문을 빠져나간다. 13행은 식 (12.20)을 따라 x를 갱신한다. 14행은 반복 계산에서 얻은 최소점을 xmin에 쌓고, 이 값을 15행에서 반환한다. 17-18행은 뉴턴 방법의 시작점과 오차 허용범위를 지정한다. 19행은 함수 Newton2D를 호출하여 xmin을

반환받는다. 21-23행은 반복 계산의 횟수, 최소점, 최솟값을 화면에 출력한다. 23행에서 `rosen`은 코드 12.4에서 정의된 로젠브록 함수다. 25행 이하는 로젠브록 함수의 등고선 위에 뉴턴 방법으로 구한 최소점의 자취를 그래프로 출력한다.

그림 12.9는 코드 12.5를 실행한 결과를 보여 준다. 내리막단체법에서는 최소점이 굽은 계곡을 따라 천천히 움직였지만, 뉴턴 방법에서는 단 5회의 계산 만에 최소점을 찾는다. 뉴턴 방법은 2차적으로 수렴하는 매우 효율적인 방법이지만, 시작점이 최소점으로부터 멀리 있는 경우 최소점을 찾지 못할 수도 있다. 또한, 1계도함수와 2계도함수를 알지 못하는 함수에 대해 뉴턴 방법을 사용할 수 없다.

12.3 방향집합법

방향집합법(direction set method)은 1차원 최적화를 다차원으로 확장한 방법이다. 이 방법에서는 탐색 방향을 미리 설정한 후, 황금분할탐색이나 브렌트 방법을 이용하여 그 방향으로 최적화한 다음, 탐색 방향을 반복적으로 바꾸며 함수의 최소점을 찾는다. 방향집합법의 기본 알고리즘은 다음과 같다.

1. 출발점 $\boldsymbol{P}$를 선택한다.
2. 탐색 방향 $\boldsymbol{n}$을 정한다(단, $\boldsymbol{n}$은 단위벡터).
3. 1차원 최적화 방법으로 $f(\boldsymbol{P} + \lambda\boldsymbol{n})$을 최소화하는 계수 λ를 찾는다.
4. 점 $\boldsymbol{P} + \lambda\boldsymbol{n}$을 새로운 출발점으로 정하고 단계 2로 돌아간다.

방향집합법은 탐색 방향을 정하는 방식에 따라 여러 방법으로 나뉜다. 그중 간단한 몇 가지 방법에 대해 알아보자.

12.3.1 직교벡터법⋆

탐색 방향을 정하는 가장 간단한 방법은 직교좌표계의 단위벡터를 이용하는 것이다. 2차원의 경우, 시작점에서 출발하여 x 방향으로 최소점을 찾은 후, 이 점에서 출발하여 y 방향으로 최소점을 찾는다. 이후, x 방향과 y 방향을 번갈아 가며 최소점의 이동이 오차 허용범위보다 작아질 때까지 계산을 되풀이한다. 이 방법은 함숫값이 낮은 영역이 x 또는 y 방향에 평행하면 효율적이지만, 그렇지 않으면 수렴 속도가 매우 느리다.

예제 12.6

2차원 로젠브록 함수(식 12.14)를 직교벡터법으로 최적화하시오. 점 $(x, y) = (-2, 2)$에서 출발하고 최솟값의 수렴 기준으로 `tol` $= 10^{-6}$을 선택하시오.

코드 12.6: 직교벡터법

```
def rosen(x):
    return 100*(x[1]-x[0]*x[0])**2+(1-x[0])**2

def golden2D(F,x,dr,tol):
    R=0.618
    a=x-dr
    b=x+dr
    loop=0
    while np.linalg.norm(b-a)>tol:
        loop += 1
        x1= b-R*(b-a)
        x2= a+R*(b-a)
        f1=F(x1)
        f2=F(x2)
        if(f2<f1): a=x1
        else: b=x2
    return a,loop

def OrthoUnitVec(F,x,tol):
    itr1=0
    itr2=0
    xdir=np.array([1.,0.])
    ydir=np.array([0.,1.])
    xmin=x
    while True:
        itr1+=1
        if itr1%2 ==0:
            dr=xdir
        else:
            dr=ydir
        xnew,loop=golden2D(F,x,dr,tol)
        itr2+=loop
        xmin=np.vstack((xmin,xnew))
        if np.linalg.norm(xnew-x)<tol: break
        x=xnew
    return xmin,itr1,itr2

tol=1.e-6
x0=np.array([-2, 2])
xmin,itr1,itr2=OrthoUnitVec(rosen,x0,tol)
```

```
42 print('number of iterations in OrthoUnitVec=',itr1)
43 print('number of iterations in Golden2D=',itr2)
44 print('minimum point=',xmin[-1])
45 print('minimum value=',rosen(xmin[-1]))
```

1-2행은 로젠브록 함수 rosen을 정의한다. 4-17행은 코드 12.1에 있는 1차원 황금분할탐색을 2차원 평면으로 확장한 함수 golden2D를 정의한다. 이 함수는 인자로 넘어온 함수 F를 [x-dr,x+dr]인 구간에서 최적화하여 최소점 a와 반복 계산 횟수 loop를 반환한다. 19-36행은 함수 F를 점 x에서 출발하여 직교벡터법으로 최소화하는 함수 OrthoUnitVec를 정의한다. 20-21행은 OrthoUnitVec 함수 내부에서 탐색 방향이 바뀐 횟수를 세는 itr1과 golden2D 함수 내부의 반복 계산 누적 횟수를 세는 itr2를 0으로 초기화한다. 22-23행은 각각 x와 y 방향의 단위벡터 xdir과 ydir을 지정한다. 27-30행은 탐색 방향 dr을 지정하는데, itr1이 짝수면 dr=xdir로, 홀수면 dr=ydir로 번갈아 가며 지정한다.

31행은 golden2D 함수를 호출하여 점 x에서 dr방향의 최소점 xnew와 반복 계산 횟수 loop를 반환받는다. 32행은 loop의 값을 itr2로 누적한다. 33행은 최소점의 자취를 xmin에 쌓는다. 34행에서 최소점 xnew와 출발점 x 사이의 거리가 tol보다 작다면 while 문을 빠져나간다. 35행은 전 단계의 최소점 xnew를 새로운 탐색의 시작점 x로 지정한다. 38-39행은 오차 허용범위 tol과 탐색의 시작점 x0를 지정한다. 40행은 OrthoUnitVec 함수를 호출하여 최적화한 결과를 xmin, itr1, itr2에 저장한다. 42-45행을 실행하면 화면에

```
number of iterations in OrthoUnitVec= 5688
number of iterations in Golden2d= 176328
minimum point= [ 0.99941621  0.99883226]
minimum value= 3.40833107372e-07
```

이 출력된다. 직교벡터법은 황금분할탐색을 약 18만 번 수행하는 매우 비효율적인 방법임을 알 수 있다.

12.3.2 최급강하법⋆

함수 $f(x)$가 미분 가능하고 그 기울기를 알고 있다면, 최적의 탐색 방향으로

$$\boldsymbol{n} = \frac{-\boldsymbol{\nabla} f(\boldsymbol{x})}{\|\boldsymbol{\nabla} f(\boldsymbol{x})\|} \tag{12.23}$$

인 방향을 생각할 수 있다. 여기서, $\boldsymbol{\nabla} f$는 f가 가장 급격하게 증가하는 방향에 해당하므로 음의 부호를 곱했다. 이처럼, 기울기가 가장 가파르게 감소하는 방향으로 최적화하는 방법을 **최급강하법**(steepest descent method)이라고 부른다.

예제 12.7

2차원 로젠브록 함수를 최급강하법으로 최적화하시오. 점 $(x, y) = (-2, 2)$에서 출발하고 최솟값의 수렴 기준으로 `tol` $= 10^{-6}$을 선택하시오. 식 (12.14)의 기울기는 식 (12.21)로 주어진다.

코드 12.7: 최급강하법

```
def grad(x):
    df0 = -400*x[0]*(x[1]-x[0]*x[0]) - 2* (1-x[0])
    df1 =  200*     (x[1]-x[0]*x[0])
    return np.array([df0,df1])

def Steepest(F,dF,x,tol):
    itr1,itr2=0,0
    xmin=x.copy()
    while True:
        itr1+=1
        df=dF(x)
        dr=-df/np.linalg.norm(df)
        xnew,loop=golden2D(F,x,dr,tol)
        itr2+=loop
        xmin=np.vstack((xmin,xnew))
        if np.linalg.norm(xnew-x)<tol: break
        x=xnew
    return xmin,itr1,itr2

tol=1.e-6
x0=np.array([-2, 2])
xmin,itr1,itr2=Steepest(rosen,grad,x0,tol)

print('number of iterations in Steepest=',itr1)
print('number of iterations in Golden2D=',itr2)
print('minimum point=',xmin[-1])
print('minimum value=',rosen(xmin[-1]))

fig=plt.figure(1,figsize=(7,7))
x=np.linspace(-2,2,400)
y=np.linspace(-1,3,400)
X,Y=np.meshgrid(x,y)
E=np.log10(100*(Y-X**2)**2+(1.-X)**2)
dmax,dmin=np.max(E),-3
levels=(dmax-dmin)*np.arange(20)/19.+dmin
```

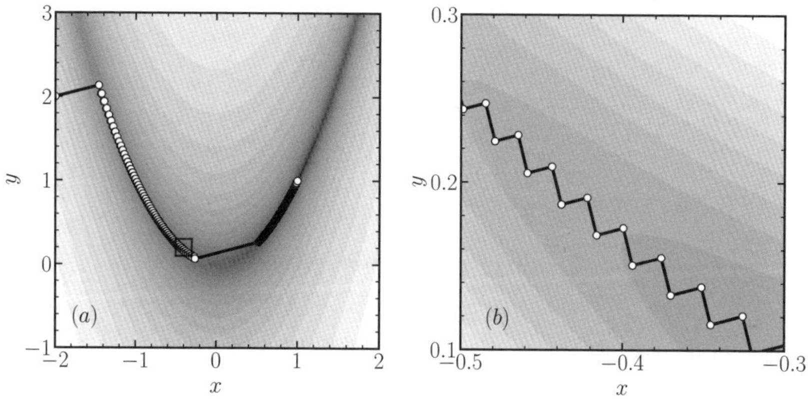

그림 12.10: 최급강하법을 이용한 로젠브록 함수의 최적화

```
36  con=plt.contourf(x,y,E,levels,cmap='gist_heat')
37  plt.xlabel(r'$x$')
38  plt.ylabel(r'$y$')
39  plt.plot(xmin[:,0],xmin[:,1],'-ko',ms=7,mec='b',mfc='yellow')
40  plt.xticks(np.linspace(-2,2,5))
41  plt.yticks(np.linspace(-1,3,5))
42  plt.show()
```

1-4행은 식 (12.21)을 따라 로젠브록 함수의 기울기를 구하는 함수 `grad`를 정의한다. 6-18행은 함수 `F`를 최급강하법으로 최적화하는 함수 `Steepest`를 정의한다. 인자 `dF`는 `F`의 기울기며, `x`는 시작점의 위치고 `tol`은 오차 허용범위다. `Steepest` 함수의 전반적인 구조는 코드 12.6에서 정의한 `OrthoUnitVec` 함수와 같다. 다만, 11-12행에서 기울기를 이용하여 탐색 방향을 정하는 것이 다르다. 13행의 `golden2D`는 코드 12.6에서 정의된 함수다. 20-21행은 오차 허용범위 `tol`과 시작점 `x0`를 지정한다. 22행에서 `Steepest` 함수를 호출하여 최솟값의 자취를 `xmin`에, `Steepest` 함수의 반복 계산 횟수를 `itr1`에, `golden2D` 함수의 누적 반복 계산 횟수를 `itr2`에 저장한다. 24-27행은 최적화 결과를 화면에 출력하는데,

```
number of iterations in Steepest= 1796
number of iterations in Golden2D= 55676
minimum point= [ 0.99945814  0.99891459]
minimum value= 2.94007675243e-07
```

과 같다. 직교벡터법보다 반복 계산의 횟수가 작지만, 여전히 비효율적이다.

그림 12.10은 코드 12.7을 실행하여 얻은 최소점의 자취를 보여 준다. 그림 12.10(b)는 그림 12.10(a)의 $(x, y) = (-0.4, 0.2)$ 근처에 있는 정사각형 영역을 확대한 것이다. 최소점은 로젠브록 함수의 골짜기를 따라 지그재그 형태로 천천히 이동한다. 최급강하

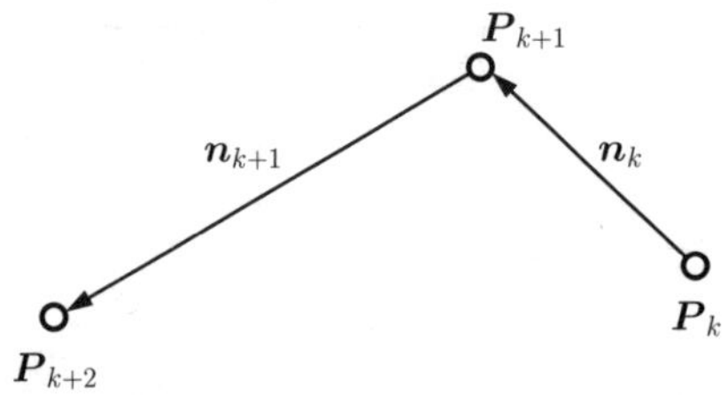

그림 12.11: 최적화의 켤레방향

법이 비효율적인 이유는

$$n_k \cdot \nabla f(x_{k+1}) = 0 \quad \longrightarrow \quad n_k \cdot n_{k+1} = 0 \tag{12.24}$$

이기 때문이다. 즉, n_{k+1}이 n_k와 항상 수직을 이루므로, 탐색 방향이 매번 $\pm 90°$만큼 바뀐다. 함수의 골짜기가 n_k와 평행하게 놓이지 않는 한, 이러한 탐색은 비효율적일 수밖에 없다. 이 결과는 $-\nabla f$에 평행한 방향은 최적의 탐색 방향이 아님을 의미한다.

12.3.3 켤레방향

점 P_k에서 n_k 방향으로 탐색하여 얻은 최소점이 P_{k+1}이고, 점 P_{k+1}에서 n_{k+1} 방향으로 탐색하여 얻은 최소점이 P_{k+2}라고 하면

$$P_{k+1} = P_k + n_k \tag{12.25a}$$

$$P_{k+2} = P_{k+1} + n_{k+1} \tag{12.25b}$$

이다(그림 12.11). 여기서, n_k는 단위벡터가 아님에 주의하자.

최소점의 정의로부터

$$n_k \cdot \nabla f(P_{k+1}) = 0, \qquad n_{k+1} \cdot \nabla f(P_{k+2}) = 0 \tag{12.26}$$

이 성립한다. 여기에

$$n_k \cdot \nabla f(P_{k+2}) = 0 \tag{12.27}$$

인 조건을 추가해 보자. 이 조건은 최소점에 대한 식 (12.26)을 위반하지 않는다.

함수 $f(x+P)$를 점 P에 대해 테일러 급수로 전개하면

$$f(x+P) = f(P) + \sum_i \left.\frac{\partial f}{\partial x_i}\right|_P x_i + \frac{1}{2}\sum_{i,j} \left.\frac{\partial^2 f}{\partial x_i \partial x_j}\right|_P x_i x_j + \cdots \tag{12.28a}$$

$$\approx c - b \cdot x + \frac{1}{2} x \cdot H \cdot x \tag{12.28b}$$

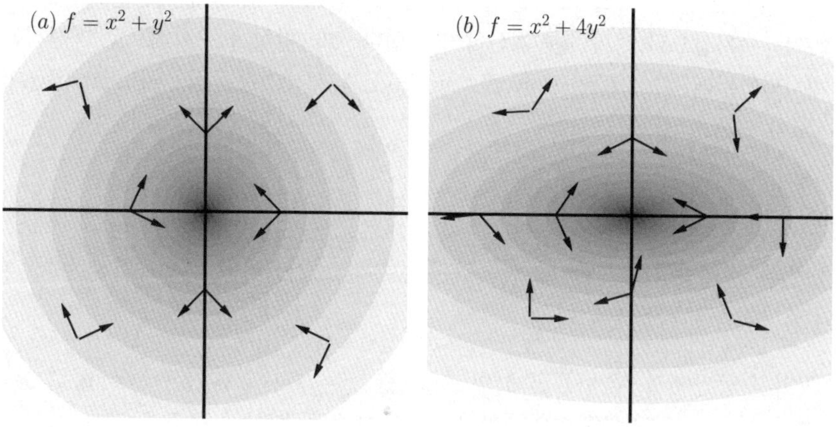

그림 12.12: 결레방향의 예

다. 여기서,

$$c \equiv f(\boldsymbol{P}), \quad \boldsymbol{b} \equiv -\left.\nabla f\right|_{\boldsymbol{P}}, \quad \boldsymbol{H}_{ij} \equiv \left.\frac{\partial^2 f}{\partial x_i \partial x_j}\right|_{\boldsymbol{P}} \tag{12.29}$$

며, $\boldsymbol{H}$는 **헤시안 행렬**이다.

식 (12.28b)의 양변에 기울기 연산자를 작용하면

$$\nabla f(\boldsymbol{x}+\boldsymbol{P}) = \boldsymbol{H}\cdot\boldsymbol{x} - \boldsymbol{b} \tag{12.30}$$

가 된다. 식 (12.30)에 $\boldsymbol{P} = \boldsymbol{P}_{k+1}$과 $\boldsymbol{x} = \boldsymbol{n}_{k+1}$을 대입하면

$$\nabla f(\boldsymbol{P}_{k+2}) = \boldsymbol{H}\cdot\boldsymbol{n}_{k+1} + \nabla f(\boldsymbol{P}_{k+1}) \tag{12.31}$$

이다. 위 식의 양변에 $\boldsymbol{n}_k$를 내적하고 식 (12.26)과 식 (12.27)을 이용하면

$$\boldsymbol{n}_k\cdot\boldsymbol{H}\cdot\boldsymbol{n}_{k+1} = 0 \tag{12.32}$$

을 얻는다.

식 (12.32)를 만족시키는 $\boldsymbol{n}_k$와 $\boldsymbol{n}_{k+1}$의 쌍을 **켤레방향**(conjugate directions)이라고 한다. 즉, $\boldsymbol{n}_k$와 $\boldsymbol{n}_{k+1}$은 헤시안 행렬 $\boldsymbol{H}$에 대해 직교한다. 켤레방향은 일반적으로 최급강하 방향과 다르지만, 헤시안 행렬이 대각행렬일 때는 최급강하 방향과 같아진다. 그림 12.12는 함수 $f(x,y) = x^2 + y^2$과 $f(x,y) = x^2 + 4y^2$에 대한 켤레방향을 보여준다. 켤레방향을 이용하여 찾은 최소점 $\boldsymbol{P}_{k+2}$는 $\boldsymbol{n}_{k+1}$ 방향으로 최소점일 뿐만 아니라, $\boldsymbol{n}_k$ 방향으로도 최소점이다.

k번째 탐색에서 최적의 탐색 방향 $\boldsymbol{n}_k$는 그 이전 단계의 모든 탐색 방향에 켤레인

방향이다. 헤시안 행렬 $\boldsymbol{H}$를 계산할 수 있다면 켤레방향을 손쉽게 계산할 수 있지만, 2계도함수는 수치상으로 정확하게 계산하기 어렵다. 켤레방향을 근사적으로 계산하는 방법이 제시되었는데, 파웰 방법(Powell's method)과 켤레기울기법(conjugate gradient method)이 있다.

12.3.4 파웰 방법

파웰 방법은 켤레방향을 구할 때 함숫값만 이용하고 기울기는 이용하지 않는다. 파웰 방법의 알고리즘은 다음과 같다.

1. N차원 공간에서 N개의 탐색 방향 $\boldsymbol{u}_i$(단, $i = 1, \cdots, N$)를 $\boldsymbol{u}_i = \boldsymbol{e}_i$로 놓는다. 여기서, $\boldsymbol{e}_i$는 직교좌표계의 단위벡터를 나타낸다. 시작점 $\boldsymbol{P}_0$를 정한다.

2. $i = 1, \cdots, N$에 대하여 점 $\boldsymbol{P}_{i-1}$을 $\boldsymbol{u}_i$ 방향의 최소점 $\boldsymbol{P}_i$로 옮긴다.

3. $\boldsymbol{u}_1$을 제거하고, $i = 1, \cdots, N-1$에 대하여 $\boldsymbol{u}_i \leftarrow \boldsymbol{u}_{i+1}$으로 바꾼다. $\boldsymbol{u}_N \leftarrow \boldsymbol{P}_N - \boldsymbol{P}_0$로 놓는다.

4. 점 $\boldsymbol{P}_N$을 $\boldsymbol{u}_N$ 방향의 최소점으로 옮기고 이 점을 $\boldsymbol{P}_0$로 놓는다.

5. 오차 허용범위에 도달할 때까지, 2단계에서 4단계의 과정을 반복한다.

2단계와 3단계에서 각각 N번과 한 번의 1차원 최적화 계산이 필요하므로, 파웰 방법은 반복 계산마다 $(N+1)$번의 1차원 최적화를 수행한다. k번의 반복 계산 후 얻어진 $\boldsymbol{u}_i$는 마지막 k개가 식 (12.32)를 만족시키는 켤레방향이다(Powell 1964).

그림 12.13은 파웰 방법을 이용한 2차원 함수의 최적화를 도식으로 나타낸다. 초기점 $\boldsymbol{P}_0 = (0, 0)$에서 처음 두 탐색 방향은 $(\boldsymbol{u}_1, \boldsymbol{u}_2) = (\boldsymbol{e}_x, \boldsymbol{e}_y)$다. 점 $\boldsymbol{P}_0$에서 $\boldsymbol{e}_x$ 방향으로 최소인 점을 $\boldsymbol{P}_1$이라고 하고, 점 $\boldsymbol{P}_1$에서 $\boldsymbol{e}_y$ 방향으로 최소인 점을 $\boldsymbol{P}_2$라고 하자. 위 알고리즘의 3단계에 따라, 새로운 탐색 방향은 $(\boldsymbol{u}_1, \boldsymbol{u}_2) = (\boldsymbol{e}_y, \boldsymbol{P}_2 - \boldsymbol{P}_0)$이다. 점 $\boldsymbol{P}_2$에서 $\boldsymbol{u}_2$ 방향으로 최소인 점 $\boldsymbol{P}_0^*$를 구하면, 한 세트의 계산이 끝난다.

다음 세트의 계산은 점 $\boldsymbol{P}_0^*$에서 출발한다. 점 $\boldsymbol{P}_0^*$에서 $\boldsymbol{u}_1 = \boldsymbol{e}_y$ 방향으로 최소인 점을 $\boldsymbol{P}_1^*$라고 하고, 점 $\boldsymbol{P}_1^*$에서 $\boldsymbol{u}_2 = \boldsymbol{P}_2 - \boldsymbol{P}_0$ 방향으로 최소인 점을 $\boldsymbol{P}_2^*$라고 하자. 이제 새로운 두 탐색 방향은 $(\boldsymbol{u}_1, \boldsymbol{u}_2) = (\boldsymbol{P}_2 - \boldsymbol{P}_0, \boldsymbol{P}_2^* - \boldsymbol{P}_0^*)$로 바뀐다. 점 $\boldsymbol{P}_2^*$에서 $\boldsymbol{u}_2$ 방향으로 최소인 점을 $\boldsymbol{P}_0^{**}$라고 하면 두 번째 세트의 계산이 끝난다. 파웰 방법은 최소점에 도달할 때까지 이 과정을 반복한다.

예제 12.8

2차원 로젠브록 함수(식 12.14)를 $(x, y) = (-2, 2)$에서 출발하여 파웰 방법으로 최적화하시오.

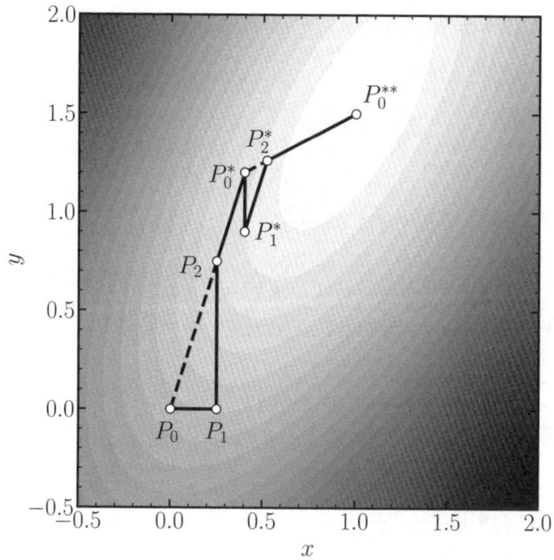

그림 12.13: 파웰 방법

코드 12.8: 파웰 방법

```
def rosen(x):
    return 100*(x[1]-x[0]**2)**2+(1-x[0])**2

def Powell(F,P,tol):
    u1=np.array([1,0])
    u2=np.array([0,1])
    itr1,itr2=0,0
    xmin=P.copy()
    while True:
        itr1 += 1
        P0=P
        P1,loop=golden2D(F,P0,u1,tol)
        itr2+=loop
        P2,loop=golden2D(F,P1,u2,tol)
        itr2+=loop

        u1=u2
        u2=P2-P0
        dist=np.linalg.norm(u2)
        if dist<tol: break
        u2=u2/dist
        P,loop=golden2D(F,P2,u2,tol)
        itr2+=loop
```

```
24            xmin=np.vstack((xmin,P))
25        return xmin,itr1,itr2
26
27    tol=1e-6
28    P=np.array([-2,2])
29    xmin,itr1,itr2=Powell(rosen,P,tol)
30
31    print('number of iterations in Powell=',itr1)
32    print('number of iterations in Golden2D=',itr2)
33    print('minimum point=',xmin[-1])
34    print('minimum value=',rosen(xmin[-1]))
35
36    fig=plt.figure(1,figsize=(7,7))
37    x=np.linspace(-2,2,400)
38    y=np.linspace(-1,3,400)
39    X,Y=np.meshgrid(x,y)
40    E=np.log10(100*(Y-X**2)**2+(1.-X)**2)
41    dmax,dmin=np.max(E),-3
42    levels=(dmax-dmin)*np.arange(20)/19.+dmin
43    con=plt.contourf(x,y,E,levels,cmap='gist_heat')
44    plt.xlabel(r'$x$')
45    plt.ylabel(r'$y$')
46    plt.plot(xmin[:,0],xmin[:,1],'-ko',ms=7,mec='b',mfc='yellow')
47    plt.xticks(np.linspace(-2,2,5))
48    plt.yticks(np.linspace(-1,3,5))
49    plt.show()
```

1-2행은 로젠브록 함수 `rosen`을 정의한다. 4-25행은 파웰 방법으로 함수 `F`를 최적화하는 함수 `Powell`을 정의한다. `P`와 `tol`은 각각 시작점의 위치와 오차 허용범위다. 5-6행은 초기 탐색 방향인 `u1`과 `u2`를 지정한다. 7행은 `Powell` 함수의 반복 계산 횟수 `itr1`과 `golden2D` 함수의 누적 반복 계산 횟수 `itr2`를 0으로 초기화한다. 황금분할탐색을 위한 `golden2D` 함수는 코드 12.6에서 정의하였다. 8행은 최소점의 위치를 추적하기 위한 변수 `xmin`을 점 `P`로 초기화한다. 11-12행은 점 `P0`에서 `u1` 방향으로 황금분할탐색하여 최소점의 위치 `P1`을 찾는다. 14행은 점 `P1`에서 `u2` 방향으로 탐색하여 최소점의 위치 `P2`를 찾는다. 17-18행은 새로운 탐색 방향 `u1`, `u2`를 구한다. 19행은 점 `P2`와 `P0` 사이의 거리를 구하고, 이 거리가 오차 허용범위보다 작다면 20행에서 `while` 문을 빠져나간다. 21행은 `u2`를 단위벡터로 만든다. 22행은 점 `P2`에서 새로운 `u2` 방향으로 탐색하여 최소점의 위치 `P`를 찾는다. 24행에서 점 `P`를 변수 `xmin`에 새로운 행으로 쌓는다.

27-28행은 오차 허용범위 `tol`과 탐색 시작점 `P`를 지정한다. 29행은 `Powell` 함수를 호출한 결과를 `xmin`, `itr1`, `itr2`에 저장한다. 31-34행은 최적화 결과를 화면에 출력하는데,

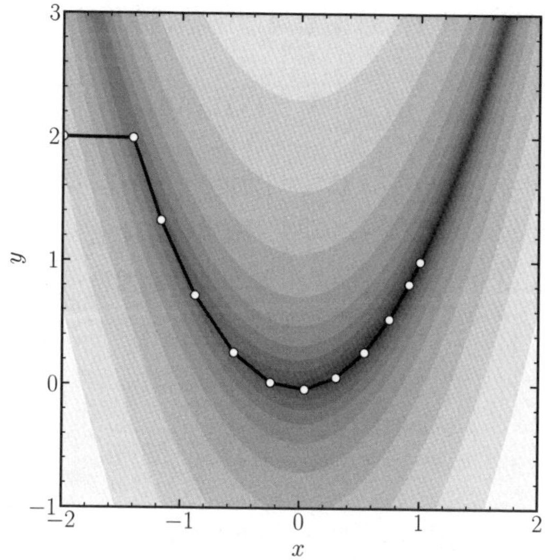

그림 12.14: 파웰 방법을 이용한 로젠브록 함수의 최적화

```
number of iterations in Powell= 15
number of iterations in Golden2D= 1364
minimum point= [ 0.99999975  0.99999949]
minimum value= 7.28992308553e-14
```

와 같다. 파웰 방법이 직교벡터법(코드 12.6)이나 최급강하법(코드 12.7)보다 훨씬 효율적임을 알 수 있다. 36행 이하는 로젠브록 함수와 파웰 방법으로 찾은 최소점의 자취를 그래프로 출력한다(그림 12.14).

N번의 반복 계산 후(즉, $N[N+1]$번의 1차원 최적화 후) 얻은 방향집합 $\boldsymbol{u}_i$는 모두 켤레방향이다. 이것이 파웰 방법이 효율적인 이유다. 하지만, 반복 계산의 횟수가 늘어나면서 $\boldsymbol{u}_i$ 사이의 각도가 점점 좁아져 서로 종속적인 관계를 가질 수 있다. 이 경우 파웰 방법은 비효율적으로 변하며 때로는 최소점을 찾지 못할 수 있다. 이 문제를 해결하는 방법은 $\boldsymbol{u}_i$ 간 각도가 충분히 작아졌을 때 방향집합을 직교좌표계의 단위벡터인 $\boldsymbol{e}_i$로 재설정하거나, 알고리즘의 3단계에서 $\boldsymbol{u}_1$ 대신 함숫값이 가장 많이 감소하는 방향을 제거하는 방법 등이 있다(Press et al. 2007).

12.3.5 켤레기울기법

켤레기울기법은 함숫값과 함수의 1계도함수를 이용하여 최솟값을 찾는다. 출발점의 위치를 $\boldsymbol{P}_0$라고 하자. $\boldsymbol{n}_0 = -\boldsymbol{\nabla} f(\boldsymbol{P}_0)$인 방향으로 탐색하여 찾은 최소점의 위치를 $\boldsymbol{P}_1$이라고 하면,

$$\boldsymbol{n}_0 \cdot \boldsymbol{\nabla} f(\boldsymbol{P}_1) = 0 \tag{12.33}$$

이 성립한다. 점 $\boldsymbol{P}_1$에서 시작하는 다음 탐색 방향을 계수 λ를 도입하여

$$\boldsymbol{n}_1 = -\boldsymbol{\nabla} f(\boldsymbol{P}_1) + \lambda \boldsymbol{n}_0 \tag{12.34}$$

라고 놓자. 이것은 최급강하 방향($-\boldsymbol{\nabla} f[\boldsymbol{P}_1]$)과 직전 탐색 방향($\boldsymbol{n}_0$)을 섞어서 새로운 탐색 방향을 결정한다는 의미다. $\lambda = 0$이면 최급강하법과 같아진다.

식 (12.32)를 이용하면 식 (12.34)에서 계수 λ를 결정할 수 있다. $\boldsymbol{n}_1$과 $\boldsymbol{n}_0$가 서로 켤레방향이면,

$$0 = \boldsymbol{n}_1 \cdot \boldsymbol{H} \cdot \boldsymbol{n}_0 \tag{12.35a}$$

$$= [-\boldsymbol{\nabla} f(\boldsymbol{P}_1) + \lambda \boldsymbol{n}_0] \cdot \boldsymbol{H} \cdot \boldsymbol{n}_0 \tag{12.35b}$$

가 성립한다. 한편, 식 (12.31)에 $k = -1$을 대입하면

$$\boldsymbol{\nabla} f(\boldsymbol{P}_1) = \boldsymbol{H} \cdot \boldsymbol{n}_0 + \boldsymbol{\nabla} f(\boldsymbol{P}_0) \tag{12.36}$$

이므로

$$\boldsymbol{H} \cdot \boldsymbol{n}_0 = \boldsymbol{\nabla} f(\boldsymbol{P}_1) - \boldsymbol{\nabla} f(\boldsymbol{P}_0) = \boldsymbol{\nabla} f(\boldsymbol{P}_1) + \boldsymbol{n}_0 \tag{12.37}$$

이다.

식 (12.37)을 식 (12.35b)에 대입하고 식 (12.33)을 이용하면

$$0 = [-\boldsymbol{\nabla} f(\boldsymbol{P}_1) + \lambda \boldsymbol{n}_0] \cdot [\boldsymbol{\nabla} f(\boldsymbol{P}_1) + \boldsymbol{n}_0] \tag{12.38a}$$

$$= -\|\boldsymbol{\nabla} f(\boldsymbol{P}_1)\|^2 + \lambda \boldsymbol{n}_0^2 \tag{12.38b}$$

이 되어

$$\lambda = \frac{\|\boldsymbol{\nabla} f(\boldsymbol{P}_1)\|^2}{\boldsymbol{n}_0^2} = \frac{\|\boldsymbol{\nabla} f(\boldsymbol{P}_1)\|^2}{\|\boldsymbol{\nabla} f(\boldsymbol{P}_0)\|^2} \tag{12.39}$$

을 얻는다.

λ의 값으로 식 (12.39)를 이용하는 방법을 **플레처-리브스 알고리즘**(Fletcher-Reeves algorithm)이라고 한다. 한편, **폴락-리비에르 알고리즘**(Polak-Ribiere algorithm)에서는 식 (12.39) 대신

$$\lambda = \frac{\|\boldsymbol{\nabla} f(\boldsymbol{P}_1)\|^2 - \boldsymbol{\nabla} f(\boldsymbol{P}_1) \cdot \boldsymbol{\nabla} f(\boldsymbol{P}_0)}{\|\boldsymbol{\nabla} f(\boldsymbol{P}_0)\|^2} \tag{12.40}$$

를 사용하는데, 플레처-리브스 알고리즘보다 효율적임이 밝혀졌다(Polak & Ribiere 1969). 식 (12.40)으로부터 λ를 구한 후, 식 (12.34)에 대입하면 새로운 탐색 방향 $\boldsymbol{n}_1$을 얻을 수 있다.

예제 12.9

2차원 로젠브록 함수(식 12.14)를 $(x, y) = (-2, -2)$에서 출발하여 켤레기울기법으로 최적화하시오. 식 (12.14)의 기울기는 식 (12.21)로 주어진다.

코드 12.9: 켤레기울기법

```
def rosen(x):
    return 100*(x[1]-x[0]**2)**2+(1-x[0])**2

def grad(x):
    df0=-400*x[0]*(x[1]-x[0]**2)-2*(1-x[0])
    df1= 200*      (x[1]-x[0]**2)
    return np.array([df0,df1])

def ConjGrad(F,dF,P0,tol):
    itr1,itr2=0,0
    xmin=P0.copy()
    df0=dF(P0)
    n0=-df0
    while True:
        itr1+=1
        dr=n0/np.linalg.norm(n0)
        P1,loop=golden2D(F,P0,dr,tol)
        itr2+=loop

        dist=np.linalg.norm(P1-P0)
        if dist<tol: break

        df1=dF(P1)
        lam=(np.sum(df1*df1)-np.sum(df0*df1))/np.sum(df0*df0)
        n0=-df1 + lam*n0
        P0=P1
        df0=df1
        xmin=np.vstack((xmin,P0))
    return xmin,itr1,itr2

tol=1e-6
P=np.array([-2,2])
xmin,itr1,itr2=ConjGrad(rosen,grad,P,tol)
print('number of iterations in ConjGrad=',itr1)
print('number of iterations in Golden2D=',itr2)
print('minimum point=',xmin[-1])
print('minimum value=',rosen(xmin[-1]))
```

```
38
39 fig=plt.figure(1,figsize=(7,7))
40 x=np.linspace(-2,2,400)
41 y=np.linspace(-1,3,400)
42 X,Y=np.meshgrid(x,y)
43 E=np.log10(100*(Y-X**2)**2+(1.-X)**2)
44 dmax,dmin=np.max(E),-3
45 levels=(dmax-dmin)*np.arange(20)/19.+dmin
46 con=plt.contourf(x,y,E,levels,cmap='gist_heat')
47
48 plt.xlabel(r'$x$')
49 plt.ylabel(r'$y$')
50 plt.plot(xmin[:,0],xmin[:,1],'-ko',ms=7,mec='b',mfc='yellow')
51 plt.xticks(np.linspace(-2,2,5))
52 plt.yticks(np.linspace(-1,3,5))
53 plt.show()
```

1-2행과 4-7행은 각각 로젠브록 함수의 함숫값과 기울기를 계산하는 함수 rosen과 grad를 정의한다. 9-29행은 함숫값이 F, 기울기가 dF인 함수를 켤레기울기법으로 최적화하는 함수 ConjGrad를 정의한다. P0와 tol은 각각 시작점의 위치와 오차 허용범위다. 10행은 ConjGrad의 반복 계산 횟수 itr1과 1차원 최적화의 누적 반복 계산 횟수 itr2를 0으로 초기화한다. 12-13행은 각각 시작점의 기울기 df0와 탐색 방향 n0를 구한다. 16행은 n0 방향의 단위벡터 dr을 구한다. 17행은 코드 12.6에서 정의한 golden2D 함수를 호출하여 점 P0에서 dr 방향의 최소점 P1과 반복 계산 횟수 loop를 구한다. 20-21행에서 점 P1과 점 P0의 거리가 tol보다 작으면 while 문을 빠져나온다. 23행은 점 P1에서 함수의 기울기 df1을 구한다.

24행은 식 (12.40)을 따라 폴락-리비에르 알고리즘의 계수 lam을 구한다. 25행은 식 (12.34)를 따라 새로운 탐색 방향 n0를 구한다. 26-27행은 현재 최소점의 위치와 기울기를 새로운 탐색의 시작값으로 옮긴다. 28행은 최소점의 위치를 변수 xmin에 쌓는다. 31-32행은 오차 허용범위와 시작점의 위치를 지정한다. 33행은 ConjGrad 함수를 호출하여 최적화한 결과를 xmin, itr1, itr2에 저장한다. 34-37행은 최소점을 탐색한 결과를 화면에 출력하는데,

```
number of iterations in ConjGrad= 26
number of iterations in Golden2D= 676
minimum point= [ 0.99999694  0.99999372]
minimum value= 1.2131531207e-11
```

과 같다. 39행 이하는 로젠브록 함수의 등고선과 최소점의 이동 자취를 그래프로 출력한다(그림 12.15).

파이썬의 scipy.optimize.minimize() 함수는 다양한 방법으로 함수를 최적화한

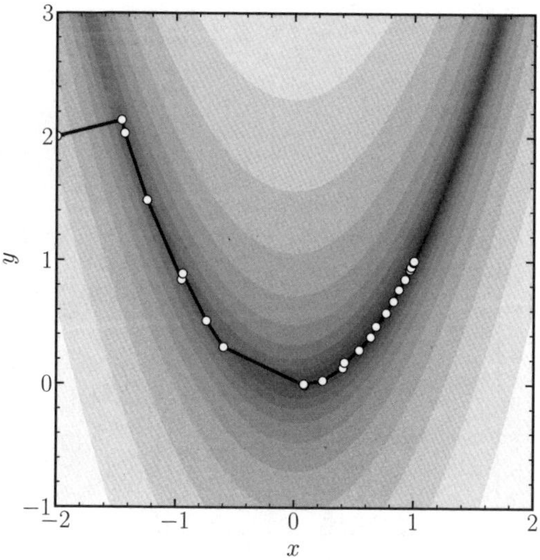

그림 12.15: 켤레기울기법을 이용한 로젠브록 함수의 최적화. 점 $(-2, -2)$에서 출발하였다.

다. 그중 파웰 방법과 켤레기울기법을 이용한 최적화는 다음과 같다.

```
from scipy.optimize import minimize

def rosen(x):
    return 100*(x[1]-x[0]**2)**2+(1-x[0])**2

def stackF(x):
    global xmin
    xmin=np.vstack((xmin,x))

x0=np.array([-2,2])
xmin=x0
resP=minimize(rosen,x0,method='Powell',\
   options={'xtol':1e-6,'disp':True},callback=stackF)
xminP=xmin

x0=np.array([-2,-0.5])
xmin=x0
resCG=minimize(rosen,x0,method='CG', \
   options={'gtol':1e-6,'disp':True},callback=stackF)
xminCG=xmin

fig=plt.figure(1,figsize=(7,7))
x=np.linspace(-2,2,400)
```

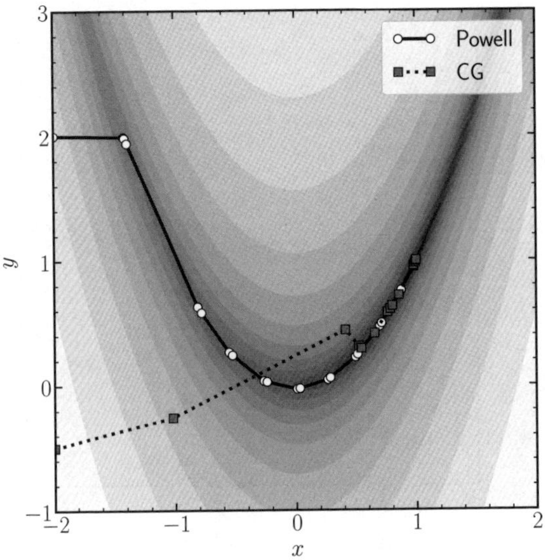

그림 12.16: 파이썬의 scipy.optimize.minimize() 함수를 이용하여 로젠브록 함수를 최적화한 결과. 파웰 방법은 $(-2, 2)$인 점에서 출발하고, 켤레기울기법은 $(-2, -0.5)$인 점에서 출발하였다.

```
24 y=np.linspace(-1,3,400)
25 X,Y=np.meshgrid(x,y)
26 E=np.log10(100*(Y-X**2)**2+(1.-X)**2)
27 dmax,dmin=np.max(E),-3
28 levels=(dmax-dmin)*np.arange(20)/19.+dmin
29 con=plt.contourf(x,y,E,levels,cmap='gist_heat')
30 plt.xlabel(r'$x$')
31 plt.ylabel(r'$y$')
32
33 kwargs1={'linestyle':'-','color':'k','marker':'o','ms':'8'}
34 kwargs2={'linestyle':':','color':'r','marker':'s','ms':'8'}
35
36 plt.plot(xminP[:,0],xminP[:,1],mfc='w',label='Powell',**kwargs1)
37 plt.plot(xminCG[:,0],xminCG[:,1],mfc='gray',label='CG',**kwargs2)
38 plt.legend(numpoints=2)
39 plt.xticks(np.linspace(-2,2,5))
40 plt.yticks(np.linspace(-1,3,5))
41 plt.show()
```

1행은 scipy.optimize 모듈에서 minimize() 함수를 불러온다. 3-4행은 로젠브록 함수 rosen을 정의한다. 6-8행은 최소점의 자취를 추적하기 위한 변수 xmin을 광역변수로 선언하고 새로운 최소점 x의 좌표를 xmin에 쌓는 함수 stackF를 정의한다. 10행과 16

행은 시작점의 위치 x0를 지정하고 11행과 17행은 xmin에 x0를 저장한다. 12-14행은 minimize() 함수를 호출하여 파웰 방법으로 최적화를 실행하고 최소점의 자취를 xminP에 저장한다. 18-20행은 minimize() 함수를 호출하여 켤레기울기법으로 최적화를 실행하고 최소점의 자취를 xminCG에 저장한다. minimize() 함수의 열쇳말 method는 최적화 방법을 지정하며, 옵션 xtol은 최소점 위치의 오차 허용범위를, gtol은 기울기의 오차 허용범위를, disp는 실행 결과를 화면에 출력할지를 설정한다. 열쇳말 callback은 반복 계산에서 호출할 함수(코드에서는 stackF)를 지정한다. 22행 이하는 로젠브록 함수의 등고선과 두 방법으로 구한 최소점의 자취를 그래프로 출력한다(그림 12.16). 33-34행에서 인자 kwargs1과 kwargs2는 **가변길이 열쇳말인자**(variable length keyword argument)며 그래프의 선과 표식자의 형식을 지정한다(1.4.4.2절 참고).

문제

12.1 함수의 최적화를 이용하여 방정식

$$x^4 - 3x - 1 = 0 \tag{P12.1}$$

의 실근을 구하고 예제 3.4의 결과와 비교하시오.

12.2 온도가 T고 표면적이 A인 **흑체**(blackbody)가 파장이 λ-$\lambda + d\lambda$인 영역에서 단위 시간당 방출하는 에너지는

$$L_\lambda d\lambda = \pi A B_\lambda(T) \tag{P12.2}$$

로 주어진다. 여기서, $B_\lambda(T)$는 식 (P3.2)에서 정의한 **플랑크 함수**다. 가시광선의 파장 대역을 $\lambda_1 = 380$ nm에서 $\lambda_2 = 700$ nm까지라고 하면, 흑체가 방출하는 총에너지 중 가시광선으로 방출하는 에너지의 비율은

$$f(T) = \frac{\int_{\lambda_1}^{\lambda_2} L_\lambda d\lambda}{\int_0^\infty L_\lambda d\lambda} = \frac{15}{\pi^4}\int_{x_2}^{x_1} \frac{x^3}{e^x - 1} dx \tag{P12.3}$$

로 주어진다. 여기서, $x_1 = hc/(\lambda_1 k_B T)$, $x_2 = hc/(\lambda_2 k_B T)$다.

(1) 주어진 온도 T에 대해 $f(T)$를 계산하는 함수를 작성하시오. $f(T = 10^4\,\mathrm{K})$의 값을 출력하시오.

(2) 황금분할탐색으로 $f(T)$가 최대인 온도 T를 찾으시오.

12.3 넬더-미드 방법으로 함수

$$f(x, y) = e^{-(xy)^2} + (3x - 1)^2 + (y + 1)^2 \tag{P12.4}$$

의 최소점을 찾으시오. 출발점으로 네 점 $(2, 2)$, $(2, -2)$, $(-2, 2)$, $(-2, -2)$를 시도하고 최소점에 도달할 때까지 지나간 점들의 자취를 그래프로 그리시오.

12.4 x–y 평면에서 정의된 함수

$$f(x, y) = 2x^2 + y^2 - 2xy + |x - 3| + |y - 2| \tag{P12.5}$$

를 (1) 뉴턴 방법, (2) 직교벡터법, (3) 최급강하법, (4) 파웰 방법, (5) 켤레기울기법 등으로 최적화하시오. 출발점으로 점 $(5, -5)$를 선택하고, 수렴의 허용범위로 $\epsilon = 10^{-6}$을 선택하시오. 최소점에 도달할 때까지 지나간 점들의 자취를 그래프로 그리시오.

12.5 표 7.1에 제시된 모의자료에 대해 (1) 내리막단체법, (2) 파웰 방법, (3) 켤레기울기법으로

$$\chi^2 \equiv \sum_{i=1}^{12} \left(\frac{y_i - ax_i - b}{\sigma_i} \right)^2 \tag{P12.6}$$

을 최소화하는 계수 a와 b를 구하고 예제 7.2의 결과와 비교하시오. 시작점으로 $(a, b) = (2, 2)$를 선택하시오.

12.6 표 7.1에 제시된 모의자료에 대해 (1) 내리막단체법, (2) 파웰 방법, (3) 켤레기울기법으로

$$\chi^2 \equiv \sum_{i=1}^{12} \frac{(y_i - ax_i - b)^2}{\sigma_i^2 + a^2} \tag{P12.7}$$

을 최소화하는 계수 a와 b를 구하고 예제 7.4의 결과와 비교하시오. 시작점으로 $(a, b) = (2, 2)$를 선택하시오.

12.7 표 7.3에 제시된 모의자료에 대해 `scipy.optimize.minimize()` 함수를 이용하여

$$\chi^2 = \sum_{i=1}^{14} \frac{[y_i - y(x_i; \boldsymbol{p})]^2}{\sigma_{yi}^2 + \sigma_{xi}^2 [y'(x_i; \boldsymbol{p})]^2} \tag{P12.8}$$

을 (1) 파웰 방법과 (2) 켤레기울기법으로 최적화하시오. 여기서, $y(x, \boldsymbol{p})$는 식 (7.29)에서 정의된 가우스 함수다. χ^2의 최솟값과 이에 해당하는 계수 $\boldsymbol{p}$를 구하고 예제 7.5의 결과와 비교하시오.

12.8 3차원 **로젠브록 함수**

$$f_{3\text{D}}(x, y, z) = 100(y - x^2)^2 + (1 - x)^2 + 100(z - y^2)^2 + (1 - y)^2 \tag{P12.9}$$

을 (1) 파웰 방법과 (2) 켤레기울기법으로 최적화하시오. 점 $(x, y, z) = (2, 2, 2)$에서 출발하고, 수렴의 허용범위로 $\epsilon = 10^{-6}$을 선택하시오. 최소점의 위치와 최소점에 도달할 때까지 필요한 함수 계산 횟수, 반복 계산 횟수를 제시하시오.

12.9 4차원 **우드 함수**(Wood function; Grippo et al. 1989)

$$\begin{aligned} f(x, y, z, w) = {} & 100(x^2 - y)^2 + (x - 1)^2 + (z - 1)^2 + 90(z^2 - w)^2 \\ & + 10.1[(y - 1)^2 + (w - 1)^2] + 19.8(y - 1)(w - 1) \end{aligned} \tag{P12.10}$$

을 (1) 뉴턴 방법과 (2) 파웰 방법으로 최적화하시오. 점 $(x, y, z, w) = (5, -5, 5, -5)$에서 출발하고 수렴의 허용범위로 $\epsilon = 10^{-10}$을 선택하시오. 최소점의 위치와 최소점에 도달할 때까지 필요한 반복 계산 횟수를 제시하시오.[2]

2) 뉴턴 방법에서 출발점이 달라지면 우드 함수의 **안장점**인 $(x, y, z, w) = (-1, 1, -1, 1)$로 수렴할 수 있다.

12.10 n개의 입자로 구성된 단백질은 **레너드-존스 퍼텐셜**(Lennard-Jones potential)의 합

$$U_n = \sum_{i<j}^{n} \left(\frac{1}{r_{ij}^{12}} - \frac{2}{r_{ij}^{6}} \right) \tag{P12.11}$$

를 최소화하는 **입체구조**(conformation)를 가진다(Sauer 2012). 여기서, r_{ij}는 i 입자와 j 입자 사이의 거리를 나타낸다. 처음 두 입자가 각각 $\boldsymbol{r}_1 = (x, y, z) = (0, 0, 0)$인 좌표와 $\boldsymbol{r}_2 = (1, 0, 0)$인 좌표에 있을 때, 켤레기울기법을 이용하여 아래 물음에 답하시오.

(1) x–y 평면에 위치한 하나의 입자를 더하여 $n = 3$인 단백질의 입체구조를 구성할 때, 셋째 입자의 좌표 $\boldsymbol{r}_3$와 에너지 U_3를 구하시오.

(2) (1)의 결과에 하나의 입자를 더하여 $n = 4$인 단백질의 입체구조를 구성할 때, 넷째 입자의 좌표 $\boldsymbol{r}_4$와 에너지 U_4를 구하시오.

(3) (2)의 결과에 하나의 입자를 더하여 $n = 5$인 단백질의 입체구조를 구성할 때, 다섯째 입자의 좌표 $\boldsymbol{r}_5$와 에너지 U_5를 구하시오.

(4) 위 과정을 반복하여 $n = 20$인 단백질의 입체구조를 구성할 때, 입자의 위치를 3차원 그래프로 표시하고 그때의 에너지 U_{20}를 구하시오.

참고문헌

이 책에서 소개한 대부분의 수치 방법은 Press et al.(2007)을 참고하였다. Press et al.(2007)은 전문가를 위한 책이며, 초보자가 쉽게 접근할 수 있는 책으로 Atkinson & Han(2004), Cheney & Kincaid(2012), Sauer(2012) 등을 들 수 있다. 파이썬을 이용한 과학계산의 입문서로 Kiusalaas(2013), Newman(2013), Hill(2015) 등을 추천한다. Hill(2015)은 파이썬의 문법에 치중하고 있으며 Kiusalaas(2013)와 Newman(2013)은 파이썬을 과학계산에 활용한다.

• 단행본

Abramowitz, M. & Stegun, I. A. 1965, *Handbook of Mathematical Functions with Formulas, Graphs, and Mathematical Tables*, Dover

Atkinson, K. E. & Han, W. 2004, *Elementary Numerical Analysis*, John Wiley & Sons

Boggs, P. W., Byrd, R. H., Rogers, J. E. & Schnabel, R. B. 1992, *User's Reference Guide for ODRPACK Version 2.01 Software for Weighted Orthogonal Distance Regression*, U.S. Department of Commerce, `https://nvlpubs.nist.gov/nistpubs/Legacy/IR/nistir4834.pdf`

Cheney, W. & Kincaid, D. 2012, *Numerical Mathematics and Computing*, 7th edition, Brooks/Cole

Fletcher, R. 1987, *Practical Methods of Optimization*, Wiley

Golub, G. H. & van Loan, C. F. 2013, *Matrix Computations*, 3rd edition, Johns Hopkins University Press

Gonzalez, R. C. & Woods, R. E. 2018, *Digital Image Processing*, 4th edition, Pearson

Hildebrand, F. B. 1956, *Introduction to Numerical Analysis*, McGraw-Hill

Hill, C. 2015, *Learning Scientific Programming with Python*, Cambridge University Press

Kamen, E. W. & Heck, B. S. 2014, *Fundamentals of Signals and Systems Using the Web and MATLAB*, 3rd edition, Pearson

Kiusalaas, J. 2013, *Numerical Methods in Engineering with Python 3*, Cambridge University Press

Koberlein, B. & Meisel, D. 2013, *Astrophysics Through Computation*, Cambridge University Press

Mo, H., van den Bosch, F. & White, S. 2010, *Galaxy Formation and Evolution*, Cambridge University Press

Newman, M. 2013, *Computational Physics*, Createspace Independent Publishing Platform

Press, W. H., Teukolsky, S. A., Vetterling, W. T. & Flannery, B. P. 2007, *Numerical Recipes: The Art of Scientific Computing*, 3rd edition, Cambridge University Press

Sauer, T. 2012, *Numerical Analysis*, 2nd edition, Pearson

• 논문

Boris, J. P. 1970, Relativistic Plasma Simulation – Optimization of a Hybrid Code, *Proceedings of Fourth Conference on Numerical Simulations of Plasmas*, 3-67

Djorgovski, S. & Davis, M. 1987, Fundamental Properties of Elliptical Galaxies, *Astrophysical Journal*, 313, 59

Finn, G. D. & Mugglestone, D. 1965, Tables of the Line Broadening Function $H(a, v)$, *Monthly Notices of the Royal Astronomical Society*, 129, 221

Forest, E. & Ruth, R. D. 1990, Fourth-Order Symplectic Integration, *Physica D: Nonlinear Phenomena*, 43, 105

Grippo, L., Lampariello, F. & Lucidi, S. 1989, A Truncated Newton Method with Nonmonotone Line Search for Unconstrained Optimization, *Journal of Optimization Theory and Applications*, 60, 401

Hénon, M. & Heiles, C. 1964, The Applicability of the Third Integral Of Motion: Some Numerical Experiments, *Astronomical Journal*, 69, 73

Kormendy, J. & Ho, L. C. 2013, Coevolution (Or Not) of Supermassive Black Holes and Host Galaxies, *Annual Review of Astronomy and Astrophysics*, 51, 511

Koyama, H. & Ostriker, E. C. 2009, Gas Properties and Implications for Galactic Star Formation in Numerical Models of the Turbulent, Multiphase Interstellar Medium, *Astrophysical Journal*, 693, 1316

Matsumoto, M. & Nishimura, T. 1998, Mersenne Twister: A 623-dimensionally Equidistributed Uniform Pseudorandom Number Generator, *ACM Transactions on Modeling and Computer Simulation*, 8, 3

Polak, E. & Ribiere, G. 1969, Note sur la convergence de méthodes de directions conjuguées, *Revue française d'informatique et de recherche opérationelle, Série rouge*, 3, 35

Powell, M. J. D. 1964, An Efficient Method for Finding the Minimum of a Function of Several Variables without Calculating Derivatives, *Computer Journal*, 7, 155

해답

제1장 파이썬

1.1
```
def swap_case(a):
    swapped = ''
    for char in a:
        if char.isupper():
            swapped += char.lower()
        else:
            swapped += char.upper()
    return swapped
print(swap_case('Python'))
```

1.3 21 (2진수), 7 (10진수)

1.4 ± 0.61803, -1(중근), -2, $-0.5 \pm 1.32288i$

1.5 (1) 25, 168, 1229, 9592개 (2) 4, 21, 143, 1061, 8363, 68906개

1.6 (1) 6, 5, 5, 4, 5, 5개 (2) 황금비 $(1+\sqrt{5})/2 = 1.618\cdots$로 수렴

1.7 (2) 6, 28, 496, 8128

1.11 (1) $x_{1000} = 0.6$ (2) 0.495265, 0.812427 (3) 0.382820, 0.500884, 0.826941, 0.874997 (4)

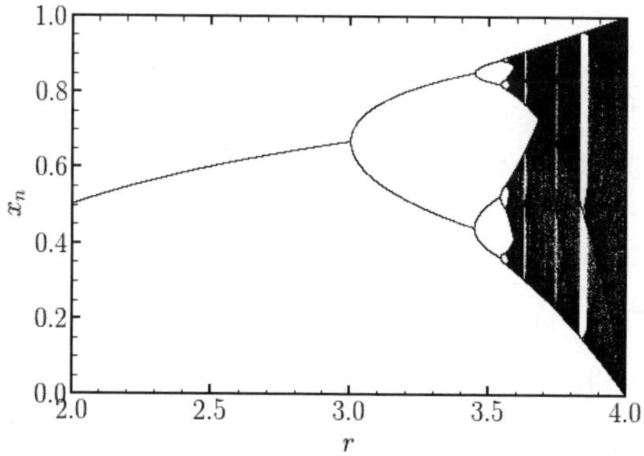

제2장 컴퓨터 연산

2.1 (4) ϕ_n의 반올림 오차를 ϵ_n이라고 하면 $\epsilon_{n+1} = \epsilon_{n-1} - \epsilon_n$이다. $\epsilon_n \propto r^n$이라고 가정하면 $r^2 + r - 1 = 0$이 성립하므로 $\epsilon_n = A_+ r_+^n + A_- r_-^n$으로 놓을 수 있다. 여기서, A_+과 A_-는 상수며 $r_\pm = (-1 \pm \sqrt{5})/2$이다. $|r_-| > 1$이므로 $A_- \neq 0$이면 n이 커지면서 오차가 빠르게 증가한다. A_+와 A_-를 기계 엡실론 정도로 잡으면 ϕ^n의 상대 오차는 $|\epsilon_n|/\phi^n \approx A_- |r_-/r_+|^n \sim 10^{-16} \times 2.618^n$이다. 따라서 $n \gtrsim 16/\log 2.618 \simeq 38$에서 상대 오차가 1을 초과한다.

2.2 (1) $n = 10$일 때, 최댓값 252.0, 오차 0.0; $n = 100$일 때, 최댓값 1.0089×10^{29}, 오차 6.6614×10^{16} (2) $2E(10)/10 - 1 = 0$, $2E(100)/100 - 1 = 4.4409 \times 10^{-16}$ (3) $E(10^4) = 5000.0$

2.5 (1) 1.11022×10^{-16} (2) 2.17493×10^{-13} (3) 0

2.6 $\sin(23.7°) = 0.401947776656$, $\cos(23.7°) = 0.91566259334$; 상대 오차 4.4409×10^{-16}, 2.2204×10^{-16}

2.7 (1) 상대 오차 1.7775×10^{-13} (e^{10}), 5.3133×10^{-5} (e^{-10}) (2) $x = \pm 10$일 때, $n = \pm 14$, $r = \pm 0.2959\cdots$(복부호 동순) (3) 상대 오차 2.2204×10^{-16} (e^{10}), 4.4409×10^{-16} (e^{-10})

2.8 2차 정확도를 가진다.

제3장 비선형 방정식

3.1 4.05251×10^{-1}, 9.17900

3.2 (1) $\lambda_{\max} T = 2.8971 \times 10^{-3}$ m K^{-1} (2) 1.0444×10^{-7} m, 1.4889×10^{-6} m

3.4 (1) $T_{1/2} = 4004.62$ K (2) $T_{1/2} = 3121.05$ K

3.5 $M(T = 0.7) = 0.8286355$

3.6 (1) L_1: $(0.43808, 0)$; L_2: $(1.27105, 0)$; L_3: $(-1.08284, 0)$
(2) L_4, L_5: $(0.3, \pm 0.86603)$

3.7 ± 0.1488743390, ± 0.4333953941, ± 0.6794095683, ± 0.8650633667, ± 0.9739065285

3.8 $(x, y) = (3.29198 \times 10^{-3}, -5.02312)$, $(8.93072, 2.88264)$

제4장 수치 적분

4.1 적분값 2.177587 (1) $n = 10$ (2) $n = 6$

4.2 적분값 1.0706147037 (1) 세부구간 수: 2^{17}개 (2) 마딧점의 수: 16개

4.3 $H(\mu = 1) = 2.05613$

4.4 (1) 적분값 0.35914091, $j = 6$ (2) 적분값 -2.24659172, $j = 6$

4.5 (3) $F_{\lambda = 1\,\mu\text{m}} = 3.279 \times 10^{13}$ J m^{-3} s^{-1}

4.6 $\int_{-1}^{1} f(x)dx \approx 0.25\,[f(-1) + 3f(-1/3) + 3f(1/3) + f(1)]$

4.7 (2) $H(0, 1) = 0.42758$, $H(0, 0.1) = 0.89646$, $H(0, 10^{-2}) = 0.98882$, $H(0, 10^{-3}) = 0.99887$

4.8 (1) 6.4939394 (2) 0.2587428

제5장 수치 선형대수

5.2 (2) $\boldsymbol{n} = (7.82873 \times 10^{-1}, 1.91810 \times 10^{-1}, 2.53128 \times 10^{-2}, 4.46034 \times 10^{-6}, 3.21211 \times 10^{-10})^\intercal$ (3) $n_e = 10^3\,\text{cm}^{-3}$, $T = 10^4$ K일 때, $\mathcal{R} = 269.9457$

5.3 행렬 $\boldsymbol{A}^\intercal\boldsymbol{A}$의 고윳값이 $\lambda = (1 \pm a)^2$이므로 행렬 $\boldsymbol{A}$의 특잇값은 $\sigma = |1 \pm a|$이고 조건수는 $\kappa = \sigma_{\max}/\sigma_{\min} = (1+a)/|1-a|$이다. 따라서 $\boldsymbol{A}$는 $a \to 1$일 때, 나쁜 조건의 행렬이 된다. 이 경우 $a = 1 + \epsilon$(단, $\epsilon \ll 1$)으로 놓으면, $\kappa \approx 2\epsilon^{-1}$이다. $\det(\boldsymbol{A}) = 1 - a^2 \approx 2\epsilon$이므로 $\det(\boldsymbol{A}) \approx 4\kappa^{-1}$이다.

5.5 (2) $T(0.5, 0.1) = 128.6542$

5.6 (2) $\|\boldsymbol{x} - \boldsymbol{x}_0\|_2 = 136.970$ (3) $\|\widehat{\boldsymbol{x}} - \boldsymbol{x}_0\|_2 = 224.574$ (4) $\alpha = 10^{-11}, 10^{-12}$일 때, $\|\widetilde{\boldsymbol{x}} - \boldsymbol{x}_0\|_2$가 최솟값 8.551×10^{-6}을 갖는다.

제6장 보간법

6.1 $x = 2.85611$에서 $y = 0$; $x = 4.77291$에서 $y = -1$

6.2 (1) $p_3(x) = 0.1762x^3 + 0.5479x^2 + 0.999x + 0.9952$ (2) $p_3(x) = 0.1752x^3 + 0.5429x^2 + 0.9989x + 0.9946$

6.3 $x = 3.5, 0.4, -0.128, -2.0$일 때, (1) $y = 1.1848 \times 10^{-4}, 8.0450 \times 10^{-1}, 9.6781 \times 10^{-1}, 2.9077 \times 10^{-2}$ (2) $y = -2.6879, 8.5229 \times 10^{-1}, 9.8380 \times 10^{-1}, 3.3456 \times 10^{-2}$ (3) $y = -1.4200 \times 10^{-3}, 8.5071 \times 10^{-1}, 9.8273 \times 10^{-1}, 2.0642 \times 10^{-2}$

6.4 파이썬의 내장함수 `scipy.interpolate.lagrange()`는 n이 35보다 클 때 제대로 계산하지 못하므로 코드 6.2에서 소개한 `Lagrange()` 함수를 사용하길 권한다.

6.6 (1) 1.5200×10^{-1} (2) -5.3470×10^{-2} (3) -5.3187×10^{-2} (4) -1.0119×10^{-1}

6.7 평균: 0.1308; 표준편차: 0.2011

6.8 $f(0.1, 0.6, 0.7) = -0.47$

제7장 자료 맞춤

7.1 (1), (2) $y = -0.525x + 12.949$, $\chi^2 = 4.755$ (3), (4) $y = -0.544x + 13.132$, $\chi^2 = 3.698$

7.2 (1) $a = -2.0959$, $b = 2.8155$, $\chi^2 = 2.8171$ (2) $a = -2.1022$, $b = 3.0535$, $\chi^2 = 0.0529$

7.3 $c = 0.5$, $d = 1$

7.4 $p_0 = -1.2346$, $p_1 = 7.2972 \times 10^{-4}$, $p_2 = -4.8043 \times 10^{-4}$, $t \to 2081.5$년

7.5 (1) $p_0 = 491.50$, $p_1 = -0.1006$ (2) $a_0 = p_0$, $a_1 = p_1$ (3) $b_0 = 6.1975 = \ln p_0$, $b_1 = -0.1006 = p_1$ (4) $c_0 = 5.7625$, $c_1 = -0.0726$

7.6 (1) 직교회귀: $a = -6.1048$, $b = 6.2774$; 특잇값분해: $a = -2.2627$, $b = 4.6653$
(2) 직교회귀: $a = -1.9377$, $b = 4.5607$; 특잇값분해: $a = -7.9653$, $b = 6.9712$
(4) 직교회귀: $c = 0.9725 = -a/b$, $d = 0.1593 = 1/b$; 특잇값분해: $c = 0.9848 \neq -a/b$, $d = 0.1579 \neq 1/b$

7.7 (1) $p_0 = 2.2460$, $p_1 = 1.2100$, $p_2 = 9.8532$, $p_3 = 3.2683$ (2) $q_0 = 1.9848$, $q_1 = 28.607$, $q_2 = 19.058$, $q_3 = 9.8160$

제8장 미분방정식: 초깃값문제

8.3 (3) $\lambda = 0.287$

8.4 (2) 식 (P8.4)를 전진차분하면

$$\begin{bmatrix} u_{n+1} \\ v_{n+1} \end{bmatrix} = \boldsymbol{A} \begin{bmatrix} u_n \\ v_n \end{bmatrix} \qquad \text{단,} \quad \boldsymbol{A} = \begin{bmatrix} 1 + 988h & 1988h \\ -999h & 1 - 1999h \end{bmatrix}$$

가 된다. 귀납법에 의해

$$\begin{bmatrix} u_{n+1} \\ v_{n+1} \end{bmatrix} = \boldsymbol{A}^n \begin{bmatrix} u_0 \\ v_0 \end{bmatrix}$$

이다. 따라서, (u_n, v_n)이 $n \to \infty$에서 발산하지 않는 해를 갖기 위해서는 $\boldsymbol{A}$의 고윳값의 크기가 1보다 작아야 한다. 행렬 $\boldsymbol{A}$의 고윳값은 $\lambda_1 = 1 - 1000h$, $\lambda_2 = 1 - 11h$이므로 안정적인 해를 얻기 위해서는 $|1 - 1000h| < 1$, 즉 $0 < h < 0.002$인 조건을 만족해야 한다.

8.5 (3) $\tau = 10^3$일 때, $f(1) = 0.141117$; $\tau = 10^4$일 때, $f(1) = 0.999955$

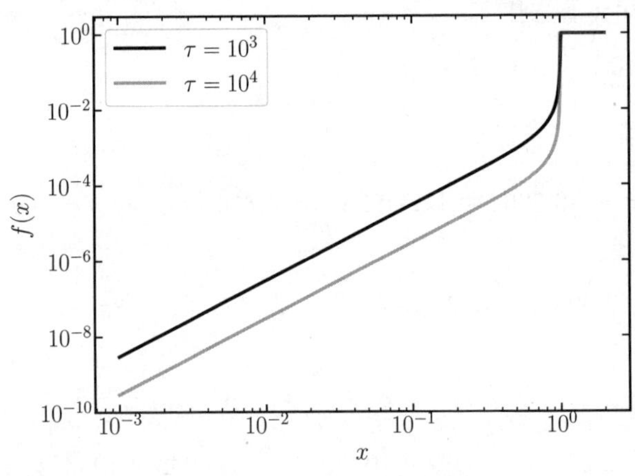

8.7 (1) $a_0 = a_1 = a_3 = 0$, $a_2 = 1/6$, $a_4 = -1/120$ (2) 그림 1.13(a) 참고 (3) $R = 0.411$ 또는 $r = 6.439$

8.8 (2) $t_0 = 13.74$ Gyr (3) $t = 7.60$ Gyr (또는 지금부터 61.4억 년 전)

제9장 미분방정식: 경곗값문제와 운동방정식

9.2 (2) $b = 0.1470$

9.3 (1) $p^2 = r + (\pi\mathcal{F}/L)\cos(2\pi x_0/L)$, $q = -(\mathcal{F}/2)\sin(2\pi x_0/L)$, $r = (u_0 - a)/a$
(2) $x_0 = 0.1934$, $x_{\rm sh} = 0.1555$

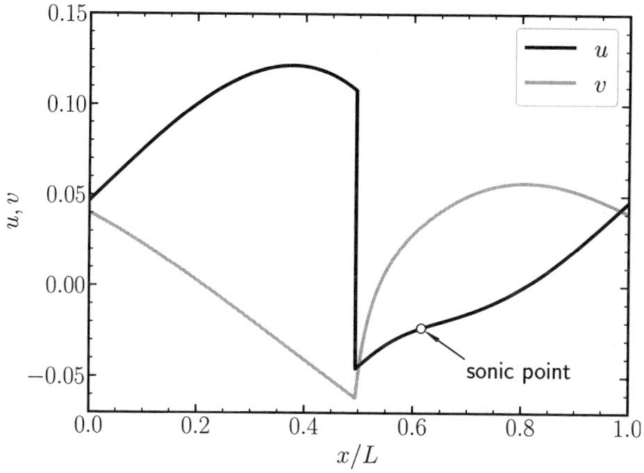

9.5 $\lambda_1 = 1.5$, $\lambda_3 = 3.5$, $\lambda_5 = 5.5$

9.6 $\lambda_0 = 1.0188$, $\lambda_1 = 2.3390$, $\lambda_2 = 3.2600$, $\lambda_3 = 4.1621$, $\lambda_4 = 5.0790$

9.7 (1) $\lambda_{\rm min} = 1.8582$ (2) $Q = 10$일 때, $\lambda_{\rm min} = -2.3991$

9.11 (1) 회전 반경: $r = 1/|B_0|$; 회전 방향: B_0가 양(음)수이면 (반)시계방향

제10장 몬테카를로 방법 (사용한 난수열에 따라 아래 해답이 약간 다를 수 있음)

10.1 (2) $(x, y) = (-1665.94 \pm 69.00, 0.22 \pm 70.56)$ (3) $1.24 \times 10^{-2} \pm 3.56 \times 10^{-3}$

10.2 (1) $n = 10$일 때, 0.1178; $n = 30$일 때, 0.7026; $n = 50$일 때, 0.9688 (2) 23

10.3 $V_2 = 3.1420 \pm 0.0161$, $V_3 = 4.1878 \pm 0.0393$, $V_4 = 4.9345 \pm 0.0711$, $V_5 = 5.2634 \pm 0.1134$

10.5 (1) 성단의 총질량: $3.56 \times 10^5\ M_\odot$

10.6 3.1407 ± 0.0445 (바늘을 10^4번 떨어뜨리는 실험을 10^3번 실행한 경우)

10.7 (1) $I_{10^7} = 1.38111$, $\sigma(I_{10^7}) = 1.69730 \times 10^{-4}$ (2) $I_{10^7} = 1.38109$, $\sigma(I_{10^7}) = 9.18947 \times 10^{-5}$ (3) $\beta = 0.66$

10.8 (2) $K = 0.125$, $W = -0.644$

10.9 (1) $z_{\max} = 1$일 때, 반사 : 흡수 : 산란 = 0.4034 : 0.1854 : 0.4112; $z_{\max} = 3$일 때, 반사 : 흡수 : 산란 = 0.1296 : 0.3636 : 0.5069; $z_{\max} = 10$일 때, 반사 : 흡수 : 산란 = 0.0034 : 0.4794 : 0.5172

제11장 푸리에 변환

11.1 (2) $f_{\max} = 0.11$

11.2 (2) $f_{\max} = 0.04$

11.3 (1) 오차 평균: 0.478 (2) 오차 평균: 0.120 (3) 오차 평균: 5.52×10^{-4}

11.7 (3) $P_0 = 3.133$ min

11.8 (3) $t_0 = 1$ yr, $t_1 = 0.5$ yr, $t_2 = 51$ yr

제12장 함수의 최적화

12.1 $x = 1.539613$

12.2 (1) $f(10^4\,\mathrm{K}) = 0.3646$ (2) $T = 7244.57$ K

12.3 최소점: $(0.37838, -1.13514)$

12.4 최소점: $(1, 1.5)$

12.5 세 방법 모두 $a = 1.7470$, $b = 0.3664$

12.6 세 방법 모두 $a = 1.7861$, $b = -0.2293$

12.7 (1) $\chi^2 = 3.946$, $p_0 = 2.852$, $p_1 = 8.735$, $p_2 = 5.989$, $p_3 = 1.046$ (2) $\chi^2 = 3.946$, $p_0 = 2.852$, $p_1 = 8.737$, $p_2 = 5.989$, $p_3 = 1.046$

12.8 최소점: $(1, 1, 1)$ (1) 함수 계산 횟수: 809; 반복 계산 횟수: 19 (2) 함수 계산 횟수: 295; 반복 계산 횟수: 31

12.9 최소점: $(1, 1, 1, 1)$ (1) 13회 (2) 31회

12.10 (1) $\boldsymbol{r}_3 = (0.5, 0.8660, 0)$ (정삼각형의 꼭짓점), $U_3 = -3$ (2) $\boldsymbol{r}_4 = (0.5, 0.2887, 0.8165)$ (정사면체의 꼭짓점), $U_4 = -6$ (3) $\boldsymbol{r}_5 = (-0.3313, 0.7686, 0.5435)$, $U_5 = -9.1032$ (4) $U_{20} = -68.7635$

| 찾아보기 |

[ㅈ]

[ㅊ]